U0184568

ENGINEERS AND ENGINEERING
IN THE RENAISSANCE

圣彼得教堂穹顶的木制模型

文艺复兴时期的工程师和工程

［美］威廉·巴克莱·帕森斯（William Barclay Parsons） 著
吴姜玮 译
郭相宁 姚大志 审校

上海科学技术出版社

图书在版编目（C I P）数据

文艺复兴时期的工程师和工程 / (美) 威廉·巴克莱·帕森斯 (William Barclay Parsons) 著 ; 吴姜玮译. — 上海 : 上海科学技术出版社, 2024.1

书名原文: Engineers and Engineering in the Renaissance

ISBN 978-7-5478-6318-3

Ⅰ. ①文… Ⅱ. ①威… ②吴… Ⅲ. ①技术史—欧洲—中世纪 Ⅳ. ①N095

中国国家版本馆CIP数据核字(2023)第180275号

责任编辑：楼玲玲　沈　甜　董怡萍

文艺复兴时期的工程师和工程

［美］威廉·巴克莱·帕森斯(William Barclay Parsons)　著

吴姜玮　译　郭相宁　姚大志　审校

上海世纪出版(集团)有限公司
上 海 科 学 技 术 出 版 社　出版、发行

(上海市闵行区号景路159弄A座9F-10F)

邮政编码 201101　www.sstp.cn

山东韵杰文化科技有限公司印刷

开本 787×1092　1/16　印张 37.25

字数 700千字

2024年1月第1版　2024年1月第1次印刷

ISBN 978-7-5478-6318-3/N·262

定价：180.00元

译者序

文艺复兴是14世纪到16世纪在欧洲盛行的一场思想文化运动，它引发了自然科学与人文艺术的革命，推动了欧洲的文化、艺术、政治和经济等方面的发展，对现代工业社会的形成和发展有着极其重大的贡献。当提起文艺复兴时，人们往往可以列举出许多该时期的艺术家和艺术作品，以及它在思想文化领域的伟大变革，却很少有人能系统地讲述这一时期的工程师们以及他们的伟大工程成就。

威廉·巴克莱·帕森斯(William Barclay Parsons)在研究了大量历史资料及许多珍贵手稿，包括达·芬奇手稿的基础上，撰写了一本非常有趣的关于文艺复兴时期的工程和工程师们的书，不仅出色地展示了中世纪技术与社会变革的相互作用，而且也为研究文艺复兴时期的技术提供了新的可能性。这本书并不试图得出任何"广泛"的意义，他只讲述了实际工程开发的简单故事——尽可能用这些工程师自己的话来说。书中的各个小故事让读者在了解工程建设过程的同时，也将文艺复兴时期的社会生活栩栩如生地展现在读者面前。

它还强调了经济历史学家和一般历史学家可能感兴趣的文艺复兴时期的建筑、采矿、水利和公共工程，以及这些工程建设中遇到的各种各样的问题和背景故事。在讲述工程建设的背景时，书中也提及了过程中的各种势力的博弈以及相应的各种法规法令的形成和发展，也使读者对现代社会法律法规的形成有一定的了解。本书还配有大量的插画，这些插画不仅可以帮助读者理解仪器、机械以及工程的结构，也使读者的阅读不再枯燥无趣。因此，本书不仅仅是工程师和历史研究者的读物，也是普通读者可以享受阅读乐趣的故事书。

本书第一版出版于20世纪30年代，而书中进行论述的内容更是回溯到了古希腊时期。书中引用了很多自古希腊时期以来各国的古老资料，涉及各种各样的古代度量衡以及货币单位。为了方便读者对这些现在已不再使用的单位有相应的概念，在正文中古代单位第一次出现处加了译者注，对其与现代单位的换算做了说明。原书附录中有关于度量衡的对照表，因为涉及单位比较繁琐，因而删除了其中的表格，只保留了文字介绍部分，以便让读者对古代单位有一个了解。原版还大量引用了达·芬奇手稿，原书中列出了手稿的编目，以方便读者自行查找，但考虑到本书整体的可阅读性，同时由于达·芬奇手稿对普通读者来说查阅有一定难度，故而这些手稿编目在中文版中已经删除，有兴趣的读者可以查阅英文原版获得。

感谢上海现代建筑规划设计研究院建筑设计师郭相宁老师和中国科学院自然科学史研究所研究员姚大志老师对本书进行审校，为本书翻译的准确到位提供了必要的帮助。同时感谢姚大志老师、郭相宁老师及同济大学土木工程学院地下建筑与工程系教授丁文其老师、副教授乔亚飞老师对本书的鼎力推荐，你们的推荐可以帮助读者更好地了解本书。

本书原版中的资料涉及古代希腊语、拉丁语、意大利语、法语和德语等多种语言，加上时间仓促和译者水平所限，书中难免有不妥和错误之处，敬请批评指正。

译者

2023 年 11 月

第一版前言

多年来,帕森斯将军全神贯注于收集和整理《文艺复兴时期工程师和工程》的创作材料。这本书还没有完成,但这部作品的整体进展飞快,其他人开始准备承担起出版的责任,这是对艺术史和工程史的宝贵贡献。出版过程中,对帕森斯将军的原始手稿和笔记没有做任何添加,除了措辞外,内容几乎没有改动。为向读者展示文稿,许多人做的工作非常辛苦,在此要感谢纽约的埃塞尔·佩恩(Ethel Paine)女士,在马萨诸塞州波士顿的约翰·斯特朗·纽伯里(John Strong Newberry)博士完成了章节的初步安排和脚本的排序后,她帮助完成了手稿的机械细节和其他一些重要工作。特别感谢卡内基教学促进基金会前主席亨利·S.普里切特(Henry S. Pritchett)博士、纽约公共图书馆馆长哈里·M.莱登伯格(Harry M. Lydenberg)先生以及已故的尤金·克拉普(Eugene Klapp)先生等,所有人都阅读了复杂繁琐的文本,并鼓励我们,即使作者没有完成或修改完,也应该出版该作品。

正如在其他创作一样,帕森斯将军得到了许多助手的帮助,他们在国内外各地搜集信息,核对声明和参考资料。可惜的是,我们没有他们全部的名字,但仍要感谢他们的忠实服务。在此要特别感谢已故的米兰著名作家西格诺·杰拉莫·卡尔维(Signor Gerolamo Calvi)先生;索伦·A.索雷森(Soren A. Thoresen)先生和尤金·E.哈尔莫斯(Eugene E. Halmos)先生验证了本书的技术问题。

并非所有书都能够提供图片或旧文件引文的来源,或验证提及的所有名称、日期和地点,本书也是如此。如果书中少数几张未经确认的照片中有任何一张不在公开使用领域,鉴于本书出版的特殊情况,希望本说明能作为致谢。只有在原作者提及的情况下,本书图例中才会对图片上的关键字母进行解释,但《论矿冶》(*De re metallica*)中的图片除外,这些图片带有赫伯特·克拉克·胡佛(Herbet Clark Hoover)和娄·亨利·胡佛(Lou Henry Hoover)(1912年,伦敦)翻译的完整图例。这些图片以及阿格里科拉(Agricola)文本脚注中的表格,都是经胡佛先生善意许可复制的。此外,我们还要感谢巴黎综合理工学院图书馆允许复制费尔南德·德达坦(Fernand de Dartein)的《石桥研究》(*Etudes sur les ponts en pierre*)(巴黎,1907—1912)中的图。在许多引自莱奥纳多·达·芬奇手稿的引用中,有些是由作者翻译的,有些来自《莱奥纳多·达·芬奇的笔记簿》(麦柯迪)和《莱奥纳多·达·芬奇的文学作品》(里克特),其他的则来源不明。

我们很荣幸地邀请到哥伦比亚大学校长尼古拉斯·默里·巴特勒(Nicholas Murray Butler)博士撰写引言,华盛顿卡内基学院名誉院长约翰·C.梅里亚姆(John C. Merriam)博士为本书撰写序言。

安娜·里德·帕森斯(Anna Reed Parsons)

西尔维亚·帕森斯·威尔登(Sylvia Parsons Weld)

威廉·巴克莱·帕森斯

纽约,1939年8月1日

目 录

第 5 部分
水利工程

第 6 部分
建筑与结构工程

Part I

第 1 部分

文艺复兴精神

1

文艺复兴涉及的领域

虽然这本书的目的不是记录文艺复兴的整个发展，而只是展示工程师和工程所起的作用，但最好简要地概述一下这场普遍运动的广度和强度。只要引用一些为艺术、建筑、文学、科学和宗教的复兴做出巨大贡献的人的名字，以及那些开辟新探索领域的人的名字，就可以轻松做到这一点。记录整个清单是不可能的，也是不必要的。杰出的名字就足够了。

在艺术和建筑领域：

布鲁内莱斯基，1379—1446年

多纳泰罗，1386—1466年

卢卡·德拉·罗比亚，1400—1482年

阿尔贝蒂，1404—1472年

伦巴多，1435—1515年

布拉曼特，1444—1514年

波提切利，1447—1510年

达·芬奇，1452—1519年

杜勒，1471—1528年

米开朗基罗，1475—1564年

提香，1477—1576年

拉斐尔，1483—1520年

科雷乔，1494—1534年

霍尔宾，1497—1543年

本韦努托·切利尼，1500—1571年

德洛姆，1510—1570年

莱斯科特，1510—1578年

古戎，1515—1565年

布朗特，1515—1578年

帕拉迪奥,1518—1580 年

鲁本斯,1577—1640 年

虽然布鲁内莱斯基去世于文艺复兴开始的 1453 年之前,但他的作品,尤其是他在佛罗伦萨设计和建造的圣母百花大教堂穹顶,在随后的几年中激发了类似的创作灵感。因此,布鲁内莱斯基也理所当然地被纳入文艺复兴时期的建筑师之列,而且他的名字出现在名单的最前面。正是由于他在圣母百花大教堂穹顶上的工作,布鲁内莱斯基才有资格被评为杰出的工程师。

在探险领域:

迪亚斯(第一个越过好望角的人),1445—1500 年

哥伦布,1446—1506 年

维斯普奇,1451—1512 年

瓦斯科·达伽马(他找到了通往印度的路),1469—1524 年

皮萨罗,1471—1541 年

巴尔博亚(太平洋的发现者),1475—1518 年

麦哲伦(第一个横渡太平洋的人),1480—1521 年

科尔特斯,1485—1547 年

霍金斯,1532—1595 年

弗罗比舍,1535—1594 年

德雷克,1540—1596 年

罗利,1552—1618 年

除上述名单外,还应加上一大群勇敢的水手,他们的名字在很大程度上被遗忘了:横渡大洋在南美北东部加勒比海沿岸一带(Spanish Main)寻找黄金的西班牙人;以及横渡同一海域寻找西班牙人的英国人,但直到他们找到黄金后才找到西班牙人。

在文学和哲学领域:

波利齐亚诺,1454—1494 年

伊拉斯谟,1465—1536 年

马基雅维利,1469—1527 年

拉伯雷,1495—1553 年

艾米奥,1513—1593 年

卡莫恩斯,1524—1580 年

蒙田,1533—1592 年

塞万提斯,1547—1616 年

斯宾塞,1552—1599 年

西德尼,1554—1586 年

培根,1561—1626 年

洛佩·德·维加,1562—1635 年

马洛,1563—1593 年

莎士比亚,1564—1616 年

本·琼森,1573—1637 年

在科学领域:

托斯卡内利,1397—1482 年

哥白尼,1473—1547 年

维萨留斯,1514—1564 年

纳皮尔,1550—1617 年

伽利略,1564—1642 年

继哥伦布旅行之后,还有以下几位对后世影响最深的文艺复兴之子。

在宗教改革领域:

萨沃纳罗拉,1452—1498 年

路德,1483—1546 年

洛约拉,1491—1556 年

墨兰顿,1497—1560 年

加尔文,1509—1564 年

在理整这些名单时,某些事实突显出来。首先,日期表明文艺复兴的早期领导者是意大利人。然后,这场运动像一股大潮一样向北推进,在意大利开始消退时,在英国达到了高潮。在荷兰,当地各种原因阻碍了这股浪潮的发展,因此荷兰的文艺复兴,尤其在艺术方面,直到 17 世纪才达到高潮。

其次,意大利人在建设性艺术方面很在行,但在人文学科方面却落后于其他民族。第三,在宗教改革的领导者中,萨沃纳罗拉(Savonarola)和伊格纳修斯·洛约拉(Ignatius Loyola)是罗马教会的忠实拥护者,前者是改革的真正先驱。在 15 世纪的最后 25 年,萨沃纳罗拉的声音是唯一不和谐的音符。他对社会的肆意挥霍和教会的腐败风气提出了震耳欲聋的控诉,并预言除非教士改革,否则邪恶将降临,但并没有得到理会，他和两名追随者于1498年5月在佛罗伦萨公共广场的一场大火中被教会法庭判决绞刑。罗马教会分裂后，洛约拉试图通过反宗教改革来弥补这一分裂，但为时已晚。

萨沃纳罗拉(Savonarola)在努力实现精神的再生，而其他人则在努力实现智力的再生。他的灵感来源于那种激励艺术家、探险家和文人创作的同样的冲动。但这引发了一个问题，即这些人是文艺复兴各个阶段的创造者，也是他们自己的创造物；事实上，文艺复兴是人类智慧的产物，也是人性力量的产物。因果关系有时很容易混淆，结果被错误地颠倒了。可以说，这些领导者是因也是果。如果没有一个普遍的运动，任何一个人甚至一个群体的行为都不会产生什么影响；而另一方面，除非有集中的智力力量给予它能量，否则就不会有普遍的运动。科学界人士将人类事务中的这些伟大进化视为一系列错综复杂原因的结果，一些是重要的，有一些几乎是无法识别的，它们相互作用和反应，在这些因素的引导下，个人的影响力或控制力远不如人们经常认为的那样大。

最后是我们目前感兴趣的一点，也是最重要的事实：在这张名单中，没有一个是外行认为的工程师。当普通大众看到这些名字，他很清楚地知道他们的工作，他们是画家、建筑师、探险家、诗人和天文学家。但是，也许他没有找到一个让他想起科学建构思想的人。

然而，正如将要看到的那样，除了电力和蒸汽应用之外，已经完成的大量工程几乎每个分支都涉及非常高标准的技能、智慧和科学素养。这项工作有时是由被称为工程师的人完成的，但更多的时候是由那些当时被认为现在仍被认为是建筑师和艺术家的人完成的。他们在建筑方面的成就过去甚至现在经常被他们其他作品更壮观的效果所掩盖。

建筑艺术由两部分组成：一部分是(工程)科学原理的应用占主导地位；另一部分(建筑)中，美学方面的考虑占主导地位。它们之间没有明确的界限，也不能制定任何硬性规定来区分两者，因为两者都利用科学，都具有艺术效果。但是，从广义上讲，上述定义公平地描述了工程和建筑之间的相互关系。每个部分的实践者都是同一召唤的追随者，沿着平行而非发散的线路工作，这些线路又频繁地交叉相连。

在现代条件下，将各种物理科学引入建筑艺术，以及所有结构复杂性的增加，使得任何人都不可能高度熟悉这两个分支的技术要求。但在文艺复兴时期，并不如此，建筑艺术的所有阶段都是由同一个人成功实践的，维特鲁维称其为建筑师。

建筑师通常不局限于建筑艺术，而是将一部分时间用于绘画和雕塑艺术。达·芬奇和米开朗基罗都是艺术大师，这一点尤为突出。正是在这些人的作品中，我们必须寻找文艺复兴时期工程的插图，这些作品不是以工程师的名义创作的。为了找到工程师，我们必须根据建筑师的设计是否显示出科学或美学应用的主导影响，将建筑师的双重人格分解。

2

达·芬奇，人与科学家

1453年是知识文化史上值得纪念的一年。几个世纪以来，教会、政治、艺术、文学和人类的不安和努力中的各种力量(有些强大，有些软弱，但都完全无关)，逐渐获得了确定性和活力。1453年，他们在一个共同点上相遇，其结果是文艺复兴。

1452年，在复兴的黎明前夕，一位未婚母亲在佛罗伦萨附近阿诺河谷的小村庄达·芬奇城堡生下一个男孩。

关于这位母亲，人们所知甚少，只知道她属于农民阶级，她的名字叫卡特琳娜，孩子出生后不久，她嫁给了一位名叫阿克塔布里加的农场主。就像一朵花在孕育种子后凋谢，这个女人的儿子将成为辉煌时期的一盏灯，并拥有有史以来最伟大的智慧之一，但女人自己从历史的记录中消失了。

男孩的父亲是职业公证人皮耶罗·安东尼奥·达·芬奇爵士。虽然对这个家族了解不多，但他的祖先四代人都是公证人，这一事实表明，皮耶罗爵士是一个具有一定社会地位的人。他被任命为佛罗伦萨领主们的公证人，这表明他也是一个有尊严的人。

皮耶罗爵士立即承认了孩子的身份，给他起名叫莱昂纳多，给他起了达·芬奇的姓，并在自己家里把他抚养长大。

莱昂纳多的活跃领域如此之广，他在许多方面取得的进步如此突出，以至于构成了一个丰富而完满的故事。那个故事太长了，考虑本书篇幅，因而对此进行了精简。简而言之，一开始就可以说，如果文艺复兴时期的一个半世纪里，仅莱昂纳多·达·芬奇一个人对科学应用的贡献，就能将工程和建筑艺术与其他在文学、艺术和发现方面的伟大贡献相提并论，这些贡献使这门学科的兴起大放异彩。

50年前，莱昂纳多被视为15世纪和16世纪的主要艺术家之一。众所周知，他对许多学科都感兴趣，但他在艺术方面所取得的成就使他获得重大声誉。几乎没有一个重要的画廊不收藏一幅或多幅出自他画笔的油画。

对他的笔记和手稿的研究逐渐揭示出一种与前几代人所理解的截然不同的个性。他的笔记和手稿的出版始于19世纪最后十年，目前仍在进行中。一幅接一幅原来认为是他创作的画作被重新认定为是他所在的学校的作品，现在评论家们肯定地认为是达·芬奇创作的画作不超过十几幅，而且没有一件雕塑作品。

通常，当分析和分析批评的光完全照射在一个无力回答的人身上时，他就只能退到一个更卑微的地位。就莱昂纳多而言，结果却恰恰相反。的确，许多画作不再以他的名字命名，但它们都不那么重要。虽然莱昂纳多本人可能很少想到后人会将他主要视为一名艺术家，但仍有少数几幅伟大的作品足以确保他作为一流艺术家的声誉。正如我们现在所理解的，以及他的文字所表明的那样，他并没有把艺术视为他唯一的成就，甚至也没有把艺术视为他的主要成就。

这个男孩很小就开始显露出天才的迹象，特别是在音乐、艺术和数学方面。在《最著名的画家、雕塑家和建筑师的一生》(1878)中，瓦萨里(Vasari)说，莱昂纳多"在算术方面经常让大师感到困惑，因为大师通过他的推理和他提出的难题来教他"。但由于相信艺术是他的天职，他的父亲把他送到佛罗伦萨的安德里亚·维罗西奥(Andrea Verrochio)手下学习。然而，这位学生很快就超越了大师，1477 年，25 岁的他开了一家自己的工作室。

不久，莱昂纳多就完全意识到，虽然他在绘画和雕塑领域有着一个有前途的职业，但其他领域的活动激发了他的雄心壮志。1480 年或 1481 年[1]，他给洛多维科·斯福尔扎(Lodovico Sforza)写了一封信(一份手写的副本仍然存在)，申请军事工程师的职位。洛多维科·斯福尔扎姓伊尔·莫罗(il Moro)，当时是摄政王，后来是米兰公爵。这封信经常被印刷出来，但由于它给出了莱昂纳多在 28 岁或 29 岁时的观点，这是他可以为自己规划的最理想的人生道路，因此在此重复如下：

"最伟大的阁下，我已经看到并充分考虑了那些自称精通武器制造和设计的人的证明，我发现这些武器的设计和操作与常用武器没有什么不同，我将尽力使阁下理解我的意思，不伤害任何人，公开我自己的秘密，然后根据不同情况的紧急程度，根据您的意愿，在适当的时候，为您演示下面提到的所有事情。"

"我可以建造重量轻、强度大、运输方便的桥梁，可以用这些桥梁追赶敌人或逃离敌人。我还能建造一些安全的桥梁，能够抵抗火烧和攻击，易于放置和拆除；并且我也有燃烧和摧毁敌人桥梁的方法。"

"我知道在围攻城池时，如何排出壕沟里的积水，如何建造各种桥梁、暗道和云梯，以及其他适合此类任务的机械。"

"此外，如果由于沟渠的高度或阵地的地势坚固，在围困中不可能使用轰炸时，如果它不是用石头建造的，我有办法摧毁每一个要塞或其他防御工事。"

1　直到 1563 年，复活节星期日标志着新年的开始。1563 年之前，1 月 1 日至复活节(3 月 22 日至 4 月 25 日)之间的任何日期都应加上一年，以符合后来的计算。这两种方法分别称为旧式和新式。为了方便起见，接下来的页面中，旧式通常转换成新式。(原始文件中的日期可能没有更改)

“我也有办法使大炮方便携带，并使它们像暴风雨一样地抛射石头；大炮喷出的浓烟会使敌人感到极大的恐惧，使敌人混乱和损失惨重。”

“如果战斗发生在海上，我有办法建造许多能够进攻和防御的工具，以及能够抵抗最大的大炮、火药和烟雾攻击的船只。”

“此外，我还有办法悄无声息地挖掘地道和蜿蜒曲折的秘密通道，它们可以通达任何指定地点，即使要从壕沟或河流下面穿过。”

“此外，我还会制造安全、坚不可摧的装甲战车，这些战车带着火炮冲入敌群，将摧毁最大的武装人员，并且后面的步兵可以毫发无损。”

“此外，如果有必要的话，我会制作大炮、迫击炮和野战炮，外形美观实用，与常用的不同。”

“在不能使用大炮的地方，我将设计投石机、飞镖和投掷火的机器，以及其他超高效率但不常用的工具；总之，根据具体情况，我将设计各种各样的攻防战术。”

“在和平时期，在建筑学领域，我可以做到与其他任何人一样让您满意，包括设计公共和私人建筑以及水利工程方面。”

“此外，我还可以进行大理石、青铜或黏土的雕塑；同样地，在绘画艺术中，无论是谁，我都能做得和他一样好。”

“此外，我还可以制作铜马，这将是您父亲，尊敬的阁下以及著名的斯福尔扎家族不朽的荣耀和永恒荣誉的美好回忆。”

“如果任何人认为上述事情不可能或不可行，我愿意在您的公园或阁下选定的地方进行演示。我尽可能谦恭地向您推荐我自己。”

从这一非同寻常的引用中可以看出，莱昂纳多推荐了自己的三种能力。详细地说，首先，最重要的是，他是一名军事工程师；其次，作为一名建筑师和土木工程师，尤其是在水利方面，正如我们将看到的那样，输运的水包括了运输、灌溉、动力和生活的供水；第三，作为一个雕塑家和画家，画家排在最后的位置。

值得注意的是，洛伦佐・德・美第奇(Lorenzo de' Medici)是所有艺术的伟大赞助人，当时正处于权力的巅峰时期(他直到 1492 年才去世)。据记录显示，他没有鼓励这位已经被公认有前途的年轻人，而是允许他在另一位国王的宫廷中为自己的天赋寻找出路。但洛伦佐没有欣赏的那些很快就被洛多维科利用了，他邀请莱昂纳多加入他的事业。

在接下来的几年里，莱昂纳多致力于研究伦巴第平原的水利问题，并成为规划米兰大教堂穹顶的委员会成员之一。

1498 年，政治风云开始密布。在那一年，路易十二继承了法国的王位，并立即对米兰公国提出要求，米兰就坐落于此。1499 年 10 月 2 日，他率领军队进城，洛多维科和他的盟友已经逃离。莱昂纳多意识到自己在米兰的职业生涯已经结束，于是回到了自己的家乡佛罗伦萨。三年后的1502年,塞萨尔·博尔贾(Cesare Borgia)任命他为军事工程师,负责所有要塞,并宣布"我们领域的所有工程师都应与他协商并遵从他的命令"。

在任命莱昂纳多的委员会中,塞萨尔·博尔贾称他为"我们非常优秀和最喜爱的私人建筑师和总工程师,莱昂纳多·达·芬奇"。1480年,莱昂纳多将绘画列为其资历的最后一项,但在1502年,所有关于艺术的提法都消失了,莱昂纳多已成为"总工程师"。

塞萨尔·博尔贾(1478—1507),现已成为莱昂纳多的赞助人,是罗德里戈·博尔贾(Rodrigo Borgia)(官方称为教皇亚历山大六世)的亲生儿子。在入侵意大利时,路易十二将瓦伦提诺公爵领地交给塞萨尔,并成功地使其暂时成为一个独立的国家,以罗马涅(Romagna)和翁布里亚(Umbria)为基地。在执行塞萨尔的计划时,莱昂纳多发挥了自己的作用。

1503年,虽然塞萨尔失去了权力并被教皇朱利叶斯二世监禁,但莱昂纳多还是去了罗马。1506年,他回到佛罗伦萨,忙于从事水利工作。为此,他获得了使用圣克里斯托弗罗附近大运河12昂西[1]水的特许权,这项权利是他通过遗嘱中的一项条款处置的。

莱昂纳多在为几位赞助人服务时,得到了一份薪水。他的信中提到了这一点,其中一些信表明他有时会对付款感到焦虑。就工资而言,1508年7月至1509年4月期间,一份备忘录承认收到240斯库迪[2]和200弗罗林(florin),1弗罗林为49索尔迪[3],或约966美元。

1516年,法国的弗朗索瓦一世访问了米兰,这是他生命的最后阶段的开端。弗朗索瓦总是在找人来实现他活跃的头脑中曾经设想的许多项目。莱昂纳多是那种对他有吸引力的人,所以他带着莱昂纳多回到法国。1519年5月2日,莱昂纳多在安布瓦兹附近的克劳斯去世。在这几年里,他参与了一些弗朗索瓦最喜欢的运河计划。他的笔记提到了"连接图尔、昂布瓦斯和里昂的拟议运河",并包含了一份关于用以确定运河水位的一项实验的备忘录。这个实验是从卢瓦尔河谷到罗莫兰丁,通过一条"1布拉其[4]宽1布拉其深"的运河,这显然是一个测试渠道,用以确定水的流速。

关于他本人、他的作品、他的才智和天赋,莱昂纳多留下了自己的记录,供后面几代人学习和欣赏。但在我们谈到他的作品之前,先简单说说这个现实的人:他身材魁梧,体魄健壮,极具个人魅力。正如瓦萨里所说:"他所做的一切都给人留下了和谐、真实、善良、甜蜜和优雅的印象,这是任何其他人都无法相比的。"他的自画像(图2.1)很好地展示了他引人注目的面部和头。

1 oncia,复数为oncie,重量度量。——译者注

2 scudo,复数scudi,19世纪以前的意大利银币单位。——译者注

3 soldo,复数soldi,意大利铜币单位。——译者注

4 braccio,复数为braccia,古意大利长度单位。——译者注

图 2.1　莱昂纳多·达·芬奇的肖像

可能是自画像。皇宫，都灵（安德森）

莱昂纳多对自己的记录不仅在广度上，而且在揭示他的天赋和多重性格方面都是了不起的。

在不断变化的活动中，他抽出时间写下了正在做的事情和打算做的事情的完整笔记。虽然没有直接证据表明他是什么时候开始写作的，但很可能是1489年左右，当时他37岁。

在这些记录中，已知存有5 300多张。可以肯定的是，还有许多记录已经丢失，可能无法寻回，尽管对欧洲图书馆进行科学的重新整理和现代编目可能会发现其中一些记录以及其他丢失的珍宝。笔记记录在大小4英寸～12英寸长、3英寸～9英寸宽不等的页面上。

看起来，莱昂纳多随身携带着所有这些笔记，因为阿拉贡红衣主教的秘书于1517年晚些时候在昂布瓦斯拜访了莱昂纳多，这位秘书将他的记录描述为"我们亲眼所见的无穷无尽多的卷本"，这件事的性质是"公开后将非常有利可图"，这是莱昂纳多一生中唯一提到他们的地方。

这些手稿在他1518年4月24日的遗嘱中特别遗赠给他的朋友弗朗西斯科·梅尔齐(Francesco Melzi)，梅尔齐与他一起住在克劳斯(Cloux)，"作为对他过去所做服务和帮助的回报"。莱昂纳多去世后，梅尔齐将这些珍贵的手稿和藏书带到米兰，并积极地守护着它们，直到他1570年去世。之后，这些手稿和藏书开始扩散和遗失。梅尔齐的继承人允许家庭教师迪·阿索拉将十三卷书带到佛罗伦萨交给大公爵。由于没有卖掉，迪·阿索拉将这些书保留了一段时间。然后乔瓦尼·马岑塔代表迪·阿索拉将他们交还给了奥鲁齐奥·梅尔齐。这让梅尔齐大吃一惊，他把它们交给了马岑塔，说在他位于瓦普里奥的庄园的阁楼上，还有很多与它们相似的东西。听说了这件事后，有人申请了部分藏书。这些书的大部分，梅尔齐给了一位名叫庞贝·莱奥尼的雕塑家，他后来获得了13卷中的10卷，这些书是献给马岑塔的。剩下的三卷，其中一卷是作为红衣主教博罗密欧(Cardinal Borromeo)的礼物进入米兰的安布罗西亚图书馆(Ambrosian Library)。而另外两卷则丢失了。

莱奥尼将他那部分的手稿打乱，并与在梅尔齐庄园获得的其他纸张合并成一大卷，因其尺寸而被称为《大西洋手稿》(*Codice Atlantico*)。它包含402张图表和1 700多张画。1625年，这本书被卖给了加莱亚佐·阿科纳蒂伯爵(他得到了莱昂纳多的其他手稿)，他将整本书交给了安布罗西亚图书馆。为了这一捐赠，奥拉齐奥·阿金蒂在1674年又增加了一卷。在阿科纳蒂捐赠的12份手稿中，一份后来丢失，另一份被人拿走了。然而，后来发现，拿走的这份被现在称为特里瓦齐奥王子的人拥有。

1796年，拿破仑·波拿巴(Napoleon Bonaparte)率领军队进入米兰时，下令将安布罗西亚图书馆的手稿运往法国。《大西洋手稿》保存在国家图书馆，其他十二卷保存在法兰西学院图书馆中。1815 年,拿破仑下台后,有人要求归还被他没收的财产,《大西洋手稿》因此被归还给它的前主人安布罗西亚图书馆。由于一些疏忽,在法兰西学院的那些卷被忽视了,但它们仍然存在。虽然这些手稿和国家图书馆的两份手稿有些残缺,但仍有 2 200 页。

莱昂纳多手稿的其他部分则幸免于破坏：596 张在南肯辛顿博物馆;566 张在大英博物馆;温莎城堡皇家图书馆 566 张,以及霍尔坎厅莱斯特伯爵图书馆 72 张。在米兰、罗马、都灵、佛罗伦萨、威尼斯和其他地方都可以找到零星纸片。想更详细地了解这些文件的历史、出处和位置的人可以在《达·芬奇笔记》(*Leonardo da Vinci's Note-Books*)(爱德华·麦柯迪,1923)和《达·芬奇手稿 I》(*Manoscritti di Leonardo da Vinci*)(杰罗拉莫·卡尔维博士)中找到更多信息。这些手稿的大部分都是用摹本复制的,文字则被转换为现代意大利语。

莱昂纳多没有写任何一本书,尽管他在大篇幅的书页上散布的笔记似乎表明他打算写几本书,但莱斯特(Leicester)手稿本身就构成了一本关于水流动的书的基础。

这些手稿的物理特性是独特的,非常有趣。莱昂纳多是左撇子,从右到左写作,这是一个左撇子的正常方式。这种写入被称为镜像写入,通过把纸放在镜子前面就可以很方便地进行读取。毫无疑问,这些文本是无序的,是根据他突发的想法写下来的,尽管关于解剖学的文本,特别是构成温莎收藏主要部分的图纸,是必须直接从相关的主题而来的。这些笔记被严格地浓缩和系统地缩写。例如,莱昂纳多既不使用标点符号,也不使用重音,经常将几个短单词组合成一个长单词,偶尔将长单词分成两个短单词。他用了一种简化的句法拼写,如元音上的水平线,表示后面跟着一个 m 或 n,此外还有偏移的短形式。他用象形符号将意大利语中经常出现的字母组合在一起,如 pr 或 per、di、br、ver、ser 等。这些符号出现在所代表的字母出现的地方。以 perche 或 sopra 为例,per 或 pr 的象形符号是直接写在 che 后面,或者插入 so 和 a 之间。

为了增加阅读的混乱和困难,他偶尔会插入与相邻文本无关的绘图和计算。笔记并不总是横排的,而是写在有空白的地方。因此,即使将文字颠倒之后、将缩略语扩展,并且整体以现代形式呈现,许多笔记仍然无法理解。

注释用手绘或草图进行了充分说明。有些是精心制作的,尤其是那些显示肌肉和部分人体的草图,但许多只是图表,既不按标度也不按比例。尽管有一些是彩色的,但大多数是用钢笔和墨水写的,其中一些有画笔刷的痕迹。这些注释的一个迷人特征是随意插入的一个头部、人物或花朵的素描,十分优雅,表明当他的头脑专注于一些深奥的问题时,他的手会暂时自由和放松。图 2.2 所示的典型手稿页面显示了他独特的书写方式：一个几何图形、一种焊接铅板以形成屋顶的方法,以及完全无关的一束三色堇的绘画。

图 2.2　一页典型的莱昂纳多手稿

莱昂纳多认识到其他人在解读他的笔记时会遇到困难，此外，他知道，在脑海中快速记下想法时，他会重复自己的话。在大英博物馆的阿伦德尔手稿中，他在开场白中写道(1508年3月22日，佛罗伦萨)："这将是一个没有顺序的集合，由许多张纸组成。我希望以后根据它们的主题将它们安排在适当的位置。我相信在我写完之前，我会多次重复同一件事。因此，读者啊，不要怪我，因为主题太多，记忆无法全部记住它们。"

这些页面在人类的疏忽、大火和时间的蹂躏下幸存了下来，通过对这些手写的页面的研究，我们可以了解到莱昂纳多的活动和天才。我们将他视为画家、雕塑家、作家、音乐家、民用和军用工程师、建筑师、哲学家、地质学家、古生物学家、植物学家、解剖学家、天文学家、光学家和纯粹的科学家。在这些各行各业中，他不是一个业余爱好者：他与这一时期的任何大师都不相上下，在与纯科学及其应用有关的活动中，他不仅大大优于同时代人和前人，而且比他所处的时代早了一百到两百年。他可能感觉到了这一点，因为从他生前唯一一次，即对阿拉贡红衣主教的秘书(如前所述)提到他的著作，可以清楚地看出，他把笔记留给了自己。瓦萨里在他广受赞赏的《生命》中，不得不补充说莱昂纳多开始了许多他从未完成的项目，由此可知同时代人对他的了解是多么少。瓦萨里知道这些手稿，并特别提到了那些关于人体结构的手稿，但他可能从未仔细研究过这些手稿。

尽管笔记中大部分内容涉及的是工程学以外的学科，但如果我们要进行评估，衡量他的智力，了解他所探索的活动领域的数量，就必须考虑到所有这些。

到目前为止，这些笔记几乎都已被转录和翻译，但它们的数量的庞大和分散阻碍了研究，如果只把特定主题(如绘画)的笔记汇集在一起，就无法与莱昂纳多在其他学科上的论述进行比较。因此，我们从莱昂纳多感兴趣的每个领域收集了一些摘录，以说明他的推理、方法和技巧。

他的解读者已将这些简明的作品翻译成现代意大利语，并根据语境要求使用标点符号、大写字母和分隔符。这些作品又从意大利语被翻译成其他语言。本书遵循了经核准的翻译体系使读者能够理解这些注释。

开本的编号是给定的，无论是右页还是左页。

莱昂纳多对自己作品的评论有双重吸引力——它的文学价值和贯穿其中的科学研究线索：

"我完全意识到，作为一个不懂文学的人，某些专横的人认为他们可以合理地指责我，声称我不是一个文人。愚蠢的自夸！难道他们不知道我会像马吕斯反驳罗马贵族那样，说'那些用别人的劳动果实装扮自己的人不会允许我自己劳动吗？'虽然我可能无法像他们一样引用其他作家的话，但我依靠的是那些更伟大、更有价值的东西，我依靠的是经验，是他们主人的女主人。他们趾高气扬地出去，穿着华丽的衣服，所用的装饰着不是自己而是别人劳动的果实。他们会嘲笑我是一个发明家，但他们更应该受到指责，因为他们不是发明家，而是吹嘘和宣扬他人作品的人。许多人会认为，他们可能会合理地指责我，声称我的原则与某些人的权威相对立，这些人因缺乏经验的判断而受到最崇高的尊重，而没有考虑到我的作品是纯粹和简单的经验问题，这才是真正的女主人。这些规则足以让你明辨是非，这有助于男人只寻找可能的事情，并且要适度。”

“既然走在我前面的人把每一个有用或必要的主题都当成了自己的主题，我就找不到任何特别有用或令人愉悦的主题——我必须像一个穷人一样，在集市上走到最后，除了拿走其他买主已经看到的、没有拿走的、但由于价值较低而拒绝接受的所有东西之外，找不到其他养活自己的方式。”

“然后，我会把这些被鄙视和拒绝的商品装进我卑微的背包，这些商品是这么多买家拒绝的，我将着手将其分销到更贫穷的城镇，而不是大城市，因为我提供的商品可能值这么多。”

这些简短、敏锐但不失谦逊的摘录说明了他对自己的评价，以及我们选中的更广泛的摘录。他把自己说成是发明家，这是一个从最广泛的意义上理解的词——一个寻求新事物的人。在他感兴趣的众多领域中，他没有声称自己是第一个探索其中任何一个领域的人，因为他坦率地承认，在他之前，其他人都在处理每一个有用的主题。他承诺要做的是自己调查前人制定的理论和教条，并通过认真地实验来区分真假。

在这一点上，这位科学家受到了这样一个原则的启发，即不接受任何东西是最终的，直到它被严格的实验或持续的经验所证明。莱昂纳多的结论不是基于演绎，而是基于实际经验，他独树一帜，远远领先于之前的人，也领先于他同时代的人，也因为如此超前，以至于人类社会在知识和应用科学积累到他的智力所确立的标志线之前还需要经过几代人。他犯的错误是不可避免的，他有时没有把糠秕和小麦区分开来是真的，但考虑到他的调查范围很广，这些失败很容易被原谅，人们记得，他完成了任何人都没有尝试过的去建立一个健全的严谨推理的思维方式的基础。

他的论点是实验性的，其主线贯穿于他的作品的每一部分，无论是关于艺术还是科学的某个阶段。

他认为，知识是一组事实，其真理和存在可以用理性的方法来确定，因此他一直坚持实验。经常会有建议“试试这个”或“试试那个”：调查备忘录，如“让法齐奥先生展示他的比例”；“做一下法国人梅塞尔·乔瓦尼(Messer Giovanni)向我承诺的太阳测量”；“试着把维托琳(Vitolene)带到帕维亚(Pavia)的图书馆，那里专门研究数学。”

像真正的科学家一样，他已完全意识到单次实验的危险性。他曾写道：“在从具体案例中推断出一般规则之前，重复两到三次实验，观察实验是否总是得出相同的结果。”

无论是关于力学的一些深奥问题，还是关于在绘画艺术中产生所需要的视觉效果的方法，他所有作品中的基本思想都存在着一些固定且可证明的规律。这可以用下面摘录的话语清楚地表明："不要让不是数学家的人读我书中的元素。"

由于他关于哲学主题的笔记最能揭示人的本质，因此将首先进行介绍。要知道，这些笔记是零碎的，分散在其他主题的著作中，但这种简洁和超脱的风格使它们像放在不相关物质中的切割良好但未镶嵌的宝石一样闪闪发光。

工作是他关注的永恒的主题，值得向上帝表达所有的赞扬，只要它是持续的工作并得到上帝的良好的指导。

"神啊，你以劳碌为价，将各种美好的事物卖给我们。"

"避免那些产生的工作会与工作者一同死亡的研究。"

正如他赞扬工作一样，他憎恶懒惰："铁因不用而生锈；死水失去了纯净，在寒冷的天气里会结冰；即使如此，不作为也会削弱心灵的活力。"

像所有忙碌的人一样，他发现时间充裕，因为他说过："充实的生命是漫长的"；"正如一天过得好能带来幸福的睡眠一样，一辈子过得好能带来幸福的死亡。"

"人们错误地哀叹时间的流逝，指责时间过快，没有意识到时间的长度已经足够。"

持有这样的观点，他不可避免地相信直接了当的行动："谁要去抓住蛇的尾巴，谁就会被它咬。"

"我劝你，运气来的时候，你要在前面紧紧抓住她，因为她后面是光秃秃的。"

凭借对经验和实验的坚定信任，他意识到除非使用正确的判断，否则直接行动是危险的，因为他给出了警告："让他预见灾难，因为灾难是根据年轻人的建议来决定它的路线的。"

"我们不乏系统或装置来衡量和分发这些不幸的日子；在这些日子里，应该感到高兴的是，它们没有被浪费，也没有被白白地打发走，没有荣誉感，也没有在人们的心中留下任何关于它们的记录。"

"年轻时，获得那些可能会补偿你因年老而失去的东西；如果你意识到老年有智慧作为食物，你就会在年轻时努力工作，使你的老年不再缺乏营养。"

由于他所说的一切工作都是建立在不可改变的自然法则基础上的，任何虚假的东西都在最大程度上冒犯了他，所以他写道："虚假是如此卑鄙，虽然应该赞美上帝的伟大作品，但却违背了他的神性。真理是如此优秀，如果它赞美最卑鄙的东西，它们就会变得高尚。"

对他来说，成就本身就是目的，而不是获取财富的手段。

为强调这一理念，有许多注释，这是其中一个例子：

"不要把可能失去的财富称为财富；美德是我们真正的财富，是其拥有者的真正回报。它不会失去；除非生命本身首先离开我们，否则它不会抛弃我们。至于财产和物质财富，要时刻警惕，它们往往让拥有者蒙羞，财富的拥有者会因为失去了它们而受到嘲笑。”

因为工作本身而热爱工作，不断寻求新的真理，生活对莱昂纳多来说是一种永无止境的快乐：

“不珍惜生命的人不配拥有生命。”

“啊，睡觉的人，什么是睡眠？睡眠是死亡的象征。哦，为什么不让你的工作成为死后不朽的象征；就像你在生命中睡得像不幸的死人一样。”

“当我以为我在学习如何生活的时候，我一直在学习如何死亡。”

他在动物学方面的工作使他爱上了所有的动物，他经常将动物与人类进行比较，但并不总是对后者有利：

“人有极大的言语能力，但其中很大一部分是空虚和欺骗性的。动物虽然很少，但却是有用和真实的；小而确定的东西，胜过大的谎言。”

莱昂纳多最广为人知的作品是他的绘画笔记。拉斐洛·特里谢·杜·弗雷斯内(Rafaello Trichet du Fresne)是第一个将其收集成一卷的人，《绘画专论》(*Trattato della pittura*, 1651)。这本书的出版让很多人相信，莱昂纳多写了这样一本书，但毫无疑问，尽管他打算写这本书，也打算写其他主题的书，但是他只做了笔记。杜·弗雷斯内的作品已被翻译成多种语言，并已有过多个版本。随着莱昂纳多新材料的曝光，其他作家也不时编辑类似的专题论文。把这些零散的笔记不做任何增删地汇集成一本书，大大助长了莱昂纳多主要(如果不是全部)是一位艺术家的神话。

艺术对莱昂纳多来说是一门科学，就像科学对他来说是一门艺术一样。他承认，前者不可撤销地受到固定规则的约束，后者因追求真理和理解自然规律而光芒四射。

他说，正确的绘画必须先于正确的艺术作品，因此，在正确绘画之前，必须有透视知识。他写道："透视是绘画艺术的最佳指南。"在这个主题思想上，他创立了自己的艺术论。他用数学方法发展了透视定律，包括消失点和收敛线；并展示了如果需要距离感，所有物体的大小就都应该减小。

他解释了阴影的性质、颜色的研磨和混合、用品的准备以及所有的实际细节。他指出，黑色和白色不是颜色，但第一种只是没有颜色，第二种是所有颜色的混合。他反驳了之前的权威——里昂·巴蒂斯塔·阿尔贝蒂，他说，黑色和白色不仅是真实的颜色，而且与其他颜色不同。莱昂纳多通过分析太阳光谱得出了他的结论，他正确地将其推理为白光的分解。

在他的光学研究中，莱昂纳多研究了彩虹，在彩虹中他看到了从红色到紫色的所有颜色，但由于他不愿意接受任何基于单个实验的假设，他觉得太阳或眼睛与彩虹之间可能存在某种联系，这会产生彩虹的外观，而不是光中构成有色元素分离的现实。

因此，他制作并记录了一个简单但令人信服的实验，以证明彩色结果是真实的，而不是大气中的某些把戏。

这个实验包括在眼睛和漫射光之间拿一个装满水的玻璃杯。即使太阳光没有直接落在玻璃上，粗糙玻璃中的每个气泡都会显示彩虹的颜色。这些颜色不是眼睛本身产生的，他通过放置玻璃证明了这一点，使落在玻璃上的阳光能够传输到深色地板的一个点上。他说，这些颜色会出现在地板上，从而消除了眼睛的任何直接动作。气泡和水的作用就像棱镜。

关于绘画和绘画科学（不是艺术），他写道：

“绘画是所有可见的自然作品的唯一模仿者，如果你鄙视它，那么你肯定会鄙视一种微妙的发明，这种发明通过哲学和巧妙的思考，以各种形式、气氛和场景、植物、动物、草和花为主题，周围有光和影。这确实是一门科学，是天生的自然之女，因为绘画是大自然的产物。但更准确地说，绘画可以称为大自然的子孙；因为所有可见的事物都源于自然，而绘画就是从这些事物中诞生的。”

对于他自己的艺术作品以及绘画和雕塑这两个伟大分支的相对优点，他留下了这一非同寻常的评论：

“我练习雕塑艺术的程度并不亚于绘画艺术，应该说是同等程度的，在我看来，我可以公平大胆地提出一个观点，即这两种艺术中，哪一种更具智慧，哪一种更困难，哪一种更完美。首先，雕塑依赖于某些光线，即来自上方的光线，而一幅画到处都有自己的明暗；因此，明暗对雕塑至关重要。在这方面，雕塑家借助浮雕会自动产生这些明暗线条的性质，但画家通过他的艺术在自然通常会产生明暗的地方人为地创造它们。雕塑家无法表现物体颜色的不同特质，而绘画却可以。雕塑家的透视线似乎根本不真实；那些画家的作品似乎超出了作品本身一百英里。”

“它（雕塑）的一个优点是对时间有更大的抵抗力；然而，如果在覆盖着白色珐琅的厚铜板上作画，然后涂上珐琅颜色，然后放在火中熔化，绘画也会产生类似的抵抗力。在永恒的程度上，它甚至超过了雕塑。”

“虽然青铜雕塑不会腐朽，但这用铜和珐琅绘制的幅画却是绝对永恒的；我已经提到过，虽然青铜色仍然是暗色和粗糙的，但它充满了无限多样和可爱的颜色。当然，如果你想让我只谈画板画，我很乐意在它和雕塑之间给出一个观点，即绘画更美丽、更富有想象力、资源更丰富，而雕塑除了更经久耐用外在其他方面并不胜出。雕塑毫不费力地揭示了它的本质；绘画似乎是一种神奇的东西，使无形的东西变得有形，以浮雕呈现出扁平的东西，在近在咫尺的地方呈现出远处的东西。事实上，绘画被无限的可能性装饰着，而雕塑却无法利用这些可能性。”

另外，他指出，作为雕塑的另一种局限，“雕塑家不能表现透明或发光的东西”。

在给未来画家的建议中，他提道："画家通过眼睛的实践和判断进行绘画，而不是用理性，就像镜子一样，要在自己内部复制与之相对的所有物体，而不知道这些物体。"

莱昂纳多是一位解剖学家，有人说他学习解剖学是为了在艺术上完善自己，不妨说他练习绘画是为了传达他的解剖学知识。正如他成为地质学家和古生物学家一样，他在解剖人体和许多其他动物的身体方面变得很熟练，因为他渴望了解所有自然事物。但在研究解剖学之后，他意识到了它的危险性和对艺术家的帮助：

"哦，精通解剖学的画家，虽然你渴望让裸体人物揭示他们所有的情感，但要小心不要过度突出骨骼、肌腱和肌肉，这样会使你成为一名木雕画家。如果你想解决这个问题，就应该考虑老年人或瘦人的肌肉以何种方式覆盖骨骼，并进一步注意这些肌肉填充骨骼之间表面空间的原理。要注意，这些肌肉在任何程度的肥胖中都不会失去其突出性，哪怕是一点点肌肉的迹象，也会让肌腱无法分辨。"

"对于画家来说，为了能够将四肢正确地塑造成它们可以在裸体中表现的位置和动作，有必要了解肌腱、骨骼、肌肉和腱(而不是四肢上的其他部分)的解剖结构，以便了解哪些肌腱或肌肉是各种不同运动的原因，并且只使这些肌肉突出和增厚，因为许多人为了把自己表现为伟大的绘画者，把他们的裸体画得很呆板，没有优雅的样子，这样，你看到的似乎是一袋坚果而不是人形，或者是一捆萝卜而不是裸体的肌肉。"

在莱昂纳多探讨的许多主题中，解剖学在他的笔记中占据了比其他任何主题都多的位置。有充分的证据表明，他打算写一本关于这个主题以及一本关于绘画的书，但他的思想的洪流使他没有闲暇或机会创作这两本书。他的大部分解剖笔记都在温莎藏品中的莱昂纳多卷中，但在其他藏品中也有一些片段，尤其是在法兰西学院(Institut de France)的卷中。虽然人们早就知道这些内容丰富且重要的材料的存在，但直到最近几年，这些图版才被复制出来，文字也被转录出来，学者们才能够轻松地研究莱昂纳多写了什么，并推断出他在何处以及在何种程度上推动了这门科学。因此，华盛顿卡内基研究所于1930年发表了一篇权威评论，这是同类评论中的第一篇，题为《解剖学家莱昂纳多·达·芬奇》，作者是J.普莱费尔·麦克莫里奇(J. Playfair McMurrich)博士。

解剖学，或研究人和其他动物构架的学科，是一门非常古老的科学。外科手术在很久以前就有了，也经常做解剖，甚至进行尸检。由于缺乏仪器，尤其是显微镜，以及对身体器官功能的理解，即使经过数百年的研究，这门学科仍然笼罩在不确定性和无知之中。在基督教时代的第二个世纪，盖伦编纂了当时存在的知识。但是，正如麦克莫里奇博士所指出的那样，在之后的1 300年里，这门学科不仅没有任何进展，而且确实出现了倒退。事实上，如果不是因为阿拉伯学术研究(只有阿拉伯学术研究对希腊人的哲学有很大的鉴赏力)，盖伦的作品可能已经丢失，欧洲在复兴之时将被迫从头开始重建整个学科。

莱昂纳多并不是盖伦之后第一个进行这项研究的欧洲人。早在 1306 年，博洛尼亚大学就在校长的领导下建立了一个医学院，从那时到莱昂纳多时代，他们写了很多东西。其中一些作品已出版，但所有插图都具有粗糙、不准确和传统的特点。由于医学界对莱昂纳多精确绘制解剖学对象的方法一无所知，这种图解表示方法一直持续到 16 世纪末。图 2.3 展示了莱昂纳多记录他对人和野兽的研究技巧。

莱昂纳多对解剖学的杰出贡献是他的艺术技巧、对力学的理解和对科学真理的渴望。通过艺术技巧，他画出了身体的各个部分，因为他认为他以真正的关系和比例看到了他们。他的机械本能使他去探寻这些部分为什么以及如何工作。他并不满足于知道一些部分是骨骼，一些是肌肉，其他部分有各种特殊功能(例如消化食物)。他问自己的是肌肉如何举起手臂，或者胃如何消化食物和排出废物。这是他探索的方式和原因。为了回答这些问题，他转向了研究和实验的习惯做法。正如麦克莫里奇博士很好地总结了这个案例(他的结论同样适用于莱昂纳多研究的纯科学和应用科学的每个分支)：莱昂纳多的知识分子原则“引导他在科学研究中超越了人文主义者的方法，超越了他们对古典权威的依赖，走向了现代的观察和演绎方法”。当时的人文主义者指责莱昂纳多没有文字，他也为自己做了激情澎湃的辩护(参见前文)。

莱昂纳多从生命的初始即胚胎，开始研究，他一直跟踪研究胚胎的生长，直到它作为一个孩子出生。他研究了心脏、肺、喉咙、胃和其他器官的手术。他解剖了眼睛，确定了视网膜、晶状体和神经的组成和用途，以及后者如何将视觉行为传递给大脑，从而转化为视觉。

在温莎收藏中，他对解剖学做了一个概述，显然是作为他想写的书的开头部分。全文引用如下：

“我对人体的这一插图将向你展示，除非你面前有一个真正的人，否则你不会有其他更明智的选择。原因是，如果你们想彻底了解被解剖的人的身体部位，你们必须转动他或你的眼睛，从不同的角度，从下面、上面和侧面检查他、转动他并调查每个部分的起源，这样，自然解剖才能满足你对知识的需求。但是你必须知道，这样的知识并不会让你满意，因为潘尼丘利(pannichuli)[通常用于膜，但也特别适用于心脏的房室静脉(麦克莫里奇)]与静脉、动脉、神经、肌腱、肌肉、骨骼和血液的混合物造成了极大的混乱，这些血液的每个部分都有相同的颜色；静脉里的血没有了，因为缩小而无法辨认；潘尼丘利的完整性在寻找包含在其内部的那些部分时被破坏，它们是透明的、与血液同色，由于颜色与血色相似将使你无法识别它们覆盖的部分，并且你不可能在不搞混和破坏另一个的前提下了解其中一个。因此，有必要进行几次解剖，其中需要 3 次获得静脉和动脉的完整知识(非常费力地破坏所有剩余的部分)，3 次获得潘尼丘利的知识，3 次获得肌腱、肌肉和韧带的知识，3 次获得骨骼和软骨的知识，3 次获得骨骼的解

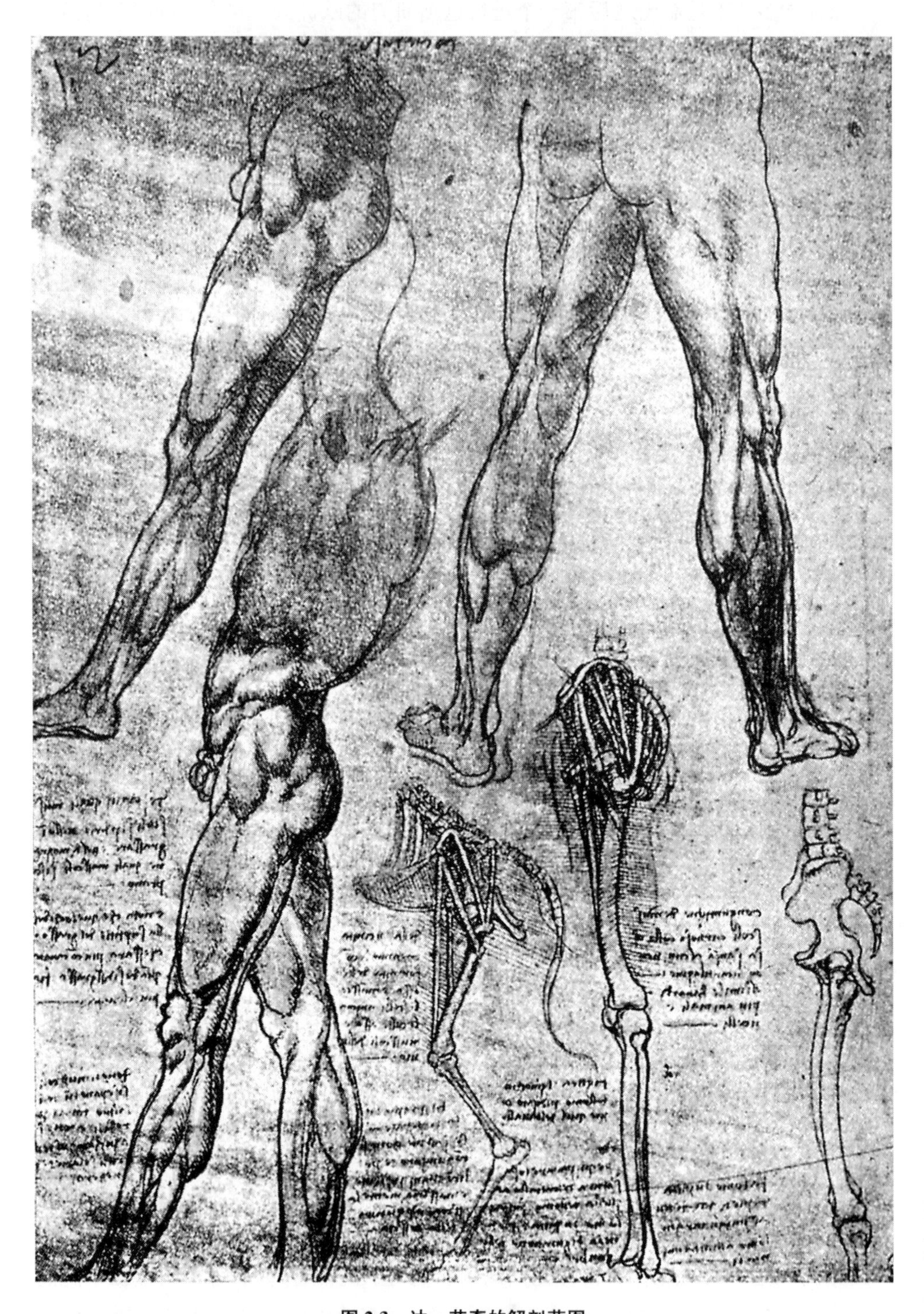

图 2.3　达·芬奇的解剖草图

摘自《莱昂纳多·达·芬奇的解剖笔记本》(克里斯蒂娜,1911—1916)

剖学知识[必须锯穿并证明哪些是穿孔的哪些不是，哪些是髓质的，哪些是海绵状的，哪些(从外面到里面)是厚的，哪些是薄的，哪些是这些特性都有的]；所有这些有时会在同一块骨头里找到，有一块骨头一个也没有。还有3次你必须考虑女性，考虑到子宫和胎儿，她身上有很大的奥秘。”

“因此，通过我的设计，每一部分和每一个整体都将通过展示其三个不同方面而为你所知。例如，除非你手中有相同的部分，当你从前面看到一个部分的神经、肌腱和静脉来自另一侧时，应当通过侧面旋转或从后面旋转向你展示同一个部分，并逐点旋转直到你完全了解你想知道的。因此，人的形状也将在每一部分的三四次展示中，通过不同的方向，呈现在你面前，这样你就可以真正和充分地了解你想知道的。”

本书不涉及莱昂纳多解剖学工作的细节，只是要指出，这是他的智慧深深渗透到的许多科学实践和活动领域之一。然而，他在解剖学方面的成就是如此之多，如此引人注目，如果这些成就被发表的话，将会是如此具有革命性，以至于为了公正地对待他，至少必须对重要的成就进行简要总结。如前所述，他是第一个在描绘中引入准确性的人，第一个寻求涉及身体部分和器官动作的力学原理的人，第一个用实验代替经验性和无支持的推理的人。他从这个前沿阵地上把他的学术研究推向了更广泛的领域。

在他之前，对人类骨骼的所有描述都是图解式的。莱昂纳多以正确的比例绘制了它的所有部分，显示“脊柱弯曲，骶骨倾斜，躯干的重量直接作用于下肢，肋骨倾斜弯曲，这对于正确理解呼吸力学至关重要。简而言之，他是第一个认识到直立姿势对骨骼所要求的静态和动态条件的人，不仅如此，他还提前几个世纪预见了最终确认的骨盆正确位置”。

大脑和心脏被莱昂纳多视为生命和行动的中心，因此受到了广泛关注。为了研究大脑和与其相关的神经，他垂直和水平地锯开了头部，绘制了他所发现的东西的详细图纸，还描绘了脑室。其中最后一个细节让他成为早了300年的先驱。

他在大脑室的角上开了两个气孔，在记忆的脑室上开了一个孔，用注射器把融化的蜡挤了进去。“但首先，”他警告说，“把小管子放进气孔里，这样这些脑室里的空气就可以逸出，给蜡留出空间。”然后，“当蜡凝固后，分开大脑，你会清楚地看到三个脑室的形状。”

他也在一个仍然附在头盖骨中的大脑上进行了这项实验。在这种情况下，通过在颅底钻一个孔注入蜡，他记录了第四脑室的观察结果，第四脑室是所有提供触觉的神经的连接处。

在他的头骨研究中，他检查了眼睛、耳朵和鼻子的功能，描述了额窦和蝶窦，并发现了甲状腺。也许可以说他重新发现了这个腺体(更接近正确)，因为盖伦显然知道这个重要的腺体，尽管在莱昂纳多再次发现它之前，它被忽视了，被完全遗忘了。

他对心脏进行了仔细检查，差一点发现血液循环的原理。因为一个基本错误，他没有发现这一点。虽然他是现代主义者，总是鼓吹和实践实验，但他不能完全摆脱传统。盖伦提出了一个心脏活动理论，所有学生都遵循这个理论，没有提出任何问题。虽然莱昂纳多做了很多独创性的工作，但他也没有完全拒绝盖伦的理论。如果他这样做了，这一伟大发现的功劳就归于他，而不是威廉·哈维（William Harvey，1578—1657）。

循环学科的一个非常重要的文献描述了动脉硬化。莱昂纳多写道："没有发烧的老年人的死亡是由静脉引起的，静脉壁变得很厚，收缩，不再给血液提供通道。"

除非他对循环有明确的想法，否则他做上述记录几乎是不可想象的。

为了阐明自己的观点，莱昂纳多经常求助于力学进行比较插图，有时他会做出相互矛盾的推论。他关于解剖学和动力学与心脏活动的密切相关的推理都在注释中。例如，他说，耳郭是可膨胀的，以接受血液运动的冲击。"如果这样的冲击没有找到一个可以扩展的地方来消耗能量，那么被冲击的地方就会在短时间内被破坏；这告诉我们，在船只两侧放置成捆的羊毛或棉花来抵抗敌人迫击炮的射击的价值。"

但他并没有局限于人体解剖学。他制订了一个计划，将"类人猿之类"的肠道与人类的肠道进行比较；接下来，看看"狮子类"，牛，最后，鸟类与人类有什么不同。他提议以"研究的方式"安排这一描述。他完成了大部分工作，尤其是与感官有关的部分：

"我发现，与动物的身体相比，在人体的构成中，感觉器官更迟钝和粗糙。因此，它是由不那么巧妙的工具和不够宽敞的接收感官的空间组成的。我在狮子中看到，嗅觉与大脑的部分物质有关，这些物质从鼻孔下来，形成嗅觉的宽敞容器，嗅觉通过大量软骨小泡进入，有几个通道通向大脑。狮子头部的很大一部分是眼窝，视神经与大脑沟通；但相反的是，在人类身上，因为眼窝只是头部的一小部分，视神经非常细、长、弱，它们的功能很弱，因此我们在白天视力很好，但在晚上却很糟糕，而动物在白天和晚上都能看得很清楚。它们能看到的证据是它们在夜间觅食而在白天睡觉，夜间活动的鸟类也是如此。"

他仔细解剖了鸟类的眼睛，并绘制了一张图表来记录他的观察结果：

"当鸟的眼睛用两个眼睑闭上时，先闭上的是从泪道到眼角的缝隙膜，外眼睑从下往上关闭，这两个交叉运动首先从泪道开始，因为我们已经知道鸟类在前方和下方受到保护，只使用眼睛的上部以避免从上方和后方来的猛禽的威胁；他们首先从外角揭开薄膜，因为如果敌人从后面来，他们就能逃到前面。再说一次，被称为瞬膜的肌肉是透明的，因为如果眼睛没有这样一个屏幕，它们就无法在快速飞行时顶住迎风的冲击。当看到较小或较大的光线时，瞳孔会扩张和收缩。"毫无疑问，莱昂纳多不仅是他那个时代的顶尖解剖学家，而且，正如麦克默里博士所说，他是世界上最伟大的解剖学家之一。

不幸的是，他的笔记没有以任何形式发表，甚至在他有生之年也没有公开。他死后，这些笔记落入了那些不理解它们的人手中，因此对它们的价值一无所知。即使在残存的部分被存放在公共图书馆之后，阅读的困难也阻止了可能对其进行的检查。因此，莱昂纳多奠定的可能会从中取得广泛进展的坚实基础，被世人遗忘了。多年后，他的发现一个接一个地被其他解剖学家重新发现。

与他在动物学方面的工作密切相关的是植物学。植物是活的、生长中的有机体，在其生命和生长中体现出自然规律。莱昂纳多知道大自然的行为从来不是随意的，而是有明确目的的，因此，植物引起了他的研究兴趣。他对它们进行了仔细而准确的研究。在他之前没有人这样做过，莱昂纳多可以被认为是第一个将植物学视为一门科学的人。

他的第一个重大贡献是解释了叶子在茎上的排列，现在称为叶序。他观察到，芽出现在叶腋，其明确目的是为成熟的果实提供水分，因为"水分可以……通过将水滴保持在叶根的凹陷处来滋养芽"。他指出叶子的排列是系统规律的，他描述了发生的几种序列。在这方面，他预见了 18 世纪和 19 世纪植物学家的工作。这种叶子的排列通常是螺旋形的，在大多数情况下，每个序列中的第六片叶子会在第一片叶子上面。这样的排列允许空气在树叶之间流动，落在一根树枝上的水滴会落在其他树枝的第四或第六片叶子上（这取决于螺旋顺序），并且一片叶子会尽可能少地遮住另一片叶子。

他正确地指出，如果树枝排列均匀、没有损坏，而且已知树木的螺旋排列，就有可能通过树枝来确定树龄。从这个假设中，他很容易地得出了他的第二大基本定律：树的年龄可以通过横截面上出现的年轮数来准确地判断，每年增加一个年轮。当他研究这些环时，他观察到它们的间距有相当大的不规则性。为了解释这一点，他推导出了正确的解释：南向的年轮比北向的年轮更厚，因为太阳对前者的影响大于后者，因此当被研究的是树的一部分时，树的姿势可以用于定向。在许多树木中，一个完整的年轮会比其相邻的年轮厚或薄，有时连续几年都很明显。水分和阳光是植物生长中最重要的因素，虽然前者影响一个年轮的部分，但根据降雨的过量或不足周期，水分量决定了每个年轮作为一个整体（或多个年轮）的厚度。华盛顿卡内基研究所遵循莱昂纳多提出的基本理论，将植物生长与季节性变化之间的联系作为科学研究的主题。

莱昂纳多对动植物的兴趣并没有停留在实例上。动植物在岩石中的化石遗骸也强烈地激发了他的想象力。关于这些遗迹的知识现在被称为古生物学，其基础直到 18 世纪末 19 世纪初才奠定。第一步是由英国工程师威廉·史密斯（William Smith）引领的，他负责建造肯尼特—埃文运河。在挖掘这条运河时，史密斯先生观察到，不同种类的化石遗骸分别局限在地质成分明显不同的岩石地层中。这些观察结果是由法国著名科学家乔治·库维尔(Georges Cuvier)提出的,他通过对岩石性质和所含动植物化石的变化的研究,形成了地质学的基本科学理论。但是,在这些人向世界提供一门研究地壳及其各部分相互关系的新科学的四百多年前,莱昂纳多·达·芬奇也做了同样的事情。古生物学之父的头衔属于他,他在这一领域的工作与解剖学一样先进,甚至比在艺术领域更先进,因为在艺术方面他有同龄人,而在其他两个领域他几乎是孤军奋战。

关于太阳系的组成,有很多知识在原则上是正确的。在16世纪初,人们假设太阳是地球和其他可见行星围绕其旋转的中心,所有这些天体都被认为是球形的。莱昂纳多接受了这一观点,尽管这是一种在下个世纪对伽利略进行严厉惩罚的观点。他还知道地球的轨迹是椭圆的,地轴倾斜于旋转平面。他对月球上的标记特别感兴趣,尽管当时还不知道望远镜,但在一个奇异且无法解释的注释中他提到了构建"放大月球的眼镜"。

与现代科学相比,对地球与太阳、月亮与地球关系的有限认识是对这门学科理解的限度。对太阳和月亮的组成一无所知,对地球本身的组成知之甚少,以至于其总和可以忽略不计。地球从诞生之日起的年龄被普遍而任意地定为大约5 000年。没有人质疑这一结论,因为没有人有任何信息或前提作为质疑的基础。

然而,当莱昂纳多在他的古生物学研究中把他敏锐的推理能力转向地壳的结构和年龄时,他立刻发现,自地壳形成以来,已经远远超过了5 000年。"不可能,"他喊道,"地球只有5 000年的历史,因为仅阿诺平原的地表就花了20多万年的时间才形成,而且它们相对来说是现代的。"

化石动植物遗骸的存在和广泛分布是众所周知的,但它们的存在和位置归因于诺亚洪水的作用。当莱昂纳多开始研究它们时,他很快意识到这是不可能的。"大自然,"他说,"从不违背自己的法则。"他否认曾经有过这样的洪水,他这样推理:

"雨是普遍的,它会覆盖我们的地球,地球是球形的。这个球面在每个部分都离球体的中心等距;因此,水的球体处于相同的条件下,水不可能在它上面移动,因为水本身不会移动,除非它落下来;因此,如果证实没有运动,那么这种洪水的水域怎么可能离开呢?如果它离开了,除非它向上移动,否则它怎么能移动呢?这里缺乏自然原因;为了消除这种疑虑,有必要创造奇迹来帮助我们,或者说,所有这些水都被太阳的热量蒸发了。"

关于普遍认为化石贝壳是因为洪水而沉积的观点,他认为:

"如果你相信,我的回答是,那些一直生活在海岸附近的贝壳应该留在山上;而不是离山脚不远;也不是在一个层面上,也不是一层又一层叠起来的。如果你说这些贝壳总是要留在海边附近，当海的高度上升时，贝壳离开了它们最初的家，并随着海水的上升而达到最高水位；对于这一点，我的回答是，鸟蛤是一种活动速度不比蜗牛出水快甚至稍慢的动物，因为它不会游泳；相反，它通过身体的侧面在沙子上形成一条沟，在这条沟里，它每天会移动三到四个布拉其；因此，这种动作如此缓慢的生物不可能在四十天内从亚得里亚海游到伦巴第的蒙费拉托，那里距离我们250英里。"

"如果你说贝壳是由波浪携带的，是空的和死的，那么我要说的是，贝死去的地方离活贝不远，因为在这些山里发现了曾经是活的贝壳。活贝壳通过成对的壳来识别，它们在没有死的贝壳的层中；再往上一点，发现了所有壳分开的死贝壳，它们被海浪抛到了那里。"

莱昂纳多以同样清晰与合理的推理指出，有证据表明，在过去持续时间未知的时期，意大利的河流流入大海的地点与他那个时代不同：

"就像从卢波山附近的冈弗利纳河上流下来的阿诺河，它在那里留下了一层砾石，现在仍然可以看到而且已经凝聚在一起了，这是由不同地区、不同性质、不同颜色和硬度的石头混合而成一种砾岩。在砂岩砾岩之外，形成了一种凝灰岩，在那里，阿诺河转向了佛罗伦萨城堡；在更远的地方，淤泥在贝壳生活的地方沉积，淤泥随浑浊的阿诺河流入大海的水位分层上升。海底被不断抬高，这些贝壳层层沉积，这可以从阿诺河冲开的科勒·冈佐利(Colle Gonzoli)的河床中看出，阿诺河正在磨损它的底部；在河床上，人们可以很容易地看到贝壳层在蓝色的黏土里，在那里发现了各种各样的海洋物体……在没有海水的山谷中，永远看不到贝壳，比如冈福利纳上方的阿诺大峡谷；一块以前与阿尔巴诺山相连的岩石，像一个很高的堤岸将这条河封锁起来，使它在流入大海之前形成了两个大湖，而大海在它脚下；两个大湖中的第一个是我们现在看到的佛罗伦萨市，普拉托、皮斯托亚和阿尔巴诺山……从瓦尔达诺上游到阿雷佐，又形成了一个湖泊，其水体排入前一个湖泊。它是在我们现在看到的吉隆的地方收口的，占据了上面山谷的整个40英里的长度。这个山谷底接受了浑浊水域带来的所有土壤。这仍然可以在普拉托·马格诺山脚下看到；在那里，河流没有冲刷的地方就很高。在这片土地上，可以看到从普拉托·马格诺的大山上流下的河流的深深沟壑；在这些沟壑里没有任何贝壳或海洋土壤的痕迹……"

"在河流流入大海的地方，会有大量的贝壳，因为在这样的海岸上，由于淡水的加入，海水不那么咸。这一点也可以在古老的亚平宁山脉将河流排入亚得里亚海的地方看到；在那里，大多数地方都可以找到大量贝壳，在山上还有蓝色的海泥；在这些地方凿出来的石头里面都是贝壳。当阿诺河从冈福利纳的岩石上流入大海时，也可能观察到同样的情况；当时，阿诺河比圣米尼亚托阿尔特德斯科山顶还高，因为在这座山的最高峰，海岸两侧可能布满了贝壳和牡蛎……"

“如果你说这些贝壳是由于地点和天空的性质而创造的，并且在这些地方不断地被创造，那么这种观点不可能存在于一个理性的大脑中；因为生长的年份在它们的壳上留下编码，还有大大小小的不能移动的贝壳，没有食物它们就不能生长，没有运动它们就不能进食。”

“在漂流物中仍然可以找到尚未干燥时在其上爬行的蠕虫的痕迹。所有海洋黏土仍然含有贝壳，贝壳与黏土一起石化。”

“我们如何解释每天在伦巴第费拉托山发现的珊瑚(珊瑚上有虫洞)黏附在河流未覆盖的岩石上？这些岩石上都覆盖着牡蛎的种群和家族。我们知道，牡蛎从不移动，但总是保持着一半的牡蛎粘在岩石上，另一半的牡蛎打开，以水中游动的微生物为食，这些微生物希望找到良好的觅食地，却成为这些贝类的食物。”

根据这些前提条件和其他一些因素，莱昂纳多得出了一些结论。例如，他注意到阿尔卑斯山侵蚀的影响“从岩石分层的顺序可以看出，因为从河岸顶部到河床底，岩石中的地层对应关系在两岸都可见”并且“我发现以前地球的平原都被盐水覆盖”。

笔记中其他的一些注释也表明他对当时未引起注意的许多细节的观察。有足够的证据表明，莱昂纳多构想了现代古生物学和地质学的基础，他认识到地壳的地层是在漫长而不同的时期形成的，其年龄对应关系取决于嵌入其中的动植物遗迹。他还认识到，高地曾一度被海水覆盖，河流(通过侵蚀和沉积)是造成地形地貌变化的有利因素。

不幸的是，莱昂纳多没有把他的观点告诉世界，而是把它们埋在他的笔记中，就像牡蛎壳埋在页岩中一样，世界不得不等待整整三个世纪，才能再次打开并阅读这一自然之书。

在其全神贯注的工作之余，莱昂纳多还抽出时间研究化石，并对阿尔卑斯山、亚平宁山脉、意大利北部和法国南部进行地质调查，是令人惊异的，他没有岩石和化石的收藏，甚至没有可以用来比较和研究标本的自然历史博物馆。

在物理学领域，莱昂纳多几乎独自探索。1500 年之前，几乎没有将物理学确立为一门科学，即使是在通常表现出来的分支中，例如光学和声学。至于光是什么以及人们是如何看待的，有两种理论，但都没有证据或实验的支持。第一种理论是毕达哥拉斯学派。它假设眼睛抛出微小的粒子，这些粒子撞击所看到的物体，并抓住它，而这构成了视觉。第二种理论是柏拉图提出的。他假设光或视觉行为取决于太阳或其他光源、眼睛和被观察物体之间复杂的三重反应。

莱昂纳多解剖了眼睛，试图了解它的功能。他看到它的主要组成部分是一个晶状体透镜，他了解透镜的特性。与晶状体相连的是通向大脑某些神经中枢的神经。因此，他意识到，这是一个接收的问题，而不是投影的问题。“这是不可能的，”他在笔记中写道，“眼睛应该通过视线从自身投射视觉，因为一旦它打开‘前门’，就会产生这种放射，它就必须进入物体，而这在当时是不可能做到的。”

因此，莱昂纳多拒绝了毕达哥拉斯和柏拉图的古老而站不住脚的理论，并采用了真正的或现代的概念，即视觉是由于光线落在眼睛上。他的一个注释指出，“任何放置在明亮大气中的物体”，即暴露在光下，“以圆圈扩散自身，并用自身的无限图像填充周围的空气”，从而消除了关于眼睛发射的任何设想，并假设到处都有一个图像可供眼睛接收。这些图像以圆圈的形式发出，“就像扔到水中的石头成为许多圆圈的中心和产生的根源，声音在空气中以圆圈的形式传播”。

这是光和声音波动理论的基础。

为了解释星星在白天不出现（他知道它们在天空中）的原因，他假设大气是太阳光的反射和扩散介质——这是一个美丽而高级的推理。“星星在夜间可见，而不是在白天，因为我们在稠密的大气层下，大气层中充满了无数的水蒸气颗粒，每一个水蒸气颗粒在受到太阳光线照射时都会反射出光芒，因此这些无数明亮的颗粒掩盖了星星。如果没有这种大气层，在黑暗背景中，天空就总是会有星星显现了。”

他解释说，两只眼睛的优势在于它们提供了立体视觉。他建立了光和声音的入射角等于反射角的定律。

他把声音理解为一系列波或脉冲，从生成点发出并渗透到空间。因此，声音类似于光，耳朵和眼睛一样，是接收的工具。与光一样，人们普遍接受了一种相反和错误的概念。

莱昂纳多反驳了这一谬论。他以钟的振动为例，并以对话的形式提出论点，他首先陈述了错误的理论，接着进行了纠正：

“在钟声被击打后仍然存在或似乎仍然存在于钟声中的声音，不是在钟声本身，而是在听者的耳朵中，耳朵在自己内部保留着它所听到的钟声的击打图像，并且只是缓慢地失去它，就像太阳在眼睛中产生的印象一样，只有缓慢地失去并且不再被看到。”

“如果上述命题是真的，你将无法通过手掌触摸铃铛来使铃铛的声音突然停止，尤其是在铃铛声音开始时，因为如果触摸铃铛，肯定不会发生当你用手触摸铃铛时，耳朵会同时抑制声音的情况；而我们看到，如果在敲击发生后手放在被敲击的物体上，声音突然停止。”

在研究、测试和关联静力学和动力学定律的过程中，他达到了很高的境界。这些定律使他着迷，因为它们是维持宇宙存在的那些看不见、不可侵犯的力量的根源，工程师莱昂纳多立即发现了这些定律的应用。

他在两个注释中留下了对力学定律的估计：“当一门数学科学无法应用时，科学就没有确定性。”另一个是：“力学是数学科学的天堂，因为我们在这里收获了数学的成果。”

动力学定律建立在力和物质的基础上，没有物质，就没有任何东西可以受到力的作用。关于前者，他写道：

“我将力定义为一种非物质性的作用，一种无形的力量，它通过不可预见的外部压力，由体内积聚和扩散的运动引起……当它缓慢时，它的力量会增加，而速度会削弱它。它生于暴力，死于自由；它越大，消耗的速度就越快。它愤怒地赶走任何反对它毁灭的人。它渴望征服和扼杀反对的源头，并在征服中毁灭自己。当它遇到更大的阻力时，它会变得更强大……没有力量，任何东西都不会移动。它出生后身体在重量和形状上都没有增长。没有一个动作是持久的。它通过努力而增加，在静止时消失。”对此，他补充道：“自然界没有无缘无故的结果。”

在这些精辟的句子中，我们发现了许多力的基本定律，这些定律在18世纪和19世纪初被伟大的物理学家和力学解释者表述为经过验证的理论，例如储能或潜能、能量转换和守恒、速度和功率的相关性、作用和反作用，以及力是无重量的。

莱昂纳多推理说，物质可以无限细分，因为“理论上，每个量都可以被无限分割”，这是原子的概念。在确定了无限小之后，他证明了无限大，这与亚里士多德相矛盾。后者与莱昂纳多关于材料强度的观点有关，在后文有完整介绍。

他秉持无穷小的思想，指出真空是一个实体，正如数学家将零视为一个实体一样，因为真空只是一个没有物质的理论完整性：

“虚无没有中心，它的边界是虚无。”

“我的反对者说，虚无和真空是一回事，确实有两个单独的名字来称呼它们，但在自然界中并不单独存在。”

“答案是，每当存在真空时，也会有包围它的空间，但虚无存在于对空间的占有之外；因此，虚无和真空是不一样的，真空可以被无限分割，而虚无不能被分割，因为没有什么可以比它小；如果你要参与其中，这部分就等于整体，整体等于部分。”

在文艺复兴时期，对这些定律的研究并不新鲜。古代哲学家曾试图对其进行阐述，但他们的基本概念充满了错误。在13—14世纪，一大批学者再次研究了动力学现象，特别是与运动有关的现象。其中有许多人做了大量工作，使得巴黎和牛津成为文化发展的中心——吉勒斯·德·罗马、圣托马斯·阿奎那、沃尔特·伯里、马西里·德英亨、让·布里丹（巴黎大学校长）、萨克森州的阿尔伯特斯、妮可·奥雷斯姆、威廉·海茨伯里（牛津大学校长）、帕尔马的布莱斯、邓斯·斯科特斯，等等。莱昂纳多可以接触到这些人的手稿或印刷品形式的作品。

在考虑对物体施加外力或物体自身重量的作用时，有必要了解称为重心的点。亚里士多德和后来的阿基米德讨论了这个至关重要的问题，但奇怪的是，他们的考虑仅限于平面的中心。莱昂纳多是第一个认识到任何形式或物质的固体都有一个可以参考其重量的点，了解这一点对于科学地研究力的应用是必要的。他甚至指出，一个实心物体的形状可以塑造使其重心位于物体之外。

亚里士多德和阿基米德主要关注的问题与物体被抛出时的运动、物体所遵循的路径以及落体的速度、加速度有关。

亚里士多德阐述了一个不寻常的理论，即从弓箭射出或用手投掷的投掷物的运动是由于其利用了空气的作用，这种空气作用是由推进机构产生的。因此，他得出结论，一个人不能在真空中扔石头，也不能用弓射箭，因为没有空气产生运动，投掷物会立即坠落。

例如，假设导弹、炮弹的路径或轨迹首先由一条直线组成，其次是一条圆弧，最后是一条与圆弧相切的垂直线。在沿着第一条直线运动的过程中，空气作用加速了运动，但随着空气作用的减弱，路径变得弯曲，直到最后向前运动停止，球体会直线下降。这种思维上的错误一直持续到莱昂纳多时代。唯一敢于反对这位伟大哲学家的早期作家是亚历山大的约翰(有时姓菲利浦)，他坚持认为这种运动完全是由于释放机制产生并传递的能量，而不是由释放机制诱导的气流。莱昂纳多如何处理抛射物运动和由此产生的轨迹的问题，在描述他在军事工程中的工作的一章中进行了解释。

所有运动问题中最常见的是落体问题，因为它是最常被我们注意的问题。莱昂纳多以他惯常的方式处理了这件事。“为什么重量没有保持在它的位置上？它没有保持，因为它没有阻力。它将向何处移动？它将向(地球)的中心移动。为什么没有其他路线？因为没有支撑的重量是通过最短的路径下降到较低的点，即地球的中心。为什么重量知道如何通过这么短的一条线找到它？因为它不是独立的，也不会向各个方向移动。”

在上面的引文中有重力定律的原理，根据该定律，所有自由下落的重物都会朝着地心下落。莱昂纳多并没有像牛顿后来那样将定律简化为数学公式，从而获得了“发现者”的称号，但他明确定义了基本理论。

一百年后，像开普勒这样的伟大科学家仍拒绝接受一个物体可能会朝着地球中心坠落的理论，因为他们认为中心只是一个点，而一个点没有实质。这可以证明莱昂纳多在多大程度上领先于其他人。他们并没有像莱昂纳多那样理解这样一个观点，即有一个重心，它可能与物理中心重合，也可能与物理中心不重合。事实上，他指出，在地球上，两者并不相同，前者是物质的重心，另一个是平均或地理的中心。

比重心概念更复杂的是落体获得的速度中的加速度。在许多讨论这个令人困惑的问题的哲学家中，萨克森州的阿尔伯特斯推理得最清楚。他的主要作品于1481年在帕维亚印刷，1492年和1497年在威尼斯印刷。莱昂纳多对它们很熟悉，他的笔记中有许多处提到作者，且通常被称作阿尔伯图乔(Albertuccio)。

阿尔伯特图乔提出了两个假设，但没有指出他认为哪一个是正确的。在一个例子中，他指出，坠落物体在任何时刻的速度都与自坠落开始经过的时间成正比；在另一个例子中，速度与经过的距离成正比。因此，莱昂纳多开始对这个问题进行分析。起初，他似乎倾向于接受第二个假设，但经过更成熟的考虑，他认为这是不可靠的，于是采纳了第一个假设。

笛卡尔不知道莱昂纳多的推理，他在1629年时确信速度与距离成正比，而不是与时间成正比。甚至伽利略最初也接受了这一理论，尽管在1640年他改变了立场，因此无意中与莱昂纳多站在一起。

莱昂纳多正在寻找一个表达式或公式来测量这个速度和它的加速度，许多条目都表明了这一点，其中典型的是“如果一个重量下降200布拉其，那么第二个100布拉其的下降速度会比第一个快多少？”

在通过的空间或“行程”产生速度的问题上，莱昂纳多和这一时期的任何其他研究人员都没有发现速度随行程的平方根而变化。如果他能够回答自己的问题，即与前半段相比，后半段下降的速度是多少，他就会发现这个定律。当然，只有当重物在真空中下落时，所有关于下落物体的定律才成立，但这是一种在16世纪没有人发现的改进。莱昂纳多确实理解并表示，无论速度有多快，产生的能量永远不足以将物体提升到坠落的高度。他将这条规则应用于他在水力学方面的研究。

莱昂纳多一直渴望从理论中推导出一个有用的应用，他清楚地看到力、重量、空间和时间之间有着密切的关系，最后三者的结合给出了力的度量。今天，这被称为功的定义式，即给定重量在给定时间段内移动的距离，它是术语“马力”的基础。他制定了六条规则来表达自己的观点。虽然他写了七条，但第三条只是第二条的重复。这些规则是：

“第一，如果一个力在一段给定的时间及给定的距离上移动一个物体，同样的力在同一时间移动一半的质量时，将通过两倍的距离；”

“第二，或者同样的力会在这一次用一半时间内移动这个一半的质量通过同样的距离；”

“第三，一半的这个力的会在一样的时间移动一半的物体通过同样的距离；”

“第四，这个力会在两倍的时间内，移动两倍的质量通过相同的距离；在1 000倍的时间内，移动1 000倍的质量通过相同的距离；”

“第五，在一样的时间内这个力的一半将使整个质量移动一半的距离，以及使100倍质量移动百分之一的距离；”

“第六，如果两个独立的力在这么长的时间内移动两个独立的物体，经过这么长的距离，那么同样的力在一起会在同一时间将同样的物体一起移动这么长的距离，因为原始比例始终保持不变。”

这些规则的基本原理标志着一个巨大的进步，但从数学上讲，莱昂纳多犯了一个错误，即时间与距离成正比，而不是距离的平方根，因此，正如哈特教授在《莱昂纳多·达·芬奇的力学研究》(1925 年，伦敦)中指出的那样，第二个规则中的实际比率是 $\sqrt{2}/1$，而不是莱昂纳多所说的 2/1。

在莱昂纳多和伽利略的作品之间有如此多的相似之处，以至于人们怀疑伽利略是否接触到了莱昂纳多的笔记并从中获得灵感。当然，对此并没有证据。尽管莱昂纳多早于伽利略，但就记录而言，伽利略是一位独立的发现者。

莱昂纳多阐述了离心力定律，他说旋转物体的每个部分都倾向于沿直线移动。关于所有这些定律的性质和主旨，他留下了自己的解释：

“那些不热爱原理或知识的人就像没有舵或指南针的水手，上船了却永远不知道自己要去哪里。实践必须始终建立在健全的理论基础上。”

“如果你问我这些规则有什么作用或有什么好处，我的回答是它们让工程师和调查人员保持约束，教会他们不要向自己或他人承诺不可能的事情，否则他们可能被认为是疯子或骗子。”

最后一条建议在 21 世纪和 15 世纪一样合理，并将继续如此。

至于对动力学的理解，比如莱昂纳多是否知道力的作用可以分解为平行四边形从而给出合力的方向和大小，相关的评论并不一致。诚然，他在任何地方都没有做出这种直接的断言，但有许多注释似乎强烈表明这是他的观点。为了给莱昂纳多辩护，必须记住，这些笔记中的大多数都只是他自己的备忘录。因此，假设他的实际知识超越了它们似乎是公平的。当然，有一些例子使得他对力的组合与分解这一基本定理的理解很难被否定。

关于鸟类的飞行，他在分析中提到一只张开翅膀受力的鸟，为了计算的方便，他假设该力为 4，并受到一股强度为 2 的斜向风的袭击。他说，这只鸟将沿着“平均线”的方向继续飞行。

他注意到了物质的许多性质，比如我们已经看到了他是如何假设物质无限分解为基本原子的。同样，他设想了分子引力：“液体的引力是双重的：即整个质量趋向于元素中心的引力，以及趋向于质量中心的引力，产生球形。”但在对可分割物质的考虑中，他特别指出“运动是所有生命的起因”，这是现代概念电子理论的基础，原子是由旋转的无限小粒子的微小宇宙组成的。

他观察了摩擦现象，特别注意到阻力是物体表面和性质的函数，它与压在物体上的重量成比例。

他也没有漏掉毛细吸引现象，因为他记录了他的观察结果，即当水从管道中上升时，“上升得最高的将是离管道壁最远的”，他还写下了提醒，以研究油通过灯芯的上升和植物孔隙中的树液的上升。

如果莱昂纳多今天一直在教授心理学，他可能是行为主义团体的一员，以下有趣但无可争辩的引文证明了这一点：

“不能满足听众耳朵的话总是使他们感到疲劳或厌倦，当这些听众不时打呵欠时，你就会意识到这一点。因此，当你向那些你希望得到好评的人讲话时，要么在看到这些明显的不耐烦迹象时缩短发言，要么换个话题。否则，你得到的将会是厌恶和恶意而不是肯定。”

“在还没有听到一个人说话的情况下想知道他感兴趣的事时，就与他交谈，并尝试改变你谈话的主题。如果你看到他一动不动地站着，既不打呵欠，也不皱眉头，也不做任何其他动作时，那么就可以确定你所谈论的主题是他所喜欢的。”

相对论的问题也没有逃过莱昂纳多的注意。尽管他没有努力得出现代物理学家爱因斯坦提出的结论，但莱昂纳多意识到，在做出明确的陈述之前，必须先限定条件。他以运动中人的不同部位的相对速度为例。起初，任何人都会坚持认为，一个人身体的所有部分在运动时都以相同的速度向前移动，否则很快就会被肢解。然而，莱昂纳多简洁而正确地说：“一个人走路用头比用脚快。”

这句话可以在萨克森州的阿尔伯特斯的著作中找到，虽然可能不是莱昂纳多的原创作品。但莱昂纳多一定是被这种特殊的力量和作用所打动，并将其记录下来以备将来调查的。

虽然本章讨论的主题可能除了静力学和动力学定律外，其他对工程学只有间接影响，但它们对理解这位非凡的人很重要。

在个人性格方面，莱昂纳多似乎完全没有受到指责，而在那个时代，很少有人能避免这样的指责。这一时期安逸的生活方式不仅对他没有吸引力，而且引起了他的不满，因为他感叹道：“理智的激情驱逐了对感官享受的喜爱。”

3

达·芬奇,军事工程师

申请职位时,在他写给洛多维科·斯福尔扎公爵的信中,莱昂纳多将工程学列为其多项资质中的第一位。虽然当时他的事业还没有建立起来,但对他的研究表明,尽管他在许多方面取得了巨大的成就,但无论是在范围、创意还是应用方面,都没有超越他作为一名工程师的工作。

莱昂纳多不仅仅是一个形而上学者,就像古代和中世纪的许多哲学家一样,他喜欢那些精妙的理论,这些理论从来没有被提出过,也可能不值得得出结论;更不用说他是一个只凭语言就能满足的逻辑学家了。

工程学是他的智力得到创造性扩展最广泛机会的领域。在工程领域,他能够将理论应用于实际并服务于人类,并能够满足他最宝贵的雄心壮志之一,这一雄心壮志吸引了他的想象、观察、研究和实验测试。他非常务实,认为除了应用价值外,其他的都不重要。因此,工程学给了他全部的机会,也许没有别的东西能满足他对物质结果的智力渴望。

在莱昂纳多时代,军事工程领域主要包括防御工事和火炮,包括通过机械手段而不是火药爆炸力投掷石块、飞镖和其他投掷物的发射机。

他设计的最重要的堡垒(图 3.1)有许多特征,这些特征后来由沃班和 18 世纪防御工程的其他大师发扬光大。这个堡垒里面有一条宽阔的护城河,由泥石或毛石砌成的厚堤保护,表面是凿过的石头,由一道有锯齿的防护矮墙围着。在这道外部堤岸的后面是第二条充满水的沟渠,沟渠内侧还有一道防护矮墙。如果外部防护矮墙被炮火损坏或被袭击,则内部或第二道防线会代替它发挥作用;反过来,这条防线的位置也会受到保护,使其免受当时可用的枪支的攻击。为了进一步保护护城河,在城墙的每一个角落都修建了防御工事,这样护城河和主墙的外表面可以被枪支或小武器的火力覆盖。通往堡垒的唯一通道是一条与堡垒内部相连的拱形通道。

在下面的草图中,莱昂纳多展示了护城河保护的另一种设计——一个位于护城河中心的砖石穹顶,通过墙后的楼梯和通道可以到达穹顶。穹顶中的炮眼可以直接射击,火力覆盖护城河的任何部分,效果显著。因此,前方没有射击死角。暗道允许部队在防御的不同区域之间非暴露移动。

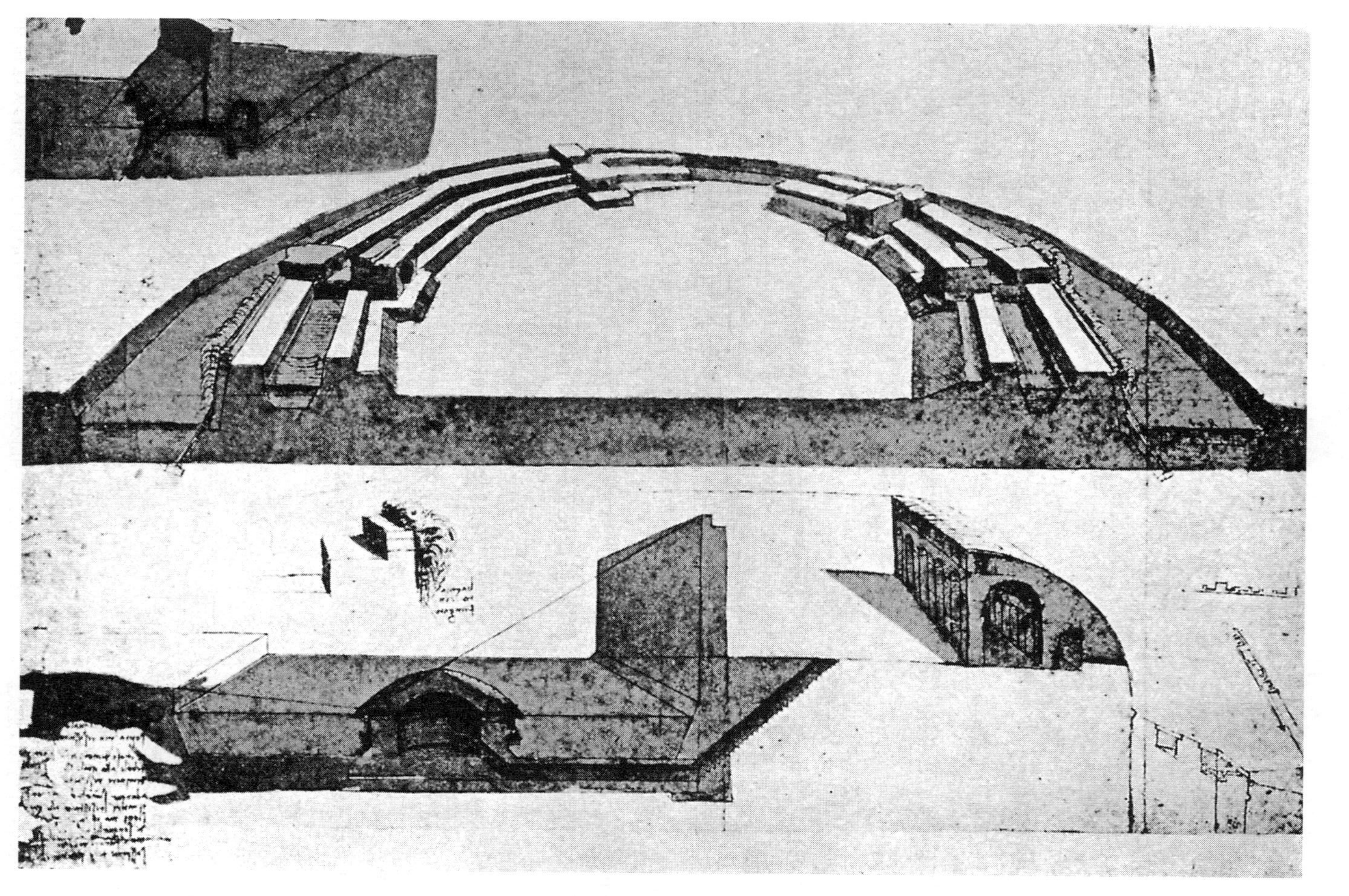

图 3.1　莱昂纳多设计的堡垒

将大量松散材料附着在外墙上是一个巧妙的防御措施。莱昂纳多在研究固体喷丸对砖石结构的影响时发现，砖石结构在不断的轰炸下最终会破碎。然而，如果引入一些起到缓冲作用的“易屈服”材料，冲击会减弱，砖石结构的寿命会延长。他说，毛刷、干草和草皮很适合作为这种缓冲材料，成捆的羊毛也非常适合这种用途。1914 年比利时边境堡垒的“失败”证明了莱昂纳多的观察，而这个堡垒本应非常坚固。在解剖学笔记中，他给出了这种能量吸收的机械作用，解释了为什么大自然使心脏的某些部分膨胀。

他强烈而坚定地建议堡垒墙的下部不要有枪炮眼或其他开口，因为敌人可以通过集中火力来扩大它们，从而破坏城墙。他补充说，护墙沿线的裂缝为防御者提供了大量的机会，通过训练使得枪支和人员得到掩护。

如果炮火无法在墙上形成破坏，则必须进行突击和使用云梯。后者的防御莱昂纳多采用的是一种机械装置，这种装置可以在梯子靠墙放置后用来翻转梯子(图 3.2)。

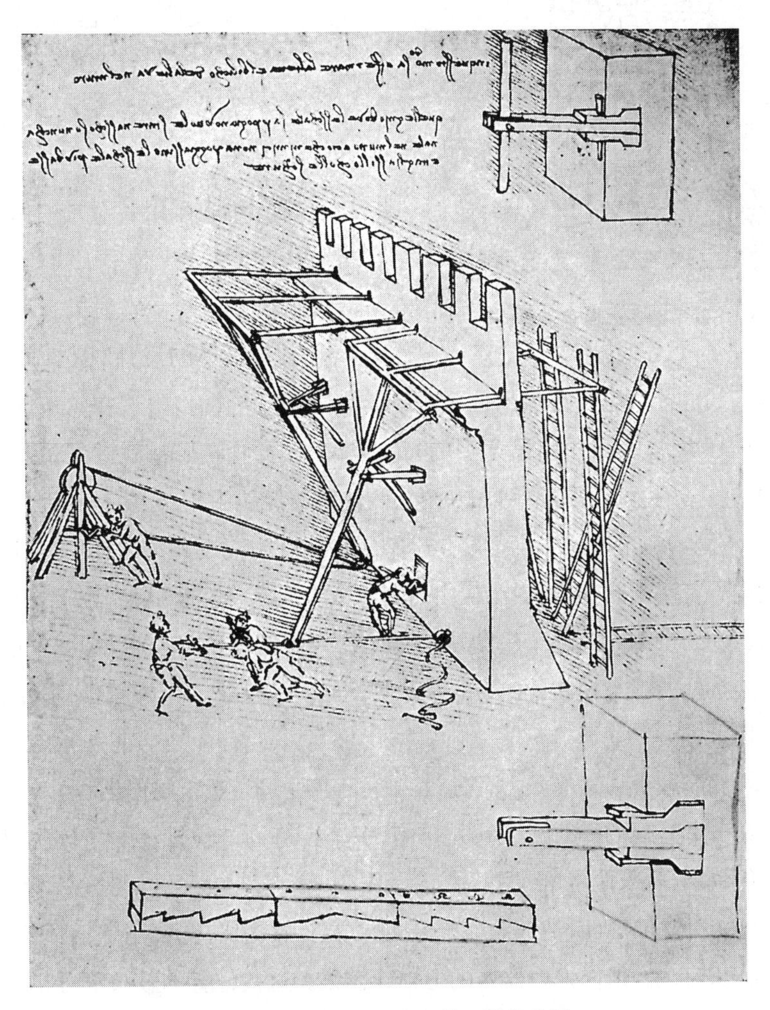

图 3.2　莱昂纳多用来翻转云梯的装置

图 3.3 莱昂纳多最简单的弹射器

图片中清楚地显示了该装置的动作。它由墙外侧的一根横杆组成,横杆可以由与其垂直的杆向前推动。横杆由一个结实的杠杆驱动,杠杆由多人拉动绳索或一人转动手摇卷扬机操作。杠杆支点由楔子或楔子和销钉的组合固定在墙上,如图所示。

尽管莱昂纳多在堡垒的科学设计方面取得了巨大的进步,但他对战争艺术的主要贡献在于火炮和发射炮弹的发射机。虽然从 1320 年起就开始使用火药,随后不久又发明了火器,但在 1500 年,更原始的进攻武器并没有完全消失。和改进大炮一样,莱昂纳多也全力以赴对它们进行了改进。

莱昂纳多采用了老式的吊索和弹射器,用机械操作代替手工操作,设计出了具有相当高效率的发射机。

他最简单的设计(图 3.3)是一个车轮延伸辐条的桅杆。桅杆在水平位置进行装载,当被释放时,附着在轮子周围绳索上的重量使桅杆快速上升,于是吊索中的石头被离心力向前抛出,就像是吊索中的球一样。在他最复杂的、可能是最有效的(图 3.4)弹射器装置中,有一块具有弹性的锥形木块,木块牢牢固定在木框架中。上端是一个用来装石头或投掷物的杯子,从这一端,一根绳子通向一台手摇卷扬机,卷扬机由一到两个人操作,他们将臂向下拉,以使其产生弹簧张力。卷扬机侧面有一个带挡块的齿轮将臂固定在适当位置,需要发射时,通过敲出绳索连接处的销来释放臂。带有突出物的垂直构件是一个梯子,人需要爬上梯子去装弹射器。

通过增加或减少绳索的张力,可以在某种程度上调节投掷物的射程。

莱昂纳多最有趣的弹射器装置是排炮,多个投掷物被安排在一个排炮里,排炮可以获得速射效果,后来他将这些引入枪支。图 3.5 清楚地显示了排炮安装和工作方法。在有裂缝的防御矮墙后面,他放置了一系列紧挨着的支架,支架与外墙顶部的人行道平齐,支架上装有销,用作弹射器臂的枢轴或铰链。这些杆臂的较长部分向内突出,末端有一个汤匙样的容器用来盛放石头。短的部分用绳子固定,这样杆臂就不会失去平

图 3.4　莱昂纳多最有效的弹射器

衡。每一个弹射器都是由一个人用沉重的重锤猛击短的一端释放的，这时，迅速升起的长杆臂将以相当大的力量投掷出石块。

排炮虽然射程很短，但可能不会比当时使用的低功率火炮短多少。然而，射程并不是很重要，因为除非要塞里的人都饿死，否则它必须通过攻击来完成占领。毫无疑问，炮台上的弹射器对以密集队形前进的攻击部队造成了相当大的伤害。它们不仅可以更快地装载和发射，而且在给定长度的墙上可以安装更多。此外，由于不使用火药，排炮可以保持装载以防突然袭击。

莱昂纳多还设计了发射飞镖的引擎（飞镖比石头更具穿透力，射程更长），它们有各种形式，但都有一个共同的驱动机构——弓箭手的弓。图 3.6 显示了一个详细设计的弓，其弓臂是分开的，两个弓臂框接在一起，并用结实的护膝加固。捆扎物固定着弓臂的组成部分，而通过螺栓，在末端用销钉和铁带，将弓臂固定在弣上并相互固定。弓从顶端到顶端长 42 个布拉其，中心厚 $1\frac{2}{3}$ 个布拉其，末端逐渐变细为 2/3 个布拉其。

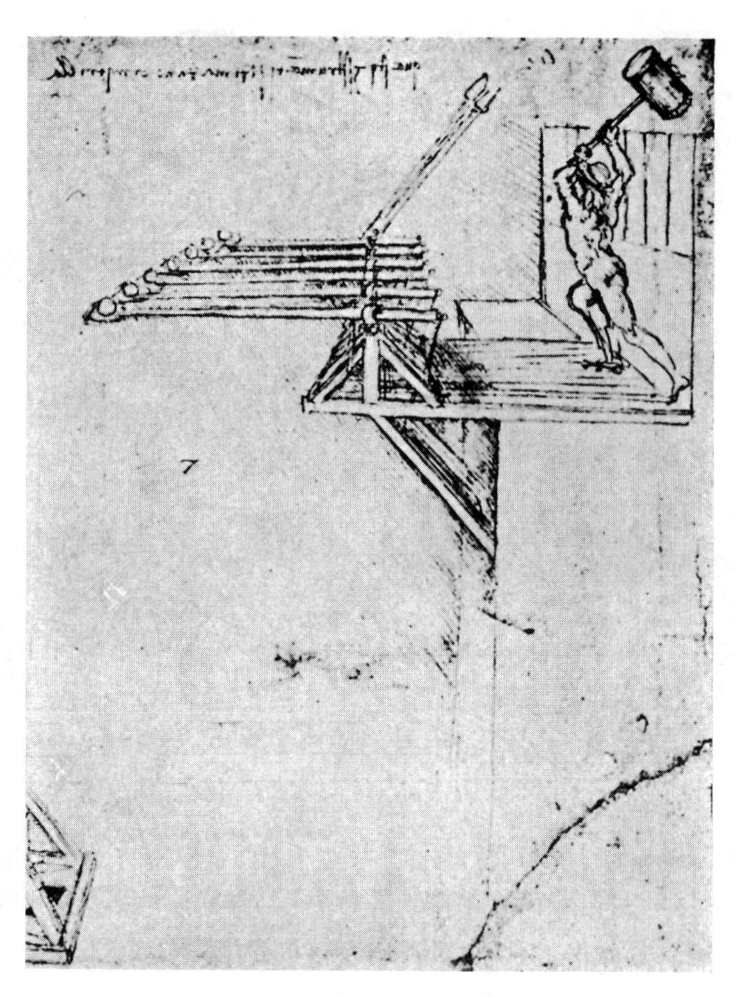

图 3.5　莱昂纳多的快速弹射器

完全拉伸时，从外端到绳索的距离为 14 布拉其。1 布拉其为 22.98 英寸，因此可以看出，这把弓的尺寸相当大，威力很强。弓头连接的托架有 40 米长，并用 100 里拉（74.8 磅）[1]的石头配重，以保证其稳定性。

图 3.6 中托架的细节完整而有趣。一根由两根绳子组成的绳索通过一个套筒连接到一个固定的长螺钉上，套筒随着螺钉的转动而移动。如图中右下角的小图所示，这一运动是由一台卷扬机带动一个蜗杆引起的，蜗杆可以使连接在螺杆上的齿轮旋转。拉弓后，飞镖以左边小图所示的两种方式之一释放：上一个是通过锤子敲击销释放的，下一个是通过撬开锁销的杠杆释放的（莱昂纳多说这是在“没有发出任何噪声”的情况下完成的）。在主图中，弓箭手正在操作杠杆。

1　Libbra，复数 libbre，古意大利重量单位，通常约为四分之三英制磅。——译者注

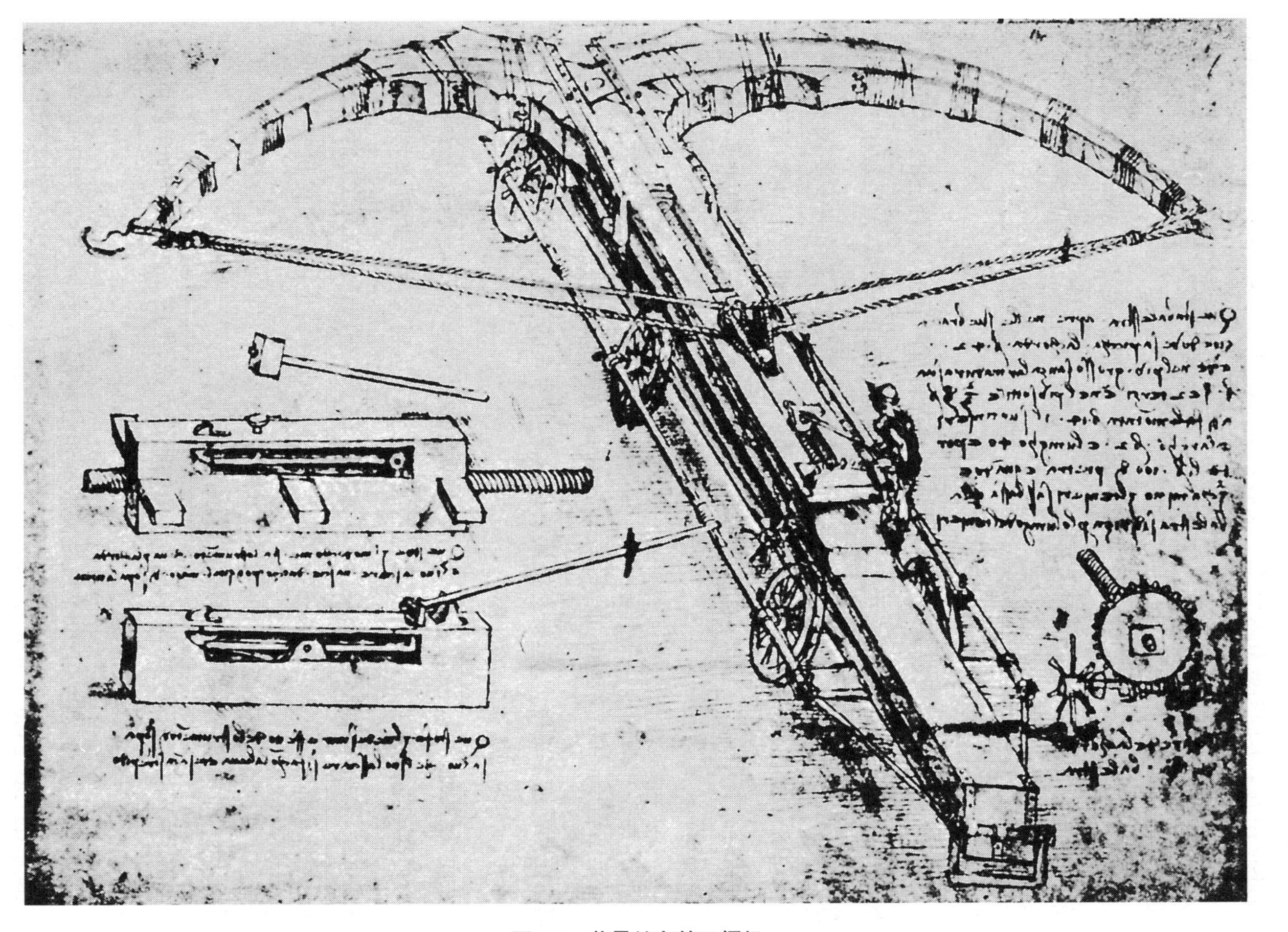

图 3.6 莱昂纳多的飞镖机

为了提高机动性，整个机械装置安装在六个轮子上，带有一个铰链式尾翼，可以将其打入地面，以使弓保持在正确的位置，防止反冲。

在设计和建造这些弹射器和机械弓时，莱昂纳多只是在开发、改进和制造更高效的、几个世纪以来人们所熟知的武器。尽管这项工作非常重要，但它并没有明显的独创性。但在火炮和军械中，莱昂纳多记录的设计不仅完全背离了任何先前存在或当时的做法，而且直到19世纪后半叶甚至20世纪初才得以实现。

1500年的典型的大炮只是一件简单的器物。它由铸铁或铸青铜制成，炮管短，口径小，孔光滑，仅在很短的射程内有效。但是，决不能轻视这些武器，因为特拉法加战役、滑铁卢战役和克里米亚战役中都是使用了同一种类的武器，只是尺寸稍大一点。

这是莱昂纳多的伟大成就之一，除了那个时代有着圆圆的、不合适的球状的小炮之外，他还看到了一大片完全未经探索的军械领域。在这一领域，他用敏锐的建设性的想象力使他远远领先于拿破仑战争时代的火炮。事实上，莱昂纳多建议采用的是1914—1918年的做法，而不是1814—1816年的做法。因为他的笔记中充满了现代主义——组合式绕线炮、后膛装载机、速射炮和机枪、圆锥形和爆炸性炮弹等，甚至包括气体和潜艇。

在16世纪和之前的世纪，枪支是一件一件地铸造的，带有封闭的枪后膛，这种方法一直沿用到19世纪后半叶，那时锻件开始使用，枪炮后膛装填开始取代旧的枪炮口装填。在莱昂纳多的笔记中，没有提到制造这种单件式的枪支，可能是因为莱昂纳多从不浪费时间做别人能做好的事情。

然而，既然他已经决定了要铸造枪支，他就想要铸造一个大家伙，这个大零件的孔的核心要准确地放在中心，以实现真正的瞄准。为了达到这种效果，他需要固定核心的两端，这只能通过在核心周围铸造两端开口的管子来实现。这就完全脱离了当时封闭式枪后膛的做法，但这也让莱昂纳多达到了目的，即在铸造过程中控制核心。他大胆地接受了开放式枪膛，认为这是确保高标准成品枪安全的必要条件，然后开发了一种附带功能，即构建一种提供高级装载设施的方法。

他的笔记中散布着许多草图，说明了他的制造方法，但图3.7是对几个步骤的极好总结。

为了提高核心的刚度，有一个由轴向铁棒组成的框架，这些铁棒以规则的间隔隔开，空间用黏土填充，整个用带状物捆好。当黏土干燥时，将其打磨光滑，再次干燥，然后覆盖一层薄薄的动物油脂。图3.7中上两张草图清楚地说明了型芯的制作，第一张草图显示了棒的位置，第二张草图显示了完成的光滑型芯。需要注意的是，轴的端部放置在大块中，这样整体可以旋转，表面加工成与轴同心的真正圆柱体。

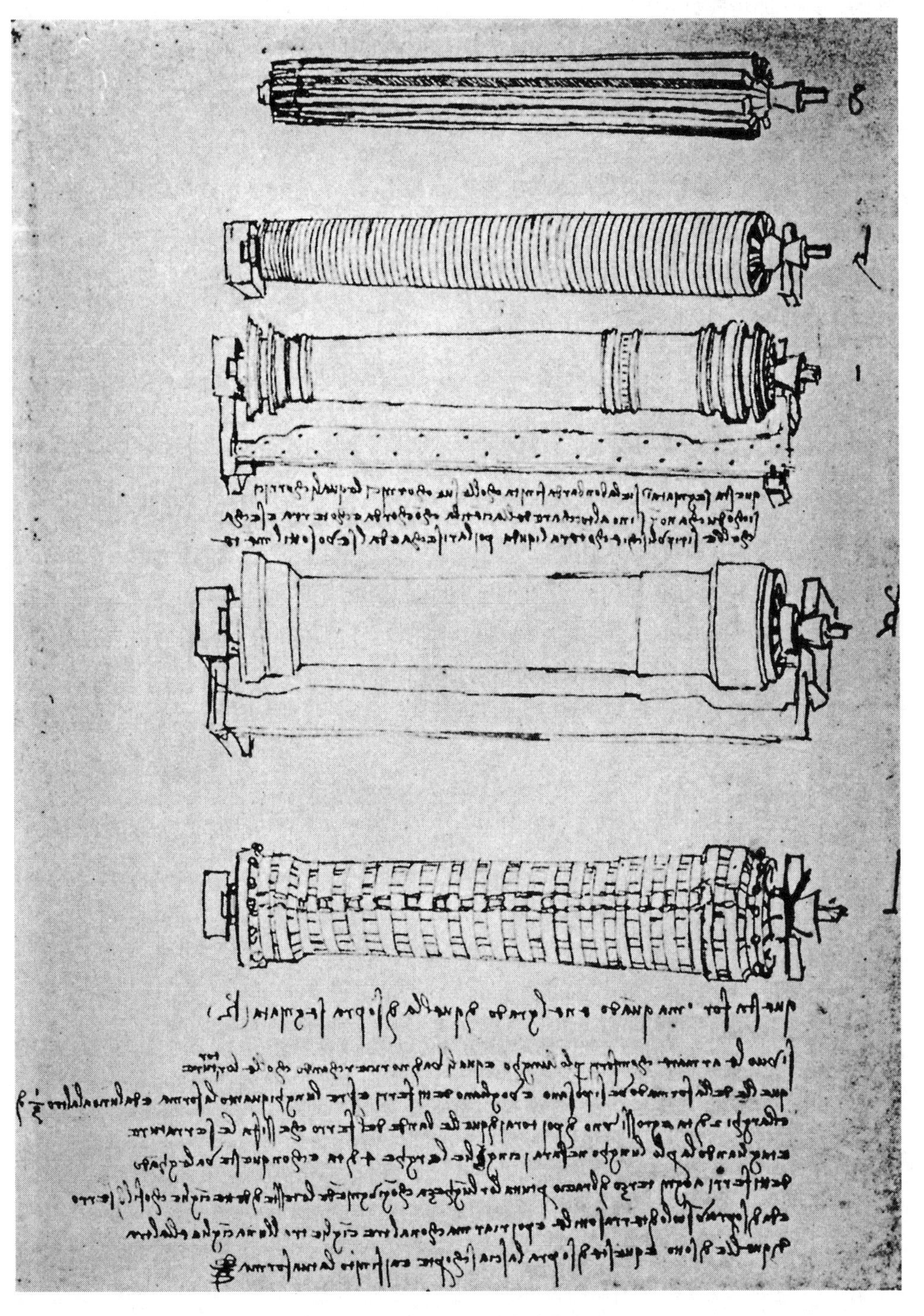

图 3.7　莱昂纳多制造大炮的方法

第四个和第五个草图是围绕核心的外部形式。第一个是炮口和炮后膛带的外模基础。其外部是模具,模具纵向由宽约2指、厚约一半的铁条捆扎而成,间距约8英寸。然后用4指宽、间隔8英寸的铁带将这些钢筋包裹起来,并用铁丝将两端固定。接着是一层细黏土,第二层铁带覆盖在第一层之间的空隙之上。金属棒和金属带能够抵抗熔融金属的爆裂压力。

当模具完成后,它被放置在木架上的粗麻袋上,莱昂纳多总是着眼于实用,他说应该放在滚筒上,这样它就可以很容易地移动。在这个水平位置浇注金属。然后从模具中取出炮,举起并放在一个洞中,在那里它被"再次加热",即退火。图3.7中的第三个草图是完成的炮,其表面已清洁,带已取下。

在所有这些操作中,模具和炮都显示处于被支撑的状态,这样它们可以旋转,使得所有零件保持同心。

这种铸造方法留下了一个开放的后膛需要封闭,为此莱昂纳多设计了一个带有很大的火药室的炮闩(用一个锥形螺钉安装在枪管中),其原理与现代后膛装填枪相同,尽管细节有了很大的改进(图3.8)。

虽然这个图中没有解释,因此,也缺乏明确的资料表明该锥形螺钉块是可拆卸的,这样就可以提供后膛装填,但相反的假设几乎不符合逻辑。除非螺钉有特殊的用途,否则他永远不会花那么多的精力和费用来铸造一把两端都开口的炮,然后用螺钉把一端封口。事实上,在其他地方,他提道:"在后面装填的大炮,一个人拧紧和拧松它。"

对于后一种炮,他绘制了一个草图(图3.9),并解释了炮尾封闭机构是一个与套筒啮合的无头螺钉,套筒上连接着一个封闭炮尾的青铜圆。在炮架的侧面,可以看到转动螺钉的手摇曲柄,在炮尾座的末端,一个带有两个螺纹的大螺钉旋入并锁定在炮管内,从而固定炮尾、防止反冲。该装置的原理非常接近于体现现代火炮炮尾闭合机构的一般原理,是对之前描述的大炮尾块的决定性改进。莱昂纳多说,这种炮非常适合在船上使用。

所有这些插图都是草图,完全不符合比例。但幸运的是,莱昂纳多留下了他打算制造的枪支尺寸的记录。他将枪口处的外径分为11个部分,并将7个部分分配给炮膛,4个部分分配给金属厚度,因此炮膛的直径是炮膛厚度的$3\frac{1}{2}$倍,但炮膛朝向炮尾的锥度越来越大。炮膛孔大到7英寸。长度从2英尺(他称之为小枪)到10英尺(他称之为大枪)不等。

在这一时期,火炮主要用于围攻,前面描述的大炮就是这种性质的。在野外战场上,火炮没有什么价值,它们的射程如此之短,以至于必须被安置在前线部队。即使是小规模的撤退,也会让它们落入敌人手中,因为过大的重量使得它们难以移动。此外,装填火炮所需的时间也使它们在野外攻击中几乎没有用处。

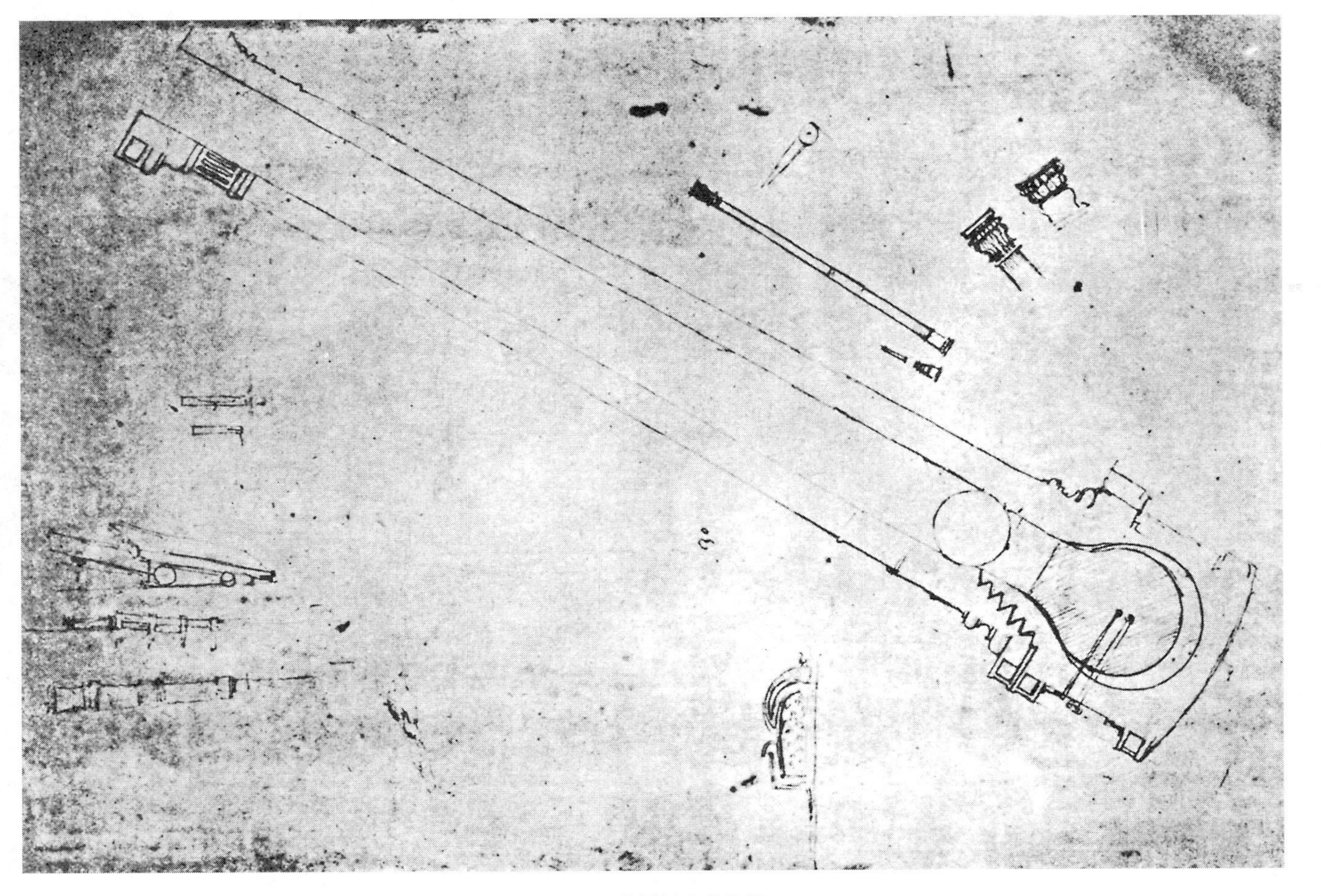

图 3.8 莱昂纳多的炮闩

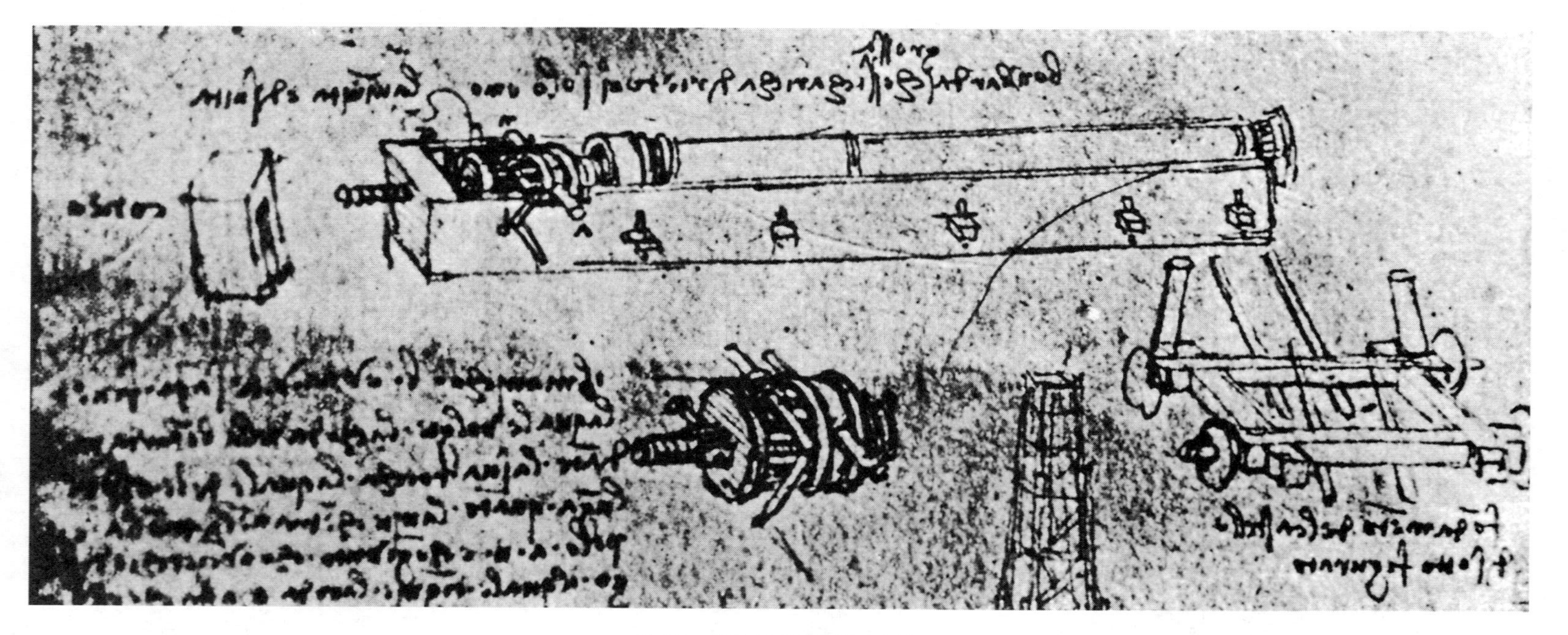

图 3.9　莱昂纳多的后膛攻城炮

但莱昂纳多是一个真正的炮手。对他来说，无论是进攻还是防御，快速的火力和机动性对于成功的野战行动至关重要，而标准炮的缺点显而易见。因此，他不仅发明了后膛装弹机，以减少在枪口装弹时损失的时间，而且还发明了机关枪、“加特林”和其他现代多管速射枪炮的原型。图 3.10 给出了此类枪炮的典型图示。

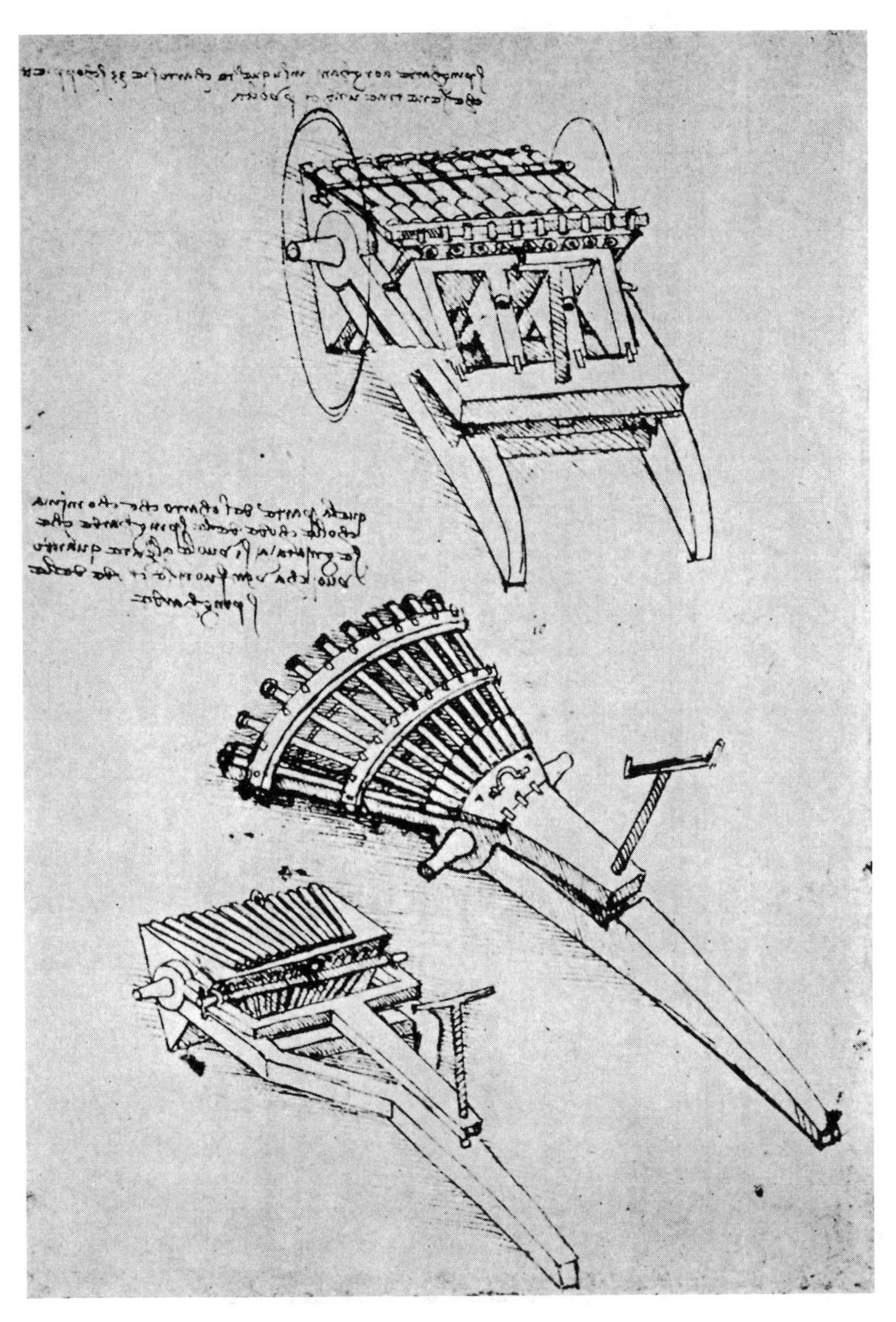

图 3.10 莱昂纳多的机关枪

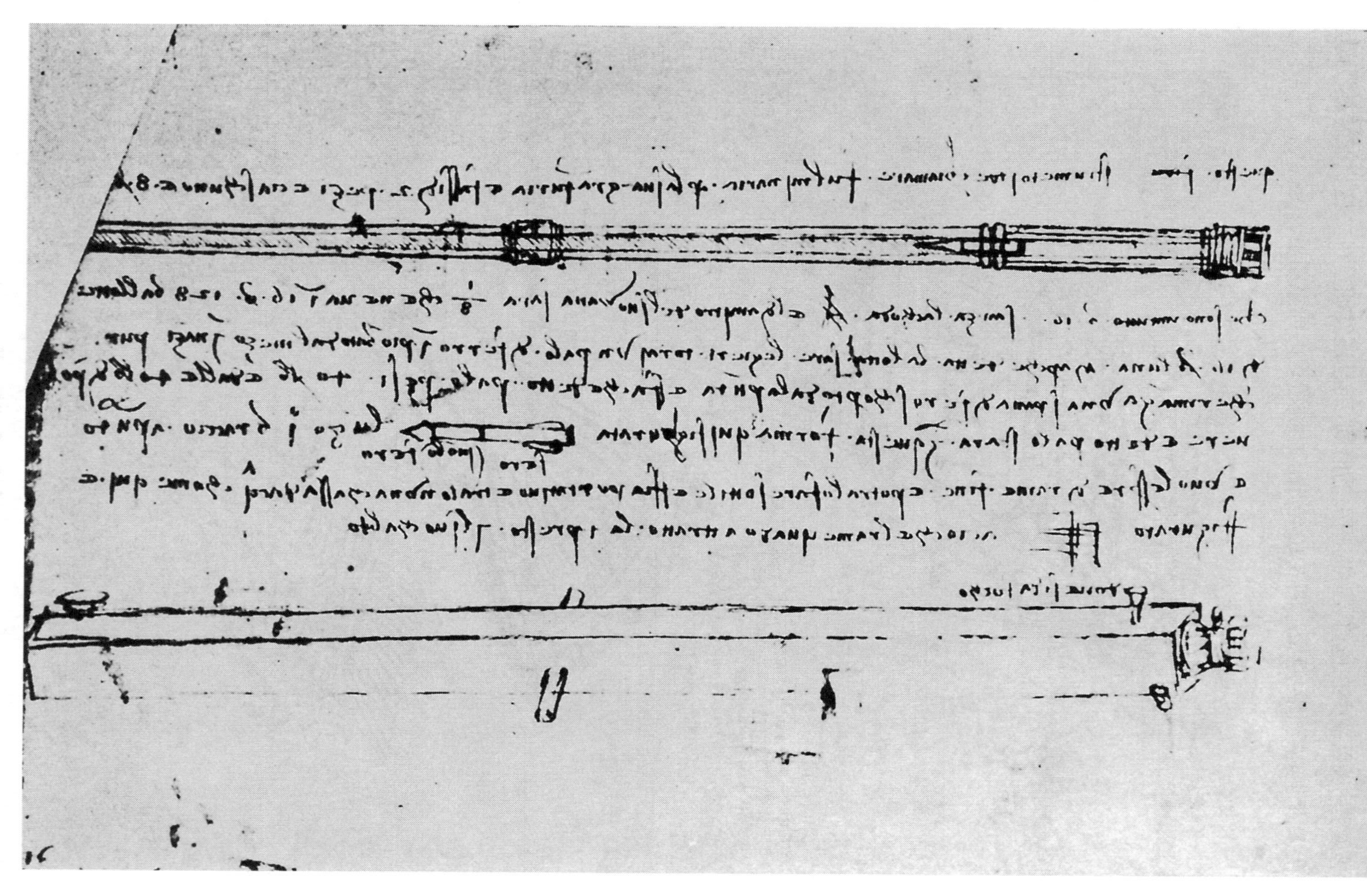

图 3.11 莱昂纳多的发射小球和铁镖的枪

为了便于移动,这些枪支安装在轮式车上。图 3.10 中上面的一个图的枪有 33 支枪管,有两个尾部支撑;下面两个枪管少的枪各有一个支撑。在所有的枪中都有一个升降螺杆,它不仅在发射过程中提供升降而且可以保持所需的高度。

对于有 33 支枪管的火炮,11 管枪管可以同时发射。这些枪管是平行的;另外两门炮是放射状的,因此具有发散的火力。所有的枪管都是后膛装填式的。射击装置包括一个与同一水平面上所有枪管的触孔相连的凹槽,凹槽内填充了火药。通过在槽的一端安装的保险丝,可以使整个排炮的枪管发射。

另一种形式的多发射枪(图 3.11)的枪管分为两部分,每部分 8 布拉其长,或总长度超过 30 英尺,不包括炮尾。它的口径是 $\frac{1}{8}$ 布拉其(或 3 英寸)。它装有 128 个球和一个铁镖。这种镖的独特之处在于其细节,如插图中央的小草图所示。它由铁和铅制成,铅直接位于尖端后面,覆盖轴的一部分,以便向前提供重量以引导飞行,并保持尖端始终在前。为了进一步引导飞行,机翼或叶片连接到轴的后端。据称,火药装量为 40 里拉(约 30 磅)。

为了便于携带,莱昂纳多建议枪由“铜”(青铜)制成,重量比铁轻,并且可以快速发射,他将枪管放在水套中以保持冷却(如图 3.11 中下面的草图所示)。

图 3.12 是一个设计良好的带有三个后膛装弹筒的轻型野战炮,炮的仰角由齿条和齿轮固定,而枪管下方是一个弹药箱。

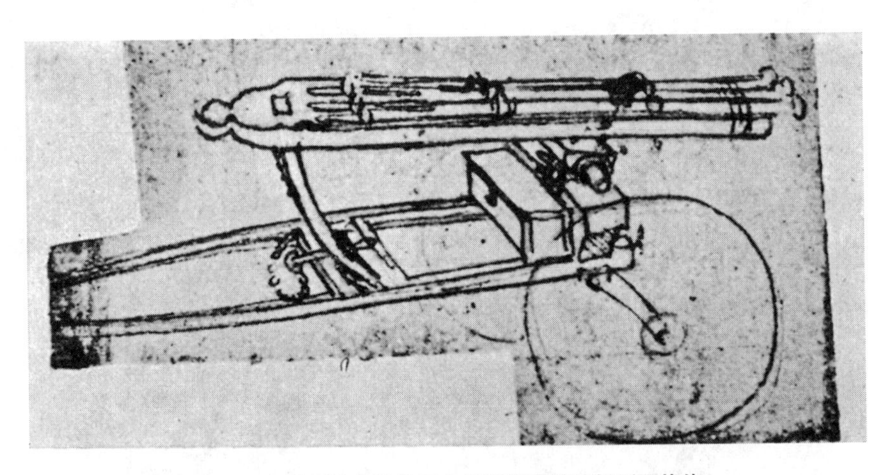

图 3.12 莱昂纳多的带三个后膛装弹筒的轻型野战炮

他进一步扩展了快速分散火力的概念,图 3.13 是两枚迫击炮发射爆炸性炮弹和弹片。大容器球似乎有一个连接的覆盖层,这可能是皮革或其他可以沿边缘缝合的材料。其中一个覆盖物破损,使得被封闭的小球散开。在左侧,球以爆炸的方式显示。因此,莱昂纳多描绘了弹壳、小球和弹片。迫击炮本身由一个手动曲柄操作的齿形半圆提升。

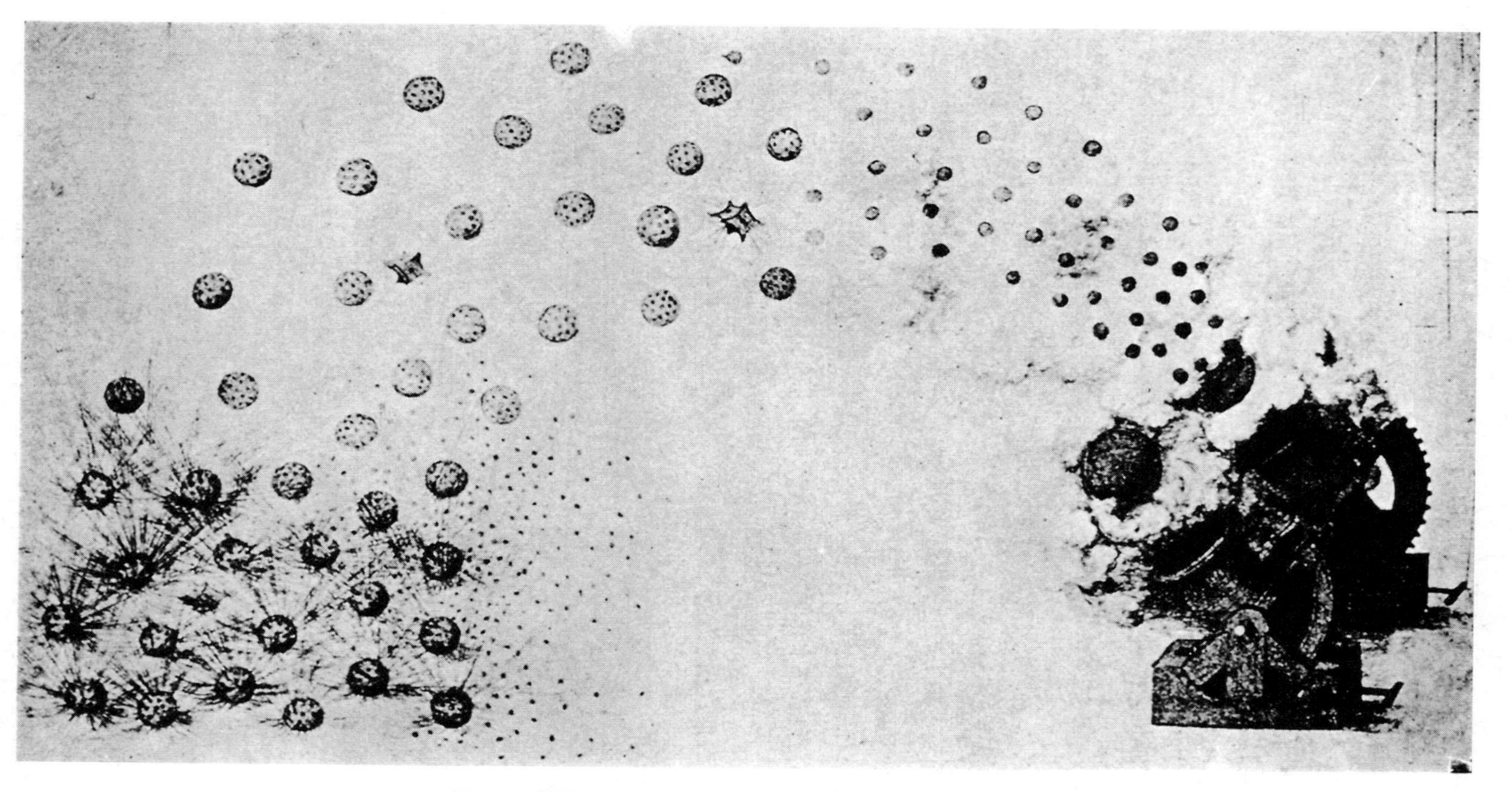

图 3.13 莱昂纳多的素描——两门迫击炮发射爆炸性炮弹和弹片

图 3.14 描绘了莱昂纳多关于垂直坠落的炮火的灾难性影响的想法。从中我们看到了一个现代的弹幕，当进攻者进行攻击或攀登时，它会有效地将防御者从外墙上击退。

图 3.14　莱昂纳多的完美结合的弹幕素描

莱昂纳多在设计和制造枪支和其他类似军事进攻武器方面的功绩在于设计改进，其中一些改进是激进的，具有很大的价值。在他的时代之前，枪支和弹射器的基本原理已经很古老了。然而，有两种武器在他之前没有先例。

第一个是潜艇。关于这一点，他只留下了一张没有说明的纸条，但足以表明他已经设想了水下袭击及其所有后果：

“为什么我不描述我在水下的方法？我可以不吃东西待多久？我之所以不公布或披露这些，是因为人类的邪恶本性，他们会在海底实施暗杀，打破船壳，把船上所有的人都杀死；我之所以讲述其他没有危险的潜水方式，是因为在水面上出现了漂浮的皮质或软木上的送气管口。”

最后一句话是指他设计的一种装置，这种装置可以让潜水员下潜并在河底或海底进行常规工程作业，管子的一端盖住他的嘴巴，另一端漂浮在水面上。在笔记的第一部分，毫无疑问，他在心里构建了什么。不幸的是，他对这些可怕特征的美好感受并没有被现代国家所认同。

关于第二种武器毒气的使用，他毫无顾忌，因为他可能没有看出射杀对手和窒息对手有什么区别。

“用小型弹射器，将粉笔、砷粉和铜绿投掷到敌舰中，所有吸入这种粉末的人都会因此而窒息。但要小心，确保风不要将烟雾吹回，或者用湿布盖住鼻子和嘴巴使粉末烟雾无法穿透。”

当毒气在第二次世界大战中首次使用时，它被释放出来，顺风飘浮，结果有时却会像莱昂纳多所描述的那样反向飘回。为了防范这种危险，莱昂纳多设想了一个防毒面具，就像英国人实际用来对抗毒气袭击的一样。

如前一章所述，亚里士多德假设弹丸的速度是由投射机构运动的空气中的涡流引起的，并且速度在飞行过程中会增加一段时间。根据这些假设，可以推导出由两条直线和一条与之相切的圆的中间弧组成的轨迹。由于亚里士多德的卓越地位，这种错误的观念甚至持续了15世纪，严重阻碍了进步。

莱昂纳多意识到，如果要正确准备炮火实施后的计划，就必须知道炮弹的真实路径，他重新审视了这个问题。他的结论显示出极大的独创性，并对弹丸飞行中真正发生的事情有了真正的理解。不幸的是，他所取得的成就被埋没在他的笔记里。

正如在其他问题上一样，在这一点上，莱昂纳多推翻了亚里士多德的观点，他说运动只是由释放机构传递的能量引起的，无论是手、弓、弹射器还是枪。在这个过程中，他提出了在同一平面上的向上运动中，使物体下落与重力的作用有关。由于空气在第二种情况下不是运动的加速原因，因此在第一种情况下也不是。来自释放引擎的初始能量，他称之为 impeto（推动力），正如他正确总结的那样，投掷物在释放瞬间受到两种力的影响，一种是推动其前进的推动力，另一种是将其向下拉向地球的重力。他忽视了大气的阻力和风的影响。根据他的观点，弹丸的速度在飞行开始时最大，然后逐渐减小到零。因此，轨迹不是直线和圆的一部分的组合，而是一条曲线，其曲率随着动力损失而不断变化。

在绘制了一条原则性的曲线后，莱昂纳多自然地寻求确定其特征（图3.15）。图中所示的不同路径是改变部件仰角的结果，尽管他所说的仰角是指抬起后膛，而不是枪口，这与现代术语相反。他通过改变不同情况下的仰角，获得了新的射程，然后通过测量球从枪到击中地面的距离并记录相应的仰角，就能够确定位移距离和仰角之间的

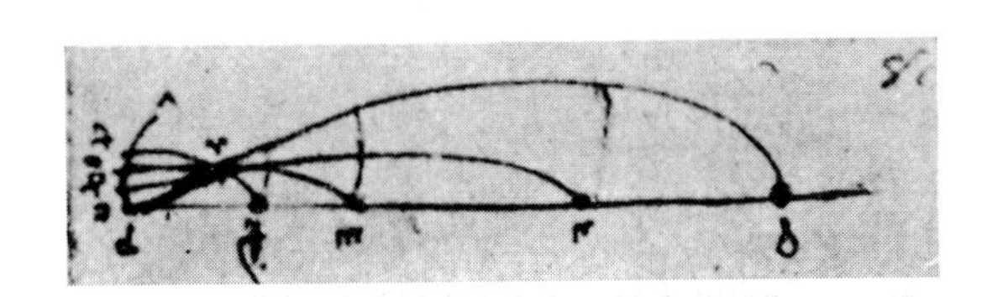

图 3.15　莱昂纳多的炮弹轨迹图

关系。

在笔记上，他草草记下了一些问题，如果给出这些问题的答案，他就会找到问题的完整解决方案：

“如果一支枪在直线(即水平)上发射时可以前进 10 布拉其，那么当提升到最大范围时，它能前进多远?”

“如果枪以不同的运动曲线移动不同的距离，在射程的哪一部分是弧的最高点?”

“如果一支枪可以发射一个 3 里拉的球最大射程为 3 米格利亚[1]，那么其他重量的球可以射多远？更近或更远?”

“如果一支火药含量为 4 里拉的枪发射一个 4 里拉的球射程为 2 米格利亚，那么射程为 4 米格利亚时还需要多少火药?”

“如果一支火药含量为 4 里拉的枪发射一个 4 里拉的球射程为 2 米格利亚，那么 6 里拉的火药能发射多远?”

这些笔记和问题体现了现代和久经考验的弹道学理论。

由铸铁或青铜制成的枪支在尺寸和强度上受到组成金属的性质以及当时难以浇注均匀的大型铸件的限制。为了克服这些限制，莱昂纳多设计了一种锻造金属枪，但为了制造这种枪，他不得不发明机器来制造零件，因为这些零件不能手工锻造。

枪由焊接在一起的纵向铁条组成，然后可能捆扎在一起；为了使这些棒材具有均匀变化的横截面，他建造了一台特殊的轧机(图 3.16)。

轧机有两个轴，一个是右手轴，另一个是左手轴。穿过其中一个的中心是一个螺钉，当它穿过的轮子旋转时，螺钉前进，拉动杆正滚动。另一个轴是固定的，但通过蜗轮转动水平轮，通过轴上的第二个蜗杆，使垂直轮旋转，轴上是进行滚动的轮。两个主轴是平行的，当它们从同一个蜗轮导出运动时，它们在轧制和拉拔操作中同步(不可撤销)。在现代轧机中，重型辊向前拉动正在轧制的棒材，从而将运动结合在一起。莱昂纳多说，转动轴的动力是由水轮机提供的，因为手动动力不足以提供必要的速度，“因此，水使所使用的蜗轮的巨大动力更加完美。”

1　miglio，复数 miglia，古罗马长度单位，1 miglio 等于 1.488 6 千米。——译者注

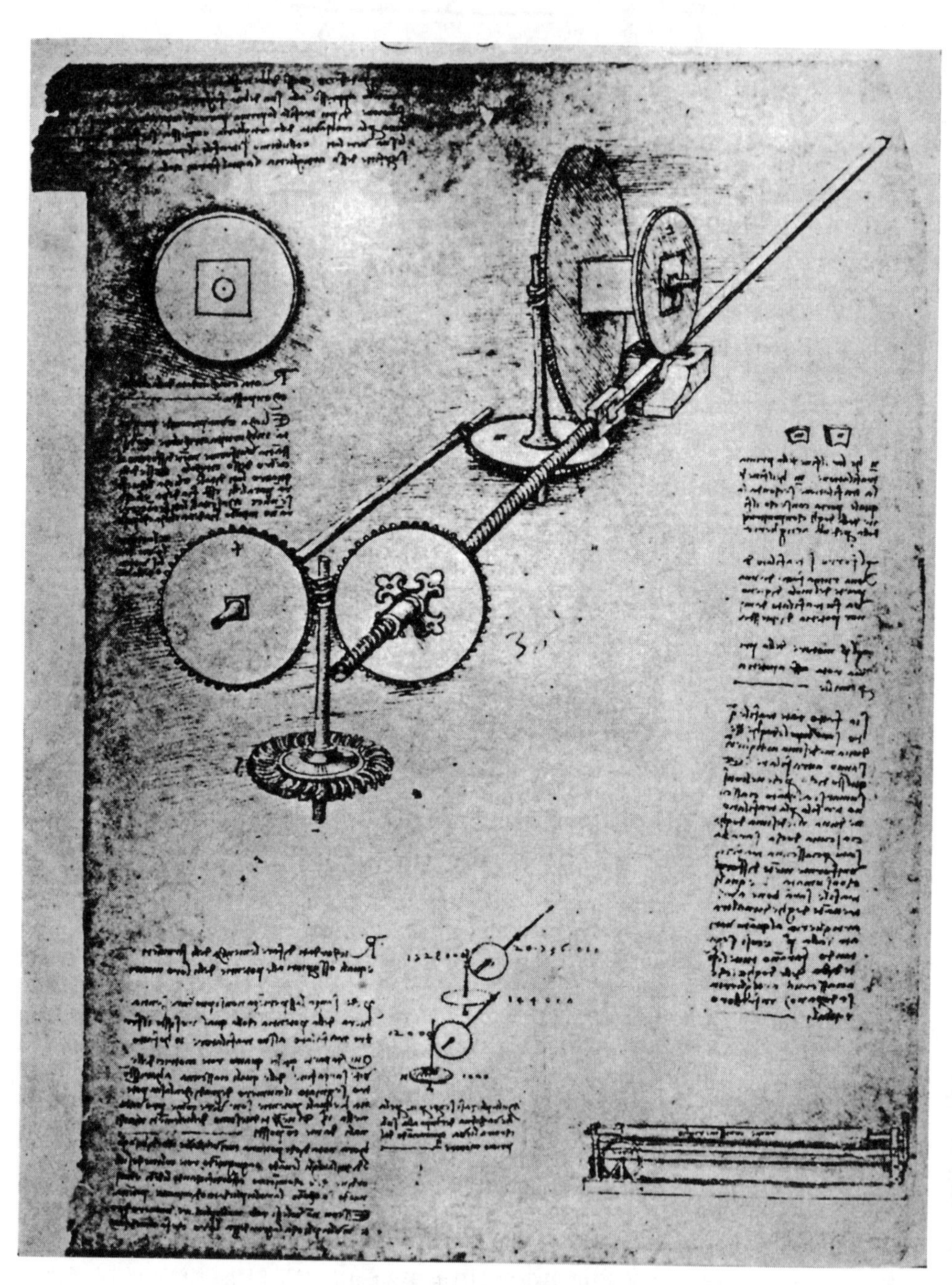

图 3.16　莱昂纳多的机器(用于制造锻造金属枪的零件)

首先将要拉拔的棒材锤击至近似形状和尺寸，然后将其引入轧辊。首先轧制形成孔的凹面。然后，棒材再次穿过轧辊，形成径向倾斜的两侧。最后，将第四面（即外部）轧制成锥形。这种锥度是由左上角显示的偏心轮（莱昂纳多称之为螺旋桨）产生的。“这个轮子的周长是由一个在一个圆上弯曲的棱锥形成的，在距离其中心一定的距离上均匀变化。”莱昂纳多说。当第四面轧制时，已经形成的三面被固定在一个块中以防止变形，但在最后一次轧制中，“边缘将留下一个大小合适的波峰，当所有锥形部分连接在一起时，这将在操作结束时非常有用，因为它们将被锤击，直到连接在一起的边缘相互渗透。”

也就是说，在以一侧凹面、一个锥形和两个斜面轧制纵筋后，将其连接在一起，并在锤子下焊接，边缘上留下的粗糙毛刺有助于焊接。在右下角，成品枪放在车床上，可能在那里内外都进行了平滑处理。从后膛到枪口的锥度很明显。

莱昂纳多在笔记中强调了所需的力量，但关于力量的大小，他记录道：“没有经验，就无法制定任何规则来衡量拉拔铁的阻力。”图中是标有各自功率的四个车轮的示意图。这些功率与它们的转数成反比。因此，如果涡轮机的额定功率为 1 000，则连续车轮的功率将分别为 12 000、144 000、1 728 000 和 20 736 000，因为他的传动比在各种情况下都是 12 比 1。

他说这些值是“真实的”，因为“我设计的 22 台机器中的第 13 台已经证明了这一点”。从这一点看来，他实际上已经建造了许多这样的轧机。虽然他发现，在实际工作中，这个传动比重复四次满足了他的要求，但他意识到，在某些情况下，可能需要不同程度的功率就足够了。如果是这样的话，可以通过省略或添加车轮，或通过减小或增大其直径来获得所需的结果——“这将是相同的。”

在这一点上，有一个注释几乎可悲地记录了他早期生产轧钢机或拉丝机的失败：“记住要使机器的所有部件等于或大于马达的功率。”

4

达·芬奇，土木工程师

当莱昂纳多被称为土木工程师时，这个词也涵盖了所有并非严格意义上的军事工程。因此，它包括在现代用语中属于机械工程或某些其他细分领域的工作。莱昂纳多经常用一个简单的词“工程师”来形容自己——他对自己的领域没有任何限制，也没有认识到分类的细微差别。

在这本书的其他部分中，还会讲到他在土木工程方面的工作，包括他参与制定改善和治理阿诺河的计划、担任米兰的城市工程师、运营运河以供航行和灌溉、根据自己的计划建造运河船闸、建造桥梁、设计各种工具和机器。“机器和发动机”一章，将根据拉梅利的《各种各样的人造机器》(1588)对冲击式水轮机进行描述，但上一章介绍的由莱昂纳多设计的用于轧制锥形棒材以制造大炮的轧机表明，在拉梅利之前 80 年莱昂纳多就已经理解并使用了冲击式水轮机。轧机本身的原理和细节与后期的任何一种机床相比都具有重要意义和独创性。

也许，莱昂纳多最伟大的成就，是他对压力的分析，之所以是最伟大的是因为它既是创新的又是基础的。

文艺复兴时期，没有关于材料强度的知识，没有关于如何计算由给定载荷引起的结构件应力的知识，也没有关于载荷线或推力在由支撑重量形成的拱中的位置以及当拱从支撑点穿过基础底部时所遵循路径的知识；但是有一个人，他至少开创了这些复杂的主题，而整个设计理论都是建立在这些主题之上的，那个人就是莱昂纳多。不幸的是，他只是抽时间记下了他的简短观察、实验和结论。如果他在 1500 年也就是他从事研究的那一年，公开他的发现，伽利略和其他跟随他的熟练工程师和数学家将彻底改变结构设计艺术。

我们现在知道，一个多世纪以来，莱昂纳多一直是这一重要领域的先驱。以他的思维品质，他并不满足于设计一个仅有好轮廓的结构，它还必须足够坚固，可以使用较长时间，同时它没有浪费材料。在结构设计中，他总是探根究源，就像他在所有其他工作中一样。

由于先前没有任何可用来分析的公式、规则或指南，莱昂纳多开始研究最简单的抵抗外部荷载的形式，一种是水平的(梁)，另一种是垂直的(柱)。

当亚里士多德问“为什么木棍越长越弱?”时，他想到了梁的强度问题，他回答说：

"杠杆"。但他的观点是粗略的，因为他通过在膝盖上折断棍子时产生的阻力来衡量力量的变化。海罗也考虑了这件事，但没有超越亚里士多德。在莱昂纳多之前，没有一个人试图给出这个问题的定性解决方案，更不用说定量解决方案了，这个问题是计算结构应力理论的基础。

莱昂纳多认识到，梁的支撑方式多种多样，荷载引起的应力也随之变化。梁可以两端支撑，或者一端固定另一端自由突出，就像梁的一端嵌入墙中一样，或者两个支架的位置可能相对于梁的长度不均匀，就像一个支架位于一端、另一个位于另一端和中间之间的任何点一样。在所有情况下，他都规定梁应具有均匀的横截面，因为没有可用的数学来分析非均匀横截面梁的应力，也无法设想出必需的数学。对于一次努力来说，这一步太长了。但即使如此，他也取得了超越同时代人更长足的进步。

他阐述了以下一般原则：在每一个受支撑但可以自由弯曲，并且横截面和材料不变的物体中，离支撑处最远的部分将弯曲得最多。为了确定弯曲的相对量，在使用相同材料的情况下（也是强度的一个衡量标准），他建议进行一系列实验，从两端支撑时可以承载重量（例如 10 里拉）的梁开始，然后连续取相同深度和宽度的较长梁，并确定这些梁的承载重量。他建议重复这些实验，以确保"三法则"得到应用；也就是说，梁的强度随其长度而变化。关于一端固定另一端自由的梁，他写道，显然是实验的结果："如果梁长为 2 布拉其时支撑的力为 100 里拉[1]，则梁长为 1 布拉其将支撑的力为 200 里拉。长梁的长度包含了几倍短梁的长度，它所能承受的重量就是长梁的几倍。"

对于在非末端点处支撑的梁，他应用了计算飞行器（论鸟类的飞行）机翼应力时注意到的反作用力，制定了一般定律，"所有不弯曲的物体将对所有与重心距离相等的支架施加相等的压力，重心是此类物体的中间。"他在笔记里更充分地阐述了这一定律，他绘制了一根梁，并假设梁的重量为 6 里拉、平均分布。如果梁两端都有支撑，则反作用力相等，每个 3 里拉；但是，如果一个支座保持在原位，另一个朝着它移动，他表明，反作用力会不断变化，移动支座上的反作用力会增加，而另一个支座上的反作用力会减少。

当梁两端或一端支撑时，他证明了"三法则"适用于强度，也就是说，它与长度成反比，与宽度成正比。这些陈述是正确的，但除了在等截面梁之间进行比较外，没有定量答案。他意识到必须有一个可以用数字表示的解决方案，这可以从以下注释中看出："虽然一个人无法通过数字来确定一个包含两倍物质的物体与另一个物体相比强度增加了多少，但我们可以接近真理。"

为了查明真相，莱昂纳多处理了三维梁中的两个维度，也就是说，他考虑了长度和宽度，忽略了高度。

1　Libbra，复数 libbre，古罗马重量单位，1 libbra = 328.9 克。——译者注

我们现在知道，虽然梁的强度随前两个而变化，但它随高度的平方而变化。因此，最后一个维度是比其他维度更重要的因素。

莱昂纳多将他的实验局限于变换不同大小的长度和宽度，这几乎是不可信的。他是一个非常仔细和认真的实验者，不会忽视第三维度的影响。从他对落体加速度的分析中可以看出，按照平方变化是他无法掌握的数学问题，而在分析梁时，同样的比例也是他无法做到的。也许他发现，这个变化并不是一个简单的可以简化为他最喜欢的“三法则”或任何其他可以想象的规则的变化，因此没有做注释。也许，他知道自己不知道，就默默地把这个问题放在一边，直到他可能找到答案为止。如果他能够制定这条定律，他就能够写出任何梁强度的完整公式。他又一次差一点点没能获得完整的知识。但是，他在前进中取得的成就，是决定功绩时需要记住的事实，而不是未能达到目标。

在框架结构中，即由许多单独构件装配在一起组成的桁架形式的结构中，他认为三角形是排列构件的合适图形，因为三角形是唯一只要组成部分不发生故障就不会变形的几何图形。

在拱形如何及为什么承受外来荷载，以及在哪里可以找到主要弱点的研究中，他是唯一的。

即使在16世纪末，人们也完全不了解拱门中楔形拱石之间的作用（见里亚托和圣三一桥章节）。达蓬特和阿曼纳蒂设计的拱门都是分段的或几乎是分段的。他们有艺术家的“感觉”，而不是数学家的明确知识，即这种类型的拱比全半圆拱更接近负载推力和拱反作用力之间的紧密平衡，全半圆拱是公认的最大反作用力形式。但他们无法证明这一点。能够证明，那么达蓬特会立即让他的批评者沉默，阿曼纳蒂的杰作的强度也不会多年来如此受到怀疑。

莱昂纳多记录了一张图（图4.1），其中有这样一条注释：“如果梁和重物O[1]为100里拉，那么a、b需要多少重量来抵抗这种重量，使其不会掉落?”这是推力图的最简单形式，两个构件相互倾斜，但它们的脚在负载的拉力下倾向于向外滑动。现代的研究者能在几分钟内回答这个问题，他能很快完成一个平行四边形：在垂直方向上是代表100里拉的重量，水平线的长度是在a或b处提供抵抗侧向推力所需的力，对角线的长度是给出倾斜支柱吸收的压缩量或推力。将这样的分析以虚线的形式添加到莱昂纳多的画作中，如图4.1所示。

1600年以前，除了莱昂纳多，没有人解决过这个简单而基本的问题。在笔记中，他讨论了力的可分性到无穷大的哲学问题，但他的回答直接适用于力的合成和分解。他构建了一个图表（图4.2），并进行了以下解释：

1　图中O为译者加，原版中无。——译者注

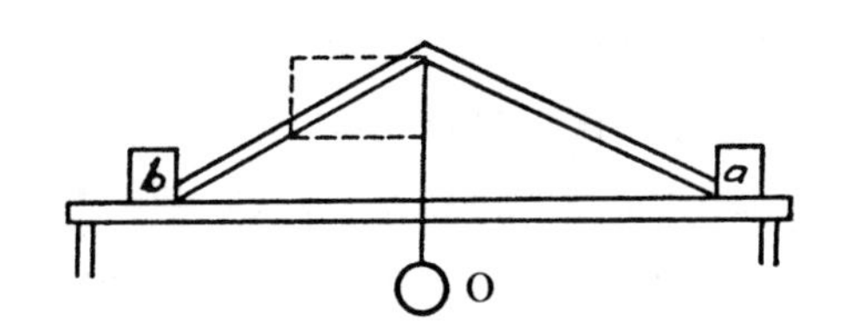

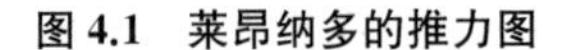

图 4.1　莱昂纳多的推力图

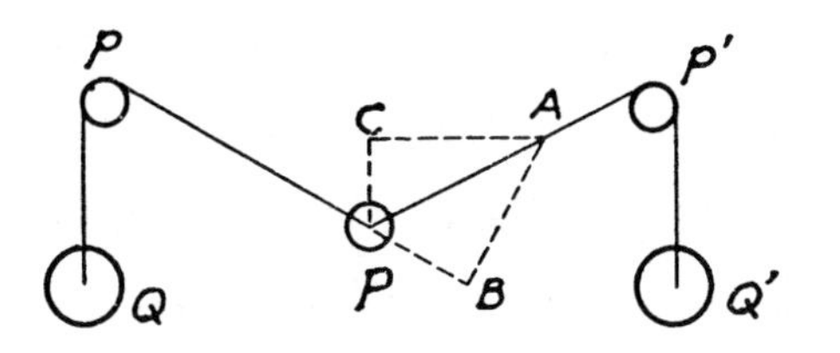

图 4.2　莱昂纳多的图给出了图 4.1 问题的解决方案

两个滑轮 P、P' 在同一水平面上。穿过这两个滑轮的绳索在其中心点携带重量 P 。悬挂在滑轮下方的绳索末端支撑着两个相等的重量 Q、Q'。为了测量滑轮之间绳索部分的拉力，莱昂纳多建议从任意一点 A，令 AB 垂直于另一绳子分支的延长线并与之相接，另一个垂直于穿过重心 P 的垂直线 AC。然后，他正确假设了垂线 AB 与 AC 的关系，正如重量 P 与重量 Q 的关系一样。他将垂线 AB 描述为“拉力势能杠杆”，将垂线 AC 描述为“驱动重量势能杠杆”。从这张图中，他得出结论，无论重量 Q 有多大，只要重量 P 大于零，拉力的势能杠杆 AB 不可能为零，因此绳索 PP' 不可能是水平的。

“无论大小或强度如何……只要绳子的长度中间有任何重量，它就永远不会变平。”

虽然该解决方案旨在证明重量和力是不可破坏的，并且永远不能减少到零，但它是力的机械分解的基础，并显示了如何不仅定性地而且定量地测量力。这是整个 15 世纪和 16 世纪获得的最重要的进步之一，因为它确立了杠杆或现在称为力矩的原理。通过应用力的平行四边形原理，莱昂纳多可以很容易地回答他自己关于倾斜椽子施加的推力的问题。但是，这张悬重和施加在支撑索上的拉力图甚至超出了力分解的解释，因为专业的读者已经观察到，它达到了悬索桥应力分析的根源，其中，缆绳中的应力不仅是荷载的函数，而且是给定缆绳的曲线或弧垂量的函数。

这是另一个引人注目的例子，说明了莱昂纳多在哪些方面取得了巨大的原始进步并远远超出了他那个时代的知识范围。这些都在他的笔记中“沉睡”两个世纪后当笔记和其中的内容被重新发现，发现者也因而获得了荣誉。

然而，莱昂纳多确实将这些原则应用于拱门的应力分析，他生动地将其描述为“只不过是由两个弱点产生的力，因为拱门由一个圆的两个部分组成，每个部分本身都很弱，往往会下降；但由于每个部分都与另一个部分的这种趋势相反，这两个弱点结合在一起形成了一个力量。”他继续说：“由于拱门是一种复合力，因此它可以保持平衡，因为两侧的推力相等，如果其中一个部分的重量大于另一个，那么稳定性就会丧失。”“除了使这些分段等重外，还需要对其进行等重加载，否则你将陷入与以前相同的缺陷。”

从这些关于拱门和拱门作用的基本和正确概念开始，莱昂纳多展示了荷载对不同曲率拱门的不同影响（从全心拱门到尖拱门，或者说卵形拱），并指出了拱门中最先发生破坏的位置。由于这些地方位于拱腋上,他坚持认为后一个地方应该有良好的砌石支撑,在全中心拱门中,这种拱肩砌石应该达到拱顶的水平。最后一项只适用于该特定类型拱门的预防措施。他全中心(半圆)拱门是最坚固的形式这一普遍的观点。他知道,正如他在草图中所演示的,推力线并没有沿着拱形石块离开,而是在四分之一处的某个点上呈对角线离开,从那里进入桥台,由此在桥台表面留下一个三角形空间,没有任何压力。他不仅分析了各种半径和扇形的拱,还分析了所有位置的拱——支持直接荷载的垂直拱、挡土墙中抵抗侧向压力的水平拱,以及在宽基础区域分布集中荷载的倒拱。

他不满足于定性地讨论拱应力,而是将他的研究推进到定量考虑(图 4.3)。在这方面,他在笔记中指出,“如果外拱的弦不接触内拱,拱就不会断裂。经验证明了这一点,因为每当外拱 *nra* 的弦 *aon* 接近内拱 *xby* 时,拱就会变弱,当内拱超过弦时,它就会按比例变弱。”这一说法完全符合现代概念,即推力线必须位于拱关节中间三分之一内的所有点,否则拉力将在此类关节的末端产生。然后,他继续说:“当一个拱门只在一侧受力时,推力将压在另一侧的顶部,并传递到该侧拱门的起拱点上;它将在其两个末端之间的一个中点断裂,即距离弦最远的地方。”(图 4.4)

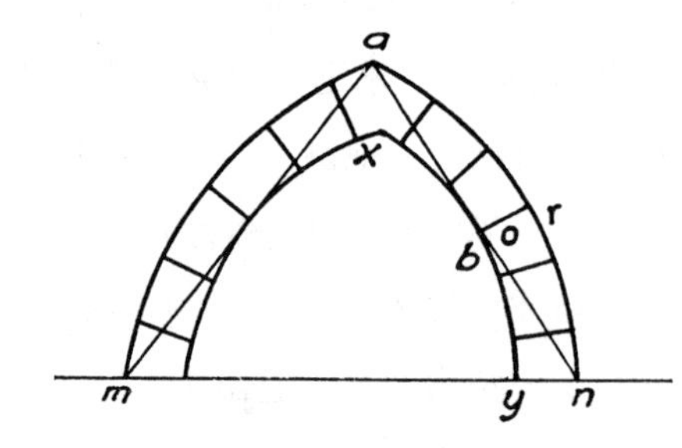

图 4.3 莱昂纳多关于如何确定拱门断裂强度的图

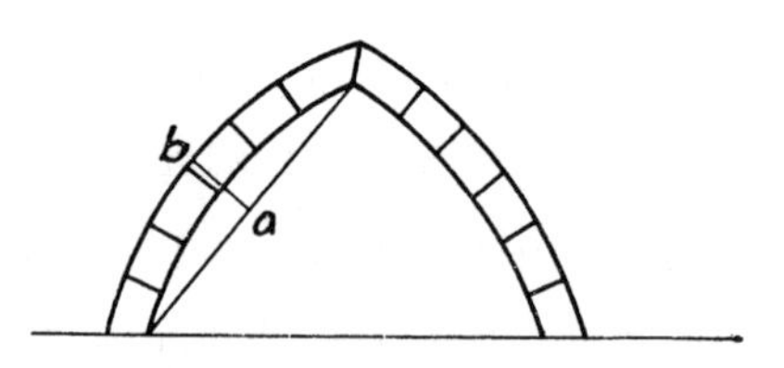

图 4.4 莱昂纳多的示意图显示了只在一侧加载的拱门的破裂点

他在笔记中还展示了四个拱门:从一个卵形拱门到两个分段拱门再到一个半圆,其中在起拱点处有两个弦支撑滑轮上的重量。每个拱门都承受着假设为任意数字 1 000的荷载,重量将测量水平系杆推力。他问道:“需要多少重量来平衡和抵抗每一个拱门的倒塌趋势?”

他没有记录下答案,但莱昂纳多很可能给出了答案,尽管可以肯定的是,在他那个时代没有其他人可以这样做。这种说法有不止一个推测性的原因,因为在笔记中,他给出了一个中心承受 100 荷载的拱门图。每只脚上都有一个标有 300 的砝码。草图中没有文字,也没有可以检查计算的尺寸,但似乎有理由假设,对于给定的情况,他已经计算出了解决方案。

由于梁和拱都需要支撑,莱昂纳多研究了柱的承载力。他首先假设固定在一起的多个支架可以承受比单独部件的组合载荷更大的总载荷:

“许多固定在一起的小支架能够承受比分开时更大的负载。在 1 000 根这样厚度和长度相同、彼此分开的木棒中，如果你直立起来并用普通重量加载，每根都会弯曲，但如果你用绳子将它们绑在一起，使它们相互接触，它们将能够承载重量，使每根木棒能够承受比以前多 12 倍的重量。”

这一陈述所依据的原则是正确的，但数值 12 只有在长度和直径的特定组合中才是正确的。这些因子的商是一个变量，而不是常数。也许莱昂纳多做了一些实验，对于他使用的特殊组合的棍子，得出的结果是单个抵抗力的 12 倍。

在笔记中，他写道，当你取两个等长的柱子，一个横截面比另一个大四倍时，较大的柱子将承受较小柱子的 8 倍荷载。在考虑相同横截面但长度可变的柱子后，他得出结论，柱子的合成强度与其长度成反比，但与其横截面的某个比例成正比。至于确切的比例，他并不完全清楚。

莱昂纳多的结论是正确的，即柱子的强度随长度和横截面而变化，他是第一个成功解决这个问题的人。然而，这个比例并不像他想象的那样简单，因为它涉及组成因子的可变幂，由通过采用经扩展实验确定的某些常数进行修改。因此，在“长”柱中，长度是直径的许多倍，强度将大致随长度与直径之比的平方变化，而在“短”柱中，强度将直接成比例变化。也许莱昂纳多这样的实验是用短柱做的，他发现他的规则适用于那些短柱。但我们已经看到，在任何情况下，他都无法掌握基于因子可变幂的比例。然而，我们应该赞扬他在分析柱子中的应力方面比前人和同时代人取得的更巨大的进步。记住，直到 19 世纪才完成了对此类应力的正确数学考虑。

如果没有关于材料强度或给定尺寸的木材、石头或金属将承受的载荷的补充知识，正确计算应力就没有多大价值。尽管许多人都致力于对应力进行纯粹的哲学思考，但正是莱昂纳多首先通过测量铁丝的断裂强度给这一主题赋予了实际意义。他记录了对“测试不同长度铁丝的强度”的观察结果，并用图(图 4.5)加以说明：

“这个测试的目的是找到一根铁丝可以承载的负荷。将一根 2 布拉其长的铁丝系在能够牢固支撑它的物体上，然后将一个篮子或类似的容器系在铁丝上，并通过料斗末端的小孔向篮子中注入细砂。料斗上固定了一个发条，这样一旦铁丝断开，发条就会将孔闭合。篮筐在下落时不会打翻，因为它落下的

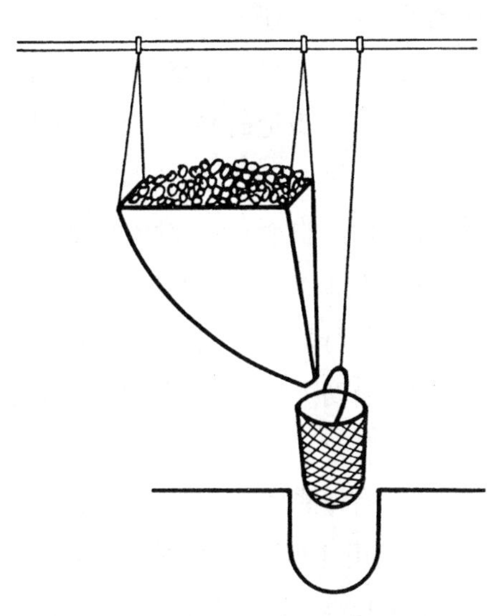
图 4.5　莱昂纳多关于如何确定不同长度铁丝的断裂强度的图

距离很短。记录砂的重量和铁丝断裂的位置。重复测试数次以检查结果。然后取 1/2 长度的铁丝,并记录其承载的额外重量;然后测试 1/4 长度的铁丝,以此类推,每次记录极限强度和断裂位置。”

在本文和随附的示意图中,莱昂纳多描述了一种有效的自动机器,用于测量铁丝对拉伸应力的电阻,以及进行此类测试的正确方法,以便通过重复消除误差。但他为什么提出不同长度而不是不同直径的金属丝尚不清楚,因为短金属丝的重量对结果的影响并不大。唯一合理的解释是,莱昂纳多在用词上犯了一个错误。第一次测试时,他先用一根 2 布拉其长(约 4 英尺)的金属丝。考虑到长度的测量,他在描述后续步骤时写下了“长度”而不是“厚度”,并对较小导线承载的重量写下了“附加”而不是“较小”。毫无疑问,他的笔记往往写得很匆忙,并不是没有错误,这可能就是这样一个例子。

另一个注释是:“该测试可用于任何金属、木材、石头或绳索,通常也可用于任何用于固定的物体;也可用于铺设在地面上的支架。”最后一条似乎表明,他打算进行测试,以确定压缩和拉伸阻力。

从远古时代起,人们就希望利用空气作为旅行的媒介,但直到莱昂纳多之前,没有人认真研究过这个问题或试图找到解决办法。飞机的设计为莱昂纳多提供了一个难得的机会,使他能够应用其推导出的力学原理,即力、应力和材料强度的解析,因为在一台在空中支撑自身的机器中,实践必须严格符合理论要求,才能使重量保持在与效率相符的最小值。

正如一个拥有如此逻辑思维的人所预想的那样,莱昂纳多是从研究鸟类和其他飞行的有翼动物开始的。他从机械和解剖学上确定了翅膀的结构以及各个部分的功能,避免了很多潜在研究人员陷入的一个陷阱,即他不认为鸟类靠拍打翅膀维持飞行,因为他注意到鸟类可以在空中休息,在没有任何翅膀运动的情况下穿越相当长的距离。

他认真细致地研究了鸟类的行为,没有任何先入为主的想法,而是以科学的诚实态度,查明事实,并通过它们学习飞行理论。他观察鸟类的起飞和降落、鸟类的飞行和翱翔、鸟类的螺旋航线和对风的反应。从这些观察中,他推断出一些原理,这些原理的现代应用使航空成为可能:

(1) 飞行是由空气阻力引起的,空气对物体的作用力与物体对空气的作用力相同。

(2) 有两个中心,即重力中心和压力中心,必须调整它们之间的相对位置以确保平衡。

(3) 有一些气流太细,无法被人类探测到,鸟类可以通过展翅不动地飞翔和漂移来观察和利用这些气流的存在和流动。

(4) 鸟类的翅膀天生上凸下凹,便于向上飞行。

(5) 丘陵和其他地表变化会产生“空气漩涡和旋风”,也就是飞行员现在所说的

“空穴”。

只要莱昂纳多专注于研究飞行中的鸟类，并从观察中得出结论，他就站在了坚实的基础上。然而，当他试图反向而行并付诸实践时，他的麻烦来了。他缺少的是一个引擎，借此他可以用固定的翅膀驱动自己，由此他才可以利用他的第一个结论——支持是由于空气阻力。这对成功来说是致命的。全世界又等了四百多年，等待着莱昂纳多寻求的动力。

他认识到比空气轻和重的机器之间的区别，因为瓦萨里记载，莱昂纳多用薄蜡制成气球，当充满热空气时，气球就会升起。但是，正是这种类型，就像一只鸟或一件有生命的东西一样，不管它的重量有多大，都可以上升并向任何方向移动，这吸引了他的想象力。正如他所说，“拥有巨大折叠翅膀的人可以通过对反向因素施加力来征服它并将自己提升到空中。”

由于没有引擎，他不得不通过肌肉力量来操作人造翅膀以获得动力。在早期的设计中，他将蝙蝠的翅膀作为模型，翅膀光滑、轻盈、宽阔，因为他指出，光滑、无孔的飞行表面比有羽毛的鸟的翅膀更适合机械飞行。他脑海中的翅膀有一个松木框架，“很轻”，在主要部分旁边覆盖着绒毛，上面再粘上羽毛以防止空气通过，除此之外还有一层涂有淀粉的轻塔夫绸。图 4.6 显示了莱昂纳多绘制的机翼，框架和两层涂层分别标记为 a、b 和 c。根据莱昂纳多的习惯，字母是颠倒的。

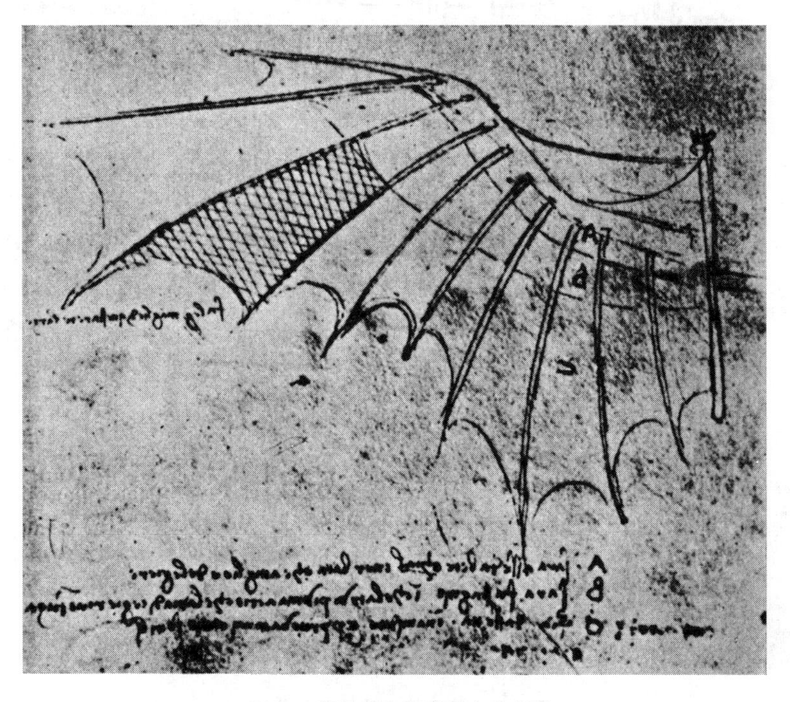

图 4.6　莱昂纳多设计的人造翅膀

为了测量所需的支承面，为了使翅膀的面积与支撑人的面积成比例，莱昂纳多在笔记中建议在重量高达 200 里拉的大模型上进行一些实验。

为了拍打翅膀，莱昂纳多再次将鸟作为他的模型，并因此设计了一个关节框架，与鸟类翅膀的主要骨骼非常相似。图 4.7 是他设计的四关节杆。他希望通过四关节杆传递所需的运动，并通过两根绳子获得，一根用来上升，另一根用来降落。绳子图如图4.7下部所示。

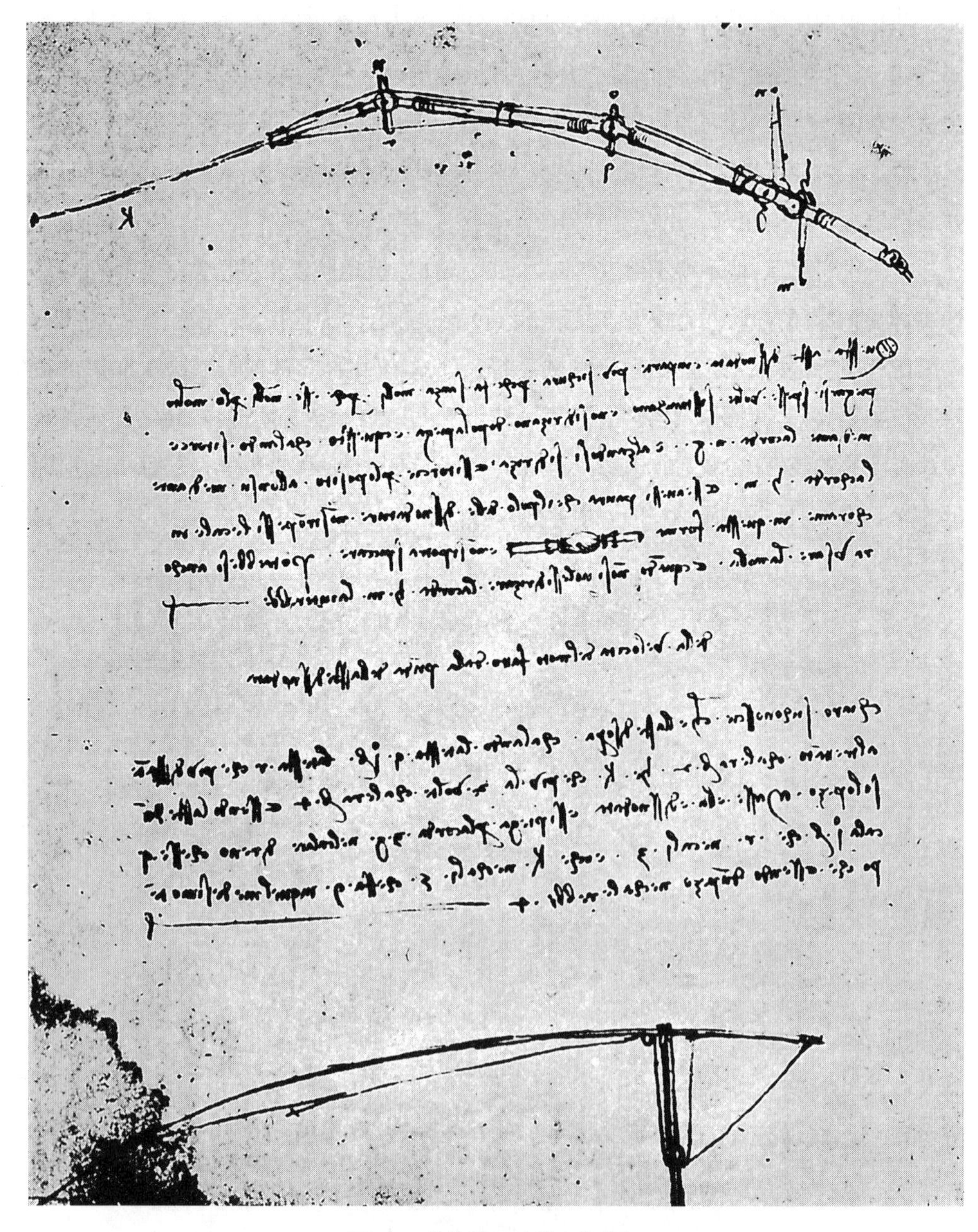

图 4.7 使翅膀运动的四关节杆

很明显，如果一个方向的运动是通过拉动绳子来实现的，同时弹簧被压缩，那么在松开绳子时，弹簧会自动产生相反的运动，但莱昂纳多对弹簧的效率表示怀疑，他更喜欢两条绳子的直接积极作用来实现上下运动。因此，他写道："不用弹簧"。然而，在随后的注释中，他说，如果使用弹簧，上部绳索可能会被省略。图 4.8 是他的关节铰链图，关节用皮革条捆扎。

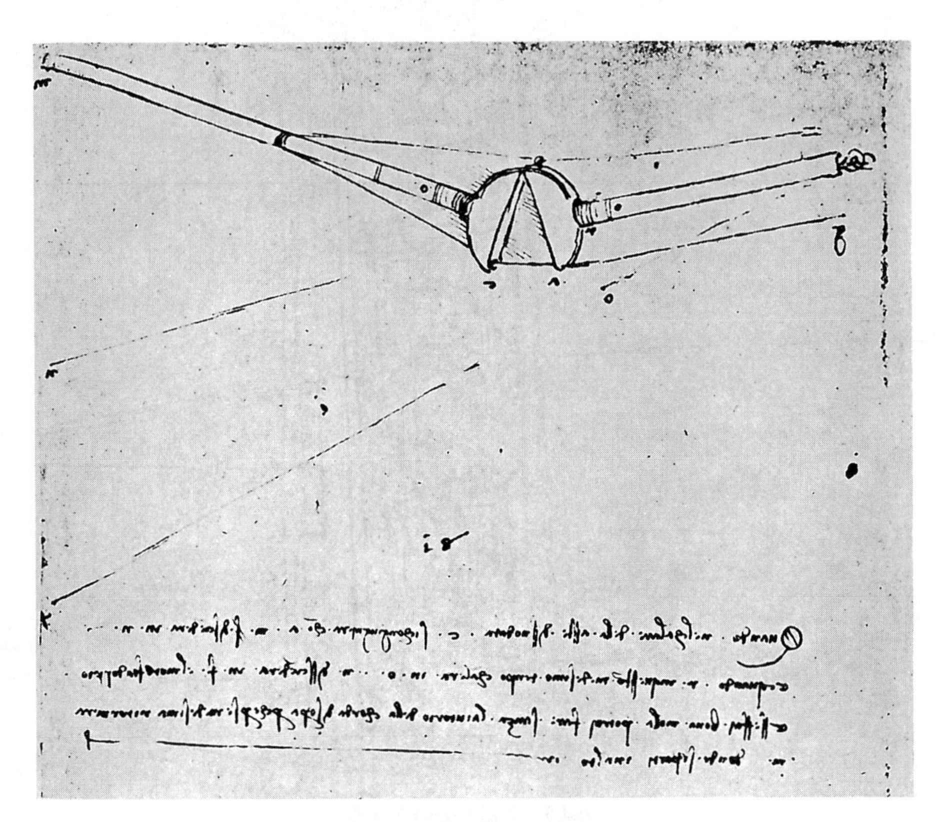

图 4.8　莱昂纳多的铰链接头

设计机翼及其操作装置是莱昂纳多最简单的工作。真正的困难始于当他着手寻找一种通过某种形式的人类能量来应用能量的方法，因为其他任何东西都不可用，这在他巨大的发明智慧范围内也是困难的。

许多草图和计算清楚地表明，他没有低估维持一个人和一台比空气重的机器飞行所需的动力。为了最大限度地发挥人力，他设计了一台机器(图 4.9)，操作员站在里面，部分框架靠在头上，以便在转动手摇曲柄的同时向上推，以发挥其力量。莱昂纳多计算出，这种推力实际上相当于 200 里拉，或者相当于一个人通过曲柄所能施加的力。翅膀有四个，呈两个十字架的形状，交替工作，"就像马的小跑步态"他记录说，这种安排"比任何其他安排都好"。

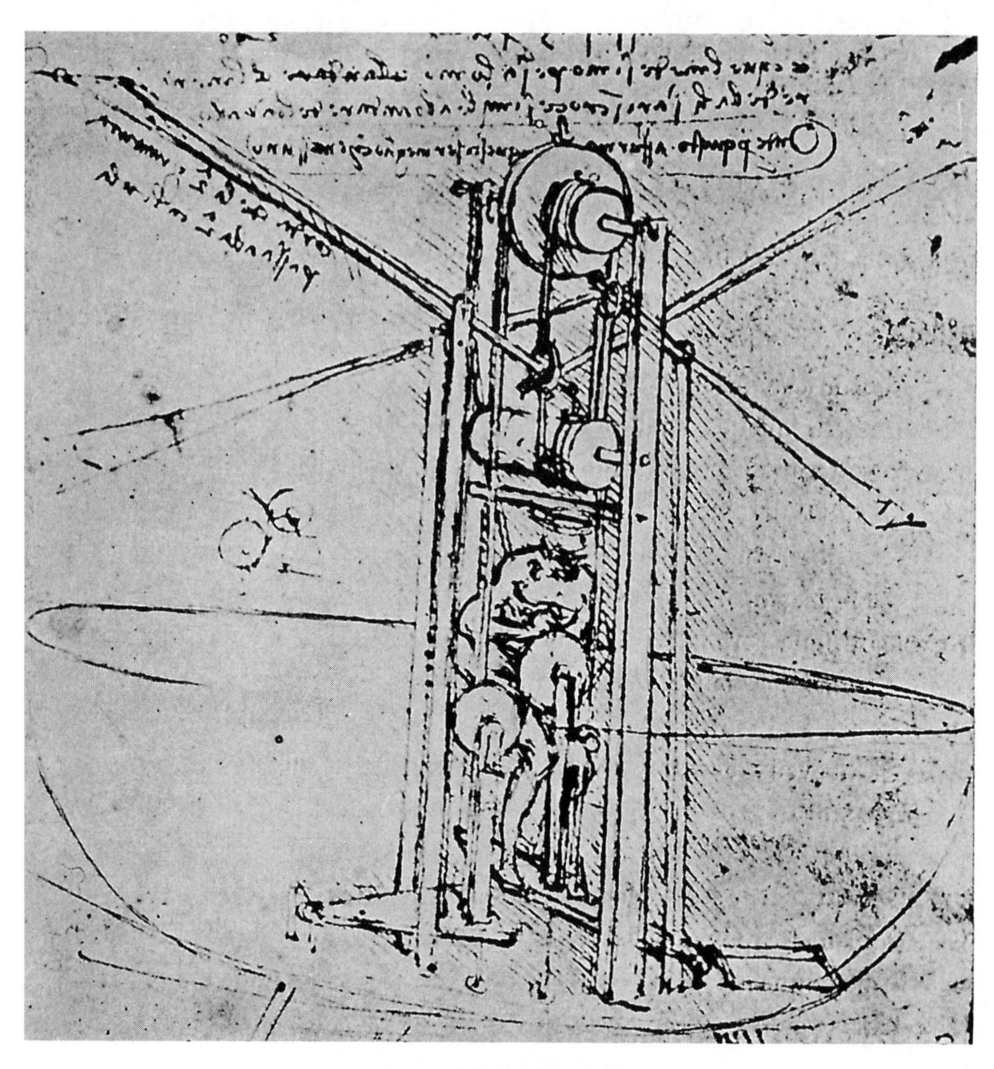

图 4.9　莱昂纳多的飞行器

图 4.10A 和图 4.10B 显示了操作员水平躺着的两种机身。他开发的这种类型比操作员直立的类型更详细，而且似乎是他最终接受的更可取的类型。在图 4.10A 中，男子伸展在一块板上，两个环越过他的身体，他通过抬起腿并向后踢来施加力量，从而在翼索上产生拉力；双手可以自由操作提升和转向装置；腿和脚可以同时工作或单独工作，以接近“鹰和其他鸟类”的飞行。

在图 4.10B 的装置中没有板，男子完全由框架下方的环支撑。在这种情况下，应用了手臂和腿部的力量，第一个通过曲柄，第二个通过尾部的小横梁。这两个动作都是通过相同的绳索排列传递给“翅膀”的。由于操作员的手脚都被占用，莱昂纳多建议由头部进行转向。他将通过将头部插入一个小环来实现这一点，环上连接着一个长舵尾，如侧面的小草图所示。两个装置中的机翼均为蝙蝠型。无论机器以何种方

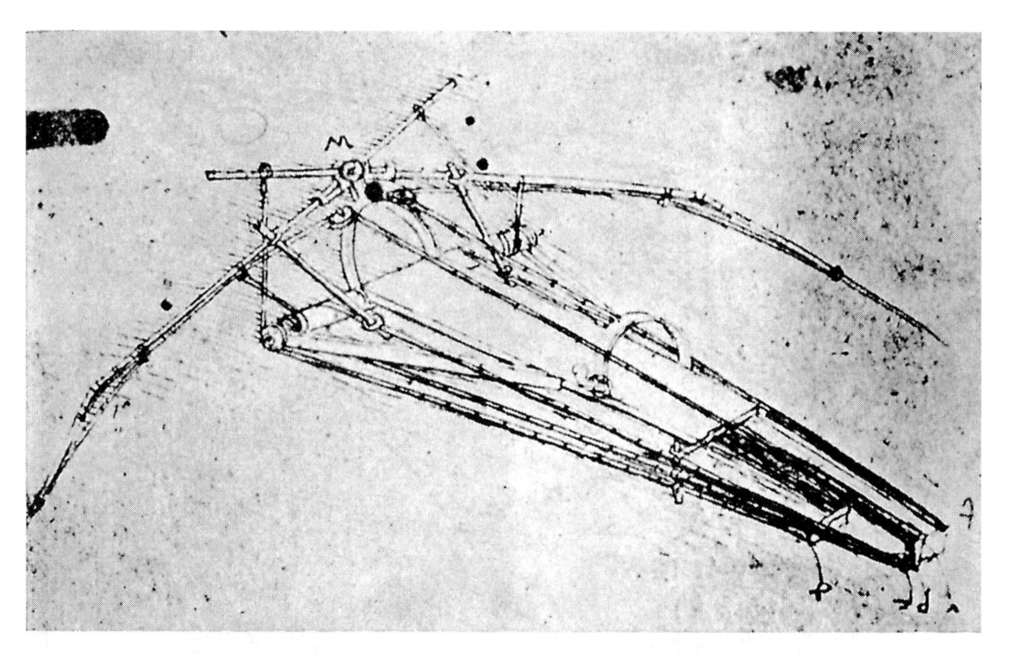

图 4.10A　莱昂纳多的飞行器(操作员水平躺在里面用脚踢来操纵翅膀)

式操作,莱昂纳多都意识到这样一个事实,即始终需要良好的和易于调整的平衡。为此,他建议"一个有翅膀的人应该摆脱腰部以上的束缚,以便像在船上一样保持平衡,这样他的重心和机器的重心可以平衡,并在必要时根据阻力中心的变化而变化。"

尽管莱昂纳多尽了最大的努力和聪明才智完善了一个飞行器,但他没有盲目自信,因为他在他的计划中附上了这样一条警告:"在湖边试一试这台机器,要在你的腰上系一个用来装酒的长皮瓶,这样如果你摔倒了,你就不会溺水。"

在研究向前运动的可能性时,他还考虑了通过降落伞向下的垂直运动,以及通过直升机向上垂直运动。有关翅膀的抵抗力或支撑力的实验使他认识到,如果一个人有足够的表面来提供部分支撑,他就可以安全地从空中坠落。他计算得出,对于一个正常体重的人来说,这个面积约为 24 平方英尺,因为他记录道:"如果一个人有一块 12 平方布拉其的密织帆布,他将能够从任何高度降落,而不会有危险。"

然而,降落伞是莱昂纳多的设计之一,这并没有被掩盖,因为韦兰提乌斯复制或重新发明了降落伞,他在《新机器》(*Machinae novae*)(MN)(威尼斯,1595)(第 490 页)中展示了一个人挂在降落伞上落下的样子(图 4.11)。韦兰提乌斯给他的画取名为"载人飞行"(Homo volans),这表明航空的想法一直存在于人们的脑海中,尽管在他的设计中没有任何关于飞行器的想法。因此,他远远落后于莱昂纳多。

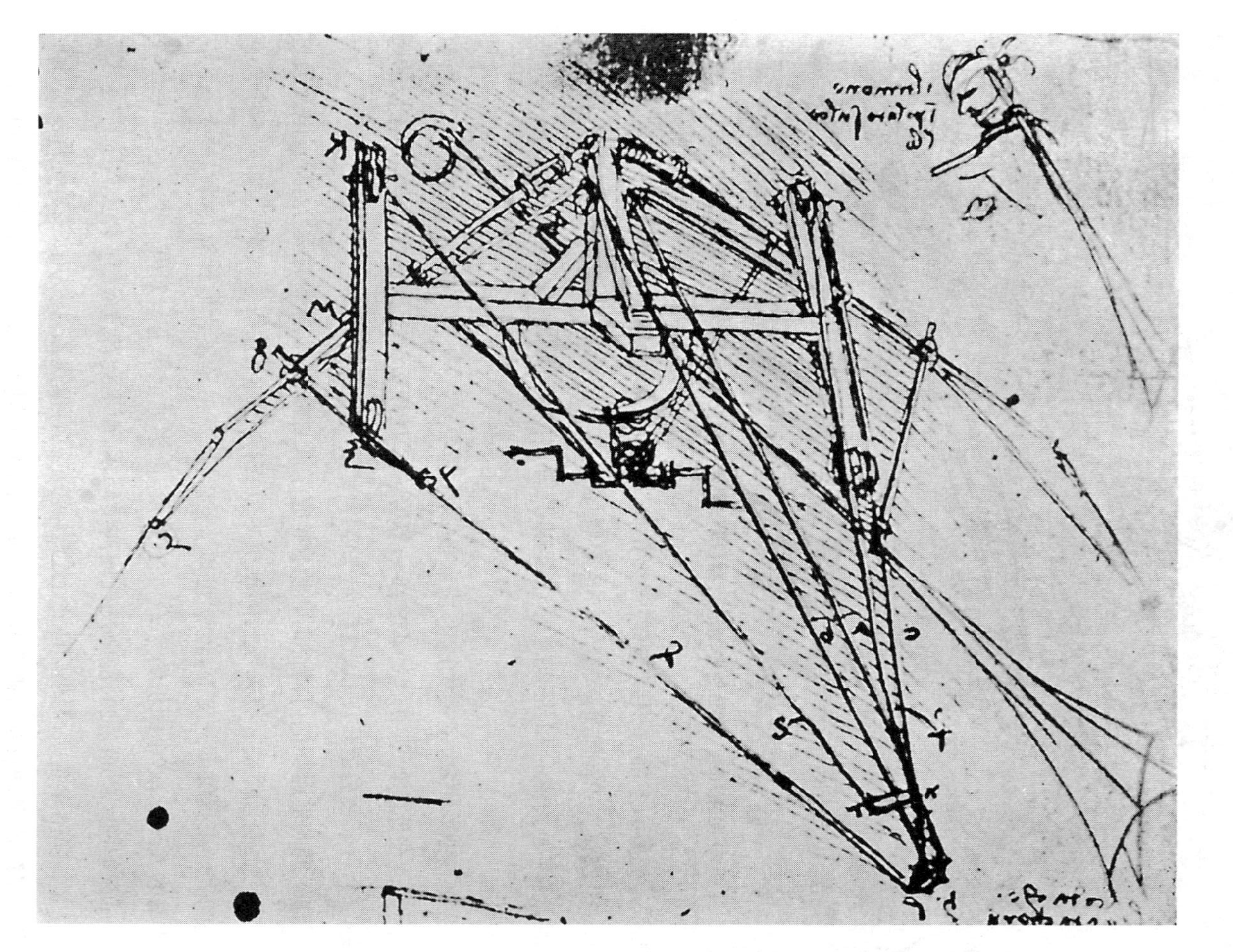

图 4.10B　莱昂纳多的飞行器(操作员水平躺在里面用胳膊和腿拍打翅膀)

降落伞的原理是如此简单，对每一个放过风筝的男孩来说都是显而易见的，以至于对任何一个拥有观察和推理能力的人来说，将降落伞应用于支撑缓慢下降的人并不需要巨大的创造力。在相反的命题，即垂直向上的飞行中，情况完全不同，因为这时出现了一个非常困难的问题、一个尚未圆满解决的问题。直飞的可能性是一只鸟都做不到的，这引起了莱昂纳多的兴趣，他是第一个承担这项任务的人。

图 4.11　莱昂纳多设计的降落伞

摘自韦兰提乌斯的《新机器》(威尼斯，1595)

与现代研究人员一样，他采用了螺旋推进器作为运动元件，但其形式为完整的螺旋。他是故意这么做的：当他在烟囱里画一个叶片推进器时，他意识到叶片推进器会起作用，这个推进器随着火中加热气体的上升而旋转，并旋转成一个小喷口。在他对直升机的描述中，他将螺旋的作用建立在一个用宽而薄的尺子进行的实验上。“在空中剧烈旋转，”他说，“你会看到你的手臂被这块小木板边缘的线引导。”

莱昂纳多描绘了他的直升机(图 4.12)：螺旋由两个完整的圈组成，由亚麻制成，其孔隙用淀粉涂层密封；边缘用“像绳子一样粗”的铁丝加固，框架由长而结实的木棒制成。螺旋的直径为 8 布拉其，因此它并不寻常。

图 4.12　莱昂纳多设计的直升机

最后他得出结论:“如果旋转速度加快,螺钉将钻入空中并向上移动。”由于参考了一个纸板模型,他很可能已在实验中成功地使一个小螺钉向上。由于没有强大的电机使他的大螺钉具有很高的旋转速度,因此也就不可能操作一个沉重的螺钉,尤其是如果试图提升自己的体重。莱昂纳多有翅膀和螺旋桨的想法,并理解空气阻力的作用,但由于缺乏足够的机械动力,他的工作在水平和垂直飞行中都没有取得实际效果。在那个时代,即使是他的聪明才智也无法打造出完整链条的单一环节。

至于实际的飞行尝试,他肯定考虑过这些尝试,因为除了建议在湖面上使用机器和携带救生衣外,他还说:“大鸟的第一次飞行将发生在高高的天鹅山(佛罗伦萨附近)上,宇宙将充满对它的赞誉,它的巢穴将充满永恒的荣耀。”

吉罗拉莫·卡尔达诺(Gerolamo Cardano, 1501—1567)[1]回顾了后来的实验,他说“莱昂纳多·达·芬奇曾试图飞行,但没有成功。”[《精妙事物》(*De subtilitate*),1554]

莱昂纳多在水力学方面的工作比其他任何工程领域都多。流动的水的作用、势能、破坏力以及所有现象都受固定规律的约束这一事实,为莱昂纳多的研究、公式化和实际应用提供了一个有吸引力的课题。

莱昂纳多几乎要写一本关于水力学的书了。除了他在笔记中留下的大量材料外,还发现了他心目中的这本书的目录:

本书的章节

第一册[2] 水本身

第二册 大海

第三册 地下河流

第四册 河流

第五册 深渊的性质

第六册 障碍

第七册 砾石

第八册 水的表面

第九册 放在里面的东西

第十册 修复河流

第十一册 管道数量

第十二册 运河

---

1 原书可能有误,资料显示他卒于1576年。——译者注

2 应是“第一章”,下同。

第十三册　由水转动的机器

第十四册　水的提升

第十五册　被水冲刷走的物质

关于这本计划中的书，他写道："首先写水本身；然后描述它的载体及其材料。介绍的顺序要合理，否则会比较乱。"

"描述水的所有形式，从最大到最小的波浪，及其形成的原因。"

在现存于大英博物馆的手稿中，这本书的范围得到了更充分的扩展——包含了47个标题，这表明了莱昂纳多对这一重要主题的看法有多广泛。他提议治理河流；它们在各种形式的渠道中流动；河流控制；浅滩的形成；水流对河岸造成的损坏，以及修复的方法。在控制河流的情况下，他提议展示如何通过适当的定向冲刷来保持深度。他计划写一些关于用于航行的河流，在这方面，他提议讨论船舶的形状和形式，特别是"船舶两侧曲线的不均匀性"、舵柄的位置和龙骨的形式。他认为所有这些都是与水流有关的重要因素，因为无论水流经过静止物体还是物体被静水推动，问题都是一样的——波浪或摩擦作用是相同的。

书中还将讨论通过各种形式孔口的水流和通过虹吸管的水流，并将有一章专门讨论通过提升水位来提升桥梁，这是当今常用的将大型桥梁桁架浮到位的方法。

虽然这本伟大的书从未被写过，但F. · 路易吉 · 玛丽亚 · 阿科纳蒂（F. Luigi Maria Arconati）将零碎的笔记收集到了一卷《莱昂纳多 · 达 · 芬奇，水的运动和测量》（*Leonardo da Vinci, del moto e misura dell' acqua*）(1923)中。

这些笔记是莱昂纳多惯常的风格，过于凝练，有时甚至难以理解。如果他写这本书的话，这些标题可能只不过是他本应该充实的主题而已：

部分注释解释了溪流的流动作用；冲刷的影响；颗粒是如何根据其比重和流速悬浮或沉积的；两股水流合流的影响以及合流角度和相对流量的影响；水颗粒的波浪或旋转作用如何在水平和垂直方向上运动，并对河岸和底部产生相应的影响；应遵循的方法，以防止因上述任何原因造成的侵蚀或沉积造成的损坏。

他在温莎画集中的一张图（图4.13）中展示了大坝破坏导致的不受监管的溪流的灾难性影响，但他没有指定其位置。也许这代表了他自己的修复计划。从图纸上看，似乎有两座大坝破坏了，首先是上面的一座小水坝，然后是下面的一座大水坝。图中显示了水流通过决口形成的漩涡，以及集中水流冲击堤岸时对堤岸壁的破坏作用。如图中所示，水流线从墙上反弹，只会返回到较低的位置，以一定角度打破墙壁，并削弱和破坏下面的大部分墙壁；可以看到墙的倾覆部分是朝下的；在中断点防止进一步侵蚀，直到可以恢复以前的水流条件，并通过桩隔板进行永久性重建。

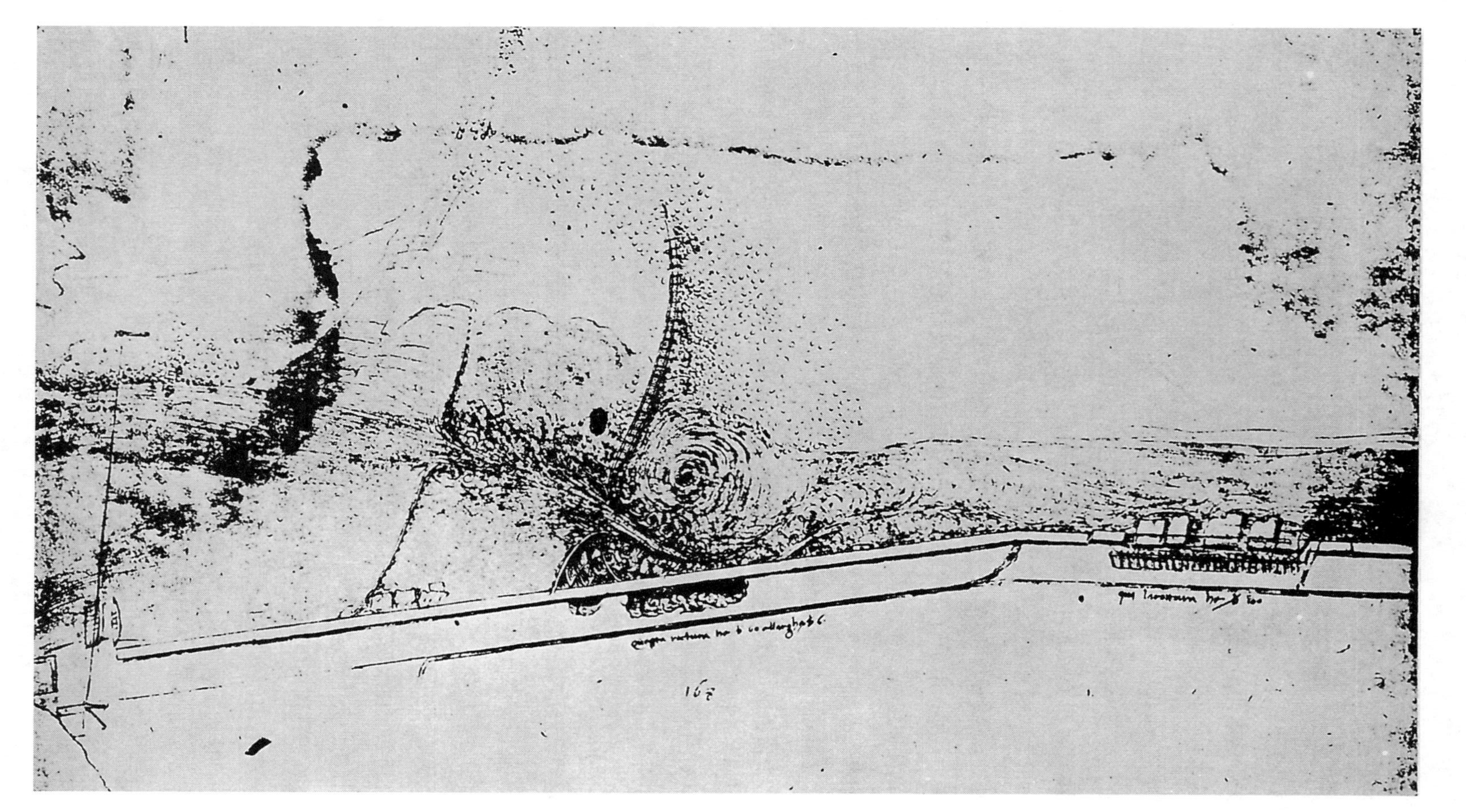

图 4.13 莱昂纳多临时修复破损大坝的设计

另外,他的大部分笔记,都是关于波浪的。波浪似乎对莱昂纳多特别有吸引力,可能是因为它们有节奏的运动吸引了他积极的想象力。许多参考文献和图纸都涉及这一主题。事实上,他是第一个研究波浪形成和作用理论的人,这一理论是他非常准确地发展起来的。他看到波浪可以不平移地传播,以一个直立谷物田为例,在风的作用下,可以看到连续的波浪穿过谷物,没有一根枝丫改变其位置,他指出,在溪流中,一个物体会随着水流漂浮在相反移动的波浪上,两组波浪可以相互碰撞和穿过,就像把两块石头扔进池塘一样。

在所有这些问题上,他的观察是敏锐的,他的结论大体上是正确的。如果他的书写出来的话,那将是对工程知识的杰出贡献。

在对水流的讨论中,他指出,整个横截面上的水流并不均匀,如果河道是直的,则最大值出现在中心和表面下方。然而,他准确地指出,最大流速及其位置受河道深度和走向的影响,无论是直的、凸的还是凹的。

虽然他知道溪流中的水颗粒并非都以相同的速度移动,但他未能找出变化的真正原因,即底部、侧面和空气的摩擦。这令人惊讶,因为他已经研究了摩擦定律。但我们很难延伸这一点,并假设既然他如此清楚地理解摩擦的影响,他就没有必要记下它,因为至少在一个例子中,他做了一个记录,显示了对移动水的空气摩擦的误解:在讨论自由下落的水时,他说,粒子离中心越远,移动越慢,因为与空气混合的外部粒子较轻,因此下落越慢。然而,在其他参考文献中,他引用了底部和侧面的不均匀性作为其附近流速降低的原因。

他的许多笔记都涉及堰上和孔口的水流,这是水力学的一个分支,以前从未被研究过。他正确地给出了落在堰上的水的曲线,其中上表面在堰后一定距离处开始倾斜。他解释说,当流向表面的水流比流向底部的水流更快时,落差首先从表面开始(图 4.14)。

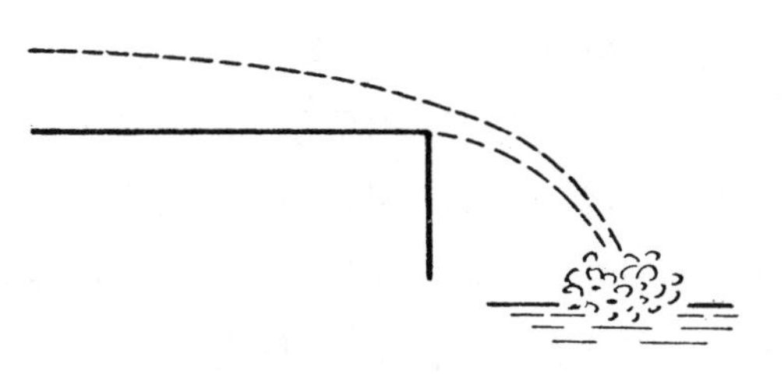

图 4.14 莱昂纳多描绘水流过堰时的曲线

他同样观察到孔的流量。他描述了颗粒从容器的所有部分到流出点的路径,并描述了水流在开口之外的最小横截面处的收缩(现在称为收缩断面)。他还观察到(可能是实验的结果),面积和形状相同的出水口,"墙最薄的出水口将输送最多的水"。

他不太确定或有点困惑的地方是排放量和水头之间的关系。大家记得,在落体中,他正确地将速度与时间联系起来,但没有意识到速度随下落距离的平方根变化,而不是直接随距离本身变化。他在水流中也犯了同样的错误,其中基本公式是 $v=\sqrt{2gh}$ 。显然,他对自己的结论没有把握,因为我们发现了相互矛盾的笔记。

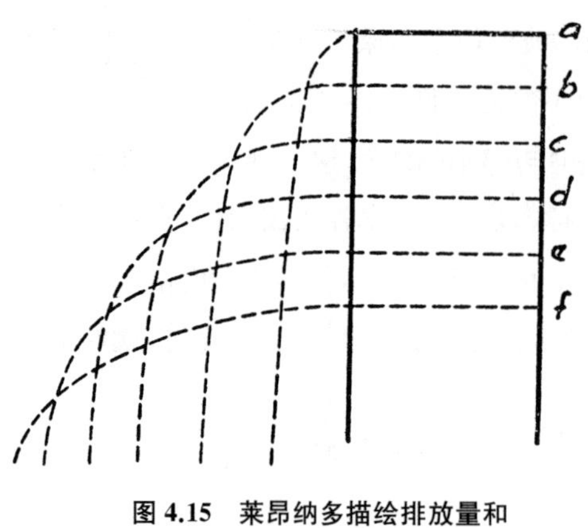

图 4.15 莱昂纳多描绘排放量和水头之间关系的图

因此,他绘制了一张带有以下记号的图(图 4.15):

"在一定时间内,从一定高度流过开口的水将与水头成比例。也就是说,如果 b 在一定时间内输送一定量的水,c 将在同一时间内输送两倍的水,因为 c 在其上的重量是它的两倍。此处的重量关系不同于落在空气中的固体重量。落在空中的水在其上形成了连续的洞,而固体重量打散了空气,这造成了一些阻力。"

另一方面,他描述了两个具有相同横截面的容器,但其中一个的高度是另一个的两倍。他说,假设大花瓶被分成 12 等份,小花瓶被分成 6 等份,而这样的一等份是从大花瓶中提取出来的,较小的花瓶通过大小相等的开口获得的水量不到一半。

根据现代知识衡量,莱昂纳多的错误显而易见:在第一种情况下,基于流速的输送与水头不成正比;在第二种情况下,尽管他承认输送量不会与之成正比,但他将差异放在了错误的一边,因为小花瓶的输送量将更多,而不是更少、不到一半,因为小瓶子的输送量相对大于大瓶子。

在考虑下落重物时,在莱昂纳多时代,没有公式,也不理解一个量作为另一个量的某个幂变化;可以理解正比例和反比例,但不能理解更复杂的形式。莱昂纳多的困惑是完全可以原谅的——许多年后,当在巴黎测量水的时候,对孔径的大小而不是水头进行了说明。值得注意的是,莱昂纳多并没有遵循他通常的习惯进行实验。如果他取了两个容器,两个容器的侧面都是相同大小的孔,然后在容器中注入不同水平的水,他就会发现流量与水头不成正比。但是,也许他确实做了这样的实验,而他没有能力用现有的工具制造出精确的相同大小的孔,这导致了他的失败。无论如何,与之前所做的任何事情相比,他所做的都标志着一个新的进步,而且过了很长时间,他所阐述的原则才得以重述。

然而,莱昂纳多在静水力学方面提出了一个伟大的原理(后来又被重新发现和发展)。他提出了这样一个理论,即在一条河流中,等量的水在相等的时间间隔流动,速度与横截面面积成反比。他将这一原理应用于泵:

"拿一个注射器,当推动水的活塞移动 1 格时,最先喷出的水被驱动了 2 布拉其。在车轮的运动中也可以发现相同的事情,当轮轴的厚度与小齿轮的厚度相同时,小齿轮和车轮表面的运动比轴的运动快得多,因为小齿轮的圆周包含在车轮的圆周中。"

莱昂纳多扩展这两个轮子的机械作用,他展示了一个轮子上的重量如何将另一个轮子上的重量提升几倍，尽管这样做时，较小重量的移动距离是较大重量的移动距离的倍数；反之亦然。

亚里士多德和其他莱昂纳多的前辈们理解并讨论了速度与重量的乘积，但莱昂纳多是第一个将其应用于水的运动和由此产生的压力的人。

以此为开端，莱昂纳多逐渐发展出静水力学科学的另一条伟大的基本定律，而这条定律由帕斯卡在一个半世纪后作为一项新发现提出，帕斯卡证明了这一定律并使自己名垂青史。这条定律就是质量流体内的压力分布定律。这里没有必要深入探究他逐渐建立和证明其理论的许多注释，因为本书的目的只是为了展示莱昂纳多在应用科学的许多领域有多么出色。这些注释已经被透彻地分析了，他在理论发展方面的进步也被迪昂(Duhem)在他的杰作《莱昂纳多・达・芬奇研究》(*Etudes sur Léonard de Vinci*)(1906)中清楚地阐述了。可以说，莱昂纳多描述了他对各种比重流体的实验，例如水、油和其他在不同形式的容器中承受压力的流体，从中得出了一些结论：

“在自然界中，管道可以将水抛向无限远是可以想象的，因为排放点上方的水头可能是无限高的，并且随着水头的每增加一个等级，管道可以将其抛向的距离延长一个等级。”

“圆柱形泵的泵筒在底部连接到垂直的圆柱形管道；泵筒中的水由一个承载重量的活塞加压。在垂直管道中，水会上升到多高，高于泵筒中自身的水位?”

“将下降的水乘以下降的高度，然后将乘积除以您希望提升的水的高度，就得到泵能输送的最大水量。水的下落是希望提升高度的多少倍，提升的水量就少多少倍。”

“当管道的横截面与泵的横截面相等时，管道升高到自身水位以上的水的重量与升高它的其他水的重量成比例。”

虽然莱昂纳多将他的泵和管道描述为圆柱形，但他很清楚，理论上结果与形状无关，结果只是重量乘以水头的乘积。在他的实验中，他可能使用圆柱体，因为他发现圆柱体更容易制造。他阐述的一般原则如下：

“如果配重是其压缩流体的十倍大，则其升高的水将比与配重相当的水面高十倍。”

在这些结论中，他不仅定义了“功”理论，而且清楚而正确地定义了静水压的原理，因为尽管他描述了较大的重量移动较短的距离，而较小的重量提升较大的距离，但他解释说，这种作用是可逆的，一个较小的重量移动更长的距离可以提高更大的重量和相应较短的距离。

这是一个美丽而全新的推理，正如迪昂所说，“莱昂纳多是机械师的前辈”。但这一推理没有被人类所使用，因为它埋没在象形文字的笔记中。

在15、16世纪，没有人认真考虑过城市的科学规划。城市通常有两种街道系统，都是当地自然条件而不是设计的结果。一种系统包括弯曲的街道，或多或少地遵循城墙的布局。另一种系统是放射状的，从公众聚集的中心点，如市场或大教堂，到城墙上的大门，穿过弯曲的街道。连接主要街道或从主要街道引出的次要街道遵循一种随意的路线。供水和排污系统并不存在。

这种缺乏规划的状况是莱昂纳多井然有序的头脑不能接受的，他把自己对城市布局和房屋建造的看法写在了纸上。他描绘了两层的街道，一层为快速街道，另一层为慢速街道，交通繁忙，建筑高度有限，供水充足，排水充足。但他思考的是 19 世纪甚至 20 世纪，而不是他自己的时代。

一条大城市的街道，正如莱昂纳多想要建造的那样，将有两条道路，每条道路宽 20 布拉其，一条道路高出另一条 6 布拉其。在他的设计（图 4.16）中，莱昂纳多显然使用了罗马的布拉其：他将其细分为 digiti，而佛罗伦萨的布拉其，另一个同名单位（工程师使用）则是 palmi 和 soldi 的子倍数。罗马的布拉其长 26.308 英寸，1 digitus[1] 长 2.2 英寸。

6 布拉其和 20 布拉其的尺寸在当时是宽敞的，足以满足 1500 年和多年后的街道交通。每条街道的表面从侧面到主要排水沟的坡度为 $\frac{1}{2}$ 布拉其，或是 5%的斜率。这是 16 世纪末巴黎街道采用的最小坡度。

根据现代标准，这种坡度可能过大，但当时可能需要这种坡度，以便在传统的粗糙路面上形成水流。无论如何，莱昂纳多的标准与 100 年后人们认为可取的做法是一致的。

为了提供排水，他提议在街道中心设置一系列狭槽，交替出现，1 布拉其长，1 指[2] 宽。这些槽会连接到较低水位的排水沟。

房子将背靠背，中间有一条较低的街道。上街将被保留“仅供绅士使用”，所有手推车和“类似物品”均被明确禁止。手推车、货车和担架使用较低的街道，家庭用品如木材、葡萄酒等，应通过平面图上标记为 N 的门从同一街道运送，同时将所有房屋和马厩的垃圾从地下清除。这些街道相距 300 布拉其。

在街道的两侧，步行者可以看到 6 布拉其宽的连拱廊，整个街道都是这样，建筑物由柱子支撑着。较低的一层通过表面上的开口接收光线，两层通过圆形楼梯连接——“因为方形楼梯的角落总是被弄脏”。通往上层的通道将受到位于城墙外的坡道的影响。“这样的城市，”莱昂纳多补充道，“应该建在海边或大河附近，这样城市的污垢就可以被水带走。”房屋的高度将根据街道宽度的某些比例加以限制。

---

1 digiti 的单数。——译者注

2 digit，长度单位，相当于 3/4 英寸。——译者注

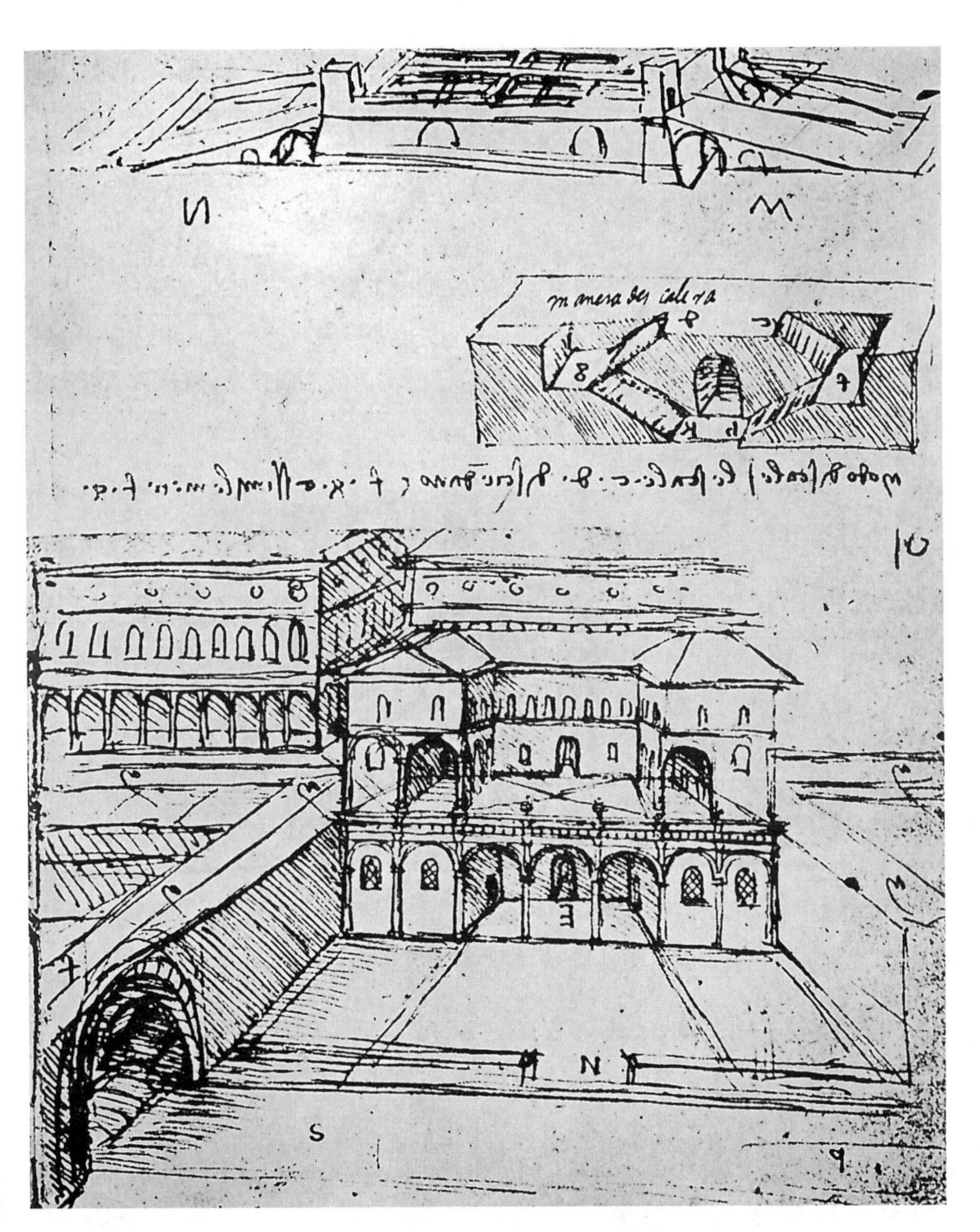

图 4.16 莱昂纳多设计的两层城市街道

莱昂纳多对他心中想法的描绘没有尺寸，也没有比例，很难理解，但其突出特点是：

中央的房子在后视图中显示，省略了庭院的顶部。左边是另一栋房子的立面图，带有拱廊。上层街道显示在这所房子的前面，在街道的另一边，对面房屋的位置用阴影表示。下层标记为PS(通过镜像书写反转的字母)，并由拱门覆盖。

图4.16中的上部草图显示了通往上层街道的坡道，下部草图表示拱门中连接上层和下层的楼梯。

如果水资源充足，莱昂纳多提出了该方案的一个变化型式(图4.17)——上层街道供行人和轻交通使用，下层是交叉的运河，由船只完成前一个项目中手推车的工作。他说，河水应该是清澈的，水位应该由位于城墙内的水闸控制，这样敌人就无法进入。

图4.17　图4.16的一个变化型式

1485年，米兰饱受瘟疫之苦，不仅有数万人死亡，而且所有的内部商业和外部商业都暂时性地遭到破坏，莱昂纳多考虑到他的“模范城市”，建议洛多维科·斯福尔扎公爵不要让人口集中：

“你应该在十个城市中划分5 000间房屋，相当于30 000间住所，这样就可以分配这一大批人口，这些人口现在像山羊一样挤在一起，一个挨着一个，散布污垢和致命疾病的病菌。城市可以变得美丽，而你将获得永恒的荣誉。”

他改善城市的想法的另一个例子是乌尔比诺市的污水系统，这个系统具有主干、支路和房屋连接(图4.18)。这幅草图也是一幅非常粗糙的草图，旨在为他自己的眼睛提供指导，而不是供公众检查。然而，它展示了排水系统的总体布局，这在当时是不存在的。

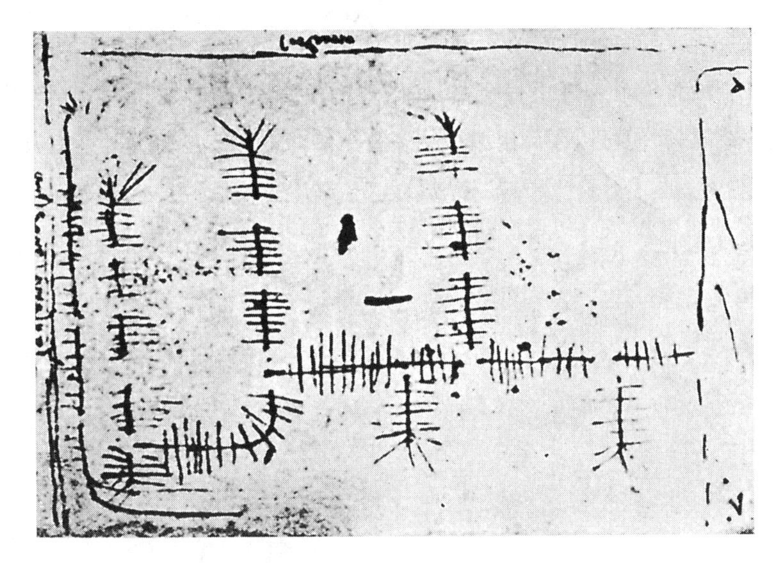

图 4.18　莱昂纳多的污水系统草图

当以如此概括的方式审视莱昂纳多作为工程师、建筑师、艺术家、科学家、地质学家、古生物学家、植物学家、动物学家、物理学家、解剖学家、哲学家和作家所取得的成就时，我们留下了两个清晰的印象：第一，他有着无与伦比的巨大成就；第二，尽管他取得了巨大的进步，他总是离成功只有一步之遥。再往前走几步，伽利略、哈维、牛顿、帕斯卡、笛卡尔和17、18世纪科学史上的其他为人熟知的杰出人物的名字，他们的所有荣誉将都属于他。在创造性和不相关想法的漩涡中，他不可能完全掌握其中任何一个，因为在将推理路线集中到一个点的最后行动中，不仅必须有时间进行反思，而且必须与所有分散注意力的印象完全分离。对于前者，莱昂纳多没有，因为他总是很忙；对于后者，他无法保证，因为他无法阻止不断激发他想象力的流动。然而，他的全部成就远远超过任何其他人。弗朗索瓦一世是他生命中最后四年的赞助人和亲密朋友，他说"他不相信世界上有任何人能像莱昂纳多那样学识渊博"。

在其广泛和多样的应用中，莱昂纳多的才智可能是人类有史以来最伟大的才智，当然可以毫不夸张地说，他是有史以来最伟大的才智之一。但是谁有资格和他并肩作战呢？在许多领域都有伟大的艺术家、哲学家、建设者和科学家，但谁是所有领域的大师呢？

亚里士多德可能是第一个出现在脑海中的名字，一个博大精深的思想家，喜欢那些可以通过推理来分析的主题，但他不像莱昂纳多那样是一个构造师和艺术家。弗朗西斯·培根爵士是另一个，但如果他被毫无疑问地接受为莎士比亚戏剧的作者，他声称所拥有的多样化天才将大大增强。还有美国人本杰明·富兰克林（Benjamin Franklin），他表现出的许多优点使他有资格成为这个受限群体的成员，例如作家、机械师、科学家、哲学家和政治家。

这些人中没有一个人真正有资格，如果他们没有资格，那么谁有资格？在寻找这个问题的答案时，我们可以衡量出莱昂纳多智慧的深度和广度。抛开所有其他的比较不谈，莱昂纳多・达・芬奇无疑是文艺复兴这一辉煌时期最引人注目的产物。

Part Ⅱ

第 2 部分

机器的发明和应用

5

罗马时期的测量

当提到罗马和文艺复兴时期的工程时，人们会对这样一个事实印象深刻，即罗马时期长而直的道路和经过仔细调整的高架渠，以及文艺复兴时期广泛的运河系统，需要具有公认精度的测量仪器来布置其路线并固定均匀的坡度。因此，在研究文艺复兴时期工程师的仪器和测量方法之前[1]，让我们先简要考察一下他们的罗马前辈在古罗马建筑时代达到顶峰时所使用的仪器和测量方法。这将表明可用的信息和先例，并使我们能够估计后期取得的进展。

对早期仪器的最好描述是海罗、阿基米德、亚里士多德和维特鲁维乌斯的著作。印刷机发明后，除了一部外，他们所有的著作都被印刷出来，因此工程师们很容易就能买到。这个例外是海罗的一个作品——《屈光仪》，它保存在手稿中。它是早期测量描述中最好和最详细的，在时间的蹂躏下幸存下来。

手稿有三份，一份在巴黎的国家图书馆，一份在斯特拉斯堡，在维也纳的第三份仅为手稿的一个片段。这三份手稿的语言都是希腊语，最古老的手稿似乎是在斯特拉斯堡，巴黎的手稿可能是一个副本。这些手稿没有日期，但巴黎的副本可能不早于17世纪。1858年，A. J. H. 文森特翻译了巴黎版本的手稿，并将其与斯特拉斯堡版本的手稿进行了比较，以消除抄写错误，并出版了原文及其法语译文，附有学术注释（"亚历山大港的希罗的屈光仪"，帝国图书馆手稿的记录和摘录，Vol. XIX，1858）。之前的翻译是由文丘里在1814年完成的，但文森特的作品更准确。

希罗的论文是一份了不起的文件，不仅因为它揭示了2 000年前使用的测量方法，还因为他的许多建议今天得到了遵循。

"屈光仪"一词被希腊人用来指任何一种人们可以通过或在其上看到的仪器。如希罗所示，屈光仪有多种应用。尽管它主要由三脚架上水平旋转的水位组成，但它可以转换为校准仪器，因为臂可以垂直和水平移动，或者可以使臂在分为度的圆盘上转动，从而测量任何角度，无论是水平还是垂直。它将水准仪、经纬仪和平面工作台的原

1　这是尚未完成的计划章节之一。

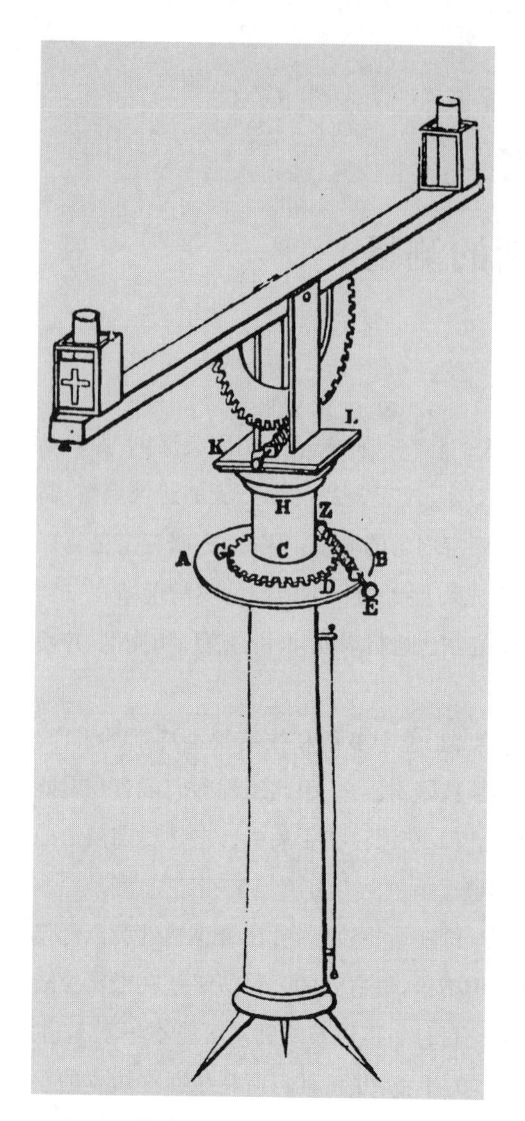

图 5.1　由 A. J. H. 文森特修复的屈光仪

根据他的"亚历山大港的希罗的屈光仪",帝国图书馆手稿的记录和摘录,Vol. XIX,1858

理整合到一个仪器中,并且它的使用方法与今天使用的这些仪器完全相同。屈光仪还提供了合理的精度,除了缺少望远镜,所有的视力范围都限制在人类独立视觉的范围内。

由于屈光仪不仅是这一时期的主要测量仪器,还是许多世纪以来类似仪器的原型,因此最好以简明的形式重复希罗对它的描述,并展示文森特从希罗手稿的笔记和草图中恢复的完整仪器(图 5.1,图 5.2)

支撑物是一根三脚支撑的立柱。立柱顶部固定着一块水平铜板 AB。铜板上连接着一根垂直铜管 HC,可以绕立柱和铜板的轴线自由转动。与管子一起构成零件的是齿轮 DG,齿轮的齿与蜗杆 EZ 啮合,蜗杆 EZ 的支架固定在铜板 AB 上。希罗说 HC 的柱顶是多立克设计的,它的柱顶是第二块板 KL,上面有两个垂直的支架。这些支架承载着一个在单销中心铰接的臂,但在臂的下方,控制其在垂直平面内运动的是一个垂直的半圆齿轮,其齿与水平齿轮的齿一样,啮合成一个蜗杆。在大约六英尺长的臂顶部,切开一个纵向槽,槽的横截面为圆柱形或四边形,以容纳铜管。在管子的末端,与之成直角的是两根短的垂直铜管。顶部是两根直径与铜管相同的玻璃管,并用蜡或其他胶泥密封,几根管子连接形成一个整体。

玻璃管周围是中空的盒子,盒子的端面是沿着垂直边缘在凹槽中滑动的小铜盘,靠近玻璃管的侧面。圆盘中间有缝隙,人们可以透过缝隙观看。从圆盘的下边缘突出的是穿过主臂的销,这些销与臂中的螺钉环啮合的蜗杆螺纹相切。通过转动这些销,可以提升或降低带有窥视缝的铜盘,然后将其固定到位。

为了确保垂直设置,在主柱的一侧悬挂一个铅锤。当铅锤的绳索刚好接触并连接到靠近底座的立柱侧面的螺柱的中心时,立柱的轴是垂直的。

希罗的屈光仪包含了好的测量仪器的所有基本要素。它可以垂直设置，在水平和垂直平面上都可动。蜗轮允许关闭设置并快速锁定仪器。弯管垂直臂中的水面形成了垂直玻璃管中的两个表面，标志着水平方向。滑动圆盘可以通过螺丝调整精确地固定，使水平的狭缝与水面持平，狭缝成为窥视镜，通过狭缝可以将一个水平面投射至任何方向。

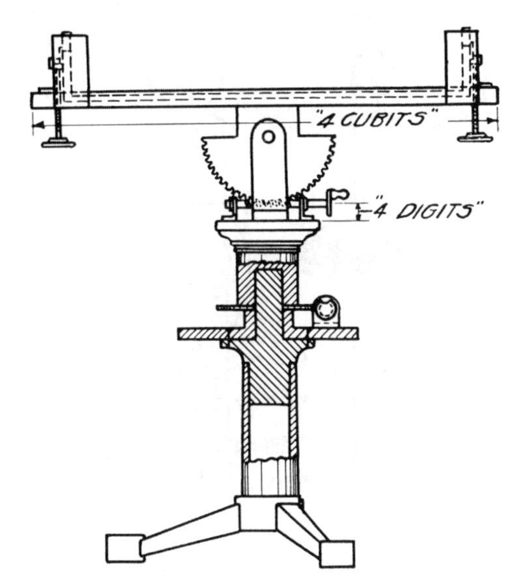

图 5.2　亚历山大港的希罗的屈光仪

基于 A. J. H. 文森特的复原。根据沃尔特斯的《希腊和罗马工程仪器》(伦敦，1921)中的绘图

希罗意识到齿轮和蜗杆缓慢移动的事实。为了使任何一个齿轮快速到达其所需的近似位置，他描述了一个比啮合齿轮的厚度略宽的槽，在蜗杆的螺纹中纵向切割。通过转动蜗杆直到车轮解锁，后者可以自由旋转，当其处于近似位置时，蜗杆轻微转动使其重新啮合，则该机构固定以进行并保持紧密调整。

对于对齐和角度的旋转，屈光仪也是可用的。由于可能在两个相互成直角的平面上运动，所有对齐操作都可以完成，铜盘上的垂直狭缝提供了通过其观察设置木桩或木棒的视线。如果水平管已充满，且狭缝视线已调整至该水平管，则很明显，通过支撑臂的垂直半圆，可以很容易地测量水平面上下的垂直角度。为了以相当高的精度布置水平角度或将屈光仪用作平台，希罗移除了水平臂并在其位置放置了一个水平板，在该水平板上，臂可以作为平台上的校准件自由移动，也可以以中心为轴旋转。在板上画一个与枢轴同心的圆，并将其划分为度。通过旋转臂并通过垂直狭缝观察，不仅可以看到水平面上的简单直角，而且通过从水平方向倾斜平板，可以立即读取任何平面上的任何角度。

为了准确测量距离，希罗说测量线必须是"拉伸良好并经过测试，不能以任何方式拉长或收缩"。在另一项工作中，他表明，这可以通过拉伸和重新刻蚀两根柱子之间的测量线来实现，或者通过将其垂直悬挂，并附加重量，直至不再拉长，然后用蜡和树脂的混合物涂覆，防止其长度通过吸收大气中的水分发生变化。

为了测量立面，希罗用以下文字描述了一个水准杆(图 5.3)，它是其现代仪器的对应物：

"两块木头被加工成 10 腕尺[1](18 英尺)长，5 指 $\left(3\frac{3}{4}\text{英寸}\right)$宽，3 指 $\left(2\frac{1}{4}\text{英寸}\right)$

1　cubit，复数 cubits。古代长度单位，约 45 厘米，或自肘至指尖的长度。——译者注

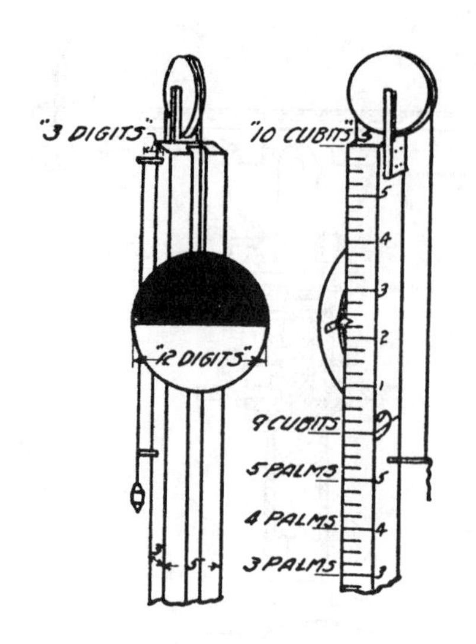

图 5.3 亚历山大港的希罗的水准标尺

由 A. J. H. 文森特修复。根据沃尔特斯的《希腊和罗马工程仪器》(伦敦,1921)中的绘图

厚。楔形榫槽沿宽边的整个长度切割,楔形榫的窄边位于外部。在这个槽中,榫舌可以自由转动而不会掉出来。榫头上固定着一个直径为 10 或 12 指$\left(7\frac{1}{2}\right.$ 至 9 英寸$\left.\right)$的圆盘,由一条垂直于杆长度的直线分割成两个半圆,其中一个为白色,另一个为黑色。榫舌上连接一根绳索,该绳索穿过杆顶部的滑轮,并沿着与圆盘相反的另一侧向下延伸。"

"现在,如果将杆保持在垂直位置,并从后面拉出绳索,则圆盘会上升;相反,如果绳子松开,圆盘将因其自身重量而下降,特别是如果采取预防措施在背面钉上一块铅板,因为这自然会使其更易移动。因此,在拉动绳索以提升圆盘后,可以使其停止并固定在杆的任何所需部分。杆的长度从底部开始,应分为手腕、手掌和手指。然后在这些点上,在圆盘右侧的标尺侧面画线,标记长度的刻度。圆盘背面有一个指针,与直径成一直线,参考直径,指针指向杆上标记的刻度。"

"杆必须保持在与地面完全垂直的垂直位置。在与刻度相对的平面上,固定了一个约 3 指$\left(2\frac{1}{4}\right.$ 英寸$\left.\right)$长的木桩,木桩末端是一个垂直孔,绳子穿过该孔承载重量。在杆的底部附近是另一个桩,其长度等于孔与顶部桩上的杆之间的距离,并在其末端标记一条垂直直线。当铅垂线与该线重合时,将显示标尺完全垂直。"

从这段描述中可以明显看出,罗马工程师在布置高架渠时使用的水准杆与今天类似工程中使用的水准杆在原则上没有区别。除了用金属弹簧和绑定螺钉代替控制目标的绳索外,没有任何实质性变化。为了保持水平,他使用了后视和前视,并将它们输入到一个专业记录中,与现在完全一样。

在他的论文中,希罗对各种测量操作进行了全面描述,包括在山的另一侧投影一条线,以便钻取隧道,并追踪地面上的采矿操作,以便将竖井沉入现有的地下通道。

虽然屈光仪是罗马帝国时期使用的最先进的测量仪器,但至少还有两种仪器经常使用。一个是"星"或"格罗马",拉丁文单词"gromaticus"(测量者)就是在那里投影线条,另一个是"chorobates"或水平仪。由于没有明确的格罗马描述流传下来,中世纪的作者在其确切形式上有不同描述。希罗称其不如屈光仪准确,并表示铅垂线受气流影响,无法依靠其进行精确瞄准,但他没有提供任何细节。幸运的是,当在庞贝城的挖掘中发现格罗马的金属部分时，这种描述上的缺陷被克服了。它们由四个臂的铁十字架、四个青铜套筒、两条薄铜带和一个铁鞋组成，它们由马特奥·德拉·科尔特先生描述，他在研究遗迹后，以图形的方式重建了仪器(图 5.4)。

格罗马通过垂直设置部件来操作，其中一对绳索称为“cardo”(一条南北线)和另一对与之垂直的绳索称为“decumanus”。这种仪器可以通过观察悬挂的绳索快速地以直角绘制线条，因此在绘制矩形建筑时非常有用。除近似外，它无法测量 90°以外的角度，因此，明显比不上屈光仪，尽管它由于轻便而在操作方面更方便。

维特鲁威(公元 1 世纪)在他的著作《建筑十书》中详细描述了另一种仪器，即水准器。根据他的描述，水准器只不过是一个放大的建筑水准仪，是一块 20 英尺长的直木头，用腿支撑，两端有两个铅锤(图 5.5)。当铅锤悬挂时，支撑索与连接腿的横梁上的某些标记重合，直尺是水平的。如果风妨碍铅锤静止，则有第二种方法使直尺水平：在直尺的顶部切割一个 4 英尺、$8\frac{1}{4}$ 英寸长、$\frac{3}{4}$英寸宽、$1\frac{1}{8}$ 英寸深的凹槽，可以用水填充，从而指示直尺何时处于水平状态。维特鲁威意识到，严格来说，水面不会是水平的，如以下引文所示：

“也许一些阅读阿基米德著作的人会说，水不可能有真正的水平，因为他认为水没有水平面，而是球形的，其中心位于地球的中心。无论水是平面的还是球形

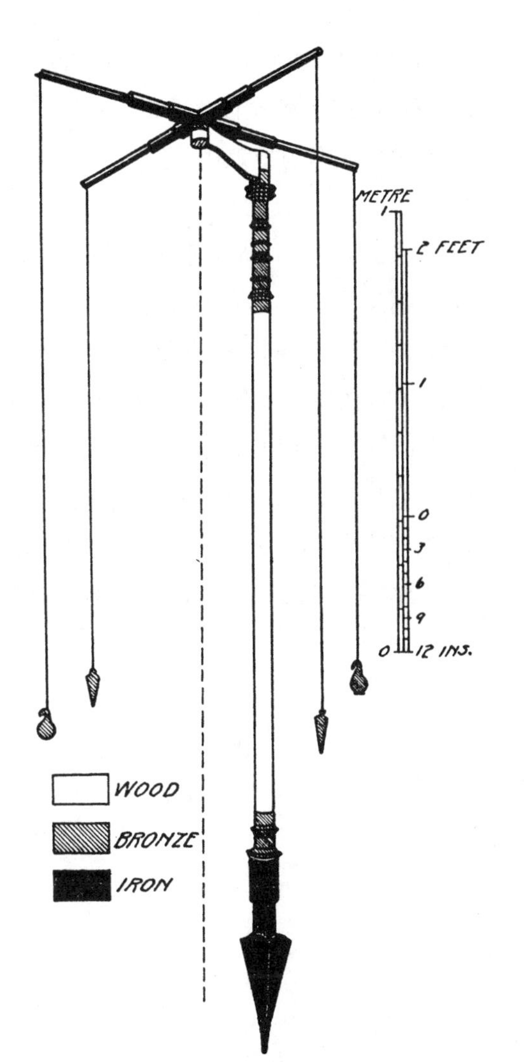

图 5.4　在庞培发现的格罗马

由马特奥·德拉·科尔特修复

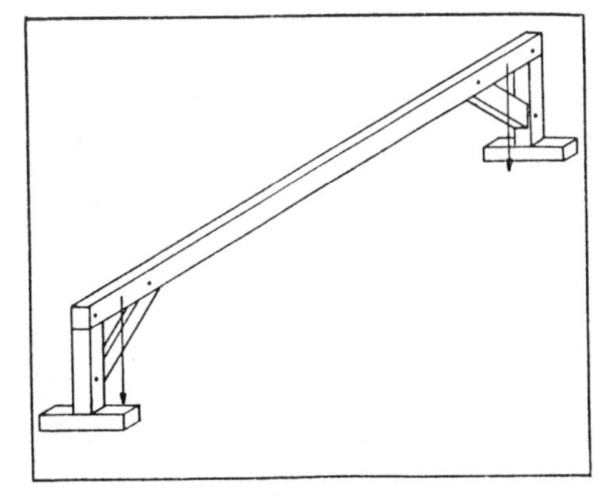

图 5.5　由 A. J. H. 文森特修复的水准器

根据斯通的《罗马测量仪器》(西雅图，1928)中的绘图

的，当直边水平时，它必然在水的左右两端均匀地支撑着水。虽然水的中心必须有膨胀和弯曲，但末端必须彼此平齐。”

在地球曲率的推理中，这一令人惊讶的精确性表明了对物理科学基础的正确理解。

水准器会为房屋地基建立足够接近的标高，以满足维特鲁威的要求，维特鲁威主要是一名建筑师，这也解释了他为什么更喜欢水准器而不是屈光仪。但与屈光仪相比，水准器非常笨重，在垂直和水平面上都缺乏瞄准装置，更不用说屈光仪在提供线条和水平方面的便利。作为一种精确的科学仪器，水准器明显比较差。

从上述描述可以看出，在基督教时代初期，罗马工程师具有适用的仪器可以随时执行地表和地下测量的所有操作，并充分开发了现场方法供其使用。这些仪器虽然在细节上有待改进，但体现了这些仪器应具备的所有基本原理。

因此，在文艺复兴初期，测量艺术与罗马后期相比几乎没有改进。

6

机器和发动机

最早的文明成果之一肯定是某种工具，人类可以通过这些工具提高双手建造房屋、耕种土地、制衣和捕猎的效率。随着生活的规模越来越复杂，人类不得不找到新的工具，并且找到比木材或石头更好的材料来制作它们。陆续通过铜和青铜，人类最终获得了硬度和回火性能令人钦佩和奇异的钢。到了罗马帝国时期，工具是由高等级的钢制成的，有些工具如刨子和锯子，在形式上与当今木匠使用的工具非常相似。

必要性和需求一直是改进的巨大动力。只要占统治地位的国家，无论是埃及、希腊还是罗马，都有充足的奴隶和俘虏劳动力供应，因而几乎不需要用机械设备来取代手动劳动，除非是少数战争引擎，如攻城锤或弹射器，而单靠人力是无效的。

但随着文艺复兴的兴起，一种新的社会秩序出现了。所有的人现在都自由了，没有野蛮部落可以征收强迫劳动税。在无休止的经济斗争中，人们总是被迫寻找一条新的前进道路，而旧的道路在某种程度上是封闭的。因此，当人类和驮畜的肌肉力量不再提供足够的能量来满足对各种更大设施的需求，如住房、交通、采矿、制造、排水时，人类的发明天才就登上历史舞台了。

为了克服劳动力短缺，15 世纪的工程师开始开发机械设备，在下一个世纪结束之前，建筑工人和实业家在很大程度上摆脱了畜力的限制。这种对机器和机床的使用不仅仅是对过去事物的延伸，而且是一种全新的创造，是这一时期最伟大的贡献之一。

正是机器，区分了文艺复兴的开端，因为虽然多纳泰罗的艺术或布鲁内莱斯基建筑中表现出的建设性天才的影响是巨大的，但是他们在为新生的学习复兴注入活力方面的作用与机械发明的作用相比相形见绌。是精力充沛的人，而不是文学、艺术或建筑的人，第一次推动了这场新运动。

在文艺复兴时期的所有机械贡献中，印刷术最为突出。事实上，印刷机与蒸汽机争夺对社会发展影响最大的发明的荣誉。但是，虽然利用蒸汽膨胀力的想法早已在人们的脑海中形成，并且这一想法的应用是多种努力的结合，但活字印刷是在一次跳跃中产生的。

虽然直到最近，活字印刷的第一次印刷日期才被接受为 1450 年左右，但现代学术界确定的日期稍早，可能早在 1440 年就有印刷了。伟大的机械师是谁？无论他拼写的名字是古腾堡、福斯特、舍弗、科斯特还是其他什么，都还没有确定。最近的调查并不倾向于澄清这一点。主要的事实是，在当时的文化最需要印刷术的时候，印刷术就在眼前。说印刷术造就了文艺复兴可能有些过分，但不过分地说，印刷术使得简单准确地复制任何形式的文学成为可能并确保了文艺复兴的全面成功，并将其交给了学者和学生，让他们掌握了所处时代和古代的作品。通过这种方式，新老知识得到迅速而广泛传播。

早期的印刷艺术与大学的发展过程大致相同——在意大利比其他地方发展得更强大。如普罗克托和波拉德所示，到 1480 年，意大利有 49 个城镇拥有或曾经拥有印刷厂，而德国有 22 个，欧洲其他国家有 42 个。到 15 世纪末，意大利仍以 72 个城镇居于首位，而德国的城镇数量已增至 50 个，欧洲其他地区则增至 116 个。

这些数字只是故事的一部分，因为一些城镇有多家印刷厂，而一些印刷厂只发行了一本书。在所考虑的 50 年中，有一些巡回印刷商在各处设立了工厂，只生产一种产品，并获得发行地所在城市的许可。根据已安装的印刷机整理事实，表 6.1 给出了比较：

表 6.1　截至 1480 年底和 1500 年底各地安装的印刷机数量

国家及地区	截至 1480 年的数量	截至 1500 年的数量
意大利	236	532
德　国	78	214
法　国	20	147
荷　兰	14	40
西班牙	6	71
欧洲其他地区	28	46
总　计	382	1 050

可以看出，意大利在 1480 年，从那时起到 1500 年，其印刷机的数量远远超过欧洲其他国家的总和。15 世纪后半叶落后的国家是英国。1480 年，只有四个英国城镇拥有印刷厂——威斯敏斯特、牛津、伦敦和圣奥尔本，每一个城镇都有一个印刷厂，但其中有公认的著名印刷厂卡克斯顿和温金·德沃德。1500 年，英国有印刷厂的城镇数量没有变化，但印刷厂数量略有增加，达到 13 家，其中威斯敏斯特增加了 2 家、牛津增加了 1 家、伦敦增加了 6 家。

1500 年之后，整个欧洲的印刷厂数量增长如此之快，以至于分析变得困难且没有意义。

意大利的霸权在一个方面是显著的，因为该国在开始采用印刷术时进展非常缓慢。1470年1月1日，意大利只有两个地方——罗马和威尼斯——建立了印刷厂，而德国有5个。这种早期的落后是由于文学阶级，尤其是佛罗伦萨的文学阶级的强烈敌意。学者们更喜欢他们那些装饰精美的手稿，因为他们已经习惯了这些手稿，多年来他们一直在收集和珍藏这些手稿。这是那些将成为改革主要受益者的人反对改革的另一个例子。事实上，佛罗伦萨的出版社在1480年只有5家，在1500年只有22家，发行的文学作品很少，主要作品包括不重要的白话书，在15世纪末讨论宗教话题时，宗教文学主要由萨沃纳罗拉的演讲组成。

意大利的印刷业并非起源于文学之都，而是诞生于一座本笃会修道院，位于离罗马不远的一个名叫苏比亚科的小地方。1465年，两个德国人，康拉德·斯威尼恩和阿诺德·潘纳茨成立了一家出版社。他们在印刷了四本书后于1467年搬到罗马。不久之后，斯派尔的约翰内斯在威尼斯出版了他的第一本书。这座城市以如此之快的速度发展了新的产业，以至于它不仅成为意大利，而且成为整个欧洲的伟大出版中心。1480年，威尼斯有52家印刷厂营运，1500年则有151家，大约是整个德国印刷机数量的四分之三。威尼斯印刷厂以其卓越的作品和数量而闻名，因为在出版商中有斯派尔的约翰内斯和温德林、埃哈特·拉多尔特、安德里亚·托雷萨诺和奥尔德斯·马努提乌斯，他们的精彩作品现在成为藏书家的搜索对象。

这是一个值得注意的事实，没有令人满意的解释，这一巨大的成就除了产生了大量的材料外，几乎没有留下关于其起源和发展的记录。发明印刷术的伟大机械师的身份不仅笼罩在无法穿透的神秘之中，而且早期印刷机的插图也很少且不充分。1600年之前的印刷机的图片可能不到30张，我们拥有的大多数图片都是出版商用作贸易或出版设备的小印刷机。这些插图所示的机器与19世纪普遍使用的手动印刷机除了尺寸外没有太大差异，这为推断印刷机不仅在文艺复兴时期，甚至在结束后很长一段时间都没有发生什么变化提供了很好的依据。

已知的第一张印刷机图片是《死亡之舞》(1499)，唯一已知的副本在胡特收藏。接下来有乔多库斯·巴迪亚斯(Jodocus Badius)的作品，他是巴黎一位著名的印刷商，发布了几张作为打印机设备的新闻图片。第一幅精心准备的插图是由乔斯特·安曼(Jost Amman)创作的，他是一位著名的雕刻师，1537年出生于苏黎世，住在纽伦堡，与哈特曼·肖珀(Hartmann Schopper)合作创作了一本关于工程的书，名为《综合机械艺术》(*De omnibus iliberalibus sive mechanicis artibus*)。这本小册子是关于手工技术和当时使用的工具的最佳信息来源，1568年在法兰克福出版，随后的版本于1574年和1584年出版。安曼的设计虽然显然是从1548年出现的一幅插图中提取出来的，但它的绘制效果比其原型要好得多，因此它被复制为早期印刷品的最佳可用插

图 6.1　安曼的雕版印刷机

摘自肖珀的《综合机械艺术》(*De omnibus iliberalibus sive mechanicis artibus*)(法兰克福,1568)

图(图 6.1)。它在原理和主要细节上与《死亡之舞》或《巴迪亚斯》没有区别。印刷机由一个带有中央螺钉的木制框架组成。该螺钉的一端紧靠横梁,为了获得额外阻力以平衡向上推力,将支柱放置在印刷机顶部和天花板之间。螺钉的另一端连接着压印板,压印板将纸张压在字体上。压力是通过在螺钉套环中工作的杠杆获得的。

在安曼的插图中,我们看到远处的排字工人和前景中工作的两个印刷工,一个从敞开的鼓室中取出新打印的纸张,另一个用墨水球为下一个印模上墨,这是一种直到最近才使用的手动印刷方法。用于确保板材准确定位的金属点已清楚显示。由于这台印刷机与早期的插图一致,可以说印刷机在200年里没有实质性的发展。

不能说早期的印刷者对他们的工具没有留下准确的记录是嫉妒他们的竞争对手,并希望保留他们的特定知识供自己使用:插图证明没有什么秘密需要保护,尽管有记录表明古腾堡曾有一段时间把他的所有工具都毁掉了。他们的作品未能被记录也不能归因于对其价值的忽视:早在文艺复兴结束之前,书籍的生产就已经达到了巨大的比例。

如果我们对早期印刷机的细节没有准确的了解,那么我们就更缺乏关于印刷本身的信息。德维恩在他的《印刷术发明》(1876)中指出,字体铸造的发现甚至比印刷术的发现更重要。事实上,印刷艺术的存在主要归功于活字的发明,或者,正如他所说,"发明中最值得称道的特征不属于最先想到活字优点的人,而是属于我们因活字模具而感激的那个人,他的睿智和耐心。"谁构思了这个思想,我们不知道,也不确定他用的是什么材料。我们只能猜测。

在1500年之前必须切割或铸造的数百万个活字没有一个仍然存在,关于它们是如何制作,以及用什么材料制作的,有很多讨论。有大量文献证明,最早的活字是用木头雕刻的。很可能是这样的,因为在首次使用活字印刷之前,人们都知道用雕版印刷,而从这样的雕版上剪下单个字母是很自然的。要使小木版精确得到形状和尺寸,然后在经常用碱液和水清洗的情况下防止其翘曲,这似乎表明,小尺寸的木版永远不可能超越实验阶段。也有一些观点认为早期的活字是由黄铜制成的,但更有可能的是,少数提及黄铜制成的活字应解释为在黄铜模具中铸造的活字。1474—1483年间,佛罗伦萨里波里出版社的记录中提到了出版社购买的金属和其他材料，从这些材料中可以看出，即使在当时，这种活字仍然是由铅、锡和锑组成的。1600 年以前，只有一张活字铸造者的图片是由安曼制作的(图 6.2)。

图 6.2　活字铸造者的第一张照片

活字铸造后，用手锯将其切割成一定长度不可避免地会造成长度的变化。使用的纸张厚度不规则。为了产生均匀的印模，在被压印的纸张和传递压力的压板之间引入了由毯子组成的软垫。手工墨迹、缓冲垫的排列、缓慢而费力的压力应用以今天不允许的方式限制了输出速率。但是，即使在最原始的状态下，这些器具也能以相对较快的速度工作，并且非常美观。这一过程中的每一步都是手工操作，并且要求最高的手动灵活性和对细节的极度关注是他们成功的主要因素。他们牺牲了我们所说的速度，但获得了强制个人劳作带来的优势。

应 用 力 学

对于一般的机械，在当时的文献中有许多参考文献，例如，阿格里科拉(Agricola)的《论矿冶》(*De re metallica*，1556)，其中涉及采矿和冶金操作。最好的记录是拉梅利在他的不朽著作《各种各样的人造机器》(*Le diversity et artificiase machine*，以下简称DAM)中所作的，作者于 1588 年在巴黎秘密出版此书。阿戈斯蒂诺・拉梅利(Agostino Ramelli)大约于 1531 年出生于米兰公国的马兰扎。离开学校后，他在自然科学，特别是数学方面表现出色，而后他参军，在马里昂侯爵的领导下，为神圣罗马帝国皇帝和西班牙国王查理五世的事业做出杰出贡献。他获得了上尉的军衔。在他的指挥官和保护者去世后，拉梅利前往法国试试运气。在那里，他受到了安茹公爵的接见，安茹公爵后来成了法国国王亨利三世。公爵带他去服役，授予他军衔和工程师的头衔。在拉罗谢尔(1573)的围攻中，拉梅利受了重伤，被该城的新教捍卫者俘虏。安茹公爵为他的释放支付了赎金，并下令照顾留在巴黎的拉梅利的儿子。当公爵成为波兰国王时，他与他的工程师保持联系，经常给他写私人信件。后来，当他登上法国王位时，他授予他丰厚的终身养老金。拉梅利于 1590 年左右卒于巴黎。

拉梅利伟大而唯一的文学作品有338编号页，前面有一个标题页，背面有作者的肖像，还有15张未编号页，其中包含：一篇题词——“致基督教国王”(*Au Roi tres Chrestien*)、《数学的卓越》(*l'Excellence des Mathématiques*)的序，以及向宽容的读者致意。共有195幅双页蚀刻插图，每幅插图在正文中均有详细描述。作者面前的副本高 $12\frac{7}{8}$ 英寸、宽 $8\frac{3}{4}$ 英寸，文本尺寸为 $8\frac{1}{4}$ 英寸 × $5\frac{7}{8}$ 英寸，共32行，周围环绕着装饰框。整本书的边距很宽，字体剪裁精良，插图精美，是印刷艺术的一个美丽样本。

虽然拉梅利出生在意大利，但他是法国人。他的书表明，他并没有忘记他的双重爱国情结，他在书中使用了两种语言，优先考虑意大利语，尽管他的作品在巴黎出版。在标题页上，他形容自己是最信奉基督教的法国和波兰国王的工程师。他显然认为这是他的最高任命，尽管他用意大利语表达了对双重国籍的认可。

195幅插图分布如下：

泵和抽水机械	100	围堰板桩	2
磨坊	19	锯石厂	2
锯木厂	1	锻炉风箱	1
提升挖出的土	2	军用桥梁	14
螺旋千斤顶	14	旋臂式起重机	10
移动重物	6	机械供给的喷泉	4
书轮	1	军用发动机	7

开发的机器或发动机有很多种类：抽水泵，碾磨玉米的磨坊，纺织用织机，旋臂式起重机，用于提升泥土或其他材料的连续升降机，打桩机，干湿两用挖掘机，各种印刷机，拉丝、棒材和板材轧机及其他金属加工工具，锯石厂和锯木厂，以及各种各样的军用发动机。

楔块、螺钉、杠杆和皮带轮工作中所包含的机械原理，以及滚动作用产生的摩擦力比滑动产生的摩擦力小的事实，为古人所充分了解并为他们所利用。在文艺复兴时期，这些设备在尺寸、功率和复杂性方面都有所增加。

图6.3展示了一个16世纪的旋臂式起重机。上部平台上的首席操作员转动曲柄，使蜗杆B反转，从而旋转卷筒C。两条提升缆绳缠绕在两个卷筒上，每条缆绳的一端向下穿过两个小滑轮G和F，另一端穿过大轮P，并穿过与配重相连的滑轮组。吊绳的下落或松动端由地面上的人员控制，由于主要动力是通过卷筒上线圈的摩擦力施加的，因此，地面上的人员只需使用很小的力。通过螺钉、齿轮和滑轮的组合，一个人可以提升起重物。通过操作标有H的轴可以将旋臂式起重机旋转一整圈。

图6.4对通过齿轮和滑轮组的力量应用进行了进一步详细的扩展。问题是移动一

图 6.3　16 世纪的起重机(DAM)

摘自拉梅利的《各种各样的人造机器》(巴黎,1588)

图 6.4　拉重物的机器(DAM)

个很大的重物，这里是一块石头。左边是两套齿轮装置，一套是右手的，另一套是左手的，由一个人在手摇曲柄上旋转一个螺杆来转动。蜗杆和齿轮装置的详细信息如插图所示。牵引绳从卷筒 F 和 G 穿过复合滑轮组系统，在这种情况下，复合滑轮组具有金属而非木制框架。承载重物的托架靠在滚轮上。

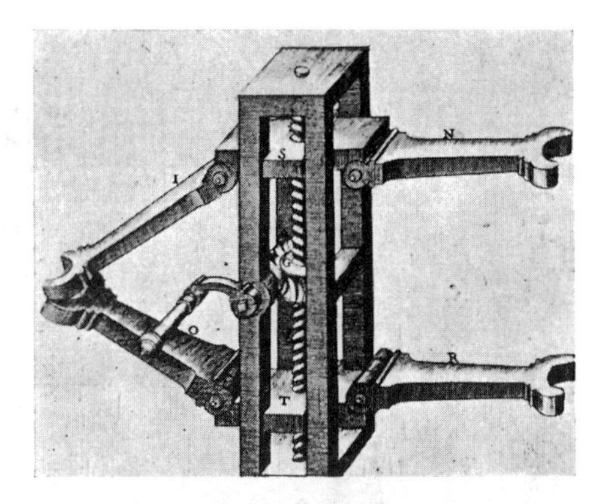

图 6.5　用螺杆操纵的千斤顶(DAM)

该螺杆在图 6.5 中的千斤顶和图 6.6 中的肘节压力机中得到了实际应用。

图 6.6　肘节压力机(DAM)

泵为提升式和力式、单动式和双动式、旋转式和多组合式。泵筒最简单的形式是一个木桶或金属桶直立在水中，带有底阀(图 6.7)。气缸中有一个活塞，由两块铜板组成，铜板之间有几层皮革。当活塞升起时，通过抽吸填充气缸；然后在向下冲程时，底阀关闭，水被迫通过出口，在输送管中设置一个止回阀，以防止水回流到泵中。在单作用泵的另一种形式中，气缸被输送到包含活塞杆和曲轴的盒子中，输送管从盒子中引出。这是阿格里科拉首选的类型(图 8.5)。双作用泵如图 6.8 所示。有两个吸入口和两个出口与半圆形泵缸相连。活塞杆几乎是一个完整的圆，两端各有一个实心活塞。当活塞杆在其行程中前后旋转时，它将首先从一个进口吸入，然后从另一个进口吸入，同时通过两个排放管 I 和 L 交替输送。该设计中还有许多其他有趣的特点，后文将提及。

该泵的一种变体具有单吸力(图 6.9)。两条支管的顶部各有一个翻板阀，用于控制流量。泵活塞不是实心的，而是中央开口覆盖着皮瓣，这样在向下冲程时，水可以通过活塞，在向上冲程时，水被阻止通过，活塞依次吸引和阻止。这台特殊的泵是用手操作的，这一细节丝毫不影响泵的工作原理。请注意头架的装饰细节。

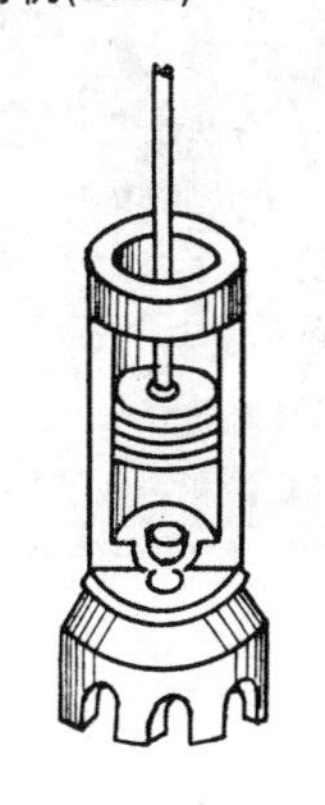

图 6.7　活塞泵(DAM)

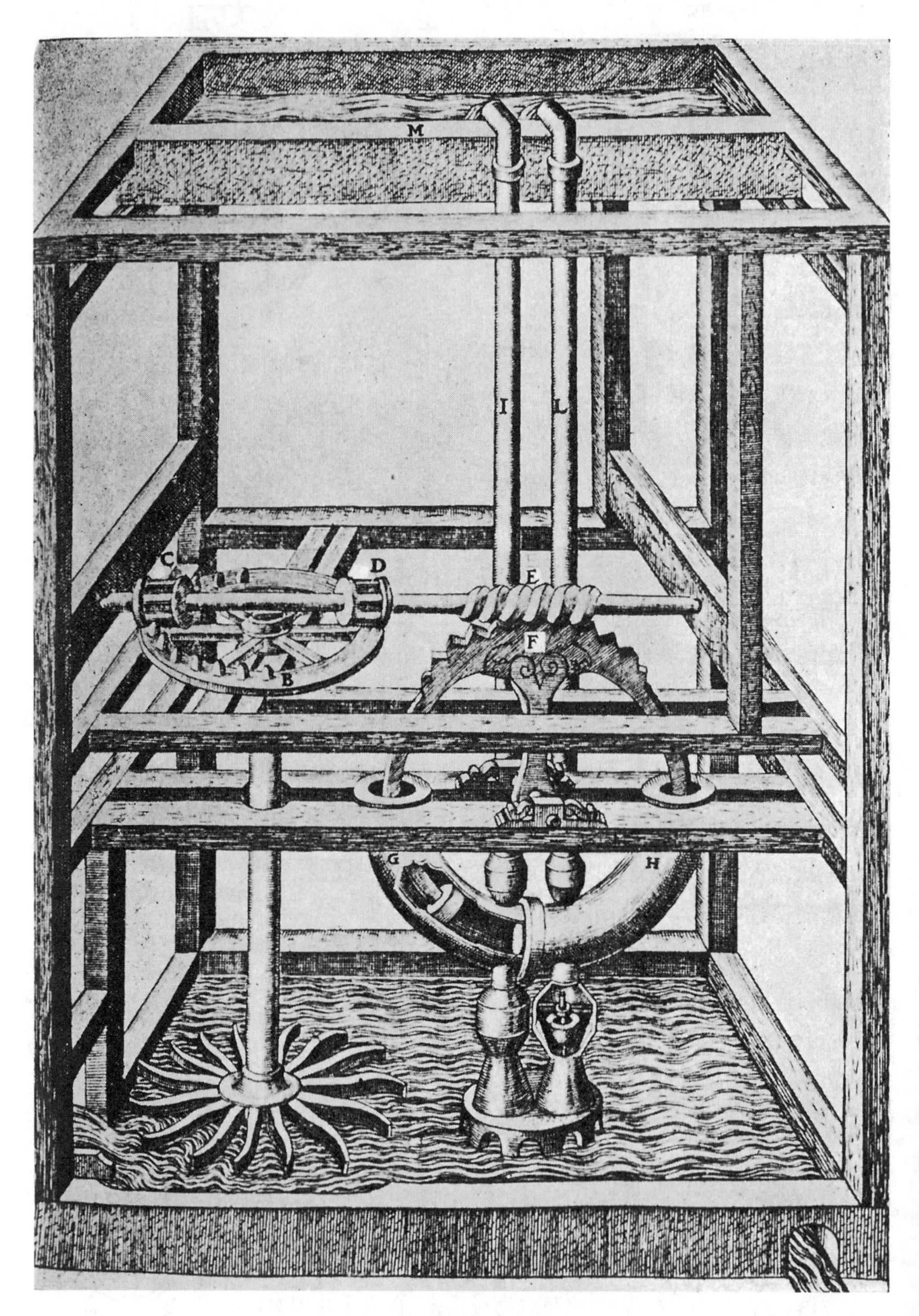

图 6.8 双作用泵(DAM)

图 6.9　单吸泵(DAM)

图 6.10 中设计的泵不是一系列小泵缸(每个小泵缸都有一个单独的活塞),而是一个大泵缸,它带有几个进口翻板阀,以及所需数量的输送管,每个输送管都有自己的控制阀,输送管集中放置在空心柱 D 内。该空心柱用作单个大活塞的导向装置,活塞杆 M 在柱上上下滑动,如图所示。

图 6.10　一种有大圆筒和几个挡板阀的泵(DAM)

这些泵缸单独或成对布置，分阶段进行单次提升或多次提升。

图 6.11 所示的连续输送旋转泵有一个金属壳体 Q，牢固地连接在机架上，并偏心地连接到主轴上，该壳体承载一个在壳体内旋转的滚筒 Z。四个松散配合的叶片，其端部紧贴壳体侧面，插入滚筒的横向槽中。随着主轴和滚筒的旋转，每个叶片到达顶部时都会在其槽中下降，并一直保持到通过壳体外围的进口 X，从而允许水自由流入滚筒和壳体之间的偏心空间。当叶片向前下落并与周围接触时，它起到了清扫作用，推动水向前和向上通过输送管 R 进入高架水箱 D，从那里被管道 S 抽取以进行分配。有时使用曲臂或勺代替松散的矩形叶片，这些叶片通过销作为铰链连接到滚筒上(图 6.12)。当滚筒在固定的箱子内旋转时，这些臂被折回到滚筒上或向外打开。在第三种形式中，滚筒和壳体是同心的，在前者的外围是偏心布置的凹槽，其效果与叶片或铰链臂相同。这些小容器省去了任何活动部件，获得了一个外观极其整洁的装置(图 6.13)。

图 6.11　具有连续输送的旋转泵(DAM)

18 世纪末，工程师们开始使用蒸汽作为动力源，并开始重新研究原动机，滑动叶片和铰链勺臂的原理被重新发现，其应用作为一种新颖发明获得专利。拉梅利显然被完全遗忘了，如果他曾经被那一代人所认识的话。拉梅利的设计唯一的变化是运动是反向的。在拉梅利的泵中，泵轴旋转，叶片迫使水向上流动，而在 1790 年由布拉马和狄更森获得专利的带滑动叶片的蒸汽阀和 1810 年由查普曼获得专利的带曲臂的蒸汽阀中，蒸汽进入滚筒和壳体之间的空间，并作用于叶片或臂，使其旋转泵轴。

图 6.12　曲臂或勺(DAM)

图 6.13　一种滚筒和壳体同心泵(DAM)

其他形式的水流升降机组成有：一个装有水桶的轮子，在向上的行程中装满水，然后倒入顶部的水槽中；阿基米德螺旋通过齿轮转动；链条泵；没有活塞的皮波纹管泵，其将水提升到大气压力的能力明显有限，有效扬程可能不超过10或12英尺；一种带有桨叶的泵，用于将水沿着排水管向上推，其效率应当非常低；用于从井中提水的水桶，单桶或平衡桶，并通过传动装置提升；连续的铲斗链；一系列末端带有插座的臂，每个臂通过摇臂轴上下倾斜，并在更高的水平上送入类似的臂中；以及包含滑动阀元件的泵。

由于最后一个泵(图6.14)提出了大机械运动的基本思想，因此值得描述。泵输送部分由一个附在框架上并浸入水中的盒子组成。盒子的底部E显示为分离状态。中心是一个矩形开口或进水口，该开口前是一个槽(或T形槽)T。隔膜固定在该槽中，延伸至箱体顶部，覆盖底部的阴影部分。从图中可以看出，X有两个通道，T的两侧各一个，都通向输送口A。箱体顶部有一个滑动盖，其下侧固定有两个叶片，从盖到底部，从T的纵向支腿到对侧壁。如果盖及其叶片向右移动，进口X将打开，水将流入左侧腔室。当冲程反转且叶片向左移动时，孔口关闭，流入的水被迫通过输送口A，同时孔口打开，使水流入右侧腔室，在下一个回程中排出，完成循环。两个叶片平行且间隔设置的目的是确保在每个冲程期间覆盖入口，以防止回流。一个较厚的叶片可以解决问题，但它会增加机器的重量。

滑动动作受盖顶部的齿轮和齿条的影响，车轮通过两个手摇曲柄转动并反向穿过必要的圆弧。制造的泵既没有很高的效率也没有很大的容量，拉梅利对此没有任何要求，只是说它便于清空基坑或基础开挖，为此目的，人工是足够的。然而，该装置具有历史意义，因为它包含了第一个非常有用的滑阀的建议。

指出了基于经验的机械设计研究的进展。拉梅利建议，随着盒子、盖子和双刀片的磨损，像“燕子尾巴”这样的可调节部件应该用螺钉固定，这样就可以克服空转，并且双刀片的顶部始终保持接触。采矿工程章节中对其他泵进行了说明和讨论。

这些泵和其他形式机器的动力是由肌肉力量、风力或落水的重量提供的。第一种是由人转动曲柄或在踏板上行走，或由马或牛一时的兴致而旋转。在这些运动中没有什么新的东西，因此，可以将其从进一步的讨论中排除。

古人知道利用风作为动力源，但在文艺复兴期间发展起来，因为冶金的进步提供了更廉价的金属供应，这使得制造具有相当大容量和效率的机器成为可能。16世纪的风车与引进高速小轮之前的19世纪风车的继任者非常相似。图6.15显示了具有倾斜风表面的臂，其上覆盖有可拆卸的帆、研磨机构和可调节盖帽，可转动盖帽以使帆面向风。由此开发的动力用于泵送和研磨。

图 6.14　包含滑动阀元件的泵(DAM)

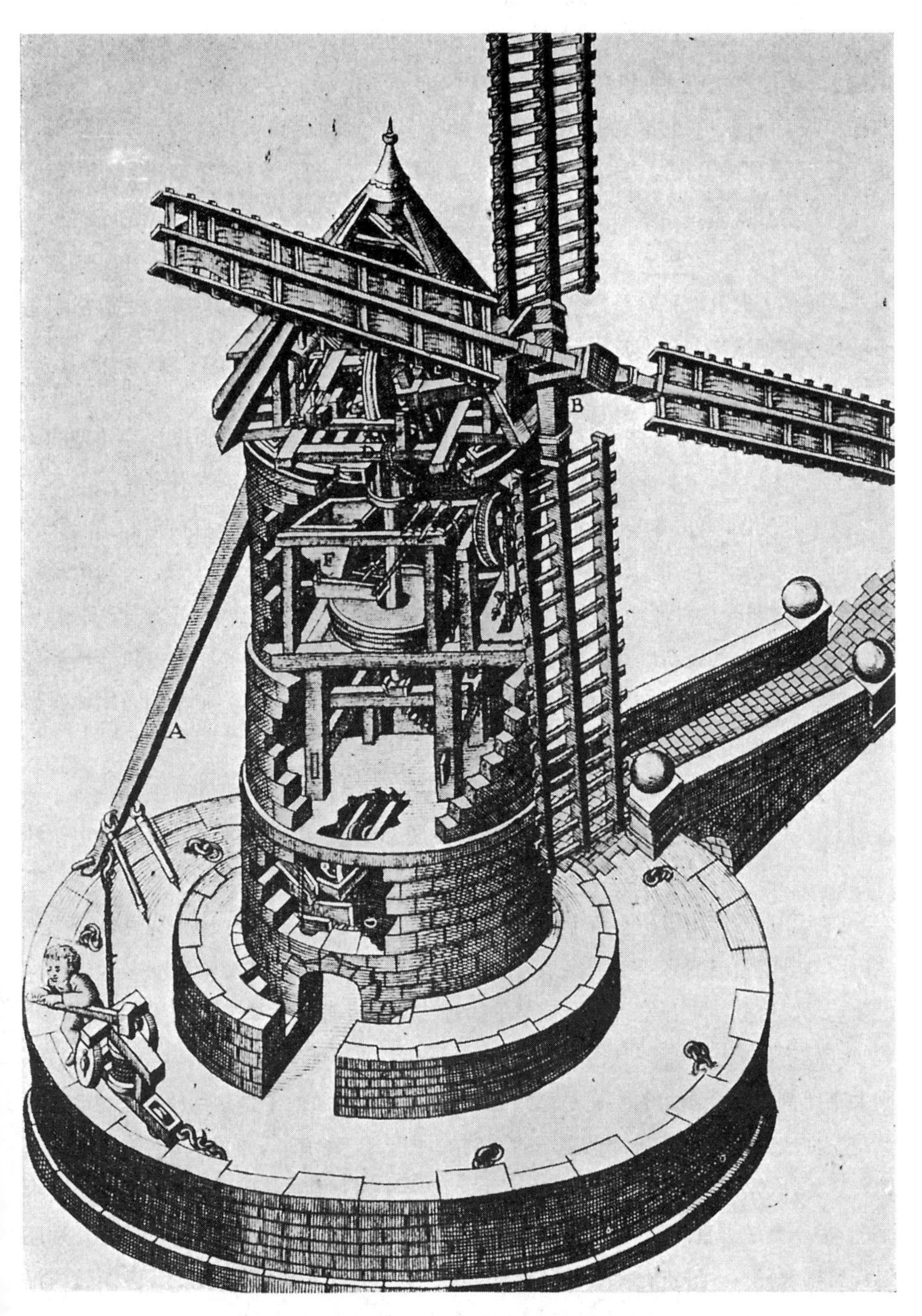

图 6.15　16 世纪的风车(DAM)

满足日常需求的最有趣的动力来源是落水。这种能量的应用是这个时代最伟大的机械贡献之一,并展示了应用于发电的流体动力学艺术的主要元素。

水车有三种类型：打捞筒、下打捞筒和水平冲击。第一个如图 6.11 所示,带有引水渠和调节闸门,第二个如图 6.15 所示。两者都在转动旋转泵。这些水车画得很清楚,因此不言而喻。在冲击式水轮机(图 6.8)中,将认识到水平轮(在现代实践中称为涡轮机)的原理,垂直轴在顶部承载电机机构,也水平放置。在这些水平轮的一些设计中,臂的末端为杯形(图 6.16),与今天建造的冲击式水轮机或其他高水头冲击式水轮机非常相似。旧的水平轮是一个真正的冲击轮：它完全位于尾水渠中的水面之上,每个叶片仅在通过喷口的短时间内作用。

没有关于这些轮子是如何制造的描述,但从其弯曲臂的形状来看,可以肯定它们是铸件,可能是铁的。与四百年前的前辈相比,本世纪的机械工程师设计和建造的装置更大、效率更高,但所体现的原理基本相同。

锯石厂的图示(图 6.17)显示了两种串联水轮的有趣组合,一个打捞筒和另一个冲击,后者利用转动前者时未扩展的头部部分。即使不是第一个,这也当然是一个很早的建议,通过组合两种原动机进行复合,最近的组合已在蒸汽实践中得到广泛发展,用于涡轮机和往复式发动机的联合工作。在如此小的水头下运行的冲击轮只会增加很少的功率,即使它不会对大车轮产生有害的阻力。这张图片不是为了说明效率或良好的设计,而是为了表明复合的想法已经发展了。

在本图中的打捞筒轮中,臂采用螺旋形,这是一种机械改进,表明对细节进行了仔细研究。在这种安排下,它们比平直时能容纳更多的水,并且在划水结束时能更快地排出。

曲柄和水轮产生了初始旋转运动,该运动必须传输到工具或发动机,通常在距离主驱动轴一定距离的另一个平面上。通常,与柱塞泵一样,这种旋转运动必须转换为往复运动。这些需求开发了一个完整的齿轮传动和反轴系系统。齿轮为平面、螺旋、螺纹或蜗杆形式。任何设计图中都没有显示锥齿轮,可能是未知的,或者,如果已知,则太难切割。轴系方向的改变是通过在齿轮轮缘的侧面而不是边缘上设置齿,并将其与滚柱或另一个齿轮啮合来实现的。例如,图 6.17 显示了与标有 H 的滚柱啮合的侧齿轮 G,以允许其各自的轴彼此成直角。该构件的作用是将两个轮(其中一个是水平的,另一个是垂直的)的旋转动作转换为锯架的水平往复运动,锯架的三个叶片通过摇臂轴(每侧一个)进行水平往复运动,以产生平衡的拉力。图中显示,操作员润湿锯片以减少摩擦产生的热量,而顶部是一个小砂轮,利用过量或未使用的功率转动。锯片是没有齿的。这种设计中的侧齿轮产生了与锥齿轮相同的效果,并且更容易制造。

图 6.16　有杯状臂的水平水车(DAM)

图 6.17　用于锯石头的水驱动的磨(DAM)

齿轮是实心铸造或木制的。如果是木制的，齿是金属的，磨损时可以拆卸。滚柱是一种小的鼓形小齿轮，带有铁条而不是齿，通常有带金属条的木制框架。齿面不是在外摆线曲线上切割的，这会产生滚动，而不是滑动接触，因为后者是当时尚未发现的改进。它们肯定因摩擦而失去了相当大的效率，但它们满足了当时的需求，远远优于任何其他存在的东西，并使功率的传输和倍增成为可能。

速度和功率成反比的力学定律已被彻底理解。因此，大齿轮与小齿轮啮合，与驱动轴相比，通过减少操作轴的转数，可以获得更大的功率。如果寻求高速，则安排相反。在现代实践中，我们感谢这些早期设计师在我们的引擎和工具中使用的许多设备，以及我们的许多术语。例如，齿、滚柱、主轴是古法语术语的直译。

如上所述，通过摇臂轴或某种间断传动装置将旋转转换为往复运动。再次参考图6.8，在垂直驱动轴的顶部可以看到一个水平轮 B，轮缘上一半的周长上有垂直齿。在横轴上有两个滚柱 C 和 D，分别位于车轮的两侧。轮齿在轮旋转半周时啮合，首先与一个滚柱啮合，然后与另一个滚柱啮合。很明显，当与每个滚柱啮合时，滚柱将朝相反方向转动，从而使轴和蜗杆 E 交替朝一个方向旋转半圈，然后朝相反方向旋转半圈，使泵柱塞 F 往复运动。有些水轮没有一个轮子和两个滚柱，而是有两个轮子和一个滚柱，每个轮子都有一半的齿，但一个轮子的齿部分与另一个轮子的普通部分相对。当轮子旋转时，滚柱做反向运动。

将旋转运动转换为往复运动的另一种方法是通过偏心装置。图 6.18 显示一个下冲式水轮，其转动轴上有两个相对设置的偏心装置。偏心杆与一系列摇臂轴相连，每个摇臂轴都作用于泵柱塞。在同一图纸中，应注意垂直偏心杆通过车轮或无摩擦导向轴承工作。当偏心装置设置为相反或 180°时，一侧的泵输送，而另一侧的泵提升，从而在驱动轮上产生均匀负载。这些细节表明，当时已经建立了发动机设计的科学基础。

原则上，锯木厂(图 6.19)的现代化程度不亚于锯石厂(图 6.17)。这是一把锯子，这次是带齿的，它的框架在两个导轨 S 和 R 之间工作，垂直运动通过曲柄 X 和摇臂轴 T 与水轮机相连。要锯的木材放在一个支架上，由楔子和螺旋夹固定，支架靠在由法兰导轨引导的轮子上。支架通过一根绳索与一根轴连接，轴上装有一个齿轮 P。这是由轴 Q 上的曲柄操作的棘轮旋转，而轴 Q 又通过其自身的连接轴与驱动机构相连。如果大棘轮无法啮合，小棘轮可以防止车轮 P 向后滑动。今天，在任何进行伐木作业的国家都可以找到配有水力和自动供水的整个装置。

另一台机器是其现代后继机器的原型，是连续斗式输送机(图 6.20)，在图中，该机器用于从护城河中挖土。当然，它同样适用于从任何挖掘中提升土壤或提升其他材料。铲斗连接到长扁链节链上，连接销的端部与手摇曲柄轴上的链轮 S 啮合。

图 6.18　下冲式水轮(DAM)

图 6.19 锯木厂(DAM)

图 6.20 连续斗式输送机(DAM)

正如图 6.21 所示，即使是在“二战”期间被誉为伟大发明的坦克，也起源于 16 世纪，并由拉梅利描述。就本书而言，该装置的机械特性超越了军事领域。这辆车是两栖的，在陆地上由马拉或手推，在水中由侧轮推动。因此，它说明了桨轮推进。将车轮固定在车轴上的开口销会引起机械师的注意。

图 6.21　16 世纪的坦克(DAM)

宗卡的《机器和建筑的新演示》(*Novo teatro di machine et edificii*，1607，简称 NTMB)的铅拉拔装置如图 6.22 所示，同一本书中，粉末磨机如图 6.23 和图 6.24 所示。图 6.23 显示了粉碎配料的捣碎机，图 6.24 显示了合并配料的轧机。两台机器均由水轮机操作。

图 6.22　铅拉拔装置(NTME)

图 6.23 用于制造火药的印模机(NTME)

图 6.24 用于制造火药的轧机(NTME)

1450 年,布料(无论是羊毛、棉花、亚麻还是丝绸)的制造至关重要,完全依赖于手摇织机,但在 1600 年到来之前,已经设计出了动力机器,每台机器的产品比旧织机的产品大很多倍。宗卡举例说明了两个这样的工厂。

第一种方法(图 6.25)用于梳理羊毛织物以产生成品表面。在以前使用的手工方法中,一名男子在织好并拉伸一卷布料后,拿起一卷布料,用手臂举起,另一名男子将其梳理下来。这是一个缓慢、乏味和昂贵的过程。宗卡描述的单人机器由曲柄转动,曲柄通过合适的传动装置连接两个轴 B 和 G。在上部一个轴上连接布料 C,当轴旋转时,布料降下。轴 G 是梳理工具。板顶部的齿轮图说明,轴 B 的转数比 G 少,并且达到了获得最佳精梳效果所必需的程度。在速度上的这一差异,让宗卡施加了很大的压力。左边的一个男孩踩着踏脚轮,将布卷在轴 T 上。图 6.31 显示了一个拉绒机,用于在梳理前提起毛料上的绒毛,这是莱昂纳多·达·芬奇设计的。

图 6.25　梳理羊毛织物的机器(NTME)

图 6.26 是水力作业的绢纺机的立面图。这里的轮子是在底部，有一个金属框架，而不是传统的木制框架。生丝卷轴位于顶部，从那里穿过光滑的玻璃导轨向下拉到纺锤上。主轴的端部在装满油的玻璃杯中转动，以防止磨损。丝绸在离开卷筒时，通过旋转心轴和安装在同心轴上的 S 形飞片的相互作用而扭曲；主轴和飞片由一个内部旋转框架快速转动，该框架通过与水轮轴连接的适当齿轮实现运动。

图 6.26　一种以水力为动力的绢纺机(NTME)

这种纺纱机的灵感可能来自莱昂纳多绘制的草图，但这里展示的是一台完工的机器，自动运行，只需要一个人维护，在清空时更换卷轴，装满时更换锭子，并拼接断丝。现代纺纱机也是如此。

在采矿工程一章中，有一个卷扬机的图示(图 8.6)，其作用可以通过将水引入水轮分成的两个隔间中的一个或另一个来反转。布兰卡(Branca)在他的《机器》(*Le machine*，简称 LM，1629)中展示了滑动离合器(图 6.27)，以更快、更容易和更便宜地获得相同的结果。动力通过滚柱 C 向一个方向连续传输。与该滚柱啮合的是同一轴上的两个齿轮 A 和 B。操作员在锁定一个轮子时，用操纵杆断开另一个轮子。由于这些轮子在滚柱的作用下以相反方向旋转，因此根据轮 A 或轮 B 是否锁定来完成重量 G 的升高或降低。

图 6.27　可以通过滑动离合器反转的起重机(LM)

这里描述的机器的动力来自动物劳动、水或风。虽然蒸汽作为一种能源没有被提及，但它并没有被完全忽视。亚历山大港的希罗对热能和蒸汽的能量和使用进行了一些实验，他得出的理论在文艺复兴时期得到了复兴。布兰卡展示了蒸汽在涡轮机上的可能应用，以操作捣碎机(图 6.28)。正如现代蒸汽涡轮机一样，布兰卡涡轮机的高转速必须通过适当的齿轮装置来降低，以供实际使用。可能从来没有制造过这样的发动机，因为如图所示，由于摩擦过大和原始能量较小，它不能运行。但这幅图充满了趣味，因为它体现了基本原则。

图 6.28　蒸汽可能应用与操作捣碎机的涡轮机(LM)

在莱昂纳多的设计中，许多种类的机器和工具占据了很大的空间。不幸的是，在某些情况下，所附的说明(充其量也非常简短)完全没有。他的许多重要机械设计将在其他章节中找到。但是有很多草图和精心完成的图纸没有被提及。这里将引用其中一些。

这些草图和图纸涵盖范围广泛，从研究滑轮组的各种组合到复杂的机床。所有这些在实际应用中都带有莱昂纳多精神的印记。滑轮组和齿轮似乎让他着迷，可能是因为它们是提高动力效果的基础。

就机器本身而言，举几个例子，他设计了各种形式的泵、石磨、转臂起重机和水轮机，分为三种类型：下射式、上射式和冲击式。

图 6.29 中是莱昂纳多著名且巧妙的文件切割工具。单行文字表示“自动剪切文件的

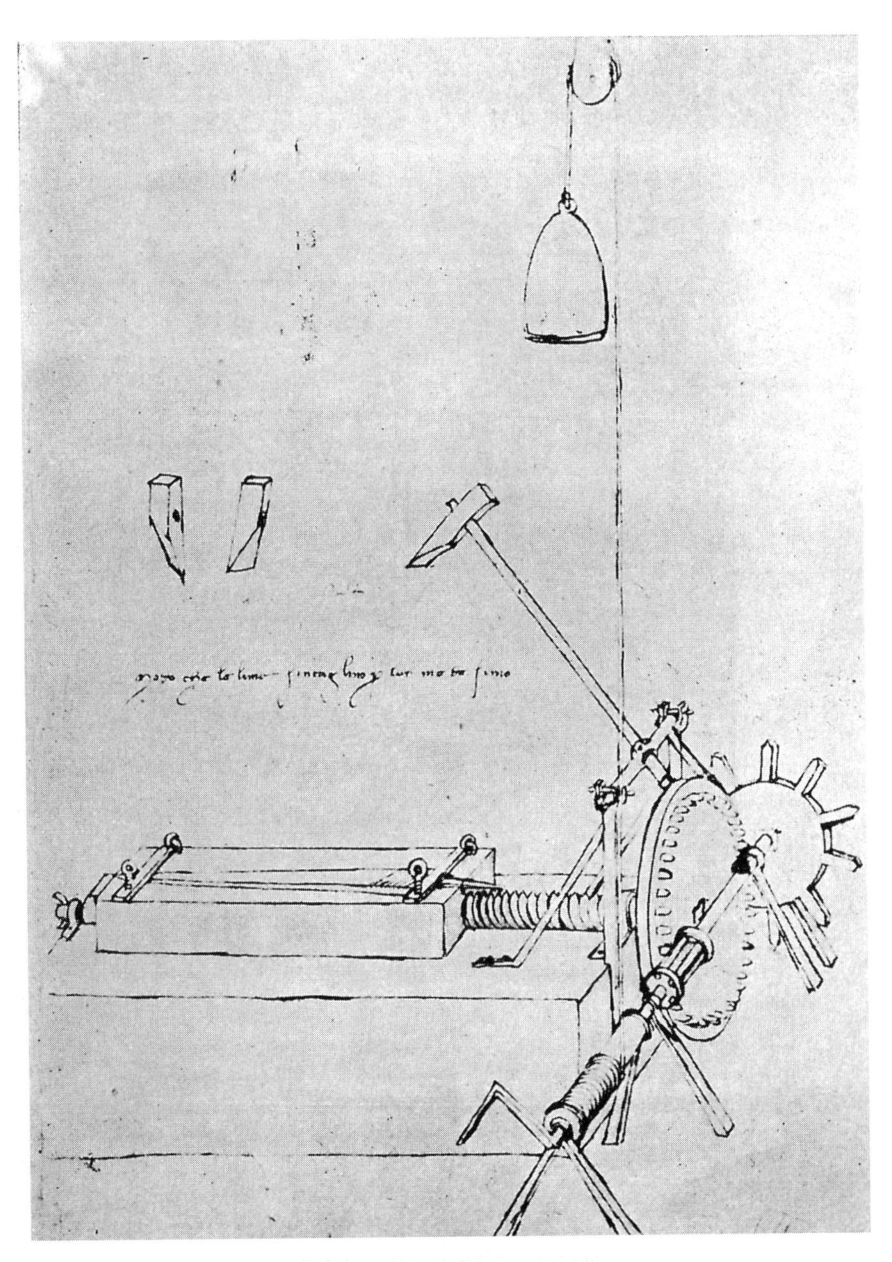

图 6.29　莱昂纳多的文件切割工具

方式”。被切割文件用铁夹子牢牢地固定在基座上,基座的一端是一个螺钉。在工作台的末端是一个带有滚柱的轴,滚柱缓慢地转动一个齿轮,齿轮将螺钉向前拉。在轴的远端是一个链轮,它交替地升起和放下切割凿。通过调整第一个齿轮上的相对齿轮和链轮的直径,可以获得从细到粗的任何切割比例。运动是通过砝码将其吊绳从轴上展开来实现的。

他设计了一种类似的打井装置。

图 6.30 给出了他简单的打井机,带有预测装置,图 6.31 给出了他用于提升毛布绒毛的拉绒机。

图 6.32 显示了在原木上钻孔的有趣车床。钻孔时,莱昂纳多通过框架两侧隐约可见的无休止的螺钉实现纵向运动,使预测器和圆木靠得更近,螺钉由四个辐条的端轮转动。没有随附说明。大概这个钻孔是为了做一根木头管子来输水。

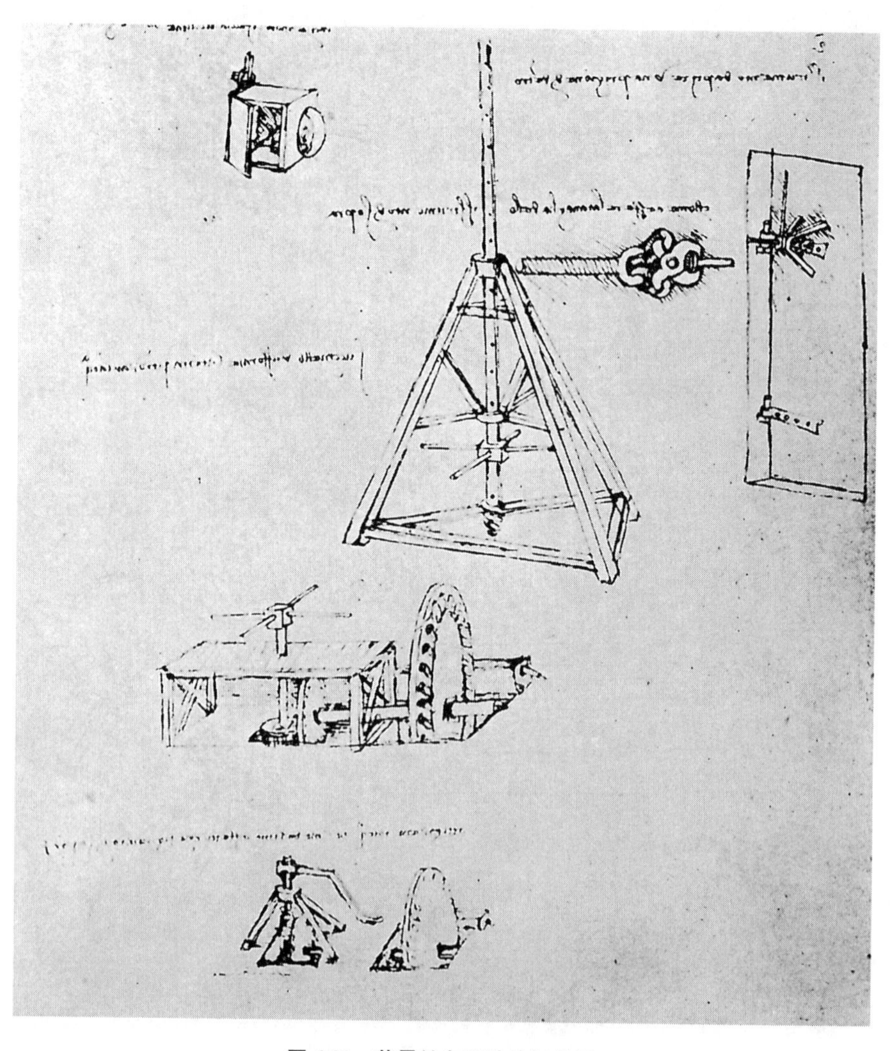

图 6.30 莱昂纳多设计的打井机

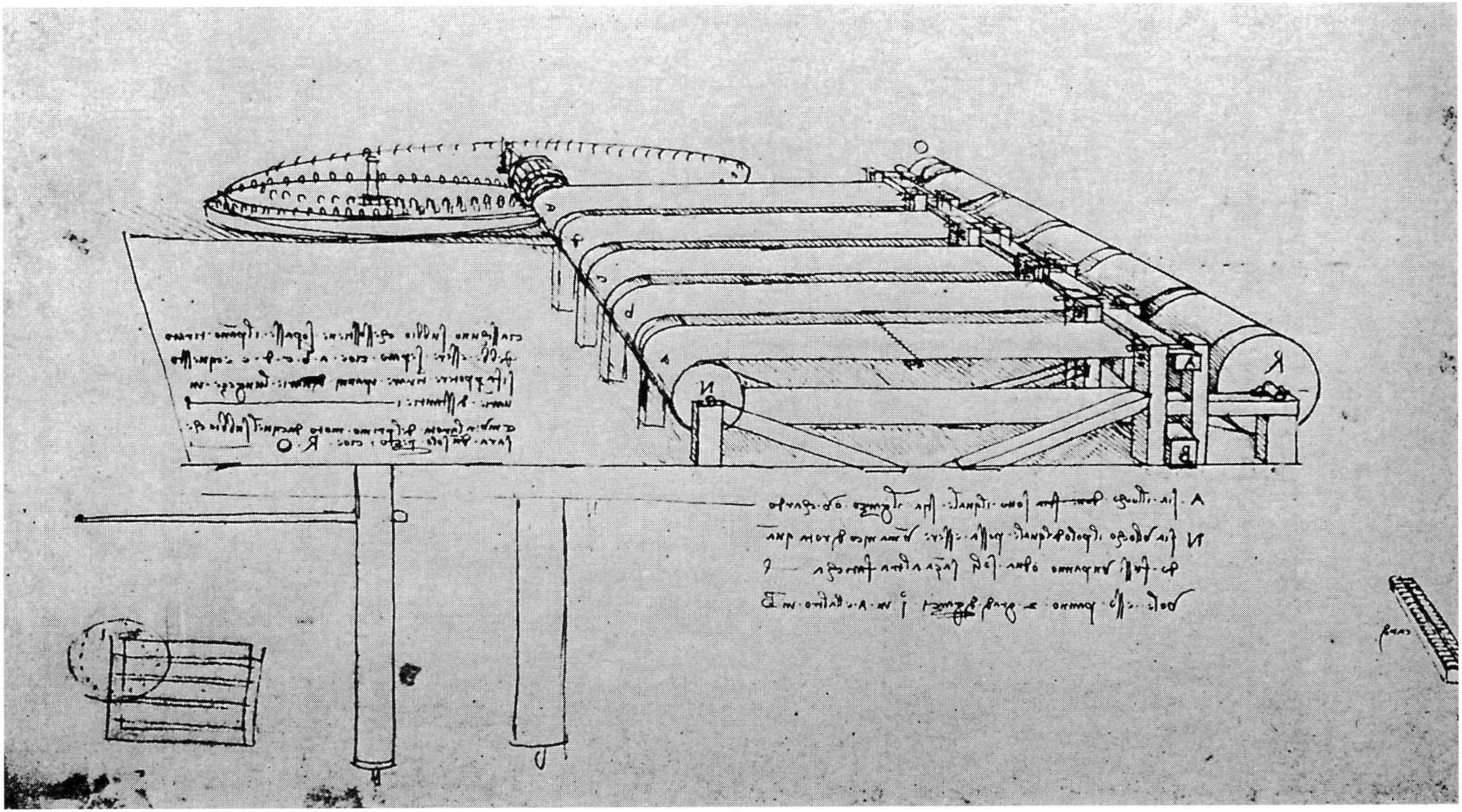

图 6.31　莱昂纳多的拉绒机

（已根据勘误表修改过图注）

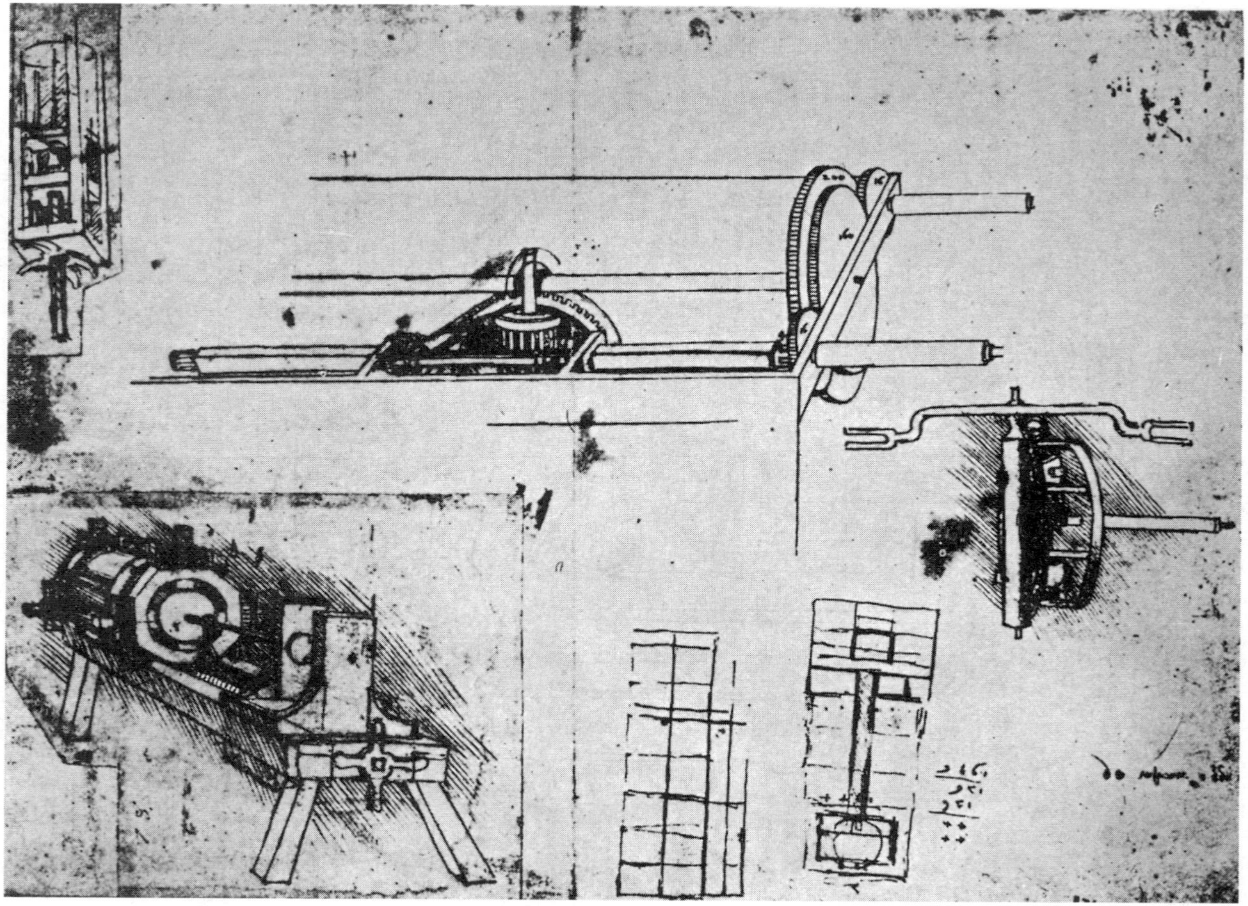

图 6.32　莱昂纳多的用于在木头上钻孔的车床

莱昂纳多为不同类型的链轮链绘制了草图(图 6.33),这些链轮链与现代后继者没有什么不同,在传递动力方面非常有价值。

图 6.33　莱昂纳多的不同类型的链轮链草图

作为他众多杂项设计的最终选择，复制品如图 6.34 所示。这里有 6 种提水方法的草图，最左边一种是用于人在水下获取空气的装置，以及两种未知意义的装置。整页都是莱昂纳多制作记录的典型方法。

在后面的章节中，有许多关于桩、围堰和挖泥船的参考资料。在离开机器主题之前，我们应该先看看这些结构是用什么器具建造的。

桩是最古老的地基固定装置之一。通过软表面材料将桩打入地面，使其到达更紧密的下层，从而获得比前者更好的支承，这可能是人类智能构想的首批设备之一。作为这一时期桥梁和其他结构基础的普通圆桩并不新鲜。唯一让人感兴趣的是它们的大小，在许多情况下，这一特性将逐项列出。

桩是由机器驱动的，但由于当时工程师没有蒸汽机或电动机来举起锤子或"打桩锤"，他们不得不手动操作机器。

因此，普通打桩机是一件非常简单的东西，由两个立柱或导轨组成，在一个框架上，带有倾斜的后支架，以保持其刚性。锤子在两条导轨之间运行，锤子由滑轮上的绳子提起。绳子的末端连接了尽可能多的手绳，一个人一根绳子以产生足够的人力来举起锤子。这些人会把锤子拖到导轨的顶部，在工头发出信号后，松开麻绳，锤子就会掉下来。这种繁琐的操作将重复进行，直到打好桩。为了在水中打桩，驳船上也安装了一个类似的装置。现有的方案和参考资料表明，桩用铁钉加固(以便穿透坚硬地面)，并在顶部捆扎(以防止在锤击下开裂)，就像今天一样。

在 16 世纪结束之前，机械打桩机被引入。一个是由布奥纳乌托·洛里尼(Buonaiuto Lorini)在他的优秀著作《防御工事》(*Delle fortificationi*，1596)中所阐述的。图 6.35 清楚地描绘了框架及其平台、导轨和后支架。导轨之间是锤子，如左上角插图所示。在它的两侧是突出的凸耳或耳朵，它们起着引导作用，使它保持在适当的位置。这把锤子不是由一大群人拉着手绳举起的，而是由两个人转动曲柄举起的。提升绳穿过滑轮 T，滑轮 T 将拉力减少一半，然后绕着滚筒 A；另一个滑轮刚好在锤子上方，再次将拉力减半。一个人紧握着松动的落锤，直到锤子被举起。一松开他的手，锤子就掉了下来，通过拧紧落在鼓上的绳子，锤子又被举起来。曲柄工在飞轮 G 的帮助下不停地工作。

插图底部的小部分中显示了一个释放装置，以避免放松对坠落的拉力的需要。锤子出现在左下方，顶部有一个铁十字架加固，中间有矩形孔。右侧是锁紧锁销 I，由跳闸绳和弹簧 G 驱动，以将锁销固定到位。提升锤时，操作员将拉动脱扣绳；当所示的提升绳未穿过两个滑轮时，锤将以更大的速度自由下落。当锁销自动啮合时，锁将有足够的重量将提升绳拉下。完整的布局如上部插图所示。该装置的工作原理用于现代驱动装置中，除了锁销通常在提升锤时自动解锁外。

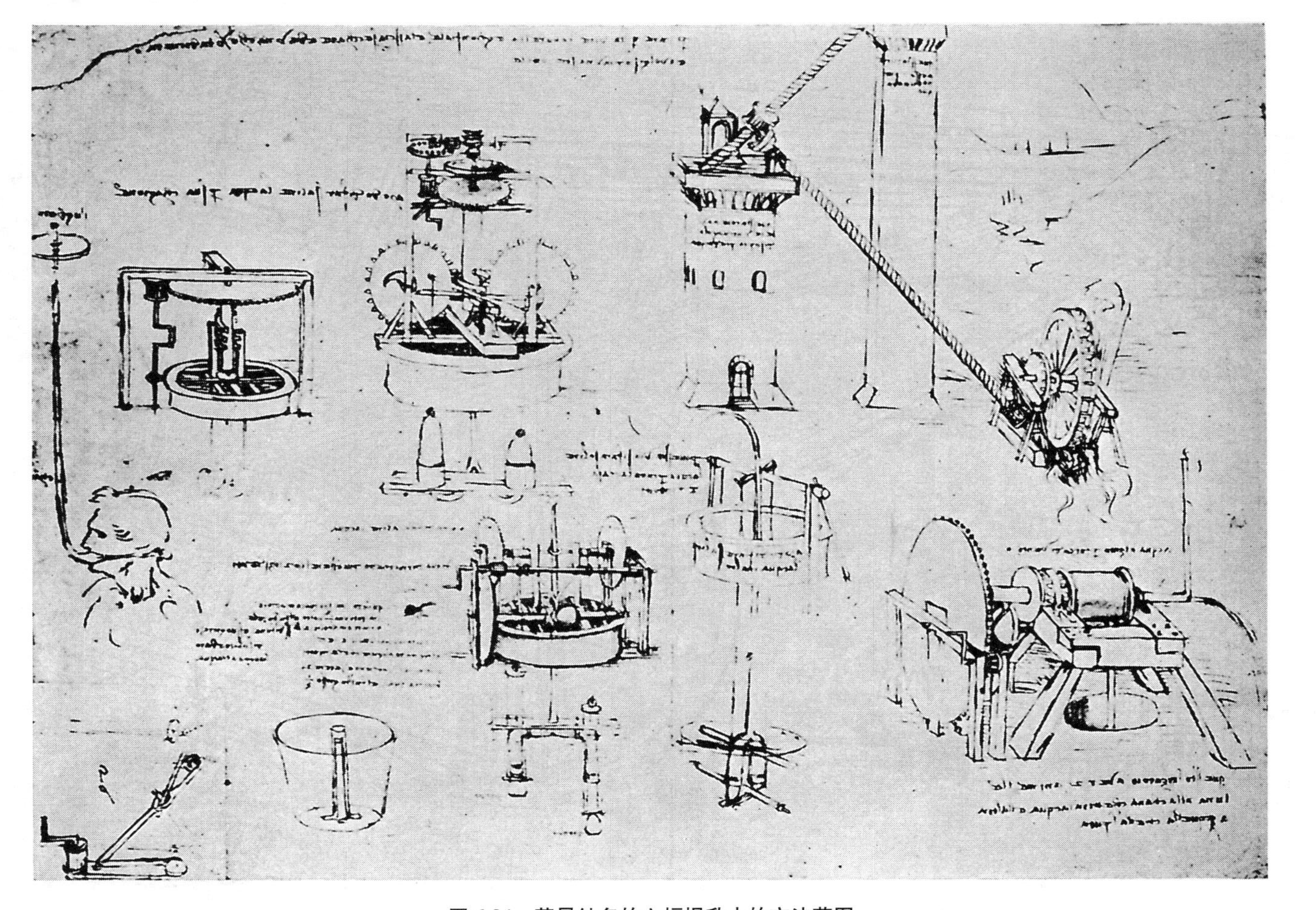

图 6.34　莱昂纳多的六幅提升水的方法草图

图 6.35　16 世纪的打桩机

桩并不总是圆形的，它们被用于基础以外的其他用途，以承受重荷载。在桥梁章节中，有书籍和未出版手稿中的围堰插图。一个很好的例子（图 6.36）显示了锯成正方形的桩，但更有趣的是，它们以榫卯接头形式切割，以便紧密连锁，并在中等水压下相当紧密。这是现代木材或金属板桩的基本理念。在插图中，男人们正在用手舀水。还使用了泵，在一个例子中，使用了双排联锁板桩，外表面覆盖布以减少泄漏，两墙之间的内部空间留有黏土泥坑。

图 6.36　围堰（DAM）

第 18 章和第 19 章描述了莱昂纳多的挖掘机器，用于在干燥和水下工作。该时期的文献中零星可见其他挖泥船设计，其中最完整的是抓斗式挖泥船（图 6.37）。这台机器如果使用的话，一定很笨拙，效率很低，因为一个人在圆形踏车上获得的动力是相当不足的，但这张图纸很有价值，因为它表明了这种挖泥船的基本思想已经设想出来了。在那之后，只需要改进细节就可以生产出成功的操作工具。

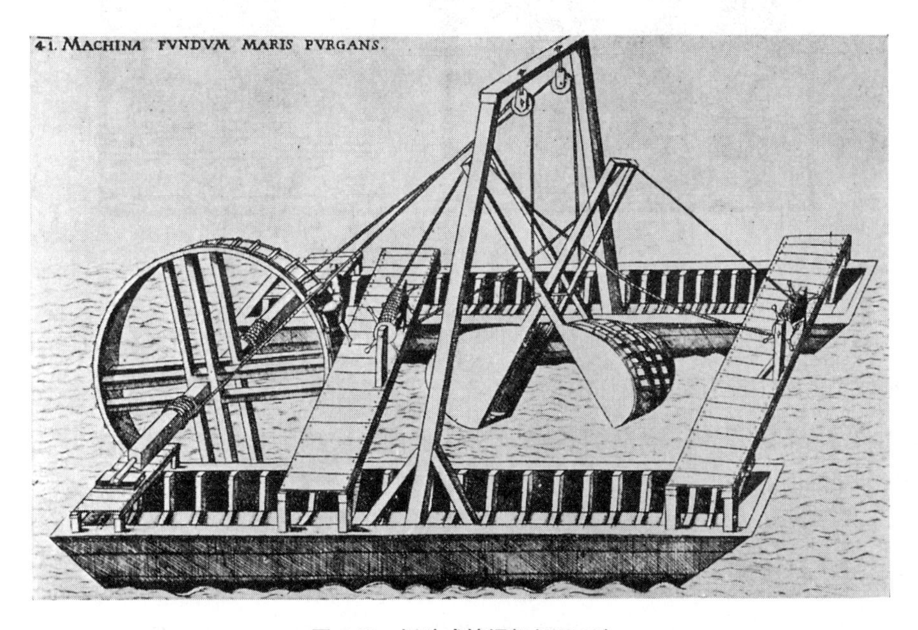

图 6.37　抓斗式挖泥机（NTME）

在文艺复兴时期制作的众多机械装置插图中，最重要的一幅具有启发性的插图是出自约翰·哈塞尔伯格(Johann Haselberg)于1530年出版的极为罕见的采矿书《普通法的起源》(*Der Ursprung gemeynner Berckrecht*)的木版画(图6.38)。这个版画显示了一个隧道的洞口，几个工人正在那里架设一个木架。另一名工人推着轮子在轨道上的矿车。这被认为是有史以来绘制的第一幅铁路图。哈泽尔伯格几乎没有想到会有如此惊人的发展，仅仅在300年后的1830年，在著名的雨山(Rainhill)机车比赛中，当时，铁路已经超越了最初作为手摇电车轨道的功能，成为第一流的机械设施。

图6.38　有史以来第一幅铁路图

在本章中描述机器时，只能从不同作者的零散著作中进行选择。不可能给出发展的时间顺序。没有机器设计的同期历史。然而，当我们结合关于列奥纳多·达·芬奇、采矿、冶金、船闸、河流改善和罗马方尖碑的移动章节中描述的机器和引擎来查看上述插图时，以及当我们得出结论，即在架设桥梁、圆顶和其他结构时，必须有可用的工具，尽管没有描述，我们可以很好地了解机械工程艺术在1450—1600年间的发展。

文艺复兴开始时，机械工具的特点如此简单，几乎不值得考虑。但随着复兴的巨大推进,还需要更多的东西。随着采矿业的发展,特别是冶金业的发展,大量生产出了商业规模的铁,因此可以制造出以前不可能制造的机器。水力的利用带来了能源的应用,远远超过了人类或牲口的劳动所能利用的,而且更便宜、更可靠。

文艺复兴时期结束时,人们可以使用多种类型的大型机械工具,这些机械工具具有复杂的机械装置,通过将落水或气流中潜藏的能量转化为有用的功,可以节省自己的体力。

20 世纪的工程师享受着 16 世纪之后的发现带来的好处,特别是在方法和细节方面的许多改进,这些改进极大地扩大了他们的领域,但对于应用于机械设备的基本科学原理,他们要归功于文艺复兴时期的天才前辈。

Hartmann Schopperus, *De omnibus illiberalibus sive mechanicis artibus*. Frankfurt, 1568.

Agostino Ramelli, *Le diverse et artificiose machine*. Paris, 1588.

Buonaiuto Lorini, *Delle fortificationi*. Venice, 1596.

Georgius Agricola, *De re metallica*. Basle, 1556.

Leonardo da Vinci, note-books.

Gio.Battista Issachi, *Inventioni*. Parma, 1579.

Guido Ubaldo del Monte, *Le mechaniche*. Venice, 1581.

Jacobus Bessonus, *Theatrum instrumentorum et machinarum*. Lyon, 1582.

Faustus Verantius, *Machinae novae*. Venice, 1595.

Justus Lipsius, *Poliorceticon sive de machinis tormentis telis*. Antwerp, 1596.

Nicola Zucchi, *Nova de machinis philosophia*. Rome, 1669.

Vittorio Zonca, *Novo teatro di machine et edificii*. Padua, 1607.

Heinrich Zeising, *Theatri mechinarum*. Leipzig, 1612 - 1614.

Isaac de Caus, *Nowvelle invention de lever l'eau plus hault que la source*. London, 1644.

Robertus Fludd, *Tractatus secundus de naturae simia seu technica*. Oppenheim, 1618.

Giovanni Branca, *Le machine*. Rome, 1629.

Domenico Fontana, *Della trasportatione dell' obelisco Vaticano*. Rome, 1590.

亚历山大港的希罗、阿基米德和亚里士多德,其作品的各种版本为上述书籍提供了灵感。

列出的一些书籍出现在通常指定为文艺复兴时期结束的日期之后,但它们只不过是对已经完成的工作进行概括总结。其中一些，如宗卡的《新演示》(*Novo teatro*)，包含了从 16 世纪收集的如此丰富的材料，因此它们被认为是属于那个时代的。其他作家，如多梅尼科・丰塔纳(Domenico Fontana)，偶尔会提及发动机和机器，有时会提及很多细节，而大型图书馆，尤其是意大利的图书馆，则充满了 1500—1600 年间开发的机械装置的原始图纸。本章中包含的信息利用了这些和其他来源。

7

移动梵蒂冈方尖碑

现在矗立在罗马圣彼得广场中心的方尖碑是一个巨大的装饰物，它是早在公元前10世纪初埃及国王诺科里奥统治期间被切割的，传说是为了纪念塞索斯特里斯的事迹。公元41年，它从赫利奥波利斯城运到罗马，根据皇帝凯乌斯·卡利古拉的命令，矗立在马戏团中，后来被命名为尼禄马戏团。这座方尖碑与其他许多方尖碑不同，没有象形文字或其他铭文，因此卡里古拉在其东侧和西侧切割了献给奥古斯都和提比略的祭品。

尼禄竞技场位于梵蒂冈山脚下的低地上。随着罗马权力和富丽堂皇的衰落，竞技场逐渐年久失修，石头也被掠夺殆尽用于建筑目的。方尖碑仍然矗立着，尽管历经风雨和成为人们寻求方便的垃圾倾倒地，最终使周围地面的标高升高，基座和底座完全被埋。在野蛮人的各种入侵和帝国灭亡后城市的洗劫期间，这座方尖碑是罗马唯一竖立的方尖碑，尽管它没有逃脱亵渎。靠近底部的两侧有24个孔，显然是螺栓的容器，可能用来放置埃及起源的青铜饰物，或由卡利古拉放置在那里。据报道，这些装饰物是1376—1377年进入罗马的波旁士兵拆除的。

将圣彼得大教堂重建为一座巨大的大教堂，作为罗马教廷的所在地，以及罗马这一地区的改善，都吸引了人们对老方尖碑的关注。由于它被放置在教堂后面，它阻碍了为教堂营造一个合适的环境。在15世纪早期，人们考虑将方尖碑移到一个更为庄严和适当的位置，以便执行新教堂的总体规划。虽然他们的前辈在1500年前就把这块石头运下尼罗河，从那里穿过开阔的地中海，从意大利海港陆路运到罗马，但那些想把它运到260码以外的地方的人长期认真地思考着这个项目的可行性。

1583年，米兰人卡米洛·阿格里帕(Camillo Agrippa)感动地将其对这一主题的观点印在了一本小册子上，书名为《卡米洛·阿格里帕条约，将方尖碑运到圣彼得广场》(*Trattato di Camillo Agrippa di trasportar la guglia in su la Piazza di San Pietro*)。从这本书中我们了解到，教皇希望移动方尖碑，但由于没有提出任何保证安全的计划而不敢采取行动。将方尖碑设置在标志着通往大教堂的主要通道的雄伟的柱廊广场中心的想法并不新鲜，因为阿格里帕表示，1535年他来到罗马时，这个问题正在讨论中，甚至安东尼奥·达·桑加洛(Antonio da Sangallo)和米开朗基罗·博纳罗蒂(Michelangelo Buonarroti)等大师也在认真考虑这个问题。阿格里帕显然认为采取行动的时机已经到来，他阐述了他将如何完成这项任务。他提议将方尖碑从现有基座上抬起来，垂直抬到新的位置。他认为这是一种比将其放倒到水平位置更安全的程序。他提议采取的第一步是用厚橡木板包裹方尖碑，用环绕的链条固定住，以保护石头免受损坏。然后，他计划建造一个由 32 根铁棒组成的框架，4 肯纳(10 码)长，铁链从这些铁棒连接到一座在方尖碑运输过程中支撑着它的木塔。这座塔由 40 根木料组成，左右各 12 根，前面 8 根，后面 8 根，全部向顶部向内倾斜。方尖碑由 32 根橡木杠杆抬起，每侧 8 根。它们长 66 帕尔米(约 48 英尺 4 英寸)[1]，支点内 2 帕尔米 $\left(17\frac{1}{2}\text{ 英寸}\right)$，外 64 帕尔米，内端有钩子，与支撑方尖碑的铁棒啮合。将其从基座上抬起后，阿格里帕提议将其悬挂在周围的木塔上，然后用 8 个滚轮将塔和方尖碑移动到新地点，滚轮将在准备好的木材平台上运行。

阿格里帕拟建塔楼的立面图(图 7.1)表明，主材在其整个长度的任何一点上都没有支撑，没有斜撑，并且设计缺乏健全的工程原理的每一个基本要素，这与后来由另一位更熟练的工程师为工程设计的塔楼形成了鲜明对比。

阿格里帕天真地说，"古人"从未把它直立起来，但他打算背离这一先例，冒险制定一项涉及平衡中最小稳定性的计划。

这本小书不太可能将官方注意力集中在一个多年来或多或少摆在公众面前的问题上。更有可能的是，这只是作者意识到公众舆论和城市发展的要求将很快迫使提出一个人们期待已久的解决方案，如果他早期在该领域提出明确的建议，那么他的计划更有可能获得通过。无论如何，在阿格里帕的观点出现后两年内就采取了行动。

1585 年 8 月 24 日，教皇西克斯图斯五世(1585—1590)任命了一个由知名的高级教士、高级官员和聪明的非神职人员组成的委员会，以考虑如何开展这项对他们来说意义重大的事业，从而为大教堂的背景画上句号。议会的首脑是皮尔·多纳托红衣主教塞西斯，他们在他的宫殿里举行了会议。他的助手包括教皇的管家瓜斯塔维拉诺红衣主教；费迪南多，德梅迪亚红衣主教，后来的托斯卡纳大公；弗朗西斯科，斯福尔扎红衣主教；总财务长；道路委员会；小商业部长；罗马参议员、众议员和其他公民。这显然是一个精心挑选的机构，因为它不仅由代表教会的人组成，当时教会是世俗和教会权力的首脑，而且还代表立法机构和财政、物资和公共工程部门。授予成员的是必要的权力，以授权任何可能得到其批准的计划，并提供资金和物资。

1　palmo 帕尔莫，复数 palmi 帕尔米，1 帕尔莫约等于 0.211 7 米。——译者注

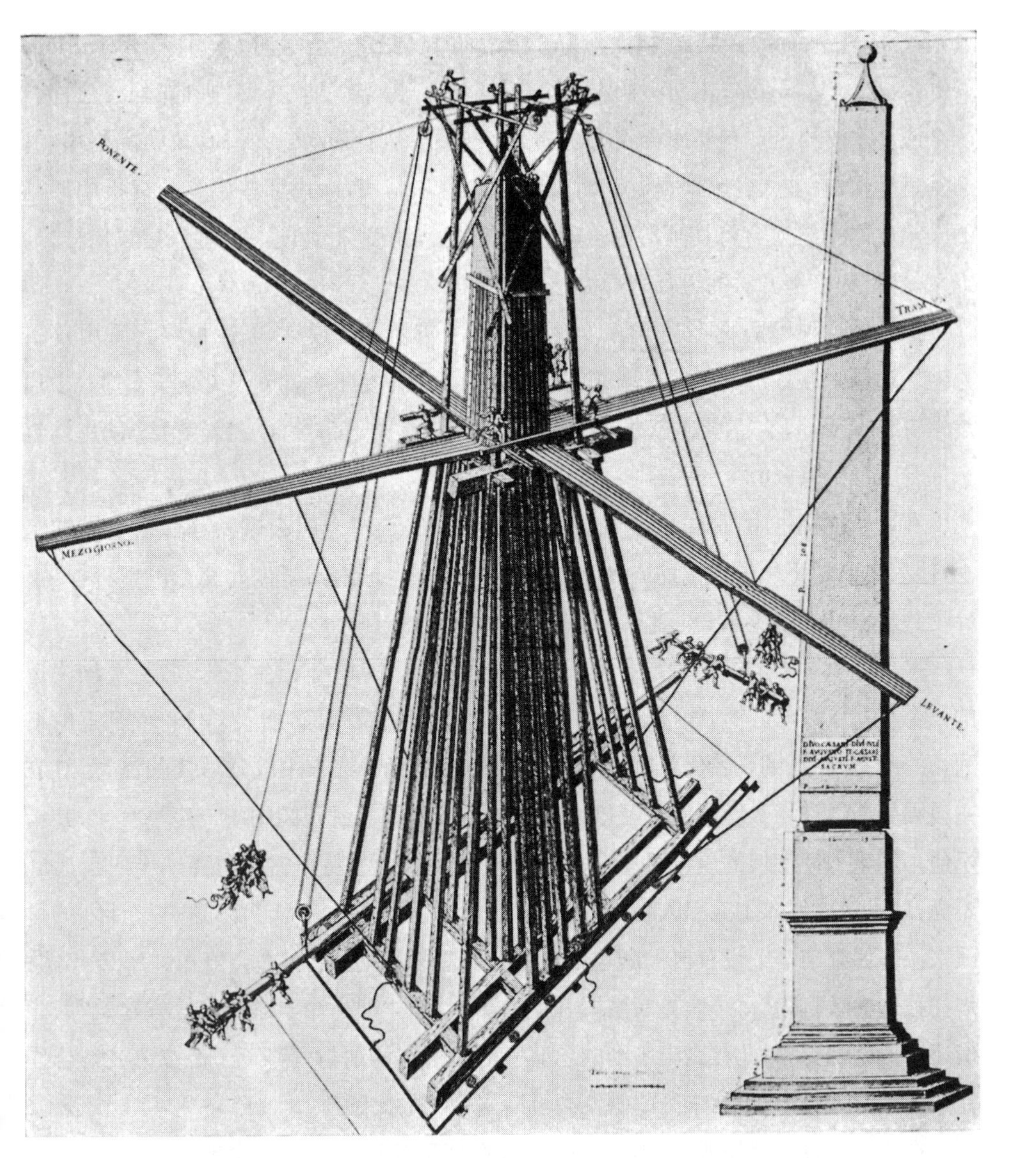

图 7.1　阿格里帕的在移动中支撑梵蒂冈方尖碑的计划

摘自他的《卡米洛·阿格里帕条约，将方尖碑运到圣彼得广场》（罗马，1583）

在任命后立即开的咨询会上，出现了工程师、建筑师、数学家和居住在罗马的文人。双方未达成任何协议，并将会议延期至9月18日，以允许罗马以外的知名人士前来提出进一步建议。人们对建筑艺术的兴趣如此之大，以至于大约有500名或多或少熟练于建筑艺术的人提出了他们的计划，并通过图纸、模型、书面描述或口头陈述进行了解释。他们来自意大利的主要学习中心威尼斯、米兰和佛罗伦萨，来自西西里岛，甚至来自罗得岛和希腊等遥远的地方。

在如此大量的人才中，提出的解决方案多种多样。幸运的是，多梅尼科·丰塔纳

(Domenico Fontana)在其纪念性作品《梵蒂冈方尖碑的运输》(*Della trasportatione dell' obelisco Vaticano*, 1590)中保存了一份记录。据丰塔纳说,每种可能的方法都有一个或多个支持者。有些人会将方尖碑水平放置,然后移动它;其他人,如阿格里帕,会垂直运输;有些人轻率地提议同时移动方尖碑和基座,而由那些始终珍视折中原则的人组成的一组人会将其倾斜在一辆木制马车上,角度约为45°。一些人建议用杠杆、绳索、螺钉和这些方法的组合进行提升。

拟议的各种类型的计划如图7.2所示。A:丰塔纳的设计(随后被议会采用);B:方尖塔通过附在顶部的杠杆移动;C:在半个轮子上保持平衡;D:仅由楔子支撑;E:通过螺钉放下顶部,然后倾斜移动;F:仅用杠杆作为提升的手段;G:齿轮;H:使用螺钉来提升、降低和移动。

在这个巴别塔中,博学的委员会一定很难做出选择。但选择权落在了丰塔纳身上,他为自己处于领先地位的方法制作了一个模型。这给出了如此充分的解释,委员会受到启发并且很满意。

多梅尼科·丰塔纳当时是一位著名的建筑师,于1543年出生在米利,科莫湖附近的一个小村庄。年轻时,他擅长数学研究,20岁时离开父母家,加入了哥哥乔瓦尼的行列,乔瓦尼是罗马的一名建筑师。丰塔纳很快就引起了红衣主教蒙塔托的注意,红衣主教委托他设计了一座附属于圣母大教堂的小教堂和教堂花园中的一座小宫殿,并指示他不遗余力地使他的设计具有吸引力和气势。这令教皇格雷戈里乌斯十三世感到不满,他不赞成红衣主教引人注目的做法,并暂停了蒙塔托的养老金,这是该计划的付款来源。如果丰塔纳没有自掏腰包继续修建,这些建筑的工作本会停止。1585年,蒙塔托被选为教皇,获得了西克斯图斯五世的头衔,他立即任命丰塔纳为官方建筑师,并偿还了他的开支,以此奖励丰塔纳的忠诚。他指定丰塔纳与贾科莫·德拉·波塔合作完成圣彼得大教堂,包括米开朗基罗去世时未完工的大圆顶。

在成功完成这项任务后,丰塔纳接下来在罗马建造了三座方尖碑,一座位于拉特拉诺的圣乔瓦尼之前,另一座位于圣母大教堂之前,第三座位于人民之门附近。丰塔纳设计了梵蒂冈图书馆、卡瓦洛山的教皇宫殿和其他建筑,他还为罗马带来了水的供应——快乐水道(Acqua Felice),并建造了几个喷泉用于配水。但官方的恩惠并未传递给他,因为丰塔纳在他的赞助人于1590年去世后不久就感受到悲哀的降临。嫉妒他的竞争对手指控他挪用了相当一部分资金用于经营委托于他管理的企业,以私自获取利润。新教皇克莱门特八世在没有证据的情况下接受了指控,解除了丰塔纳的职务并剥夺了他的薪酬。但这种不公正的行为使他转到了另一个领域。那不勒斯总督向他提供了两个西西里国王的建筑师和高级工程师的职位,丰塔纳欣然接受了这一任命。1592年,他在那不勒斯定居并结婚。在其他工作中,他挖掘了一条运河,以防止某些低

图 7.2　提升梵蒂冈方尖碑的方法

摘自丰塔纳的《梵蒂冈方尖碑的运输》(罗马,1590)

地被淹没，沿着海岸修建了一条道路，设计了皇宫，并为那不勒斯改进港口制定了计划，该项目是在他去世后由皮埃尔・阿拉贡(Pierre d'Aragon)领导的弗朗索瓦・皮契亚蒂(François Pichiati)执行的。他于1607年在那不勒斯逝世。

1585年，丰塔纳42岁，按照现代标准，他正处于巅峰时期，但议会担心他太年轻，无法承担搬动方尖碑这样巨大的任务，因此任命佛罗伦萨的巴托洛梅奥・阿曼纳蒂(Bartolommeo Ammannati)为负责人，贾科莫・德拉・波塔(Giacomo della Porta)为助理。阿曼纳蒂当时是意大利的首席工程师兼建筑师，因为正如稍后将看到的那样，正是他在佛罗伦萨的阿诺河上建造了圣特里尼塔大桥，而德拉・波塔是丰塔纳完成圣彼得教堂建造的合伙人。丰塔纳被安置在如此杰出的一位建筑师之下，他在书中说，这使他感到满意，这种安排使他摆脱了许多忧虑，使他能够把时间完全花在机械细节上。然而，满意只是表面上的：他说，虽然起初他同意这一安排，但心中开始产生怀疑。后来，他向与教皇关系密切的人寻求建议，得知教皇已经在询问是否有人能像发明者本人一样完成这项发明，他松了一口气。不难理解字里行间的意思，也不难猜测教皇恐惧的根源，尤其是当人们回忆起教皇与丰塔纳之间长期而亲密的关系时。教皇随即解除了阿曼纳蒂及其助手的所有责任和权限，并任命丰塔纳负责这项工作。

丰塔纳的计划是在方尖碑周围竖起一座有框架的木塔，然后通过连接在塔上的绳索将方尖碑从基座上升起，然后将其放倒，使其停在一个木制平台上。他提议用辊子将这个平台拉到新的位置，在那里塔将被重新定向，巨石将从平台上的水平位置提升到垂直位置，并放置在新的基座上。

为了使丰塔纳有权雇用人员、征用物资和其他任何必要的事情，教皇颁布了一项法令，授予他充分和绝对的权力。由于本文件在许多方面与最近的一份文件类似，特别是在承认授予罗马教廷的征用权方面，以及在其关于清算任何损害的充分规定方面，全文如下：

“我们，西克斯图斯五世，授予神圣使徒宫建筑师多梅尼科・丰塔纳全权，以便他能够更轻松、更快速地将梵蒂冈方尖碑运送到圣彼得广场，以便在拆除期间使用任何工人和劳工，以及任何必要的设备，然而，当需要强迫任何人向他借出或出售材料时，他会以适当的补偿来满足他们。

他可以使用所有板材、木料和任何尺寸的木材，这些板材、木料和木材位于方便他需要的地方，无论它们属于谁，但是，根据双方选择的两名仲裁员的决定，向木材所有者支付适当的价格；并且他可以切割所有可能以任何方式属于圣彼得教堂、其小教堂和教堂的木材，特别是在坎波莫托、萨西亚圣斯皮里托医院或使徒室的地界上，而无需支付任何费用，并且可以将这些木材运到他想要的任何地方；并根据为此目的选定的专家的决定，在不受任何惩罚的情况下放养用于这项工作的动物，以弥补所造成的损失。

他可以从任何人那里购买和带走上述物品和任何其他必要物品，而无需支付任何形式的消费税或关税。

他可以在没有许可证或许可的情况下，在罗马或其他城市和附近地方收集任何数量的食物，供自己和他的工人和动物使用。

他可以从任何他发现的地方征用并带走卷扬机、缆绳和绳索，无论是松动的还是固定的，但是，他承诺修理并使其完整，并支付适当的报酬；同样，他可以使用属于圣彼得大厦的所有仪器和装置，并可以命令该建筑物的代理人、代表和官员在适当的时间内开放和清理方尖碑周围的广场，以便将其拆除，并以本次活动中所需的任何方式帮助他。

他可以(如有必要)拆除上述方尖塔附近的房屋，首先决定如何赔偿业主的损失。

最后，授权上述多梅尼科·丰塔纳完成、指挥、执行和实施本任务所需的任何其他事项，此外，他及其代理人、工人和佣人可在任何地方和任何时间携带任何必要的武力，但被禁止的除外，教堂的所有治安官都被命令在上述事情上帮助多梅尼科·丰塔纳，所有其他人都必须以任何方式服从罗马教廷的权威，无论其级别和条件如何，在我们感到不快的情况下，接受我们的惩罚，并向财政部罚款 500 达克特[1]，以及我们自行决定的其他惩罚。任何人不得阻止或以任何方式骚扰上述多梅尼科、其代理人或工人开展本工作，但相反，任何人不得以任何借口拖延帮助、服从和支持他；尽管有任何相反的规定。1585 年 10 月 5 日于罗马圣马可教堂授予。”

工作于 1585 年 9 月 21 日星期三实际开始，因此可以看出，尽管提出了大量计划，但委员会的行动速度是值得赞扬的丰塔纳一刻不停地占领了这块土地，赢得了荣誉。他的第一步是在广场上挖掘一个约 45 英尺见方、24 英尺 6 英寸深的坑，以获得新的地基。由于地面又湿又软，直径 9 英寸、长 19 英尺 6 英寸的橡木桩被打入并盖上栗子地板，丰塔纳指出，栗子地板在土壤中有水分的情况下不会腐烂。地板上铺设了第一层混凝土基层，由细碎石、碎砖和水泥组成。纪念教皇的奖牌散落在混凝土中。

塔楼的主要构件由 4 根柱子组成，分别位于相对两侧，通过这些构件，方尖塔将被提升和支撑，直到可以轻轻地放置在移动平台或托架上。每根柱子由 4 根 20 英寸见方的木材组成，因此柱子的面积为 40 英寸×40 英寸。组成构件搭接接头，并通过直径为 12 英寸的铁螺栓和带有紧固楔的铁带牢牢固定在一起。为了使整座塔可以很容易地拆除和修复而不受损坏，没有使用钉子。螺栓间距为 9 英尺，每个系列螺栓之间有一个带楔的带。螺栓由楔子固定，楔子穿过靠近端部的螺栓杆上的槽。这些可以不时

1 ducat，旧时在多个欧洲国家通用的金币。——译者注

地调整，以补偿木材的收缩。此外，偶尔会有绳子捆扎，也用楔子固定。柱子的间距为 3 英尺 9 英寸，高约 92 英尺，高出方尖碑顶部 7 英尺 4 英寸，并用重型木材交叉覆盖(图 7.3)。

在这些立柱上设置 48 个斜撑或支撑，以提供所需的横向稳定性，横向 32 个(每根立柱 4 个)，纵向 4 个角立柱。因此，每个框架有 4 个支架。它们的间距为 3 英尺 9 英寸，倾角相同。第一个支架靠在主柱三分之一的高度上，第二个支架靠在一半的高度上，第三个支架靠在三分之二的高度上，第四个支架靠在顶部附近。最后一个支架的长度超过 94 英尺，它与柱子形成的三角形的底部为 25 英尺 6 英寸。对于前两个支架，可以在单个长度内获得 22 英寸见方的单根木材，但两个外部支架必须由单独的部分组成，断开接头，并通过铁带、螺栓和绳索捆扎将各部分绑在一起(图 7.4)。

框架或排架通过水平和对角斜支撑进一步加固。塔顶用四个主柱桁架加固，其上连接有起重滑车块。

在按比例分配用于提升方尖碑的绳索和石块之前，丰塔纳仔细计算了方尖碑重量。他测量了巨石，发现主体高 107 $\frac{1}{2}$ 帕尔米，底部为 12 $\frac{1}{12}$ 帕尔米见方，上端为 8 $\frac{1}{12}$ 帕尔米见方，顶部为 6 帕尔米高的金字塔。英制英尺的等效测量值分别约为 78 英尺 10 英寸；9 英尺 2 英寸；5 英尺 11 英寸和 4 英尺 3 英寸。然后，他获得了一块性质相似的石头，并对其进行了测量和称重，从而确定总重量为 963 537 $\frac{3}{4}$ $\frac{5}{8}$ 里拉，或 681 221 磅。

丰塔纳估计，一台由马带动的绞盘可以提起 20 000 里拉(14 140 磅)，而由于他可以安装 40 台绞盘，他们将能提起 800 000 里拉。假设像他使用的这样的一匹马可以直接拉动 100 磅，一台绞盘有四匹马，两倍的滑轮组，为了使每台绞盘的提升力达到 14 140 磅，绞盘的杠杆比率必须为 9∶1 左右。由于杠杆率高达 9 值得怀疑，根据他提出的安装他对可用功率的估计似乎超出了实际情况。也许他自己也这么觉得，因为为了解决提升力不足的问题，他决定安装 5 根约 51 英尺长的重型木杆，他说这已经足够了，因为他可以用它们提升整个物体。这最后一次计算，他很容易就能算出来。

所有的绳子都是用福利尼奥种植的大麻制成的，这被认为是质量最好的。用于提升的绳子直径为 2.93 英寸，每根约 750 英尺长。有三根 1 500 英尺长的绳子供大家使用。

为了确保绳子足够结实，能够承受落在绳子上的张力，他通过实验发现，一台绞盘上的四匹马不能按他的命令断开这样的绳子，因此绞盘不能施加相当于一根绳子断开张力的拉力。他的结论经计算是正确的。使用与上述相同的假设，每匹马 100 磅的拉

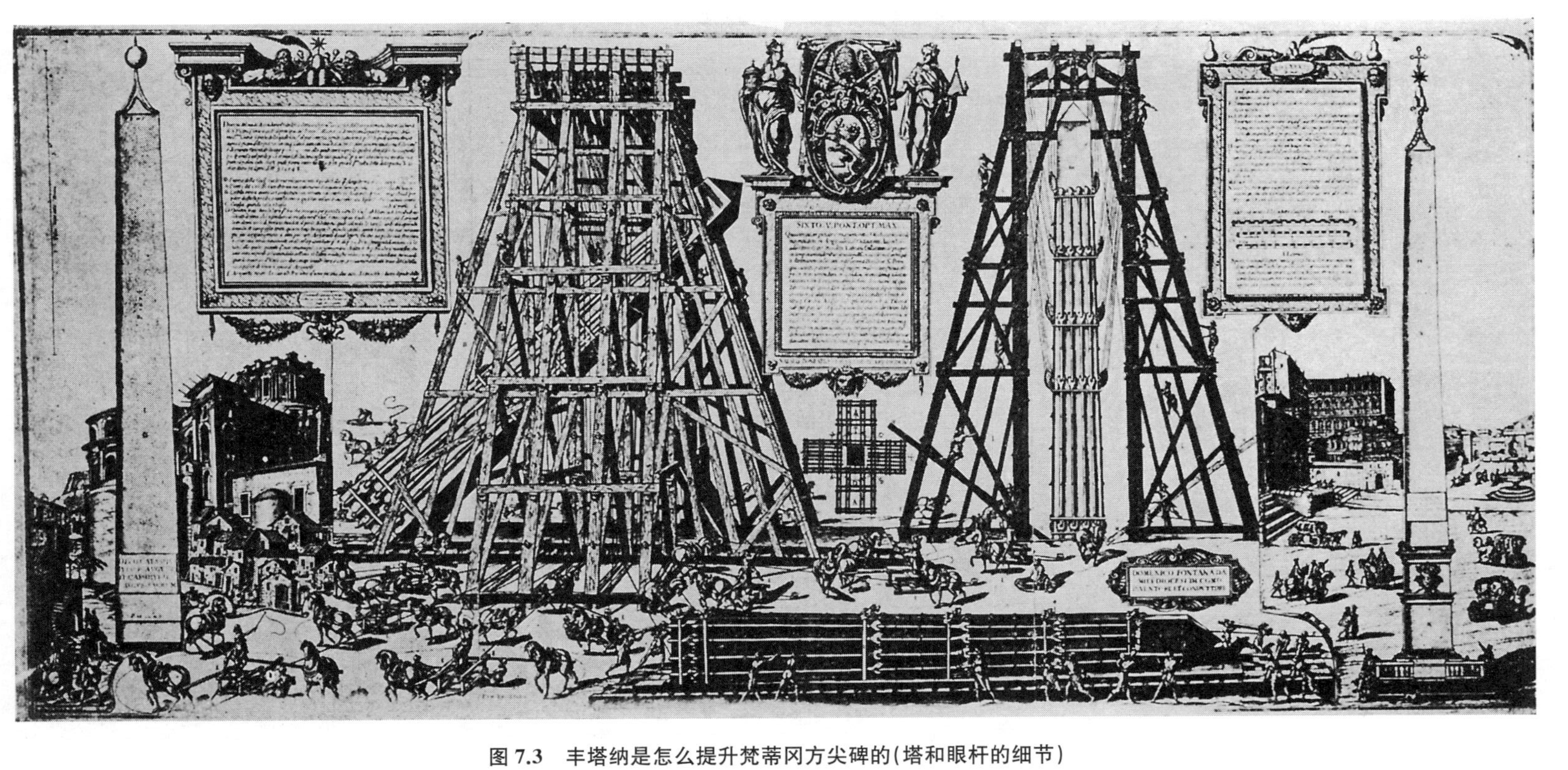

图 7.3　丰塔纳是怎么提升梵蒂冈方尖碑的(塔和眼杆的细节)

纳塔尔·博纳法西奥·达塞贝尼科雕刻,1586

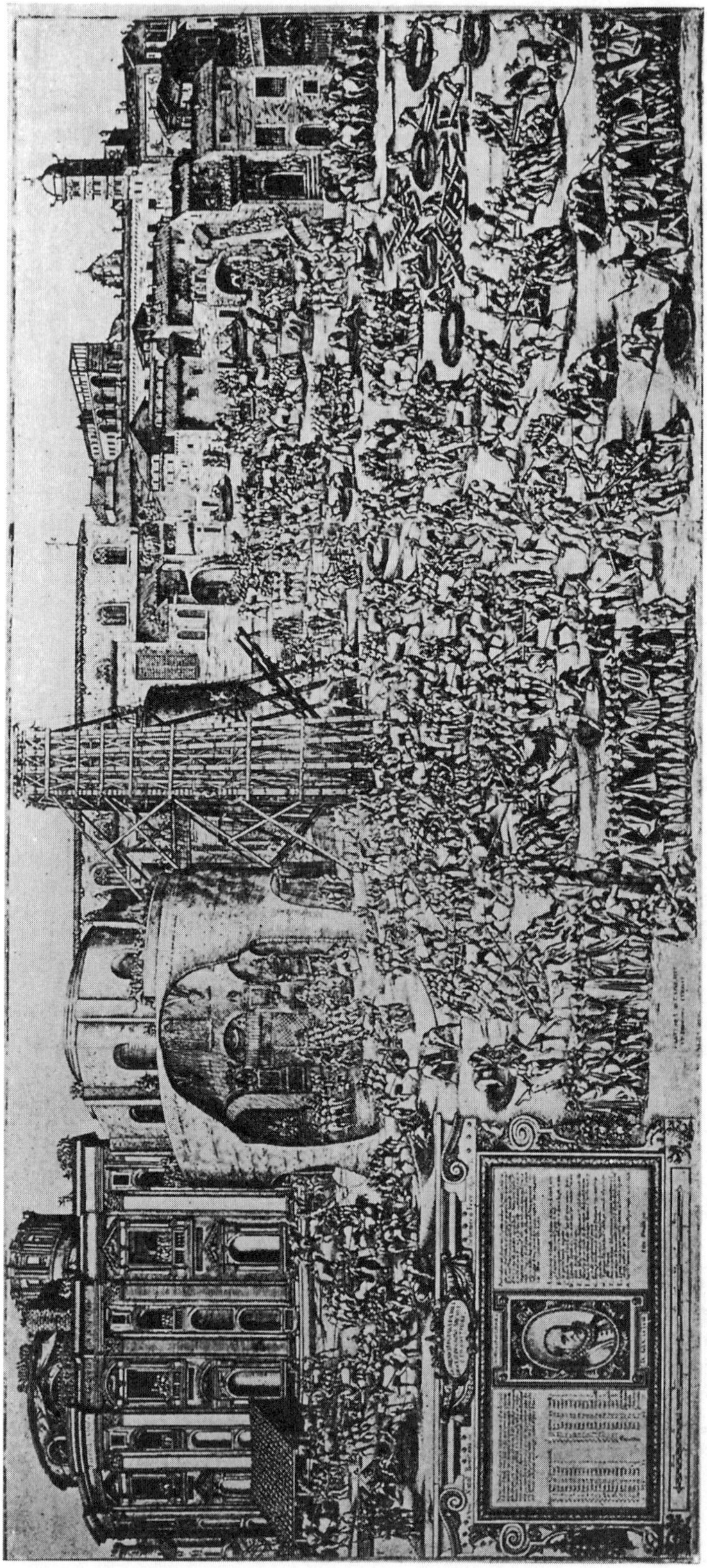

图 7.4　丰塔纳为梵蒂冈方尖碑做的吊装安排(同上)

力和 9∶1 的绞盘杠杆比，一个由四匹马组成的团队将施加 3 600 磅的拉力。由于直径为 2.93 英寸的优质麻绳能够承受 50 000 磅的张力，丰塔纳选择的麻绳具有非常大的储备余地，以涵盖所有操作意外情况和制造中的不规则情况。他认为，如果任何绞盘承受的载荷大于四匹马可能承受的载荷时，通过相邻的绳索松弛，则绞盘将停止转动，直到过载部分被其他绞盘接收直到它们的极限。

所有绞盘应具有均匀的负载，发布了作为常规规范的一部分的命令，每转动三圈后，所有绞盘停止，并测试几根绳索的张力，以查看它们是否处于调整状态。这种测试可以很容易地手工进行。

大多数滑轮组都有两个滑轮，滑轮由金属制成，但木壳由铁带加固。滑轮不是并排设置的，而是一个在另一个上面，靠近接头的一个具有较大的直径，因此当缠绕时，绳索的转弯处会彼此分隔。这些滑轮组的长度从 3 英尺 8 英寸到 5 英尺 2 英寸不等。有一些全金属滑轮组，六个滑轮分为三个两层。每个滑轮组都有一个编号，对应于其工作绞盘的编号。

在公布拟议计划时，有许多负面的批评，可能来自不满的竞争对手。有人指责说，如此多的绞盘无法协调工作，有些绞盘不是均匀地起重，而是承担了超过其载荷极限的部分，因此会一个接一个地折断。丰塔纳能够通过他的实验和计算来应对这些攻击。

附在方尖碑上的索具呈现出一些有趣的特征，表明工程师进行了仔细的思考。石头首先被软垫子覆盖，以保护表面免受伤害，然后用 2 英寸厚的木板覆盖。两侧是 4.4 英寸宽、2 英寸厚的铁条。文本中说有三根杆，但计划需要四根杆。由于大部分细节都是四的倍数，所以计划上显示的数字可能是正确的。它们几乎贯穿方尖碑的整个长度，分为四节，第五节从脚下穿过。这些部分由钳口和孔连接在一起，通过销穿过，这些是现代带环拉杆的原型。它们被九个横截面相同的铁箍紧紧地固定在木板护套上。下部滑轮组固定在垂直杆上。金属杆和铁箍重 40 000 里拉，木板、木块和绳索重得多，因此需要举起的总重量为 1 043 537 里拉，即 737 680 磅。

塔楼周围没有建筑物和其他障碍物，为绞盘提供了自由空间。但是，尽管做了所有这些，圣彼得圣器收藏室还是不得不放置三个绞盘，拆除了部分墙壁。从这些绞盘和其他一些绞盘上，无法直接拉动塔底部的滑轮，因此绳索必须穿过地面上的导向滑轮。

施工安排与施工细节一样仔细制定。工人们被训练完成各自的任务，以便每个人都知道自己的职责。在丰塔纳所在的观察站附近驻扎着一名小号手，每次小号一响，绞盘就开始转动。他们一听到铃声就停下来。每个绞盘分配两名工头，分配八到十名可靠的人员担任总监督，并额外组织了一个由二十人组成的小组，根据需要提供绳索、滑轮和材料，以满足破损或其他需求。这些人驻扎在补给仓库的门口等待紧急命令，因此，即使发生事故，操作绞盘的人也无需离开岗位。在绞盘上工作的马也有储备，20匹马及骑手当场随时待命。

35人被分配到西侧的三个杠杆上，18人被分配到东侧的两个杠杆上。这些人将用手摇绞盘拉动杠杆。此外，在方尖碑升起的过程中，驻扎着带锤子的一帮人，在方尖碑下方打入楔子，其双重目的是托住已经获得的东西，并帮助提升。这些人配备了金属头盔，以保护他们免受任何可能从塔顶坠落的物体的伤害。

为了在提升过程中没有人需要离开岗位，食物被分在篮子里分发给每个绞盘处。为了抑制观看的人群，所有的通道都设置了路障。此外，发布了严格的命令，除工人外，任何人不得通过障碍物，"任何人不得以任何方式阻碍工人，也不得说话、吐痰或发出任何响亮的声音，否则将受到重罚"——否则死刑。警察被派往执行这些命令，尽管在场的人很多，但是现场只有完全的沉默。然而，传说有一次沉默被破坏了，稍后将提及。

塔楼建好后，方尖塔顶部的金属球被移走并仔细检查，因为人们相信恺撒的骨灰已经放在里面了。但是后来发现这个故事是没有根据的。

到1585年4月28日，塔楼完工，绞盘已安装完毕并连接好，各种工作人员已组织起来并进行了演练，所有物资都在手边，一切准备就绪。4月30日定为移动行动开始的日子。4月29日，确定了工人并举行了圣礼，第二天黎明前两个小时举行了两次弥撒。太阳升起之前，所有的人和马都就位了。

那天晴朗而宁静，几乎所有的罗马人都出来观看了这么多年来一直在谈论的工程壮举。红衣主教团的大部分成员、外国大使、市政官员以及许多不仅来自罗马，而且来自意大利各地的贵族在现场观看。面对方尖碑的每一扇窗户，以及圣彼得大教堂的整个建筑、相邻建筑物的屋顶和每个有利位置都被占用了。街道上人山人海，瑞士卫队和轻马队奉命增援警察。然后，当一切准备就绪时，丰塔纳指示工人们和他一起跪下祈祷，所有人都加入了祈祷天父和圣母玛利亚的行列。

丰塔纳随后发出信号，号手吹响了第一声号子。907名男子和75匹马同时在5个杠杆和40个绞盘上全力以赴。大地颤抖(作者告诉我们)，塔楼呻吟，原先朝北略微偏离垂直方向的方尖碑，垂直于地面了。

然后敲响钟，停止起吊，直到对整个装置进行检查时，方塔纳的说法是，当时唯一断裂的是顶部的一根带子。显然，他忽略了张力的向外分量，当他的滑轮组是连接在一起时，这个分量存在于这条带中，这在插图中很明显。这一断裂得到了修复，提升持续了12次，使方尖碑稍微升高了两英尺以上，或者足以让滑动托架在其下运行。这是在同一天的第22个小时完成的，当时发射了火炮，这是一个巨大喜悦的信号。

在吊装过程中，几乎所有的水平铁带要么断裂，要么移动，为了防止其进一步向上移动，将它们与穿过下端的绳索连接。在使用绳索捆扎代替铁带的地方，发现所有情况下都完好无损。

竖条的一些钳口也断了，“看起来像是被刀切断的”。对于这些金属构件的故障，工程师不应受到太大的指责，因为根据当时掌握的知识，他无法准确地将它们与其要履行的职责进行分配。此外，杆的钳口和孔眼是手工锻造的，因此在孔中的销的长度和配合方面不准确。当他们受到提升应力时，会单独承受，而不是共同承受，这导致过度应变和失效。丰塔纳所描述的刀或切割行为，现代工程师称之为剪切，他理解并做了适当的补偿。

如前所述，在行动中，人群被严令保持沉默，否则将被判处死刑。有一个故事充满了魅力，人们普遍认为它讲述了该命令是如何被违反的，以至于怀疑它几乎是亵渎神圣的，更不用说反驳它了。在这两种说法中，一种说法是绳子被加热到了危险的程度，另一种说法是绳子被拉紧到马再也拉不动的程度。无论哪种情况，行动都面临着灾难。故事讲的是，在这个关键时刻，当官员和观众的神经紧张程度可以很容易想象的时候，一个名叫布雷斯卡的水手高喊着“Acque alle funil”——或者一个说英语的水手会这样说，“淋湿你的绳索！”[1]

方尖碑一被绳子支撑住，支撑方尖碑的四个小金属脚就被移走了。它们每个重达800 里拉，铸造成一体。这些脚被牢牢地固定在石头基座上，以至于花了四天四夜才把它们分离出来，最后不得不把它们切断。拆除后发现其一侧被压平，丰塔纳由此推测，早期罗马人在竖立方尖碑时，将下端放在这些脚上，然后将方尖碑垂直旋转到位。

正如丰塔纳所指出的那样，这种旋转运动会压碎金属脚，但也会通过集中压力将方尖碑撕裂。令人惊讶的是，像罗马人这样优秀的建设者竟然冒了如此明显的风险。然而，必须承认，这一解释可能是正确的：普林尼说，方尖碑在竖立时破裂了。经过仔细检查，丰塔纳同意这一说法。首先，塔顶的高度与底部的比例不同于罗马其他方尖碑。在所有其他的方尖碑中，他发现这个比例是基边的 1.5 倍。如果这一比例也适用于圣彼得大教堂前的方尖碑，碑顶的金字塔型顶端的高度将约为 9 英尺，而它只有该高度的一半。其次，顶部有迹象表明已以不同于碑体的加工方式进行了修整。后者的表面比顶部光滑得多。第三，碑体高度与基座宽度之比远小于其他方尖碑的相同比例。

在基座被切除后，方尖碑在拆除过程中放置的托架被放置在滚轮上，并在方尖碑

1　关于布雷斯卡，传说后来当局并未判处他死刑，而是奖励这位机智的水手，授予他和他的后代在棕榈星期日为圣彼得教堂提供棕榈树的特权。事实上，布雷斯卡家族一直在供应热那亚附近一个农场的棕榈树，这显然证实了这个浪漫故事的这一部分。但是，唉，这最后一个细节是与这个美丽故事相关的唯一可以被接受为真实的细节。

下方运行。托架长近 60 英尺，宽 6 英尺 6 英寸，由四根纵向木材制成，横梁嵌在其中，方尖碑由绳索和楔子固定在上面。托架的宽度比方尖碑的底部要窄，这样它就可以在悬空的方尖碑下运行，并无需侧面的木材支撑。

然后，他们准备放倒。重新调整索具，使方尖碑的连接仅在三个侧面。第四面，即东面的那一面，本来要放在托架上的，现在空空如也了。为了使碑体在放倒过程中不完全依赖绳索进行支撑，还有四根 44 英尺长、配有圆形铁帽的木材。他们的顶部紧靠着方尖碑，底部牢牢地搁在地上。一根直径为 4.4 英寸的铁棒穿过盖子，并在末端用沉重的铁箍或马镫固定在方尖碑上。底部有铁制的凹槽，里面放着一个滚轴。这个滚轴允许木材的脚向外移动，而顶部紧靠方尖塔的侧面。为了抑制移动，滚轴的两端由锚索固定，锚索可以随意释放和重新固定。在重新调整过程中，由一根铁棒防止方尖碑的滑动，铁棒可以穿过滚轴上的孔，放在地上，形成一个防止转动的正向锁。因此，木材形成了可动的斜撑杆，其强度始终足以承受方尖碑的重量，而不受索具的影响。随着碑体的下降，斜撑杆的底部通过放松锚索向外移动。在操作中，它们和碑体像"圆规的腿"一样打开，正如丰塔纳用图形描述的那样。当开口角度变得如此之大以至于斜撑杆几乎没有垂直作用力时，它们被以类似方式制造和运作的但长度较短的斜撑杆所取代。

花了八天时间准备放倒，5 月 7 日一切就绪。与基座相连的四对滑轮组与放置在圣彼得圣器室后面西侧的四个绞盘相连。这些用具是为了在主体松动时拉出方尖碑基座。但是，当方尖碑放倒到一半，因此其大部分重量落在托架上时，发现后者有在滚轮上滑动的趋势，无需进一步拉动托架和方尖碑的底部。事实上，有必要通过连接滑轮组和绳索来阻止托架和方尖碑的这种趋势，以便始终保持完全控制。此外，为了防止方尖碑突然倒下或放倒过快，在圣器室的屋顶上安装了五个滑轮组，与碑体顶部的另外五个滑轮组相对应，滑轮组与连接绳索一起构成了一个固定缰绳。

在放倒过程中，使用了与提升过程相同的信号系统，但顺序相反。号角一响，主绞盘就释放了，而四个系在基座上的绳子也被卷起了。铃声一响，所有人都停了下来，检查了索具，并将起锚机钢丝绳调整到均匀张力。一切都按计划进行，没有发生意外，同一天的第 22 小时，方尖碑安全地放在托架上，工程师在"鼓声和号角"的陪伴下回家。

绞盘和索具随后被拆除，这一操作需要四天时间，之后，带方尖碑的托架在滚轴上被拉出塔楼，以便拆除塔楼，而不用担心损坏纪念碑。方尖塔被推开，塔楼被推倒，工人们开始揭开砖石基座，在 15 个世纪的过程中，它完全埋在慢慢堆积的碎片中。这一事实使得木制托架可以直接在方尖碑下方和基座顶部运行。

砖石结构由主基座组成，基座上有 8 英尺 6 英寸高和 9 英尺 6 英寸见方的金属角脚。它的下面有几层，其面积不随深度增加而增加，丰塔纳据此认为，地基是一些古老建筑的一部分，早于方尖碑的最初竖立。这些石头被移到广场上，并尽可能按其原始关系铺设在先前准备的桩基上。

方尖碑需要移动的距离只有115肯纳(约260码),但新地点比旧地点低了近30英尺。这是一个很大的便利,因为它提供了一个机会,以满足新的砌体基座的高度,而无需提高方尖碑。在旧的和新的位置之间,有一个木槽在两侧保持填土(图7.5)。这条堤道在上端的底部宽73英尺,顶部宽37英尺,高27英尺,但在下端或广场,底部和顶部的宽度分别为92英尺和70英尺,以便塔楼可以矗立在上面。

塔楼用旧木料重新竖立,索具在三个自由侧重新连接。承载方尖塔的托架已通过滚轴沿着路堤顶部移动到新场地,在塔架下方运行,使其占据与放倒时相同的相对位置。

1586年9月10日,每项准备工作都已完成,工人们如第一次提升时一样进行了确认。行动以40台绞盘、140匹马和800人开始。四台绞盘在其他绞盘提升起时将基座向前拉。重复相同的号角和钟声信号来控制操作。当方尖碑升到一半时,它被支撑起来,工作暂停,而工人们则得到休息和进食。日落时,经过52次移动,方尖碑垂直悬挂在新的基座上。

这次公众的兴趣和第一次一样浓厚。人群中的一些人在前一天晚上占据了位置,这给了食品摊贩设立摊位、生意兴隆的机会。

为了收回托架,绞盘拧紧了,用四根51英尺长的重梁杠杆将方尖碑稍微抬起,然后在两侧下方打入楔子,使其保持脱离。如前所述,狭窄的托架为插入这些楔子提供了充分的机会。然后托架被推开,方尖碑留在了楔子上。接下来,铜制角脚在前,绳索拉紧,楔子敲出,方尖碑慢慢下降到位。由于铜制支脚并非完全水平,因此插入了金属垫片,直到方尖碑垂直竖立,如铅锤所示。在竖立的工厂被完全清除,方尖碑在其新位置上暴露在全景下后,1586年9月28日,在授权丰塔纳几乎整整一年之后,举行了一次盛大的宗教仪式,将其神圣化。它仍然站立在他放置的地方。

丰塔纳书中的一幅插图表明,他曾考虑给方尖碑一个庄严的环境,尽管事实上,他满足于只设置四根小石柱或柱子,以防车辆进入。由于当时广场尚未完工,也没有竖立大柱廊,因此除了临时措施外,其他任何措施都被推迟了。在乌尔班八世(Urban VIII)(1623—1644)时期,又增加了八根这样的柱子,但在克雷芒十一世(Clement XI)(1700—1721)时期,人们认为应该采取一些果断的行动来完成丰塔纳的工作。

有人提到,基座的宽度不超过方尖碑的碑体。为了缓和这一建筑缺陷,有人提议移除四根小柱子,并在它们的位置放置一个带有适当铺砌的装饰栏杆,以分散人们对支撑基座狭窄的关注,并提供宽度和强度的效果。这24个洞曾经是用来装旧金属饰品的,真是碍眼。设计了新的铸青铜装饰物,包括长翅膀的鹰、橡木叶子和阿纳尼伯爵手臂的棋盘图案,在覆盖伤痕的同时,它们不会超出方尖碑的角落,并增加其看起来的宽度。这件作品是在英诺森十三世(Innocent XIII)(1721—1724)担任教皇期间完成的。

图 7.5　方尖碑搁在托架上，托架由一个填土堆和木架支撑

摘自丰塔纳的《梵蒂冈方尖碑的运输》(罗马，1590)

除去废料损耗和木材、绞盘、滑轮组、绳索、工具和其他设备的折价，提升、放倒、运输和重置的总成本为 37 975 斯库迪[1]。顶部的金属十字架和取代角落里原来的金属脚的四只镀金铜狮，由教堂财政部免费提供。狮子是由普洛斯彼罗·布雷西亚诺设计的，代表佩雷蒂家族纹章中的狮子，西克斯图斯五世是佩雷蒂家族的一员；带棋盘的老鹰是英诺森十三世家族的武器。因此，开始这项工作的人和完成这项工作的人都受到纪念。

据记录，尽管丰塔纳没有提及，但他收到了 5 000 金埃克斯(ecus)作为费用，以及 2 000 埃克斯的养老金以及木材和物资的残值，最后一笔估计为 20 000 埃克斯。1 埃克斯的价值为 2.35 美元。

研究上述记录给人的第一印象是，多梅尼科·丰塔纳对当时被认为是一项伟大的任务进行了彻底的研究。就他所能做的而言，他没有任何机会，而是努力预见人员或物资可能出现的每一次故障，为所有意外事件做好准备，并随时准备立即采取行动。在这里，他证明了自己是一名很好的工程师。他的管理方案很好。处理分散在相当大的一个地区的近千人，并确保他们能够完全和谐地工作是一个困难的琐事，但如果要确保成功，就必须解决这个问题。他的解决方案彻底而巧妙。

他的设计细节，不仅体现在它们所呈现的特征上，而且也体现在它们所缺乏的特征上，对于丰塔纳所知道的建筑艺术的现状非常有启发性。

这座塔的设计很好。丰塔纳清楚地知道几个部分要承受的荷载以及适当提供这些荷载的必要性。没有多余的，没有遗漏的，没有错位的。事实上，主要部分都足够强壮，足以承受被举起的重量。它们太大了，不能由单一的木材组成，因此他将它们由四个部分组成，错缝结合，并完全固定在一起。作为一名几何学家，他知道，在外部压力下抵抗变形的唯一固有刚性是三角形。为了提供必要的横向稳定性，他用四个三角形在各个方向支撑他的主要构件，然后进一步加强它们，他用板条斜着支撑它们，将大三角形细分为小三角形。他小心地通过使三个或更多连接构件的中心线相交于一个点来提供真实的三角形，如图所示。他不知道应力图，但他显然意识到了基本的科学原理，即必须进行这种相交，否则会产生二次应力。他知道支撑三角形中的哪些构件承受的应力最大。紧固件很好，其性质允许取下并重置，而不会损坏组成部件。他用穿过槽的楔子拧紧螺栓，因为当时这种安排比切割螺钉端的大螺母更容易、更便宜。从他付出的代价可以看出，他考虑到了财务上的问题。

除了精心规划和相互调整所有细节外，他的索具的突出特点是铁孔杆，这是第一次大规模制造和使用铁孔杆。他们失败了，显然是由于孔中的销的剪切作用，正如已

1　scudo，复数 scudi，19 世纪以前的意大利银币单位。——译者注

经解释的那样，部分原因是配合不准确，主要是缺乏关于材料强度和应力理论的知识。丰塔纳仅提供了两次进行计算的证据。一个是他的绞盘的提升力，另一个是他的绳索的抵抗力。对于后者，他做了实验，结果是负面的。也就是说，他并没有获得绳索的极限阻力，而是获得了绳索不会断裂的张力。他不知道剩下的力量有多大。索具和塔架的所有部分并非根据科学确定的承受所施加荷载所需的尺寸而成比例，而是基于一种普遍的信念，或者更可能的是，基于设计师经验的合理猜测。科学的计算是在另一个世纪才能实现的。

这项工程之所以被详细描述，并不是因为它是一项伟大的成就，也不是因为它可以与罗马从埃及带来方尖碑的壮举相比，而是因为目前的记录中有大量的细节。它们极好地描绘了 16 世纪末流行的方法和习俗。

查阅的权威资料包括：

Camillo Agrippa, *Trattato di trasportar la guglia in su la piazza di San Pietro*. Rome, 1583.

Domenico Fontana, *Della trasportatione dell' obelisco Vaticano*. Rome, 1590.

Gerolamo Boccardo, Editor, *Nuova inciclopedia Italiana*. Turin, 1875 - 1888.

Filippo Buonnani, *Numismata summorum pontificum templi Vaticani historia....* Rome, 1696.

Discorso sopra il nuovo ornato della guglia di S. Pietro. Rome, 1723.

Encyclopaedia Brittanica.

Carlo Fontana, *Templum vaticanum*. Rome, 1694.

Heinrich von Geymüller, *Die Ursprünglichen entwürfe für Sanct Peter in Rom*. Vienna, 1875.

Biographie universelle. Paris, 1843 - 1865.

J. A. F. Orbaan, *Sixtine Rome*. London, 1910.

Giovanni, Marchese Poleni, *Memorie istoriche della gran cupola del tempio Vaticano*. Padua, 1748.

Niccola Zabaglia, *Castelli e ponti .... con la descrizione del trasporto dell' obelisco Vaticano ....* Rome, 1743.

Part Ⅲ

第 3 部分

采矿工程

8
采　　矿

在所有将科学应用于工程技术的应用中，获得和制备金属的应用最为古老，因为其起源于史前时代。矿冶文明的进步依赖于矿冶的发展。工具和武器最初由铜制成，后来由青铜制成，最后由钢铁制成，极大地提高了人类使用工具的效率，使人类能够摆脱石器时代，攀登文化发展的连续台阶。

在文艺复兴时期，采矿和冶金已经有了至少 6 000 年的历史，涵盖了许多金属甚至合金的经验。不同时期的古代国家对金、银、铜、铅、锡、汞和铁非常熟悉，通过将铜和锡混合，生成一种化合物，即青铜，它具有许多组分金属所缺乏的令人羡慕的品质。古代时期的人们对化学一无所知，然而，他们生产的金属纯度异常一致，他们将其制成各种物品，从最简单的工具到最精致的珠宝。

从铸铁到高回火钢，各种形式的铁是工程师最感兴趣的金属。除了以铸铁的形式外，铁很早就为人所知并被使用，在埃及发现了由铁制成的物品，这些物品的年代肯定早于公元前 3000 年，在公元前 1500 年，大马士革是一个繁荣的铁生产和制造中心。

从矿石中提取铁的古老方法极其简单，一些有观察力的人注意到，如果用某种微红色的岩石作为炉石，会得到一种坚硬的黑色金属，由此产生了将木炭和碎矿交替放置在挖出的土洞中或小熔炉中的习俗。火力通常取决于自然通风，尽管有时会使用手动操作的简单风箱。用此方式所得金属质量较差，混有炉渣和其他杂质，通过反复加热和锤击去除杂质。

铜的冶炼方式类似，但难度更大，因为要去除的有害杂质更多，如硫、砷、锑，而且还原铜所需的炉内温度为 1 100 摄氏度。还原铁只需 700 摄氏度。为了使铜的硬度足以用于制造工具和武器，人们添加了锡，锡来自遥远的国家，如英国的康沃尔(Cornwall)是锡的主要供应来源地，此外，锡还来自西班牙、意大利和法国的分散矿床，后两个国家的锡产量很小，但在早期足以满足部分需求。早在公元前 2000 年，锡就从康沃尔运来，这一事实表明，当时对硬金属的需求十分旺盛，国际贸易十分广泛。

奇怪的是，在这种情况下，铁或钢没有成为主导金属。青铜的流行和人们对它的商业偏好可能是因为它具有诱人的色泽、防锈性和易熔性，可以制造铸件并对碎片进行重熔。铁作为一种强度很高的结构材料，并不是一种优势，因为当时对这种材料没有需求。在土洞中或小熔炉中生产的铁是小团块，不能熔化，但在金属块从黏附的熔渣中清理出来后，通过手工撬锻工艺可将其焊接成块。这种金属的质量从柔软的可锻铸铁到钢材不等。在生产出可以回火以保持刀刃的铁之后，下一步是定期生产。因为古人没有化学分析的知识作为指导，所以从木炭中吸收足够的碳来制造钢铁的方法在首次应用时一定是出于偶然的，然后通过一系列粗略的实验，找到了一种可靠的生产方法。因此，钢开始使用，特别是用于工具、武器和其他需要硬度更高的物品。

罗马对采矿和冶金工业产生了巨大的推动作用。大约在公元前700年，意大利的铁器时代开始于罗马的建立，很快，早期的罗马人将铁从半贵金属提升为人类已知的最有用的金属。随着罗马统治的扩大，冶炼金属的艺术也相应发展起来，在罗马统治下的每一个新国家都会立即仔细寻找矿藏。恺撒报告说，高卢的当地人正在采矿。罗马征服后，铁的生产变得活跃，从比利牛斯山脉到现在的马恩和卢瓦尔地区广泛分布。到了公元1世纪中叶，甚至英国在罗马的领导下也成了锡、铅和铁的主要生产国，西班牙的矿山，尤其是铜矿，也有了大量的生产活动。采矿业一直在扩张，到公元4世纪持续了一段时间，然后在北方的野蛮人占领罗马后崩溃。

早期的矿井是通过竖井、巷道或露天开采的。巷道的高度从24英寸到40英寸不等。竖井为圆形，直径约3英尺；或为矩形，最大尺寸为50英寸×80英寸。虽然有时使用阿基米德螺旋升水泵和升降轮，但水是手动输送的。这些矿场日夜不停地开采，在帝国早期由奴隶劳动开采。但是，随着对新国家的征服逐渐停止，囚犯或奴隶劳动力的供应减少，在官方垄断控制下拥有所有矿场的政府开始将采矿特权割让给个人，并制定法规，允许自由的工人工作。自由劳动和奴隶劳动之间的竞争造成了巨大的政治复杂性，并促进了工人委员会的发展，这些组织与工会非常相似。政府起初反对成立委员会，但后来鼓励成立委员会。最后，委员会变成了奴隶的主人，他们强迫奴隶为其成员做卑微的工作。

本节内容简要介绍了早期采矿知识和实践，以展示这门艺术在突然结束之前已经发展了多远。想要了解更多细节的人可以在《古希腊罗马辞典(达伦伯格和萨格里奥)》[*Dictionnaire des antiquités grecques et romaines*(*Daremberg and Saglio*)]中有关金属和铁的文章中找到更多的简明信息。

罗马衰落后，金属生产一直萎靡不振，直到15世纪，当时没有新的技艺创作，而是重新唤醒了60世纪以前开始的技艺，其技艺的增长已经停滞了1 000年。随后引入的激进改进将技艺的发展固定到了18世纪，在某些方面甚至一直持续到19世纪。

这些技艺创新中最主要的是引入了由动物或落水重量操作的机械。这取代了缓慢、低效的手动方法，这些方法为矿山和冶金过程的规模设定了一个容易达到的上限。

这些新的方法是泵，通过泵可以使深井无水；强制鼓风使温度更高的大型冶炼炉变得可行，其带来的结果之一是生产铸铁；可以让质量较大的物体成形的锻造锤；以及竖井和坑道的人工通风。此外，还改进了测量方法，更准确地了解矿脉结构和矿床，将采矿习惯编入采矿法，并组织了股份公司，通过这些公司可以筹集大型企业运营所需的资金。简而言之，文艺复兴的 150 年比以往任何时候都有更大的进步。

在 15 世纪之前的很长一段时间里，采矿和冶金在文献或历史记录中很少受到关注，除了偶尔提及其更为生动的特征和对一些过程的简短及不完整的描述之外。

这意味着该技术的原理在矿山和冶炼厂通过口头和实践教学一代又一代地传递，此类教学仅涵盖当地经验的细节。为了获得更广泛、更完整的知识，在文艺复兴之前，有必要在多个矿山和多个矿区工作。从这个过程中产生了一种学徒和熟练工制度，这种制度的缺陷在于，一代人获得的部分知识和经验在传递给下一代的过程中丢失或被遗忘，有时(但并非总是)会在以后重新被发现。

在文艺复兴时期，德国在金属矿的开采和处理方面领先于所有其他国家。它的采矿工作与早期罗马的采矿工作之间没有明显的联系。10 世纪时，帝国南部的斯泰里、萨尔茨堡和蒂罗尔地区进行了采矿活动，之后不久在哈茨的戈斯拉附近进行了采矿活动。梅森附近的矿山于 12 世纪开采，波希米亚和西里西亚的矿山于 13 世纪开采。1225 年，萨克森州的弗莱堡是一个繁荣的矿业城镇。14 世纪中叶，一场名为黑死病的瘟疫关闭了许多矿山，整个采矿业遭受了严重的萧条。然而，当文艺复兴开始时，德国的采矿和冶炼企业已准备好发展和改进工厂和工艺方法，以增加产量来应对新文明对各种金属的迫切需求，并为其他国家制定了遵循的标准。

一般的文献没有记录早期过程的细节，幸运的是，由于德国的采矿和冶金厂在设备和开发方面优于其他国家，因此在该国撰写的书籍提供了关于细节和成就的最佳描述。

这些书中最重要的是乔治·阿格里科拉(Georgius Agricola)的《论冶金》(*De re metallica*)，这是第一部关于采矿和冶金的完整著作。它的兼容并蓄，再加上出色的排版，使其脱颖而出，成为 16 世纪出版的伟大书籍之一。

赫伯特·克拉克·胡佛(Herbert Clark Hoover)和他的妻子卢·亨利·胡佛(Lou Henry Hoover)(伦敦，1912 年)将《论冶金》译成了英文。胡佛先生补充道，作为引言，他还介绍了阿格里科拉的传记，并对他的学术成就和对科学的宝贵贡献表示赞赏。他还在整本书中插入了大量的历史和描述性笔记，这是研究阿格里科拉、他的同时代人、希腊和罗马作家，以及后来的作家关于阿格里科拉和他的时代的其他作品的结果。

乔治·阿格里科拉于 1494 年 3 月 24 日出生于萨克森州的格劳肖。他曾在莱比锡大学学习，1518 年获得学士学位。同年，他被任命为萨克森州兹威考镇学校副校长，1520 年担任校长。1522 年，他回到莱比锡大学担任讲师。近三年时间(1524—1526)，他在博洛尼亚大学和威尼斯大学，可能还有帕多瓦大学学习哲学、医学和自然科学。

1527—1530年，他是波希米亚采矿镇Joachimsthal的镇医。在那里，他利用空闲时间参观了波希米亚和萨克森的矿场和冶炼厂，阅读了希腊和拉丁作家关于采矿、冶金和相关学科的参考资料，并参加了在这些技艺领域学习的社团。在此期间，他成为阿尔伯坦成功矿场“上帝的礼物”的股东。1530—1533年，他致力于旅行，研究采矿方法和冶金工艺。那时，他已被公认为是采矿和冶金领域的专家，并经常以这一身份接受咨询，包括布伦瑞克的亨利公爵就上哈茨的采矿方法征求了他的意见。1533年，阿格里科拉重新开始行医，并被任命为开姆尼茨矿业镇的镇医，一直担任该职位直到去世。

1546年，在施马尔卡尔登战争爆发时，阿格里科拉被召来为萨克森选举人莫里斯公爵提供建议，并在这一年和第二年被公爵派往查尔斯皇帝、奥地利国王费迪南德和其他王子处执行各种任务。1546年，他被选为开姆尼茨的市民，同年，他的朋友莫里斯公爵任命他为该市的市长。三年前，公爵在开姆尼斯给了他一栋房子和一块地，并将他置于“终身特别保护和照顾之下”“他不得在任何法庭上被传唤，只能在我们和我们的议员面前被传唤。”他还被允许免费酿造自己的啤酒。1548年、1551年和1553年，他再次被任命为市长。1546年、1547年和1549年，他是弗莱堡议会的成员。1550年和1555年，他是托尔根议会的成员。1553年，他在莱普里格和德累斯顿的议会中代表他的城镇。

虽然他是一位虔诚的罗马天主教徒，但他把选举人莫里斯(Elector Maurice)和他的继任者选举人奥古斯都(Elector Augustus)视为自己的朋友，他们都是新教的杰出人物，还有梅兰克顿(Melancthon)、卡梅拉维乌斯(Cameravius)、法布里斯(Fabricus)和其他新教运动中的知名人士。他与伊拉斯谟(Erasmus)的终身友谊始于他成年初期。1555年11月，他在开姆尼茨去世，尽管在他的一生中，他享受着主要新教徒的友谊和评价，但他被拒绝埋葬在他居住了这么长时间并与他共享盛名的那个城镇。

从这一广泛而多样的经历记录中可以看出，阿格里科拉不仅是一个具有高度专业素养的人，而且是一个具有执行能力的人，他受到了同乡、统治者、政治家和思想领袖的信任。

虽然阿格里科拉在医学和公职方面很杰出，但我们对他的文学作品更感兴趣，尤其是在自然科学和应用科学领域。很明显的是他很早就开始写作，因为大家都知道他在1520年出版了一本小型拉丁语法书；1524—1526年期间，他合作修订了生活在公元2世纪的著名希腊医生加伦的著作。

1530年，阿格里科拉出版了他的第一本关于采矿的书《锑，或是关于矿业的对话》(*Bermannus sive de re metallica*)，这无疑是他成名的领域。在此之前，只有两本关于这个主题的书出版，都没有太大的价值。第一本书是《所有金属中有用的一种》(*Ein nützlich Bergbichlein von allen Metallen*）。这本被胡佛先生描述为第一部采矿地质学著作的小书是匿名出版的，但根据阿格里科拉的参考资料，这本书是由弗赖堡的卡尔巴斯(Calbus)写的，他是15世纪末至16世纪初的一位医生和博物学家。巴黎国立图书馆(Bibliothèque Nationale)中有一本未注明日期的副本，可能在1500年之前出版，下个世纪，德国各出版社出版了许多其他版本。

第二本书是关于分析矿物的：《金、银、铜和铅的测试》(*Probierbichlein auff Gold, Silber, Kupfer und Blei*)。在这个标题下，出现了一系列小卷，其中第一卷虽然没有日期、作者、地点或出版商，但可能是在1510年出版。其他版本的日期为1523—1782年，有出版商的名字，有时也有作者的名字，尽管两者不总是相同的。这些书包含了一系列建议的矿石测试方法，随着连续版本的发行而逐渐增加，这些方法与矿石的性质有关。它们没有解释，缺乏很大的科学价值。

很可能还有一部更早的作品，是关于矿脉的作品，作者名为潘杜夫，根据阿格里科拉的说法，他是一个英国人。阿格里科拉和15、16世纪的其他作家早在1477年就提到了这部作品，而这部作品已经消失了。

1533年，阿格里科拉出版了《测量和度量衡》(*De mensuris et ponderibus*)，一年后又出版了《关于铂金》(*Epistola ad Plateanum*)。1546年，四本书在一卷中分册出版。第一本书是关于自然地理学的《地下物质的起源和成因》(*De ortu et causis subterraneorum*)；第二本书是关于地下水和气体的《地下水和气体自然流》(*De natura eorum quae efluent ex terra*)；第三本书是《自然化石研究》(*De natura fossilium*)，首次尝试系统地处理矿物学；第四本书是《新旧金属》(*De veteribus et novis metallis*)，包含经典作者对矿山和金属的引用及中欧一些矿山的后期历史，其中添加了《金属稀土解释》(*Rerum metallicarum interpretatio*)，是一个拉丁文和德文矿物学术语表。《自然化石研究》在许多方面的重要性仅次于《论冶金》。阿格里科拉在书中证明了铋和锑是真正的金属，他在以前认识的矿物基础上添加了20种或更多的矿物。

他的下一本是关于矿井的书，《地下动物》(*De animantibus subterraneis*)，出版于1549年。这本书致力于研究侏儒和狗头人，这些矮人和精灵在德国被认为生活在矿井或地下通道中，是矿工真正的危险源！

当他在持续写书时，他一直在写他最伟大的作品——《论冶金》。《论冶金》的写作开始于1533年，结束于1553年，但直到1556年，即阿格里科拉去世后的一年才出版。第一个拉丁文版本来自著名的巴塞尔弗罗本出版社，由6页无编号的页+502页+37页对开本大小的无编号页组成，大量使用令人羡慕的木刻插图。第二版出现在1561年，其他版本在随后的一百年里出版。在出版后的近两个世纪里，《论冶金》一直是采矿和冶金领域学生和专家的教科书和指南，直到施吕特尔的冶金巨著[《冶炼厂》

(*Hütte-Werken*, 1738)]出现之前,它是无与伦比的。

阿格里科拉至少写了 6 本从未出版过的书:

关于采矿法的《采矿法规和法律》(*De jure et legibus metallicis*);关于地震的《移动的地球》(*De terrae motu*);《金属与机械》(*De metallicis et machinis*);《金属防护》(*De ortu metallorum defensio*);《温度变化规律》(*De varia temperia sive constitutione acres*);以及对经典作者对矿山和采矿的引用进行的《评述》(*Commentarium*)。他还写了许多关于医学、神学、历史和政治主题的书。

在这一时期有关矿山和金属的其他作品中,有两部比较重要。约翰·哈塞尔伯格(Johann Haselberg)(第 117 页)的《普通法的起源》(*Der Ursprung gemeynner Berckrecht*, 1530),概述了普通采矿法,其中包括波希米亚和萨克森的采矿法,《山脉小书》(*Bergbüchlein*)的再版,以及各种金属矿床的注释;《火药技术》(*De la pirotechnia*, 1540),作者瓦诺西奥·比林古西奥(Vanoccio Biringuccio),其他版本于 1552、1558、1559 年在威尼斯发行;1678 年在博洛尼亚、1556 年在巴黎和 1627 年在鲁昂出版了法语翻译版本。后一部作品主要关于制造弹药和火炮,是第一本关于熔炼的书,由于它是在《论冶金》之前出版的,阿格里科拉免费使用了它。

值得注意的是,在这些关于采矿和冶金的重要作家中,除意大利人比林古西奥外,所有人都是德国人。

虽然阿格里科拉的观点深受古典学术的影响,但他有足够的思想独立性,能够有力地反对伟大希腊哲学家的某些教义。他第一次在科学上倡导依靠观察而不是归纳推理。用他自己的话来说:"那些我们用眼睛看到的东西,用感官理解的东西,要比通过推理学习的东西更清楚地展示出来。"他的作品中有争议的部分今天读起来可能是无益的,但在当时很有价值。他可能是第一个认识到侵蚀是山谷和山脉形成的主要原因的人。"急流首先冲走了松软的土壤,然后冲走了坚硬的土壤,之后滚落岩石,因此在几年内,它们将平原或斜坡挖掘至相当深的地方……通过多年的挖掘,在两边都出现了巨大的隆起。"他接着解释了风、霜冻、大河、海浪、地下火灾和地震的影响。

阿格里科拉无疑是第一个提出矿床是由裂隙岩石中的矿泉水沉积形成的理论(今天已被接受)的人。人们普遍认为沃纳是第一个提出这一理论的人,他比沃纳早了近 250 年。事实上,沃纳的假设现在被全盘否定,将这一主题的思想进展推迟了半个世纪。关于这个主题的一些重要描述可以从阿格里科拉的《地下物质的起源和成因》中引用。

"我现在来到地球上的脉络(canales);这些是矿脉、细脉和所谓的'岩石接缝',地球上的矿脉就像动物的静脉一样,有自己的细脉,但方式相反。动物的大静脉将血液注入细静脉,而在地球上,液体通常从细脉流入大矿脉,很少流入小矿脉。至于'岩石接缝',我们认为它们是通过两种方法产生的:一种方法是,它们与岩石同时形成;另一种方法是，当水收集在一个地方时，它会软化岩石，并通过其重量和压力将其破碎和分开。还有第三种类型的矿脉……有时深度、长度和宽度超过 600 英尺……这些矿脉是在水冲走岩石并将石头和沙子从由此形成的大洞穴中喷出时形成的；然后，当洞口被堵住并封闭时，整个洞穴充满了材料……”

“裂隙中充满了矿物质，这些矿物质被地下水溶解，可以是冷的，也可以是在内热的帮助下溶解的，当这些水上升到地表时，会遇冷沉积下来。”

我们现在知道，岩石的裂缝是由于地壳运动产生的应变造成的，液压几乎没有影响。

阿格里科拉将矿脉的矿物填充分为五类：“泥土、凝固的汁液、石头、金属和化合物。”泥土是油质或黏性物质，是侵蚀产生的精细残渣；凝固的汁液是可溶于水的矿物质；石头是围岩碎片或不溶性矿物，阿格里科拉认为这些碎片是从“石头汁液”中沉积出来的；金属是天然金、银、铜等金属，化合物是金属矿物，主要是硫化物。阿格里科拉表示，所有这些都是从“汁液”中沉淀下来的。

总结阿格里科拉的观点：

(1) 地表水进入地下，通过矿层、细脉和矿脉在岩石中循环。

(2) 裂缝是由机械力产生的，是在其发生的岩石原始形成之后形成的。

(3) 由于侵蚀和流经裂缝的水的溶解作用，裂缝扩大。

近代以来，我们对这些基本思想进行了大量的确认、修改和补充，但作为基本原则，它们在近四百年后仍然被人们所接受。

金属矿脉分为三类，使用拉丁文名称，它们是深矿脉、扩张矿脉和蓄积矿脉。现代地质学家将其分别称为裂隙脉、层状沉积物和浸染，随着对矿脉形成的所有知识的增加，这一 16 世纪的分类成为今天的基础。

阿格里科拉和他的许多同时代人一样，用拉丁文表达他的思想。他自己并不是一个矿工，也许最好把他描述成一个天生的哲学家。他是一个密切的观察者和一个认真的学生，但不能完全摆脱不健全的炼金术理论的影响。正如他关于地精的书所示，他同样对迷信有着信仰。他还坚信占卜棒在定位水和矿藏方面的功效。

就阿格里科拉的性格和成就而言，胡佛先生的致敬之词再好不过了：

“阿格里科拉在学术大觉醒中占据了相当大的地位，这一点将无人质疑，除非那些将科学的发展置于‘远远低于宗教、政治、文学和艺术’的地位的人。与他所应用的特定科学领域的成就相比，更重要的是，他是第一个通过研究和观察发现自然科学的人，而不是之前徒劳的猜测。与地质学家相比，医学界成员对其科学发展的兴趣更广泛，这导致了与阿格里科拉同时代的帕拉塞尔苏(Paracelsus)作为演绎科学的第一人的重要性被提高。然而，如果将这位半天才半炼金术士且无与伦比自负的人与阿格里科拉谦逊、冷静的逻辑及真实的研究和观察进行比较研究，就无法对阿格里科拉作为从观察到的现象中推断建立科学基础的先驱所应享有的无与伦比的更大地位产生丝毫的怀疑。科学是文明发展的基础，当我们每天赞扬所有在上层建筑中辛勤工作的人时，不要忘记那些奠定其最初基石的人，其中最伟大的是乔治·阿格里科拉。”

只要矿山规模小且不重要，地表下矿石的所有权问题就不重要。但随着德国采矿业在12世纪和13世纪开始的新发展，以及在15世纪和16世纪的激进，这成为一个非常重要的问题。

古罗马法将矿产权授予土地所有者。在罗马帝国时期，当罗马迅速推进其征服时，每一个被征服的新国家都被视为皇室领地。由于最有价值的矿藏位于意大利以外的国家，因此，根据罗马法，所有矿藏都是皇帝的财产，皇帝通过征服权声称拥有地表所有权。

德国的习俗发展了地下或表面矿物所有权或不动产的原则，是独立于实际土壤中的不动产。这一原则导致了对“采矿自由”的承认，根据这一原则，任何人都可以搜索有用的矿物，如果他发现了这些矿物，则有权对其进行开采，无论谁持有地表所有权，发现者都必须承担损害责任。

随着采矿业的重要性日益增加，当地君主攻击这一习俗，并试图强制执行王室对一切事物的权利，但用于农业或建筑地基的土壤表面除外，由此引发了皇帝、地区君主和土地所有者之间的争议诉讼。自13世纪初这场利益冲突一直受到三方的积极推动，直到1356年1月9日，查理四世皇帝撤回了皇帝的主张，撤销了地主的主张，并确认了当地元首或君主的所有权利。

然而，未发现矿产的所有权是毫无价值的。君主无法进行勘探，土地所有者自然不会透露其地产上是否存在矿物，因为开发这些矿物的权利将立即被剥夺。从这一利益僵局中产生了自由勘探和有限的自由采矿。君主们承认任何人有权进入另一个人的土地上寻找矿物，并授予他采矿权，前提是他公开自己的发现并获得君主的租约。租约规定向君主付款，最终变为利润十分之一的固定金额。通过将所有采矿置于租约之下，国家鼓励并保护勘探和开发，获得收入，并维持国家对矿产的所有权。

这一约定俗成的做法在15世纪和16世纪初的几部德国采矿法中被确立为法律，其中最重要的是萨克森州；匈牙利的克雷姆尼茨和谢赫姆尼茨；特吕夫斯、约阿希姆塔尔和布朗斯维克的采矿法。这些规范在原则上相似，并逐渐被其他国家的矿区采用。

本节总结了这些规范的一些主要规定，以说明1524年采矿和冶金是如何全面、系统地组织的，以及公职人员的职责是如何体现当今生效的国家监督、监管和控制矿山和采矿方法的原则的。

元首或君主被认为是所有权力的源泉，因为他在法律上和事实上都是所有财产的所有人。

排名第二的是矿务总监，由君主任命为其个人代表，对矿场和冶炼厂均有管辖权。因此，这是一个拥有巨大权力和尊严的职位，通常由贵族或有影响力和财富的人担任。他有权制定和通过采矿法规，确定处罚，惩罚违约者，调解矿主无法解决的争议，或允许争议方将其案件提交法院。

矿主负责监督采矿事务，维护和平，伸张正义，并执行采矿法的规定。根据他的决定，有人就法律问题向当地法院提出上诉。矿主和矿务总监被禁止在未事先获得君主许可的情况下，成为他们所监管的任何企业的股东。

每个矿主都有一个矿务员，记录采矿权申请人的姓名、提交申请的时间和矿床的位置。矿主确认拨款后，矿务员制定条件，并向申请人交付一份副本。他保存每个矿主的姓名，记录通过另一个矿场排水或使用机械所需支付的款项，并登记矿主和陪审员作出的决定。

审查委员是因其采矿经验而被选中的知名人士。两人一组每两周访问一次他们所在地区的矿山，与矿山工头商讨地下木材的正确设置、排水的充分性、所用机械的质量和类似事项，并与工头确定作为矿工或其他工人工资的单位价格。他们被要求向矿主报告工头的疏忽，以顾问身份向矿主协商拨款和确定边界事宜，并与矿主共同作为第一法院来审理争议和宣布判决。

一个矿场可能由个人或一个团队进行作业，一个团队可能控制多个矿场并将其作为一个整体进行操作。由于采矿作业通常超过单个个人的财务能力，集体开采是一种常见的形式，得到了官方和法律的承认。通过证书代表的股份他们可以参与财团。

为了记录股份并防止纠纷，有一个叫股份登记员的人。他保存了每个矿场的股份数量、所有人姓名，以及出售股份时的后续所有人姓名的公开记录。然而，除非卖方出席或向股份登记员提供一份盖有其本人印章并经其所在地区市长印章验证的销售清单，否则任何转让没有记录。股票登记员对其记录中的任何错误负有个人责任。在每一个季度，股票登记员都会向每位矿长发送一份股东名单，并附上其股票的分期付款单，以便进行评估或利润分配。

在这一程序中，可以看到现代股份公司的基础，股份可全部或部分付清，有股份证书，有催缴股款或股息规定，有公开的股东名单，负责的股票登记员和一些资本发行的公共监督。

这些矿业公司的历史与后来非常相似，因为它们经历了由过度自信、管理无能，以及人们争相从事他们一无所知的投机企业所造成的沧桑。阿格里科拉意识到了这些危险，也许是带着痛苦的个人回忆，他写道："一个谨慎的所有者在购买股票之前，应该去矿场仔细检查矿脉的性质……以免被欺诈性的股票卖家欺骗。"

有一种趋势，也许是自然的，因为现在已为人所知，即将矿山视为与“外国人”无关的地方企业，“外国人”不应分享其利润。因此，戈斯拉镇议会颁布法令，只有戈斯拉的公民才能持有地区煤矿的股份，而只有获得议会同意的公民才能持有地区煤矿的股份。任何搬走的股东都必须放弃其股份，任何通过继承方式持有股份的非居民都必须迁往戈斯拉或出售给某些市民。

一名勘探者发现了一处矿藏，他希望能找到该矿藏，并向矿主提交了一份经宣誓证实的申请。发现者继续工作，直到矿脉的真实走向和倾斜角度得到证实，于是矿主立桩主张权利。

这些权利主张以“标准量”表示，其中一个标准量的面积为 7 平方帕西[1]，1 帕西为 58.1 英寸。如果权利主张是在裂隙脉上，则习惯于向第一个主张人提供三个双重标准量，即宽度为 7 帕西，长度为 42 帕西，或约 34 英尺×104 英尺，不过该长度在某些地方有所增加，在弗赖堡高达 400 英尺。宽度是从矿脉的每个壁向外延伸测量值的一半，因此地面上的实际主张是标准量的宽度加上矿脉的厚度，该尺寸跟随矿脉向下，无论后者是垂直的还是倾斜的。

在水平矿床中，或倾角小于 15°的矿床中，开采权大小不同，形状通常不规则，以正确覆盖属于发现者的矿物。这样布置的区域应该无限深入，因此包括在较低水平发现的任何矿物。所有权利要求的边界都用木柱标记，木柱上绑着铁环，使其成为永久性的。

地下发现使发现者有权提出额外主张。因此，如果在开采已知矿脉时，坑道切割到一条尚未发现的矿脉，则挖掘坑道的一方有权获得涵盖新发现矿脉的许可。当两条矿脉相交时，旧租约优先，矿主可以在其测量范围内从另一条矿脉中提取矿石。

随着采矿权附带的权利，也有一些得到承认和强制执行的义务，与现在完全一样。业主被要求合理持续经营，否则将失去其权利。他们必须以不将水流入其他工作区的方式排放入指定工作区，并始终使保持通风和排水的竖井和坑道处于良好状态。

该公司选择了自己的员工，但有两名高管除了履行日常职责外，还承担着法律赋予他们的某些职能和责任，他们是矿长和矿工头。

如果矿场不产生收入，则矿长需要不时通过张贴在市政厅门上的公告通知所有人其股份的到期评估金额。如果矿场产生了足够的经营收入，收入接收人向经理支付必要的工资和用品。要求矿长每周六向矿主报告其支出和收入，无论是来自评估还是收入，每季度向矿务总监报告一次，并对因其疏忽而产生的损失承担财务责任，并对工头所做的工作负责。

1 passus，复数为 passi。——译者注

工头必须是一名熟练掌握采矿方法、竖井和坑道支护、排水和在开采时加热矿石的冶金工艺的人，并被要求住在离工作地点3英里以内的地方。

矿长和工头均被禁止与任何合同有利害关系或与股东有关联，否则将被矿主立即解雇。

采矿日为24小时，分为三班，每班7小时，但除非矿主特别授权，否则不使用第三班。这三个班次的工作时间分别为上午4点至11点、中午至下午7点和晚上8点至凌晨3点。这些人周六不工作，除特殊情况外，任何人不得连续两班工作。

无论是因为采矿业被认为是一种没有吸引力的职业，还是因为劳动力短缺，还是因为很难找到称职的矿工，采矿工人成为特权和娇惯阶层，他们成立了工会，并给予其成员民法豁免。虽然用矿石支付工人工资的习惯已改为用现金支付工资，但人们经常抱怨生活成本和工资。当地通过了法令，禁止在没有事先通知的情况下涨价。疾病造成的时间损失由通过从该公司缴款和工人工资保留金设立的养老基金中予以等额补偿。1524年，这项养老金得到了加强，规定在一个正在赚钱的矿井中受伤的任何工人都应获得他丧失工作能力时的工资，最多8周，并支付所有医生开出的账单。如果事故发生在一个新矿井，他应获得四周的援助。当然，这些及类似的补助金因地区而异。

1578年，矿工们获得了更多的特权：他们的食物免税，从国库中免费获得木柴，并获得花园用地。提升到大师级别的矿工自动成为公民，免除所有税费和皇室服务，有权获得医疗护理，并在结婚时收到礼物。

一旦批准了对裂隙脉的开采权并组织了一个财团，第一次现场作业就是开始下沉竖井，同时在竖井上架设起重起锚机和一座房屋，房屋内有存放工具的空间，以覆盖起锚机和井口。还建造了工头和矿工的住宅，以及储存矿石的料仓。

竖井在平面图上通常是矩形的，约10英尺×3英尺6英寸，有时，如阿格里科拉所说，深500英尺。最后一个数字可能值得商榷：阿格里科拉可能把passus(58.1英寸)和pes(11.6英寸)混淆了，如果他混淆了，那么最大深度将是100英尺左右，考虑到缺乏机械钻和炸药，这是一个更合理的尺寸。竖井通常打在矿脉上，无论垂直还是倾斜。

如果矿脉很硬，则除了偶尔用十字支柱支撑梯子外，不会用木材支撑竖井。在软岩中，每隔一段时间将成矩形框架的木料放入竖井中，每块木料由岩石上的切口支撑；如果地面很软，则竖立角柱以固定水平框架，水平框架后面是保温的，其与充满泥土的井壁之间有空隙。然后将竖井分为两个隔室，一个用于吊装，另一个用于梯道。在梯道中，如果竖井较深，则在框架上放置木板，作为工人在上升时休息的座位。

图8.1是一个木构和带护套竖井的示意图，显示了角柱、水平框架、保温层、两个隔室、带两个平衡铲斗的起锚机和梯子。

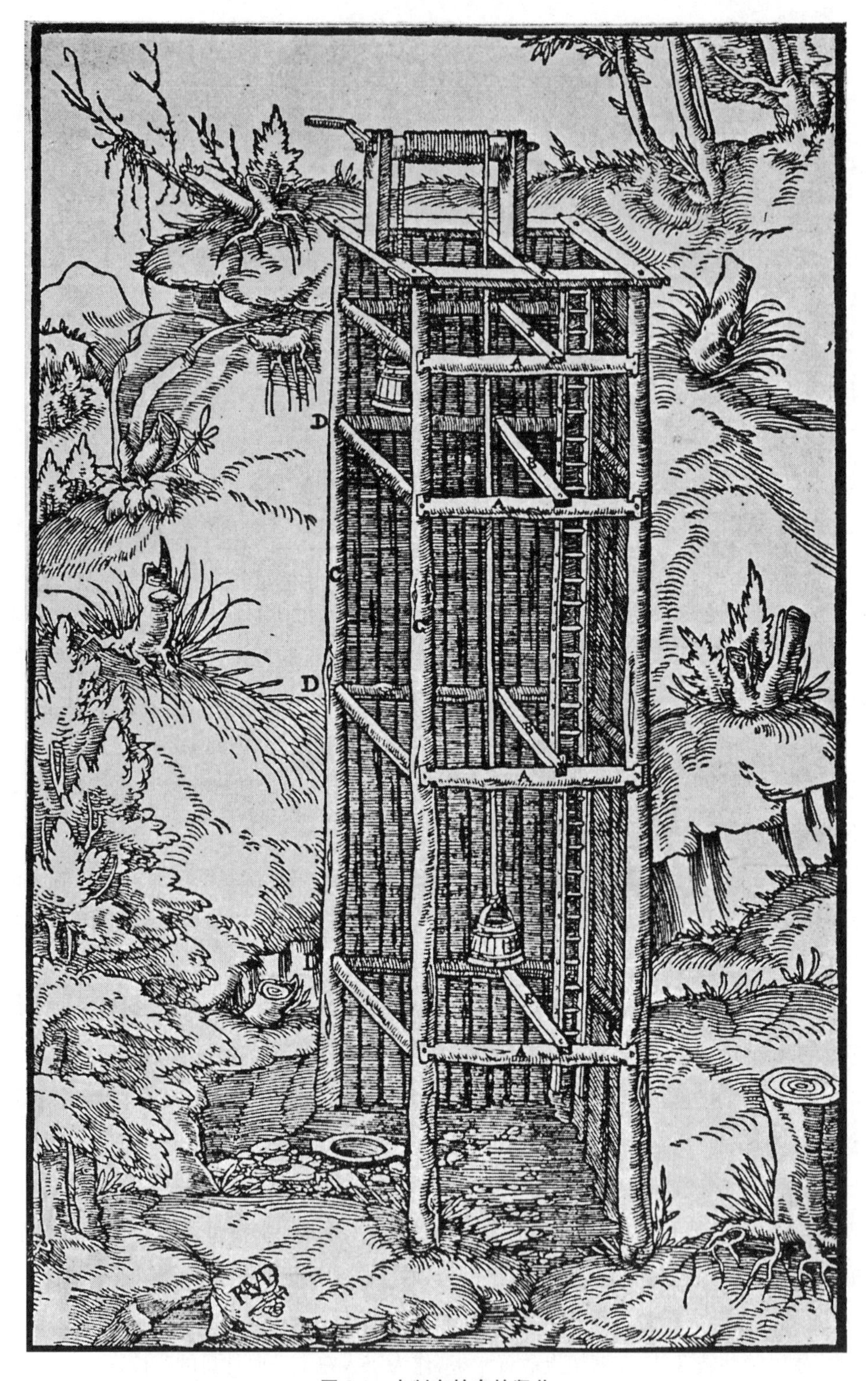

图 8.1　木制有护套的竖井

A：墙板；B：分隔；C：长端柱；D：端板。摘自阿格里科拉的《论冶金》的第一个拉丁语版本(1556)的翻译(胡佛，伦敦，1912)(以下简称 DRM－H)

坑道或巷道以大约65英尺或14英尺的间隔从竖井转向，这取决于是接受passus还是pes作为测量单位。较小的测量单位更有可能，因为这将在水平之间留下合理数量的矿石，以便通过该时期的手动方法进行采矿或清除。有时，水平巷道之间的垂直距离是竖井的深度，而一个不在同一直线上的新巷道或暗井从第一层开始。巷道通常有6英尺高，与矿脉允许的宽度一样宽，达到3英尺6英寸。这些巷道由一个工作台驱动，一名矿工在上半部分工作，另一名矿工在下半部分工作。

图8.2显示了一个矿井的布置，其中竖井A、平巷C和B和暗井从第一层沉入坑道E，D为另一个竖井，F为坑道口。坑道从山坡开进，形成较低的水平。图中矿工们推着小车，正在挖掘岩石；地面上是一个人试图用占卜棒发现矿石。

坑道和巷道的处理与竖井非常相似。如果打入的岩石坚硬，则不使用支架，但如果岩石松软，则采取预防措施以防止屋顶或侧面坠落。这是通过使用框架组来实现的，框架组由框、侧柱和帽榫组成，间隔约7英尺6英寸。框架后面是一块用楔子牢牢固定的木板。

在框上铺设了8英寸见方的木材，上面有引导矿车的凹槽。这个对轨道的提及早于哈塞尔伯格插图(第6章)。

层状或水平沉积物的开采要么是通过移除过度负载，要么是通过掘进与通风井相连的坑道。在后一种情况下，巷道和硐室从竖井横向挖出，如果矿床较浅，矿工必须躺着工作。头顶的地面由未触及的柱形或木支柱支撑，空隙由挖掘出的碎片填充。阿格里科拉谨慎地指出，竖井只能在未经处理的地面上下沉，而不能通过回填材料，因为这会引发灾难。

采矿是用锤子、楔子、横杆、镐、铲子和锄头等手工工具完成的。镐只有一个臂，其他工具与今天的相似。用镐、楔子和锤子将岩石和矿体劈成碎片。用于爆破的钻机和炸药未知。当岩石非常坚硬、密度大，可以抵抗劈裂时，通过在表面放一堆木头火烧来软化。直到19世纪，这种习俗在德国的某些矿井中盛行。该程序必须获得矿主的许可，并且只有在保证烟雾不会渗透到其他矿井的情况下才能授予许可。

矿石和挖出的岩石是用独轮车或卡车从巷道中运出的。后者的容量约为4英尺× $2\frac{1}{2}$ 英尺× $2\frac{1}{2}$ 英尺，用铁捆扎，配有四个车轮和一个在凹槽中运行的导向销，以使车轮保持在轨道上。独轮车和卡车由尺寸从2英尺×1英尺到3英尺×14英尺不等的木制托盘装满，挖掘的材料从托盘中运出。

岩石和矿石被放在篮子或桶里，这些篮子或桶可能是用兽皮做的，但通常是用木头做的。木桶是用铁箍绑着的木棍做成的，铁条从底部穿过以提供支撑与铁钩相连。矿石桶顶部比底部宽，以便于倾倒，深度比宽度深，以提供稳定性。用于提升水的水桶以类似的方式制造，但顶部比底部窄，以减少水溢出的趋势。

图 8.2　有竖井、平巷和绞车的矿井(从第一层进入坑道)(DRM－H)

矿井配备了用于提升、排水和通风的机械设备。起重设备最简单的形式是一个带连续绳索的起锚机,操作两个吊桶,一个上升,另一个下降。这样的起锚机是由手摇曲柄的人来转动的,每个人都有一辆手推车,装满升起的物料,然后推到适当的倾倒处。这种初级起锚机仅适用于浅竖井。当竖井超过中等深度时,通过固定在卷轴上的大轮子辅助体力劳动,该轮子利用其动量充当飞轮。如果竖井不太深,也不需要提升过大的负载,一个人就可以单独操作这种起锚机。

当竖井很深时,需要更多的辅助设备来释放手摇曲柄的人。为了满足这一需求,有一个垂直轴承载着一个带有齿的大型水平轮,该齿轮与卷轴上的小齿轮啮合。两名男子紧靠着一根横杆,绕着坑口走,转动轮子。由于传动装置,可以提升更大的重量,但动作较慢。为了获得更大的力量,从而提高速度,人们用马来代替人,有时会使用多达四对的马。马拉辘轳发生在地面上,但根据当地的便利情况,起重装置可以在地面上或地下。图 8.3 显示了后一种布置:马拉辘轳,垂直轴,齿轮 A 与卷轴 B 上的小齿轮啮合,提升绳由链条代替。一个有趣的细节是,制动器由一组杠杆操作,这些杠杆将梁压在大型摩擦鼓 D 的外围。使用这种装置,可以在起重操作员的完全控制下轻松提升和固定重物。

矿井通过低水位坑道或泵排水。如有必要,坑道的掘进和支护方式与矿井巷道相同。必须获得矿主的许可,此类坑道才能越过开采权边界。如果坑道很深,即地表下超过 7 帕西,并用于其他土地的排水,则它拥有产权。也就是说,开坑道的一方拥有在坑道上方或下方 $1\frac{1}{4}$ 帕西(约 $7\frac{1}{4}$ 英尺)内包含的全部金属。通过这种坑道排水或通风的每一个产金属矿山都要缴纳其产品的九分之一的税款,并支付给坑道所有人,此外,权利所有人还要支付穿越其坑道的费用的四分之一;如果没有做到这一点,就不允许使用它。如果坑道较浅或深度小于 7 帕西(约 34 英尺),对其他矿山几乎没有或根本没有用处,则它不具有任何产权,除非是坑道所处地面的权利所有人支付给坑道所有人因坑道穿越地下所产生的费用。

泵有几种类型,细节各不相同。一个是一条连续的链条,每个链环上都有一个小桶,里面装着大约三品脱的水。轴上是缠绕链条的鼓,轴上有一个与较小齿轮啮合的齿轮,较小齿轮轴上有另一个也与较小齿轮啮合的大齿轮,小齿轮轴上有一个木制飞轮和一个手动曲柄。轴承是铁的,它们在钢制轴台中旋转。大轮子上的轮齿是钢制的,用螺钉固定在木制轮子上,以便磨损或断裂时可以更换。这些小轮子或小齿轮全是钢制的。在这个机构中有许多现代机器设计的元素。由于双齿轮传动,这台泵动作缓慢。

图 8.3　操纵矿井提升装置的马拉辘轳(DRM - H)

A：立轴的齿轮；B：水平的卷轴；C：滚筒形成的绞盘；D：轮子；E：滚筒形成的轮毂；F：制动；G：摇臂；H：短梁；I：钩子

第二种形式的斗式和连续链式升降机(由维特鲁威描述)完全由木材制成,由连接在主轴上的踏车提供动力。它很快就磨损了,只是作为同一原理的第三种形式的前身才引起人们的兴趣,在第三种形式中,水轮机取代了踏车,机器的所有轴承部件都由钢铁制成,从而得到了加强。

一种更令人满意的大规模提水装置是活塞泵。最简单的形式是通过抽吸。泵筒是一根圆木,有一个纵向钻孔穿过。底阀位于活塞筒的下端,用手升降活塞。通过将铰链杆的一端连接到活塞杆上,在另一端上下工作的人可以比在泵上弯腰更有效地发挥力量。通过放置铰链销,使操纵杆的最长部分位于操作员一侧,更加方便。

以上均为单作用间歇泵。但也有多种形式的泵,可以连续输送。一个巧妙的样本图 8.4 是双联式的,由两个吸入阀进入一个只有一个出口的盒子。可以看出,阀杆是由手工转动的锻造双曲柄轴操作的。在箱子外突出的轴部分有交叉的铁条,两端有铅球,给飞轮提供动力。阀门是落在穿孔铁盘上的皮瓣,吸入管底部的是球形底阀。阀箱由铅、铜或黄铜制成,轴穿过侧面,皮革垫圈防止水溢出。

三缸泵标志着相对于双缸泵的进步。阀杆由连接在轴上的挺杆提升,轴由人转动,或者,如果要提升的水量很大且有水力可用,则由水轮提升。

图 8.5 显示了阿格里科拉描述为“所有泵中最巧妙、最耐用和最有用”的泵。由于阿格里科拉表示这种泵是“十年前发明的”,因此可以认为它标志着 16 世纪中期采矿泵的最大发展。其目的是将水从当时任何一台提升泵都无法提升的深度和体量中提升出来。它由一系列泵组成,其中一个或最好是一对泵将水输送到槽中,然后由下一个或多个较高的泵将水提升到另一个槽中,依此类推,直至到达表面或最终出口排水口。每个泵筒由两段长约 12 英尺、孔径约 5 英寸的管道或中空原木组成。它们由一个插口装置连接在一起,为此将一端削尖,并由铁带固定。能量由水车提供,在干旱时,水车由畜牧力提供动力。在改进最多的形式中,有两套泵,一个抽取,另一个输送。反对这种组合的理由显而易见。泵杆是连接起来,并在每次行程中由铰接到中央支撑架的必要固定臂直线推动或拉出,它们会产生相当大的摩擦力。此外,制造中不可避免的不准确性将在几个阶段之间产生输送能力的不规则性,涉及水的浪费溢出或一个甚至多个泵无法按容量输送。

在机械方面,它不如图 8.4 所示的带室装置好,但由于其容量更大,所需的操作功率很容易通过水或动物廉价获得,因此其效率的不足被忽略。这两种类型的泵都有了很大的改进,参见第 6 章中描述和说明的泵。

然后是链条滚珠泵,滚珠每隔 6 英尺固定在一条连续的链条上。这是现代农民用于水井的手动泵的原型。与其他泵一样,利用手动、马或水车转动轴,阿格里科拉表示,直径 24 英尺的打捞筒水车可以将水从 210 英尺的深度提升,直径 30 英尺的打捞筒

图 8.4　有两个吸入阀的双联式矿用泵(DRM－H)

A：箱体；B：箱体下部；C：箱体上部；D：夹持器；E：箱体下管道；F：箱体之上的柱管

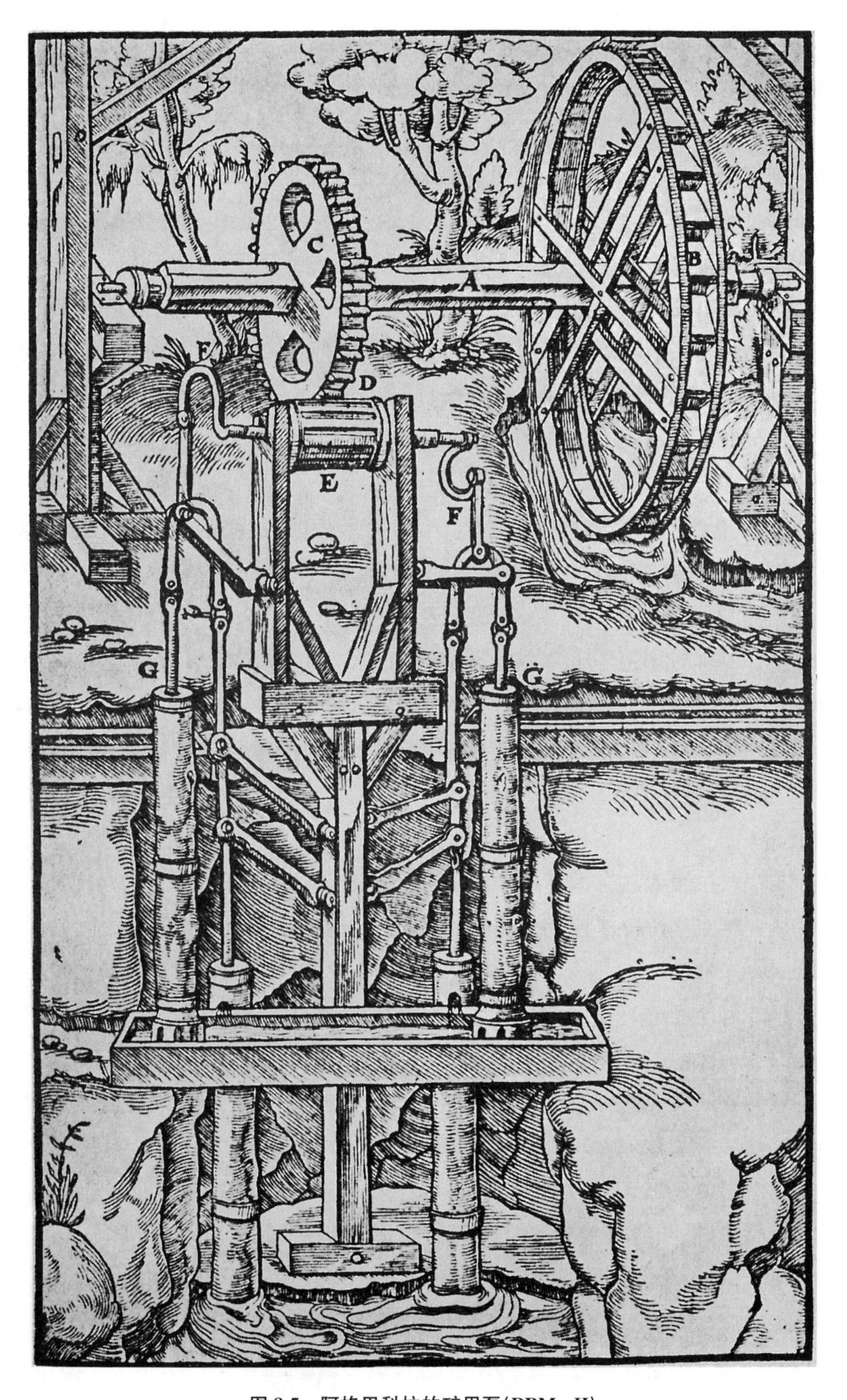

图 8.5　阿格里科拉的矿用泵(DRM－H)

A：上轴;B：叶片受到水流冲击的轮子;C：齿形滚筒;D：第二轴;
E：滚筒形成的绞盘;F：弯曲圆形铁;G：成排的泵

水车可以将水从240英尺的深度提升。由于没有提及用于转动车轮的水量或泵的提升水量，这些数字在额定效率中没有价值，并表明在这一时期，作为科学比较的唯一依据的所执行工作的能量供应关系至少没有得到理解。阿格里科拉注意到在类似的流量和输送情况下，不同尺寸车轮的相对功率，这是阿格里科拉观察和记录现象或结果作为演绎推理基础的习惯的另一个例证。但是两个世纪过去了，这些事实才被关联成一个表达基本理论的公式。

阿格里科拉最具启发性的提水设计(也可用于提升其他材料)是可逆机器(图8.6)。水轮机由两个隔室组成，每套中的桨叶位于相反的斜面上。轮子上方是有出口的引水道，分别向水轮中的每个隔室供水。操作员用两个控制出口开口的杠杆，通过向一组或另一组桨叶进水，可以使车轮和卷轴向任意方向旋转，也可以通过制动鼓将其固定到相应位置。

浮子与滑轮上的绳索相连，可表示泵中的水位，机械泵的旋转轮上的拍板敲击的钟声在夜间或节假日会发出警告声，因为此时可能无法观察到泵是否仍在工作。

当然，一旦矿井深度超过矿坑或浅开挖阶段，人工通风就被认为是必不可少的。普林尼记录说，在他那个时代，地下巷道的换气是通过摇动布来实现的，这些布就像扇子一样使空气流动。但是，尽管采矿业在文艺复兴时期取得了进步，机械手段被应用于抽水、提升及冶炼和冶金过程，如下文所示，还没有一座矿山大到需要非常精细的通风设备。

阿格里科拉表示，在小型矿井中，在竖井上方和屋顶下方安装一个四臂交叉叶片，足以引入新鲜空气，因为它会将风转向竖井下方。也可以通过一个盒子或旋转桶来实现通风，该盒子或旋转桶的一侧有一个开口，并有一个使开口面向风的叶片，该叶片将引导一股小气流通过一个由木板组成的盒子导管沿着竖井向下流动。如果竖井很深，或者地下工作面很广，或者没有刮风，这些设备将不会起作用。

对于较深或包含复杂通道系统的矿井，会建造一个旋转鼓风机，由滚筒组成，带有叶片或风扇的臂的滚筒轴穿过滚筒，几乎接触到滚筒的侧面和周围。外围有两个孔，一个是进气口，另一个是排气口，后者与一条管道相连，该管道沿矿井向下通向任何需要的点。鼓风机轴由带飞轮臂的曲柄转动，以帮助快速旋转。通过进气口吸入的空气被旋转叶片向下压入工作区。这种设备是16世纪通风领域的主要进步，它是积极的，无论风况如何都能工作，并且具有可靠的输送能力。如果需要，可以通过扩大风扇或增加转数轻松供应更多空气。对于小型工厂，风扇轴是用手转动的，但为了操作大型风机，16世纪的矿工使用马甚至水力，无论是否配备中间齿轮。图8.7详细呈现了这样一个由人工转动的风扇。

图 8.6　由水轮驱动的两个隔室的可逆卷扬机(DRM - H)

A：蓄水池；B：水道；C、D：杠杆；E、F：水闸下的水槽；G、H：双排叶片；I：轴；K：大滚筒；L：牵引链；M：囊袋；N：吊笼；O：指挥机器的人；P、Q：清空囊袋的人(图注已根据勘误表改正)

图 8.7　给矿井通风的机器(DRM－H)

A：滚筒；B：箱形盒；C、D：吹气孔；E：管道；
F：轴；G：轴的操纵杆；H：手柄

第5章展示了测量科学在基督教时代早期的发展，以及在文艺复兴时期的进一步发展。所掌握的原理和仪器知识完全等同于进行所需的采矿勘测和在地面规划地下的工作。

这一时期进行矿山测量的基本原则是在地面上布置一个小三角形，其边与一个大三角形成比例，其中一条边的长度已知或可以测量，则另两条边的长度可以解出。

例如，如果需要确定坑道必须挖掘的距离，以便与竖井连接，以及竖井下沉的深度，以便在延伸时到达坑道，采矿测量师进行如下操作：首先，在竖井上方竖立一个框架（如果顶部木料不够的话），框架由两个叉形立柱组成，支撑着一个横梁，从中垂下一条铅垂线。然后，从这根绳子挂在横木上的地方，一根长长的绳子从山上一直拉到坑道口，并固定在一根木桩上。如果山坡被破坏，坑道口不会通过一根绳索直接从竖井框架到达，则建立中间站，在那里铺设水平线，并拉伸新的对角线或倾斜绳索，从而形成一系列三角形，其顶点通过测量长度的水平偏移连接。接下来，从竖井上方的横梁上放下第二条铅垂线，以接触通向坑道口的倾斜绳索。从该接触点到悬挂在竖井下方的第一条铅垂线的水平线给出了一个可测量尺寸的小三角形，其边与大三角形成比例，其中底部是坑道的全长，高度是竖井的深度，斜边是从山上拉伸下来的绳索长度。通过测量最后一个长度，可以快速计算出前两个。阿格里科拉生动地展示了此类测量的操作情况（图8.8）。

由于无法准确确定三条绳索的交点，并且没有垂度或拉伸余量，因此该方法虽然理论上准确，但在应用中非常粗糙。任何误差在主结果中都会以主三角形大于次三角形的倍数放大。阿格里科拉理解了这一点，他敦促在布置小三角时要格外小心。

对于斜井，布置了两个小三角形，一个与上述直角相同，另一个与斜井倾角相对应。由于两个次要三角形要分别与相应的主要三角形成比例，测量员可以在几分钟内纠正竖井与垂直面的偏离。

为了消除测量多条绳索时的一些误差，在倾斜绳索上放置一个用径向线分割的半圆形，如量角器。在半环的中心是一个铰链臂，在径向线上标记当半环边缘与绳索接触时，倾斜绳索与垂直线沿轴向下形成的角度。为了方便起见，还有一根带有刻度的1/2帕斯长的方棒。测量员记录下与半圆形读数相对应的杆上标记，并从绳索长度中扣除如此记录的杆部分，乘以绳索中包含的半程数，乘积是要挖掘的坑道长度。杆上的刻度实际上是绳索和垂直线之间角度的正弦表，由于早在历元之前就已经了解了角度正弦和圆弧半径之间的关系，因此可以在杆上放置这样一个具有合理精度的刻度。该方法消除了测量小三角形的不精确性，但没有消除与主跳线拉伸和下垂相关的不精确性。

图 8.8　用三角形测量矿井(DRM－H)

A：直立的叉形柱子；B：过柱撑杆；C：竖井；D：第一根绳；E：第一根绳上重物；F：第二根绳；G：第二根绳固定在地面上；H：第一根绳头；I：坑道口；K：第三根绳；L：第三根绳上重物；M：小三角形的第一边；N：小三角形的第二边；O：小三角形的第三边；P：小三角形

为了建造一个蜿蜒的地下巷道平台，在坑道口竖立一个三脚架，位于铅垂线设置的桩上。从这根木桩上，一根绳子被拉进坑道，直到它即将到达一堵墙。在此处坑道上铺一块木板。绳子的一端通过一个螺钉连接到木板上，螺钉穿过一个带刻度的圆形仪器，形状像没有针的罗盘，称为奥比斯。从该螺钉向前拉动第二根绳索，直到另一个转弯处放置另一个奥比斯，依此类推，直到工作结束。第一根绳索的方位由放置在三脚架上的板上的罗盘以平板仪的方式确定，每个连续绳索与其前身形成的角度从每个奥比斯上的刻度读取，或标记在打蜡的圆形刻度上。为了便于测量，将测量绳布置在一块水平地面上；也就是说，平台是全尺寸的，而不是像现在那样在纸上缩小规模。

一些罗盘将每个象限分为 6 个部分，将完整的圆分为 24 份。每个半圆中的分段编号为 1～12，数字在每个直径的两端重复。因此，12 - 12 表示南北线，6 - 6 表示东西线。基点是根据风来命名的，北方是斯普坦特里奥(Septentrio)，南方是澳斯特(Auster)。

通过这些方法和此类仪器，测量员确定了地下巷道和地表之间的关系，或一个以上矿井的巷道之间的关系，以防止干扰或布置巷道以到达其他矿体或竖井。这些方法很简单，虽然在更大的现代项目中致命的错误是不可避免的，但对于 16 世纪的工程而言，它们可以保持在允许的误差范围内。

9

冶　金

从矿石中还原金属及从地面挖掘和移除矿石，受德国采矿规范的管辖，并由矿务总监正式控制。但为了监督冶金厂，矿务总监配有一个熔炉主管和擅长冶炼工作的助手，但其职能相当于矿主及其矿山工作人员的职能。

通常，矿石还原厂靠近矿山，并与矿山联合运行，因为缺乏长距离运输大块矿石的运输设施。有时需要获得建造熔炉和磨机的特别授权，只要新熔炉不会对现有熔炉造成损害，而现有熔炉的容量足以处理邻近地区开采的所有矿石，就可以轻易获得授权。因此，“公共必要性和便利性”原则在这一时期得到承认。

所有优质矿石都用有盖的篮子从矿山运到冶金厂，并在一名正式的熔炉办事员在场的情况下交付，该办事员记录收到的矿石，在熔炉中观察，测试并称量所得金属，并将其价值报告给十一税征收人，该征收人扣除王室、土地所有人和排水坑道的应计份额，将余额支付给出纳，用于支付矿山和冶炼厂的运营费用及股息(如果有净收益剩余的话)。

冶金是采矿业的孪生兄弟。没有采矿就没有冶金，采矿的好处取决于前者的工艺。采矿和金属的使用简要追溯到古代，表 9.1 由胡佛先生编制，给出了冶金艺术发展的清晰年表。从这一长期的冶金发展记录中可以看出，文艺复兴时期的两个重大补充是发明了捣碎矿石的碎矿机和用于浓缩的选矿跳汰机。

虽然冶炼已经被人们知道了许多世纪，但在 1500 年之前只有很少的记录。幸运的是，考古学研究揭示了很多，我们现在对古代冶金过程有了相当完整和准确的认识。

矿石和其他矿物的机械处理包括：第一，清洗砂矿中的金、锡、宝石和其他矿物；第二，冶金操作前的矿石浓缩，可以追溯到最早的采矿开始时期。目前，它与冶金或冶炼同等重要。在过去的几代人中，巨大的进步使人们有可能利用大量以前无法使用和无用的低品位材料，世界上大多数金、银、铜和铅的生产都来自这些低品位矿床。

对砾石沉积进行淘金从史前时代就开始了。大自然是开采砾石的先驱，流经矿床的山涧冲走了沙子和砾石，露出了金块和细金，供人类收集和保存。这种自然作用似乎很可能向古人提出了一种称为地面冲洗的方法，即将溪流分流到沟渠中，将砾石刮入或铲入沟渠中。许多世纪后，沟渠被水槽或水闸箱所取代，水槽或水闸箱中有凹槽、螺旋凹线等，以便于捕捉、沉积和保存黄金。起初，这些水闸箱只有几码长。阿格里科拉描述了多种形式的带有黄金保存装置的水闸箱，其中一种建议使用暗流水闸箱，这是现代水力采矿的常见辅助设备，以及类似于黄金挖泥船水闸箱的装置。阿格里科拉认为金羊毛的寓言起源于使用皮肤来保存黄金，除皮肤外，在水闸箱中可以使用布、刷子和草皮。

最后，在水闸箱中收集的金、锡、石头或其他重矿物在浅木碗或淘砂盘中清洗，就像今天使用的铁皮锅一样。

表 9.1

工　　艺	时　　间
从冲积层中淘金	在有记录的文明之前
通过冶炼从矿石中还原铜	在有记录的文明之前
开采和使用沥青	在有记录的文明之前
通过冶炼从矿石中还原锡	3500 B.C.之前
青铜制成	3500 B.C.之前
通过冶炼从矿石中还原铁	3500 B.C.之前
开采和使用苏打	3500 B.C.之前
通过精选浓缩从矿石中还原金	2500 B.C.之前
通过冶炼从矿石中还原银	2000 B.C.之前
通过冶炼从矿石中还原铅	2000 B.C.之前(也许 3500 B.C.之前)
用烤钵冶金法把银从铅中分离出来	2000 B.C.之前
炉用波纹管	1500 B.C.之前
生产钢材	1000 B.C.之前
通过水浓度从矿石中分离出普通金属	500 B.C.之前
用烤钵冶金法精炼黄金	500 B.C.之前
冶炼铅的硫化矿	500 B.C.之前
减少矿石中的汞	400 B.C.之前
用醋制成白铅	300 B.C.之前
以测定金银纯度而闻名的试金石	300 B.C.之前
通过蒸馏从矿石中还原水银	基督教时代之前

续表

工艺	时间
银与金通过盐胶结而分离	基督教时代之前
铜和炉甘石胶结制成黄铜	基督教时代之前
通过建造除尘室从炉膛烟气中获得氧化锌	基督教时代之前
通过冶炼从矿石中还原锑(意外)	基督教时代之前
通过合并回收的黄金	基督教时代之前
铜的重复熔融精炼	基督教时代之前
冶炼铜的硫化矿	基督教时代之前
硫酸(蓝色和绿色)	基督教时代之前
明矾制造	基督教时代之前
通过氧化和极化精炼铜	1200 A.D.之前
用铅包铜使金与铜分离	1200 A.D.之前
金与硫熔合而从银中分离出来	1200 A.D.之前
硝酸和王水的制造	1400 A.D.之前
金被硝酸从银中分离出来	1400 A.D.之前
金与硫化锑从银中分离出来	1500 A.D.之前
金从含硫的铜中分离出来	1500 A.D.之前
用硫化锑从铁中分离出银	1500 A.D.之前
第一本关于矿物分析的教科书	1500 A.D.之前
通过混汞法从矿石中回收银	1500 A.D.之前
用液化法从铜中分离出银	1540 A.D.之前
颜料用钴和锰	1540 A.D.之前
在冶炼之前焙烧铜矿	1550 A.D.之前
使用碎矿机	1550 A.D.之前
从矿石中还原铋	1550 A.D.之前
从矿石中还原锌(意外)	1550 A.D.之前

冶炼之前矿石的浓缩，在早期就受到原始方法的影响。大块矿石如果很硬，有时会被焙烧，使其更易碎，因此粉碎成本较低，人们也认识到随之而来的重要好处，即焙烧剔除了硫、沥青和所谓的雌黄或雄黄(实际上是硫化砷)。焙烧是在砖砌成的坑里进行的。柴火横向堆放，深度为18～36英寸。矿石被铺在木柴上，然后被细沙或木炭粉覆盖。有时，要焙烧的矿石含有硫，如处理黄铁矿时的情况，以至于收集废弃物有利可图。在这种情况下，矿石的焙烧是在铁板上进行的，在那里矿石被木炭覆盖。含硫气体通过板上的孔向下，与锅中的水接触，冷却后沉积硫黄。如果矿石因为贵金属的比例很大而价值很高，那么焙烧是在专门设计的防止损失的熔炉中进行的。这种炉子有两层，上层有三个隔室。矿石被放在侧室的容器里，中央室生火。由于上一层的底部是由铁棒组成的，含硫气体可能会像以前一样下沉，硫会沉积在下面的水罐中，而银或金不会融化而跑掉。

矿石焙烧后，必须将其粉碎，以达到两个目的：一是使材料呈细粒状，以促进快速均匀的加热熔解作用；二是使矿石与岩石和其他外来杂质分离。这种分离是这一时期工程师在冶金工作中取得的重大进步之一，他们制定的原则仍在使用。在此之前，毫无疑问，分离是在体力许可的情况下尽可能彻底，但随着对金属的需求增加，特别是对铁和铜的艺术使用，需要比人与大锤或手锤更有效的东西，由此动力驱动的碎矿机出现了。

碎矿机结构的一般原理如图9.1所示。橡木框架上面有疏散的柱子或压杆，约9英尺长，6英寸见方；一个用于动力的水轮，轴上有凸轮，每个压杆两个，与压杆上突出的挺杆啮合，因此当轴旋转时，压杆交替上升和下降，通过其重量破碎矿石。矿石被压碎的地面或研钵是封闭的，以防止碎片掉落，这样形成的盒子可以是干燥的或充满水的，以提供干燥或潮湿的冲压。

这些碎矿机很粗糙，但在设计上与今天使用的碎矿机相似。不仅底基和框架，甚至压杆、挺杆、凸轮轴、凸轮和研磨箱几乎全部由木材制成。冲压头是铁的，短铁柄将其固定在木杆上，研磨板最初由又大又厚的坚硬石板组成，很快就被铁取代。图片的前景中显示了一块研磨板。研磨箱的前板是可拆卸的，以便在干法破碎时，当矿石破碎到所需尺寸时，可以拉出矿石。筛选是一项独立的操作，独立于冲压排组。一个冲压排组有三个、四个或五个冲压头，一个作坊里有多达二十个冲压头。左边是一个筛子，在把矿石扔到冲压头下面之前，筛子会把一些松散的沙子和泥土筛掉。

随着功率和产量的增加，碎矿机大大减少了焙烧矿石用手工破碎的必要性，尽管在阿格里科拉时代，粗粉碎仍然主要由大锤完成。手工拣选贫瘠材料在矿井中开始并在拣选台上完成，用锤子破碎大块矿石，以便利这一过程。金属、金、银和富矿被分离出来，但这种手工分选的主要目的是去除太差的物质。古代矿场的废料堆表明，手

图 9.1　动力驱动的碎矿机(DRM－H)

A：研磨板；B：立柱；C：横梁；D：压杵；E：压杵头；F：轴(凸轮轴)；G：冲压齿(挺杆)；H：轴齿(凸轮)

工拣选已大规模实施。

在精选矿之前，对破碎矿石进行必要的筛分是手工进行的，可以将其铲在倾斜的筛网上，也可以将其放在圆形或矩形筛网上，这些筛网通常悬挂在头顶上，由一到两个人水平摇晃，有时也将筛网撞击垂直的柱子。筛选是间歇性的，一次处理少量。通常会制作几种尺寸，每种尺寸都需要单独筛选。没有通过筛选的超大物件会被退回去冲压。

根据筛分材料的大小，通过去除贫瘠材料来实现破碎矿石的精选有三种方式之一：首先，手动分选坚果大小的碎块和更大的碎块；第二，通过跳汰分选较小的工件；第三，通过倾斜表面上流动的薄层水的作用。在引入跳汰之前，尺寸太小而无法手工拣选的情况采用第三种方法处理。

跳汰是当今处理坚果、豌豆和粗砂大小矿石的常用方法，现在主要用于从煤中去除板岩，起源于文艺复兴时期。首先，这项工作与筛分相结合，并在桶水中的圆形或矩形手筛上进行(DRM-H)(图 9.2)。该过程是间歇性的，筛上残留的超大碎片在筛分操作后被重新处理。跳汰或在水下上下搅动筛子，将矿石分层成水平层，轻而贫瘠的颗粒上升到顶部，重而丰富的矿物下沉到底部。矿石颗粒的尺寸越接近均匀，分层作用越快。如果原矿贫瘠，则精矿层要足够厚，必须几次装矿进行跳汰，以替换被剔除的贫瘠材料。

当矿斗几乎充满通过跳汰筛的细矿石和泥浆时，对该混合物进行筛选，然后再次在较小筛网的筛上跳汰，产生精矿、废物和装满残渣的矿斗，然后再次在更细的筛上跳汰。当桶中的残渣太细而不适合跳汰时，可通过在斜面上清洗进行处理，如下所述。

手工跳汰只有微小的变化和改进，继续使用了几个世纪后，最终被连续作用的机器跳汰取代。

沙子和泥浆被集中在许多形式的器具上——淘砂盘、淘汰盘、流水槽、水闸、洗矿槽等，所有器具都依赖于相同的原理——在倾斜表面上用薄薄的水冲洗。

在所有器具中，矿石颗粒因重量和摩擦力而受阻，较轻的矿物更容易被水流冲刷下来。通过使表面粗糙化从而增加摩擦力，可以使用更多的水，并且通过在轻颗粒开始沉降时搅拌轻颗粒，可以更有效地携带轻颗粒，从而提高生产量。使用的水越多，在任何给定时间内冲刷表面的泥浆、沙子或砾石就越多；清扫、刮擦或搅拌沉淀的材料会加速较轻颗粒的去除。另一方面，对于由于精细度或轻比重而难以处理的材料，更平滑的表面提供更好的分离和更小的损失，这是以牺牲生产量为代价的增益。这些原则似乎已经被旧的洗矿机所理解，尽管他们甚至没有明确地制定出这些原则，即使是阿格里科拉也没有。

洗涤精细材料的最简单器具是淘砂盘，一种略呈碟形的圆形、椭圆形或矩形板。大量样品在浅木碗中处理了。提到这些木碗是为了清理从黄金水闸收集的浓缩砂，毫无疑问，从很早的时候起，这些木碗就被用于此目的和类似目的。在文艺复兴时期，这种碗被用于对矿石和选矿产品进行机械分析，并大规模用于清洗通过淘汰盘、洗矿槽等方法获得的精矿。

淘汰盘是处理大量精细材料的最简单设备。这是一个浅水闸，通常底部光滑，但覆盖着帆布。工作分为三个阶段：① 摊铺细矿，加水搅拌；② 用刷子在薄薄的水中清洗；③ 移走精矿。帆布淘汰盘(图 9.3)用于最细的粉末。洗涤阶段结束后，提起黏附的精矿的小块帆布，并在槽中冲洗。在某些情况下，淘汰盘是侧向倾斜的，不用拆下帆

图 9.2　跳汰矿(DRM－H)

A：精细筛；B：软筛；C：更细的筛；D：最细的筛

图 9.3 帆布淘汰盘(DRM－H)

A：碎矿机；B：研钵；C：满是洞的盘子；D：横向流槽；E：充满杯状凹陷的木板；F：喷口；G：浓缩液落入的碗；H：帆布淘汰盘；I：形状像小船的碗；K：帆布淘汰盘下的沉降坑

布，精矿是通过用水桶冲击翻转的上表面来清洗到一个槽中的。实践中发现，已经沉积的矿石形成的表面是收集和洗涤类似矿石的良好介质。科尼什人有句谚语："需要锡才能捕到锡。"

洗矿槽(图 9.4)类似于淘汰盘，但较深，狭窄的洗矿槽称为流水槽。两者都是倾斜的，就像淘汰盘一样，但流水槽用于较粗的材料，就像淘汰盘以前用于现在通过跳汰精选的材料一样。将水性材料放入洗矿槽或流水槽中，直到其充满。为了便于清除废物并防止冲刷形成通道，使用木制刷子使沉积物表面保持光滑。当洗矿槽满时，水流停止，水排出，然后挖出收集的固体和干燥材料。最重的颗粒，全部或大部分由金属组成，沉积在洗矿槽的头部附近，其含量通常足够丰富，无需进一步处理即可被送入熔炉。较轻地被带到洗矿槽末端的材料，通常金属含量很低，足以证明它们被丢弃是合理的，或者它们必须经过多次洗矿处理才能获得值得冶炼的残留物。在洗矿槽中部发现的沉淀物会再次甚至多次经过洗矿槽。淘汰盘和洗矿槽的精选矿通常需要在木制碗中进行最终清洗。

图 9.4　洗矿槽和短淘汰盘(DRM-H)

A：管道；B：交叉流槽；C：小水槽；D：洗矿槽头；E：木刷子；F：分隔板；G：短淘汰盘

含金矿石经冲压破碎后，用水磨成粉末，天然金属的细颗粒通过在桶中与汞合并回收，桶中的水通过桨搅动。这是现代选矿工艺的起源。

上述设备在德国和其他采矿国继续使用，直到 19 世纪中叶左右略有变化。事实上,有些类型直到本世纪最后 25 年才偶尔使用。它们现在已被使用相同基本原理的现代机械选矿机所取代,但其连续工作的能力和效率要高得多。

因此,在 16 世纪上半叶,工程师们开发了今天实行的几个选矿准备步骤,只是他们使用水而不是蒸汽作为驱动力。

10

矿 物 分 析

将矿石冶炼成金属含量和对其进行化验以确定所含金属的量在原则上基本相同，只是在每次操作中处理的材料量不同。

在文艺复兴之前的几个世纪，可能早在公元前200年，人们就知道并实践了用火还原少量矿石以称量所含金属的方法。16世纪使用的仪器比古人使用的更为先进，包括分析天平和特殊的分析砝码、熔炉、坩埚、高温炉、焦化炉和灰皿，与目前使用的仪器相差不大，甚至助熔剂和方法也与现在使用的方法大致相同。事实上，正如采矿工程一节所述，在16世纪早期，出现了一种匿名印刷的化验方法汇编，或不相连的配方，即《测试手册》(*Probier Büchlein*)，比林古西奥于1540年在其《火药》(*Pirotechnia*)中再次提及该主题。

当时，化学掌握在炼金术士手中，在摆脱这种对奇怪和不科学目的的执着之前，化学在冶金和工业艺术中的应用进展甚微。直到文艺复兴结束很久之后，这种应用才在科学或定义的基础上开始。

熔炉由砖、黏土或铁制成，约18英寸高、12英寸宽、$13\frac{1}{2}$英寸深，以上尺寸全部为内部尺寸，黏土炉有时截面呈圆形。砖熔炉是固定不动的；用铁和黏土制成的熔炉可以携带。燃烧室的底部是一块铁板或大瓷砖，上面有三个3/4英寸×3英寸的槽，平行于熔炉的两侧，并靠近两侧和背面。这些槽是用来通风和排灰的。板的中间部分宽3英寸，超出熔炉前部约2英寸。高温炉宽约$4\frac{1}{2}$英寸，长约10英寸，高约3英寸，靠在炉子前面一个大小和形状相同的开口上。文艺复兴时期的高温炉与现代高温炉不同之处在于，它没有底部，侧面和背面有许多大开口，设计用于燃烧木炭。该炉不带高温炉用于坩埚分析，带高温炉用于焦化炉和灰皿。对于需要比在这样的炉中获得更多热量的坩埚分析，使用改良的铁匠锻造炉和大型波纹管来产生所需的鼓风。

坩埚、焦化炉和灰皿(图10.1)及高温炉的尺寸和样式与今天的坩埚、焦化炉和灰皿相同，并且由相同的材料制成，但灰皿除外，以前它是用浸过的木灰制成的，最好是山毛榉或其他生长缓慢的木材，而现在骨灰皿刚刚投入使用。为了浇铸灰皿，灰被蛋清、牛奶、啤酒或其他液体润湿，这是一种流传至今的习俗。

图 10.1　焦化炉(A)、坩埚(B)和灰皿(C)(DRM－H)

矿石被粉碎、称重和洗涤，以去除黏附的泥土。如果矿石很硬，则将其烧制以软化，但如果富含金或银，则将其焙烤而不是烧制。初步处理后，再次称量样品以确定损失。

为了还原金属含量，发现有必要将各种物质与矿石结合，例如降低熔点的助熔剂或某种形式的还原剂、氧化剂、硫化剂、脱硫剂或捕收剂，这些添加物被阿格里科拉分组在表达性术语添加剂下。以前的部分冶金学家认识到了这些添加剂的作用，尽管它们的化学反应尚不清楚。每种情况下的选择都是一个实验问题，因为阿格里科拉表示，将破碎的矿石放在热板上时发出的烟雾颜色提供了最佳添加剂的线索：如果颜色为蓝色，则添加了黄铁矿或含铜岩石；如果颜色为黄色，则添加了锂和硫；如果颜色为红色，则添加了玻璃球和盐；如果颜色为绿色的，则是由含铜的石头、铅黄和玻璃球融化而成；如果颜色为黑色的，则添加了熔盐或铁渣和铅黄；如果颜色为白色，则添加了石灰岩；如果颜色为白色带绿色颗粒，则添加了铁渣和沙子；如果颜色为紫色，则什么也没有添加。

铅通常被认为携带银，因此在将其与贵金属矿石混合之前，对其进行分析以确定存在的银量。这是从最终计算的总灰吹中扣除的。

分析人员使用的重量是古罗马单位（表 10.1）：1 特洛伊（troy）磅包含 5 760 格令（grains），而 1 阿沃杜普瓦（avoirdupois）磅包含 7 000 格令（grains）[1]。

表 10.1

		1 西里克（siliqua）	=	2.87 特洛伊格令
6 西里克（siliquae，siliqua 的复数）	=	1 斯克拉皮勒（scripulum）	=	17.2
4 斯克拉皮勒（scripula，scripulum 的复数）	=	1 赛科斯久拉（sextula）	=	68.7
6 赛科斯久拉（sextulae，sextula 的复数）	=	1 安其亚（uncia）	=	412.2
12 安其亚（unciae，uncia 的复数）	=	1 里布拉（libra）	=	4 946.4
100 里布拉（librae，libra 的复数）	=	1%蓬迪姆（pondium）	=	494 640.0
或				
	=	1 斯克拉皮勒	=	17.2
3 斯克拉皮勒	=	1 德拉克马（drachma）	=	51.5
2 德拉克马（drachmae，drachma 的复数）	=	1 西西里卡斯（sicilicus）	=	103.0
4 西西里卡斯（sicilici，sicilicus 的复数）	=	1 安其亚	=	412.2
8 安其亚	=	1 比斯（bes）	=	3 297.6

贵金属的化验过程与今天的做法几乎相同。矿石经过破碎和洗涤后，将称量的矿石与铅及所需的助熔剂混合，并放置在分析炉高温炉内的焦化炉上。铅受热熔化，收集金银。铅的薄金属小块随后在高温炉中灰吹，氧化铅被灰皿吸收。一旦金属小块变亮，表明铅已被排出，就将其取出并称重。在对处理过的矿石进行称重并扣除铅中所含的银后，剩余部分用于计算每百分之一 pondium 的出产量，或者每吨的出产量。

事实上，计算简化为一种非常简单的方法。100 librae 为百分之一 pondium（约为 70.66 英制磅），libra 被分成 12 个 unciae。所需要的只是一组按相同比例划分的较小比例重量，称为较小重量。如果矿石样品的重量为较轻的 1 libra，相同标度下金属小块的重量为 1/2 uncia，则很明显，百分之一 pondium（重量较大物体的测量单位）将出产 50 unciae或 4 librae 2 unciae 贵金属。这类似于现代化验员的化验吨。

1　1格令＝64.8 毫克。——译者注

在这种称量金或银的金属小块的方法中，我们发现放置在封闭箱中天平的第一次使用，以避免由于气流的影响而导致不准确。虽然有用来称量矿石和其他重物质的天平，但金属小块被放在精致、精心保护的天平上。

对含铜矿石进行焙烧、破碎和洗涤，以获得满意的精矿。精矿放在装有硝石和威尼斯玻璃的坩埚中，并用木炭覆盖，然后用气流加热混合物，矿石熔化后，打碎坩埚，清除铜扣上的黏土并称重。

铅的测定方法是在坩埚中将粉碎的矿石与硼砂混合，在坩埚中插入一块炽热的木炭。铅熔化后复原为坩埚底部的金属小块被回收。或将 2 unciae 已制备矿石与 5 drachmae 废铜、1 uncia 玻璃粉和 2 uncia 盐混合，在三角形坩埚中加热，然后再次生产出铅小块。

锡矿像铜矿一样经过焙烤、破碎和洗涤，然后与三分之二重量的硼砂混合。这种混合物被放在木炭棒上的孔中，木炭棒被放在坩埚中，在被煤覆盖后，通过气流加热。金属锡从孔底流出，被坩埚接住。

铁是在铁匠铺里化验的。矿石经过燃烧、粉碎和洗涤后，用磁铁收集金属颗粒。金属颗粒与硝石在坩埚中加热，直到生产出纯铁。

铋、水银和其他金属也是通过加热方法分析的，以分离和测量金属含量。

冶炼并不是什么新鲜事，因为埃及铭文和早期希腊文字表明了对强制通风过程的了解。但文艺复兴时期的冶金工程师在这项技术上取得了巨大的进步：他们扩大了工厂的规模，扩展了工艺，应用机械动力来操作气流，并通过化验实验学会了通过选定的助熔剂进行更准确和科学的处理。

标准或典型的熔炉由一排六个熔炉组成，靠在 15 英尺高的石墙上。每个单独的熔炉都有 6 英尺高、8 英寸厚的壁，其间距使得内部尺寸约为 $14\frac{1}{2}$ 英寸宽、18 英寸深。侧墙是石头做的，正面是砖，内表面衬着黏土。每对炉子之间有一个 6 英尺的净空间，有一扇穿过后墙的门，工人们可以前后自由通行。在每个炉子的后壁和炉灶上方 18 英寸处有一个孔，孔内有一个与波纹管相连的铁或青铜喷嘴，每个炉子有两个喷嘴，以便一个喷嘴堵塞时，还有另一个可用，从而确保连续的气流。风箱是由木头和皮革制成的。手柄与由水轮转动的轴上的凸轮相连，并且也配重，以便交替填充和排空波纹管。

图 10.2 显示了炉的前视图，省略了后壁中的门，图 10.3 显示了从后面看波纹管的视图，驱动轴通向水轮，水轮在图片之外。这两张图片显示了高炉的基本特征，与 20 世纪的后继高炉相比，16 世纪的高炉虽然很小，但基于相同的一般原则。这是 16 世纪第三个重要的机械进步，碎矿机和跳汰机是前两个。

图 10.2　熔炉的正面视图(DRM－H)

A：熔炉；B：前壁炉

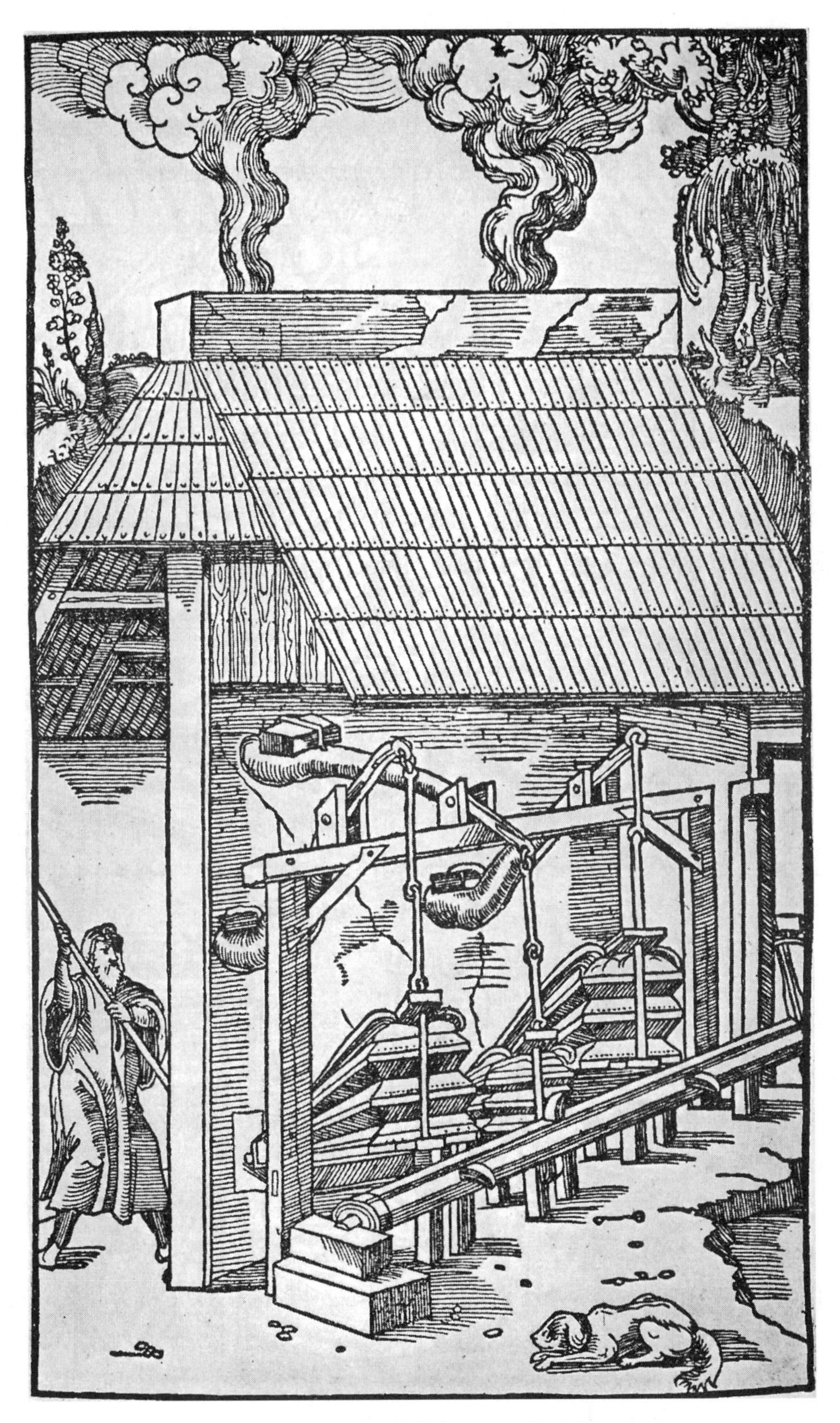

图 10.3　从后面看风箱和通向水轮的轴(DRM－H)

每个炉子前都有一个由粉碎的木炭和潮湿的黏土制成的炉子。炉膛上方有一个出铁口，在某些操作中，出铁口是敞开的，以使熔融金属连续流动；在另一些情况下，它是用黏土塞子封闭住的，当需要的时候，拿开黏土塞子。炉子首先装满木炭，然后开始鼓风。当炉料发光时，矿石和所需的助熔剂或添加剂从敞开的顶部放入。

如果间歇地打开和关闭出铁口，则可以观察熔融材料并排出熔渣；当出铁口连续打开时，炉料流入前炉膛，炉渣漂浮在顶部并被撇去。当重新填充熔炉并重复操作时，没有确保连续运行的操作时，每个炉料单独熔化。

在熔炉上方，经常建造一个集尘室。这对于经过精细粉碎和清洗的贵金属矿石特别有用。这是一个封闭的房间，两个或多个熔炉的排放被送入其中，一个公用烟囱允许气体从中逸出。这个烟囱没有与任何一个熔炉直接相连。气流向上携带的细颗粒中的矿物质沉积在除尘室的地板或墙壁上，每隔一段时间通过清扫进行收集。

金和银是非天然金属，通过研磨、融合或淘金从砂矿中回收，正如加利福尼亚先驱在 1849 年和紧接着的几年中那样操作，直到大清洗喷嘴被引入，金和银得以在熔炉中熔炼，锡、铜和其他金属也是如此。金和银随后被分离和精炼，但这些过程是金匠艺术的一部分，而不是工程师的工作。

对工程师来说，最有用的金属是，现在仍然是，几种形式的铁。然而，铁是一种独特的材料，因为它的物理性质会随着与之混合的极少量碳的百分比的变化而发生完全的变化。如果存在的碳少于 1%的 3/10，则该金属被称为熟铁，它是韧性的，可以焊接，但不硬化，可以软化，在普通类型的熔炉中可以产生的任何温度下都不能成为流体，即使是在剧烈的鼓风下。随着碳含量的增加，铁开始形成钢的品质。将碳百分比提高到 1%的 65/100，我们有了一种比熟铁更耐拉伸和压缩的金属，这种金属可以焊接，具有延展性，可以硬化，并且可以在容易获得的温度下流动。含 1%碳的钢可以回火并制成工具。当碳含量为 $1\frac{1}{2}$ %时，其硬度增加，同时延展性和可焊性明显降低；当碳含量为 2%时，它不能再焊接或回火，失去延展性，变成铸铁。这些百分比数字在一定程度上受到其他矿物的影响，这些矿物几乎总是微量的与铁一起存在，例如硅、锰、硫和磷。

生产熟铁有两种方法：直接的方法是从矿石本身提取；间接的方法是，首先制造铸铁，然后去除多余的碳。前者是古人使用的唯一方法。在 14 世纪发现火药之后，不久就出现了对铸铁的巨大需求，用于制造大炮，到本世纪末，制造大炮已成为一个成熟的行业。在不了解脱碳过程中发生的化学反应的情况下，在处理大量铸铁时，不可避免地会发现可以将其改为熟铁的形式。这种冶金进步是在阿格里科拉时代取得的。虽然他记录了事实，但遗憾的是，他没有描述该方法。

铁矿石是在一个炉底5平方英尺、高$3\frac{1}{2}$英尺的烤钵炉中冶炼的。炉子里放着一个1英尺深、$1\frac{1}{2}$英尺宽的坩埚，里面盛着碎矿、木炭和石灰的混合物。通过连续鼓风维持熔化温度。金属被抽出，多余的炉渣用木槌清除。通过这种方式，一次可以生产10到200磅或更多的铁。然后将大块金属放在铁砧上，用机械操作的击锤锻造，将剩余的熔渣挤出。在金属经过良好的锻造和成型后，用同一把锤子将其切成更小的碎片。然后在锻炉中重新加热这些零件，并用手敲打成所需形状。

图10.4显示了炼铁的整个过程。背景是熔炉，当熔化的金属从熔渣口流出时，炉工用左手控制以强制通风。中间是两名工人，他们正在清除多余的炉渣，前景是把金属锻造成棒材，准备切割。

钢是由熟铁通过添加足够碳的过程制成的，这种方法现在称为渗碳。将混合了熔石和木炭的铁块放在坩埚中，在鼓风作用下熔化。通过这一过程，生产了碳化铁或铸铁。当金属完全熔化时，将四块重量约为30磅的熟铁放入坩埚中，加热5～6个小时并搅拌。新添加的金属是熟铁，几乎不含碳，从铸铁到钢的平均结合碳减少。当负责人意识到已经获得了适当的稠度时——他可以在搅拌的同时做到这一点，然后用钳子夹起，用锤子锻造，然后放进冷水盆中。

大锤和用于强制通风的风箱通过机械方式操作，是对以往任何已知设备的重大创新。

图 10.4　制铁的完整过程(DRM－H)

A：壁炉；B：炼焦堆；C：排渣口；D：铁块；E：木槌；F：锤子；G：铁砧

Part Ⅳ

第 4 部分

市政与政府工程

11
市 政 管 理

在具有工程性质的市政服务方面，例如铺路、维护、照明和街道清洁、供水和分配以及铺设排污管道，文艺复兴时期的市政服务没有取得罗马人在帝国时期所取得的进步。事实上，在文艺复兴初期，这些服务远远落后于罗马和其他大型罗马定居点为其居民提供的服务，因此，尽管在接下来的一个半世纪里进行了各种改进，但在文艺复兴结束时，这些服务在程度、设计和细节完善方面仍不如其在罗马时期的最初形态。

但是，这一伟大的工程领域不能因为无法与罗马帝国的工程领域相媲美而被视为无关紧要。在本书所述期间，在方法、控制、管理以及大众对改进的需求和赞赏方面发生了一场革命，这为 250 年后取得显著进步奠定了基础。这些因素是所有工程开发的基础。虽然没有 15 世纪和 16 世纪的伟大历史遗迹，例如铺设的阿皮安路和罗马帝国的高架渠，但如果我们要评估市政工程方面取得的进展，就必须研究这场革命的原因和结果。

欧洲在市政服务方面取得最大进步的两个国家是法国和意大利。它们的故事基本上是一样的，但由于法国的细节可以更多，而且巴黎可能被视为那个时期的世界首都，因而巴黎所做的以及巴黎人所享受和使用的都可能被视为可供考察和比较的市政工程的最佳例子。这些记录在国家和城市档案馆以及各大图书馆的大量手稿中保存得相当完好，它们对工程史具有真正的价值，因为它们显示了需要克服的障碍和不断迫使条件改善的压力。此外，它们还展现了一幅让人极为感兴趣的人类努力的画面。因此，巴黎的故事和记录被作为研究文艺复兴时期工程的基础，这些工程被应用于城市街道、供水和排水。

由于这些记录中经常提到在设计、维护、控制和管理方面对所有此类服务行使管辖权的各种法院和官员，因此有必要先简要叙述其职能和权力。

13 世纪时，巴黎设立了一个议会(或法庭)，国王及其议会的一些职能如审理和调整法律诉讼等，都被授予了该议会。在 15 世纪和 16 世纪，它的范围扩大了，程序正规化了，开庭时间固定了，因此它成为一个定义明确、权力强大的上诉法院。此外，它还拥有原始管辖权。工作人员由政务官和非政务官组成，分为民事和刑事两个部门。最初在法国只有一个地方议会，那就是巴黎。这是合乎逻辑的，因为它是从国王委员会发展而来的，国王委员会的席位自然位于国家首都。但是，随着巴黎议会发展成为上诉法院，法国的业务也在增长，其他议会也在各个城市成立，数量达到了12个。

重要性仅次于议会的是各种下级法院和某些公职人员，他们被聚集在夏特莱(Châtelet)，这个名字来自一座古老的城堡，城堡从北面为通往城市的道路提供了保护。这个词被用来指代这座建筑以及它所在的政府组织和官员。

在夏特莱里有巴黎司法官和行政官的办公室。前者主持夏特莱，在那里他代表国王并以他的名义主持正义。他是巴黎的高级民事和政治法官，管辖范围很广，他得到了两名分别在民事和刑事法院任职的副职官员的协助。行政官代表整个社区，保护社区利益，并在市政议员(一个民选机构)的指导下，管理该市的财政，管理其资金，并负责维护属于市政义务的公共工程。因此，巴黎的司法官是具有警察权力的地方法官，而行政官是具有类似于现代城市市长职能的行政官和管理员。

封建时代的一个产物是法警或总管，其权力逐渐扩大，到16世纪，他们开始具有司法性质。每个总管都有两名副职官员，他们被授予某些职能，因此总管的职位逐渐变得更为重要。王室总管作为国王的代表，拥有行政和裁判权力。

最后还有检察官(总检察长)，他代表国王处理所有法律事务，无论是作为公诉人还是作为被告。他会对官员或平民的罪犯行为采取行动，正如我们将看到的那样，法令和条例对各级治安法官的渎职行为特别严厉。

下面介绍对街道、公路、供水、排水和其他公用事业拥有管辖权的主要公共机构、法院和官员。

在考虑巴黎的街道、街道的建设和维护，以及供水和排水系统之前，最好先回顾一下这个时代的巴黎。最初的定居点卢蒂西亚是在塞纳河的一个岛上，这个岛现在被称为西岱岛。巴黎的现代名称来源于帕里斯部落的名字，帕里斯部落的首都是古城。虽然恺撒的总部设在卢蒂西亚，但在几个世纪里，这里并不重要。事实上，早在12世纪初，它只在河流两条支流的远端蔓延了很短的距离。在右岸，它覆盖着一条以墙为标志的狭长地带，墙的西端开始于新桥和卢浮宫之间的河上，一直延伸到圣霍诺雷街附近，然后向东，在巴尔街再次与河汇合。在南岸是一个类似的被大奥古斯丁街、莱科尔街和伯纳德街围起来的圈地。这些地区只不过是今天所谓的加固的桥头堡。

1190年，在菲利普·奥古斯特(Philippe Auguste)的统治下，城市界限被进一步推回南北，并再次由城墙和大门固定。1356年，艾蒂安·马塞尔(Etienne Marcel)开始修建新墙，以纪念北岸城市的发展。在南侧，菲利普·奥古斯特的城墙没有进行任何扩建。

因此，文艺复兴时期的巴黎南北两侧分别以12世纪末和14世纪后半叶修建的城墙为界，直到路易十三时代，才有进一步的变化。他建造了一堵新墙，从圣丹尼斯门(Porte Saint-Denis)沿着林荫大道和皇家街一直到协和广场。

现存的三幅主要地图据称代表着弗朗索瓦一世时期的巴黎。其中一幅是所谓的"阿努莱特"地图或"明斯特"地图,曾出现在一本名为《欧洲最著名城市的人物和肖像》(*Les figures et les portraits des villes les plus célèbres de l'Europe*)的作品中,该作品由巴尔塔扎·阿努莱特(Balthazar Arnoullet)于1552年出版,也曾出现在德国方济各会修士塞巴斯蒂安·明斯特(Sebastian Münster)的出版物《宇宙学》(*Cosmographie*,1548—1550)中。除了装饰外,这两本书中的地图是相同的。第二张地图是乔治·布劳恩(Georges Braun)的地图,该地图据说体现了1530年的巴黎,可以在《环绕城市的道路》(*Civitates orbis terrarum*,1572)中找到。它比之前的画画得更好,尽管仍然没有按比例绘制,但它更详细地展示了菲利普·奥古斯特和马塞尔的城墙、大门和著名的街道和桥梁。

第三张地图直到1874年才被发现,约于1551年由奥利弗·特鲁斯切特(Oliver Truschet)和热尔曼·霍尤(Germain Hoyau)在巴黎出版,他们将地图刻在木头上。这张地图,其中唯一幸存的副本在巴塞尔市图书馆中,可能是1550年9月8日亨利二世颁布法令指示制定巴黎计划的结果。

还有另一张地图,虽然不是同时代的,但是根据原始记录绘制的。它出现在雅克·安托万·杜劳尔(Jacques Antoine Dulaure)的《巴黎的物质、公民和道德史》(*Histoire physique, civile et morale de Paris*,1842)中,尽管它缺乏早期地图的生动性,但仍被选为这一时期巴黎最容易理解的示意图(图11.1)。从中可以看到,在几个时代,三堵墙在北部固定了边界,而菲利普·奥古斯特的墙在南部一直延续到16世纪。

虽然几堵围墙的位置以及城市的大小都几乎准确,但遗憾的是,无法获得关于不同时间居住在城市范围内的人数的信息,因此,无法描绘出15和16世纪巴黎的全貌。人口的记录非常贫乏,我们只能进行估计和猜测。1801年之前,对巴黎进行的第一次也是唯一一次人口普查是1328年进行的。不幸的是,普查只记录了教区和家庭的数量,后者为61 098。统计学家研究了当时一个家庭有多少人口后认为,这一数字表明当时的人口在25万至27.5万之间。伏尔泰说,当亨利四世1594年进入巴黎时,巴黎有不到18万的居民,尽管在另一篇1590年的文章中,他给出的数字是22万。

查理七世在某些信件中把巴黎人口增长不足归因于内战和外战。即使是和平时期也不是国家的休憩期,因为法国和英国的大批退役士兵和冒险家正在掠夺人民。

1449年,巴黎减少了税收并阻止移民,以刺激人们重新定居,一个又一个君主采取了他认为最好的措施,鼓励人们定居,但结果令人失望。在关于供水的一章中可以看到,水流稀少是居民搬迁的原因之一。

在路易十二时代,情况有所改善,农业和工业繁荣,税收减少。这些美好的时光(在当代历史中被称为勒庞时代)被他的继任者弗朗索瓦一世所扼杀,其刺激建设的法

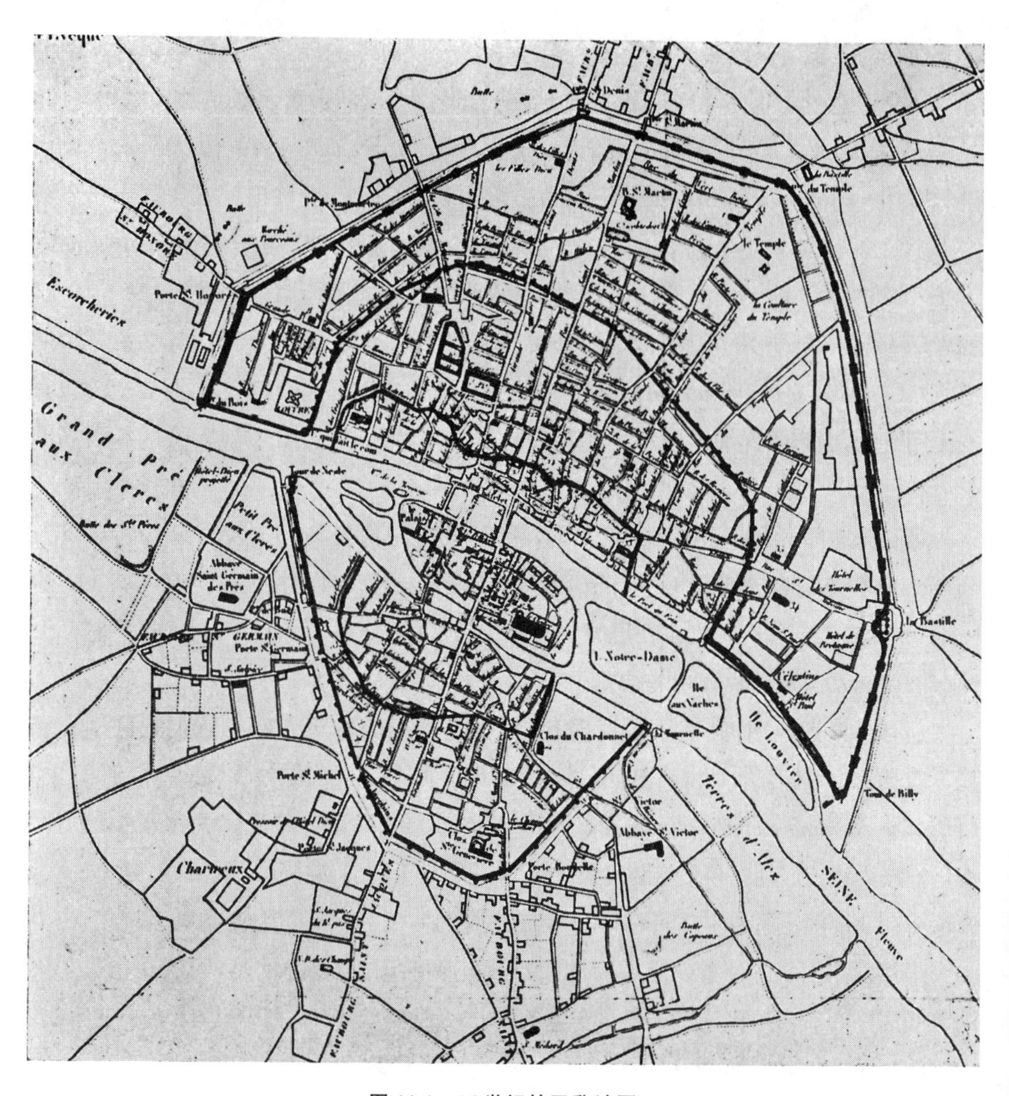

图 11.1　16 世纪的巴黎地图

案令他将税收提高了一倍。

图 11.2 是雅克·卡洛特(Jacques Callot)于 1629 年绘制并于 1630 年出版的一幅蚀刻画的复制品,代表了文艺复兴末期的这座城市。图的右侧是纳勒塔和南墙的西端,以及第一扇大门。墙外(靠近墙的地方)有一条明沟,由一座四拱桥越过。这条沟渠与北侧的沟渠一样,将被作为巴黎的一条开放式下水道。新桥(Pont Neuf)(第 31 章)位于左侧,将城市与两岸连接起来,在左侧的第二个拱门上方是名为莎玛丽丹的泵房。圣母院双塔和圣雅克塔很容易辨认。

接下来的 4 章描述了在巴黎发展起来的市政工程,主要包括铺路、供水、下水道、街道清洁、交通法规和街道照明。

图 11.2 文艺复兴末期的巴黎

12 街道铺砌

16世纪的巴黎街道体系，是基于两条主干道，这两条主干道比其他任何一条都宽，从北到南，从东到西横穿城市。这些街道被指定为十字路口(交叉口)。南北走向的街道从圣丹尼斯门开始，向南穿过河流，穿过西岱岛到达圣雅克门；东西向街道从圣安东尼门穿过塞纳河以北的城市部分，到达圣霍诺雷门。虽然这些街道的终点毫无疑问，但考古学家对其确切的中间位置并不认同。巴黎早期的街道是供行人使用的，最多只能供一辆马车通过。这些街道非常狭窄，随着现代城市的发展，几乎所有街道都被拓宽，甚至被重新铺砌，因此今天已经很难找到早期的街道。南北线可能是现在的圣丹尼斯街；走兑换桥和新桥过了河，继续向南经过圣雅克街。东西向街道是圣安托万街和圣霍诺雷街，从带有相应名称的大门开始。圣雅克塔是圣雅克教堂的遗迹，是十字路口的标志。

关于街道的建造、维护和保养的故事主要出现在国王、议会、司法官和行政官以及其他官员的一系列法令、命令和条例中，除了这些制度本身，还有执行和逃避、抵抗和申诉的居民。这些文件中缺乏协调和任何控制权限，这在很大程度上解释了为什么街道和公路工程没有取得重大进展。除非作出鼓励发展的规定，同时对发展的需要表示理解，否则发展是不可能的。

古代的巴黎以及中世纪的巴黎，没有提供任何明确的街道建设方式。西岱岛的街道是小巷，或者说是交通通道，它连接着房屋，并通向塞纳河两条支流上的木桥，从木桥可以通向田野和远处的开阔地带。

菲利普·奥古斯特国王(1180—1223)迈出了将这些小巷改造成街道的第一步。正如他的医生、名叫里戈德的僧侣(后来成为他的传记作者)所说，1184年的一天，国王站在宫殿的一扇窗户前(该遗址现在被司法官占用)，一些过往的手推车搅动了泥浆，泥巴散发出一股臭味让国王难以忍受，他立即决定承担一项前人都不敢承担的工作(因为执行这项工作会带来巨大的费用和许多困难)。他召集了市民和巴黎司法官，命令他们用“坚硬的石头”铺砌城市的所有街道和公共场所。因此，对王室鼻孔的偶然冒犯是市政铺路这一伟大而必要的事业的开始。值得注意的是，这种冲动本应来自偶然事件,而不是公众的需求,因为即使在那时,巴黎不仅是法国这个权力显赫国家的首都,而且在艺术和文学的培养方面已经取得了足以成立一所大学的进步。然而,它的街道仍被描述为比露天下水道好一点。

在最近的发掘中,发现了菲利普·奥古斯特下令在巴黎铺设路面的遗迹,其中一部分保存在国家中世纪博物馆(旧名克鲁尼博物馆)的花园中。这个路面位于小桥街和圣雅克街的现代路面之下,由 13 块形状和大小非常不规则的石头组成,最大的长 52 英寸、宽 33 英寸,最小的长 20 英寸、宽度从 9 英寸到 15 英寸不等,垂直面切割得非常粗糙,因此石块之间的接缝至少有两英寸宽。这些石块因磨损而变得光滑,厚度在 7 英寸以上。这只不过是一种石板路,虽然对地面排水的价值很小,但无疑满足了第一个要求:它使车辆不陷入泥潭。

这些人行道由巴黎司法官和行政官以各自不同的身份负责。

关于工程费用的分配,邻街房屋的业主要么铺筑一段从其房屋至街道中心线的路,要么支付费用。当然某些街道除外,例如构成十字路口的街道,这些街道有公共性,因此其费用被视为城市的适当费用。巴黎司法官 1348 年的一项规定证实了这种成本分配的方式,该规定要求每个房主"按照旧习"[1]在其房屋前铺路。

议会法院于 1285 年 2 月作出的一项裁决也与这一点有关。司法官和行政官似乎要求市民在圣马丁城门外铺路,而市民们则采取了一项防御措施:除了圣丹尼斯、波德门、圣霍诺雷和圣母院这四条主要路线外,没有人在该地区或城门外的任何其他地方铺路,他们甚至没有资金来铺设这四条路。于是,议会免除了市民在圣马丁门以外铺路的义务。

1388 年发布的一项条例规定旧衣服经销商要在他们的房子前铺路并在那里出售商品,在其他任何地方售卖将被处以罚款。条例没有说明为什么选择这一特定行业。1399 年 4 月 5 日,查理六世发布了他的专利书,在该专利证书中,他命令巴黎司法官修复城市和郊区的道路和其他街道,清除污垢,并修复主教区和巴黎子爵区的主要路线,这种状况阻碍了该市的商业和粮食供应。国王再次重申,根据皇家法令和旧习,巴黎的所有居民无一例外地被要求自费铺设、维护和修理房屋前的人行道,但十字路口除外,十字路口的铺设由国王负责。根据这些信件,巴黎司法官要求所有人在其房屋、教堂和围墙前铺设道路。

一年后(1400 年 5 月 28 日),由于所做的工程显然质量低劣,国王再次要求这些道路应由熟练工人建造,并应由经验丰富的总检查员检查。由于许多欺诈行为是通过将铺路资金转移到其他用途并将合同转让给检查员自己来实施的,他下令从今以后,道

1 旧习,与罗马法不同的习惯法。正如后面几页所示,这部不成文的法律逐渐被编纂成法典。

路税资金应在巴黎接管人的指示下全部用于铺路，并且任何道路检查员不得支用该资金。同时，“总检查员办公室应通过规范的程序任命一名公正和合适的人员(道路工程专家和经验丰富的人员)，工作完成后，上述检查员应在国王的官员和巴黎司法官在场的情况下，对工程质量和面积进行彻底检查，如果发现任何不足之处，应由工作人员进行弥补，工作人员应为此受到惩罚。”

但是，这些额外的指示不足以确保结果，因为在 1402 年 1 月，1399 年的专利证书又重新颁发给了这些官员。

值得注意的是，1399 年的专利证书针对的是各种级别的男性，包括教会的男性。但令人遗憾的是，后者并不比普通公民更注意对公共便利的义务。克鲁尼修道院院长因未在修道院周围铺路而受到巴黎司法官的训斥和判罚，之后院长向议会法院提出了上诉。1404 年 4 月该法院判定维持原判决。

国王提到的道路税很低，1407 年总计 800 里弗尔(livres)(1 276 美元)。尽管如此，需要维护的除了主要街道外还增加了其他街道。

根据菲利普·奥古斯特的命令铺设的第一条路由不规则形状的平板组成，效果并不令人满意，并且没有说明何时可以被大小均匀的铺路砖所取代。1415 年 2 月的一项法令规定，铺路砖的供应应当“良好、真实、适于销售且符合样品”，并进一步规定“运到巴黎出售的铺路砖应为高六到七布斯[1]，宽度也一样。”简言之，每块铺路砖应为约六到七英寸边长的立方体。这项法令表明，即使在文艺复兴开始之前，就曾试图使铺路砖标准化并规定其质量。

15 世纪下半叶文艺复兴开始时，巴黎街道的铺设、维护和保养就这样结束了。铺设城市街道的决定是在近 300 年前做出的，当时粗糙不平的路面已被大小一致的石块所取代，并且已经制定了条例，规定了业主或市政当局的铺路义务，并采取了税收制度，为铺路的公共费用提供资金。

但是，街道的总体状况仍然很糟糕，这一点可以从两项法令中看出，这两项法令的日期都是 1500 年 7 月 28 日。第一项法令要求巴黎司法官的副职官员和夏特莱督察重修路面，清除泥土和污物，并强制市民缴纳街道清洁税。第二项法令命令巴黎司法官、他的副官和附属于夏特莱的 16 名地区检查员清除街道上的泥土和污物，并修复路面；授权司法官强制所有任何级别的公民缴纳摊款，如果拒绝则可在不发出通知的情况下扣押和出售其货物，并禁止法官席审理这些事项。为了防止权力滥用，该命令在每个地区设立了一个特别法庭，由国王的两名议员主持，在那里可以受理投诉。

第二项法令显示了建立系统性程序的尝试。警察的命令，如铺路或清洁只是部分

1　pouce，法国的前长度单位，1 布斯等于 0.027 07 米，约为一英寸。——译者注

执行，这是意料之中的事。尽管第二项法令是明智而谨慎的，但它仍未能克服个人对共同利益的漠视。因此，国王路易十二于 1510 年 6 月 16 日通过皇家法令进行干预。该法令虽然针对巴黎，但适用于王国的所有城市，部分内容如下：

"我们已经命令，并确实命令，在我们的城市中，每个人都必须在其房屋前铺设尽可能长的路面，并对其进行维护，但如果房屋位于开放空间，那么业主只能按照城市主要街道的宽度进行铺筑，其余部分应由所在城市承担。"

每个房子前面都应铺路的原则的基础是，这样可以确保房子有一个好的入口。人的自私目的将能确保这一行动的落实。直到许多年后，当汽车出行得到极大发展，个人合作的想法被证明是不现实的时候，所有街道才成为公共事务。

虽然在最初的几年里，市政当局铺设了一些街道，但业主自然会不断努力将自己的负担转移到城市。例如，1545 年，平衡街的居民要求当局接管他们的街道。法院驳回了这一请求，并告知这项义务完全由他们承担。另外，议会批准了对圣安德烈艺术街沿线业主的豁免，理由是建设新桥的材料被拖过这条街，因而损坏了路面。然而，业主还被告知，这一豁免并不构成先例，在桥梁完工后其义务将恢复。在圣安东尼街业主的上诉中，双方达成了妥协，最终由业主提供石头，市政府进行了施工。

1512 年 8 月，该市与让·赫伯特(Jean Hébert)签订了一份提供和交付砂石铺路砖的合同。我们可以看出，根据上一份协议业主承担的费用或石材所代表的铺路成本比例。给出的价格是从合同中获得的，因此相当于每 100 块铺路砖的价格，但根据一项贸易惯例，每 1 000 块铺路砖交付 1 122 块。通常在城市内，每 100 块铺路砖是 20 个索尔(sols)；在城市外，根据运程的长短，从 20 索尔到 26 索尔。巴黎索尔大约值 4.7 美分(美国货币)。

从这些数字可以看出，1512 年，1 000 块铺路砖的成本约为 9.40 美元至 12.22 美元。在 16 世纪，由于需求增加和价格普遍上涨，成本迅速上升。因此，奥宾·高蒂埃(Aulbin Gautier)在 1580 年签订了一份合同，以每千块铺路砖 15 埃克斯(écus，32.25 美元)的价格供应石头，三年后他抱怨说，由于运输成本较高，他无法继续发货否则他会损失惨重。这一抱怨至今仍是熟悉的声音。在一次会议后，该市决定付给他 22 埃克斯(47.30 美元)。这个价格并不高，因为大约同一时间的其他合同是以 25 埃克斯(53.75美元)的价格定价的。

然而，应该说，后来合同中规定的铺路石比早些时候要求的要大。1599 年至 1601 年签订的合同涵盖了两种尺寸的石头，给出了它们的相对价值：大石头，每边 7 到 8 布斯，每千块价格 25 埃克斯 45 索尔，而那些尺寸从 6 到 7 布斯的石头的交付价格为 17 埃克斯 10 索尔。

当石头由城市提供时，如上所述，则承包商提供沙子和劳动力，根据记录的合同，他的价格约为 20 索尔每平方突阿斯[1]，他负责维护工程一年。关于承包商提供所有材料和劳动力时的价格，我们在 1589 年 7 月 17 日的合同中发现，1587 年 11 月 4 日，奥尔良的杰汉·达蒙特(Jehan d'Amont of Orléans)承诺提供石头、沙子和劳动力，每平方突阿斯是 2 埃克斯 25 索尔。合同显示，达蒙特抱怨该价格不符合其成本；因此，该市同意将其价格提高到 3 埃克斯，并授权他向毗邻的房主索要 15 索尔每突阿斯，但前提是他要承担铺设后两年的铺路维护责任。

在这一点上，我们最好停下来思考一下做铺路工作的人、组织和铺路工的性格，因为在被引用的条例中，他们的方法无疑阻碍街道维护系统的发展。

起初，铺路工是从石工队伍中招募的，但随着铺路量的增加，一种公认的行业逐渐发展起来，到 14 世纪初，形成了一个明确的组织。它由两个级别的成员组成，即宣誓主铺路工，之所以称为宣誓的主铺路工(大师)是因为拥有较高级别的人在进入组织时必须宣誓，而铺路工则是初级的。

最初，大师中最专业的一位被选为路面检查员，有权检查提供的材料和完成的工作，但后来，当路面检查员因丑闻行为而名声不佳时，其头衔被改为路面作业大师。

1501 年，该组织变得越来越强大，甚至要求巴黎司法官雅克·德斯图特维尔(Jacques d'Estouteville)，通过他们自己制定的法规，以达到他们的控制目的，其中一个特点是，每年应选举四名大师加入夏特莱，其中两名大师离任，这些大师将控制该组织，至少名义上是为了保护社区利益。在这些法规(1502 年 3 月 10 日发布)中，主要条款如下：

"从今天算起，所有那些已经铺了一年零一天路的人无需其他手续都将成为大师，只要他们在夏特莱登记并宣誓。"

"学徒在结束学徒期之前不得被视为大师，如果他们能力不足、未支付常规费用并且未进行任何试验工作(如街道或短街道交叉口)，也不得被视为大师。"

"如果在巴黎做学徒，学徒应向评判委员会支付 20 巴黎索尔，向国王支付 20 索尔，如果他在巴黎以外的地方学习，则应向国王支付 40 索尔。"

"非居民工人为大师工作不得超过一个月，他必须向评判委员会支付 5 索尔的罚款。"

"除其子女外，大师只能留用一名学徒(如有)，且应留用至少三年，并应在其入职和离职时支付 5 巴黎索尔(一半给国王，一半给评判委员会)。"

"未经该行业评判委员会检查并认定其真实且可销售的四面都是 6 至 7 布斯的铺路石，任何商人不得出售或分销，否则将被评判委员会处以罚款。"

---

1 toise，长度单位，约等于 1.95 米或 6.4 英尺，应用于早期大地测量中。——译者注

"铺路工每铺设一块路面可以收取 4 巴黎索尔以支付其劳动力和沙子,但不能收取更多,否则将处以 60 巴黎索尔的罚款。"

"铺路工在工作时,应根据坡度、街道集水池和城市下水道的差异,处理挖掘材料和排水,如有困难,应召集国王的检查员和评判委员会来解决。"

"铺路工应在排水沟的每侧放置宽度为 4 皮耶[1]以上的品质优良、符合样品尺寸的铺路石,以更好地抵抗荷载;在接近房屋的地方,应使用其他小尺寸的优质铺路石;应充分黏结并铺砌铺路石,不得留下任何凹陷,否则罚款 60 巴黎索尔,并应自费修复损坏。"

"根据上述规定,如果铺路合同规定了摊铺和提供所有材料,则铺路工不得将铺路石断开,无论新旧,也不得从铺路石下方撤出任何沙子或使沟渠充满垃圾,否则将受到处罚。"

"为了使人和马能够更舒适地行走,路面坡度不得大于 4～5 或 6 布斯每突阿斯,并要求在同一高度放置特殊的排水沟石块。"

"由于城市中有几条街道的铺路过度倾斜或弯曲,以致人员、马匹和货车无法安全通过,甚至会摔倒和倾覆,因此命令根据街道宽度将此类路面坡度降低至 4～5 或 6 布斯每突阿斯。"

"大师应选择四名称职的人员作为该行业的陪审员和监护人,他们有权在巴黎市区和郊区检查所有工程和铺路石,并设法修复和纠正工程中可能发生的所有错误和滥用行为。"

从工程的角度来看,与排水沟、两侧边坡和沙子有关的条款是比较有趣的。铺路砖应铺设在良好、干净的砂层上,如各种规范所示,但法规或其他地方均未规定最小深度。然而,在巴黎以外的石路面公路施工规范中,要求深度为 12 布斯,这可能比巴黎的街道施工要求要高,当然也可能是由于很少注意定期修整底土,因此沙子的厚度无疑变化很大。这可能是导致表面沉降和破裂的原因之一。

对排水沟和边坡的参考很重要。当时的街道非常狭窄,由于车辆稀少,行人众多,因此没有必要将道路划分为车道和人行道。事实上,将街道作为一个整体来对待要方便得多。因此,沿着房屋之间中间的轴线放置了一条排水沟。这条排水沟是用特殊的扁平石头铺设的;然后,在每侧 4 英尺宽的地方,将特别好的或大的石头铺在一个特殊的沙层上。特殊的排水沟石头要铺设到"相同的高度",也就是说,没有阻碍水流的边缘或突出物。排水沟的重要性和位置会在街道清洁和下水道章节中经常提及。

由于排水沟位于街道的中心,因此两侧的路面从房屋向中心倾斜,这些斜坡被指

1 pied,法国的前长度单位,相当于 324.839 4 毫米。——译者注

定为平面。为了提供陡坡并排水(如后文所示,"水"包括房屋坡度和雨水),但又不至于太陡而给马和行人带来不便,条例根据街道宽度规定了从 4～6 布斯每突阿斯的坡度,即 1∶18～1∶12 的坡度。

这些规定听起来很公平,尤其是关于大师所需的卓越标准、与公共财政分摊的罚款以及所有铺路工所需的工作类型,但这些优良品质被另一些不良品质抵消了。该协会是严格封闭的,除非是会员,否则任何人都不能工作。学徒在总人数和每个大师所雇用的人数上受到限制,组织的控制权属于评判委员会,该委员会由大师选举产生。评判委员会对大师和学徒以及要使用的材料拥有完全的管理权。至少有一半的罚款将支付给评判委员会而不进行会计核算。

结果是,虽然成员只有在宣誓后才能被接纳(他们在宣誓中发誓要保护公众利益),但他们已成为一个毫无纪律可言的群体。他们无视自己定下的规则,做了糟糕的工作,提供了劣质的材料,在选举进入夏特莱的大师的权力阴影下以后,大师铺路工傲慢地认为自己有权决定哪些路面需要重新调整,并且在没有命令的情况下,开始拆除并重新铺路,从而使业主承担额外且经常不合理的费用。这种行为引起了强烈的投诉,以至于当局不得不进行干预。

一个案例是巴黎法院于 1524 年 2 月 16 日下达了一项命令,指控巴黎检查员丹尼斯·帕奎尔和热尔韦·杜斯在铺设圣梅德里克街道路时没有设置适当的坡度。该命令规定,检查员、主铺路工和铺路工、房屋所有人和承租人不得在未通知该区专员的情况下,在巴黎市区和郊区的任何街道上拆除或占用街道。

为了保护自己位于蒙托格尔街的房子前的道路,妮可·查姆本向夏特莱检查专员亚当·洛里米尔提出上诉,要求洛里米尔保护自己不受其雇佣的铺路工的伤害,该铺路工威胁要拆毁查姆本认为足够好的道路。洛里米尔于是发布了一项命令(1525 年 3 月 17 日),要求铺路工在停止摊铺。最终铺路工答应在与专员谈话之前他不会采取任何行动。

如此温和与敷衍的话语并不能阻止不断增长的冲突。因此,1538 年 5 月 10 日,在对整个情况进行了审查后,议会发布了一项命令,明确规定了所有人的义务和权利,并命令铺路工停止干预,否则将受到重罚。

"法院被告知,宣誓的主铺路工仍然每天犯下许多滥用、遗漏和渎职行为,他们进行了大量重新施工,仍然有很好的道路被毁坏,由于没有及时把挖开的洞填上,又造成了交通停滞等问题。因此,令每名居民或业主须由其选择的铺路工在其处所前铺筑、维修及保养道路……而主铺路工不得在未经事先检查及将业主传召到法院议员和地区专员面前的情况下拆除或重新铺设路面。法院禁止主铺路工在未经此类检查的情况下进行维修,否则将处以监禁、体罚和任意罚款,并进一步禁止他们阻碍业主使用雇佣铺路工，并命令此类铺路工以合理价格进行上述铺设施工，不改变、提高或降低。”

尽管这项命令很严格，但完全没有达到目的，为了使它们更加有力，弗朗索瓦一世在1540年1月的一项皇家法令中重申了这一点。为了确保执行，该法令规定，任何提供滥用权力信息的人都将得到一半的罚款和一半的没收财产的奖励，这是对低级别官员和普通公民的奖赏。

但“监禁、体罚和任意罚款”的可能性不足以阻止主铺路工侵犯业主的权利。1547年，议会发布了另一项命令，在再次引用之前关于不必要移除路面的禁令，并再次确认所有人自行铺路的权利后，该命令指出：

“法院禁止上述宣誓过的主铺路工及铺路工在未进行上述检查的情况下重新铺砌，否则处以绞死；法院允许并确实允许房屋所有人扣押并关押违反本条例的主铺道工及铺路工。”

刑罚从监禁、鞭笞和罚款增加到绞刑，表明人们对这种情况的重视程度，以及人们铲除滥用权力行为的决心是多么坚定。这种罪行一定很严重，甚至可能导致死刑处罚。

为了进一步表明这一命令的重要性，它在通过后立即作为单独出版物印发，这是此前没有过的。

尽管受到各种抨击，但主铺路工的组织一直存在到18世纪后期。事实上，它在1579年和1604年分别成功地从亨利三世和亨利四世那里获得了对其“已授予的权利和特权”的再次确认。大师们总是谨慎地限制会员资格，即使到了1748年，也只有60位大师。

在所有这些命令和法令的冲突中，面对官员腐败和个人拒绝履行社区职能，考虑到缺乏任何统一的努力，在科学处理街道和道路方面取得的进展微乎其微，这并不奇怪。

从弗朗索瓦一世提出精确的规定到1563年查理九世处理此事，官员们一直在强制服从，居民们也同样坚决抵制、不予服从。例如，1558年12月15日颁布了一项警察条例，其依据是卢查德专员的一份报告，该报告关于一个名为帕奎尔的行为的，他拆除了旧石板路以便在他位于圣丹尼斯郊区的家中铺设下水道，结果导致水漫过街道。该条例命令帕奎尔在三个工作日内重修其房屋前的路面，并禁止其租客托马斯·勒卢普向其支付租金，直到重新修好路面为止。

同一天，根据同一专员的报告，对破坏和损毁圣拉扎尔教堂前石板路的人作出了判决，命令他们在一周内修复石板路，每个人都要从自己的房子前面修到排水沟，并不得向当局追偿。然而，其中一个叫皮埃尔·杨的人在听证会上宣布，他不会这样做，于是他立即因藐视法庭而被监禁。卢查德显然是一个相信行动的官员。

事实表明,教会在这些问题上并不总是为公民树立好榜样,有时学习机构也会疏忽大意。1559 年,博尔德罗专员报告了纳瓦拉和邦考特学院前的铺路情况、这些学院所在街道上的泥土以及学院拒绝支付必要的清洁费用。于是发布了一项特别警察命令,指示这条街应在三天内铺砌,如果不铺好,博尔德罗专员将派三名铺路工来做这项工作,并将附加租金作为费用。

市政当局的官员也很粗心,因为兑换桥上的石板路被破坏,要想通过这条路,就有掉进河里的危险。因而针对他们的行为,根据法令(1559)下达了警察命令。

这样的例子还有很多,但这些已经足够说明人们对铺路责任人的不服从或疏忽及官员无法执行条例的情况。

从鞭笞到勒死的严厉处罚似乎并没有起到威慑作用,可能是因为它们的严厉程度使其无法执行。于是 1567 年 2 月 4 日又通过了一项新的权宜之计,即金融负债。随后,法院命令,如果在一个地方发现"三块或四块铺路石"破损或缺失,邻接的业主应立即修复孔洞,但如果在进行这项工作时,铺路工移除了超过必要数量的石块,则铺路工(而非业主)将承担全部费用。

为了尽快完成铺路工作,同一法令要求所有城市的官员随时备有优质石块,并禁止移除任何此类石块,直到对其进行正式检查,以确定其质量是否良好、尺寸是否符合标准(每面七到八布斯)。

随着铺路义务从毗邻房主转移到市政当局,公共资金问题变得尖锐。1572 年,当再次研究街道状况时,很明显,在收费站收取的资金不仅不足以支付街道维护费用,而且有时还被收费人扣留。这些事项被提交给法国财政部,并被要求进行单独报告(可能是为了避免勾结)。然后这些报告被分配给特别委员会进行关联。这些委员会一致认为,由于巴黎是首都,因此其街道应处于最佳状态并加以维护,但由于这将是一笔巨大的费用,并且远远超出收费站的正常收入(每年约 1 500 图尔里弗尔),他们建议,为了提供额外款项,除了之前的盐税外,要另外对每一米诺[1]盐征收 6 图尔里弗尔[2]税,还应自 1573 年 1 月 1 日起征收五年的盐税,这不仅适用于巴黎,而且适用于任何希望铺路和维护良好路面的城市。

这些事实在查理九世的一项法令中得到了阐述,他的建议也成了法律。然后,国王利用这个机会,用以下令人信服的措辞抨击了那些收费站的官员的不诚实行为:

"我们的许多臣民、教士、非神职人员和社区都征收过路费……命令将他们传唤到议会陈述他们的职责,并强迫他们(甚至在被判处监禁的情况下)把资金花费在各自地

1 minot,古时法国的一种容量单位,约合 39 升。——译者注
2 Livre tournois,法国的古代货币单位名称之一,又译作"锂""图尔锂"或"法镑"。——译者注

区的铺路上。”

议会于1571年12月通过的一项市政法规专门针对在不足的砂层上修建路面。在再次讲述了主铺路工为了自己的工作而肆意破坏良好路面的暴行之后，该规定指出，铺路工没有均匀地将排水沟的石头刮平，也没有将铺路石固定在“夯实的好砂”上，而是使用了含有大量泥和松土的砂。也有人抱怨说，每当铺路工清除他们正在铺设的街道上发现的优质沙子时，他们就会用垃圾和污物重新填满沟渠，他们称之为“馅饼”。该规定指出，这些做法的结果是“经常不到三周或一个月就发现了大洞。”

在其他法规或法令中，如果户主未能修复破损的铺路，则授权地区铺路工进行这项工作。在一项规定中，司法官承诺让十人或十二人的编组做好行动准备，以避免延误。

1568年，由学徒和主铺路工数量有限引起的劳动力不足的老问题再次出现，这个数量是由铺路工协会的规则确定的。铺路工人员不足，检查员很难执行国王的命令。出售铺路石的人也同时采取了限制贸易。为了减少这两种滥用职权行为，国王颁布了一项法令(12月5日)，讲述了他是如何被告知巴黎有大量经验丰富的铺路工，只要他们能被接受，他们就会宣誓成为铺路大师(主铺路工)。由于国王“不希望任何人被拒绝从事他年轻时从事的工作”，他命令所有称职的铺路工都应被视为大师，并且任何人都应被允许“制造、销售、交付和分发铺路材料”，只要材料能通过警察检查。

在此期间，市政当局和铺路承包商之间签订了定期合同，其中包括上述与材料和工程质量有关的条件。其中之一是与克劳德·杜克洛迪特和尼古拉斯·埃夫克(巴黎的主铺路工)签订的合同，该合同于1575年5月20日签订，旨在修复从圣马丁门通往伊布隆大桥外的路面和道路。

根据该合同，承包商需要在指定地点重新修筑道路，根据巴黎建筑大师纪尧姆·纪兰、国王的普通铺路大师皮埃尔·里查尔和工程监督员杰汉·德·凡尔登检查记录中规定的平方突阿斯，每平方突阿斯的收费标准为18索尔(仅用于沙子和劳动力)。重新修筑将在一到两年内完成，铺路石由市政当局提供。

他们将开始运送石块，并与四名工人一起不间断地工作。

他们将自费修筑必要的沟渠、路堤和路肩，所有这些沟渠、路堤和路肩都要有足够的宽度，并应用优质的沙子而不仅仅是来自路边田地的沙子。

所有合适的旧铺路石都将再次利用，多出的任何好的铺路石，无论是旧的还是新的，都将被运到下一个工程中，以便不会损失铺路材料。

路面应保持几乎平坦且整洁，以便使两支队伍可以并排通过而不会发生危险，但路面坡度应确保水很容易流出。路面的宽度为15皮耶，如修之前路面更宽则保持之前的宽度。

六年内，要每年对道路进行维护，使其不受任何泥土或污垢的影响，维护的总金额为每年 1 000 里弗尔。在到期移交时，应铺砌良好，状况良好。

尽管市政当局提供了石头，但承包商有权检查和拒绝，因为他们对结果负责。至少需要四名工人用两年才能完成这项工作，这表明巴黎人并不着急，或者熟练劳动力的短缺阻碍了更快的完成。后者是更合理的假设。

虽然从科学或坚实的建筑角度来看，文艺复兴时期的街道铺设进展甚微，但也取得了一些实质性的成就，可以总结如下：

第一，采用规范，要求砌块的质量和尺寸合适，所有砌块均经过适当检查，表面平整以便相互提供横向支撑，并用夯锤妥善固定在干净的砂层上，并使房屋到中央排水沟的平面保持一定坡度以便排水，但也能太陡以至于给人或动物带来不适。如果严格遵守这些规范，路面就足以满足当时的交通需求；

第二，要求每个业主在自己的房子前面铺路的实验被证明是失败的，因为这不可避免地导致了拼凑，因此决定将街道作为一个整体，作为一项公共责任，并向相邻的业主征税。只要垄断的组织控制了劳动力和材料，就不可能实现对工作质量、执行时间和执行法规的满意度要求。然而，很多年以后，这种不公平的控制才被打破。

13

供　水

向巴黎市供水是一个市政问题，处理得并不比铺路好。它的历史展现了同样的肮脏图景——没有落实的良好意愿、官员的无能和腐败、特权阶级的贪婪，以及普通大众的懒散。但也有光明的一面。在文艺复兴结束之前，工程师们迫切建议用机械压力为城市供水，不仅为所有房屋供水，甚至供水至高层。在几个建议方案中，一些是非常有远见的，还有一些是实用的，形成了一个真正的市政供应系统的基础，这一点直到文艺复兴结束六十年后才达到。然而，这一结果与 1500 年左右开始的情况密切相关，因此，如果不将其扩展到由此产生的发展，文艺复兴时期的供水工程故事将是不完整的。

被塞纳河包围的巴黎古城，或西岱岛，井水和河水资源丰富。在很早的时候，河水的清洁度足以饮用，这样持续了几个世纪。但早在罗马统治时期，这座城市就开始向北扩展，渐渐远离河流，然后人们不得不将水运到很远的地方。因此，罗马征服者按照他们的习俗建造了一条砖石的渡槽，从山上输送充足的水。这条渡槽据说是朱利安皇帝下令建造的，在 9 世纪被诺曼人摧毁。此后，由于没有人有动力或精力修复渡槽，巴黎市民就只能依赖当地的水井或塞纳河。

1190 年，当菲利普·奥古斯特用城墙围住这座城市时，发现北部的两座大型、富丽堂皇的修道院——圣罗兰修道院和圣马尔坦德尚普修道院，拥有自己的水源。前者在佩圣热尔维村有一个水库，从罗曼维尔的泉水中收集水，从那里通过铅管流向巴黎。后者拥有一条约 1 200 米长的砌石渡槽，从贝尔维尔村开始，那里也有泉水。之所以建造这些供水设施是因为修道院离塞纳河太远，取水任务太繁重，尤其是修道院的花园需要大量的水。修完水库后，修道院将剩余的水分给了附近的居民。

在这一时期，人们习惯于让泉水流入公共水池，由屋主或授权的搬运工将水装在罐子里运到房屋中。这种做法不仅持续了几个世纪，而且许多地方仍在沿用。

当主管道从圣热尔维和贝尔维尔通往巴黎公共喷泉时，一个新时代开始了。公众很快意识到，与依赖于固定条件的泉水和水井相比，无论供应来源如何，将供水地点设在容易到达的地点要方便得多，并要求在其他地方扩建更多的喷泉。由于宗教团体对这项服务不感兴趣，他们于是将控制和运营权移交给了城市。

后来，私人开始要求获得通过管道为其房屋供水的特权。由于一开始这些请求很少而且只来自重要人士，当局无法拒绝，但如果在同意之前回忆一下自己的格言“重要的是第一步”可能会更好。

1265年，菲利斯·迪厄女修道院似乎第一个获得了这样的特许权。此后不久，各种贵族和其他特权人士也看到了这样一个可以免费获得属于公众东西的难得的机会，他们似乎也坚持要求给予他们类似的许可。随着先例的确立，当局，甚至包括王室，一个接一个地向他们的朋友发放了许可证，允许他们打开公共管道，并将管道铺设到他们的私人住所。这些早期许可证对使用或浪费几乎没有限制(但规定了固定支管尺寸等的最大值)。但是，如果允许管子自由连续地给私人水箱或蓄水池供水，那么即使是一根小水管也会流出大量的水。结果是，公共喷泉经常干涸，因为它们总是线路的最后一个点，而主管道又旨在不间断地为公共喷泉供水。最后，局势变得如此严重，以至于1392年10月9日，国王不得不下令采取措施予以补救。

在那一天，查理六世发布了公开文件，声明尽管他的前任出于对巴黎人民的喜爱，不时铺设管道将水输送到公共喷泉，一些拥有宫殿的人“通过各种影响和要求，从以前和现在的王室那里获得了取水和用水的许可；打开了管道并将管道铺设到他们自己的宫殿……水被分流得如此之多，以至于一些地方已经没有水了，而另一些地方则几乎没有水流动，因此，住在这些地方附近的很多人为了取水而搬到了其他地方，而仍然居住在这里的人不得不付出巨大的劳动和成本从塞纳河运水。”

因此命令如下：“管道应恢复到古老的状态，以使水可以像以前一样不间断地大量流动……并且所有铺设的其他用于引水的管道……将被彻底销毁……召回、取消、废除和撤销所有特许、授予、许可、权利、准许或宽容……除非它影响到我们和我们的叔叔和兄弟。”

这些文件中有一种令人愉快的天真，坦率地承认这种许可是通过影响力获得的，并突然取消了这些权利，但保留了国王本人、他的叔叔和兄弟、贝里公爵、勃艮第公爵、奥尔良公爵和波旁公爵的权利。有了这个特殊豁免和偏袒的例子，引水的习俗继续存在就不足为奇了。但也许国王的文件并没有被认真对待。

1404年，查尔斯签发文件，禁止秘密地向塞纳河扔污物，因为这是令人厌恶的景象和对水的污染。

除了努力保护渡槽的流量以供公众使用，并保持河水的适当清洁外，在1457年之前，没有采取任何措施来增加供水，也几乎没有对结构进行修复，直到1457年，行政官和四位市政官才重建了大约200码的贝尔维尔沟渠。

为城市北部供水的两条渡槽是相当大的工程，圣热尔维渡槽的长度约为6.5英里，贝尔维尔渡槽的长度为4.1英里。他们有两种类型，一种是铺设在干燥或石灰砂浆中的砌石管道,水在其中自由流动,另一种是带压力的金属或陶瓷管道。圣热尔韦渡槽五分之一的输水管道由直径约 5 英寸的铅或铸铁管组成。砌石渡槽的横截面通常为矩形,高 16 英寸到 4 英尺、宽 6 英寸到 16 英寸不等,铺设在地面以下 6 到 10 英尺的沟渠中。这些尺寸与管道输送的水量无关,泄漏造成的损失(尤其是在铺设石块时没有使用胶结材料的部分),肯定非常大。

为了提供检查和清洁的通道,在特殊点(如两个或多个管道的连接处或搭接支管的地方)经常有检查井和偶尔的小房子,可以测量或控制流量。这些小房子是精心雕琢的,与它们要履行的职责完全不相称。图 13.1 显示了贝尔格兰德重建的小房间的平面图和剖面图(《巴黎地下工程》,1873—1877)。

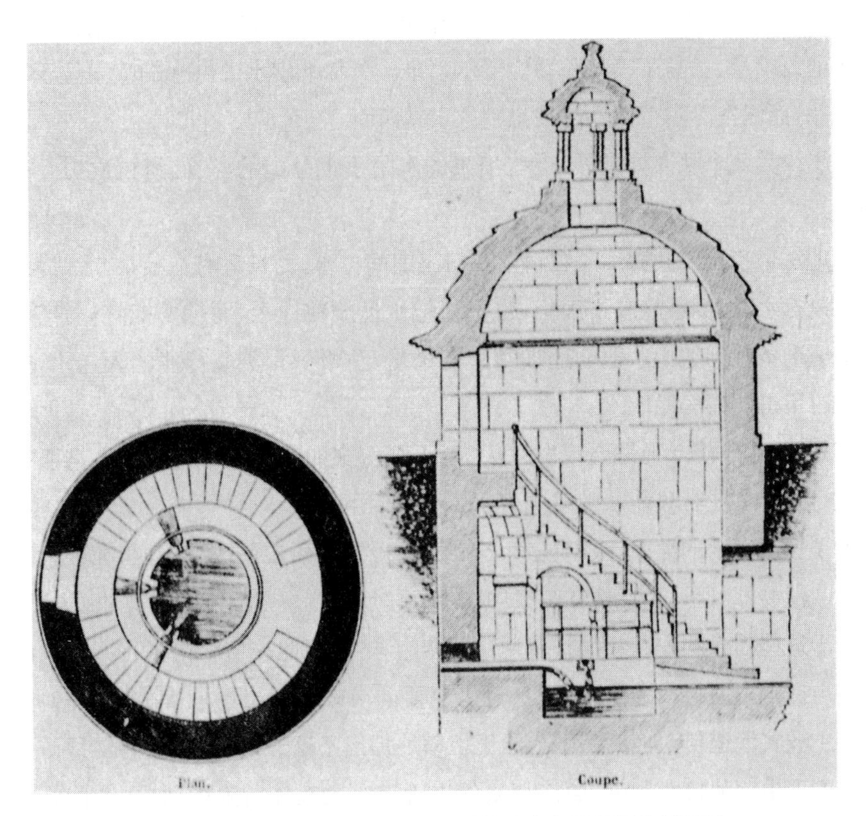

图 13.1　测量和控制巴黎供水流量的小房间平面图和剖面图

为了测量水流,在这些小房间的导管上设置了垂直的薄铜片,铜片上有 1 布斯(1.066 英寸)见方的孔,通过一个孔的水量据称为 1 布斯。这种方法相当于现代矿工或灌溉中使用的英寸水。由于一平方布斯包含 144 平方莱尼[1],所以布斯的分数也就据此来进行表述了。不幸的是,在文艺复兴时期,人们不了解水力学定律,也没有注意到孔

1　ligne,法国的前长度单位,1 莱尼等于 0.225 6 厘米,1 布斯等于 12 莱尼。——译者注

上方的水头，因此水流量并不总是通过孔径大小来测量。

在此基础上，将可能的水量转换为普通计量标准，用于计量水的用量，计算出圣热尔维和贝尔维尔渡槽的输水量分别为每24小时3 461立方英尺和3 602立方英尺。这些数字可能不准确，在长期降雨或干旱的情况下会有很大的变化。水量的人均值非常少，而且整个供应的大部分都损失了，不仅是由于管道泄漏，还有喷泉的浪费，喷泉的水在夜间继续不受控制和浪费。

据说在15世纪末，有16个公共喷泉，由行政官管辖，大部分用城市资金安装，其中有马尔喷泉（位于圣马丁街和圣丹尼斯街之间），圣埃沃伊，一个在巴雷杜贝克街，鲍多耶门和圣朱利安各有一个且都从贝尔维尔取水，而庞索、雷恩、特里尼特和辛克迪亚曼的喷泉则由圣热尔维供水。在没有城墙的情况下，建造了四座喷泉：圣拉扎尔喷泉、菲利斯·迪厄喷泉、圣马丁喷泉和勒坦普尔喷泉。贝尔维尔水渠供水的喷泉位于圣丹尼斯街以东，而佩圣热尔韦供水的喷泉则位于其西面。

除了少数几个私人分支外，这些喷泉的水是手工分配的，我们将再次提及这些私人分支。

当地法令禁止公共搬运工在日落和日出期间打水，而且只有在喷泉水池满的情况下才可以打水；他们不能放下扁担，也不能把水桶放在地上，而是要把它们扛在肩上，以便随时准备轮到他们。他们还被禁止向染坊、马贩子和类似行业的人送水，并被责令工作时不得妨碍居民取水。

宵禁后，除非第二天需要或发生火灾，否则房主和其他人不得取水。马贩子和其他指定行业的从业者只能从喷泉中取水供个人使用。

为了保证供水的纯净，人们被禁止在喷泉中洗衣服、皮肤或脏东西，在喷泉附近存放污垢或污物，或让马和牲畜在喷泉中饮水。违反这些规则的行为将被处以重罚。

由于这些喷泉的安装和维护费用由巴黎市承担，因此该市获得了官方承认的管辖权。甚至拥有王室特权的弗朗索瓦一世，也要向市政府提出请求，请求允许他的朋友卡斯特主教将管道接入他的房子。国王坦率地提出了这一请求，他把偶尔拜访主教作为自己的理由。他接着指出，通往喷泉的主管道在主教住所附近通过，这位好主教只要有一个“只有豌豆大小”的接口就可以了。

这一请求是在1528年11月22日发出的。次年1月13日，国王写了一封信，提请注意他以前的请求，并对没有得到注意感到非常惊讶。市政当局显然捍卫了一段时间他们的权利，一个月后，在有非常明确的前提下，颁发了接入佩圣热尔韦管道的许可。连接工作将由该市的工人进行，费用由主教承担。主教将挖两个水池，让水流入其中，并从中抽水，以免对附近的公共喷泉产生大的影响。接口的大小不是普通豌豆的大小，而是野豌豆的大小。该市保留了在公共供应不足时随时切断连接的权利。为此，市政官保留了管道阀门的钥匙。

是“豌豆”大小还是“野豌豆”大小是由铜板上的孔来确定的，表示了假设的尺寸。这里没有提到水头，因此，如果管道接口处于压力下，水量会相应增加。16世纪末，当引入更系统的供水处理方法时，对这些任意的估量进行了定义，“豌豆大小”变成了直径为$2\frac{1}{2}$莱尼$\left(近\frac{1}{4}英寸\right)$的孔。

授予卡斯特主教许可又重新成为一个先例，并破坏了查理六世的良好政绩，他在1392年废除了对稀少资源的无理挪用。那些具有政治影响力的人现在提出了获得让步的理由，这些让步与知名教会获得的让步类似。

1529年，法国的一位财务主管菲利伯特·巴布购买了一栋房子，他请求许可重建原先矗立在地面上的喷泉，并引用在那里发现的旧铅管来支持他的主张，这显然是查理六世“切断”的不当连接的一部分。该市同意了建造喷泉，条件是“如有必要”，喷泉可向街道上的居民开放。最后一句话表明，供公众使用的规定可能只是一种姿态，并不打算强制执行。

审计院院长让·奎利尔要求(1532)允许他从主管道铺设一条私人管道，通往他位于巴雷杜贝克街(现为圣殿街)的住所。这也得到允许，条件是他也能在街上设立一个水龙头。

因此，行政官杰汉·特隆森，也是一个不容拒绝的人，他于1535年请求，让一根管道通入他位于干树街的房子。市政官下令由巴黎主教督察和几位重要公民陪同，由石匠、木匠和水管工进行了两次检查。当然，请愿书的意图并不违背公共利益，也得到了适时的同意。

1538年，登记官皮埃尔·佩德里尔被授权将他位于圣阿沃伊街的房子与贝尔维尔管道连接起来。

这样的请愿书越来越多，仅仅几年就开始引起担忧，后来又引发了一些问题。给出这些说明并不是因为它们本身很重要，而是因为它们表明了官方对私人侵占的态度和公众默许的状态，而私人侵占在一个国家的经济和社会发展中是推动或阻碍工程进展的重要因素。

一般来说，水管是由铅制成的，铅是一种储量丰富且易于加工的金属，尽管有时也会使用带有中心孔的原木。第戎档案馆中有一条827突阿斯长(约1英里)的木水管的完整记录，这是一个重要的工程，其第一份合同于1501年签订。

这条管线上的原木是桤木或橡木，长度不少于6或7皮耶，通过它钻了一个圆孔，圆孔2英寸“高”以及周长6英寸。因此，直径和周长之间仅为近似关系。管道由一根1皮耶长的铁管连接在一起，打入钻孔端部，然后用铁捆扎每个圆木的端部。这些铁管是为了“防止泥土和污物进入，以免阻碍水流”。这些洞是用木钻钻出的，长 6.5 皮耶，在把手的末端有一个孔，通过这个孔插入一根木头横杆来转动。

规定将原木铺设在 3 皮耶长的橡木枕上，“顶部和侧面是圆的，底部则平的”。原木应固定在枕木上，以免移动或断开。

尽管如此小心，但线路铺设不久就出现了故障。管道的安装固定造成相邻的段被拉开，必须重新连接；或者原木破裂和泄漏，必须用铁箍绑住。这样的维修合同有好几份。最后，在 1509 年，决定用铅管取代整个木材管道。

这根第戎木水管的规格清楚地表明，所有细节都经过了仔细考虑和调整，因此应该取得成功，尤其是在低水压下。产生的故障一定不是由于设计缺陷，而是由于材料缺陷、工艺不良、软土地层或这些单个原因的集合。

喷泉和管道由一位叫喷泉工的官员负责，这可能是英语的表达。他的职责是进行检查和报告，并监督维修。比如喷泉工、国王的议员丹尼斯·皮科特先生在 1534 年提请注意佩圣热尔韦村附近存在一个大型泉水，该泉水之前增加了该市的供水量但最近被一名农民挪作自用，他指出旧的木制管应更换为铅管。皮科特的行为，尽管表面上是为公众服务，但其实并不完全是无私的——作为回报，他要求在取缔农民的分流并恢复城市供水后，给他自己的房子接一个“豌豆大小”的私人管道！

喷泉工在不局限于问题的情况下对整个状况进行了检查，并建议为了增加供水量，可以接通贝尔维尔未使用的泉水，并且进行各种维修以减少泄漏，特别是更换城市沟渠下方承载水管的木制支架。

这份报告被行政官和市议员采纳，但资料没有提及皮科特的要求后来如何。

四年后，也就是 1538 年，圣婴喷泉的流量大大减少。喷泉工表示这是由于主管道上的接管太多造成的，于是这些接管被下令减少直到恢复正常流量。喷泉工有权在从任何主管道引出的每个接管上设置一个阀门，当局将保留阀门的钥匙。

虽然额外的泉水增加了来自佩圣热尔韦的供应，但少量增加却被亨利二世为了王室成员或私人朋友的利益而要求的让步所抵消了。

由于供应有限和需求不断增长，历任国王授予私人和特殊情况的特权必然导致与 1392 年迫使查理六世采取严厉措施相同的严重情形。1553 年 11 月，当局指示上士命令所有用公共管道的水供应私人喷泉的人（即使喷泉也在街上），应表明他们拥有什么头衔或特许。如果他们未能在 24 小时内提供这一信息，将切断并拆除与主管道相连的管道。

尽管有最后通牒，国王还是有必要寻求司法官和行政官的支持。于是，1554 年 5 月，他制定了以下规定：

第一，私人住宅中不能供公众使用的所有喷泉都将被切断，无论之前是否有授权，但（注意例外情况）已故维莱先生、盖斯公爵和蒙特莫伦西公爵、瓦伦蒂诺斯女公爵、安德烈·吉拉德·杜莫尔特领主和儿童医院的喷泉除外；

第二，接管将被拆除，与主管道的连接将被重建，以便城市检查员能够对其进行检查。

唉，改革！这些法令和条例产生的影响很小，因为两个月后，议员只命令切断了五个私人连接，其中一个通向杰汉·特隆森的遗孀的房子，大家记得，他在1535年担任行政官时获得了这项权利。在他死后，行政官的政治影响力已几乎不存在了。但是，作为改革道路上的另一个障碍，即使是这仅有的几次拆建也没有带来预期的效果：要切断的所有私人接管都已提前承诺给了洛林红衣主教、掌玺大臣以及凯瑟琳·德·美第奇感兴趣的一些宗教团体！

1558年12月，两位砖石和木匠大师被指示检查私人喷泉并提出了报告，这也显示了权威人士为纠正这种令人无法忍受的情况所做的努力。这两位专家纪尧姆·纪兰和查尔斯·勒孔特，以书面形式向行政官和市政官报告说，他们已经检查了查隆主教住宅中的喷泉，以确定喷泉是否可以布置成可同时在圣阿沃伊街供公众使用。报告表明，这个检查是仔细的，对主教和公众也都是公平的。

两位专家展示了喷泉的布置方式，即保持喷泉现有高度和长度的同时，其宽度可以穿过房屋外墙延伸 $2\frac{1}{2}$ 皮耶的距离到街道。这样，主教的仆人可以从屋内到达，而公众可以从外部到达。

第二年，又下令对整个供水系统进行全面调查，并清楚合理地确定了每个私人喷泉的允许水量，每种情况下授权的开口模式在水务局办公室存档，并通过调节控制阀来相应地调节供水量。

王室也一直在关注私人占用的问题。1571年，非凡的女性凯瑟琳·德·美第奇根据行政官提出的计划，允许从杜伊勒里宫的总管道铺设管道，以供水给公共喷泉。在某些情况下，王室便利会屈从于公众需要。

许多文件显示了维修是如何尽量保持最大供水量。一个是命令喷泉工纪尧姆·纪兰和皮埃尔·勒格兰德，更换圣拉德雷喷泉上被盗的铜阀(或旋塞)，并用挂锁固定栏杆和扣件以防盗窃事件再次发生。另一个是命令他们雇用工人重新调整将水从里戈列斯河引至贝尔维尔总取水口的石块，而且为了使贝尔维尔和佩圣热尔维的供水能够毫无损失，应重新铺设并更换状况不佳的铅管。

这些管道一定是处于故障状态，因为后一个命令又一次被强调，水管工和喷泉工皮埃尔·勒格兰德再次被命令拆除旧的和有缺陷的管道，并在沟渠中铺设新管道。

一位名叫佩罗的泥瓦匠根据司法官和市政官的命令开展了工作，他在账单中详细介绍了从总管连接到房屋和在公共喷泉总管上设置控制阀的方法以及这些操作的费用。这些账单日期为 1578 年 3 月 8 日：

在德博伊西先生家门口用一块石制作一个喷泉，喷泉上覆盖一块毛石(其中放置了另一块石头来固定喷泉的阀门)：石头工程，包括切割和安放、挖土和砌墙，花费 5 $\frac{3}{4}$ 埃克斯 6 图尔索尔。用于切割和更换五处墙壁，以便将管道从喷泉通到花园；将厨房地面抬高并重新铺设，以便通过管道；改造从厨房通往花园的走廊的台阶和地面：以上的材料和劳动力费用为 6 $\frac{2}{3}$ 埃克斯。

在圣日耳曼沟渠街制作块石的喷泉连接，并用一块大毛石覆盖，其中设置了控制通往维勒奎尔先生住宅喷泉的阀门，并对墙壁进行切割和修复，以便将管道引入住宅：切割和铺设石头，以及所有挖土和修复墙壁的工作，9 埃克斯 10 图尔索尔。

在萨布隆河畔贝尔维尔村建造一个块石的连接，并用毛石覆盖，其中设置了通往议长齐维尼先生住宅喷泉的管道和阀门：切割、铺设石头和劳动力的费用，包括从巴黎到贝尔维尔的石头运输费用，为 12 埃克斯 10 图尔索尔。

这些账单只是许多账单中的一些，这些账单表明，尽管一百年来颁布了许多法令、通过了许多条例来禁止将公共水挪作私用，但司法官和市政官实际上也下达了许可的命令，并且至少在一段时间内支付了这些费用。困难在于，当局正试图执行一项违反常识和损害健全公共经济的规定。在生活便利不断改善的时代，剥夺屋主拥有充足供水的权利，不仅是对个人的不公正，也是对公共福利的损害。在一个拥挤的城市，当地的水井既不充足也不卫生，即使在一些地方还可以找到其他水源。如果屋主们除了水井之外不能找到其他来源，那么他们将不得不缩减用水或搬走，但任何一种选择都会损害巴黎及其经济。当局对此表示理解，虽然他们对这一做法大发雷霆，但他们不仅承认了这一做法，甚至还起了帮助作用。他们的错误在于没有像罗马人那样大胆地面对这种情况，为城市提供充足、卫生的用水以满足私人和公共需求。由于存在许多罗马供水工程的例子，不能说当时所理解的工程科学无法解决这个问题，也不能说缺乏材料，因此失败必须归因于公众舆论尚未觉醒。

就在这个城市为私人连接安排服务并支付费用的时候，当局正在经历一场重复以前限制私人连接并要求提供现有连接的许可证明的闹剧。

与此同时，巴黎开始出现用机械设备供水。1585 年 3 月，亨利三世向尼古拉斯·瓦塞尔·洪、杰汉·德斯彭德和保罗·拉特雷耶发布了公开诏书，授予他们使用一些发动机进行提水和磨面的专有权。这些人也许有权被任命为工程师，他们也声称发现了永动机，但鉴于目前缺乏对自然规律的数学描述，他们的错误也许可以被原谅。

这些公开诏书在许多方面都很引人注目，特别是它们代表了第一个通过抽水给巴黎供水的提案，构成了一种明确描述的专利形式，即授予在规定的年限内的独家使用权，侵权行为将受到重罚。

该设备的细节没有给出，只是简单地说明了它可以将水提升到任意高度，可以发动各种磨机进行研磨、造纸和火药、锯木头、吹风箱和锻造金属。专利权人还声称能够用六匹马拖运和推动船只逆流而上（通常需要超过三十匹马才可以）。他们提议从塞纳河上游的一条位于城市上方的运河取水，因为请愿书提到这条河的水质比塞纳河更纯净。

为了保护申请人"值得赞扬和神圣"的意图，公开诏书授予他们在王国各地操作该设备的专有权，为期 30 年，禁止所有其他人"以任何方式模仿或假冒上述发明，或未经同意直接或间接使用……处以监禁并没收其财产"。

有一名申请专利权人是德裔瑞士人，诏书列举了他关于在该国使用这一设备的请求，但是"我们的臣民总是让他们的德国同伴如此专注于我们的服务，以至于他们不愿意将他们的发明传达给任何欧洲国王、共和国或城市，而是为了优秀城市巴黎的利益首先提供给我们。"

这项专利的条款很宽泛——未指定要提升的水量，未给出喷泉的位置，也未解释输送方式。

没有任何记录表明这些人完成了什么事情或试图将他们未描述的发明付诸实践，但也许他们的建议启发了一系列的建议和项目，这些建议和项目实际上是在随后几年中提出或开始的，贯穿整个 17 世纪。

16 世纪最后十年震撼法国的内战几乎摧毁了巴黎的供水系统——没有铺设延长线，忽视了维修，未经授权的私自使用，而那些持有许可证的人则增加了管道的尺寸，以获得超乎寻常的用水量。

亨利四世（1589—1610）的第一个行动是让德·萨利公爵进行调查，他发现由于河水"浑浊而黏稠"，许多人患有绞痛、发烧和其他疾病。那时，塞纳河已经成为主要的水源，通常流向公共喷泉的水大部分已经停止流动，或者已经被"大领主"改道供自己使用。当确信已经战胜了对手时，国王发出了一封信，说和平已经达成，他决定在巴黎定居。"我们决心，"信中接着说，"为巴黎带来可能的一切改进，重新建立为喷泉提供活水的设施，这对国民的健康非常必要。"他命令行政官和市政官进行维修并为他们提供铺设管道所需的材料，授权征用所有进入巴黎市场的铅以支付工人的工资，并授权对葡萄酒征税。他吊销了所有私人许可证，命令将所有阀门钥匙交给市政厅，并禁止市政当局向个人发放更多补助金。

与以前的情况一样，在 1600 年完全切断私人接管是不可能的，但这一努力带来了合乎逻辑的解决方案，即让接管保持运作，但向受益人收取供应成本。由此，我们看到了水费制度的开始。

这些措施虽然恢复了供水系统但没有增加可用水量，因此最初的短缺仍然存在。国王希望为他的卢浮宫和杜伊勒里宫提供充足的水，并意识到无法从现有的管道中获得，于是接受了佛兰德工程师让·林特拉尔的提议，在刚刚竣工的新桥的一个拱门下安装了一个水泵，水泵通过水流驱动的轮子从塞纳河中取水，并通过管道输送到两座皇室。林特拉尔的建议是从洪、德斯彭德和拉·特里耶的专利计划中得到启发的，还是独立思考出来的，目前尚不清楚，但无论如何，这实际上是通过泵向城市供水的开始，专利的专有特权并没有阻止林特拉尔的提议被采纳。

然而，行政官和市政官确实反对这一提议，理由是该设施将干扰船只通行，但国王在给大臣德·萨利公爵的一封特别信中对此表示反对：

"我的朋友：据我所知，巴黎的行政官和市政官对佛兰德的林特拉尔将驱动设备的水车放置在卢浮宫一侧的新桥第二座拱门下的建议提出了反对意见，假装这将干扰航行。我希望你能派人去请他们，并替我向他们申明这是我的一项权利，因为上述桥梁是用我的钱而不是他们的钱建造的。据说他们想要篡夺这项权利。"

尽管没有任何论据或对事实的考虑，但王室特权和既得金钱权利的主张占了上风，并于1602年1月2日发布了以下条款：

"国王希望将塞纳河的水以一定的高度引至他的杜伊勒里花园，如已提议的那样，这通过佛兰德的让·林特拉尔发明的泵来实现，国王陛下不想失去这次机会，已下令在巴黎市的新桥下，以及在林特拉尔可能选择的最适合与最容易执行其设计的拱门内，建造一个立于桩上的小建筑以容纳两台泵，泵的类型和容量应能最大限度地提升水，林特拉尔也将在这个小建筑内监督操作和运营……还建议在圣日耳曼欧塞尔罗修道院修建一座水库，以接收大量的水。"

水库所处的圣日耳曼修道院位于河岸上，约为新桥到卢浮宫距离的三分之二大，它们现在不存在了。

关于林特拉尔建造的泵站的机械细节，没有可靠的记录。尤其令人遗憾的是，在不同时期重建的供水站一直在运营，直到1813年被拿破仑拆除。这是圣母桥一座工厂的原型，经过改造后，该工厂输送塞纳河的水，直到1858年重建大桥时被拆除。

然而，我们可以根据法国著名水利工程师贝利多的设计对该计划进行大致复制。贝利多于1714年负责因洪水和腐烂而进行的必要大修。重建结构的设计严格遵循了圣母桥的设计方案，这些方案存有相关记录。由于后者在当时被认为是以名为"莎玛丽丹"的林特拉尔装置为原型的，因此贝利多复制了已经存在的莎玛丽丹装置基本特征的假设似乎是充分合理的。从贝利多的设计来看，似乎有两个木制笼子，从北岸的第二个拱门下向下延伸。这些木笼里装满了石头，用来固定它们以抵挡水流。上游部分会聚，以缩小流量，并将其引导至下部转轮，下部转轮的轴支撑在木笼上(图 13.2)。

木笼外面是两排双排桩，作为装有轮子和泵的建筑物的基础。

轮子的外半径为 8 皮耶，装有 8 个桨叶(18 皮耶长，4 皮耶高)。由于在干旱和洪水期间，河流水位变化很大，并且轮子在完全浸没时无法转动，因此轴的端部靠在有垂直调整装置的支架上，该装置可以使车轮保持在与河流相对适当的高度。轮子前面有一个隔板，隔板从一个木笼延伸到另一个木笼，可以在洪水泛滥时降下，以减少水流的力量。

在轴的两端有两对双曲柄，每对曲柄与另一对的曲柄成直角。与每个曲柄相连的是一根垂直杆，它通向木质摇臂梁的末端，并将往复运动传递给它。这些连杆在其连接到摇臂梁的构造使其长度可以改变，以适应整个装置对水轮高程的变化。

摇臂的另一端是通向泵活塞的活塞杆。有两对泵，都完全浸没在水中，其口径是 9 布斯，输送管道的口径是 6 布斯。冲程长度为 3 皮耶，总扬程约为 72 皮耶。

摇臂梁有 20 布斯长，但没有在中间铰接，其轴侧是 10 皮耶 9 布斯，泵侧是 9 皮耶 7 布斯，从而提高杠杆率。

这些布置如图 13.2 和图 13.3 所示(摘自贝利多的《水工建筑》，1787)。图 13.2 给出了桥墩、木笼、外部桩结构、隔板 T 和水轮及其轴和曲柄的平面图。泵 VS 由交叉机架 RR 支撑。图 13.3 是穿过闸道和上方建筑物的泵房纵向剖面图。在图上，可以看到截面上的水轮 QQ、垂直连杆 TT、摇臂梁 NN、摇臂梁另一端的泵活塞杆，以及架 RR 中间的泵本身。

图 13.3 所示的建筑是由贝利多建造的。它比原来的更精致，原来的只不过是对机器的简单保护，尽管林特拉尔应该是住在那里的。贝利多的房子被规划为一个装饰性结构，带有一个钟楼，钟楼内有一个编钟，而朝向大桥的正面则装饰着代表救世主和善良的撒玛利亚人的铜像。

图 13.4(摘自贝利多的《水工建筑》，1787)给出了摇臂梁和泵的详细信息，其中 13 和 14 是一对摇臂梁的立面图和平面图，驱动杆位于右侧，活塞杆位于左侧；18 是一对泵的正立面图，17 是一台泵及其两个阀门的垂直截面图。每个泵都是单作用的，当上阀关闭，活塞中的下阀打开时，则下冲程加注。一旦活塞向上启动，阀门动作就会自动反转，泵将缸内液体输送到排放管中。由于操作一对泵的曲柄彼此相对设置，当一个上升时，另一个摇臂下降，因此当一个泵充满时，另一个则排出，从而产生连续流动。如前所述，两对泵的曲柄彼此设置为 90°，因而其运动仅相隔 1/2 冲程。

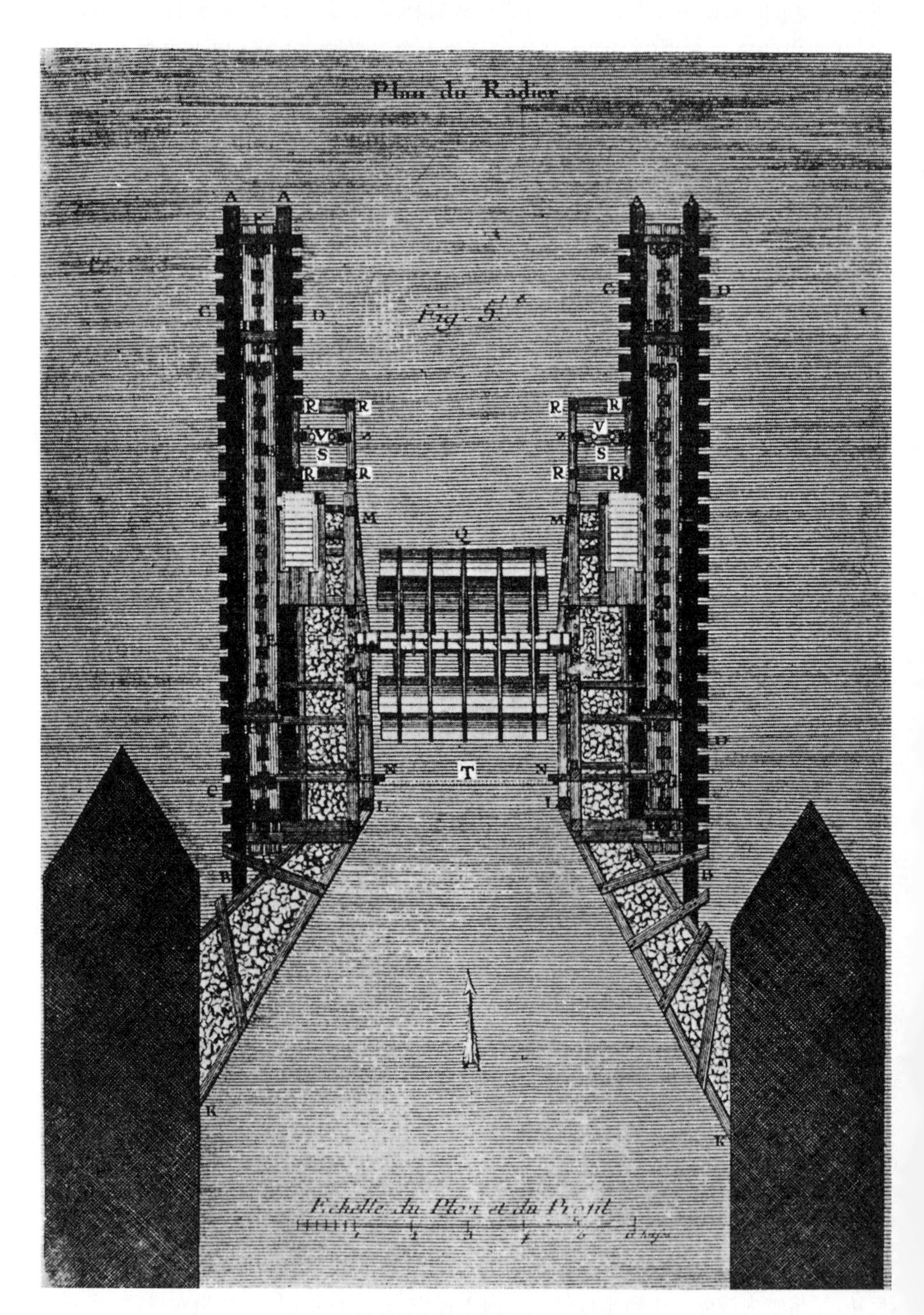

图 13.2　林特拉尔位于新桥拱下泵站剖面图

图 13.3　穿过闸道和上方建筑物的泵房纵向剖面图

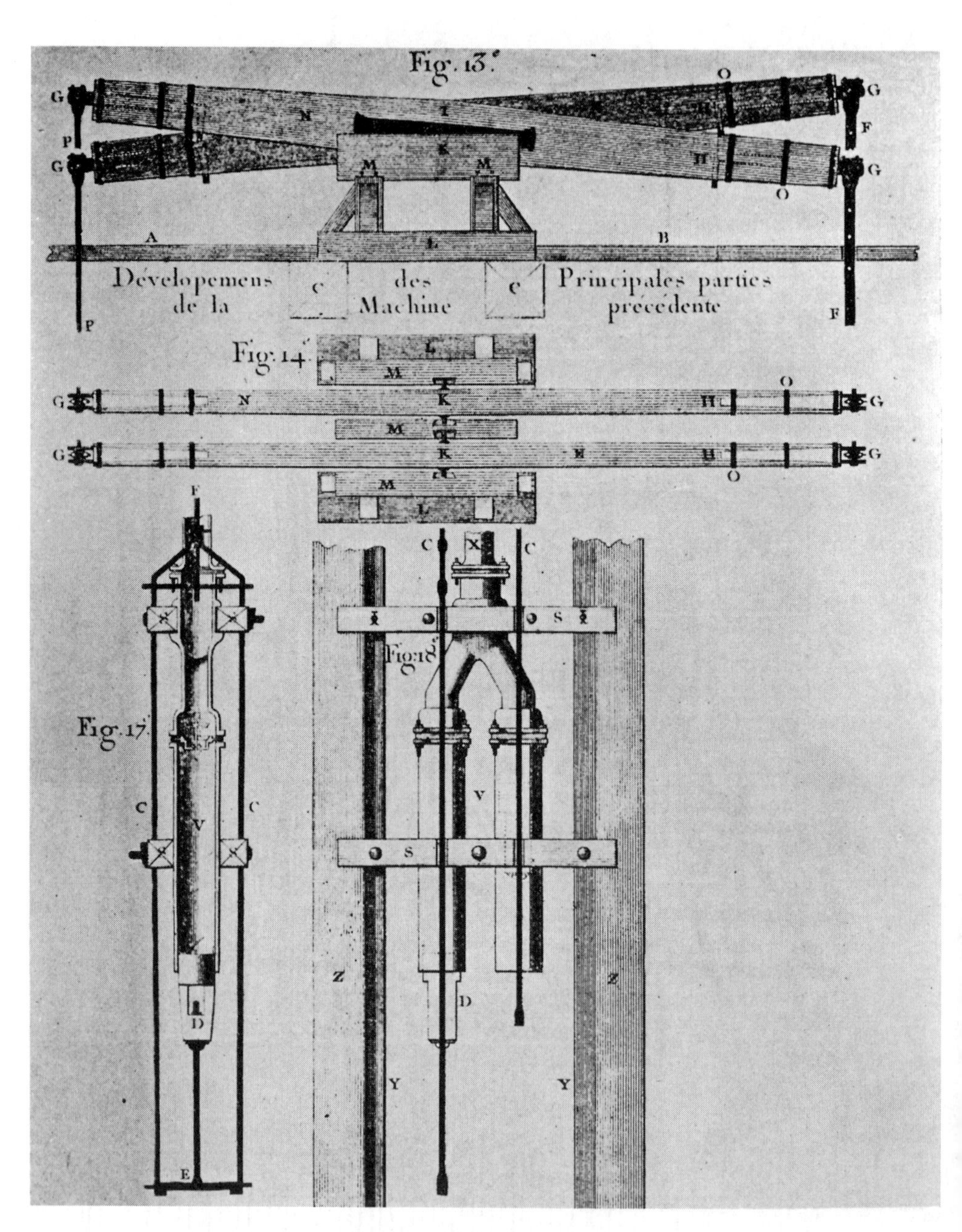

图 13.4　摇臂梁和泵的细节

水轮每分钟旋转 2.8 圈，不算阀门和其他损失的话，24 小时输送约 2 500 立方英尺 $\left(约 2\frac{1}{8}美国加仑/秒\right)$。贝尔格朗计算出的有效马力为 2.52，但同时他指出，由于机器部件缺乏效率（甚至按他的标准衡量），水流中的大部分潜在功率被浪费了。

亨利四世的儿子路易十三认识到，尽管林特拉尔泵固有的效率较低，但它们具有实际的价值。路易十三任命林特拉尔的妻子罗宾和他们的两个儿子为维护设备的合格人选，这一任命是"考虑到我们的工程师让·林特拉尔用四台泵输送大量清水所带来的公共利益"，也是对他服务的认可。他们将得到与林特拉尔相同的报酬。

值得注意的是，国王称林特拉尔为"我们的工程师"。

在建立莎玛丽丹水泵之前，没有人试图从外部水源将水输送到西岱岛或塞纳河以南的地区。西岱岛上的人们可以轻松地从河里取水，而南岸的人们也可以这样做。然而，如果后者住得离河太远而不容易做到这一点，他们就会被迫打井，根据地形，这些井有时深达 100 英尺，这带来了极大的不便。

1606 年，第一条输水主干管从北部通往西岱岛，铺设在兑换桥的人行道下，将水输送到那里建的第一个公共喷泉。这个喷泉的水来自莎玛丽丹水泵，因为供给国王的水比他需要的要多，所以允许 1 布斯的水改道。

至于南区，早在 1544 年就敦促重建古罗马的阿奎尔水道，但直到 16 世纪末才采取行动。然后，当亨利四世稳坐王位时，他命令重新研究这一规划，工作很快就开始了。1610 年他去世后，如果不是他的遗孀玛丽·德·美第奇坚持要完成这一项目，这一非常有用的计划可能会被无限期推迟。残忍而不公正的批评者声称，她的坚持与其说是出于提供公共服务的愿望，不如说是出于她为卢森堡宫（当时正在建设中）提供安全用水的迫切需要，而且它离塞纳河太远了，无法用人工抽水来经济地供水。

许多项目都得到了推进，但最受欢迎的是约瑟夫·奥布里的项目，他提议从伦吉斯的泉水中收集水，并将其输送到圣雅克门和圣米歇尔门之间的水库中或直接通过沟渠输送。

奥布里提出自费资助整个项目，在四年内完成，并每年向该市支付 20 万里弗尔（按季度分期）。从表面上看，这一提议似乎非常慷慨，但在资助这座城市时，他也没有忘记赞助者的利益。他的提议附带了两个条件：第一，他应该是该市对每一桶进入巴黎及其郊区的葡萄酒征收 30 图尔索尔税的受益人；第二，由于这笔补助金不会得到偿还，他应该得到三分之一的水并由他出售。其余三分之二将由国王和城市平分。王室的份额将通过管道输送到卢浮宫、杜伊勒里宫和卢森堡宫这三座王宫，而该市的份额将移交给行政官和市政官，由他们按其认为合适的方式进行分配。

尽管人们承认公众会从中受益，奥布里的提议并没有受到热烈欢迎。当局认为，他们需要了解更多有关奥布里、他的同伴、他的担保人以及他提议使用的方法的信息。该市还坚持认为自己应该拥有检查和控制权，这听起来很像是一个交通问题缠身的现代城市的要求。因此，该项目与其他项目一起提交给了一个委员会进行审查和报告。该委员会由该市的工程大师皮埃尔·吉兰、国王的建筑师洛伊斯·梅特佐、工程师和建筑师阿莱昂、皇家喷泉主管托马斯·弗兰基尼、石匠大师科林·维莱弗斯、卢瓦尔运河负责人胡格斯·科斯尼尔和莎玛丽丹皇家水泵主管杰汉·圣拉德组成。该委员会通过这样一个项目似乎是完全合理的，但科斯尼尔的出现却很奇怪：他已经拥有了葡萄酒税的特许权和自伦吉斯建造一条输水管道的合同。但他提出，如果市政府愿意，可以将特许权与合同移交给另一家承包商。行政官和市政官原则上接受了这一提议，同时拒绝了奥布里项目。

工程师委员会提交了自己的计划，并公开招标。1612 年 10 月，石匠大师杰汉·科因获得了一份总额为 46 万里弗尔的合同，这在当时是一个很大的金额，这项工作将在六年内完成。

据估计，伦吉斯泉将提供 30 布斯水量，这将被分成为皇宫保留的 18 布斯和为一般公众使用的 12 布斯。30 布斯以外的任何部分将由承包商保留，以供其自己获利和使用。在这方面，对城市来说这份合同并没有奥布里提出的那样慷慨。

该计划在圣雅克郊区修建了一个 18 皮耶（19.2 英尺）宽、7 皮耶（7.5 英尺）长的砖石坑或配水池（建在桩上），分成三个小室（由不漏水的墙壁隔开，没有相互连通的开口），以容纳三股水，水可以通过配水管道抽取。从伦吉斯泉水到圣雅克水库的渡槽总长约 10 英里，包括一座横跨塞纳河的石桥（长 1 244 英尺，带有一系列跨度从 23 英尺到 30 英尺不等的拱）。整个渡槽由铺在砂浆中的切割石灰岩组成，内部横截面宽 3 皮耶（3.18 英尺）、高 $5\frac{1}{2}$ 皮耶（5.88 英尺），尽管地板上的水道只有 6 布斯（或略大于 6 平方英寸）。侧墙有 2 皮耶厚，带有拱形屋顶。

由于委员会是由经验丰富的人组成的，他们显然非常擅长这种性质的工作，因此评价该计划为代表了这一时期的最佳思想也是公平的，受到如此的批评也是如此。突出的缺陷是完全不考虑经济。输水主干管道的面积为 18.7 平方英尺，容纳的输水渠道不到 3/10 平方英尺。贝尔格兰德在他的《巴黎地下工程》（*Travaux souterrains de Paris*）中指出，文艺复兴时期的工程师在经济设计上被古罗马的工程师所超越，古罗马的渡槽（其遗迹后来被发现）通过一种尺寸与其单个功能更为相称的结构从同一泉水中输送了两倍的水量。

圣雅克的接收池太小，只能作为一个分隔室，无法根据合同分配水的份额。由于渡槽顶部没有任何集水池，水流不受控制，导致超出实际吃水深度的任何部分都被浪费掉了。由于这种情况可能发生在大约一半的时间内，因此损失了大量的水，如果使接收池具有足够的尺寸，作为蓄水池，就可以在至少 24 小时内平衡吃水和流量，从而节省大量的水。承包商科因在工作完成前去世，由戈布兰兄弟中的一个继承（戈布兰家族与著名的挂毯作品有关）。戈布兰提出了新的配水库计划，以克服这一严重缺陷。渡槽于 1623 年完工。

在其他输水管道上允许私人接管的不幸后果并没有阻止当局在新的输水管道上重复同样的错误。阿奎尔水道刚一完工，各种宗教机构、学院、议会成员和各种公职人员就寻求并获得了皇家或市政限额的私人许可，结果是公众的状况几乎没有改善。

鉴于莎玛丽丹泵的成功（尽管其效率低且输出量小），里昂的两位推动者弗朗索瓦·维莱特和吉拉德·德萨格斯于 1626 年提出了扩展该方法的计划，以克服新渡槽未能缓解的不足。他们声称，他们设计了一种由河水驱动的泵，可以将水位提升到 40 皮耶的高度，水量是莎玛丽丹泵的两倍，并且可以连续运行，每年的维护费用不到 300 里弗尔。他们提出在该市指定的任何不妨碍航行的地方建立一个样本装置，如果两个月的试验证实了这一说法，该市将购买该装置。经过检查，发现该装置并没有基于良好的工程原理，因为没有采取任何措施。

这些连续的失败导致该市于 1635 年对现有的三条渡槽进行了调查。除了建议在公共喷泉的下方而不是上方建立私人连接外（这样公共喷泉就可以首先获得水），几乎没有什么进展。私人的支路不仅没有受到影响，而且增加了相当大的数量——1667 年的一项类似调查显示，拉罗奎特修道院从阿奎尔水渠中抽取了 150 莱尼的水，而城市只抽取了 36 莱尼。当时巴黎有 30 个公共喷泉，其中 14 个由阿奎尔供水，16 个由贝尔维尔和圣热尔维供水。

1656 年，马图林·德蒙切里提议在军械库附近的沟渠出口处建一个水泵，同时调查增加贝尔维尔和圣热尔维供水的可能性。该市拒绝了他的第一部分提议，理由是这样一个设施会干扰航行，对第二部分提议，则邀请德蒙切里解释他希望如何从已经完全开发的地方获得更多的水。没有记录显示德蒙切里接受了邀请。到 1666 年，这种情况几乎变得无法忍受。巴黎人更多了，生活豪华程度的提高创造了更大的人均用水需求，但公共供水却基本保持不变。

为了纠正这种情况并满足迫切的需求，克劳德·雷格纳特·德拉方丹和一些合伙人组成了一个财团，于当年 5 月 28 日提议在塞纳河支流的马奎勒岛上建立一座抽水厂，从那里抽取圣日耳曼郊区或巴黎其他地区居民的生活和消防所需用水，水将输送到每家每户。该河道未被船只使用，因此航行不会受到阻碍。提议没有给出水泵的详细信息，也没有解释驱动这些泵的能源（尽管毫无疑问将利用河流的水流）。

该财团将是私营企业，没有市政部门参与投资或获利。财团提出收购安装水泵、建造蓄水池和铺设主干管所需的所有土地和权利，以补偿所有损失并运营和维护工厂。作为回报，将允许财团收取与消费者协商确定的水费。

这是第一次认真提议按定期收费标准向任何私人住宅供水。

1666 年 9 月，国王接受了这一提议，确认授予的专利证书中包含了非常全面的条款：在指定地点或“其他合适和方便的地点”取水的水量没有限制。授予雷格纳特、其合伙人、继承人和受让人的权利具有排他性和永久性；免除该企业现在和将来的所有税费；专利所有人可以以他们能够显示的任何价值出售工厂以及特许经营权并保留全部收入，而无需进行会计核算；征用权也包括在内，所有已经通过和将来可能通过的与特许权相违背的法律都被废除，甚至被提前废除，同时法院被命令保护特许权所有人和平享有授予，不受任何无关的烦扰或干扰。

然而，在授予生效之前，还需要市政府的建议。他们回答说，虽然该项目是值得鼓励的，但应该禁止发起人在河里设置水泵，以免阻碍航行。这听起来像是古老童谣中说的允许游泳但不要靠近水。限制条款是致命的，也可能是故意的，因为这导致雷格纳特及其合伙人的退出。

此时，当局肯定已经完全意识到采取建设性行动的必要性，以结束实行了 100 年的拖延政策。

1669 年 11 月 29 日，在市政厅举行的一次行政官和市政官的公开集会上，被称为“国王的总工程师”的乔利提出了一个解决方案。国王的工程师佩蒂和布隆德尔先生以及皇家数学教授罗伯瓦尔作为专家应邀出席了听证会。

行政官指出，只有两种方式可以增加供水：寻找新的泉水或从塞纳河取水。他补充说，第一种选择的前期调查的成本高昂，结果也不确定，而第二种选择有 60 年来日常运作的令人鼓舞的例子。

虽然这项建议与导致所有项目被拒绝的决定直接矛盾（从奥布里的项目到近期雷格纳特及其合伙人的项目），但这项建议得到了采纳，并允许乔利在圣母桥建造一座在原则和设计细节上与新桥的莎玛丽丹泵相似的装置。这项工作是由乔利完成的，但该装置在完工后不久就被该市收购，随后作为市政项目运营。

这些泵也无需过多描述，前面对莎玛丽丹泵的描述已经很多了。应该说，它们只是文艺复兴末期生产的复制品。经过多年的考虑和拒绝了各种的提议后，巴黎不得不又回到佛兰德的让·林特拉尔的设计和计划上，林特拉尔是亨利四世的“工程师”。

14

下 水 道

街道铺砌或街道清洁是否落后于城市发展水平，这确定存在疑问，但毫无疑问的是，污水处理方面不如这两者。事实上，正如本章和关于街道清洁的一章所揭示的那样，与文艺复兴时期的任何其他形式的工程相比，环境卫生工程的进步更小，引起的关注也更少。城市街道上未经处理的垃圾不仅带来不便，而且对视觉和嗅觉都是公然的"冒犯"。在一个社会广泛进步的时代，这种情况令人震惊。然而，在巴黎这个自视为世界文化中心的城市，它被容忍了200年。

15世纪和16世纪，巴黎没有建造有效下水道的唯一借口是缺乏足够的冲洗用水。在这段时间里，水是从公共喷泉手动运送到所有房屋的，除了那些受欢迎的少数人之外，而他们中在自己房屋安装水龙头的人也只是少数。甚至这水也倒入水箱，由仆人运到屋里。因为房子里没有任何水管装置，甚至没有污水池，所以只有很少的废水流入了街上的排水沟或花园。如前一章所述，直到17世纪后半叶，才开始向所有建筑物加压供水。

粪便被沉积在沟渠中，然后被转移到城市范围外的垃圾场。固体生活垃圾本应放置在容器中，并由公共运输公司定期清除。此外，所有可能需要一个完整排水系统的主要城市都位于河流上，这些河流与塞纳河一样，为运输车辆迟来时秘密处理垃圾提供了一种便捷的方式，尽管是被禁止的。

在这种情况下，对下水道的需求就没有了，因为今天理解下水道的术语和用途的需求甚至没有罗马时代那么大，当时免费分配给房屋和商店用于各种家庭用途的大量水随后被排干。

但是，如果住房对下水道的需求缺乏，就必须注意降雨，并为利用雨水将街道上的污物或相邻建筑物扔到那里的污物冲走做好准备。为此，通常不需要特殊的系统或扩展的结构。巴黎的早期居民将他们的房屋和工作场所放置在河岸沿线或附近，地面向河岸倾斜，从而实现自然排水。因此，在城市变得很大、人们离水有相当长的距离之前，街道表面(即使铺设得很糟糕)以及粗糙的排水沟也足以将所有雨水和街道冲洗物排入河流。

但随着巴黎向北和向南扩展，新的问题出现了。必须防止地表排水沿着狭窄的街道流动，并且必须为那些没有直接通向塞纳河的街道设置排水口。解决方案是修建两条沟渠，第一条沟渠用于拦截流向河流的地表水，第二条沟渠用来接收邻近街道的排水。

北侧有一条沟渠，在贝尔维尔有一个分水岭，其中一条支流向东，通过巴士底狱的沟渠排入塞纳河，另一条向西流入查洛特渠。

北侧的护城河并不是一条排水沟，尽管它接收了大量与污水混合的地表径流。通往查洛特的排水沟远远超出了这条护城河，在护城河之上铺设着下水道，它环绕着圣奥诺雷郊区，在圆形广场以西穿过现在的香榭丽舍大街，然后向南弯曲到河边。这条沟渠收集了现在林荫大道北边的蒙马特高地的所有地表排水，它被称为大包围下水道或梅尼蒙当下水道。

南侧有一条类似的沟渠，其东端流入圣维克多和圣伯纳德的沟渠（就在西岱岛上端上方），西端在雀巢塔（Tour de Nesle）流入塞纳河。这条沟渠拦截了圣吉纳维埃山的地表溪流。它正好位于墙外，因此构成了护城河，其西端如图 11.2 所示（雀巢塔的图片）。

后者和梅尼蒙当下水道是在文艺复兴之前挖掘的，它们不过是露天的沟渠，没有确定的尺寸、规定的坡度或明确的结构。

它们的坡度很小，但它们本可以很好地实现其第一个目的，即拦截地表水。当街道清洗的下水道与之相连时，麻烦开始了。在北部和人口最多的一侧，有两条主要的下水道通往梅尼蒙当。第一条是在 15 世纪之前建造的，在圣安托万街下，在这个地区的东端拦截水，将它们带进巴士底狱沟渠。圣保罗皇宫就在这条下水道附近，查理六世非常反对它的存在，因此在 1412 年，他将其重新安置，使其向北延伸到圣殿的大门，穿过城墙，在一条砌石渠中越过护城河，排入梅尼蒙当。同一条沟渠还连通着另一条圣殿街西边的地区的下水道。

第三条下水道属于圣丹尼斯街附近的市场区，它穿过蒙马特街到达梅尼蒙当。它通过一个由木板做成的水槽越过城市的护城河。还有另外三条不那么重要的下水道：一条下水道承接格列夫广场周围屠宰场和屠户摊位排出的污水并将其输送到河里，它是水污染的来源。南边有两条下水道，一条在圣贝诺街下面，另一条排入比耶夫尔（Bièvre）。

总的来说，这是巴黎市的主要排水干道。这些下水道，或者更确切地说是沟渠，只有在雨下得很大的时候才会被冲洗，而且冲洗效果不佳。由于它们是各种房屋和马厩垃圾的接受者（尽管有各种禁止的命令，垃圾还是被扔到街上），它们的状况一定超出了我们的想象。由于没有值得考虑或描述的施工特征，因此工程师只关心这些肮脏的明沟的处理和维护。

查尔斯六世统治时期(1380—1422),蒙马特下水道的一小部分被砌石衬砌和覆盖,这是第一次覆盖这些沟渠。这项工作是在胡格斯·奥布里奥(Hugues Aubriot)的命令下完成的,因此有时人们认为他是第一个将下水道引入巴黎的人,但正如贝尔格兰德指出的那样,他所做的只是在现有的下水道上建起了拱门。

这一小部分工作与整个系统无关,其尺寸和设计都不足以被列为一项工程。遮盖下水道的工程发展非常缓慢。在不同的时间不同的地方,开放沟渠的短而孤立的部分被封闭起来,但直到 17 世纪才很好地推进了将这些沟渠改为密闭的砌石管道,然后同时引入了扩大的通用供水系统。

1663 年首次提出了关于这些下水道的范围和状况的第一份报告,当时有 2 588 码的有盖下水道,宽度从 5.5 英尺到 8.6 英尺不等;2 000 码明沟;还有 6 800 码梅尼蒙当下水道。1663 年,除了梅尼蒙当的长度没有改变外,这些下水道的长度无疑比 1600 年时长了。梅尼蒙当不仅在 1663 年是全部露天的,而且直到 1737 年才采取措施对它进行封闭。

供水和排污服务必须联系起来。如果没有一定量的水冲洗下水道,就最好将其留作明沟,这样就可以手动清除未被雨水冲走的堆积物。

这些沟渠最大的困难是坡度平坦,再加上表面粗糙,使得正常降雨的冲刷力很小。只有大雨才可能有用,但这并不常见。随之而来的是淤塞和越来越多的腐烂物质,直到被沟渠清洁工或偶然的暴风雨清除为止。

至少有三次机会可能实现大量冲洗来补救这种麻烦。一个是德斯弗里西斯(Desfroissis,在关于街道清洁的一章中进行了充分讨论)。他的主要目的是洗街道。为此,冲洗下水道只是顺带的。当他的提议被拒绝时,改善下水道的希望暂时破灭了。亨利二世(1547—1559)考虑的第二个方案是,将塞纳河的一条河道改道,流过围绕查理六世城墙的护城河,使其能够带走所有下水道的排出物。但这个计划显然从未推进到项目阶段。第三个是一位名叫巴比尔的财政主管提议在巴黎周围挖掘一条运河(长 3 000 突阿斯、底宽 36 皮耶、顶宽 72 皮耶)。这条运河不仅可以接收不直接流入塞纳河的排水,还可以作为商业运河。

这一雄心勃勃的计划被正式接受了,但实际上没有采取任何行动来执行它。它比其他计划有更多的优点,因为它可以载船,至少可以稀释污水。作为卫生措施,这三项措施都不会成功。塞纳河在所有这些运河或护城河的分流点和流入点之间的落差不足以在其中产生冲洗或冲刷作用,由于支流比河流长,因而坡度较小,而弯曲和粗糙表面也会产生阻碍。

工程,无论是明智地应用还是完全忽视,都会对城市的总体发展产生重大影响。

这一点可以很好地说明，巴黎缺乏适当的下水道系统，这迫使人们收购了杜伊勒里宫，从而在很大程度上决定了这座城市未来的发展方向是向西还是向东。弗朗索瓦的母亲昂古莱姆女公爵的住所是巴士底狱附近的图内尔宫。圣凯瑟琳的下水道在宫殿附近，它的气味非常难闻。住在那里的路易十二(1498—1515)和弗朗索瓦一世(1515—1547)都抱怨过，但都无济于事。污水沟无法重新安置，覆盖它也没有什么好处。这是查理六世拆除的同一条下水道，但位置的改变只是一种缓和，随着城市的发展，滋扰变得和以前一样严重。弗朗索瓦为了给太后一个更宜居的地方，买下了卢浮宫以西的土地，后来在那里建造了杜伊勒里宫。

在工程史上，这些明沟(委婉地称为下水道)，激发了人们对未完成而不是已完成的事情的兴趣。它们的建造不仅缺乏科学的指导，而且保养和维护也很差。

在考虑清洁这些下水道时，必须记住，使用下水道处理任何生活垃圾都是明令禁止的。所有这些垃圾，无论其状况或性质如何，都要用小车运走。因此，所有进入这些沟渠的应该都是小型地表溪流、雨水和街道冲刷水。但不幸的是，这些规定没有得到遵守，也没有被认真执行。污水和垃圾被扔到街上，与泥土和街上的污垢一起被带到沟里。

巴黎不是唯一一个不干净的城市，欧洲所有城市都有类似的状况。仅举一个例子，阿尔伯塔斯在 1481 年对锡耶纳的描述如下："锡耶纳虽然很漂亮，但有一个缺陷——没有下水道，所以在晚上睡觉或早上起床的时候，臭味很重，几乎无法忍受。这是因为从窗户扔出去的污物不仅使土壤潮湿，还会产生淤泥并引起感染。"显然，锡耶纳人选择了晚上和清晨的时间来处理垃圾，此时的街道交通量最小，所以至少放过了路人!

这一切对于一个建造了精美宫殿、鼓励美好生活艺术的时期来说都是难以理解的，而且早在 1481 年就有像阿尔伯塔斯这样的工程师，他们不仅理解这种糟糕的状况，而且知道怎么补救。未能采取行动只能归因于公众对改进需求的不足。15 世纪后半叶和 16 世纪上半叶，美第奇和法国国王确立的奢华和优雅的标准与城市街道的可怕面貌之间的对比，在历史上都是绝无仅有的。

但是，巴黎违反有关处理生活垃圾法令的行为不仅限于无视法律条文。紧靠沟渠的房屋的业主(特别是那些被砖石拱门覆盖的部分，在那里违规行为不容易被发现)，他们将私人排水沟铺设至下水道，而不是将垃圾放在篮中等待垃圾车来收。这是一个理所当然的行为，但它违反了法律。

议会针对这种做法颁布了许多命令和法令，也进行了检查。这些检查发现了许多私自的连接和排水管。在某些情况下，违法者被要求表明他们的行为是出于何种权利或许可。从供水接管的类似经验来看，那些有足够影响力获得违法许可的人就有足够的影响力保留它。在其他违法者中，少数最不重要的人可能会受到惩罚，但其余的人在承诺停止违法行为后，仍继续像以前一样使用私人排水沟。16 世纪期间，不时重复的命令表明了这一结果，这些命令包括指出下水道和房屋之间仍然存在私人连接，房屋污水仍在通过这些连接进入下水道，导致污物和腐烂物质的额外积累，以及下令停止使用这些连接，并由这些连接的房主修复沟渠的孔洞。

直到 1581 年，才建立了系统清理沟渠的安排。在此之前，有一个市政局本应负责这项工作，但由于其性质，这项工作可能被忽视了。那一年，当局下令将清洁工作公开拍卖给出价最低的人，但这项工作每年只进行一次！

1599 年与纪尧姆·博尼布斯签订的合同描绘了相关的情况。合同中包括四条下水道和一个十字路口，总计 1 097 突阿斯(7 021 英尺)，清洁价格为每突阿斯 19 图尔索尔(每英尺 72 美分)。条款规定，开挖材料将部分铺在沟渠的河岸上，部分铺到林荫道上。

经验很快表明，每次下雨，扔在河岸上的材料都会被冲入沟渠。在随后与博尼布斯签订的一份合同中，价格提高到 20 索尔，其中规定要将挖掘材料扔到够远的地方，使其无法被冲入沟渠。还规定沟渠的底部宽度为 5 皮耶。

根据主要建筑的分类，唯一值得注意的下水道项目是将下水道越过护城河的砌石管道。举例来说，1571 年行政官和市政官的一项法令表明，这些管道修理不善的情况被默许了。该法令列举了经检查下水道中的污水进入了护城河而不是越过护城河进入梅尼蒙当下水道的情况，这构成了非常恶劣的罪行。这是由于砖石上有许多洞，以及管道拱形覆盖层的坍塌，这些拱形覆盖物造成了堵塞，使水溢出。法令下令重建砖石结构、清洁护城河和通往查洛特出口的梅尼蒙当下水道，费用为 9 600 图尔里弗尔。关于下水道不卫生状况，指出累积的腐烂物质、令人讨厌的气味和发散物是对社区健康的持续危险源(特别是在炎热天气下)的命令、法令和公开诏书，至少表明当局认识到情况的恶劣性。但没有人有足够的主动权采取行动，而且除国王以外没有人抱怨。

我们已经看到弗朗索瓦如何将他母亲的住所从图内尔斯宫搬到杜伊勒里宫，但他没有取得更多成就。他的儿子亨利二世(1547—1559)在即位后立即再次提出污水管道的问题。他仍然住在图内尔斯宫，他还发现圣凯瑟琳的明沟非常令人讨厌。他似乎向行政官和市政官提出了抗议，他们认可了国王的意见，并在会议记录中做了记录：国王要求改变下水道的位置，以避免鱼市污水也出现沉积；他请工程大师进行了检查，“他们收到了他的报告”。这一回答并不是用向国王致辞时惯用的外交术语表达的，但也许市政官认为，在这种情况下，国王并不是想消除麻烦，而只是在转移它。

但国王并没有沉默。三年后，他重新开始“进攻”。这一次，他派人请行政官和他一起吃饭，心想，虽然命令失败，一句温和的话可能会成功。记录显示，在晚饭后国王指出，某些地方，特别是他在图内尔斯和查洛特的住所有感染的危险，并建议修建下水道(将全部或部分排入塞纳河)。然后，为了避免他以前的错误，国王提议建造新的分流下水道，以缓解整个地区的压力。从工程学的角度来看，他是对的(也许他接受了专业的建议)。

一周后，行政官向市政官提出了王室的建议，并解释说，尽管发现下水道通向河流的处理方式对社区健康有害(正如水里的鱼所证明的那样，当它们接近出口时会立即死亡)，但一半的人口仍在继续使用河水烹饪和饮用。此外，他们一致认为，如果下水道因此改道，某些地方的地面应升高或降低四突阿斯，以提供必要的坡度。但结果是什么也没做。

即使第二次失败也没有阻止国王。在请求被“摆在桌面上”后，他立即派人去请他的工程师菲利伯特·德洛姆(Philibert de l'Orme)，并向他指出，使街道充满污垢从而污染空气的原因是街道表面没有进行过分级和管理，以提供适当的坡度，使下水道和排水沟能够自由地输送到河流中。因此，他命令德洛姆在行政官、市政官和某些专家的陪同下进行新的检查，注意坡度，并在需要确定下水道位置的地方进行水位测量。

这一检查是及时的，但市政官立刻记录道：“他们宁愿让河流支流通过下水道改道，而不是将下水道排入河流，因为这条河流会受到污染，巴黎人也会因此被剥夺使用权。”这是前面提到的塞纳河三次改道中的第三次。

国王再次被打败，他所抱怨的麻烦事多年来一直没有得到改善。1559 年，他去世后，他的遗孀凯瑟琳·德·美第奇离开了图内尔斯，不久后图内尔斯被拆除。

市政当局继续拒绝按照国王完全合理的要求采取行动，这不仅仅是对王室特权的抵抗——这反映了公众舆论未能支持君主在令人厌恶和不卫生的条件下改善生活的要求。这就是进步如此之少的主要原因。以下是一个实例：

议会于 1577 年 3 月 9 日通过了一项法令，授权圣日耳曼郊区的居民从事与该地区下水道有关的某些工作，费用将由该市、圣日耳曼德普雷斯修道院和那些将从改善中受益的居民各三分之一分摊。《巴黎市政厅自由报》记录了两个事实：第一，“尽管河水回流并污染了该地区，但每个人都拒绝付款”；第二，“到 1579 年冬天为止，几乎什么也没做”。文明还没有达到这样一种程度，即只要花钱，肮脏的滋扰就可以被纠正。

15

街道清洁、交通法规和街道照明

1. 街道清洁

1184年，菲利普·奥古斯特(Philippe Auguste)在巴黎的街道上铺设了第一条粗糙的路面，他的意图是创造一个更干净的环境，而不是创造一个良好的表面。是泥土的臭味让他有了这个想法。在铺路前，没有人清扫街道，因此，向已经很脏的街道扔脏东西并不是什么大事。

随着人行道的铺设，尽管铺得并不怎么好，来自房屋的污垢和垃圾变得异常明显，因此必须采取措施加以控制和清除。随着巴黎进入卫生工程的伟大领域，一个新时代开始了，或者更确切地说是一个"文艺复兴"，就像十个世纪前罗马建立了街道清洁系统一样。文艺复兴时期的街道清洁故事与铺路的故事相似——一长串的法令和条例、条款无法执行，也没有得到遵守，并且伴随着同样不吸引人的无能、贪污和个人偏袒。为了了解文艺复兴时期取得的进展，有必要简要回顾一下在此之前所做的工作。

西岱岛的街道是最早铺好的，很窄，很容易打扫。由于每个屋主都有兴趣将自己房屋前的小空间保持在合理良好的状态，因此这是一件不难安排的事情，而邻居们通过租用或拥有一辆定期巡查的马车来合作，街道清扫物、污泥和生活垃圾被运到公共垃圾场或扔到河里。这一习俗，并不受法律或法令的管制，一直持续了150年。

这期间，巴黎被大大扩大，最终覆盖了大面积的河流北岸。随着城市规模的扩大，人们开始倾向于逃避公共负担，以至于如此多的公民未能遵守旧习俗，因此有必要制定一项对不遵守规定者进行处罚的条例。这样一项法令是规范街道清洁的第一步，由司法官于1349年2月3日发布。这项有趣且极为重要的文件规定了某些要求，并对每项违规行为处以60索尔的罚款：

(1) 所有淤泥、泥土、污物和街道清扫物均应由官方指定人员清除。

(2) 禁止任何级别的人向街上扔垃圾或污物。

(3) 建筑商应准备好搬运工和马车并清除所有建筑废料和其他垃圾。

(4) 城内任何房屋内不得饲养猪，如被发现，猪将被巡警杀死，此外，猪的所有者将被处以罚款。

(5) 不得在暴雨期间进行清扫，但水可以流动。

(6) 负责清除垃圾的人要把垃圾运到指定的垃圾场，不能把垃圾洒在街上。

(7) 官员要定期检查有夜间照明的所有街道，因为有人发现，为了节省前往城市垃圾场的时间，车夫会在晚上将大量垃圾倾倒在街道上。

这自然引起了人们的强烈不满，尤其是莫伯特广场的居民和商人。由于他们中的许多人出售食品，他们抱怨商品和业务遭到破坏。为了应对这类情况，在行政官、居民和商人举行会议后，决定将清洁此类开放场所作为市政义务，并要求毗邻此类场所的房屋所有人缴纳规定的税费。这一制度和税收通过行政官(1374)的一项法令成为法律。在确定了负责清理莫伯特广场的公职人员后，该法令规定：

(1) 所有面对广场或相邻街道的居民不得向广场扔垃圾和污物，而是应在其门前进行收集，否则罚款5索尔。

(2) 面包师不得在周日将手推车留在广场。

(3) 商家不得在广场出售秸秆，只能在自己的经营场所出售。

(4) 马车夫、蹄铁工和其他人不得占用广场。

税收根据居民的素质或业务而有不同。因此，每周对以下各项征税：

(1) 居民，1到2个图尔丹尼[1]。

(2) 每个用手推车卖面包的面包师，每辆手推车2丹尼，如果在家里卖，则1丹尼。

(3) 水果和其他食品零售商，2丹尼，但除非天气很热或下雨，否则此类零售商不可设置遮挡。

(4) 秸秆经销商，2丹尼。

这样，市政街道清洁制度得到了实行，并征收了第一笔税。

看起来，虽然社会的下层阶级可以被迫至少部分遵守这些规定，但最上层阶级，即“大领主”，可能根本无法受到约束。因此，贵族居住的街道处于最差的状态，而不是最佳状态。法国古老谚语“贵族的义务”中体现的美好原则无人遵守。为了迫使这一特权阶层履行其公民义务，人们向国王提出了呼吁，国王是唯一一个对领主拥有任何权力的人，虽然这种权力有时几乎只是名义上的。1389年，国王颁布了一项法令，规定所有人必须打扫他们房屋前的街道，“无论财产或条件如何，无论其职位、贵族身份或特权如何。”但尽管1392年和1393年也颁布了类似的法令，司法官也为确保法令执行做了一切努力，巴黎的街道仍然肮脏不堪。

1399年的一项皇家法令再次命令居住在巴黎的领主和宗教团体接受警方的管辖。

1 denier，法国硬币，价值很低，大致相当于英国便士，从查理曼大帝时期到近代早期在法国使用。——译者注

显然，以前的法令没有效果。

德拉马尔记录说，由于车夫向居民索要过高的工资，而居民为了避免因未能清除垃圾而被罚款，将河道作为一个方便且廉价的垃圾处置场所。即使在运输价格降到合理数字之后，这种做法仍在继续。最后，它变得如此危险和令人讨厌，以至于在1405年1月，国王不得不以专利书的形式介入。他在专利书中表示，“他一直并将永远希望清除我们这座美好城市的污秽，使其保持清洁有序”，然而令他悲痛的是，每天仍有人将垃圾扔进塞纳河，“暗地里和公开地，倒入各种泥土、排泄物、垃圾、污垢、粪便和腐败物，以至于河流中充满了令人憎恶的东西，对人类和其他牲畜都是危险和有害的。使用水源的人们和牲畜居然能够逃避死亡和不治之症，这是一个奇迹。”因此，国王下令警方大力阻止所有人这样做，“所有”，也包括“贵族、教会人士、与王室和议会法庭相关的、我们的叔叔和我们所有其他血脉相连的人”，这表明最高级别的人与最低级别的人一样有罪。那些被发现的人将被逮捕、罚款并受到鞭笞或其他处罚。

在1404年、1405年、1414年和1428年也颁布了命令公民清扫街道的法令，但很明显，经过近300年的努力，几乎没有取得什么成就。这不是一幅美丽的图画，但因此，当文艺复兴开始时，街道清洁问题仍然存在，当然巴黎不是最糟，也许比其他城市好一点。

1473年，在新政权统治下，旧法令被重复。然而，街道清洁问题仍然被忽视，议会再次意识到这一点，它授予了夏特莱的官员额外的权力，并指示司法官尽全力确保街道得到清洁。随着议会对这一问题的进一步研究，很明显，所有条例的制定以及街道清洁的责任由每个户主承担这一旧习俗并不奏效。1476年8月23日，议会命令每个人都要缴纳清洁费用，并且款项由司法官掌握。这一命令确立了一种新的用法：每个人都要缴纳人头税，每个地区的某些市民要收取已征收的款项并负责清洁。

在上面引用的各种条例中，提到了将街道清扫垃圾处置移到“惯常的地方”。这些地方没有定义，除了塞纳河外，可能只不过是城门外未使用的土地。为了提供一个官方的处置区，议会于1486年3月通过了一项法案，声明已经测量并用5块石碑标记了3阿庞[1]**沼泽地**，沼泽地以国王的名义获得，位于巴黎圣殿大门外并在两侧挖了沟。这是用来代替圣安托万城门附近的垃圾场的，这个垃圾场同时被法案关闭。

在文艺复兴的下一个五十年里，这个故事没有太大变化：一个个未执行的命令接踵而至。1502年，司法官命令禁止将任何水或其他污物从窗户扔到街上，而是要将其运送并倒进排水沟，之后要再倒一桶水进去。

顺便提一下，将水和垃圾扔出窗户是一件严重的事情，这在其他条例中也有规定。

1 arpent，法国以前的面积单位，1 arpent = 0.85 英亩。——译者注

也许街道清洁工作做得不好的一个原因是，人们对街道清洁这一工作的评价很低，从事这一工作的人受到的待遇也很低。1517年2月，没有受雇于防御工事的"流浪汉"(轻罪犯)被用来"拾起并清理城内外数量如此之多的泥土和污物……这些囚犯应该打上烙印，两个脚和身体绑在一起，并配备锄头、篮子、铲子和其他必要的工具"。

1533年，巴黎被一种瘟疫或某种致命的传染病所侵袭。法令、专利证和条例未能确保遵守卫生条例的实施，但死亡却做到了这一点。在假期期间，弗朗索瓦召集议会召开特别会议，决定采取措施阻止疫情的发展。

1533年9月13日，在听取了国王总检察长及其他主要行政官的意见后，议会通过了一项命令。该命令体现了当时最先进的卫生工程和医学实践，值得简要引用：

(1) 在命令发布前两个月如房屋内有任何人患有瘟疫，应在窗户或其他显眼处放置一个木十字架，并在大门中间放置另一个十字架，以便警告所有人不要进入，并且这些十字架在两个月内不被移除。今后如有人患瘟疫，也要同样处理。

(2) 所有患病或可能患病的人及其家庭成员必须携带白杖。

(3) 禁止将任何可能携带瘟疫的床、被褥或其他物品带入巴黎或从任何有过死亡病例的房屋中搬走，直到获得特别许可为止。

(4) 禁止所有小贩和二手衣服经销商，甚至国王的警卫，以通过法律程序出售货物为借口，出售或展示此类床、床单或类似物品。

(5) 明年圣诞节之前，禁止所有人进入公共热室取暖。

(6) 禁止外科医生和理发师将从患病的人身上采集的血液投入塞纳河或该市其他地方，血液必须运至城外。

(7) 在法庭允许的时间之前，禁止所有曾为患有瘟疫的人放血的外科医生和理发师在健康人身上练习技能。

(8) 所有给马放血的马贩子必须把这些血运到城外的官方垃圾场。

(9) 所有人应立即对其房屋附近被破坏或沉降的路面进行铺筑或重新铺筑，保持路面状况良好，并通过早晚在其门前特别是在排水沟内泼水来清洁街道，并要确保排水沟和下水道的畅通。下雨时没人打扫，但是可以雨停了以后打扫，他们要立即把扫拢的垃圾搬运到通常的垃圾场。

(10) 禁止所有人将污物、尿液、灰烬或其他物质从窗户扔出，这些垃圾要扔到排水沟里，而且要往排水沟倒一桶干净的水；禁止所有携带尿液去看医生的人将其扔到街上，而是要倒到排水沟中，并多倒三桶水。

(11) 禁止所有人将稻草、灰烬、垃圾、泥土或其他污物扔到街道上，而要将其运到垃圾场；在等待清运车时，要将此类物质放在篮子中。

(12) 禁止石匠、泥瓦匠和所有其他人从房屋中搬走任何可能引起感染的垃圾，除非有马车和车夫装载这些东西并将其运到指定的接收地点;主人和主妇应对其仆人的行为负责。

(13) 议院代表,无论如何都要确保街道被清扫干净,确保泥土和污物被运到指定的地点,并且应准备好结构适当、牢固不泄漏的手推车,而且当警卫看到马车不牢固时,要控制住马车并把它们带到夏特莱。

(14) 禁止所有屠夫、烹饪店店主、面包师、小贩、养鸡场工人、工人、管家、商人和其他任何人以食用、出售或其他原因在城市和郊区饲养猪、兔子、鹅或鸽子等。

(15) 如知道有任何违反本条例行为的,应立即报告。

(16) 命令所有未配备地沟的屋主立即修建地沟,否则,房屋租金将被没收并用于修建;所有的厕所清洁工在没有法庭许可的情况下都不能清理厕所。

(17) 除另有命令外,暂时禁止将衣服挂在窗户或房屋附近的柱子上。

(18) 夏特莱的专员们应确保该条例得到严格遵守,并被授权可以监禁违反者直到这些人受到适当的惩罚,而四人头,十人头及五十人头(分别负责四人、十人和五十人小队的官员)将协助专员们,为了使"专员们更积极地执行这一条例、进行逮捕和监禁,使四人头和其他人更积极地进行指控,他们应该得到所收罚款的三分之一"。

(19) 由医学院指定四名"理论和实践合格"的医学博士来探望和治疗瘟疫患者,今年他们每人将提前一季度获得 300 巴黎里弗尔。

(20) 由外科医师学院选出两名主外科医生,同样前往探望和治疗,每人提前一季度领取 120 巴黎里弗尔的"工资"。

(21) 由理发师公理会和大会选举六名理发师,同样前往探望和治疗,每人领取 80 里弗帕里斯的工资。

(22) 上述四名医生、两名外科医生和六名理发师在此后的一年零四十天以及议院另行指示的时间内,不得看望、探望和治疗未得瘟疫的其他人,并且外科医生和理发师在这段时间内要关闭他们的商店。

(23) 由每个区的专员和每个教区的两名教堂执事授权每个教区的专人运走死于瘟疫的人的尸体,将房子的家具运到指定的地方,清洁房屋,关闭门窗,并贴上城市提供的十字架。他们每人每月领取 10 巴黎里弗尔的工资。

(24) 由专员在每个区任命四名情报人员,确保专员和教堂执事授权的人员执行上述规定,并按照司法官的规定支付工资。

(25) 行政官和市政官应预付上述所有人的第一季度工资。

(26) 禁止所有医生、外科医生、理发师、药剂师、护士和其他曾探视和照料过瘟疫患者的人与其他人交流,直到四十天过去,但特别指定的医生、外科医生和理发师不在本禁令范围内,因为他们属于其他特别禁令的范围。

(27) 禁止所有的制革工人和鞣皮工在瘟疫期间在城里的露天车间从事工作。

(28) 在瘟疫期间,除非另有命令,禁止所有皮匠、皮革裁缝、染色工和其他类似行业的人在城市内浸泡和洗涤羊毛制品,或在杜伊勒里河上方的塞纳河中浸泡和洗涤,或将他们的衣物或类似感染物倒入河流中,或在城市范围内烘干羊毛制品或皮革,但可以在城市下方"两次弓箭射击"距离远的地方这样做。

(29) 除非另有命令,否则禁止屠夫、猪肉商和其他类似行业在城市及郊区屠宰和养猪,那些一直为皇家屠宰场保留的地方除外。

(30) 除非另有命令,否则禁止所有鱼类经销商在城市范围内清洗鱼类。

(31) 禁止在教堂、房屋或门上悬挂通常在死者葬礼上悬挂的任何深蓝色布,直到年底。

(32) 暂时禁止所有居民向塞纳河或在毗邻的码头倾倒垃圾或污物,应倾倒到公共垃圾场。

(33) 所有居民,如果发现任何人受瘟疫侵袭或怀疑受侵袭,应立即通知当局,任何人,无论是丈夫、妻子、仆人、男主人还是女主人,都没有例外。

(34) 司法官应在十字路口宣读该条例,以便任何人都不得以不知晓为借口,并确保相关规定不被违反。

上述条款中的每一条都附有惩罚,无论所涉及的是官员还是平民。这些惩罚,包括剥夺公职、罚款、没收财产、鞭笞、监禁、驱逐出境,而对于那些为瘟疫患者放血的外科医生和理发师,则是死刑。

也许在瘟疫的压力下,这些规定得到了遵守,这是公共卫生所能提供的最好的东西,但根据现代知识,这些东西更有趣,而不是更科学。当瘟疫过去后,必要性得到了缓解,执法再次松懈,公民逃避责任,官员玩忽职守,巴黎再次陷入其惯常的肮脏状态。

弗朗索瓦一世非常欣赏组织良好的行政管理,他理解不可能公平地强制执行大量责任非常松散的不相关法律,他承诺通过将现有条例编成一份涵盖巴黎街道清洁的单一文件来纠正这种情况,他在其中纳入了《紧急卫生法》的一些规定。

该文件于 1539 年 11 月发布,如其所述,"绿色蜡丝线"印章是其官方重要性的标志。在卫生工程史上,这是一个价值最高的命令,也是当前街道清洁实践的基础。一些重要条款的简要概述如下:

序言中写道,道路的缺陷越来越严重,无论是马还是车都不得不冒很大的风险通过,街道上到处都是污秽、泥土、生活垃圾和废弃物,所有人都感到厌恶。这是一个严重的丑闻和城市的耻辱,也是对居民的严重伤害,因此颁布了这项法令。

正如已经解释的那样,屋主被命令铺设街道并使其保持良好状态,此外,他们还必须清理路面,在上面泼水以便冲洗排水沟。按照惯例,粪便、灰烬和腐烂物品不得扔到大街上，也不得在街上焚烧，污浊的液体应倒进排水沟，并用一桶清水冲洗干净。

所有生活垃圾都要放在适当的容器里，用牢固不泄漏的马车运到城市垃圾场，车夫要值班，否则将受到鞭笞。

猪不可在街上屠宰，猪和某些其他牲畜也不可在城市范围内饲养；挖掘厕所水槽，清除建筑垃圾。

第一次违法的处罚定为 100 巴黎索尔，第二次违法定为 10 巴黎里弗尔，或两倍的处罚，第三次则定为体罚或没收房屋收入三年。

夏特莱的专员和其他官员被赋予了执行这些规定的全部权力——事实上，法令的大部分都是关于执行方法的。虽然官员们被允许保留四分之一的罚款以供自己使用，但他们将因疏于将违法者绳之以法或在检查和执行中未履行全部职责而受到严厉惩罚。

除了要求官员亲自负责执法外，该法令还要求住户对邻居的侵权行为负责，并授权他们扣押彼此的货物！

弗朗索瓦描绘了一幅怎样的画面啊，序言部分对 1539 年法国首都的街道和生活又提出了多么强烈的控诉。所有的生活垃圾、废弃物、马厩垃圾和液体污物都被扔到了街道上，在那里，它们与不稳定的石灰质土壤混合，这些土壤从破损的人行道中渗出，在潮湿的天气中形成了无法形容的泥浆。不足为奇的是，这一既定做法催生了一句古老的法国谚语："它黏得像巴黎的泥浆"。由于巴黎缺乏下水道系统，街道本身仍然是开放式排水，单中心排水沟有助于改善这种状况。所有沉积或扔到街道上的东西都被沿着边坡带到了这条单一的沟中，毫无疑问，由于粗糙和修补的铺设面，大部分东西都留在了沟里。

弗朗索瓦的法令虽然雄心勃勃，但没有达到这位王室领导者的期待。禁止将垃圾扔到街上，并命令将其放入某个容器中，然后将其清除，这一切都很好，但除非同时有系统的清除方法，否则就不可能做到全面清洁。房屋清洁可能是个人努力的问题，但搬运和处置基本上是全体公民的义务。

这一点立刻变得显而易见，作为第一步，首先为标准街道清洁车制定了规范，其被称为带轮清洁车，车身底部宽 2 皮耶，内部长 6 皮耶，侧面高 2 皮耶。后面和前面一样高，封闭后面的木板和前面的木板一样高或更高，车身要"非常牢固，连接良好，垃圾和其他污物都不会掉出来，车上要烙烫，并配备带子、钉子、铁箍、尾板铰链、螺栓和其他必要的金属制品，重量达到 160 里弗尔的布里铁，整个凹下部分都要用优质的可销售材料彻底制作和完成。"

随后，为了弥补公共或一般处置系统的不足，弗朗索瓦于次年 1 月发布了一项补充法令，规定：

"领取工资的垃圾清运车夫应勤勉谨慎，无任何借口地稳定地清扫街道和清除污物，也就是说，从圣雷米节[1]到复活节：从早上7点到中午，从中午后两个小时到晚上6点；从复活节到圣雷米节：从早上6点到11点，从3点到晚上7点。不得从事其他工作，否则将受到鞭笞。"

"垃圾清运车夫必须将排水沟中的泥土和所有其他污物捞起、收集并装入车内，但市民必须在车到达前将门口清扫干净，司机将把这些污物连同在门口发现的东西一起装入篮子或其他容器中，否则将受到上述的处罚。"

"在清运期间，车夫应留在街道上，并派人进行提醒，这样污物、泥土和垃圾能够收集并迅速装载。"

"车夫无论来回都不得停车，车要尽快行驶，街道清洁代表应对此负责；如果发现车夫不勤勉，或者从事其他工作，或停车和延误，则应受到体罚。"

巴黎那些吝啬又懒惰的市民不会放弃向街上扔垃圾的古老习俗。尽管1502年颁布了法令，但住户们还是选择了使用窗户这一古老而简单的权宜之计，从而希望逃脱惩罚。然而，这一旧习比上述日期更为古老，因为早在1395年10月就有一项皇家法令，其中有一项条款是禁止将水从窗户倒到巴黎的街道上，否则将处以罚款和监禁，并只能吃面包和水。

但是窗户太暴露于公众视线，不可能是一种完全安全的处理污水的方式，所以漂亮的鲜花和植物被用作屏障，家庭主妇可以在相对安全的情况下处理污水。这种做法变得如此普遍，以至于成为一项皇家法令的主题——禁止任何住所的任何人把花盆或罐子放在可能发生事故的地方，或者把水从窗户里倒出去，否则将处以100巴黎索尔的罚款。

如果作为第一步，现代卫生工程师不得不禁止窗台花盒，他会怎么想？

改善街道清洁工作进展缓慢，事实上，1550年的街道非常糟糕，所有街道在任何季节都有大量应该被运到田地里的泥土、粪肥和污物，亨利二世觉得有必要写信告诉司法官，他命令司法官重新发布所有现行的法令，并确保其执行。

将工程原理应用于街道清洁与供水、下水道或铺路不同，前者主要是组织问题，后者是施工问题。虽然在现代，机械收集和处理方法已经被设计并成功应用，但在文艺复兴时期，街道清洁是一项手工劳动。然而，至少有一个人，比他所处的时代稍早一点，看到了使用机器设备代替缓慢而昂贵的手动方法的可能性，并提出了一种用水清洗和清除的方法。

1　圣雷米生活在公元437年至533年之间，圣雷米节标志着一段固定工作时间的开始和结束。他在长达74年的时间里担任莱姆大主教，圣雷米节是十月一日。因此，复活节和圣雷米节将一年分成了几乎相等的部分。

这个人是吉勒斯·德斯弗罗西斯，来自拉沃或普里（现在是尼维尔省）的铁匠。1551 年 10 月 28 日，他向枢密院提交了一份请愿书，请求允许用活水清洁巴黎的街道。为此，他建议扩大现有的沟渠，或修建一条新的沟渠（未说明尺寸），在东端与巴士底狱附近的塞纳河相连，然后在城市北部绕行，在卢浮宫的“新大门”附近重新与塞纳河连接。从这一点上，他想分流一股直径为 1/2 皮耶$\left(6\ \frac{1}{2}\text{ 英寸}\right)$的水流，水流不间断地流过主要街道，如圣奥诺雷、圣马丁、圣丹尼斯、市场、维埃尔神庙街、杰弗里·朗格文、圣热尔维、奥布里·勒布歇和他认为需要清理的其他街道。

显然，他打算在他负责清理的每条街道上修建一条沟渠或大型排水沟，并通过沟渠将泥浆和垃圾冲入圣安东尼城门外的主沟渠，然后流入查洛特下方的河流。据推测，水流将由待清洁的街道轮流共享，因为很明显，一条直径只有 1/2 皮耶的水流不足以同时为所有街道供水。他的请愿书没有说明他将如何提高水位、公平分配水以及确保必要的地面坡度。

他要求禁止住户将石块或泥土等重垃圾扔到街上，并要求住户用叉子或耙子，而不能用铲子或锄头，将房前泥土和轻垃圾扫入水沟，留下重颗粒。固体剩余物德斯弗罗西斯将通过马车或其他方式移除。他还承诺清理圣安东尼门的沟渠，并打算用它作为出口，他说这条沟渠“又臭又脏”。他建议每周在渠中通三次足够运作玉米磨坊的清洁水。水还将流经城市周围的运河，船只可以通过。德斯弗里西斯还指出，这条运河将作为军事护城河，各种街道沟渠中的水可用于消防。运河和沟渠的取水点应在他选定的位置，并应根据当地条件确定，但取水点位置不得干扰城市供水喷泉。

请愿书说，所有这些工作都是为了公共的利益和便利，是为了巴黎及其居民的利益，而不是为了他自己的利益。但德斯弗罗西斯并没有完全忽视最后一点。首先，他总共要了 30 000 埃克斯，并承诺如果他的工作不能在 15 个月内完成，他会提供良好的担保。由于他的项目将减少清理街道所需的马车数量，他希望每年得到 500 图尔里弗尔作为补偿，同时也要求向他支付每年用于维护排水沟费用（用过去十年费用的平均值来确定）的一半。水沟旁房屋的所有人或承租人应向他支付清除垃圾的费用，即他们支付的推车服务费用的一半。

德斯弗罗西斯在运河中拥有经营玉米磨坊、捕鱼和经营船只的专有权。他还将收到公民支付的污染街道所有罚款，他个人将免于缴纳食品和商品税，所有此类权利和特权将适用于他本人、他的继承人、继任者和受让人。

该请愿书由枢密院转交给行政官、市政官和议员教务长征求意见，他们在 1951 年 12 月 5 日举行的会议上对此进行了审议。在这一次会议上，请愿人要求允许他在圣母桥和兑换桥的拱门下建立四个工厂，并经营一条从卢浮宫到圣日耳曼-德普雷斯的马匹和人的渡轮，每名乘客收取1图尔丹尼、人和马收取3丹尼、马车收取6丹尼、货车收取12丹尼。渡船将由一根缆绳操作，缆绳一端连接到卢浮宫，另一端连接到雀巢塔，并配有一个导向滑轮，船的滑轮上有一条绳索，其布置方式能使水流为渡船提供动力。

议会要求德斯弗罗西斯提交一份关于其财力和计划的完整陈述，以便在充分了解的情况下签订合同，但议会向他承诺，如果他的陈述令人满意，该市将不会考虑其他任何人。对此，德斯弗罗西斯表示不会透露自己的方法，议会应该信任他。

德斯弗罗伊斯退出了会议，公众对他的提议议论纷纷，认识他的人说他是“一个伟大的允诺者，但却是一个小的执行者”，他欠了大量的债务，被迫退休到尼维尔，在一个叫鲁韦的手下经营钢铁厂，虽然他拥有一个渔业特许权，但已将该特许权转让给鲁韦及其同事。认识他的会议成员确信，如果同意该合同，将对国王和城市造成损害。议会于是决定不签订合同，因为“德斯弗罗西斯不是泥瓦匠、木匠、工程师或建筑师”，而且他拒绝解释自己的方法。此外，议会认为他的项目会对城市造成损害，尤其是在冬天，会覆盖街道；从塞纳河引水会干扰航行，因为在旱季船只会搁浅；至于渡船，需要的时候城市会建造。

在当时，没有资金但有许多承诺和单方面合同的工程企业的发起人似乎并不陌生。

德斯弗里西斯计划失败后，亨利二世于1554年5月6日颁布法令，与1550年一样，他在法令中抱怨说他看不到干净的街道。法令谴责了那些有责任清除淤泥和污物的人（以及那些有责任从新建筑作业中清除垃圾的人），因为他们每个月只清理一次，然后将污物堆放在城门附近的路边，造成恶臭和感染。法令还指出，道路已破损，无法平整。因此，国王下令重新发布其父亲弗朗索瓦一世1539年的法令，并指示行政官确保清洁所需的马车数量。

当清运车每个月只往返一次时，积累的会是什么！

亨利的继任者是他的兄弟查理九世，他没有斥责疏忽的官员或抱怨户主不遵守法律，而是发布了一项新法令，其中包含了一套更明确、更系统、更易于执行的规则。可见，亨利时期的混乱也间接带来了一个好处，因为它将公众注意力集中在一个巨大的弊端上，并为查理九世的行为赢得了公众的支持。

他的法令于1563年11月22日发布。有关街道清洁的条款摘要如下：

（1）每个户主每天早上6点和下午3点都要在家门口扫地，收集所有的泥土、腐烂物和污物。

（2）每个区都有两名车夫，他们将在早上6点和下午3点驾车来装运收集的垃圾，马车要牢固不泄漏并配备有铃铛，以作提醒。

（3）灰烬和其他垃圾不能从房子里扔到街上，而是要放在容器里。

(4) 未能每日进行垃圾清运的车夫将被罚款和监禁。

(5) 所负责的地区被清理干净前,车夫们不得使用任何其他马车。

(6) 夏特莱的专员们每天都要在区的所有街道上巡逻,以确保条例得到遵守,否则将受到严厉的惩罚。

(7) 行政官要确保公众理解该法令,并确保官员执行该法令。

(8) 记录员每周要向总检察长报告。

(9) 该法令每月公开宣读一次,并在 16 个区各展示一份框起来的羊皮纸副本。

在第(2)条中可以看出,进场通知是由车上的铃铛发出的,而不是 1540 年 1 月法令所要求的"某个人",这是一种小型省力的装置。

这些规定简洁、合理,明确界定了公民的义务;指定了负责街道清洁的官员,并规定了他们的检查时间,以防后者试图通过名义上遵守法律来逃避职责。其他法令中过于严厉而无法执行的处罚在该法令中被降低到舆论认为公正的限度。这项法令标志着它比之前的任何法令都有了长足的进步,并表明这一极其重要的工程分支的基本原则至少已经开始为官员和公众所理解。四百年来,法国的每一位君主都尽了最大努力改善巴黎的状况,但每一位国王的努力都因官员的无能、腐败和公众的冷漠而受挫。查理九世的法令并没有立即制止滥用权利行为,但它确实为战胜这一行为奠定了坚实的基础。

1567 年 2 月 4 日,查尔斯通过一项更具体的法令加强了这项基本法令。第二项法令是涉及大量活动的警察条例通则的一部分,虽然是针对巴黎的,但同样适用于法国的其他城市。

显然有人一直在从工程学的角度研究这个问题,并意识到清洁街道需要的不仅仅是扫帚和马车,用于清洗表面的水将是清除松散污垢的有效物质。也许德斯弗罗西斯建议的原则已经在官方找到了立足之地。

本条例就街道清洁规定:

(1) 官员应负责街道和公共场所的清洁,并应通过"从喷泉、水井、河流、运河、水泵或其他地方获得的水流,或通过马车和类似的机车和仪器"清除街道和公共区域的泥土和污物。

(2) 他们要在城市的主要地区建立喷泉,以为公众生活和冲洗街道提供水。

(3) 为了使筹集的资金能够得到最有效的利用,其他城市和巴黎每年都要在公开拍卖中将清除淤泥和污物这一工程承包给出价最低的人。为此,巴黎被分为三个区,即西岱、大学和城市的其余部分即岛和河南岸和北岸的部分。承包商需要有适当的担保,应付款项应按季度支付,并通过向居民征税来筹集。

(4) 承包商应持续负责清洁工作,并提供人员、马匹、马车和工具,每条街道每周至少清洁两次，否则将罚款 20 巴黎里弗尔，款项的一半给举报人，另一半放入街道清洁基金。

(5) 禁止所有居民将马厩中的粪便扔到街上，并命令将马棚移到城市范围以外的地方，否则罚款 20 里弗，其三分之一付给举报人。

(6) 居民们被要求每天清扫房屋前的空间，并将泥土房屋中的污物堆在排水沟附近，以便过往的马车可以将两者清除。

(7) 居民们被要求每天至少在屋前的人行道和排水沟上泼两桶水。

(8) 警察要下命令将清扫物运到不会冒犯居民的地方，为此要挖沟渠以接收和掩埋垃圾，同样也要挖沟渠或铺设排水沟以吸收街道和沟渠中的水流。

(9) 警察要负责将所有的屠宰场、制革厂和染料厂安置在城外和靠近水域的地方，并要求城内的屠宰厂、制革场和染料厂用围墙围起来，并且白天将血液、兽皮、浸泡液和垃圾存放在桶或其他有盖的容器中，只有在晚上 7 点至凌晨 2 点之间才能排入运河，这样居民就不会知道或被感染，白天河流也不会被污染；警察还被授权为城市和居民的福利和便利制定其他规定和条例。

最后，秩序和制度得以建立，责任承包商的集中工作取代了不受监管的个人工作，并引入了机械处置手段。然而，一般情况下，即使马车按照指示到达，也一定很糟糕，因为在夏季的几个月里，每周两次几乎不足以消除暴露在外的垃圾带来的不愉快影响，即使住户遵守禁令，将垃圾放在有盖容器中，这些容器也不能杜绝臭味和飞虫。但是，如果 1567 年的半周往返是经批准的做法，那么 1563 年的法令明确规定马车每天应在上午 6 点和下午 3 点进行两次巡视又是怎么来的呢？

这些规定实施时又产生了一个新的欺诈机会。建筑承包商在挖掘房屋地基或地窖时被要求清除挖出的泥土，本条例或任何其他条例都没有免除他们的这一义务。但街道清洁承包商试图逃避清理住户的泥土和其他材料的责任，就声称他们认为这是建筑工人的垃圾。因此，在 1571 年通过了一项警察条例，要求街道清洁工带走所有此类材料。

当查理九世成为国王时，他于 1577 年重新颁布了通用条例(包括上述条例)，并补充规定，如果税收不足以支付清洁街道的费用，则应增加税收。

1586 年，税收是否充足的问题变得尖锐，这是亨利三世(8 月 29 日)向司法官发出的另一项法令。国王说，他每天都收到公民的投诉，称由于缺乏公共资金来清除污物而造成损失和破坏。因此，他命令行政官传唤总检察长和该市每个区的某些市民，研究过去三年征收的税款和街道清洁合同的费用，并组成了委员会以确定所需的税款，并将其分配到几个地区，这样，任何地区的任何人都不应免于征税，无论其地位和特权如何，除了贵族、议员和王室的家庭官员。少数人免税的日子还没有完全过去。

巴黎实行的街道清洁方法并不是首都独有的，因为法国其他城市也遵循类似的程序。

在南特，居民被严格禁止向街道或公共水井中投掷任何污物，包括法令中明确规定的死猫。居民可以将洗碗水泼到街上，但前提是随后要立即提供“大量”清水。在这一时期，如果没有限制居民将死去的猫丢弃到公共供水系统中，那么南特就不可能成为一个有吸引力的居住地。

2. 交通规则

清洁街道的努力带来了一个意想不到的新问题，那就是交通管制。在这一时期，唯一的车辆是缓慢移动的马车或货车，用来运载园艺产品或一般商品。处理街道清扫、挖掘材料和各种生活垃圾所需的马车数量是与已经使用的其他马车数量成比例增加的。但是，尽管普通交通工具的马车可以以缓慢的速度不受干扰地行驶，但对于那些清理马车车夫来说，鞭笞是一种严厉的惩罚，这一特点产生了意想不到的复杂情况。

弗朗索瓦不愿意也不可能放弃他以前的立场，因此他通过一项特别条例来规范车辆速度，这也许是第一次尝试这样的监管，在很大程度上这是所有现代城市的一个必要特征。

限制无弹簧马车的速度不能超过每小时 6 或 7 英里，在当今高速运转的汽车时代似乎是荒谬的。但在我们回顾的这个时期，任何超过一个人或一匹马行走的速度都要引起重视。街道交通最重要的元素是行人，或骑马的贵族，由于路面坚硬粗糙，他们骑马的速度不会超过步行，最多也不会超过慢跑。因此，用于商品销售的马车组成的次要交通必须让路给他们。

早在 1487 年 2 月，贵族们就获得了一项命令，禁止所有骡子车夫、货车车夫和马车夫让他们的马小跑和疾驰，否则将被处以任意罚款，车主人将对此负责。1508 年，又进一步禁止一次驾驶两匹马以上的行为。

弗朗索瓦通过并于 1540 年生效的条例规定：

“由于这座城市及其郊区通常有大量的马车、拖车、货车和马，它们都有套具和牵引，它们被驱赶穿过街道，互相超车，而且由于一辆车的套具经常与另一辆的套具相扣，以至于街上挤满了手推车和车辆，人们无法步行或骑马通过。由于存在如此多的严重危险和不便，以及如此多的人和动物受伤，我们有义务禁止车夫疾驰或犯规，并责成他们用手牵着马，步行出行，否则将处以监禁、没收马匹和车辆以及罚款。”

“在同样的处罚下，禁止货运车，无论是马车、拖车、货车或其他车辆，在街道上转弯，他们必须在上述街道的十字路口和拐角处转弯，以避免出现不便，如伤及儿童或其他人，以及干扰道路上的其他过路人。”

关于速度的限制，或者更确切地说是事故责任的限制，似乎得到了认真对待，因为有记录表明，1537 年，车夫雅克·费朗驾车从 14 岁的玛格丽特·克里斯宾的大腿上碾过，他在对初审法院判决提出上诉后，上诉法院决定免除其监禁，但维持其余的判决，他在格列夫广场赤身裸体被鞭打九次，以此作为对其他人的警告。格列夫广场就是现在的市政厅广场。

与控制速度的法规相结合的是限制车辆在街道上停留或停车的法规。巴黎也没有免于任何困难。随着轮式车辆交通量的增加，人们越来越倾向于将这些车辆停在街上，而人离开，这扰乱了公众对大街的自由使用。

为此，查理九世于 1571 年 9 月下令，立即移除所有妨碍市政厅前面广场的货车、马车、客车、车辆和木材，以便“从各地抵达的人和陌生人都可以怀着最大的喜悦来欣赏该广场的卓越、宏伟和美丽”。

这些努力在查尔斯死后停止了，但在 1576 年，他的继任者亨利三世重新着手此事。亨利提到了他兄弟的法令，但该法令没有得到遵守，致使存放在该地的马车和成堆的木材仍无法进行清理和铺砌，于是他命令拆除这些障碍物，并授权行政官在业主未及时拆除的情况下将其拆除。清理广场的另一个原因是，要在那里进行罪犯的处决，而马车和成堆的木材极大地干扰了这一场面。

随后的动荡时期，该法令无法得到执行，因此在 1600 年 9 月 22 日又通过了一项警察条例，禁止“所有人，如军轮匠、石匠、木材商、木匠等，在道路、街道和小巷、码头、海岸、河岸和河流的入口以及其他地点和公共道路上放置或保留任何可能阻碍道路和公共场所的客车、马车、货车、木块或其他物品”。所有这些障碍物都应在一周内清除，否则将处以 10 埃克斯罚款并没收。

3. 街道照明

在这一时期，街道照明系统是最简陋的，夜间街道存在很多麻烦，尤其是对于负担不起火炬的普通人来说。早在 1408 年 9 月 11 日，就有人试图照亮街道，当时有一项法令命令市民在家门前挂灯笼。1413 年这项法令被重申，并将晚上 9 点定为挂灯笼的时间。这项法令在 1524 年、1526 年、1541 年和 1553 年再次出现。1541 年的法令详细说明了目的、时间和地点，它规定：

“由于很多的不法行为发生在夜间和黑暗中，因此在 11 月、12 月和 1 月期间，所有房屋所有人应在每天晚上 6 点之前，在第一层窗户上方方便可见的地方放置一盏灯笼并点燃蜡烛以照亮街道，否则将处以 20 巴黎索尔罚款。”

这几项法令收效甚微或毫无成效，部分原因可能是它们试图将公共负担转嫁到个人身上，部分原因是由于当时的蜡烛和灯笼，即使点亮，其效果也不甚理想。

1588年10月通过了另一项法令，规定在下午6点至凌晨4点之间，在所有街道交叉口点燃"法洛"(falot)，如果交叉口之间的距离很长，则在中间也点燃法洛。法洛是一个装有沥青、树脂和其他可燃材料混合物的大容器。这个实验没有持续多久。法洛散发出一种非常难闻的气味和烟雾，遭到居民们的反对；或者可能是维护法洛的人没有履行他们的职责。总之，这项命令很快就被撤销了。取消法洛的法令规定，法洛应改为"明亮的灯火"。巴黎和其他城市一样，又经过了两个世纪，化学工程师才生产出了更好的照明剂，在夜间照亮了街道。

16

劳工组织和建筑法规

1. 劳工组织

16 世纪的工程师执行其设计所依赖的劳动条件是什么？工人劳动效率高、能力强、诚实且人数足够？工人是否组成了行业组织，或者每个人是否可以自由地接受对自己和雇主有利的雇佣条件？工作时间是否固定，工资是否合理，是否可以随时调整？是否可能发生罢工，或者工人是否受到约束，从而可以防止损害有效工作的罢工？

劳工是有能力的，他们建造仍然屹立的建筑物就是有力的见证。然而，与借助机械设备的现代产出相比，劳工的经济效率无疑是低下的。

至于其他问题，特别是在法国，可以在法律、法令、警察条例和行业组织规范中找到答案，其中摘录了进行施工的条件。

欧洲主要国家的所有技术工人都是行业组织的成员，这些组织得到承认，并在很大程度上受到法律的保护。这些组织被称为行业协会，历史久远，是罗马时期公会的继承者。在 8 世纪和 9 世纪，商人们将“公会”原则扩展到商业行会，以保护商业交易。在 12 世纪，工人们借鉴组织的思想，成立了工匠协会，其数量迅速增加，没过多久每个行业就几乎都有自己的协会。因此，在中世纪，资方和劳工都有自己的组织。现代商会和工会正是从这些行会中诞生的。在英格兰，拥有会员“制服”的旧行会的残余仍然存在于几个贸易“联合体”，其中最重要的是金匠和银匠。这些公司仍在这些金属制品上加盖“Hall Mark”[1]，从而保证了其成员生产产品的质量。

在法国、意大利、德国和英国，工匠行会在组织、成员、宗旨和发展方面几乎相同，因此对法国行会的描述也适用于其他行会。会员分为两类：“宣誓大师”和同伴。在 15 世纪初之前，法国的同伴被称为贴身男仆。在 16 世纪的英格兰，当行会变得强大、大师们变得富裕时，后者被分为两类，“制服”和“户主”，第一类是贵族，是行业的控制因素。

第 12 章已经讨论了铺路工的组织。其他工程行业，如石匠、木匠、泥水匠等，也都

1　伦敦金业公会证明金银纯度的检验印记。——译者注

是类似的组织，但他们似乎没有造成类似的干扰，可能是因为他们无法主动行动，而是不得不由承包商或其他雇主指挥后再运动。

这些组织并不局限于今天所谓的工人群体，也包括了当时是部分专业的职业，这些职业到后来才完全专业化。因此，在《巴黎议会鼠疫控制条例》中，外科医生学院的成员被称为“宣誓大师”。

教育界并没有逃脱不幸的影响。12 世纪，当博洛尼亚和巴黎建立大学时，学生和教师都被组织成行会。教师协会由毕业生组成，他们在获准任教之前必须被接纳为教师联合会成员，并被授予专业技师头衔，比如木匠或泥瓦匠。尽管其产生原因早已消失，但艺术大师的头衔仍然存在，且具有新的更高的含义。

与现在相比，当时的各行各业都更加封闭。任何人都不能做石匠、木匠或类似的工作，除非他是该组织的一名成员，或者通过了考试并宣誓成为大师，或者是被大师雇佣为学徒。为了确保扩张和对组织的控制，大师的数量是有限的，而且，在他通过管理委员会或审查委员会的考试之前，任何人都不能被“接受”到非常有限的大师圈。这样，控制权牢牢地集中在了一个小寡头团体中，他们任意接受或拒绝寻求晋升的同伴，对谁将成为大师有绝对的、不受挑战的发言权。大师们还确定了每个组织中的伙伴人数和每个大师可以保留的学徒人数，并具有足够的政治影响力，通过确保他们在夏特莱的地位，获得一定的尊严和权力，使他们的领导人或选定的代表获得准官方承认。

如果事情就到此为止，法国的任何建筑工程都将极其困难，因为工程师、建筑师或承包商将完全受各行各业的一小群人的摆布，他们不仅有权决定谁工作，而且有权决定就业条件和工资。但这部分人只占少数，因而工程师、建筑师、雇主、业主和其他需要劳动力的人仍能够获得足够的立法来限制该组织的权力，从而使有效的工作成为可能。

13 世纪，这些组织开始成为立法的主体。例如，在 1258 年有规定禁止大师为其雇员支付高于其他大师的工资，否则将处以任意罚款；后来又有规定将圣马丁节（11 月 12 日）至复活节期间的泥瓦匠和屋顶工人的日工资定为 26 丹尼，在复活节和圣马丁节之间的工资为 32 丹尼，而在同一时期他们助手的工资分别为 16 丹尼和 20 丹尼。价格的差异是由于夏季工作时间较长。

然而，很快，这些行业组织出现了阻碍工作的迹象，因为在 13 世纪后半叶或 14 世纪初，行业组织颁布了一项法令对泥瓦匠、泥水匠和泥灰工的行业进行管理。虽然这表面上是为了公众利益，但其中的一些条款令人怀疑是该组织领导人为了自身利益而促成的。

该法令规定，任何人只要了解该行业，就可以成为泥瓦匠，但在另一条中又限制了学徒人数，因此，尽管表面上承认了工作权，但对该行业的了解显然仅限于少数，从而在实践中创造了一个封闭行业。每个石匠大师只能雇佣一名学徒，为期六年，只有在第一名学徒完成五年的工作后，才能雇佣第二名学徒。虽然可以根据需要雇用尽可能多的助手或助手，但他们不接受任何工作细节方面的指导。只有大师们接受的学徒才能被允许从事泥瓦匠、泥灰工或泥水匠的工作。这再次极大地限制了行业自由，并将成员控制权集中在一个小型管理机构手中。每个行业的大师名义上都要对所完成的工作质量和所供应的全部材料负责。一天的工作将在圣母院的晚钟敲响时（一天中的最后四分之一）停止，或在四旬斋期间的晚祷结束时停止，除非手头的工作是拱门的键合、阶梯的收尾或开通往街道的门洞，这些任务是不能不完成的。所有的大师都被免于承担值班和其他服务的职责。

公会最初由国王任命的泥瓦匠大师管理，而不是像后来的习俗那样由大师们自己选择。管理人员被授予治安法官的权力，他可以评定赔偿要求、确定罚款和处罚、处以鞭笞。

由于建筑行业的组织方式都与泥瓦匠相同，因此，上述条例原则上适用于木匠、铁匠和其他工匠。因此，《泥瓦匠条例》是现代工会制度的基石之一。

这些组织的权力逐步扩大。最终，掌权者是由大师而不是国王选择的，同时在组织内部成立了社团，以便更有效地建立寡头政治的控制。这种做法变得如此令人反感，以至于1539年在弗朗索瓦一世统治期间颁布了一项法令，禁止工匠之间的社团，并指示所有此类社团在两个月内解散，工匠要向当地法官提交证据，证明他们不是此类社团的成员；如不能做到这一点，他们将被监禁并被处以重罚，直到他们承诺遵守。任何在指定日期后加入此类社团的工匠都将受鞭笞。

虽然这些组织内部的社团被严格禁止，但这些组织本身不仅得到承认，而且受到鼓励。因此，在1559年，弗朗索瓦二世根据第三产业的要求发布了一项法令，允许工匠制定他们的法规和条例，并允许这些法规和条例在获得皇室批准后出版。

为了增加学徒的人数，大师们被允许有第二个学徒，但条件是他们必须来自三一医院，在那里贫穷的孩子们可以学习手艺。

由于大师方面犯下的侵权以及在检查工作和材料时的恶意行为非常严重，1574年，国王的砖石工程总设计师西蒙·阿利克斯呼吁国王注意13世纪的法规。由于这些法律从未被废除，国王颁布了一项法令，命令将其重新出版，并执行其规定。

法律以及公众对这些行业组织的看法的最佳体现是查理九世于1967年2月4日通过的《普通警察条例》第15章和第16章，该条例不仅适用于巴黎，同样适用于王国的所有其他城市。

这些警察条例在很大程度上是对现有条例的编纂，有一些新的内容，而大部分旧的内容都不存在。一些荒谬的规定，如黄昏后工人不得在街上逗留的规定，似乎在没有正式废除的情况下被直接删除了。

这项法令的突出特点是努力通过法律来规范建筑材料和劳动力的价格。为了规范建筑材料，确定了石头、砖块和瓷砖的标准尺寸，并确定了货车和两轮手推车的标准容量。这些被称为旧尺寸，从中可以看出短小尺度已成为惯例。同样，粉刷匠大师被禁止将其产品出售给车夫（车夫再转售给公众）。这是为了消除中间商的利润，或者，正如该条例所说，"是为了消除车夫的垄断和无赖行为，这些车夫让仆人驾车，而他们自己的利润丝毫不受影响。"

由宣誓的行业大师和某些公民组成的委员会，对所有建筑材料、日工工资和马车租金制定为期一年的费率。这些工资不得超过规定的标准，否则将面临高额罚款（三分之一的罚款将支付给举报人）。

该法令将第一年的工资定为 10 图尔索尔，而非熟练工人将获得 5 索尔"及以下"。此外，规定了夏季的白天从早上 5 点到晚上 7 点，冬季从 6 点到 6 点。这些工资，以美元计算，分别约为 28 美分和 14 美分，这被认为是比较丰厚的。这一规定仅限于巴黎市，因为那里的生活成本高于其他城市。通过水路进入巴黎的木材将在船上保存三天，以便让木匠大师和橱柜大师有机会购买。

为了确保良好的工作，并让人们有机会进行监督，这些条例还指示在每个城市的地方法院记录下行业所有宣誓大师的姓名和地址。任何希望对正在进行的工作进行检查或收到报告的人都可以拜访一位宣誓大师，并要求他在第二天之前提交报告。这位检查官的工资由治安法官定为每天或每小时多少，并且检查官不得直接要求赔偿。

条例的第 16 章专门针对各行业的警卫或掌控人员，规定了从低级到高级的晋升方法。

每个行业都有一个由警卫或检查员组成的委员会，该委员会被赋予对行业的完全控制权。由于每个行业都是封闭的，而新成员的接纳都是由警卫人员负责的，因此对警卫人员的控制意味着对组织的控制。针对这一主导地位，条例作出了严格的规定，命令每两年或最多三年对警卫人员进行一次全面更新，使其中一半更新为新成员；"为了压制所有的合并、垄断或协议，每一个行业的大师都将相继担任警卫……每个人都将依次担任警卫。"选举警卫时不支付任何费用，警卫也不要求大师对"检查权"给予任何补偿。

另一项条款是针对以宴会方式支付警卫报酬的习俗。即使在 14 世纪初，每一位文学学士在被授予文学大师后，都必须为他的同事们举行晚宴。起初，这无疑是一个无害且令人愉快的过程，但到了 16 世纪后期，它已成为腐蚀警卫的一种简单手段，因为费用可能是分发的，而不是实际的款待。

在大师级考试中，所有无用的测试都被停止，除了那些"普通用途"的测试。在成功取得资格并向本组织普通基金支付少量规定费用后，申请人将被接纳。

从最后的条款可以明显看出，晋升为大师在很大程度上是一个关于影响力和购买力的问题，因为通过设置一项复杂的任务，警卫可以拒绝任何不愿支付适当款项的申请人。因此，一个由长期担任职务的警卫组成的委员会不仅可以主宰该组织，而且可以勒索。

尽管已经详细描述了法国劳工组织的腐败管理和遏制滥用权力的手段，但必须记住，法国的经验只是一个例子，其他国家也遇到了类似的问题。在任何地方，每一个行业都有一小群诡计多端的人获得控制权，他们利用这些控制权为自己和朋友谋取物质利益。为了保持这种控制权，他们试图使成员资格可以世袭。卢乔·布伦塔诺(Lujo Brentano)在其《行会的历史与发展和工会的起源》(1870)中提到英国的工会组织：

"在获得贸易事务的独立性和权威性后不久，专业性开始快速退化。在15世纪，工匠的资本主义素质在获得会员资格的必要条件中变得越来越普遍。在接下来的一个世纪，情况更是如此，因此培根勋爵将其正确地描述为邪恶的兄弟会。"

材料的价格和劳动报酬标准可能是固定的，但这并不能确保产品进入市场，也不能确保劳动者有工作。1597年法国的法规颁布五年后，一项法令通过(希望获得充足的劳动力)，要求"所有工人都必须从事自己的行业，否则将受到鞭笞的惩罚，禁止泥瓦匠、木匠、石匠和靠身体和手臂谋生的人"领取或要求高于全天12图尔索尔的工资，而非熟练工人的工资是其一半。可以看出，这些标准在过去几年中有所上升。以前的条例规定了10和6索尔的工资标准，但有一项条款规定，如果发现其他地区的雇主支付较少，则应降低工资标准。该条例规定了一年中每天14小时(上午5点至下午7点)的时间段为4月1日至9月15日，而在一年的剩余时间则是12小时。男人们被要求工作而不能无所事事。

泥瓦匠、石匠和木匠，无论是大师还是同伴以及他们的工人，都被指示按照上述工资标准为第一个提出雇用他们的人工作。如果没有人雇用，他们必须在夏季早上7点和冬季早上8点之前向负责公共工作的官员报告，然后按照实际服务时间的比例计算工作时间。对于第一次违反该法规的行为，违反者将受到鞭笞；第二次他将受到更严重的惩罚。

如果发现大师或工人在街上闲逛，他们将被关进夏特莱监狱，作为流浪汉受到惩罚。

组织如此紧密的行业不可避免地会相互冲突，在它们的斗争中，雇主和公众的利益被迫放在次要地位。这种冲突的例子很多，比如在车轮匠大师和马具匠大师之间，哪些行业可以或应该制造马车和其他车辆。这一问题于1576年7月提交给司法官，在他作出决定后，该问题通过上诉法院向上提交，最终由议会法院于1579年1月23日作出裁决。在审判持续的两年半时间里，冲突给公众造成了严重的不便。此前规定，车轮匠可以在不影响马具匠行业的情况下制造一辆完整的马车，并禁止马具匠大师干涉。在随后的辩论中，马具匠坚持认为，车轮匠应仅限于制作木框架，并应请马具匠来制作皮革或其他材料的覆盖物，因为车轮匠对此类工作一无所知。

国王总检察长在听证会上进行了干预，并向法院指出，由于有盖车辆的广泛使用，双方的论点严重损害了公共利益。他敦促法院通过一项明确的规定来解决这一长期争议，以便了解"为了一辆完整的马车，贵族、绅士或市民"是否可以只与一名车轮匠打交道，还是必须与各行各业约十二三人打交道。

法院通过了上诉，但并没有真正对争议的问题做出裁决，因为它宣布要么是车轮匠大师，要么是马具匠大师，都可以做完一辆完整的马车。这并不能使任何一方满意，因为双方都寻求独占特权。然后，法院禁止他们相互干涉，这让当事人的情况更糟！

在控制这些行业的大师们的无耻行为和旨在抵制这些侵权行为的法律的武断规定之间，工程师的命运一定非常艰难。

2. 建筑法规

对劳动力的管理与对建筑物、建筑施工的管理自然是联系在一起的。后者可能是更早的一种，因为它以古罗马法为基础。早在1485年，法国就通过了一套建筑法规，1510年对其进行了修订，1580年2月又进行了更广泛的修订。由于这些修订不涉及根本的改变，因此这里只考虑最后一个版本。这些规定构成了现代建筑规范的基础。

法规大多数条款被描述为地役权，即一个所有者为特殊目的使用另一个所有者的土地而获得的地役权或权利。由于许多地役权具有物理性质，并且都与施工有关，因此工程师和建筑师都对其感兴趣。

土地表面的所有者被宣布为下面土壤的所有者，并有权向上和向下实施建造。但是，他不得干涉相邻土地上的结构，也不得侵犯此类土地所有者的某些既定和公认权利。

这些权利主要体现在划定土地边界的墙壁上。这些墙可以由双方业主共同用于施工目的，在今天的英语中被称为界墙。界墙的权利在许多方面都有明确规定，因为这影响到双方的土地。作为一项基本原则，法律认为，修建这类墙始终是为了公共便利和经济利益，因此，任何业主都有权要求其邻居出资修建一堵在两块土地上平等的界墙。如果他不协助修建，他必须签署一项协议，放弃对界墙的全部所有权。

任何土地所有者都可以将横梁固定在界墙内，横梁进入墙内的深度不得超过墙厚的一半，并且要铺设了石头担架或梁托作为横梁另一端的支撑。只要支付了所有费用且足够坚固，界墙可以尽可能高。否则，想要加高它的人必须自费加固它并将额外的厚度放在自己的一侧。除非双方同意，否则不得在界墙上开窗或开洞，即使是在完全拥有但与另一块土地紧邻的界墙上，窗户也只能开在高度为 9 皮耶的一楼上，而在其他楼层只能开高度为 7 皮耶的窗户，窗户必须装上铁栅栏且不能打开。这些格栅的开口在任何方向上均不超过 4 布斯。条例禁止任何俯瞰邻居土地的窗户用于上述除采光以外的任何其他用途。

巴黎的每一位土地所有者都可以强制要求他的邻居共同出资修建一堵 10 皮耶高的界墙。所有此类墙壁都应标记，以显示其所有权是共同的还是个人的。

该法还规定，如果存在可能穿透相邻房屋或场地的滋扰，则不得滥用界墙中的共同权利。因此，如果一位土地所有者想要靠着界墙建一座马厩，他首先需要在界墙上加上 8 布斯厚的共有墙；对于烟囱或壁炉，应铺筑 6 布斯厚的瓷砖墙；对于锻炉，1 皮耶厚的壁要增加 6 布斯的空隙空间；对于厕所，除非另一块土地上有一口井，否则墙的厚度为 1 皮耶，墙的总厚度必须至少为 4 皮耶；对于施肥的花园或耕地，墙的厚度为 6 布斯。如果要将土靠墙堆放，则墙应为两倍或增加 1 皮耶厚。

如果相邻土地的所有者对这些法规的适用有异议，则规定他们可以召集专家陪审团以书面形式报告事实。该报告将提交法院，双方可在法院就调查结果进行辩论，并提出各自的观点。法官有权确定争议事项，并在其认为第一次检查不令人满意的情况下下令重新检查。

许多评论员对这一法规的基本原则进行了分析。尤其指出了第 193 条措辞的松散性，该条规定，在一面界墙上堆土之前，应额外加固一层 1 皮耶厚的墙。条款中没有提到原始墙的厚度或保留的新的不平衡填料的高度。由于用作挡土墙的墙的厚度随填土的高度和性质而变化，因此原始墙可能足够坚固，足以承受压力，或者增加的 1 皮耶厚度可能不够。显然，关于挡土墙比例的法律仍然不尽如人意，而当与普通的界墙厚度相联系时，1 皮耶的宽度可能在实践中已经被发现足以阻止一方的过度填充，就像一个邻居在耕地时可能会造成的那样。

评论员解释了第 197 条，该条规定“居住在界墙边上并靠着界墙的人，应支付每 6 突阿斯中的 1 突阿斯的费用，该界墙高度应在 10 皮耶以上”，并指出，该条款指的是围墙，根据习俗，围墙通常高度为 10 皮耶，任何一方邻居都可以在这堵围墙边上建房，只要他承担所有费用并支付补偿给邻居，超过 10 皮耶的高度，补偿要增加成本的六分之一。

立法当局甚至对工人的工资和建筑材料的成本设定了限制，并详细规定了邻居各自的权利。当然，他可以更进一步，通过法律规定如何建造建筑物以及如何计量工程。作为例证，亨利二世于 1557 年 10 月发布了一项法令，其中有以下详细规定：

“我方要求所有砌体工程和其他待测量工程应在正面进行测量。”

“承担建筑工程的石匠和其他工人应在墙壁的外表面上制作屋顶下的檐饰;位于偏移水平的屋檐、饰板、凸出物和滴水饰条的支撑;椽子的支撑物,包括门槛和台阶。”

“至于内部工程,无论是旧墙还是新墙中的托梁凹槽,梁、墙板、柱子、檩条或其他木构件的孔,以及托梁、石制或铁制托梁,无论是在上述横梁、墙板或其他构件下方,均不得留有余量。”

“不得对烟囱顶部或壁炉底部进行测量。”

“工人只能对壁炉和假壁炉进行普通测量。”

“如果抹灰厚度小于 3 布斯,则应按每皮耶 12 布斯进行测量。”

“用于饰面或填充主墙主体的砖砌体,无论是切割的还是粗糙的石头,均应在面上只测量一次,无论砖是在面上还是填充的。”

“烟囱和天窗应按平面测量,尽管它们应具有建筑要求的适当装饰。”

“但建筑师可通过支付额外费用进行上述装饰以外的其他装饰工作,该额外费用可以由双方协议安排、估价或判决。”

“禁止所有建筑师、承包商和宣誓石匠改变测量和估算工程的方法,或使用上述方法以外的任何其他方法。”

还有许多其他法令和条例,根据这些法令,王室、议会或警察当局对建筑工程和劳动工作的权力越来越大。例如,除了更换砖块或砌石外,房屋正面不得重建,除非是砖块或切割的碎石或其他砌石,这可能是为了防火;一项议会法令规定,出于卫生目的,市政专员要对房屋进行特别检查,如果发现缺乏便利设施,将强制要求业主提供。同样也禁止在房屋上施工,除非是为了安装便利设施。

但是,关于房屋的最不寻常的命令是亨利二世(1548)的法令,该法令不仅禁止在巴黎郊区建造更多的房屋(理由是乡村和其他城市的,人们会被吸引到那里),而且还禁止木匠在郊区从事他们的行业,这与鼓励新住房的现代做法大相径庭。第二条法令(1554)表明,国王很努力,却也无力阻止人口不可避免地向大城市迁移。他在法令中抱怨说,尽管他先前禁止修建房屋,但房屋仍在继续修建,这是“检查官和其他负责官员的过错,他们不但没有制止这种有害的行为,反而容忍了这些行为,并向特定的承包商发放了许可证,这些承包商通过赠品和礼物腐蚀了他们”。

建筑管理中最麻烦的问题是侵占房屋墙界以外的公共街道。这些非法扩展可能是小的、不显眼的突出物,其中一些是临时的、可以很容易地移除,也可能是严重干扰步行和马匹通行的大型永久性结构。这些非法扩展有的是长期存在的,以至于它们的主人几乎已经获得了既得权利。如果一概而论,要将它们全部移除是不可能的,在应该移除的和可能保留的之间也很难划清界限,而执行所做的决定则会更难。

通常,这些侵占的形式是摆摊展示商品。这就成为对街道的一种干扰。于是,

1388年通过了一项条例，禁止旧衣服经销商使用公共场所展示他们的商品，而这些经销商似乎是罪魁祸首。1486年，司法官颁布了一项法令，命令拆除布商、绸缎商和其他商人的门廊和商店前的所有帐篷和遮阳篷，否则处以没收或罚款。

1539年(1540)，弗朗索瓦一世颁布了著名的街道清洁法令，他发现这些侵占行为不仅阻碍了街道的使用，也严重阻碍了有效的清洁。1548年11月，亨利二世提请注意这样一个事实，即在拆除侵占重建房屋时，业主们"在不考虑任何秩序或标准的情况下向前推进了太多"，他特别提到了费隆里街的居民。国王承认，选择这些居民作为特别警告的真正原因是，这条街位于"我们的卢浮宫夏特莱和我们的托内尔宫"之间。

就像有关铺路的法令一样，这些命令被完全忽略了。因此，在1554年6月，议会又制定法规，"禁止所有居住在城市和郊区的居民……此后在街道上及商店以外放置任何摊位、凳子、水槽、衣架、砧板、长凳、马匹、积木和其他突出物，或在商店上悬挂任何衣服、遮阳篷、杆子、商品样品或任何其他妨碍通行自由的东西。"在该条例公布之日，违反者被勒令移除违规物品并被处以100巴黎索尔的罚款且立即征收，司法官及夏特莱检查官被要求强制执行该条例。

关于条例的强制执行，据记录，雷格纳特局长没收了一名叫尼古拉斯・布尔乔亚的人的遮阳篷，遮阳篷后来被出售，布尔乔亚被判处4巴黎索尔的罚款。

总的来说，尽管威胁要严厉惩罚那些不遵守规定的人，并撤销那些不执行规定的人的职位，但情况并未好转，并从亨利统治期间持续到了他的继任者弗朗索瓦二世统治期间。

之后是查理九世，他于1563年11月颁布了前面提及的出色的街道清洁条例并删除了两条与建筑工程有关的条款。

巴黎市民是否平静地放弃了他们三百多年来享有的非法侵占？没有。他们认识到，如果国王的权力得到充分行使，他们就不得不放弃对公共街道的非法占领并对建筑物正面进行昂贵的重建。他们向行政官和市政官进行了呼吁，并获得了一年的宽限期。到期后，查理又专门向司法官递交了一封简短的信。他命令司法官向巴黎居民发出积极命令，要求在一周内清除所有障碍物和侵占。如果有人不遵守，行政官将自行清除。即使皇室的耐心也有限度。为了赋予行政官绝对权力，该法令禁止议会或任何法官的干预，所有权利都保留给皇家和枢密院。两周后，该法令得到了巴黎教务长的支持，他被命令立即着手拆除。拖延已久的改革终于得到积极推进。

德拉马尔在他的《警察条约》中指出，造成最大障碍的突出部分首先被移除，然后是那些不太重要的突出部分。在这项工作中，当局采取了前所未有的无视阶级和特权的做法。他们甚至对机构和医院提起诉讼。议会高等法院1570年的一项裁决命令圣埃斯普里特教堂的院长和理事拆除他们其中一栋房屋上的某些突出部分，并自费重建。

在这一时期的所有法国国王中，查理九世对城市建设的需求有着最清晰的愿景。不幸的是，他的统治在仅仅 14 年(1560—1574)后就结束了。他的兄弟亨利三世和亨利四世紧随其后。在他们的统治期间，法国遭受了内战中最残酷的一场，这是一场由宗教差异引起的内战。因此，查理九世所推动的改革失去了动力，清除障碍和突出部分的工作实际上已被放弃。

1595 年，这些侵占行为造成的不便再次变得紧迫，于是警方通过并实施了两条规则。第一条禁止承包商、泥瓦匠、木匠、屋顶工、细木工、锁匠和其他工匠在未事先获得检查官许可和确定建筑的正确线条之前从事其行业中的任何工作，任何偏离都应由他们个人负责。第二条要求检查官在工作完成后检查对齐情况。

在这两个条款中，我们看到了对街道界线的正式承认、为修复街道界线而成立的机构，以及确保遵守街道界线而制定的规定。这是第一次作为一个系统而出现。

16 世纪末，在亨利四世的统治下，警方通过了另一项法令，限制临时性或轻微性质的侵占，并对公共街道上的房屋正面采用了某些标准类型的建筑。其重要条款如下：

“禁止所有染色工、漂洗工、担架工、旧衣服经销商和所有其他人在其阁楼窗户上或其他地方，或在街道和公共道路上悬挂任何可能给公众带来不便或使街道变暗的衣物或其他物品。”

“禁止小贩、水果商和推销员在街上摆放商品，但指示他们将商品存放在特别保留的地方，这也适用于小纺织品商、花边制造商、针线和别针销售商、鞋匠、二手经销商、羊毛袜修理工和其他低阶的商人，除非他们获得了摊位所在房屋的业主授权并获得检查官的许可。”

“沿街道和公共道路施工的业主或其他人，以及从事此类修建的工人，不得将石块堆放在街道上，也不得将材料存放在街道上超过 24 小时，而应将其撤至施工现场。此外，他们不得在街道上堆放施工清理出的任何材料、垃圾、污垢或其他可能造成障碍的物品，否则将处以 10 埃克斯罚款……”

几年后，文艺复兴时期的最后一项法令禁止在任何新建筑或重建的建筑上有突出部分或木质正面，并要求所有房屋正面与地面垂直。

同样，未经总检查官书面同意，禁止王国任何城市的所有公民在公共街道上修建任何“建筑物、前墙、马镫柱、墙角、长凳、双层窗户、地窖门、柱子、台阶、座位、马块、棚子、标志、铺板、木框或玻璃框”或有其他侵占行为。施工完成后，将召集总检查官核实测量结果，如果发现任何不正常情况，行政官将传唤违规者，根据法令进行罚款，并勒令立即清除侵占物，且费用由业主承担。

在街道方面，只有查理九世所做的科学应用可以称得上是工程学，最好的工程是在他的统治期间以他的名义完成的。

17 道路和道路运输

巴黎可能是文艺复兴时期处理城市街道的最好例子，因此，法国作为一个整体，在建立一个全面的公路和规范的公路运输系统方面做出了最先进的努力。这是一个既有沟通渠道的形成需要又有能够实现这些渠道的中央集权政府的国家。因此，选择法国和法国道路作为研究对象，不是因为它是这一时期的典型代表，而是因为它代表了这一时期最广泛的成就。

查理曼大帝(768—814)首次尝试为法国建设一个良好的道路系统。在他的远见卓识中，他看到了一个与古罗马道路网相似的道路网，横穿全国，建立贸易，并将人民团结成一个爱国群体，这将使他心爱的法国成为神圣罗马帝国的主导成员，他是神圣罗马帝国第一位名义上的领袖和领导人物。然而，这一梦想在一千多年的时间里都没有实现，只是部分实现。那时，欧洲在政治、社会和经济上都变得与查理曼大帝所预见的截然不同。

查理曼大帝的计划是重建或修复罗马在恺撒战役后几年铺设的旧道路(这些道路的遗迹在 9 世纪仍然存在)，并通过增加分支来创建一个设计周密的系统。为此，他任命了一个委员会，负责修复一些旧路并修建新路，将法国与意大利、德国和伊比利亚半岛连接起来。于是，在 812 年，他下令在他管辖的领土内监督道路施工并保护交通。但查理曼大帝的努力并没有产生永久的结果。几百年来，无论是法国还是欧洲其他国家都没有任何值得称道的道路。

我们已经看到巴黎的街道是如何被忽视，直到文艺复兴接近尾声，才慢慢从混乱中恢复的。法国的道路状况更糟糕。虽然人们对城市街道的铺砌、清洁和排水进行了一些思考和建设，但野外的道路却任由随意养护。整个文艺复兴时期，除了最终认识到消除障碍的必要性外，对道路建设没有任何贡献。

在整个欧洲，没有什么可以与从罗马辐射到其统治范围最远的军事道路系统相比。这些道路分为皇家道路、十字交叉和私人道路三类，设计精良，结构坚固，在铺设后使用了一千多年。皇家道路的表面首先由 1 英寸厚的砂浆层构成；第二层，在水泥地基上铺设 10 英寸厚的大扁石；第三层，是另一层 8 英寸厚的近似圆形的石头，空隙中填满了碎片和砖块;第四层是另一层水泥,第五层是6英寸厚的砾石。在文艺复兴时期,没有任何一个地方有这样一条坚固而永久的公路,车辆、骑手和行人都可以在这条公路上舒适而快速地行驶。

而文艺复兴时期的铺路和道路建设的缺陷也是众所周知的。因此,尼古拉斯·贝吉尔在他的《罗马帝国伟大道路的历史》(*Histoire des grands chemins de l'Empire romain*)(巴黎,1628)中,将城市和野外路面的低劣性归因于"我们的路面是由一层石头铺在普通沙子上组成的,除了土壤以外没有其他支撑或基础,土壤的性质也不一,或坚硬或松散,或干燥或潮湿。因此,它无法承受任何长时间的交通,必须经常进行维修"。

另一位重要的评论家是吉多·巴尔多·托格利塔,他在西克斯图斯五世(1585—1590)担任教皇期间写了一篇关于铺设和养护人行道的论文。手稿保存在罗马国立维托里奥·伊曼纽尔图书馆,并于1878年由社会和历史学会印刷出版。

在阿皮安大道和弗拉米尼大道上发现了古罗马铺路石,在城市的街道上偶然也会有发现。托格利塔提出了一种更轻的结构类型,这种结构体现了现代道路的主要特征。他的建议如果得到采纳,将彻底解决文艺复兴时期的公路建设问题。他指出,有两个因素需要考虑,一个是车轮,他称之为"破坏者",另一个是构成路面的材料,他称其为"抵抗者"。在这些磨损部分和耐磨部分之间,需要进行良好的调整以产生最佳结果。

对于车轮,他建议胎面宽度比常规标准宽三分之一,这样"接触路面的部分越大,磨损就越小"。车轮的轮缘应该覆盖一个铁轮胎,"像一个桶箍一样一体成型",如果这是平的,路面的磨损将进一步减少。通常保护木质轮缘的方法是将钉子打入其中,但托格利塔反对这种做法,指出这种钉子只不过是"咬入路面的牙齿"。"在结合中,"他说,"事物得以保存,在不结合中它们就会崩溃"。

有人反对铁圈轮胎会随着车轮木材的干燥而松动,对此,他指出,偶尔弄湿车轮或用沉头钉子将轮胎钉在轮缘上,可以很容易地解决这一问题。

古代路面是由大而平的石头制成,他建议取而代之以细砂岩或一层2帕尔米厚的砾石、石灰和沙子。第一种是现代柏油碎石路面,第二种是混凝土路面(现在普遍用于重型交通)。砖头太软因而被他拒绝了。如果路面使用小石块,则应彻底压实以防止水在石块之间积聚,因为水的存在会加速腐烂。

耐磨表面只是良好道路中的一部分,同样重要的是基础,还可以通过彻底压实或在其上铺设2帕尔米厚的河砾石层来制备。而且,无论表面铺设得多么好,如果没有严格和持续的维护,它都无法保持令人满意的状态。为了使其永久存在,必须严格防水。第一步是使路面形成顶部,以便将雨水横向排入沟渠,第二步是防止水纵向流过路面。如果水聚集或积在表面上，磨损会加速。对此路边排水是唯一的补救措施。

尽管有良好的原始结构和精心设计的排水系统，磨损仍然存在，因此必须进行维修。为了强调这一点，作者举了一个例子，即如果缝线断裂，除非断裂的缝线被迅速修补，否则会有一条长长的裂缝。“修理，”他补充道，“是必要的”。

清洁也是必不可少的，要想有效，清洁必须始终如一。为了清洁街道，托格利塔建议，正如巴黎已颁布但未强制执行的那样，禁止所有，“不论什么身份”的人在街道上乱扔垃圾，并建议结构良好、底部紧密、有遮盖网的手推车按既定时间表巡查以清除垃圾。

由于无法妥善维护所有道路，他建议将重点放在最重要的道路上，并出售次要道路。他还希望指控那些“完全侵占”土地的邻接业主。为了确保有效的管理和控制，他建议设立地方选举的董事会，其成员应对其疏忽或渎职造成的损害承担严格的个人责任。

托格利塔在这篇非凡但鲜为人知的论文中以令人钦佩的简洁和清晰阐述了道路的合理建设和有效维护的基本原则，但直到19世纪这些原则只有一半被制定和接受为经济原则。

根据托格利塔的描述，罗马和意大利的情况与巴黎和法国非常相似，街道上到处都是垃圾，缺乏良好的建设和适当的维护，同时还有各级人员的侵占。这些问题的存在显然不是由于缺乏知识，而是因为一般人特别是统治阶级，不希望有任何改善。

正是封建制度阻碍了公路的发展，这种制度让各种领主获得了权力。查理曼大帝意识到法国发展面临的实际和潜在的危险。他在自己的货币计划中对此进行了斗争，并希望通过建立一个扩展的、相互关联的道路网络来发展和促进更多的相互交流，从而再次打击铸币权。但当他的强硬手段被取消后，他的继任者中没有一个敢与封建领主的强大集团对抗。

封建领主对道路的控制在收费系统中根深蒂固。从早期起，所有使用公路的人、马、兽和车辆都要缴纳通行费。这些通行费原本是用来维护道路的，但随着封建领主权力的增长和中央政府权力的相应减少，这些资金不是用于维护，而是由封建领主保留。封建领主也不满足于根据法律和习俗进行的勒索：他们强制征收额外的通行费，当这些通行费不足以满足他们的需求和贪婪时，他们毫不犹豫地带领自己的团伙进行抢劫，而为了相互保护，他们习惯于形成联合。

针对这些高压手段，国王们除了不时以法令的形式发出夸张而傲慢的谴责(没有强制执行的希望)之外，没有权力做任何事情，更不要说向领主们召回维护道路和保护旅行者的义务。

在这种情况下，没有道路，只有绝对必要的交通，这并不奇怪。为了反对强盗贵族的勒索，国王将主要资源用于开发王国的城市，那里没有封建权力。但这种集中和由此产生的孤立本身只是忽视公路建设的另一个原因。

在文艺复兴开始前夕，我们看到了自查理曼大帝以来第一次改善旅行条件的举措。查理七世(1422—1461)组织了所谓的连队，并将它们合并成一支永久性的国家军队，这支军队为旅行者提供了一定程度的安全，即使不完整，也远远优于旅行者几个世纪以来的所有待遇。这项建设性的立法鼓励了王室的其他行为，特别是查尔斯的继任者路易十一的行为。

在15世纪中叶之前，以及此后的许多年里，法国的旅行者和欧洲其他地区的旅行者一样，如果贫穷就步行，如果富有就骑马，而商品则用无弹性的两轮马车或驮在人和牲畜的背上运输。即使到了16世纪后半叶，身居高位的女性也不使用马车，而是用轿子抬着，或者骑在驯马上，直到大约1600年，身居要职的男性才允许坐在马车上。最舒适的旅行方式可能是坐在马或骡子上的椅子(图17.1)上。在那些日子里，女人们到处旅行是令人惊讶的，然而，从1547年至1559年亨利二世的配偶，以及1589年去世的摄政女王凯瑟琳·德·美第奇的来信中可以看出她们以这种方式所能取得的成就。甚至在美第奇生命的末期，当她变得非常肥胖时，她仍会骑在马或骡子的背上或者坐在轿子或椅子上进行漫长而频繁的旅行，她从不坐马车。

图17.1 文艺复兴时期的旅行者有时会坐在骡子背上的椅子上

1601年，亨利四世的妻子玛丽·德·美第奇花了两天两夜从巴黎到枫丹白露(现在乘火车只需一小时)。第一晚是在科尔贝尔一家肮脏的小旅馆度过的，第二晚是在梅隆一座空荡荡的没有家具的城堡度过的。王后的助产士路易斯·布朗格在其《关于殿下诞生的真实故事》中讲到了这件事。王储在这次旅行后一个月出生。

在弗朗西斯一世(1515—1547)时期，巴黎有两辆私人马车，一辆属于王后，另一辆属于黛安·德普瓦捷。即使在该世纪末，这个数字也只增加到了四辆，一辆是国王使用的，一辆由王后使用，一辆由德拉瓦尔伯爵使用，他因太胖不能骑马而获得特别许可，还有一辆由药剂师的女儿使用，她是国王的朋友。据报道，到1610年，马车数量增加到了325辆。这种习惯的改变部分是由于客车设计的改进，但主要是由于道路的改进，使得轮式车辆的普遍使用成为可能。

朝着道路改进迈出的第一步是路易十一在1464年6月19日的一项法令中创建了法国信使。这项法令不仅是建立邮政系统的第一步，也是对通信方式行使中央集权的第一步。

下面的摘要是基于伊桑伯特的《法国古代法律》(1822—1823)中出现的版本。

法兰西信使团的团长是大团长，是王室成员。

在王国的主要道路上，每隔4古法里(lieue，10.64英里)建立了有"4或5匹轻巧的马，备有良好的马鞍，可以疾驰"的车站。主信使负责安排所有持有大团长护照的人员，并将所有持有大团长证书的皇家快件带到各自的部门。为确保传递的快速性和规律性，每名主信使应在快件上注明收到前一名信使和发送给后一名信使的时间，从而提供完整的催交记录并确定延迟责任(如果发生)。

该机构将仅限于王室服务，但在某些条件下，可能会被"非常圣洁的教皇和与国王陛下保持友好和联盟关系的外国王子"使用。

这些君主的派遣人员只能通过主要道路旅行，在前往法国之前，在边境，他们必须到大团长办公室，并从驻扎在那里的代表那里获得护照。在这本护照(今天在法国被称为自由通行证)被授予之前，外国信使必须申报他们携带的钱、出示他们的信件，并证明他们没有携带任何对法国国王不利的东西。

在通过检查后，信件被正式密封，然后信使将得到一张通行证，他将继续前进，他和他的行李将被送到下一站，依此类推到达目的地。

然而，国王对这样授予的自由感到担心。根据条例规定，一旦出现外国信使，边境的代表就要立即给大团长写一张便条，写明信使的姓名、访问目的和他打算走的路线。如果信使走任何其他路线，他将被抓住，信件将被转交给国王。

这位大团长是一名皇家议员，有权任命代表，并任命当地的首席信使。除了作为一名普通官员的薪酬外，他还获得了800巴黎里弗尔(880美元)的年薪，以及1 000里弗尔的开支津贴。每名代表的工资为100图尔里弗尔(110美元)。每位信使获得50图尔里弗尔的报酬,另外再加每匹马和向导每4古法里的行程可获得10索尔,只有少数例外——信使们会免费护送大团长和一名"临时紧急"信使,并免费携带来往的国王的信件。

如果没有道路,一个既正常又快捷的邮政服务将毫无价值,也不可能进行维护,因此,如果整个文艺复兴时期除了之前的道路和公路旅行之外,即使没有其他贡献,这本身也已是一项伟大的成就。当然,这也是自查理曼大帝试图恢复古罗马道路以来进展中最长的一步。路易的行为比查理大帝的行为更具价值,因为它是永久性的,为进一步的进步奠定了坚实的基础。

在颁布1464年的法令之前,在皇家马厩中有一支信使队伍负责传递国王的信息,这项法令使这支队伍转变为了公认的机构。信使人数固定为230人,但这一数字会不时增加或减少。路易十一对这项服务所需的信使人数有点过于热情,而他的继任者查尔斯八世(1483—1498)和路易十二(1498—1515)发现120名信使足以满足官方需要,因而他们将人员减少到了这一限度。

值得注意的是,这项服务仅限于王室使用,同时也有教皇和其他外国王子的官方信使。然而,后者必须在边境接受严格的检查,然后获得一本仅限于特定旅程和返回的护照。

作为信使速度的标志,据记录,在路易十二世统治时期,一名皇家信使以尽可能快的速度从米兰前往图尔附近安布瓦兹的国王城堡需要三天,巴黎和罗马之间保持定期的六天接力服务。在查理九世的统治下创造了更好的记录,圣巴塞洛缪大屠杀(1572)的消息在三天三夜内从巴黎传到马德里,而查理九世的死讯(1574)则在十二昼夜内从巴黎传到了华沙,传给了他的继任者、当时的波兰国王亨利三世。

然而,不能假设在官方机构成立之前,法国没有信使服务。近两百年前,这种服务是由巴黎大学提供的——这一习俗似乎起源于1279年,当时菲利浦四世在与英格兰和佛兰德斯交战时向该大学的佛兰芒学生保证,他们和他们的信使将受到保护。这所大学长期以来不仅吸引着来自巴黎的学生,而且还吸引了来自欧洲其他地区的学生。1314年,该校从路易十一那里获得了为所有学生提供信使的许可。渐渐地,法国的其他大学也为学生提供了类似的服务,但规模较小。根据德拉马尔在《警察条例》中的说法,这些信使不仅传递来往学生的信件,还传递父母寄给在巴黎的儿子的钱和包裹。

巴黎大学的信使分为两类——"大信使"和"小信使"。前者,每个教区各有一名,由学生担任,他们隶属于大学,获得官方认可和许多个人豁免。随着与各省的联系变得更加可靠和规范,大信使的职责日益受到敬重,巴黎的主要公民都热切地希望得到任命。其结果是,到了16世纪中叶,只有那些贫穷或没有影响力的公民才被征召做公役义务或者必须缴纳个人税，所有市民都被任命为大学的大信使。真正的工作人员是小信使。他们起初只是传递学生的信件和包裹，但在没有遭到反对的情况下，为与大学无关的人提供了类似的服务。随着这项公共服务的增加，这一职位变得更加有利可图，在任命和行为方面出现了许多弊端，因此在 1472 年，大学当局被迫通过规定，即此后除非获得许可，否则不得担任信使，除了以往的每封信 4 巴黎索尔的关税外，信使不得直接或间接提出任何其他要求。

1464 年颁布的设立信使的法令是精心起草的，目的是不干涉大学的这一特权或义务，并将政府服务限制在官方使用。但一个私人系统和一个由公共基金维持并由皇家当局支持的系统不可能同时运行而没有摩擦。随着旅游业的发展和通信量的增长，冲突自然会增加，直到最后（一个世纪已经过去了），才强制性地采用一个由政府控制的综合组织。在这段时间里，每位君主都只是轻微地限制了大学的特权，但没有一位敢大胆地终止这些特权。

由于邮政服务的增长对公路建设和使用有着重要影响，因此在讨论公路本身之前，先对其进行了解。

1515 年 4 月，弗朗索瓦一世在登基后立即表示了他对巴黎大学的友好感情，这是一个政治因素，也是一个学习机构，因此不应轻易冒犯，他再次颁发了专利证书，确认并批准了所有的特权、其他权利，以及其官员和仆人享有的习俗和权利。这些信件只是延长了私人和政府组织之间的摩擦和竞争。

1527 年，弗朗索瓦一世又禁止除主信使以外的所有人向信使提供马匹，从而为国王任命的官员创造了垄断。1543 年，他再次确认主信使免予交税，这是自 1464 年法令成立以来的最宝贵特权之一。

1560 年查理九世登上王位，他发现法国以及法国与其他国家之间需要更多的通信设施。他再次确认了总审计长的权威（总审计长是信使大团长的继任者），并指示他在从里昂经格勒诺布尔到绍尔热和昂布伦，再从那里到布里昂松，越过山脉到都灵的古老路线上建立一个服务机构。同时，国王禁止主信使在通往瑞士的主要道路上向非官方信使供应马匹，并禁止他们使用除特殊指定道路以外的任何道路。1565 年 11 月 26 日，他通过专利证书授予当时的总审计长及其继任者全权管理邮政服务，并禁止各省省长、议会法院、司法官和其他法官承担任何管辖权。这些信函在被提交议会进行依法登记时，议会表示了抗议，称这是对其特权的攻击。这场斗争在亨利三世统治时重新爆发。而查理九世下令所有法庭记录，包括商业记录和民事记录，都应由皇家信使传递，这进一步加强了皇家信使的地位。

亨利三世在查理死后登基时，采取了进一步的措施来推进国家的垄断。他的第一个行动是故意设立信使来与大学的信使竞争。他下令每个辖区任命一到两名有能力的人担任普通信使。他们需要交500里弗尔的保证金，这相当于购买了该职位。为了确保这些信使的业务，该法令禁止法官和其他官员由他们自己的书记员转交他们的记录，而是要将这些记录交给信使，否则将被罚款500图尔里弗尔，罚款的一部分会交给公共财政，另一部分给被剥夺业务的信使。

为了使皇家服务对顾客更有吸引力，这些信使必须"在每周固定的一天从其办公室的城市出发，携带装有法庭诉讼的邮袋……以及信件和其他文件、商品、金银和所有其他应交付的物品……并在接下来一周的固定的一天返回他们出发的城市，他们不得改变这个日期……否则将会失去职位。"

该法令还规定了定期关税。收费是针对每个地方政府管辖区的运输费用，无论区域内距离如何。商品和贵金属的收费由托运人和送信人之间约定。除了白天在主要道路上的抢劫，这些信使对保管的物品负有责任，正如贝洛克在其《法国邮政的历史研究》(巴黎，1886年)中所说，"对道路上的安全性没有很高的认识。"

这项组织严密的服务，以合理的费率按固定的时间表运营，并垄断政府业务，成为巴黎大学信使服务的竞争对手，特别是后来的法令要求大学信使要得到皇家批准并支付费用。巴黎大学强烈抗议，最后一项规定于1598年被废除。然而，不久之后，亨利四世建立了一套马匹接力系统，以加强政府的垄断。结果，大学的服务体系最终屈服，政府成为运送信件和包裹的唯一机构。

大学和王室之间的斗争已经持续了大约150年，对道路建设产生了重要影响。它使公路的状况成为国王的一个关注焦点，并对推翻挥之不去的封建制度和将控制权集中到中央政府中起到了极大的帮助。多年后的这种集中使得穿越法国的国家铁路系统成为可能，其路线直接对齐，结构坚固，维护良好。由此，文艺复兴时期的社会发展与工程进步交织在一起。

《法国习惯法大全》描述了在中世纪发展起来的法国官方、法律和地方习俗，这部作品于16世纪早期首次印刷。根据这部作品，我们发现在15世纪末和16世纪初确立的某些与公路旅行和公路本身有关的用法：公路分为皇家和私人两类，或者用现代用语来说，主要和次要。

皇家道路的宽度各不相同，从穿越可耕地时的30皮耶到林地中的40皮耶，到最大为60皮耶，甚至克莱蒙县的64皮耶(那里的1皮耶为11布斯，而不是12布斯)。在亨利四世统治时期，皇家道路的统一宽度被固定为72皮耶，尽管只铺设了一条15皮耶宽的道路。二级公路可分为四类：第一类是行人使用的"道路"(宽4皮耶)；第二种是"手推车道"(宽8皮耶)，手推车和牛可以在上面单列行驶；第三个是"路"(宽16皮耶)，牛可以成群地在路上行走；第四个是"道路"，它的宽度足以容纳马车双向行驶，并允许牛停下来休息。这些道路只是土路，没有好的路面或明确的结构。上述尺寸可能会有少量变化，但可以认为大致正确。

政府对于皇家道路征税和收取维修费，并采取措施防止干扰。因此，相邻的业主在分配给道路用地的一侧耕地时，其距离不得近于三条犁沟，并且不得设置树篱或其他植物，也不得挖掘会侵占道路的沟渠。

直到15世纪末16世纪初，乡村道路才开始铺设。铺路石，就像在巴黎的街道上铺设的一样，由边长7到8布斯的立方体块组成。狭窄的铺砌部分给过往车辆带来了极大的不便，特别是当一辆车经过另一辆车时，常见的长轴会导致每辆车的外轮离开铺砌道路。随着通行量的增加，这根长轴变得非常讨厌，最终通过了一项限制其长度的法律。

在这一时期，法国最重要的道路是从巴黎经奥尔良到图尔。1555年，图尔和奥尔良之间开始铺设路面，1557年，亨利二世发布了专利书，指示从阿尔特内到图里（距离9英里）进行适当的道路铺设。阿尔特内位于奥尔良以北12英里，已经铺好了路面。

专利证书清楚地叙述了修建道路的方式、方法和细节。它们在德拉马尔的《警察条约》中有详细介绍，这里简要重复如下：

奥尔良的法警有责任让奥尔良及其周边地区的所有铺路工以及那些根据合同进行铺路的人以合理的工资完成工作，否则将被处以监禁、罚款或其他合理惩罚。

道路应修整为宽 $8\frac{1}{2}$ 突阿斯（54.4英尺），中间铺砌为 $2\frac{1}{2}$ 突阿斯宽（16英尺），并根据实际进行提升和铺设；耕种者被禁止在道路上堆放肥料或其他可能妨碍道路的东西。

在道路宽度不足以进行上述铺路的地方，土地所有人不得在这些土地上耕作、挖沟、堆放肥料或采取任何措施，以使道路至少在规定宽度内保持畅通，这样那些经过的人就能在更远处更清楚地看到可能伤害他们的人。

必要时将修建桥梁、拱门和墙壁，以方便排水和控制水。

为了使工程能够迅速完成，所有人，无论是教会、绅士还是平民，只要他们的土地上有坚硬的石头、沙子或其他适合筑路的材料，都要允许以合理的价格进行挖掘。

铺路工及其手推车、马匹和设备将被允许穿越采石场、石料场和沙堤附近没有播种的土地。为了提升路面两侧的道路，铺路工可以从路边取土。

由于大法官和图里居民比任何其他人都能从规划的实施中获得更大的利益，专利证书规定，他们应通过自费在图里内部和整个区域铺设路面来分担成本，奥尔良的法警应该"通过扣押他们的货物和收入、出售他们的房屋和其他合理的方式"强迫他们这样做。为了使这条道路在未来能够得到良好和适当的维修，以便"人和动物能够方便和安全地通行"，这条道路将由奥尔良市的道路管理员进行维护。

为了获得新工程的维护资金，对每匹马收取4巴黎丹尼的通行费或通行税。

图里及其周边地区的农民和居民在牵着马犁地或收割庄稼时，以及在他们返回时，可以免收通行费，但在他们运输谷物（不是播种）、葡萄酒、商品或其他供应品时，则必须收取通行费。免费通行的名单还包括"我们的官员和仆人，以及我们亲爱的、深受爱戴的王后、我们亲爱的和深受爱护的孩子，以及德贝里公爵夫人玛格丽特·德·法兰西免费和免税"。

"由于在收取通行费时可能存在欺诈行为，马车夫和马队首领为了逃避付款，可能会绕过收取通行费的地方而从田地穿过，因此禁止车夫进行此类欺诈行为，否则，将被逮捕并强制支付通行费，并被罚款60索尔，以用于维修铺路的一部分。"

该工程已确定，条款规定承包商应当：

(1) 在合同持续期间，保持路面状况良好。

(2) 每年在检查官指定的地点进行合同中规定的铺路量。

(3) 修复所有的坑和车辙。

(4) 使用7至8英寸长、6至7英寸[1]**宽的硬砂砾铺路块**，铺路块应切割良好，石头与石头要紧紧贴合，并放置在1英尺厚的砂床上。

(5) 用12至15英寸深的硬石头加固路肩，使其与地面齐平，并至少接触5英寸。

(6) 清除路面上的所有污垢，并将其扔到路肩外3英尺处，以便排水。

(7) 保持路拱顶部到沟渠或两侧的足够坡度，以使水不会滞留在路面上。

(8) 修复并保持道路沿线现有的所有桥梁和拱门处于良好状态。

(9) 5至6英寸的旧铺路砖仅用于支撑路肩。

(10) 用夯锤将所有铺路石和镶边石压实，使道路坚实、平整。

规范要求的路面应当宽16英尺、由7至8英寸长、7英寸见方硬石铺成。铺路石的切割方式应使其有至少一半长度相互接触，并用夯锤固定在1英尺厚的干净沙层上，这样路面才能完全满足当时的交通需求。由于整个54.4英尺的表面将被沙子覆盖，因此在路面的两侧为信使和其他快速移动的骑手提供了柔软的道路。

如前所述，城市街道的建设和维护同样受到官方和法院之间冲突的影响，法院宣称根据运输要求和当地习俗，拥有控制权。直到这场冲突得到缓解，城市街道的建设和维护才真正开始改善。野外的道路也是如此，为了了解取得了哪些进展，以及为什么进展没有更大，有必要记住通行的条件及其逐渐发展的性质。

改善公路和旅行条件的最大障碍是封建主张的绝对管辖权。如果领主们承认权

1 在接下来的条款中，布斯和皮耶被转换为英寸，而不校正由此产生的微小误差。

力与责任相生相伴，并且维护了他们声称拥有权力的道路，那么情况将是可以忍受的，甚至可能是极好的。但不幸的是，当权者没有意识到相应的义务，而且，由于腐败和无能，统治阶级并不将其视为可耻，结果道路和出行的公众就都遭罪了。

多年来，领主一直以通行费的形式向道路上通行的旅客和商品征税。这些通行费本应每个人都支付，且运输的每个包裹也都要支付，但由于权力掌握在领主手中，他们做出了某些破例：贵族和教会的达官贵人对来自他们自己农场并供他们自己使用的食物供应可以不支付任何费用。在其他获得豁免的人中，包括离开巴黎的新娘，她们被允许免费携带嫁妆；还有绳索制造者，只要他们向官方刽子手免费提供绳索就可以免予交税。这一豁免说明了时代的变幻莫测，以及在公众舆论意识到良好道路是所有阶层都感兴趣的政治体义务之前需要克服的困难。

然而，某些豁免并不重要，主要的是只有一小部分的通行费被用在公路上，大部分是由领主自己保管的。因此，通行费的转移成了一个至关重要的问题，是王室和封建领主之间争吵的关键；只要转移费用的行为继续存在，就不可能获得良好的道路，交通也不会承担额外的道路税。

法国国王一次又一次地向领主们重申，他们拥有征收和收取通行费的权利，但只能把这些钱花在维护公共道路和桥梁上。在路易十一建立邮政服务之前，这方面没有取得任何成效。此后，王室通过其官方信使系统获得了直接的利益。即使在那时，这场斗争也没有取得胜利，因为持续了600年的滥用权利是不容易结束的。1483年查理八世、1501年和1508年路易十二世以及1520年、1535年和1552年的弗朗索瓦一世都觉得有义务就此问题颁布法令。在1508年的法令中，路易十二世授权王国审计长在发现通行费被挪用的地方没收通行费，并将其用于公路维修。1560年，这一命令在一项皇家法令中被重申："命令我们的律师扣押上述权利的收入并将其交给我们，并将其用于必要的维修。"

弗朗索瓦以类似的严厉方式惩罚在公路上袭击商人的小偷：打断手臂、腿、大腿和背部，然后把他们扔到车轮下，脸朝着太阳死去。

在查理曼大帝之后的统治期间，道路管理权被授予给了司法官和法警。由于领主篡夺了这一权力，司法官和法警的管辖权逐渐局限于警察职责。这些职责的履行非常糟糕，这在很大程度上是由于缺乏封建领主的支持或他们的实际干预。随着邮政服务的建立，国王感到有必要通过加强道路控制来维持其声望，并指示司法官和法警重新维护其权威。根据古代习俗，这一权力仅限于行政管理，并没有达到实际的财政控制。装有金钱的钱包，而不是书写法令的笔，一直是权力的来源。国王们意识到，他们也许能在法令中发出威胁，但在获得通行费之前，他们永远不会掌握局势。

为了实现这一目标，有一群被称为司库(Trésoriers de France)的王室任命者。这些人经历过14世纪的财政管理，这一机构中的某些官员控制着国家收入，其中有些人是由州议会任命的，另一些是由各教区选出的。这一机构逐渐发生了变化，因此在15世纪末，国王任命了四名财务官和四名司库担任财务顾问，控制着王国的收入和支出。

国王逐渐增加了司库的行政权力，使其成为主导，因此，当国王希望维护其对道路维修的权力时，他自然应该在这方面扩大司库的管辖权，特别是因为司库已经对建筑物和其他公共工程行使了一定的控制权。

因此，路易十二世在1508年10月20日发布的专利证书增加和扩大了司库的权力，授权他们，"检查王国的所有道路、公路、桥梁、铺砌道路、港口和通道，并获取有关其状况的信息；为了我们或公众的利益需要进行维修或改善，如果是由我们负责的则从支出费用，如果是其他人负责的，则从其他资金中支出，为此他们持有并收取通行费、维护人行道和收费站或承担其他义务，并强制每个人在自己的地区按照要求进行"也就不足为奇了。

根据这项法令，主要公路的管辖权从地方法警转移到了司库，尽管各个城市仍然保留着对自己街道的控制权。

这是对领主权力的源头——道路收益的收集和支出——的打击。

将权力委托给财务主管只是一步，远非王室接管道路作为王室职能或迫使领主履行职责的最后举措。

王室与封建制度之间的斗争持续了整个16世纪，就像王室与巴黎大学之间的斗争一样，王室的控制也在缓慢但稳定地加强。这场冲突对道路建设和交通工具的发展产生了巨大影响。

权力冲突的最后一个阶段涉及领主，国王授予他们以大法官(领主高级法官)的头衔执行监督权力，他们将这一权力解释为赋予他们对公路的一般管辖权。1599年8月13日的一项法令清楚地表明了国王的立场：关于法官的失职行为，该法令给出了应采取哪些措施以改善道路状况。

这项法令由司法官颁布，是"应巴黎检查官纪尧姆·休伯特的请求，并在国王检查官的抗议下"发布的。法令描述了领主高级法官如何占领了主要道路，即所谓的皇家道路和其他公共道路的，这些道路被设置在既不方便也不可行的地方，并使桥梁和道路成为废墟；还描述了拥有道路毗邻财产的私人是如何移除边界、树木和古老标记，甚至破坏路面的，造成的结果是道路被如此多的"占用"，以至于给通行、运输和驾驶带来巨大不便。因此，巴黎检查官奉命立即前往行政官和巴黎子爵领地的主要道路，检查所有桥梁、道路、通道、人行道和公共道路；调查所有的破坏、废墟、断裂和道路变更；重新修复这些设施并使它们处于良好状态；划定边界，并在两侧种植榆树或其他树木。这一切费用都将由领主高级法官和沿途业主承担。

在公路沿线植树已经是一种既定习俗。1553 年 1 月，亨利二世致函所有的法警、总管和司法官，命令他们，通过公开号召和在教堂门上贴公告发出通知：因为炮车需要大量的榆木，为了避免短缺，"所有领主高级法官以及城市、村庄和教区的所有农民和居民……都应在今年的适当季节，沿着主要的公共道路，在方便和适当的地方种植大量的榆树，以便我们的王国能够及时得到充足的供应"。

一个月后，亨利二世扩大了这一命令，指示所有紧靠主要公路及其分支的土地所有者，根据土壤的性质，每隔 24 皮耶种植榆树、核桃和其他树木的树苗，如树木死亡，则应重新种植，否则处以罚款，这些树木的果实应属于种植这些树木的所有者。禁止所有人破坏这些树木，否则罚款 20 埃克斯，这个罚金将分给业主、区内穷人和揭发者。1583 年，亨利三世又重复了这一命令。

然而，由皇家当局集中控制道路从而逐渐消除地方影响的做法在整个法国慢慢被接受，特别是在远离首都的地区(这些地区尤其珍惜他们的这种特权)。为了维护他们的权利并遏制那些工资和开销由地方负责的政府官员，(现仅举一个例子)贝阿恩省(现为下比利牛斯省)在 16 世纪末通过了一些规定，当时王位的权力得到了加强，规定城市的市政官可以在其管辖范围内，在没有桥梁和道路主管协助的情况下，对道路和桥梁进行必要的维修和管理。道路主管及其副手被禁止对当地道路和桥梁进行任何维修，并被命令将注意力限制在皇家道路上。道路主管不得有超过四名的副手，每个总管区一名；除非市政官要求，他们不得进行检查，主管也不得要求超过每天 1 个小埃库和同等金额的开销费用，副手也不得要求超过 9 个索尔的工资和费用。市政官和当地社区有权选择向主管和副手提供设施，以代替钱或纳税。主管或其副手在每个地方停留的时间不得超过一天，并要向市政官说明需要进行的维修及完成维修的时间。如果修缮工作未能在规定的时间内完成，主管可以再返回并暂住在居民家中直到工作完成。

巴黎—奥尔良—图尔公路路面指定的优质砂和铺路砖并不总是标准的，有时使用的材料远远低于现代实践中批准的材料。正如 1601 年的一项法令规定的，从巴黎街道上取来的垃圾、泥土和其他物品要沿巴黎到莫城的主要道路堆放以便进行维修，而业主们必须要求工人摊铺泥土和砾石，以使表面达到适当的高度。不出所料，这一许可被严重滥用，因为后来的一项法令规定，"圣马丁和勒坦普尔的倾倒场仅用于处理泥浆和其他液体材料，并允许扣押在那里倾倒垃圾和固体材料的车夫及其马匹……并命令他们(车夫)把上述垃圾和固体物质摊铺在路上。"

至于皇家道路的位置，可以肯定的是这样连接了欧洲所有重要城市的道路至少有一条，这也得到了文件资料的证明。

早在 1501 年，欧洲的第一张路线图就出现了，它是许多其他路线图的前身(图

17.2)。这幅有趣而奇特的地图是纽伦堡的埃哈德·埃兹劳布斯绘制的,是一幅彩色的小木刻画,地图表面高 14.4 英寸、宽 11.2 英寸。其方向为顶部为南部,底部为北部,因此意大利位于上边缘,丹麦位于下边缘。

地图东边显示的是纬度,北边是梅伦的水平比例尺,而不是经度。虽然这些比例表表明作者对准确性的重视,但也经常会有一些自由的发挥,这可能是合理的,因为如果不是这样,一些地方就无法包括在内。因此,苏格兰与它的真实位置成直角弯曲;丹麦群岛、日德兰半岛和瑞典南端没有连在一起,意大利的坡度也被夸大了。但尽管有这些地理上的不准确性,如果把地图看作是一张路线图,我们就能看到中欧的主要公路,从西面的巴黎到克拉科夫、东面的布达佩斯,以及丹麦北部和罗马之间的公路。

地图顶部的一行字写道:"这些是从一个王国到另一个王国的贯穿罗马帝国的高速公路,毗邻德国领土,由 1 迈尔[1]到 1 迈尔的圆点标出。"左下角的铭文是从古德语翻译而来的:"这张图包含 820 座城市,其宽度为 210 迈尔、高度为 270 迈尔,覆盖了九个王国的领土。要想知道一座城市与另一座城市的距离,就应该计算两座城市之间的点,点的数量就是迈尔的数量。如果两个城市之间没有标记点,则使用一对分隔器测量城市之间的距离。将测量的距离放在点上,点之间相隔一个德国迈尔,每个迈尔包含 10 000 步。"

右边的铭文写着:"要找到一个城市相对于另一个城市的位置,沿着地图的侧面放置一个指南针,直到指南针的指针与边界线重合。将地图保持在这个位置上,使城市正确定位。将指南针放在两个城市之间的点上,并记下指针的方向。如果一个人在两个城市之间来回,也将获得相同的方向。"最后一个铭文下方是印刷工的标志:"1501 年由格奥尔格·格洛肯顿在纽伦堡印刷"。

从这些铭文中可以看出,这张地图不仅提供了主要道路的示意,而且还提供了重要地点之间的距离,这与现代路线图完全一样。"每个德国迈尔包含 10 000 步"一词的含义尚不清楚。将点的数量与相同点之间的精确测量值进行比较,可以发现两个点之间的距离代表一个长度单位,从 4 400 米到 10 000 米不等。如果遵循作者的建议,取任意两个选定点之间的直线距离,然后在地图下边缘的迈尔比例尺上测量,并在现代精确地图上测量相同的距离,会发现迈尔对应的米值范围从约 4 500 米到略大于 6 600 米。

德国迈尔没有一个公认的值。例如,威斯特伐利亚的迈尔等于 11 112.06 米,普鲁士的是 7 745.9 米,西里西亚的是 6 552.32 米,萨克森的是 9 066.67 米,巴伐利亚州(纽伦堡)的是 7 414.97 米。还有一个用于测量道路的单位,称为思敦德(Stunde),在巴伐

1 Meile,德国长度单位。——译者注

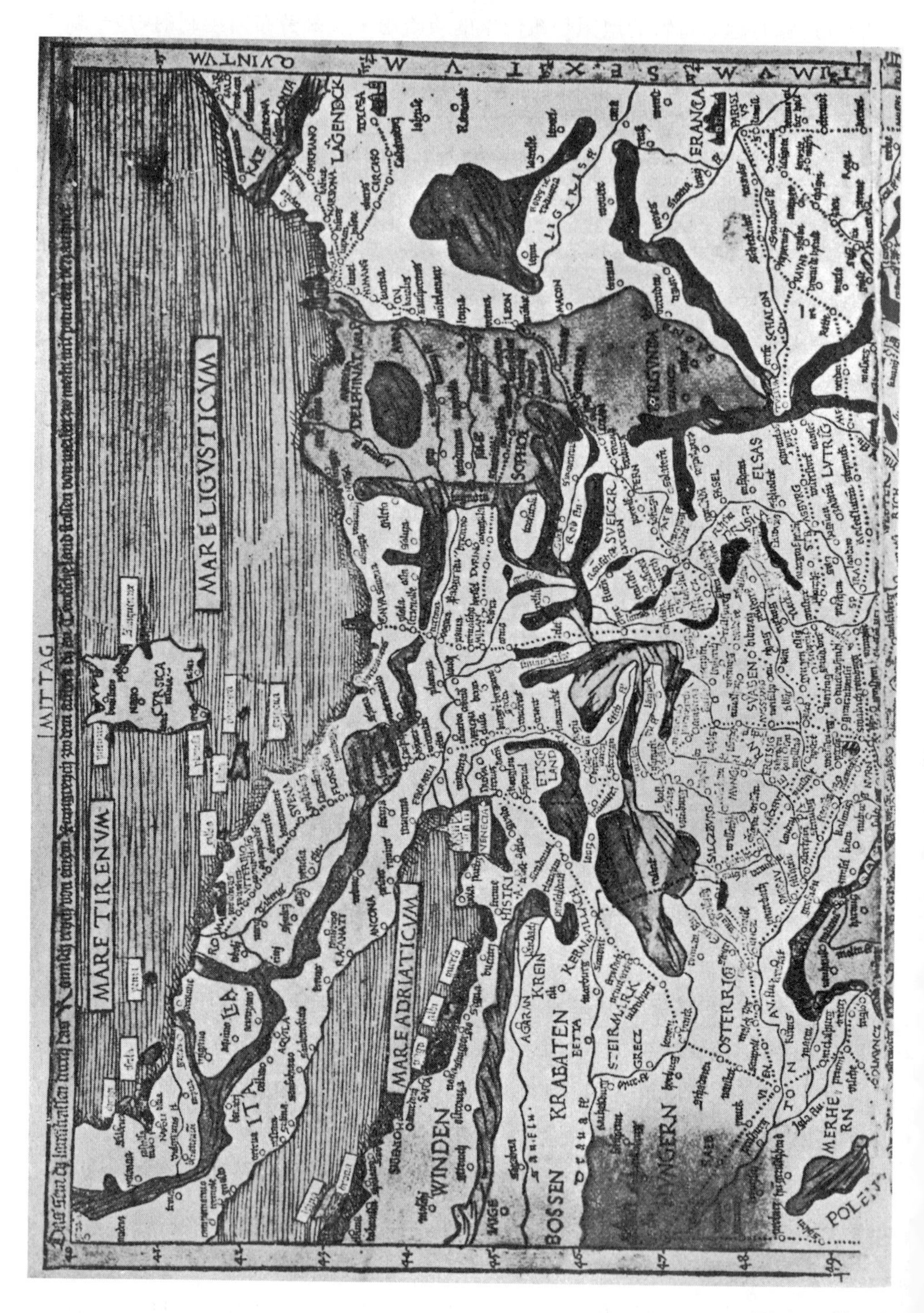

图 17.2　第一张

摘自 Wolkenhauer 的《埃哈德·埃茨劳布斯的

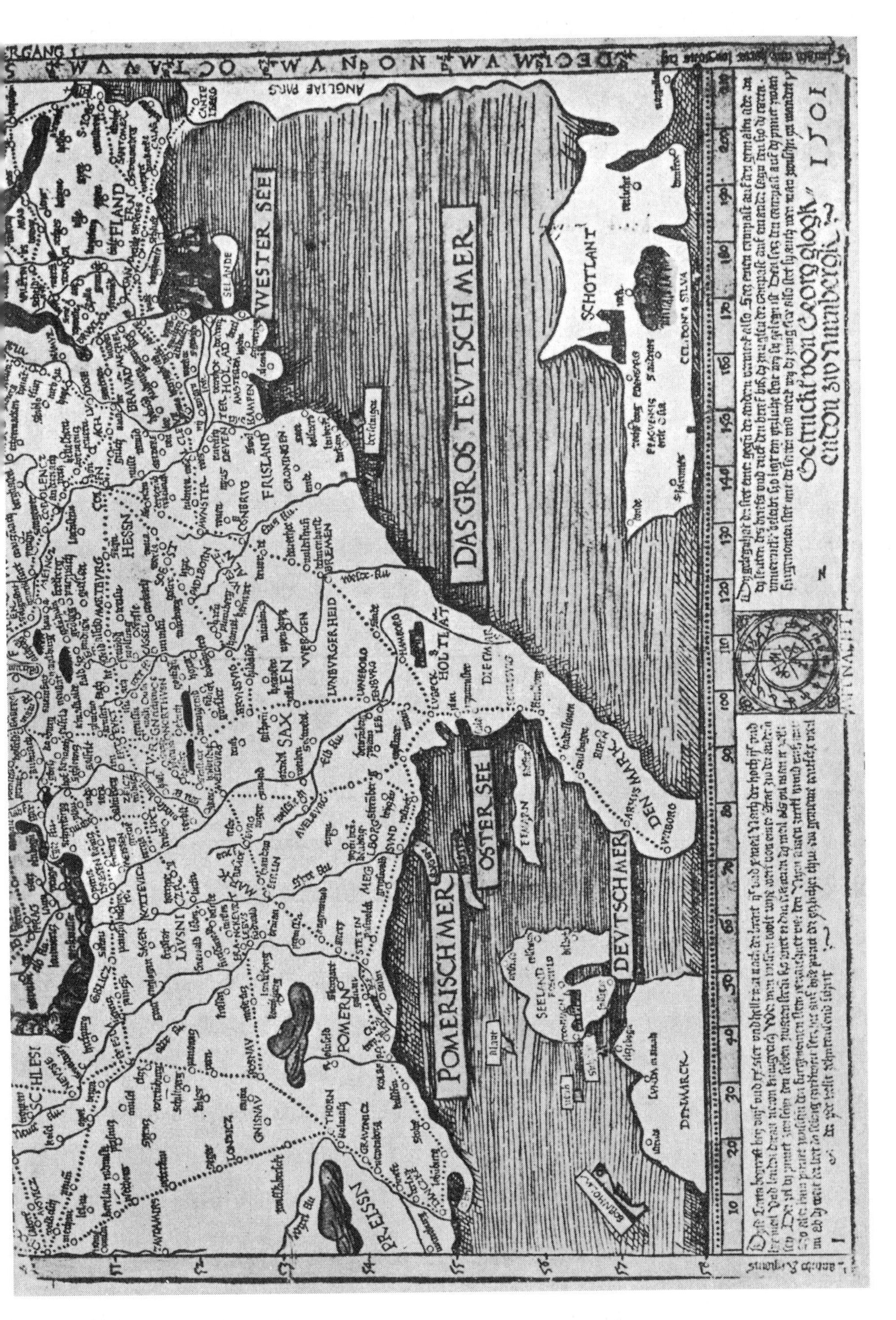

欧洲公路地图

德国旅行地图》(柏林附近的尼古拉西,1919)

利亚州长度为 3 707.49 米。这些都不符合点所示单位的平均值。在铭文中,Meile 被称为 10 000 Schrit(翻译为 pace,即步)。意大利和法国使用 passo 或 pas 作为计量单位,但德国没有使用。在纽伦堡有两种埃伦(Elle)单位,长度等于 0.833 0 米的巴伐利亚埃伦和长度为 0.656 5 米的纽伦堡埃伦。其中任何一个都可能被视为一个 Schrit 或 pace,如果是这样,由 10 000 埃伦组成的迈尔将分别等于 8 330 米和 6 565 米。较大的单位相当接近由点给出的测量值,而后者与直线距离一致。根据不同的当地标准,点所示的较长距离可能是"建设性里程"的说明,本章其他部分将对此进行讨论。一个迈尔可能有 6 565 米长,由 10 000 纽伦堡埃伦组成。

更为特殊和详细的是第一本道路指南书,由查尔斯・埃斯蒂纳撰写、1552 年在巴黎出版的《法国道路指南》,在 1552 年、1553 年、1553 年(鲁昂)、1555 年、1560 年、1566 年(里昂)、1570 年、1583 年(里昂)和 1586 年、1588 年、1599 年、1600 年(鲁昂),直到 1658 年,又出版了其他版本(根据对这些书进行了专门研究的乔治・福德姆爵士)。这本小册子不仅是法国的第一本,也是世界上的第一本,它的许多版本都证明了它的价值。它出现在公路交通开始摆脱除了紧急业务之外几乎无法忍受的状况,并描绘了法国道路在其历史转折点上的景象。

这本指南是一本真正的路线书。在每条道路上,道路经过的所有地方的名称都以古法里和八分之一古法里表示中间距离。对每个重要村庄或城市的简短描述显示了当地的特色,并注明了所有可以住宿和用餐的地方。偶尔会出现"好酒"这样的词。道路的性质可以用"最短路线""最吸引人""冬天不好""多山"等来描述。所有的笔记都很有趣,有些也很逗。因此,当时里昂市甚至因为当地的银行而闻名,旅行者们被警告说,因为有劫匪,所以穿过内弗斯的恩费尔街会有危险,因此建议"穿越田野"。

这本指南介绍了 269 条路线,但由于主要道路经常被划分为路段,所以有一些道路的部分重复了,就像现代书籍中描述的那样,独立道路的数量要少得多。

虽然这本书出版于 1552 年,但直到 1632 年地图出版,道路地图才出现。然而,这并不是道路地图,而只是路标地图,它只显示了指南中包含的一些道路。除了为避免混淆而省略的几个平行的候补道路和短支线外,指南中描述的道路与 1584 年建立的邮政路线都被绘制在法国地图上(图 17.3)。这张地图的显著特点是巴黎在整个法国道路系统中占主导地位,以巴黎为中心,道路四通八达。这本指南通过计算距巴黎的所有距离来强调这一特征,如果书中显示了延伸或分支,则会说明起点距巴黎的总距离,也即从首都开始累积的距离。

通往意大利的主要道路经由里昂和都灵,通往西班牙的公路途经波尔多和巴约纳。值得注意的是,通往勒阿弗尔或斯特拉斯堡没有显示任何主要道路,这有点令人惊讶,因为当时这两个地方都是重要的地方,而且在 1501 年的德国地图上有一条连接

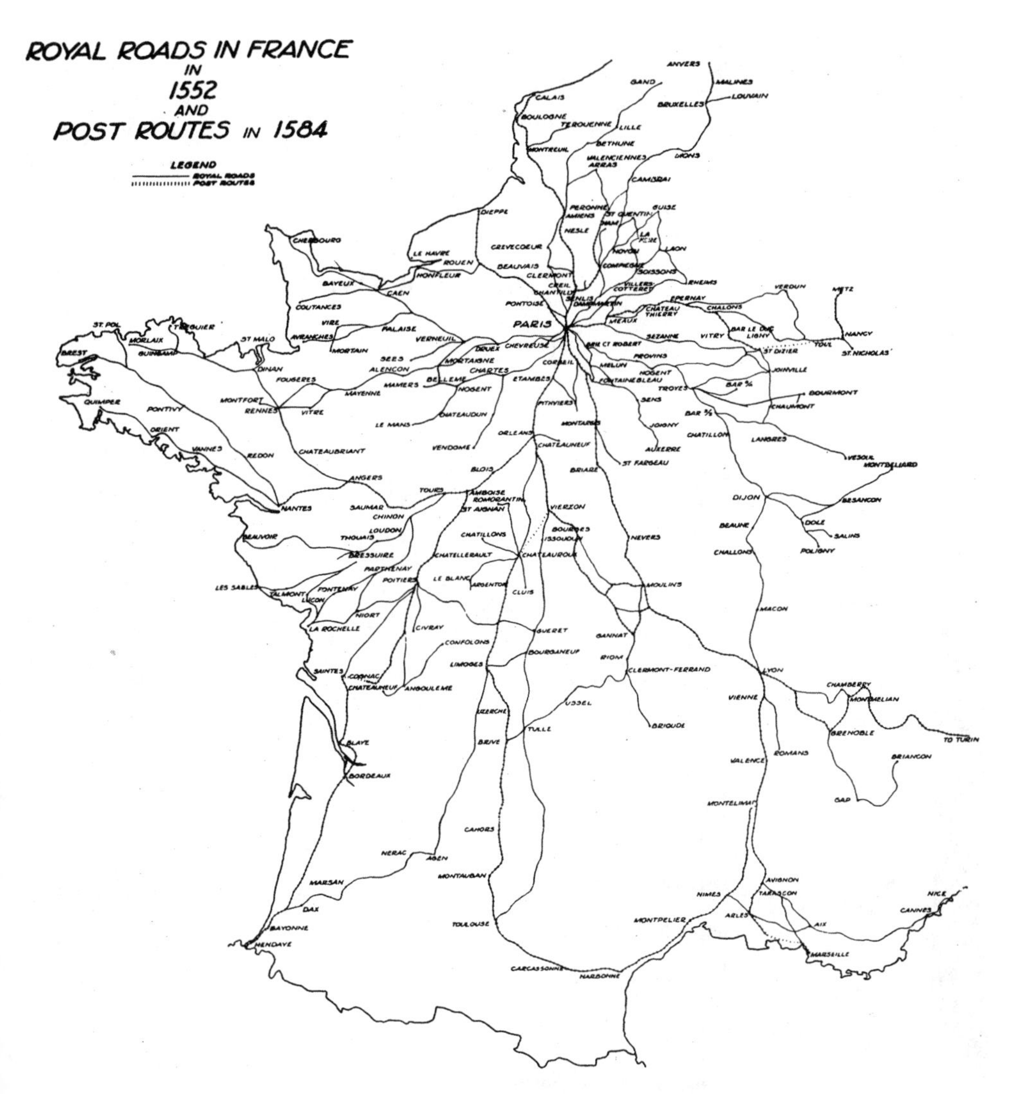

图 17.3　1552 年的法国皇家道路和 1584 年的邮政线路

（这副地图是在作者的指导下绘制的，但是没有完成）

图勒和斯特拉斯堡的路线。这条路当然在 1552 年也存在，但可能具有当地特色。

该系统覆盖了法国，其完整性得到了证明。在巴黎的东部和北部，在圣迪一济耶—梅斯和亚眠—加莱标记的象限中，我们看到了最大的集中。事实上，在这片领土上，现在从巴黎抵达的所有一级国道都存在于 16 世纪。在法国东部和整个南部，有大片地区的交通依赖于劣质的当地道路。

1584 年亨利三世的法令清楚地显示了政府邮政系统在多大程度上覆盖了主要道路，该法令的原始手稿仍然存在（图 17.4）。这项法令设立了邮政驿站，并根据其所在的服务路线以单列形式列出，上面写着城镇对应的主信使的名字。

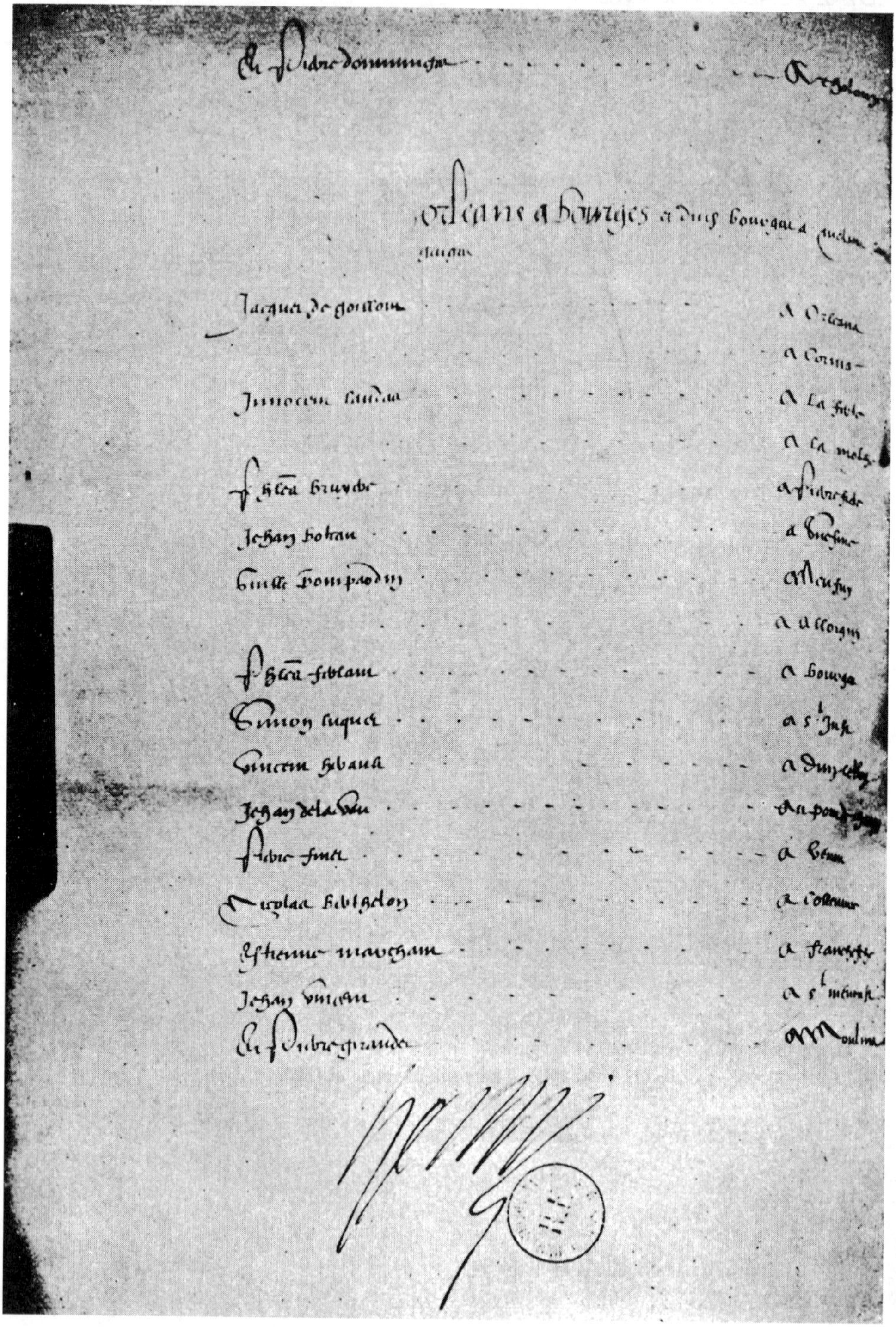

图 17.4　关于法国建立邮政系统的法令的最后一页(1584)(上面有亨利三世的签名)

有九条路线由国王支付信使的费用，两条由各区支付，三条没有固定工资，但需要时为国王服务。这些代理人的报酬来自王室财政，为年薪 60 埃克斯・奥索莱尔(1 埃克斯・奥索莱尔的价值相当于 2.15 美元)，以及额外津贴 20 埃克斯(用于为每位乘客提供一匹马和一个人的住宿)。根据每条路线的交通量估计，这种住宿可能适合一到两名乘客，这显然并不拥挤。

九条王室路线如下：

(1) 巴黎到西班牙边境，有 66 个邮政驿站，途经奥尔良、布卢瓦、沙泰勒罗、沙图纳夫、波尔多和圣让・德卢兹，路线长度约为 588 英里。虽然这条路线的终点(以及其他路线的终点)是多条路线的共同点，但它被视为单独的驿站，即使连接路线在交叉点具有相同的代理或主信使。因此，在巴黎，只有一位主信使负责所有的发散路线。

(2) 布卢瓦经昂布瓦斯、图尔、索米尔和安格斯到南特，19 个站，约 156 英里。

(3) 巴黎至加莱，23 个站，约 165 英里，途经克莱蒙、亚眠、阿布维尔和蒙特勒依。

(4) 巴黎至佩隆，11 个站，约 78 英里，途经桑利斯和鲁瓦。

(5) 巴黎至梅斯，28 个站，约 204 英里，途经莫城、拉弗尔特、蒂耶里堡、埃佩尔奈、沙隆、圣迪济耶和图勒。

(6) 巴黎至里昂，38 个站，约 280 英里，途经蒙塔日、讷韦尔、穆兰和罗阿讷。

(7) 里昂，穿过阿尔卑斯山到萨卢佐，25 个站，大约 180 英里，途经格勒诺布尔、布里昂松和皮内罗洛。

(8) 里昂至马赛，25 个站，约 150 英里，途经维也纳、天恩、瓦朗斯、蒙特利马、圣爱斯比桥、巴约勒和阿维尼翁。

(9) 巴约勒至图卢兹，26 个站，约 150 英里，途经尼姆、蒙彼利埃、贝济耶、卡尔卡松和卡斯泰尔诺达里。

当地维护的路线为：

(1) 巴黎至鲁昂，10 个站，约 78 英里，途经蓬图瓦兹和马格雷。

(2) 伯西(巴黎—里昂路线)至里永，5 个站，约 39 英里。

无固定工资的路线：

(1) 奥尔良至利摩日，20 个站，约 159 英里，途经罗莫朗坦、沙托鲁和阿让通。

(2) 利摩日至图卢兹，23 个站，约 185 英里，途经布里夫、卡奥尔和卡斯特尔萨赫津。

(3) 奥尔良至布尔日和穆兰，17 个站，约 125 英里，途经拉莫特、布尔日、圣・茹斯特、邓恩、库勒夫尔、弗朗谢斯和圣梅努克斯。

这些邮政路线遵循王室道路的路线，在法国的路线图上用交叉记号标记。

所述距离仅为近似值，在现有路线上进行测量比对，发现这些距离比实际要少。

在几条路线上，驿站之间的距离略有不同，从大约 12 公里到大约 14.5 公里(大约 7.5 到 9 英里)。

邮政系统建立后，政府采取了一些措施来改善旅行的条件，即使旅行者仍无法获得安全保障，道路状况也不好，酒店很少，旅馆通常很差而且价格很高。1495 年的一项王室法令要求旅馆公布税务，并将葡萄酒收费限制在每品脱 2 索尔，3 名行人的晚餐价格固定为 6 索尔，一张床的价格固定为 8 索尔。在贵族光顾的大型客栈中，晚餐和房价分别提高到 12 索尔和 20 索尔。

德国和意大利的旅馆被认为是最好的，而帕多瓦的博乌夫酒店因卓越而享有广泛声誉。据说它的马厩可以容纳 200 匹马。

多年来，在改善旅行方面王室几乎没有取得什么成就。与巴黎大学争夺信件和包裹的运输权，以及与领主们争夺公路的控制和管理权的激烈斗争，都压缩或至少限制了王室在这方面的活动。

运输艺术的进步是独立于领主而取得的。1457 年，匈牙利科茨市(Kotze)的一名技工制造了一辆运载乘客的车辆，此后不久，意大利也制造了同样类型的车辆或马车。据推测，"coach"这个字来自"Kotze"，这成了意大利语中的 cocchio，而 coche 和 coach 就是从这里来的。在米兰，据报道 1525 年使用的不少于 60 辆。事实上，它们被接纳的速度如此之快，黄金和刺绣的坐骑也如此奢华，以至于禁奢法开始针对它们，教皇皮乌斯四世(1559—1565)也禁止红衣主教乘坐这样的车辆。它们在 16 世纪初在德国使用，1515 年在维也纳，1546 年从意大利来到西班牙，其中一辆于 1555 年在英国为拉特兰伯爵建造；1558 年，伊丽莎白女王订购了一辆。

这些早期的车厢从外面看可能比坐进去更有吸引力。缓解崎岖路面冲击的方法非常简单，主要是将车身悬挂起来。直到很久以后，钢弹簧才被引入。图 17.5 是大约 1590 年的车厢，带有两个 V 形钢片弹簧，但是，该弹簧使负载的重量加在了车轴的中间而不是靠近车轮的支撑上。

为了克服崎岖道路的不适感，一个有趣但几乎不实用的建议是用万向节而不是弹簧支撑轿子(图 17.6)。振动会得到缓解，但无法缓和冲击。

与其他马车一样，四轮大马车在改善道路方面也起到了作用。供旅行者使用的马和运输商品的两轮马车可以从私人那里租用，但在马车或四轮大马车问世后，一些有远见的人立即开始向喜欢坐马车而不是骑马的旅行者出租。为了避免驿站主信使和信使对道路的干扰，马车所有者申请了王室许可证进行运营。

1575 年 10 月 10 日，亨利三世登基后不久，就发布了特许授权书，撤销了所有授予车主的许可证。目前尚不清楚他是否是担心与邮政系统的竞争，或是希望保持政府对所有形式运输的垄断，或是因为意识到私人主动性不足而希望扩大服务范围。这封信

图 17.5　在 1590 年流行的一种马车

也同时向安托万·菲尔伯特·德卡德拉克和他认为合适的人授予了在巴黎、奥尔良、特洛伊、鲁昂和博韦之间驾驶长途马车的权利。布卢瓦的三个领地主强烈抗议这一决定，理由是这将严重增加旅行成本，并要求允许任何人租用四轮马车或两轮马车在各地往来。尽管如此，政府的垄断还是得以执行。直到 1775 年才最终成功地废除了仅限于公共维护车辆承担商业运输的限制。

1589 年，名义上是法国国王的亨利四世（但直到 1594 年占领巴黎并在接下来的两年中取得其他胜利后才成为事实上的国王）发现自己的国家被长期持续而激烈的宗教战争拖累，于是立即着手制定了一项恢复政策。

他为改善交通状况而采取的第一个举动是颁布了一项重组公共马车编制的法令（1594 年 4 月）。该法令指出，之所以发布这项法令，是因为许多人抱怨公共马车的服务质量差和管理腐败，特别是许多驾车人未经授权强行进入该行业。因此，国王根据

图 17.6　由万向节支撑的马轿子

其内阁的建议,设立了所有公共马车总专员和督察的职位。客车将由强壮的好马牵引,并由有能力的人驾驶,费率由司法官确定。这延续了政府的垄断地位,至少有权阻止个人试图驾驶私家马车与政府维持的公共马车竞争。皮埃尔·蒂尔库被国王任命为总专员,他是一位“明智且经验丰富”的人。

但是,议会拒绝将这一法令登记为法律,直到 1595 年 9 月才发出命令书。以前通过的一项命令:“专员和马车承租人不得向从巴黎前往奥尔良、鲁昂和亚眠的乘客收费超过 4 埃库,前往距离相近的其他城市的收费也是如此,专员应每月向警方报告两次,并报告马车驾驶和维护过程中发生的危害行为。”激怒了蒂尔库专员,他于是决定与方丹夫人就他的职务展开谈判。

方丹夫人是方丹公爵奥诺拉特·德布埃尔的女儿,是布列塔尼国王的国务顾问、海军中将和陆军中将。方丹公爵来自一个古老而显赫的家庭,是 1590 年在圣马洛围城中被杀害的方丹家族成员中最受欢迎的。他的女儿嫁给了罗杰·德·圣拉里,但从父亲那里继承了头衔,为什么她会涉足交通运输业,这一点没有记录在案。她的名字首次出现在一份日期为 1580 年 7 月 8 日的合同中,当时她接管了 1575 年授予德卡德拉克的特许权。然而,她只保留了两项服务:巴黎—鲁昂和巴黎—奥尔良。

显然,她一直在做生意,也有足够的影响力证明专员有理由将其职能移交给她。

方丹夫人取得了控制权,希望借此防止蒂尔库的承租人被剥夺权利,但后者开始干扰巴黎大学的信使业务，并干预公共信件和包裹的运输。这些行为导致司法官于1599年12月做出决定，保护信使拥有和享有其权利，并禁止公共马车承租人干涉或运输信件或包裹。

方丹夫人没有忽视任何增加公共马车数量的机会，她将其放置在干线和主要道路上。随着数量的增加，问题也随之增加，一部分问题是由于参与该业务的外部人员的行为，另一部分是因为难以让其他承租人维持同样良好的秩序。这导致了一项新的法令(1623)，指示方丹夫人应根据1580年7月8日的合同控制车辆数，并禁止在她服务的区域进行任何竞争。从巴黎到奥尔良、鲁昂和亚眠的票价固定为75索尔，而将乘客运送到其他城市的票价不超过每古法里2索尔6丹尼。同年7月26日发布了另一项命令，规定了所需的营运标准和收费标准：

承租人应用皮革覆盖车厢以使其保持良好状态，由技术娴熟和经验丰富的人驾驶好马，承租人应对这些人的可靠性负责。

在巴黎及其他城市将设立固定的接送旅客的地方。

公共马车将"在特定的固定日期和准确的时间出发(除非有正当理由)，否则将对造成的伤害和损失进行处罚"。

在夏季或冬季，每辆公共马车最多只能运载10人。

承租人或其代理人应保留准确的登记簿，登记簿应记录预订情况，预订位置的签名票应标上1、2、3或其他号码以避免欺诈和纠纷；旅客要在固定的地方上车。

干线公共马车的承租人要保证车厢良好，两匹马加一个车厢每天的收费不得超过7里弗尔，如果旅客同意，车厢内最多可坐8人，每辆车每天最多可行驶3古法里；4匹马拉的马车，他们的收费不得超过12里弗尔。在冬季(从11月1日到3月15日)，每天行驶路程不得超过9～10古法里，在其他七个半月内不得超过13～14古法里；一辆没有马的车厢的租金固定为每天40索尔，而2匹没有车厢或车夫的马的租金为100索尔。

承租人不得在马车上运输商品，以免损害马车夫的利益。

禁止货车司机、信使、车夫、承运人和其他人员在普通道路或十字路口设置马车，或在枫丹夫人或其承租人设置马车的城市和地方租用马车，但在城市和郊区循环的除外，并且不超过城外2古法里。

禁止所有信使、货车夫、承运人、车夫在方丹夫人及其承租人已经设立了运输路线的道路上进行运输；城里到郊区的往来运输可以除外，但不得超过2古法里。

承租人对每个人以图尔里弗尔收费，包括应支付给专员2索尔6丹尼的税以及重量超过4里弗尔的行李税，具体如下(选取了一些典型城市作为示例)(表17.1)：

表 17.1

承租人所在城市	每人收费	每里弗尔超重行李的收费
奥尔良(Orléans)	3 里弗尔 15 索尔	1 索尔 0 丹尼
鲁昂(Rouen)	3 里弗尔 15 索尔	1 索尔 0 丹尼
亚眠(Amiens)	3 里弗尔 15 索尔	1 索尔 0 丹尼
第戎(Dijon)	12 里弗尔 0 索尔	2 索尔 0 丹尼
里昂(Lyon)	19 里弗尔 0 索尔	3 索尔 0 丹尼
兰斯(Reims)	4 里弗尔 10 索尔	1 索尔 0 丹尼
沙特尔(Chartres)	2 里弗尔 10 索尔	0 索尔 6 丹尼
加莱(Calais)	9 里弗尔 0 索尔	1 索尔 6 丹尼
芒特(Mantes)	1 里弗尔 12 索尔	0 索尔 6 丹尼
苏瓦松(Soissons)	3 里弗尔 0 索尔	0 索尔 8 丹尼
梅斯(Metz)、图勒(Toul)及凡尔登(Verdun)	12 里弗尔 0 索尔	2 索尔 6 丹尼
佩罗讷(Péronne)	3 里弗尔 15 索尔	1 索尔 0 丹尼
在枫丹白露总部的十字路口:		
乘四轮马车	4 里弗尔 0 索尔	1 索尔 0 丹尼
乘客车	3 里弗尔 12 索尔	1 索尔 0 丹尼
巴黎—圣热尔曼(Saint-Germain)	1 里弗尔 16 索尔	0 索尔 6 丹尼

承租人不得收取高于上述标准的价格,若第一次违规则罚款 100 里弗尔、第二次违规罚款 500 里弗尔,如果之后再违规则处以体罚。

每位承租人应"在其办公室内张贴本法规及收费标准的公告"。

这个通用命令,或者可以称之为许可证,相比之前的法规有明显改进,它的语言没有重复和歧义;建立了车票和预定制度;客车仅限于客运,严禁载货。相应的回报是承租人在客车所在地享有客运业务的独家垄断权(但允许个人在城里和郊区之间 2 古法里以内的距离内维持服务)。收费标准是根据巴黎和各个指定地点之间的行程而定的,因为这些设施和服务,如道路,都是从首都辐射出来的。可能几乎所有行程都在这些地点之间,但对于其他距离,则适用以前条例中包含的规则,即应按比例计算。在 36 个城市的主要道路上都设有车站,有些甚至远至梅斯、第戎、里昂和克莱蒙,这表明了这一客运服务的完整性。

亨利的下一步行动与他组织的公共客车相一致，就是建立一个机构，由政府机构向所有人出租马匹，以用于携带邮件以外的任何用途。这项法令通常被认为是重要性仅次于路易十一制定的邮政系统的法令，1597 年 3 月的一项王室法令赋予其具有约束力的形式。虽然在创造性方面可能无法与邮政相比，但它是公路交通发展的决定性因素；而在王室的权力即将被牢固确立为优于领主的权力和巴黎大学的特权之时，它不可避免地导致了公路本身的快速改善。因此，我们看到道路的秩序正在建立，就像街道的秩序一样，真正的进步在文艺复兴末期开始了。

在这项法令的序言中，亨利提到了由于“过去的麻烦”导致的贫困而使他的臣民减少——他委婉地描述了他的家庭挑起的宗教战争，以及许多人既没有用于耕种的马也没有用于经商的马这样的状况，因此贸易几乎处于停滞状态。出于改进这种悲惨状况的愿望，他下令：

在城市和集镇，在主要道路和横向道路上，每隔一天的路程，都应保留接力马，以供一天旅行和耕作的租用，并要为拖船配备牵引马；这些马将向所有人开放，无论是陆路还是水路旅行者。一天的行程是固定的，从最少 12 古法里到 14、15 古法里不等(除了加斯科涅、普罗旺斯、多菲内、朗格多克等古法里过长、道路困难的地区)。

前段所指的古法里是邮政里程，由 2 迈尔组成，相当于 2.66 英里。

因此，除采用当地标准的特定地区外，最短一天的行程接近 32 英里，最长 40 英里。这些距离考虑了当时的路况差的情况，是在“建设性”基础上计算的，也就是说，所述数字表示的距离比实际距离长。结果是，虽然每单位距离的费率保持不变，但运输总费用较高。在类似情况下，这种方法在所有时期都是惯用的，现在也很常见，法国也采用了这种方法。事实上，巴黎地区的特别法令规定，根据一天的行程是 12、14、15 或 16“通常测量的”古法里，接力间隔应为 6、7 或 8 个古法里。还应注意的是，法令本身承认了古法里的可变长度，因为它指出在一些地方，它们“过长”。

马的数量和租用成本仅在一般条款中规定，但根据法令中提到的规定，每匹犁马的费用为 20 图尔索尔，每匹骑用马或牵引马的费用则为 25 索尔，此外还有日常费用：

“接力马总管应确定订购的马匹数量，马匹的数量和质量应能方便地为所有旅客提供个人使用，搬运大行李箱、旅行包或其他包裹，或用于耕作、水运或其他目的。所有此类马匹的租用应按照条例规定的费率并经内阁会签后支付。”

亨利意识到普遍存在的欺诈和偷窃行为，并想强调他所建立的机构的垄断性质，他煞费苦心地宣布这些马为王室财产，并在一侧马腹上的字母“H”上部刻上了不可抹去的鸢尾花。军事连的军官被禁止以军事需要为借口扣押马匹，所有未经许可而偷窃或拥有马匹的人都将受到严厉的惩罚。

接力马总管免予缴纳某些税款，不受执行令约束，免予承担巡逻职责，具有类似市议员、领事、治安法官或陪审员的职能，免予服兵役，并被给予强有力的垄断保障。他们的工资来自马匹租赁收入，考虑到垄断的性质，这些收入是不打折扣的。

尽管国王向总管保证完全垄断，但他也同样规定，新机构不应侵犯邮政系统。不仅总管被明确禁止让马"跑邮政"，骑手们也被禁止疾驰雇佣的马。后一项规定是为了让邮政马匹拥有速度权。

该机构的组织和随后的方向由两名总审计长负责，他们每人每年领取 500 埃克斯的固定工资和差旅费。由于埃克斯的等值约为 2.15 美元，总审计长的工资为 1 075 美元，如果将 16 世纪的货币购买力与 20 世纪的货币相比，这是一个非常可观的报酬。

在实践中，人们发现这项计划需要一些根本性的改变才能令人满意。虽然国王表示，驿马系统不会与邮政系统发生冲突或竞争，但实际上却不可避免。他组织了两个机构，试图让其并肩工作，但除了"王室意图"之外毫无集中控制可言。

因此，国王被迫修改驿马机构，并将其纳入邮政系统。1602 年 8 月，国王颁布了一项法令，并于 1603 年 7 月 31 日由议会登记生效。

国王在法令中坦率地表示，虽然先前的构想表面上是合理的，但结果却不尽然，因为邮件被破坏、信件传递被延迟的事时有发生，"更糟糕的是，关于出入我国的外国人的信息也因此不在我们的掌握之中了。"

驿站站长将继续提供接力服务，马匹的费用是以前的一半，前提是租用者保证让马"慢走或小步慢跑"。

为了进一步加强王室权力，亨利四世于 1599 年设立了大沃耶(Grand Voyer)(总检查官)办公室，全权负责公共工程，并从司库那里接管了与道路有关的职能。他任命他的朋友、杰出的财政部部长德萨利公爵担任这一重要职务。司库自然对失去权力感到不满，但无法阻止国王的行动。路易十三在 1627 年废除了大沃耶的职位，但那时，王室权力已经确立牢固了。

上述信息收集自不同的作者和权威机构，包括：

S. Dupain, *Notice historique sur le paoé du Paris* .... Paris, 1881.

E. J. M. Vignon, *Etudes historiques sur l'administration des voies publiques en France*. Paris, 1862.

Hubert Gautier, *Traité de la construction des chemins*. Paris, 1721.

Adrien Panhard, *Des autorités chargées de réglementer la circulation sur les routes, chemins, et rues sous l'ancien régime et dans notre droit moderne*. Paris, 1906.

Humbert de Gallier, *Les moeurs et la vie privée d'autrefois*. Paris, 1911.

Nicholas Delamare, *Traité de la Police*. Paris, 1705 - 1738.

Jacques-Antoine Dulaure, *Histoire physique, civile et morale de Paris* .... Paris, 1842.

Lucien Schöne, *Histoire de la population française*. Paris, 1893.

Henri Sauval. *Histoire et recherches des antiquités de la ville de Paris*. Paris, 1724.

巴黎和法国的其他历史,以及国家图书馆、国家档案馆和其他地方的大量手稿,大部分尚未出版过。

Part V

第 5 部分

水利工程

18

阿诺河上的河流工程(Ⅰ)

水利工程在河流治理和人工水道建设方面有着重要应用。广义的治理包括解决水流问题、改善河流通航情况、防止河水泛滥、保护河岸和结构免受洪水破坏,以及相关的维护改善。

在本书所述期间,在意大利北部、法国南部和中部,有许多人呼吁对新构筑物进行监管和提供合理的机会。我们的研究将展示1450年至1600年间出现的河流和运河问题,提出或采用的解决方法,以及指导这项工作的人员。但意大利和法国的不同地形、气候和经济条件,导致两国的水利工程进展速度和细节的不同。

在意大利,流经阿尔卑斯山脉南坡和亚平宁山脉西侧的主要河流上游陡峭,河水主要来自积雪。季节性降雨在很大的范围内变化,因此,每年都有河水泛滥的时期,也有几乎干涸的时期。在这两种极端情况下,航行都是不可能的,在其他时候也很困难,除了在坡度小、径流慢的河流的下游。然后,每隔一段时间大洪水就淹没整个国家的大部分地区,侵蚀河岸,冲走桥梁。

另一方面,法国却没有意大利那些山脉。因此,法国的河流表现要好得多。由于罗讷河、卢瓦尔河和塞纳河等重要河流的落差要小得多,因此河流不像意大利的河流那样猛烈,通航水位的持续时间也相应更长。因此,法国河流可以在一年大部分时间内供小船通行,而意大利河流的控制则是首先要面对的工程问题。

在这种情况下,再加上对交通设施的需求首先在意大利急剧增加,因此,在法国感受到类似的必要性之前很久,水利工程就已在意大利出现了。随着商业需求的增长,法国的工程师们也被要求采取行动,但他们所面临的困难远远超过了阿尔卑斯山脉另一边的同行,因为法国的河流规模超过了意大利。

在自然水道控制和人工水道建造相关的水利学问题中,意大利有许多例子,阿诺河是第一类中的最佳类型,而通往米兰市的运河系统是第二类里最好的例子,这两个例子足以说明该国河流和运河工程的艺术。

阿诺河虽然没有北面的波河或南面的台伯河那么大,但从工程角度来看,它比这两条河都有趣;它展现了性质更为多样、细节更具挑战性的控制问题。因此,在文艺复兴时期，工程师们对它进行了更深入的研究。

这条河发源于亚平宁山脉的法尔泰罗纳峰，这座山峰海拔 4 265 英尺，位于佛罗伦萨东北约 25 英里处。从这座山峰经过大约 155 英里的曲折路线，阿诺河流入比萨附近的地中海，它的下降速度也远远大于上述两条河流中的任何一条，因此其流速随着快速径流而相应增加。

由于意大利中部降雨的周期性和强度变化很大，而且部分河流流量来自融化的积雪，因此阿诺河的流量从几乎完全干涸到破坏性很强的洪流不等。这些激流对佛罗伦萨和其他地方的桥梁造成了巨大破坏，甚至威胁到佛罗伦萨本身的存在。

河流工程问题的第二类——航行，在伦巴第平原上得到了很好的说明。这里的问题不是控制，而是提供内陆交通，将这些广阔而肥沃土地的农产品运到该地区富裕的大城市米兰，供当地消费；或转运到波河上的港口，再运到该河流到达的克雷莫纳、曼图亚和威尼斯等大城市。阿尔卑斯山南坡的水流至波河，而波河向东流向亚得里亚海。它的航程很长，下降速度很小，中世纪某些季节时甚至可以通航。事实上，在 1448 年，威尼斯人派遣了一支舰队沿河而上，并在皮亚琴察进行了一次海军交战。

在 15 世纪，先例很少，经验也非常有限，在控制阿诺河这样的河流和改善波河流域的航行以满足快速增长的商业需求方面遇到了挑战，这可能会让“奋勇向前”的工程师们停滞不前。但文艺复兴时期不断扩大的智力以其直接性和技巧满足了这一需求，为获得解决方案而创造的工具和方法为当代工程师提供了参考。细节可能会改变，尺寸肯定会增加，但设计的基本原则保持不变。

阿诺河的洪水从最早的时候就有记录，但只要河岸边的城镇不太重要，洪水就被认为是不可避免的祸害。在文艺复兴之前的几年里，随着佛罗伦萨的重要性、规模和财富的增长，当局开始关注这条河；最后，在 15 世纪，但更具体地说，在 16 世纪，他们意识到，如果佛罗伦萨及其包含和代表的一切都要得到保护，那么就必须对这条河流进行工程控制。

最初的监管行动似乎是在 1077 年，当时，尽管已经知道会反复发生大洪水，佛罗伦萨人还是决定将阿诺河河床纳入城墙内。与此同时，他们犯了一个严重的错误，拆除了维奇奥桥(Ponte Vecchio)的两个拱来限制河流的允许宽度。大自然并不总是对犯下的错误立即进行惩罚，但报复肯定会到来。这一次，她等待了一百多年，因此那些犯错误的人没有意识到他们的判断是错误的。1177 年，另一场洪水彻底摧毁了这座桥。

1218 年开始修建卡雷亚桥(Ponte alle Carraia)，1252 年开始修建圣三一桥尽管是在相同的场地，但这些建筑不是现有的同名建筑。这两座老桥都在 1269 年被冲走了。为了缓解压力，人们拆除了位于锡纳的河中的一座建筑，该处位于城市下方约 10 英里处。不幸的是，取而代之的是一座低矮小跨度的拱桥，其对河流流动的阻碍更大。

1333 年,维奇奥、圣三一和卡雷亚桥以及伦卡诺(Lungarno)沿岸的所有房屋在另一场洪水中倒塌。

这一代价高昂的破坏通过重建堤坝得到部分修复。这些桥要等 12 年。为了防止灾难再次发生,当局禁止在城市范围内外修复被允许的磨坊和其他障碍物(很可能是非法的)。但在重建堤坝时,软弱无能的政府允许土地所有者将新工程进一步延伸到河中,导致水道变窄。这种侵占完全是为了私人利益,以至于拆除磨坊变得几乎没有价值。

1333 年的大洪水并不是一个纯粹的灾害:城市的洪水或火灾灾害经常为原本无法实现的改进提供机会。自从塔迪奥·加迪被委托更换维奇奥桥以来,这场灾难得到了合理的解释,他的作品仍然是佛罗伦萨乃至整个欧洲的风景如画的纪念碑之一,在喧嚣的城市中生动而无声地回忆着,在过去的那些日子里,文化以及对文化和建筑艺术的欣赏正开始从漫长的睡眠中醒来。

加迪于 1345 年开始建造新桥,其宽度比以前的结构大一倍,并像现在一样在桥上开设商店。圣三一和卡雷亚桥也被更坚固的桥墩取代,这进一步限制了水道。最后两座桥在 1557 年的大洪水中再次被冲走。

佛罗伦萨人民,或者至少洛伦佐·德·美第奇,在 15 世纪末终于学到了一个痛苦而昂贵的教训,即汹涌的河流无法通过零散而随意的补救措施加以控制,必须制定一个考虑了所有因素和地区的总体规划。他发起的工作可以分为两部分,一部分是在他的指导下完成的,主要包括研究和未执行的计划,另一部分是从 16 世纪中叶开始的后续工作。在第二阶段,在一些聪明、精力充沛的工程师的领导下,产生了一个负责工程的河流保护组织,他们制定了明确的计划并付诸实施。公众舆论可能被 1547 年和 1557 年的灾难性洪水刺痛,现在已经赶上了洛伦佐的远见卓识,并准备支持采取适当的工程措施。

1495 年后不久,莱昂纳多·达·芬奇迈出了控制和改善阿诺河的总体规划的第一步。那年,当他在佛罗伦萨与米开朗基罗和其他艺术家商讨市政大厅的装饰时,当局询问了他如何应对阿诺河带来的持续危险。回到米兰继续他的水利工程后,他开始制定改进阿诺的计划,他所做的一切说明了一位大师的思想是如何工作的。迄今为止,所有项目都是局部的、不连贯的和零星的,比如修建大坝或清除障碍物。但莱昂纳多清楚地看到,在不规则的河流中,有两个问题相互交织在一起——洪水控制和适航性。因此,他将问题作为一个整体来处理,并寻求补救办法,以立即解决主要困难并确保良好航行。他提议修建一条大运河或运河化的河流。

总而言之,这个项目并不新鲜:卢卡·范切利(Luca Fancelli)在发自米兰的一封信中(1487 年 8 月 12 日)已经向洛伦佐·德·美第奇提交了这个项目。建筑师、雕塑家和工程师卢卡·范切利是这一时期为数不多的几个用工程师来描述自己的人之一。他留下了许多信件,根据信的主题不同,其中一些是以建筑师卢卡签名的,另一些是以工程师卢卡签名的,因此值得稍加介绍。范切利一家来自佛罗伦萨以东约 4 英里的塞蒂尼亚诺村(Settignano),他们在那里练习雕塑艺术。卢卡 1430 年出生在那里。1455 年,他在曼图亚附近的里维尔宫完成了第一件有记录的作品。门、窗和柱的大理石作品的内部和外部雕刻细节看起来都应归功于他。

大约在这个时候,莱昂·巴蒂斯塔·阿尔伯蒂和安德烈亚·曼特尼亚应在位侯爵洛多维科的要求抵达曼图亚。范切利完成了在里维尔的工作,被召集加入他们,洛多维科将这一使他和曼图亚成名的事业委托给了这三个人。范切利是建筑总监。这些作品包括圣塞巴斯蒂亚诺教堂;拉吉翁宫的风格从哥特式转变为文艺复兴风格;在部分被拆除的索瓦夫教堂上建造了一个引人注目的屋顶,并建造了洛多维科的管家安东内洛·法西佩科拉的房子。1479 年,范切利修复了著名的穆里尼桥,并开始修复通往曼图亚的公路。他也是一名专业的地形测量师,因此也完全胜任这项工作。同时,他根据阿尔伯蒂的设计建造了圣安德烈大教堂,以及托雷·戴尔·奥罗吉奥钟楼。

在接下来十年的前五年中,他被洛多维科的继任者费德里科三世留用。在洛多维科的领导下,范切利通过规划防御工事扩大了他的领域,并在费塞罗河和明乔河之间进行了水位测量后,他报告称,作为一项军事措施,戈弗诺洛附近地区很容易被淹没。

1487 年,米兰大教堂圆顶的状况和完工是一个紧迫的问题,建筑师和工程师委员会为此专门召开会议对其进行研究。乔瓦尼·斯福尔扎公爵邀请范切利对这些建筑特征进行判断。从 1490 年到 1492 年,范切利访问了佛罗伦萨,正是在这段时间里,他提出了在阿诺河上开凿运河的建议。1493 年,他负责在曼图亚铺设街道。他生命的最后几年(他于 1502 年去世)尤其不快乐——他面临着巨大的资金压力,而他服务如此之久的曼图亚却拒绝给他养老金。

卢卡在信中介绍了他对阿诺河进行运河化的计划,引起了评论家的注意。马里奥·巴拉塔在他的《莱昂纳多·达·芬奇在阿诺河航行研究中的作用》(*Leonardo da Vinci negli studi per la navigazione dell' Arno*,1905)中指出,在写这封信的时候,莱昂纳多正住在米兰,他和卢卡在那里参与了米兰大教堂的重建,莱昂纳多为此提交了一份计划。巴拉塔认为,莱昂纳多刚刚完成了一些重要的运河工程,他向卢卡解释了他的阿诺河项目,而卢卡为了获得资金,于是赶紧将想法提交给了洛伦佐。卢卡的职业生涯中没有任何东西可以证明他有能力修建一个伟大的水利工程。

给洛伦佐的信似乎证明了巴拉塔的结论。这是一份非同寻常的文件,第一部分和最后一部分是关于他自己的需求,中间部分则描述了一条运河。对读者来说,很明显,卢卡利用运河的建议作为借口,寻求金钱和就业。信的第一部分和最后一部分如下:

“因为大人写信给曼图亚侯爵，让我来到米兰，我已经在这里待了六个月，主要原因是大教堂的圆顶破败不堪，所以我们已经拆除了它，必须进行适当的调查才能修复它。而这一建筑没有适当的基础和支撑，修复是非常困难的。但我希望在两个月后能完成这项工作。如果大人记得的话，您曾在曼图亚告诉我，当我需要什么的时候我可以来找您。我知道侯爵在他姐姐的婚礼和其他事情上花了很多钱，因此，现在不能指望他会为我提供支持。我一直相信事情会得到解决，所以忍受到现在。我现在明白了，事情比以前更糟糕了。我想回来。我是您为纪念您的好祖父而送来的，相信大人也能为我提供返回的途径。这不会很难，因为我知道如果您写信给侯爵，说他其实已经用不着我了，他会很高兴的。”

“但我想要更重要的是，请你给我寄些钱。我已经和皮耶罗·阿拉曼尼阁下谈过这件事了……我希望这项‘运河工程’能取悦大人，因为它值得考虑。很多年前我就想到了这一点，但由于发生了太多事故，当时还不是开展这样一项事业的时候。也许现在就是时候了。无论如何，我随时准备向您推荐我自己，因为情况非常糟糕，尤其是在财政方面，房子的租金和果园的收入都不够用。”

“我找不到补救办法，特别是因为收入已经停止。这是我想留在我的国家的主要原因之一，愿上帝赐予我回报，以便我可以表达从大人那里得到诸多帮助的感激之情，愿上帝保佑您，赐予您快乐、幸福！”

1487年8月12日，米兰

他对运河的描述(信中省略的中间部分)相当模糊，像是一个缺乏技术知识的人。他提议通过建造带有“特殊开口的水坝，使各种船只在最严重的洪水期间能够轻松前行”来开凿河道。他指出，“低地将受到保护，不会被洪水淹没，首先低地的环境会变得更加宜人，然后会变得更肥沃”，而且“也会有足够的水可以分流到磨坊。”

由于没有回信的记录，我们不知道卢卡是否成功获得了资助——如果他是值得的，我们当然希望他成功了。但可以肯定的是，他那封非同寻常的信并没有打动洛伦佐，他没有邀请卢卡设计改进阿诺河。

莱昂纳多上任后做的第一件事是绘制阿诺河整个流域的地图，这是他的前任们从未尝试过的。这张地图只不过是一张没有比例尺的草图，但城镇和其他特征的相对位置与现实非常吻合。

莱昂纳多的目的是创造一条通航河流，同时能够防洪。由于他的地图显示阿诺河河床过于弯曲，无法形成令人满意的航道，于是他决定在新位置修建一条运河，这是唯一的解决方案。

莱昂纳多的项目有两个主要特点。第一个是控制。他知道除非这一点得到确立，否则其他一切都将失败。因此,他建议在佛罗伦萨上方的阿雷佐(Arezzo)盆地修建水库,以收集主要由融雪引起的春季洪水,然后通过适当的工程在旱季进行放水,从而保持稳定的流量。有了这样的控制和流动,他才可以自由地规划航行。

佛罗伦萨人并不太关心城市上方的改善。如果对河流流量进行调节,以抑制过多的洪水并消除长期的低水位,那么从上游到佛罗伦萨的生意将得到充分的发展。来自西边的目光转向了佛罗伦萨,为其不断扩大的商业提供了宽敞、成熟的出海通道。

这个问题的明显解决办法是在佛罗伦萨和大海之间开凿阿诺河。但如果这样做,佛罗伦萨将受到比萨的摆布,比萨是佛罗伦萨公认的竞争对手,因为比萨控制着阿诺河的河口。此外,像普拉托、皮斯托亚和卢卡这样的佛罗伦萨的盟友城市,将被完全排除在外。

为了满足政治上的迫切要求,莱昂纳多计划将运河从佛罗伦萨附近的阿诺河通往普拉托,再从普拉托向北通往皮斯托亚。在他的笔记中有几个"变体",但这是他选择的主要路线。有趣的是,350 年后,现代工程师在佛罗伦萨和皮斯托亚之间修建了一条铁路,基本上遵循了莱昂纳多运河的拟定位置。从皮斯托亚出发,只有一个主要的障碍,那就是西面不远的塞拉瓦莱山脉(现在被一条铁路隧道穿过)。这条山脉的顶峰与两侧的水平地面之间的高差约为 225 英尺。莱昂纳多提议在山脊处进行开凿。

令人惊讶的是,在提出这一建议时,莱昂纳多并没有忽视船闸的使用,但他故意避开了船闸,因为船闸"不是一劳永逸的,总是会增加操作和维护成本"。同样,他也没有包括跨越翁布罗内河、比森齐奥河和阿诺河之间的几道分水岭的船闸。必须记得,这些计划不是在他可以看到起伏地形的地面上制定的,而是在遥远的米兰,由于没有等高线地形图,他只凭借记忆来工作。他可能也曾错误地判断了运河的允许坡度,但他随后就纠正了错误。他的错误在于高估了允许坡度,这是法国工程师后来在米迪运河的原始设计和法国其他早期运河中重复的错误。

穿过塞拉瓦莱山脉后,莱昂纳多的运河主要是在平原上,在维科汇入阿诺河即现代的维科皮萨诺河,他声称由于阿诺河比较蜿蜒曲折,佛罗伦萨和维科之间的运河路线比河流短 12 米格里亚[1]。他本可以把运河开凿到卢卡,或者穿过阿诺河到里窝那,但这样就会把比萨截断了。

他设想的运河大小是底部宽 20 多布拉其[2],水面宽 30 布拉其,深度为 8 布拉其。当然,我们对莱昂纳多心目中的布拉其仍有疑问,是 22.977 英寸的佛罗伦萨布拉其还是 26.388 英寸的罗马布拉其?想当然似乎是前者,但我们知道他通常是采用后者。不

1 miglio,复数 miglia,古罗马时候的长度单位,1 miglio 等于 1.488 6 千米。——译者注
2 braccio,复数 braccia,古意大利长度单位。——译者注

管是哪种情况，他的水道尺寸都会非常大。对于当时使用的小船来说，这个水深过大了，但莱昂纳多解释说，一半的水将用于灌溉和发电。

由于可能意识到深挖会非常昂贵，他的笔记显示了对成本的极大关注，提供了工程师关于成本计算的第一个记录，这个成本计算是基于每天劳动的最大可能产出而不是一般经验，并提出了一个可以在实践中实现的方案。

他指出"在挖掘这条 4 布拉其深的运河时，每平方布拉其将花费 4 第纳尔；两倍的深度，则为 6 第纳尔。如果要挖掘 4 布拉其，只有 2 个台阶，即一个从沟渠底部到沟渠边缘的表面，另一个从这些边缘到河岸边缘凸起的土脊的顶部，如果挖掘深度增加一倍，则仅增加第一个台阶，即 4 布拉其增加了第一个成本的一半。也就是说，如果用 2 个台阶花费 4 第纳尔，3 个台阶的费用将达到 6 第纳尔（1 个台阶 2 第纳尔）。"

在这里，我们看到他将挖掘分为几层，每层的深度固定在 4 布拉其，由工人用铁锹挖出的土方量决定。如果沟渠更深，他会开始一个新的层，从新的层到第一层，再从第一层到地面，然后再到弃土场。假设 4 第纳尔是第一层开挖的价格，则增加层的费率为 2 第纳尔，这将决定后续步骤的成本，即每一步的成本。他设想的是每平方布拉其的立方体内容，这一点他没有说清楚。

尽管从现代实践来看，他的计划可能有缺陷，但这些计划引起了官方的注意，1503 年，莱昂纳多受到特别邀请回到佛罗伦萨研究细节。与此同时，他显然已经深入、认真和明智地思考了改进和规范阿诺河的最佳方法，这是他多年来一直在考虑的一个项目，他意识到，没有船闸，他的这个项目是完全不可行的。

做出了这一明智的决定后，他开始进行一项全新的设计，尽管他认为，没有必要大幅偏离他先前选择的路线，这是正确的。由于地形复杂，阿诺河无法全长通渠（即使这是可能的），这样做也没有好处，因为主要河流没有服务于他希望与佛罗伦萨密切联系的重要商业区。

在新设计的开发过程中，莱昂纳多展示了迄今为止构思最先进的创造性工程想象力。如果将他完全缺乏先例和准确知识与自那时以来积累的这两方面的财富相比较，他在阿诺河上的进步壮举是否曾被超越，是值得怀疑的。

他不再考虑从阿诺河取水为运河供水；相反，他转向佛罗伦萨和普拉托之间的比森齐奥河和皮斯托亚以西的翁布罗内河，作为补给来源。同时，他放弃了之前的一系列挖掘计划，假如没有放弃的话，这些挖掘本来可以为阿诺河建造一个新的河床，这表明他现在对地形有了清晰的概念。大约在这个时候他设计了一个水准仪，很可能他在拟建的路线上铺设了一条水准线。在这项新设计中，他放弃了通过运河分流来缓解阿诺河多余水的想法，因为船闸的存在会造成阻碍。他的新项目只针对一条运河，而不是一条能进行控制的运河。

在他早期的研究中，他显然让运河与比森齐奥河交汇，但这种安排行不通，因为比森齐奥河受到猛烈洪水和相应地表高程变化的影响。后来，他将运河置于河上的渡槽中，彻底纠正了这一错误，这是他首次提出将一条大水道置在另一条水道之上。他绘制了这种布置的剖面图(图 18.1)，并用符号表示："沿运河底部的线，M 和 N，必须以非常低的 N 开始并且以尽可能高的 M 结束(几乎高于平均地面水平)，以使桥梁拱尽可能高以应对下方河流中的洪水。"

施工细节如图所示，运河由一座三拱桥支撑，桥的尽头有一个斜接的船闸。这是剖面的 M 点。在桥上，渡槽的侧面为砖石结构；在河岸上，它们显然是由沿着河岸的翼式挡土墙和接近下闸的类似墙支撑的泥土。对于这座桥的合适尺寸，莱昂纳多写道："如果河流通常只有一个拱的宽度，那么这座桥必须有三个拱以应对洪水。"

为了避免这种设计因船只通过时桥拱会受到不均匀加载而受到批评，他写道："船只沿着溪流(运河)(在桥拱支撑下)通过时，其重量不会增加桥的重量，因为船的重量与其排出的水一样重。"这是一个简单的事实，即使在今天，有时也无法立即得到承认。

他提议通过一侧上升、另一侧下降的船闸来跨越山谷之间的分水岭，山顶由当地水源供水。这是第一个关于船闸的双重或反向作用的建议，直到一百年后法国工程师将其应用于布里亚尔运河，这种操作才在实践中得到完善。

翁布罗内河和比森齐奥河之间的分水岭太高，因此无法跨越，它也缺乏用于山顶的水。在他的第一个设计中，莱昂纳多提供了一个深开凿，但他似乎已经认识到这个方案的不切实际性。在他的修订项目中，他采用了一条隧道作为解决方案，"其尺寸对船只来说是可行的"，该隧道位于一个可以供水的高度，其末端通过所需的船闸来达到，以克服隧道与相邻的斯特拉峡谷和尼沃尔峡谷之间的高差。莱昂纳多没有说明这条隧道的长度，但同一地点的现代铁路隧道的长度为 4 350 英尺。

正如我们所见，莱昂纳多在他的第一稿中很关注成本，因为他预见到成本是需要克服的主要障碍。在他的进一步研究中，他重复了这一点，并就如何最经济地安排工作人员以及预期的人均产出提出了建议。他还设计了执行工程的机器和专用工具，因此他不仅设计了结构，还设计了挖掘和建造结构的方法。

他确信，即使工人每天只拿到 4 索尔(6 美分)的工资，人工挖一条大运河也不划算。他指出"如果你把工人们放在沟的宽度上，让他们在前面挖掘，你只能以一个人的工作速度前进，也就是说，离路堑最远的那个人。所有其他人都会将挖掘出的材料从一个人扔给另一个人，直到将其扔到河岸上。"

至于一个人一天的工作应该挖多少泥土，他做了如下计算：

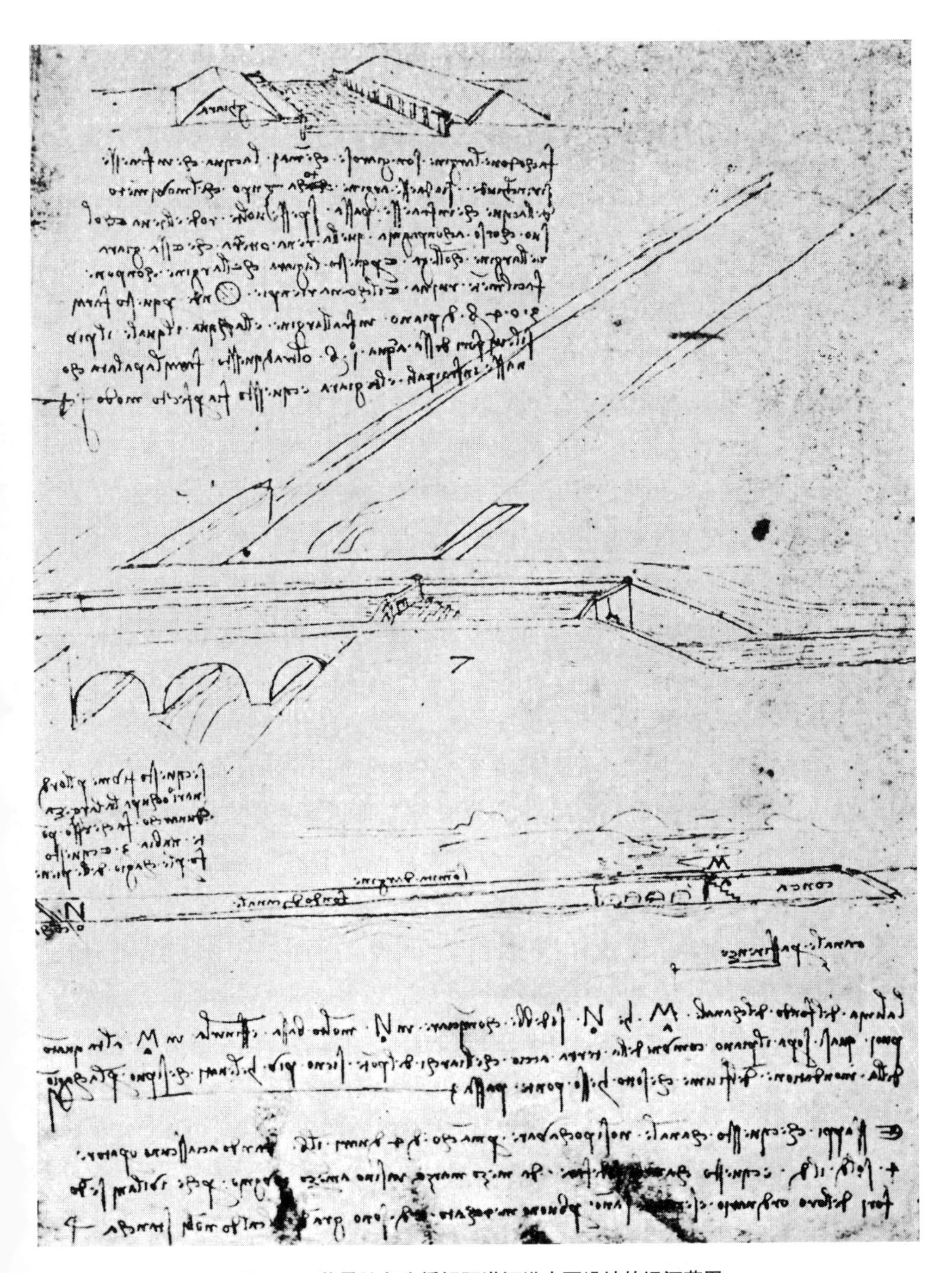

图 18.1　莱昂纳多为缓解阿诺河洪水而设计的运河草图

"由于 180 铲相当于 1 立方布拉其(约 4 立方码),这意味着他将在 $28\frac{2}{7}$ 小时内挖掘出 64 立方布拉其,即 $2\frac{1}{2}$ 天内挖掘出一立方杖[1]。一铲普通泥土重 10 里拉[2](7.48 磅)。一个人每小时抛掷 500 铲,一铲 10 里拉,则为 5 000 里拉,相当于 22 夸德雷蒂(quadretti)。1 平方(立方?) 杖等于 65 夸德雷蒂,也就是说,上述工人在 $24\frac{3}{5}$ 小时或两个夏季工作日中挖土 115 200 里拉。让我们看看一条顶部 40 布拉其宽,底部 32 布拉其宽,16 布拉其深的沟渠需要多少人?"

以前没有工程师对工作的经济性进行这样的计算的记录,但当时也没有工程师计划过如此大规模的挖掘。莱昂纳多的执行基础无疑太高了,因为很少有人能连续 12 小时每小时抛掷 500 铲土,或在这段时间内提升 9 立方码土超过 8 英尺(4 布拉其);但也许莱昂纳多急于确定最大产出,以便估算出他所能期望的最低费用。在这些限制范围内,他可以根据自己的判断进行考虑,以获得一个数字,代表一大群人可实现的每天平均工作量。他将一天的工资定为 4 索尔(6 美分),为了降低成本,他建议在农民最清闲的 3 月中旬到 6 月中旬之间完成这项工作。他对单靠体力劳动可能产生的结果的感到失望,因为他提出了用机械辅助工具来补充或取代它的方法。

为了确保挖掘的最大效率,他研究了各种各样的铲子,并画了草图。但他并不满意。他看到了现代工程师已经清楚地认识到的一点,即运输是工程工作快速发展的关键。在挖掘过程中,关键不在于一个人一天能挖掘多少,而在于挖掘出的物料能够以多快的速度运到最终处置点。这一点决定了进展的极限,而不是挖掘。他看到,当他把人横排在沟渠里时,沟渠两边的人不仅要完成他们自己的挖掘任务,还要处理他们和沟渠中间之间所有人挖掘出的泥土。

为了克服这一困难,他开始设计快速处置的方法。他的第一步是开发简单但非常有用的独轮车。他根据草图列出了一系列手推车,从而获得了似乎效率最高的类型。但他认识到,即使是最好的类型也无法实现大规模工作的最大效率,因为它过于依赖体力劳动,这是所有移动方式中成本最高的,因为它提供的单位容量最小。

这使他设计了轮式铲运机(图 18.2),该铲运机利用马的力量,可以比拥有最好的独轮车的人更多更快地挖掘和清除泥土。轮式铲运机在美国的工作中得到了广泛而成功的应用,它经常被错误地认为是一项全新的发明。

1　canne,复数 canna,在马赛,1 杖为 2.012 65 米。——译者注

2　libbra,复数 libbre,古罗马重量单位 1 libbra 为 328.9 克。——译者注

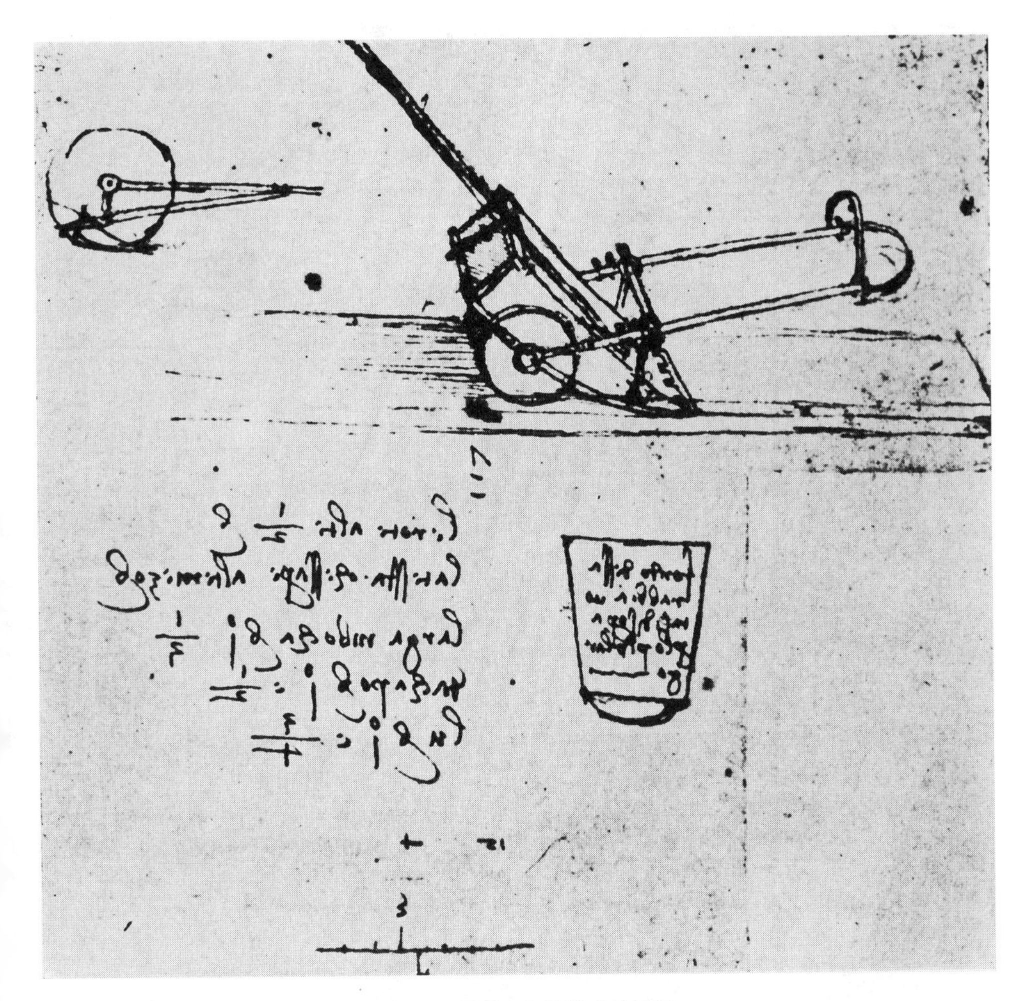

图 18.2 莱昂纳多的轮式铲运机

莱昂纳多的设备包含了现代铲运机的所有主要功能，人们发现这种铲运机是一种非常有用和经济的工具，可以挖掘和清除一定距离的软土或犁松的土。有套马的杆、刀刃、轮子和操作手柄。在他的素描中，莱昂纳多草草记下了几个尺寸，其中最重要的是铲口的宽度—— $1\frac{1}{3}$ 布拉其(约 32 英寸)。

虽然独轮车和轮式铲运机能极大地帮助体力劳动，但像莱昂纳多没想那样的深挖掘需要更高效、更大容量的工具。为了满足这一需求，他首先在第一个台阶上安装了一台简单的起重机，并从一个较低的台阶上提升材料，因为台阶的高度太高的话，工人就无法抛掷。他的草图(图 18.3)对此进行了解释：起重机包括一个三脚架底座、一个在金属轴上旋转的垂直桅杆、一个使小齿轮转动的曲柄(小齿轮与一个大得多的轮子相啮合，以获得连接到轴上的动力)、一个双臂，以及与吊篮相连的绳索(以提升挖掘出

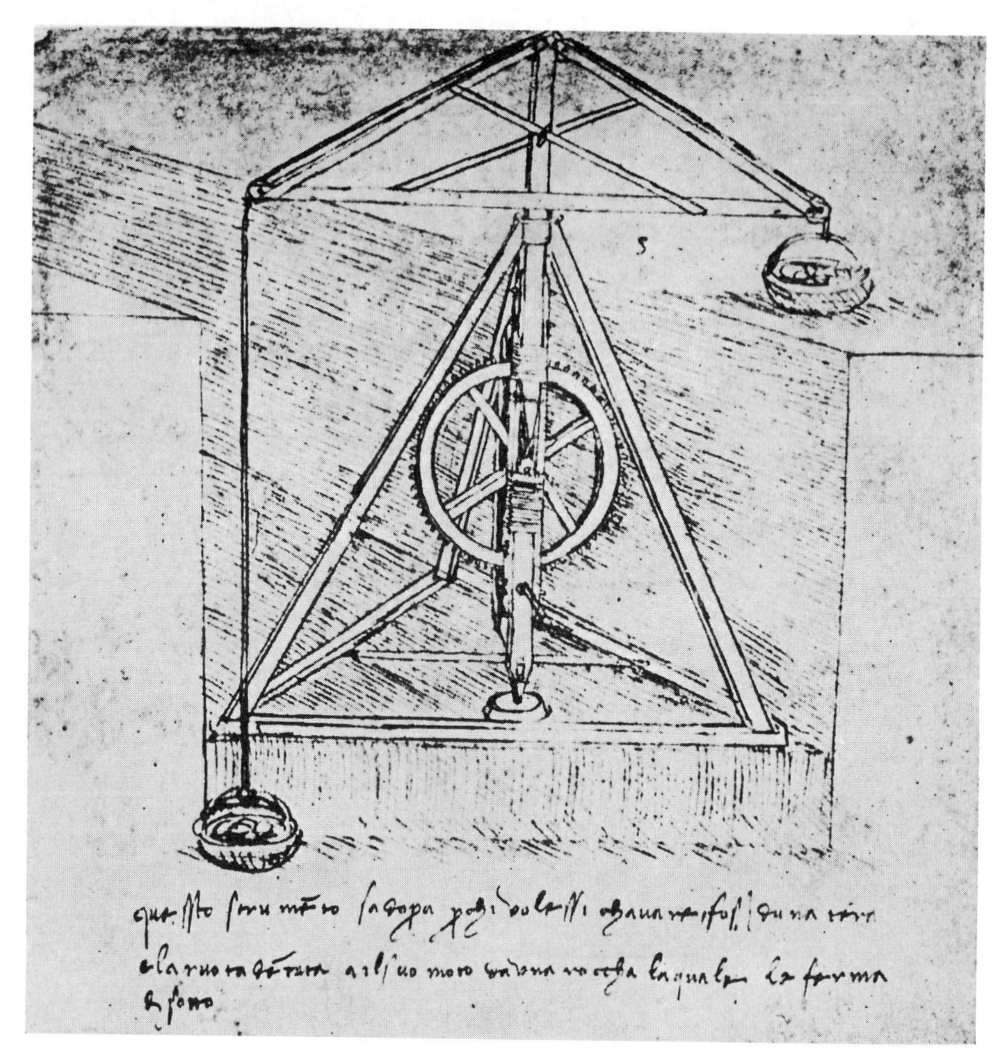

图 18.3　莱昂纳多的起重机

的物料并将其放置在河岸上)。

该设备的一个更为复杂和强大的升级版是一台双起重机(图 18.4),带有两个旋转井架,其臂长足以到达挖掘中心,其桅杆足够高,可以提升包含挖掘物料的铲斗并将其倾倒在弃土堆上。物料是用手铲入铲斗(吊桶)或刻度箱里的。提升绳通向一个滑轮,滑轮与另一个滑轮位于同一轴上,滑轮上缠绕着一根与配重相连的绳索。两个滑轮的直径比为 7∶4,因此在提升时具有很大的杠杆作用。这一比例的另一个原因是,在这种情况下,运河的深度为 4 布拉其,而清除弃土堆顶部的高度为 7 布拉其;因此,当配重下降 4 布拉其距离时,负载上升 7 布拉其。

两根桅杆由横梁分开固定,横梁的端部靠在河岸上铺设的纵向木材上。可以看出,莱昂纳多在接触点处引入了一个调整螺钉,以便横梁可以保持水平。

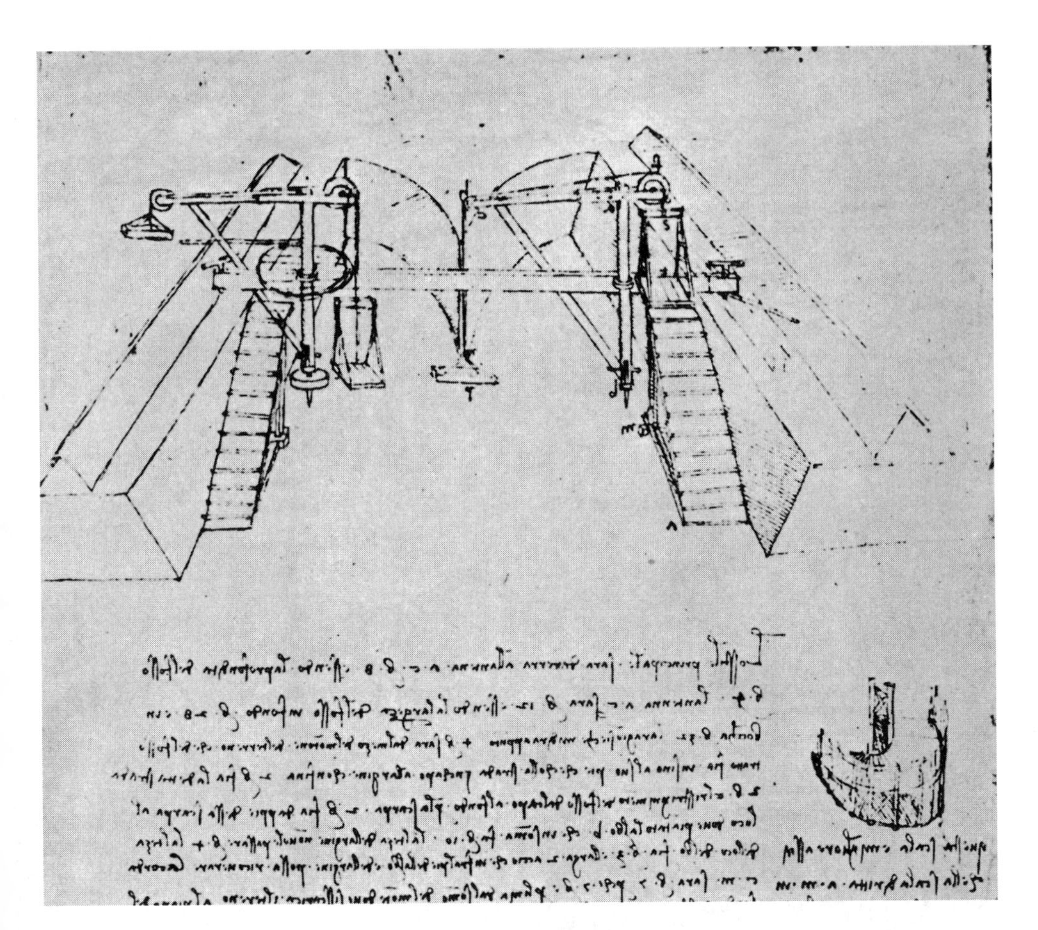

图 18.4 莱昂纳多的双起重机

操作每台起重机所需的人数是 8 人，4 人装载铲斗，2 人在岸上卸货，2 人和一头公牛一起，以提供配重。侧边的台阶是供牛和人登上一个特殊的平台。但莱昂纳多说，弯曲的楼梯(右下方)比直楼梯更好，因为它缩短了从运河底部到河岸顶部的距离。事实上，他计算出每 400 趟可以节省 $1\frac{3}{4}$ 米格里亚的步行距离。

莱昂纳多设计了另外两台更具雄心的机器，都是可操作的。他绘制的草图没有书面描述，莱昂纳多可能认为他的描绘很仔细，没必要再做口头解释。第一台(图 18.5)展示了支撑水平轴的木框架，以及在两个端角处的旋转井架。每个井架的吊绳都通向主轴，主轴上有一个作为踏车旋转的大卷筒。机器向后移动，即远离挖掘。铲斗是用手装载的，右侧是挖掘工具、镐和铲子，以及将挖掘出的土运至铲斗的搬运板，铲斗装满后，将由井架提升并卸在弃土堆上。莱昂纳多显然打算为每个井架配备几个吊桶，这样至少有一个吊桶可供铲土工装载。

另一台机器(图 18.6)是第一台机器的变体，但它在沟槽中向前工作，而不是向后

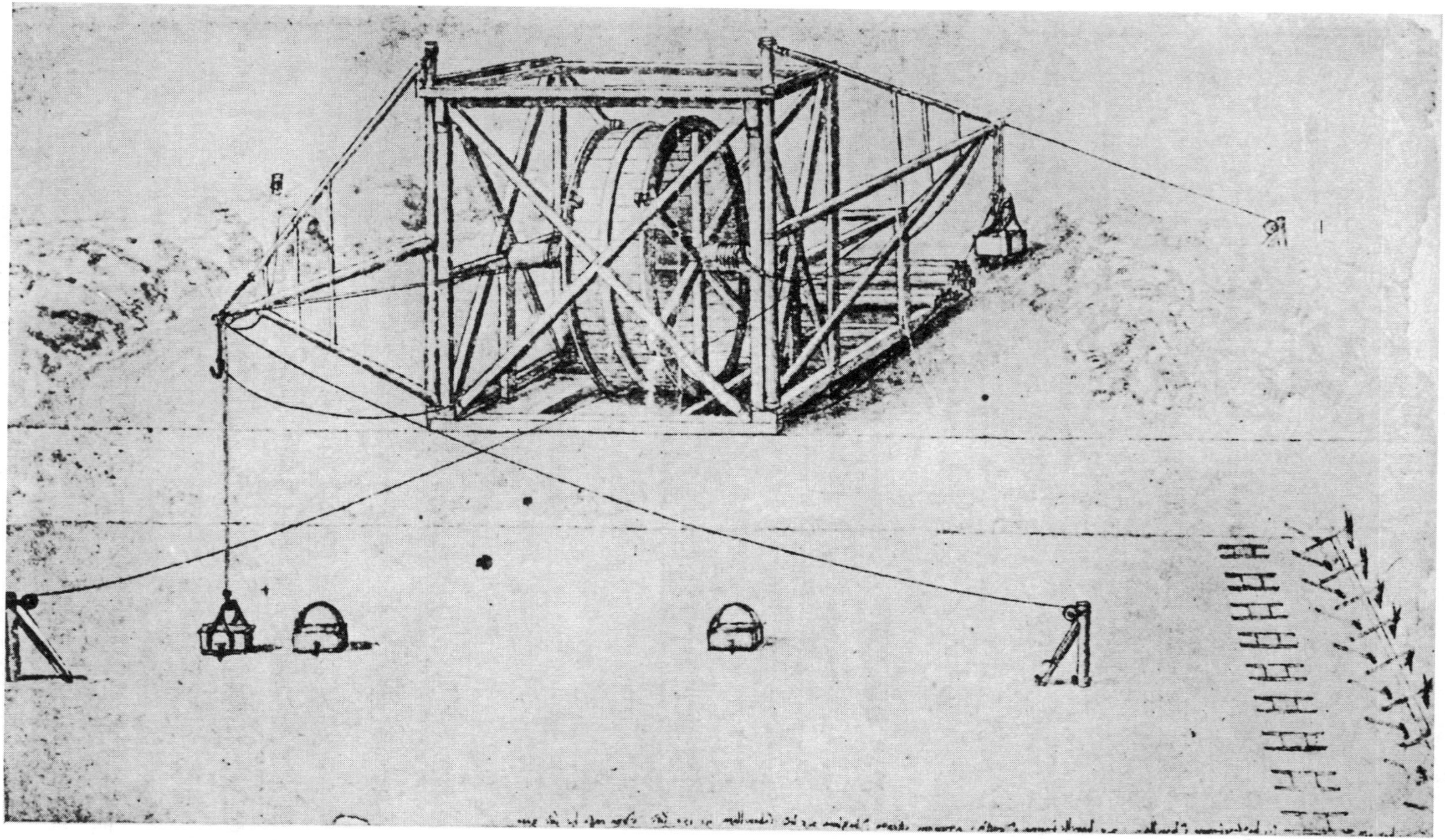

图 18.5　莱昂纳多的挖掘机

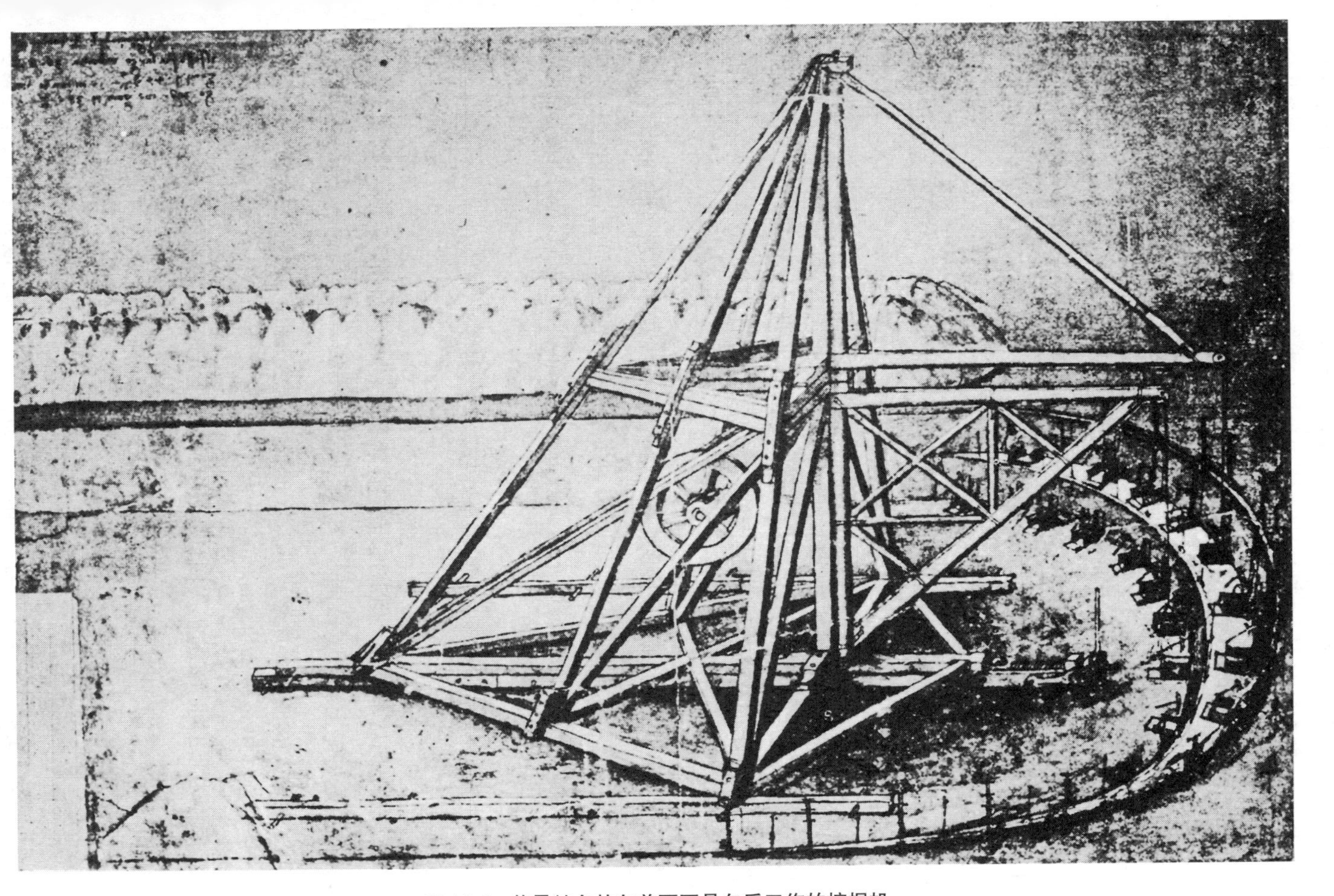

图 18.6　莱昂纳多的向前而不是向后工作的挖掘机

工作。操作方法是将开挖分为两个台阶,两个台阶上的开挖同时进行。为了清除弃土,有两个井架臂,其直立桅杆排列成行,但在操作中彼此不同。这种自由度是通过将锥体支架分成两部分获得的,下部支撑一个井架,上部支撑另一个井架。下部井架用于底部工作台,上部井架用于顶部工作台,两个井架吊杆可以摆动 180°,一个从另一个下方穿过。为了实现这一点,下吊杆巧妙地由三角形桁架支撑;上吊杆的外端由一根横拉杆固定。为了使两个吊杆都能到达弃土堆,开挖面在平面上是分段的,而不是半圆形的。吊绳通向一个卷筒,卷筒的转动细节未显示,但这些可能是莱昂纳多在起重机方面所说明的几种方法中的一种。整个框架通过在图中所示的三个木料上滑动来推进;小的调整动作是通过连接到中心构件的螺钉和转动杆实现的。从机器的右下角可以清楚地看到这一点,这表明莱昂纳多甚至提供了最小的细节。虽然有一个符号表明该机器适用于底部宽度为 30 布拉其、顶部宽度为 36 布拉其的沟渠,但显然它也可以适用于其他尺寸。

具备水下挖掘能力的机器也引起了他的注意。其中最有趣的是一种拖曳式挖泥船,他称为犁。该装置(图 18.7)由一个装有两台起重机的浮子组成,整个浮子牢牢地固定在犁上。浮子的右边有两只驳船等着装载泥浆。对此,没有比莱昂纳多的说明更好的描述了:

“犁 mn 的前面装有楔形和刀形的犁头,其容量与大推车相当。犁的背面有孔,以便把水排出。犁须通过船运到操作的地方。当犁头挖到河床底部时,起重机 b 将其拉到起重机 a 的下方,又由起重机 a 将其提升至支撑点位,这样就可以把挖出的泥浆装到其下方的驳船上。”

另一种形式的挖泥船有四个臂,每个臂都装有挖掘铲斗(图 18.8)。它的工作原理因此被莱昂纳多奇妙地解释为:

“目前不考虑功率计算。但是,读者应该明白,这个装置的好处,在于它节省时间,节省的结果是将泥土从河底 p(图中无法找到这个字母)提升到顶部,并且始终处于提升状态,从不反向运转。批评者可能会说,如果如此多挖出的物料在周而复始地滚动却没有产生效用,那么它前进多少还会回落多少。但是,由于在本发明和其他发明中,在所有有用时间之间存在的损失时间是相等的,因此问题的关键在于找到一种方法,将时间花在最强大有利的操作上。而这种方法就在于挖掘更多泥土的机械装置上,如本页背面所示。”

在操作这般挖泥船时,动力施加在架在两个船体上的手摇曲柄上,该曲柄装置通过减速传动系统使铲斗臂旋转。为了使得挖泥船在挖掘时前进以确保连续作业,在挖泥船的前方有两条缆绳将其拉向前方的锚桩。缆绳的一端缠绕在驱动轴上的滚筒上,当铲斗臂旋转和挖掘时,可将挖泥船缓慢向前牵引。因此,铲斗总是在尚未挖掘的河

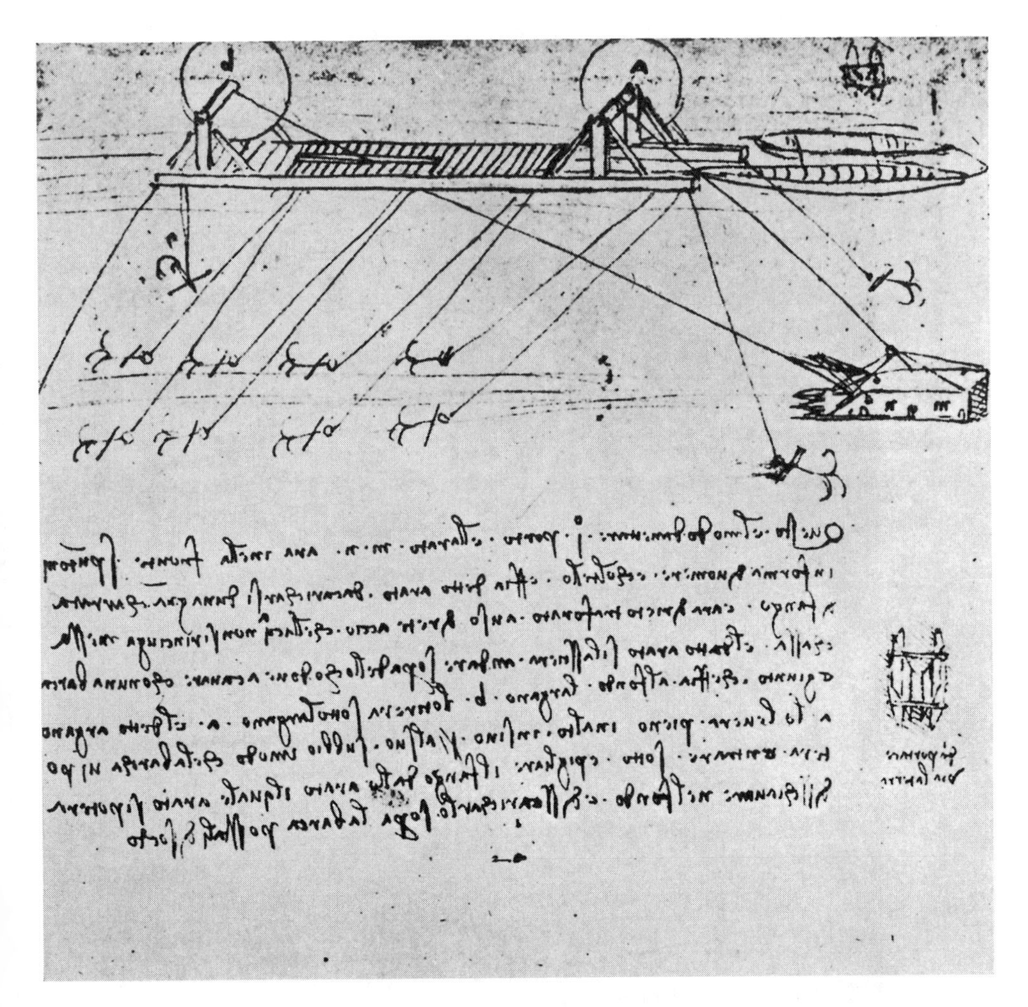

图 18.7 莱昂纳多的拖曳式挖泥船

床上作业。通过这种方式,莱昂纳多避免了他上面提到的损失时间。铲斗被放置在位于挖泥船的两个船体之间的空隙中的驳船上。在这个装置中,莱昂纳多介绍了现代“连续铲斗”挖泥船的主要特点。

在规划一条由部分渠化河流和新运河组成的水道时,除了定位船闸和桥梁以及确定拓宽河流的位置外,还有更多的工作要做。当一条河汇入另一条时,会产生涡流,水的流向会发生偏转,从而可能发生冲刷和沉积。这些结果取决于许多可变因素,如交汇角、相对水量和两股水流的流速。

莱昂纳多深知这点,他认为只有平衡所有干扰因素,才能确保得出一条令人满意的通航水道。因此,他开始研究当两股水流汇合时会发生什么,以及如何在各种条件下永久保持这种平衡。

图 18.8　莱昂纳多的四条臂的挖泥船

他认识到，河流稳定性的主要“敌人”是流速可变，这可能会导致冲刷和沉积，在某些情况下，困难可能太大而无法克服。他如此总结了自己关于将阿诺河用作可通航河流的可能性研究的结论：“阿诺河永远不会停留在河道中，因为流入阿诺河的河流会在进入河道的一侧沉积泥土，并在其另一侧侵蚀泥土，使河流朝那个方向转弯。”也许正是这一结论决定了莱昂纳多不打算开凿阿诺河，而是挖掘一条新的水道，在那里流入的水的数量和性质可以得到绝对控制。

他制作了许多插图和笔记，展示了一股水流流入另一股水流的效果。最好的描述在其手稿中：

“这里两股水流相互碰撞。冲击发生在从顶部到底部的整个水深，由于新的进水，产生了水流的旋转，旋转的中心比两股水流相遇的地方更远。这种运动可以称为旋卷，当它发生在水中或空中时，可掘起和切入地面上的土。”

“当两股水流不相等时，涡流将被带向水流力量较弱的一侧，而线性和螺旋式的双重运动将磨损河岸的底部，当上方失去支撑时，上方泥土最终被冲下。当两股水流没有受到相同的力时，交汇线是弯曲的，并凸向水流较弱的方向。当这种情况发生时，力量较弱的水流会在边界线处静止一段时间，这便会导致水位上升，从而使它会冲击先前力压它的水流，而这时涡流线则会反转，在它之前凸出的地方呈凹形。”

但除非水流静止，否则河岸会受到侵蚀，而且如果水流非常大或河岸土质松软，就需要保护，否则会脱落并干扰航行。木材是莱昂纳多首选的遮护材料。它便宜、量大，而且很容易安装。在他的几条建议中，有两条被选为很好的例子：

第一个(图 18.9A)是在砾石材料中开挖运河，水不应与之接触——“因为水的运动通常会腐蚀和分解土壤，而且因为在水流中挖掘会吸出沙子或黏土，这些本是用来固结砾石，导致构成堤岸的砾石失固而向下滚动，填满运河。”为了保护和防止水与土壤直接接触，他建议打桩，并在桩后用紧密贴合的木板覆盖，高度为三到四布拉其。

另一种形式(图 18.9B)仍然经常用于防止软堤受到侵蚀。莱昂纳多的素描没有评论。然而，细节已明确规定。桩要被成排打入，并逐步切断。在河岸的坡脚上，铺设了几片刷子，并由扭曲的柳条固定在适当的位置，然后让柳条像绳索一样沿着每排桩延伸，并固定在桩顶上。

由于莱昂纳多的笔记和草图只有几张，因此除了偶尔根据上下文或纸张的质量推测，无法确定他是按什么顺序记下的。在这种情况下，我们不知道，在开发了工具和手段之后，他是否认为修建一条运河是可行的，或者，在意识到任务的艰巨性后，他是否开始寻找实现这一目标的方法。但这确实是一个学术问题，就像是先有母鸡还是先有鸡蛋一样，答案是什么也没有区别。位置、结构、施工方法和经济都是一个整体的组成

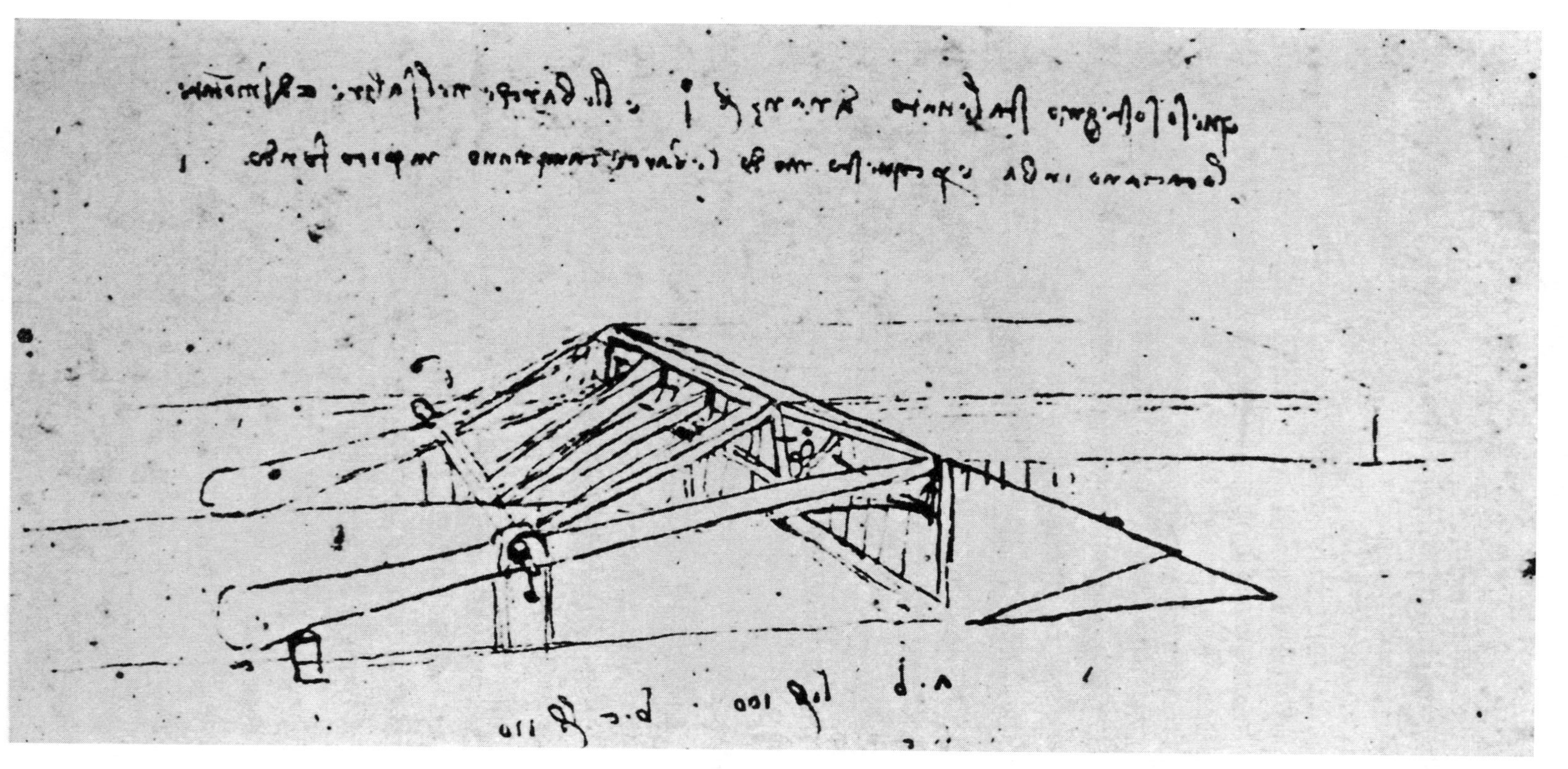

图 18.9A 莱昂纳多的铠装桩的安排

部分，它们的设计顺序无关紧要。它们构成了一项具有高价值的单一智力成果。如果莱昂纳多对工程的贡献仅限于他对阿诺运河的规划和研究，那么单凭这些计划和研究，他将永远处于工程师的顶流之列。

图 18.9B　莱昂纳多的柳条沉排

19

阿诺河上的河流工程(Ⅱ)

在前文中,我们了解了莱昂纳多的计划,从佛罗伦萨附近的阿诺河修建一条通向大海的运河。这取代了他的第一个方案,该方案旨在上游修建蓄水池,并通过一条无船闸的、因此河面持续下降的通航运河实现分流,从而改善阿诺河本身的防洪能力。当莱昂纳多发现无船闸的运河方案行不通时,他开始制定一个有船闸的方案,结果他不再考虑控制阿诺河。

他似乎一直认为第二个方案对当时来说太大了,因为在制定工程细节的同时,他还考虑了由谁来建造和运营。为此,他建议将羊毛商会作为一个适当的机构,希望其成员能够遵从商业法则,免受政治干预,最重要的是,使工程能够受益于一个成熟组织的支持。

但正如莱昂纳多所担心的那样,这个规划在当时确实太大胆了。战争和战争谣言占用了可用的资金,转移了人们的注意力,而政府太无能和腐败,无法处理如此昂贵的公共工程。他一定意识到自己的美梦要结束了,已没有更多的希望,因为1506年5月30日,他向佛罗伦萨的大公申请并获批了三个月假期,准备回米兰。准许他休假的条件是,如果他在休假期满后不回来,他须支付50金达克特[1]的罚款。

当时,法国的影响在米兰占主导地位,法国国王路易十二世任命查尔斯·德安布瓦兹(Charles d'Amboise)为该市的总督。德安布瓦兹热情地接待了莱昂纳多,并主动提出让他进入法国宫廷。当他的假期结束时,莱昂纳多申请延期,但佛罗伦萨当局的答复非常坦率。他们甚至拒绝给他"一天的时间,因为他从一件他几乎没有画过草图的大型工程中收获了一大笔钱,这不是他对共和国应该做的事"——他们补充说:"……尽管米兰政府给予他足够的尊重,但他们会发现自己在保护一名罪犯。"此后不久,路易十二世抵达米兰,并通过任命莱昂纳多为他的"普通画家和工程师"巩固了德安布瓦兹建立的联系。

此后,莱昂纳多已经奄奄一息的修建阿诺运河的计划彻底失败。之后五十年,几

1 ducat,旧时在多个欧洲国家通用的金币。——译者注

乎没有进展,但在此期间,这条河保持着相当好的运行状态。

任何伟大的运动都会留下痕迹。尽管莱昂纳多的计划再也没有被考虑过,但它第一次让公众注意到了,阿诺河的问题只有作为一个整体才能解决。仅仅强迫一个人移除限制水流的障碍物是不够的,尤其是当其他人被允许在水流中放置更糟糕的障碍物时。已发生的事表明,佛罗伦萨的安全不仅取决于其管辖范围内的建筑,还取决于上下游的其他工程。为防止 16 世纪的零星和不相关的工程频频造成灾难性后果,公众舆论要求或至少准备接受对整个阿诺河流域的某种控制。1547 年的阿诺河洪水可能有助于推进这一想法。

1549 年之前,佛罗伦萨有一个名为塔台官员的官员委员会,关于其管辖权和权力的信息很少——大约在这个时候,一场大火销毁了大部分记录。这个委员会的历史似乎可以追溯到 14 世纪,其职能最初更多的是政治性的,而非科学性的,它主要保管从被流放或被判为叛军的人手中没收的财产。1549 年,它更名为河流、桥梁和道路官员委员会(Ufficiali di Fiumi, Ponti e Strade)。

官员委员会由八位大师、两位泥瓦匠、两位木匠和两位工程师组成,他们是从袋子里抽名字选出来的。他们的任期为六个月。有一位行政长官,头衔是瓦尔达诺长官(Officer of the Valdarno),负责监督沿河的所有工作。多年来,这一重要职位一直由一位名叫维斯特鲁奇(Vestrucci)的水利工程师担任,他的报告表明他是一位才智出众的人。

所有新项目都必须提交给河流官员委员会审批。这是根据首席执行官或其下属的考察决定的,在报告最终通过之前,不得进行任何施工。官员委员会在洪水、滑坡或地震等紧急情况下具有主动权。

1575 年,官员的管理规范被扩展,更明确地界定官员的职责和下属的职责。官员委员会的个人补偿金为 50 达克特,他们有权任命负责工作的地区工程师,负责办公室的总管审计工资单、用品账单和其他账目的会计,以及一名财务主管。简言之,该官员委员会与现代的水利委员会并无不同。

审批程序是将一个项目方案提交给地区工程师进行调查和汇报,然后在该项目获得官员委员会批准后,公开招标,并通过合同将该工程交给某个石匠大师或建筑大师。工程师的工资最初定为每天 4 里拉[1],但后来提高到 5 里拉,再提高到 6 里拉,最后一次加薪是在 1588 年。当时里拉价值 26.4 美分。

来自意大利其他地区的频繁拜访证实了这些工程师及其服务的价值。例如,有人要求迅速派一名专家修复锡耶纳地区阿蒂亚桥倒塌造成的损失,因为“那里没有河

1 lira,复数为 lire,意大利货币单位。——译者注

流专家”。另一次，佩鲁贾总督以教皇的名义要求任命一名工程师“以缓解造成洪水的原因”。

在官员委员会的指导下所做的工作仅限于解决出现的具体问题，包括保护摇摇欲坠的河岸、拓宽或修直河道、清除障碍物和重建桥梁等项目。所有这些项目都是为了河流的治理和增加其流量，尽管项目是分开进行的，阿诺河的状况不断被改善，避免了往年的重大灾难。事实上，这些改进为温琴佐·维维亚尼(Vincenzo Viviani)的伟大工作奠定了基础，他在1679年提出了改善整个河流和下游河道的计划，这项工作一直顺利完成。

在16世纪后半叶对阿诺河的改进中，两位工程师的名字引人注目，贝尔纳多·蒂曼特·布昂塔伦蒂(Bernardo Timante Buontalenti)和安东尼奥·卢皮奇尼(Antonio Lupicini)。他们的大量报告显示了对问题的清晰认识，并给出了大胆且通常合理的解决方案。由于他们的名字经常出现在记录中，在讨论他们的工作之前，给这两个人做个概述是合适的。

贝尔纳多·布昂塔伦蒂是佛罗伦萨人。他的出生日期不确定。他的传记作者巴尔迪努奇把它定在1536年，他的老师瓦萨里把它定在四年后。贝尔纳多父亲的房子在1547年的阿诺河洪水中倒塌，并将男孩困在废墟中。贝尔纳多获救后，科西莫·德·美第奇接管了他，并在他的宫殿里给了他一个家。在那里，瓦萨里教他绘画艺术、米开朗基罗教他建筑艺术，克洛维奥教他微型画艺术。但与精致的微缩艺术相比，重型建筑的原理更吸引他。当他还是个孩子时，他设计并制造了一门木制夜间大炮，用于轰炸卡莫利亚。也许他从父亲那里继承了从事这项工作的天赋，因为父亲是一位成功的烟花制造商(当时的烟花制造业与火药和炸药的制造密切相关)。由于卡莫利亚围攻发生在1554年，巴尔迪努奇给出的出生日期——1536年——可能是正确的，因为如果我们接受瓦萨里的说法，贝尔纳多完成这一壮举时只有14岁。

在为阿尔瓦公爵服务期间，贝尔纳多在台伯河上修建了一座军事桥梁，随后修建了奇维泰拉·德尔·特朗托的防御工事，抵抗了法国和教皇军队的袭击。1569年，他回到佛罗伦萨，开始在科西莫的领导下为美第奇家族服务，直到科西莫去世。

为科西莫和他的继任者，他做了许多高级军事工程——里窝那、比萨、皮斯托亚、普拉托和其他地方的防御工事——并对火炮进行了许多改进，他最伟大的一项改进是对后膛加农炮的重新设计。

尽管他作为一名军事工程师非常成功，但其他工程分支对他也很有吸引力，尤其是水利学，而他在控制河流方面也取得了巨大成就。美第奇任命他为治安法官的工程师，这可以视为政府的工程顾问。在这一授权下，他对阿诺河及其支流进行了广泛的原创工作，并将官员委员会规划和提出的河流、桥梁和道路的主要项目都接手过来。

他在军械厂和磨坊的发明上挥金如土，以至于在他生命的最后，他发现自己陷入了困境。尽管其中一些发明不仅获得了本国的专利，还获得了包括英国在内的其他国家的专利。他向费迪南德大公求助的请求得到了积极的回应，他的所有公共债务都已偿还，他的女儿也获得了养老金。他于1608年6月6日去世，留下了至少三份从未发表的手稿。其中最有趣的一个可能是《工程师的艺术》(*l'Arte dell' ingegnere*)，现在人们只知道它的标题而已。

安东尼奥·卢皮奇尼是布昂塔伦蒂的同代人，也是一名工程师，既是军事也是民用工程师，但与当时许多其他工程师不同的是，他没有实践任何其他形式的艺术。

他于1530年左右出生于佛罗伦萨，当时正值查理五世对该城的围攻。他曾在科西莫领导下参加对锡耶纳的战争，并于1552年在唐·加齐亚领导下参加了对蒙塔利诺(Montalieno)和蒙蒂奇耶洛(Monticchiello)的围攻，后来他返回佛罗伦萨，继续学习数学、科学和工程。1578年，他在布拉格被当时的皇帝就维也纳的防御工事征求意见。他又回到佛罗伦萨学习水利工程，但1584年夏天又去威尼斯为参议院提供有关潟湖排水的建议。

阿诺洪水及其控制将卢皮奇尼召回佛罗伦萨，但当1594年大公向匈牙利派遣军队协助皇帝时，卢皮奇尼作为工程师随行。他就防御工事写信给大公，严厉批评了战役的进行。1598年，他再次来到佛罗伦萨，在那里去世。

尽管他频繁长途旅行，经常从事野外工作，他还是会抽出时间写作并出版了以下书籍：

(1)《关于缩短年号和修订年历的简短发言》(*Breve discorso sopra la reduzione dell' anno e emendazione del calendano. Florence*)，佛罗伦萨，1578年及1580年。

(2)《军事建筑》(*Architettura militare*)，佛罗伦萨，1578年。

(3)《论工厂和新天文学的运用》(*Discorso sopra la fabbrica e uso delle nuove verghe astronomiche*)，佛罗伦萨，1578年。

(4)《关于波河和其他拥有人工土堤的河流的洪水避难所的讨论》(*Discorso sopra i ripari del Po e d'altri fumi che hanno gl'argini di terra posticcia*)，佛罗伦萨，1585年。

(5)《关于征服某些地点的军事讲话》(*Discorso militari sopra l'espugnazione d'alcuni siti*)，佛罗伦萨，1587年。

(6)《在佛罗伦萨洪水避难所的讲话》(*Discorso sopra i ripari delle inondazione di Fiorenza*)，佛罗伦萨，1591年。

他在第4和第6本书中论述了河流的水利学，稍后将详细介绍。

安东尼奥·卢皮奇尼无疑是16世纪后半叶意大利乃至整个欧洲的顶尖水利工程

师之一。不仅他的家乡，意大利的其他城市和其他国家也向他寻求建议和指导。因此，他的经验是广泛的，但由于他的活动仅局限于水利工程和堡垒建设，他成为当时罕见的专家。

大约在1558年，老工程师吉罗拉莫·迪·佩斯写了一篇关于阿诺河态势的综述，当时他是官员委员会的一员。这篇综述是献给科西莫一世大公的，作者称之为“实用的反思”，塔吉奥内·托泽蒂(Targione Tozzetti)在《在托斯卡纳进行的一些旅行的报告》(*Relazione d'alcuni viaggi fatti in .... Toscana*)(1768)中详细引用了这句话。托泽蒂声称他看到了手稿。

根据托泽蒂版本的迪·佩斯综述，阿诺河沿线的冲刷破坏是由从山丘流入平原的支流造成的，这些支流携带着石头、砾石、沙子和泥土，以及木制或石制的水坝。迪·佩斯的补救办法是要求行政区维护水坝，建造护岸以防止侵蚀，并控制支流，使其水流保持在河道中心。

到1557年，沿河土地的所有者已经拆除了现有的堤坝，导致当年的大洪水造成了大面积的破坏。到1558年12月15日，许多断裂处已经修复，堤岸也被抬高到必要的高度。

迪·佩斯提到了几个案例，列举了问题并建议采取适当的行动。例如：他指出，特佐拉河充满了石头和砾石，导致河水从河床中涌了出来，在汇合处冲刷了穆尼奥尼河的河岸；他建议桑应该把布里亚清理干净并对局部进行搬迁；应清除里马吉奥洛河上的泥沙和石块，修直某些弯道，并拆除一堵墙，再加深和拓宽部分河道；多盖亚河和加维纳扎河也应进行类似的处理，并应加宽，重建各种跨度更长的桥梁。他列举了大量的分支，这些分支中充满了石块和泥沙，以至于它们溢到邻近的土地上，或者被它们携带的沉积物堵塞了干流。他说，这些支流应该全部被清理干净。比森齐奥河(Bisenzio)是佛罗伦萨下方阿诺河的一条重要支流，该河位于沉积物阻塞的地方，有许多弯道，水流直接流向这些弯道。他建议，这些弯道应拉直，渠道应加深和加宽，护岸应修复。在普拉托的上方，一座双拱桥，扎纳桥，在1557年的洪水中被冲走。这座桥尚未被重建，而由于它具有巨大的公共效用，他建议应立即修复这座桥。从普拉托大坝到普拉托，河道被堆积物堵塞，威胁到了所有邻近的平原。

比森齐奥河普拉托段受灾的一个原因是：水流对河岸的冲击在一个点上如此强烈，以至于护栏被摧毁。沉积下来的侵蚀物抬高了河床，在180布拉其的距离内，河水漫过河岸，没过普拉托公路，在水位居高不下的情况下，普拉托被洪水隔离。

迪·佩斯建议修建一条从佛罗伦萨到皮斯托亚的使小船通航的运河，再修建一座横跨穆格诺河的桥，并在桥的另一端修建一座船闸，以升降船只，而不用卸货。他说应该在加维纳河上建造类似的装置。运河应该足够宽，允许两艘船并列通过，并且应该从阿诺河取水。与运河平行的地方应该有第二条水道，或称减压水道，在这两条水道之间应该有一条堤坝，可用作人或马的牵引道。

这幅关于16世纪中叶一条大河的物理状况以及河流改善和控制技术的制作精良的全景图，因其由负责这项工作的工程师和公职人员亲自提供而价值倍增。令人沮丧的一点是人们忽视维护它。多年来，人们一直在采取措施保护河岸免受冲刷，并进行其他改进，但一旦建好了一个结构，它就没有得到任何关心或养护。也许正是这种对维护的普遍漠视导致莱昂纳多在他的第一个运河计划中试图避免使用船闸，理由是这些船闸"不是永久性的"。他知道或担心，由于缺乏维修，这些船闸很快就会变得无用，随着它们的失效，整个工程将失败。

迪·佩斯非常清楚，对阿诺河的控制必须包括对支流的控制，也就是说，这是一个范围更广的大问题，而不是一系列不相连的问题。他提到的佛罗伦萨—皮斯托亚运河是对莱昂纳多计划的改进。

1558年，迪·佩斯80岁了，他可能看过或听说过莱昂纳多的原作。他重复了莱昂纳多的运河桥穿越河流的方案，但当他建议运河的水来自阿诺河时，他陷入了莱昂纳多的第一个错误：他忽略了阿诺河和比森齐奥河之间会有高度差，水会流入阿诺河，而不是从阿诺河流出。

迪·佩斯的这种"实用的反思"实际上是对沿着阿诺河进行改造的方法的总结，直到100多年后，它才被视为一个个别规划：即一系列局部维修或改造，逐渐改善了总体状况。

在接下来的四十五年中，这些个别工程的记录——工程师和检查员的大量报告，要么是发给官员委员会的，要么是他们转交给历任大公的——都可以在佛罗伦萨市的档案中找到。其中一些报告篇幅较短，涉及次要细节；另一些则是长篇大论，智慧而深刻地讨论了河流控制的更大问题，并经常附有绘制良好且富有启发性的地图。以下将从这些报告中摘录一些内容，并不是为了讲述整个篇幅巨大的故事，而仅仅为了展示1558年至1603年间的工程师们是如何应对一条难控制的河流的水利特征的。

1568年，阿诺河在上游河谷造成了破坏，特别是在圣戈瓦尼城堡附近，贝尔纳多·布昂塔伦蒂被派去调查。似乎在前一年，乌尔比诺的巴尔达萨尔大师制定了一项维修计划，预计将花费250斯库迪[1]，但由于正处在"糟糕的时期"而没有实施。布昂塔伦蒂为自己的计划绘制了一张地图(图19.1)。

1 scudo，复数scudi，19世纪以前的意大利银币单位。——译者注

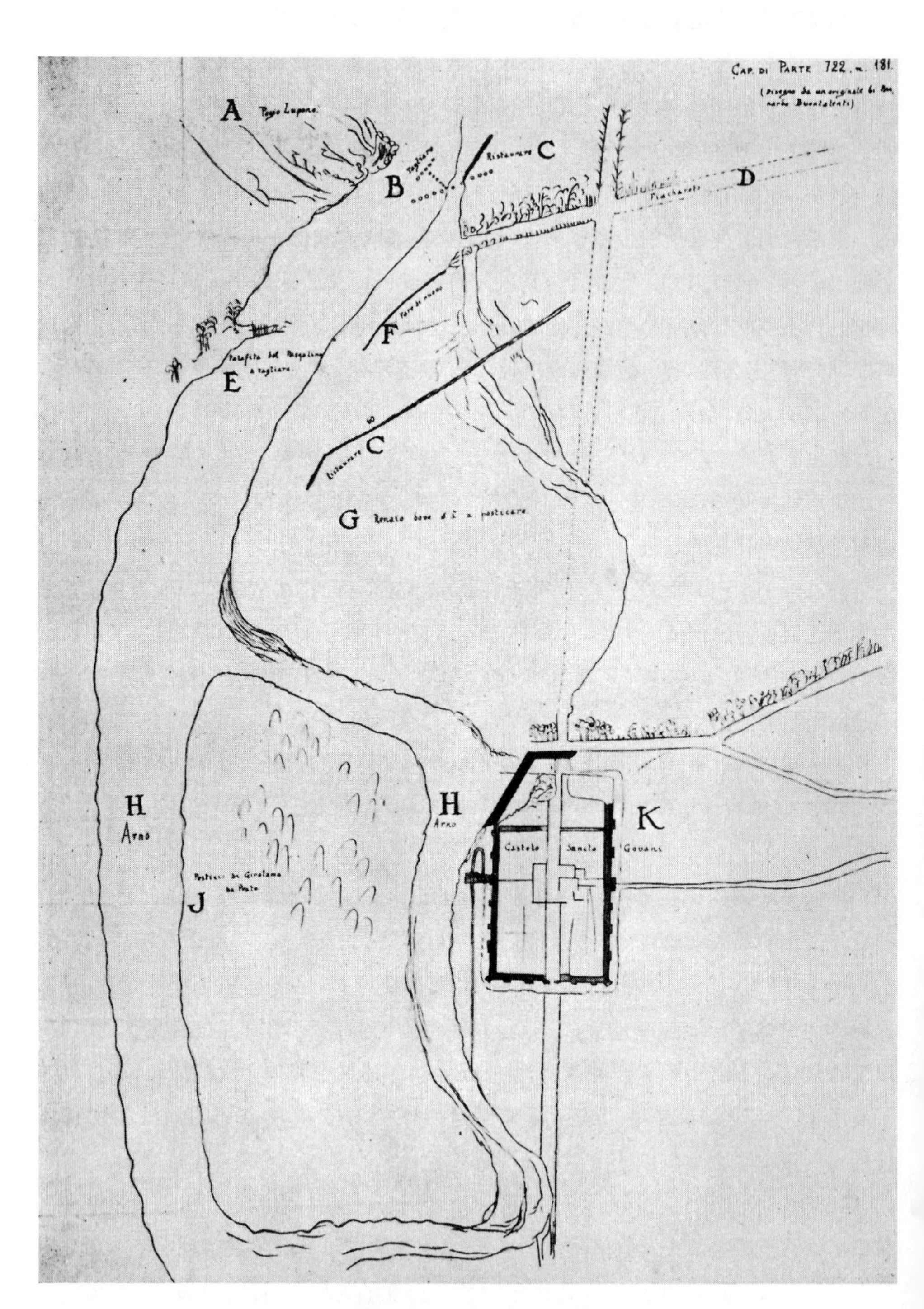

图 19.1　布昂塔伦蒂为控制阿诺河的计划绘制的地图

地图的上部是一条名为菲查雷托的小河 D，它是汇入阿诺河 H 的一条支流。在汇合点，阿诺河在洪水泛滥时因为其右岸是卢蓬山 A，洪水漫过左岸 B，最终冲走了公路，在城堡 K 旁形成了一条新的河道 H，并侵蚀了下方公路。问题的关键是要恢复原状，把阿诺河限制在它原本的河床上。为了立即保护即将被摧毁的城堡，布昂塔伦蒂提出了一种坚固的桩结构，以使阿诺河的新支流偏转，并防止其撞击建筑。但这显然只是权宜之计。为了控制河流并使其以之前的方式流动，他在菲查雷托河上方修复了一座桩式导流堤 C；在菲查雷托河口下方建造了一个新的弯曲河道 F；在下游稍远的地方又恢复了一个长 60 布拉其的河道 C。然后，他清除了两岸的一些障碍物 E，如地图所示。图中 A 为卢蓬山，G 为要移植树木的沙地，K 为圣约翰城堡。估计费用为 800 斯库迪。显然，一年的延误和缺乏维护是代价高昂的。

一个更昂贵的项目由路易吉·纳西尼(Luigi Nasini)和巴蒂斯塔·巴塔利昂(Battista Battaglione)提出，他们在 1570 年被委派调查比萨公路 A 上埃佛拉地区的一座大桥的重建情况。他们绘制了一张彩色地图(图 19.2)，并指出河流的弯道正在切断道路，很快将完全没有路，问题关键主要是水利问题，而不是桥梁问题。他们建议开凿一条直线河道 C，将之前的两个弯道去掉，将河流变到这条新的河道上，并用砖墙保护汇合口。然后，他们将在新的河道上架设一座三拱桥 B，并往旧桥处填土。估计工程成本为 3 500 斯库迪。

1571 年，一个更为雄心勃勃的提案被提交给一个工程师委员会，该委员会由布昂塔伦蒂、法国的贝尔纳多、两位校长和一名官员委员会成员组成，负责报告“普拉托地区许多河流的最大破坏”。这些破坏一定是巨大的，因此需要召集这样一个委员会。

他们详细的长篇报告确定了每个施工现场的位置，并将其与一些著名建筑或有界定的土地联系起来。作为一项规则，他们建议在河岸被冲刷的所有地方都应打桩并加护套。在桩和厚木板容易获得的时代，这是最受欢迎的护岸方法。在某些情况下，这些栅栏的长度可达 400 英尺，要么沿着河岸修建，要么斜伸入支流。在某些地方土堤就足够了。这些堤坝的底部通常有 8 布拉其宽的基座，其高 6 布拉其，顶宽 3 布拉其。在一些河岸被严重冲刷的地方，堤坝由桩和石块保护。

有时，工程师们觉得有必要采取比木堤或土堤更为坚固的保护措施，就会建议采用石墙。因此，在卡瓦西奥托地区，由于比森齐奥河在那里冲刷出了一个新河床，造成了很大的破坏，工程师们设计了一个 600 英尺长的砖石截水墙，将河流从新河床转向原始河床。由于比森齐奥河是一条急流，该墙必须基本上成比例加固，包括基础在内，墙高 6 布拉其，底厚 3 布拉其，顶宽 $1\frac{1}{2}$ 布拉其，并且每隔 15 布拉其加固一次，后部增加一个倾斜支墩，长 10 布拉其，厚 7 布拉其。而在修建这堵墙之前，还必须先修建一个桩式导流堤。

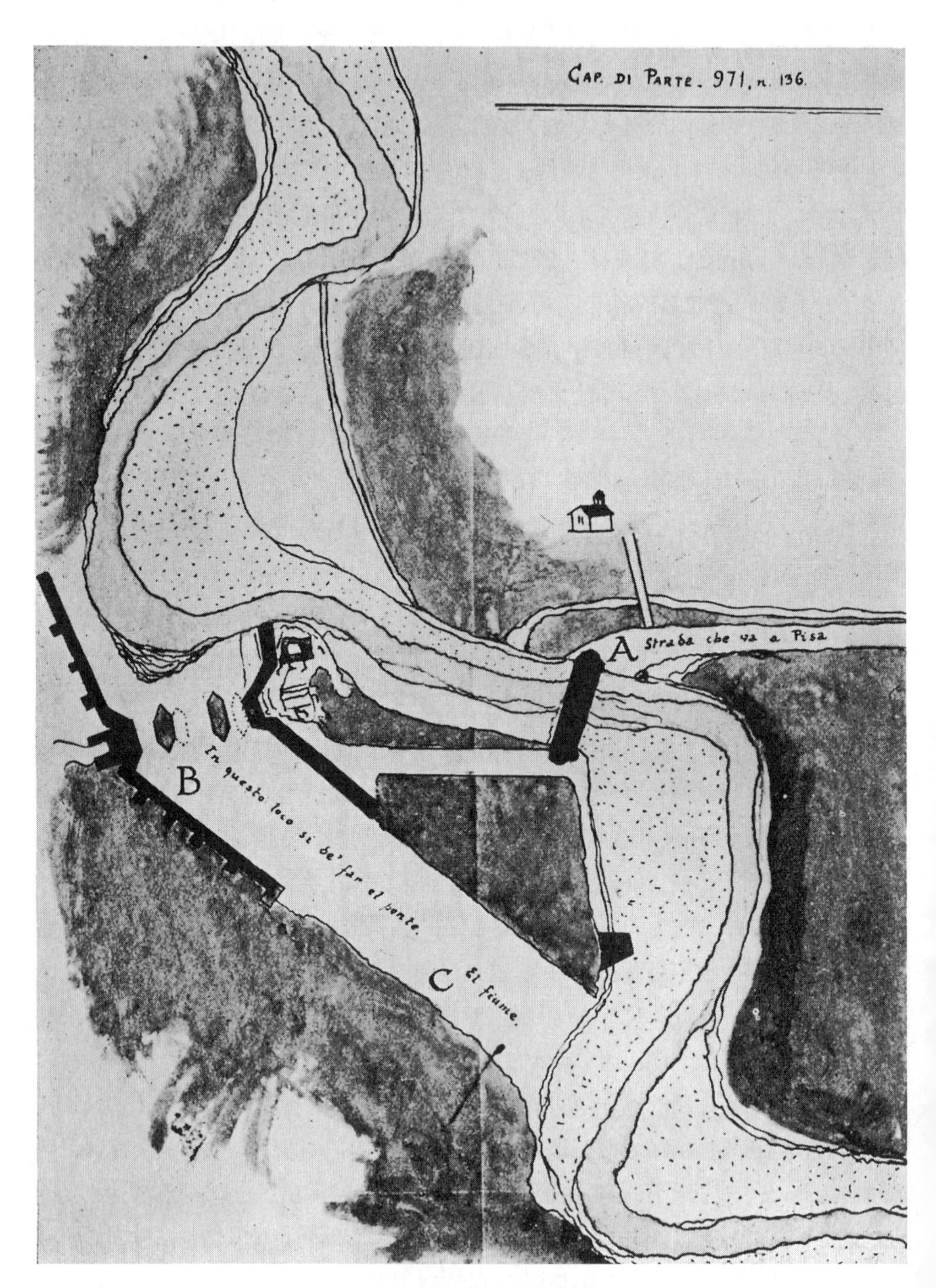

图 19.2　阿诺河上的水利工程图

关于多盖亚河，委员会不能形成一致意见，并建议成立一个新的委员会以确定该河是否应留在满是石头的旧河床上，还是挖掘 10 600 布拉其改道至新的水道。委员会的大多数成员，包括布昂塔伦蒂，都赞成挖掘新的水道。他们极力主张将河道弄得几乎笔直，并使其底宽至少 12 布拉其。

他们还建议清理所有支流的渠道，并进行大量小规模修复。他们的报告给出了每个项目的估计成本，并就如何评估提出了建议。

他们的报告具有特殊的意义，因为它表明，首先，河流控制被视为改善关键节点的问题，其次，不仅所有新的工程都很重要，现有结构的维修和养护也被给予特别的关注。

1584 年，在佛罗伦萨以西流入阿诺河的穆格诺河制造了麻烦，主管之一的弗朗西斯科·达加纳诺(Francesco da Gagno)奉命进行调查。他在乔瓦尼·德尔·贝尼(Giovanni del Bene)和塞塞里·法布罗尼(Ceseri Fabroni)的陪同下完成了这项工作。他的报告于 6 月 20 日完成。他建议修建约 2 200 英尺的堤坝来防洪，堤坝的建筑材料从河床挖取，从而提高其蓄水能力。他估计成本为 6 索尔迪[1](8 美分)每布拉其，或 47 斯库迪每里拉——这不是一个大数目。主要的节点是从加扎拉(Gazarra)挖出一条排水渠。为了防止穆格诺河在洪水中倒灌平原，他建议，在需要时应关闭一个宽 4 布拉其的通河水闸。

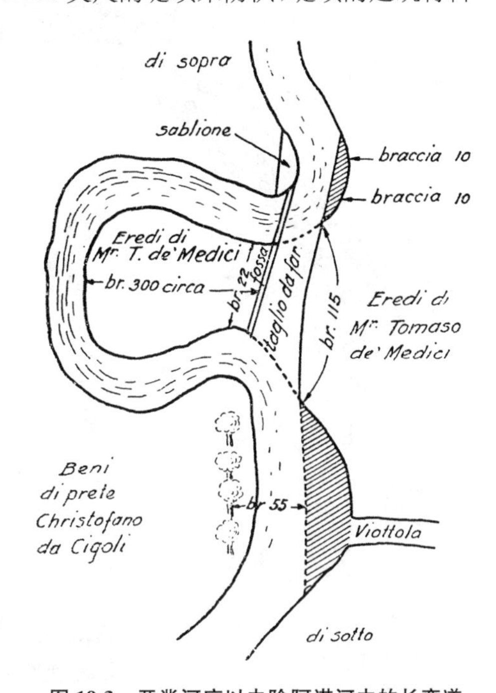

图 19.3 开凿河床以去除阿诺河中的长弯道

Di sopra：上部；Eredi di M. T. de' Medici：托马索·德·美第奇先生的遗产；300 circa：约 300 布拉其；Fossa 沟渠；Taglio da fars：待开凿；Beni di prete Christofano da Cigoli：克里斯托法诺·达奇戈利神父的土地；Viottola：一条小路；Di sotto：下部

这份报告已提交给布昂塔伦蒂，他批准了用从河里挖出的材料筑堤的建议，但表示挖掘应在河道中间进行，而不是河岸附近，他希望河岸不受干扰。关于水闸，他指出了一个因负责人未能及时操作而导致了麻烦的案例。“因此，”他补充道，“要让负责人明白，在洪水期间，他要先开闸放水。”

被附在一份报告中，有一份报告讲述了如何通过开渠和消除弯道来防止某些地方的洪水，报告附有一幅因为显示尺寸而令人感兴趣的地图(图 19.3)。图中阴

1 soldo，复数 soldi，意大利铜币。——译者注

影部分是桩式导流堤后面的填充物。这些措施旨在将渠道收缩至适当宽度并保持其笔直。

由于官员委员会对桥梁、道路和河流拥有管辖权，因此他们发布了许多关于建设和维护这些设施的报告。1585 年，菲索莱修道院附近的穆格诺桥出现了问题，校长扎诺比·迪·帕尼奥(Zanobi di Pagnio)被要求作报告。他的报告附有桥梁立面图(图 19.4)和当地地图(图 19.5)。从前者可以看出，单拱横跨河流，净宽 20 布拉其，但由于拱腹向前滑动，形成了大裂缝而失效了。建议立即用栗木临时加固拱中心点。迪·帕尼奥说，可以使用这种不太长的木材，它们最长的约为 $7\frac{1}{2}$ 布拉其长 $\frac{2}{5}$ 布拉其宽。一共会有两个这样的中心点，桥的两侧各一个，中间用木板支撑拱。

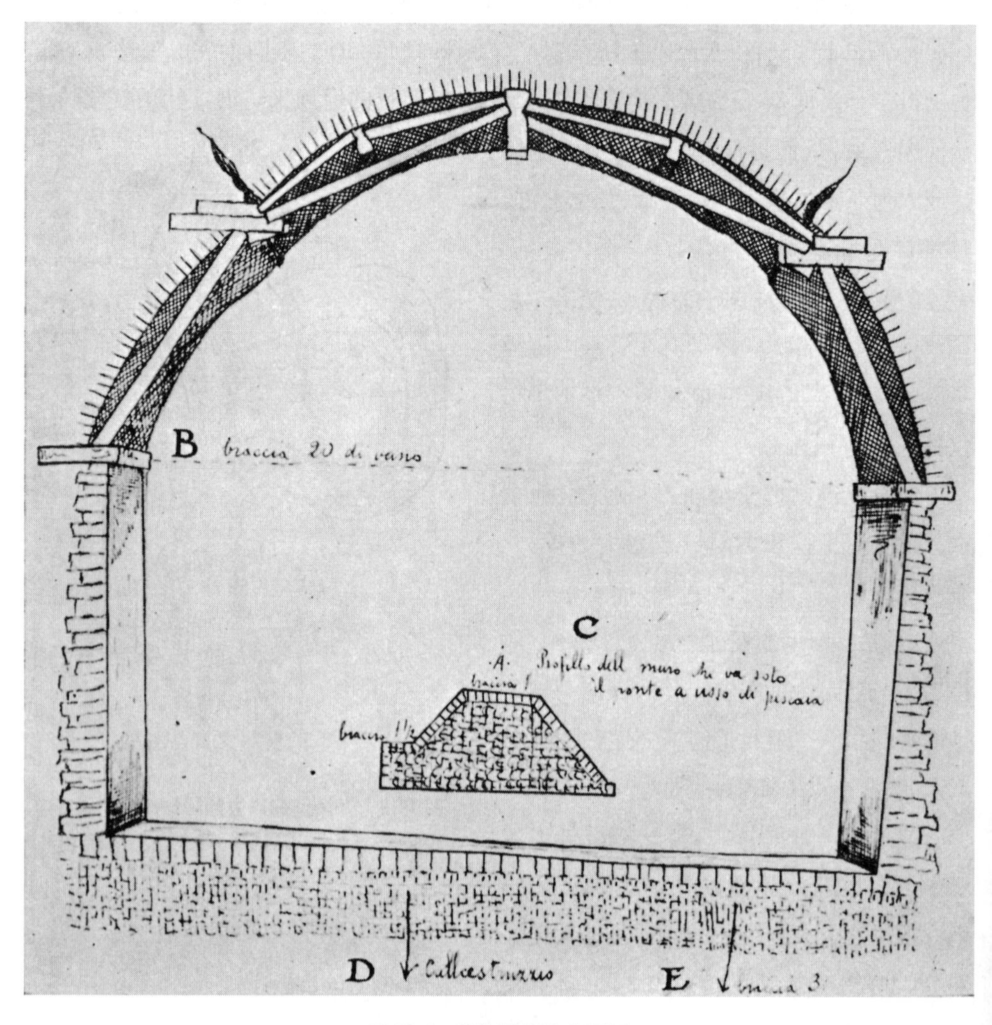

图 19.4　穆格诺桥的立面图

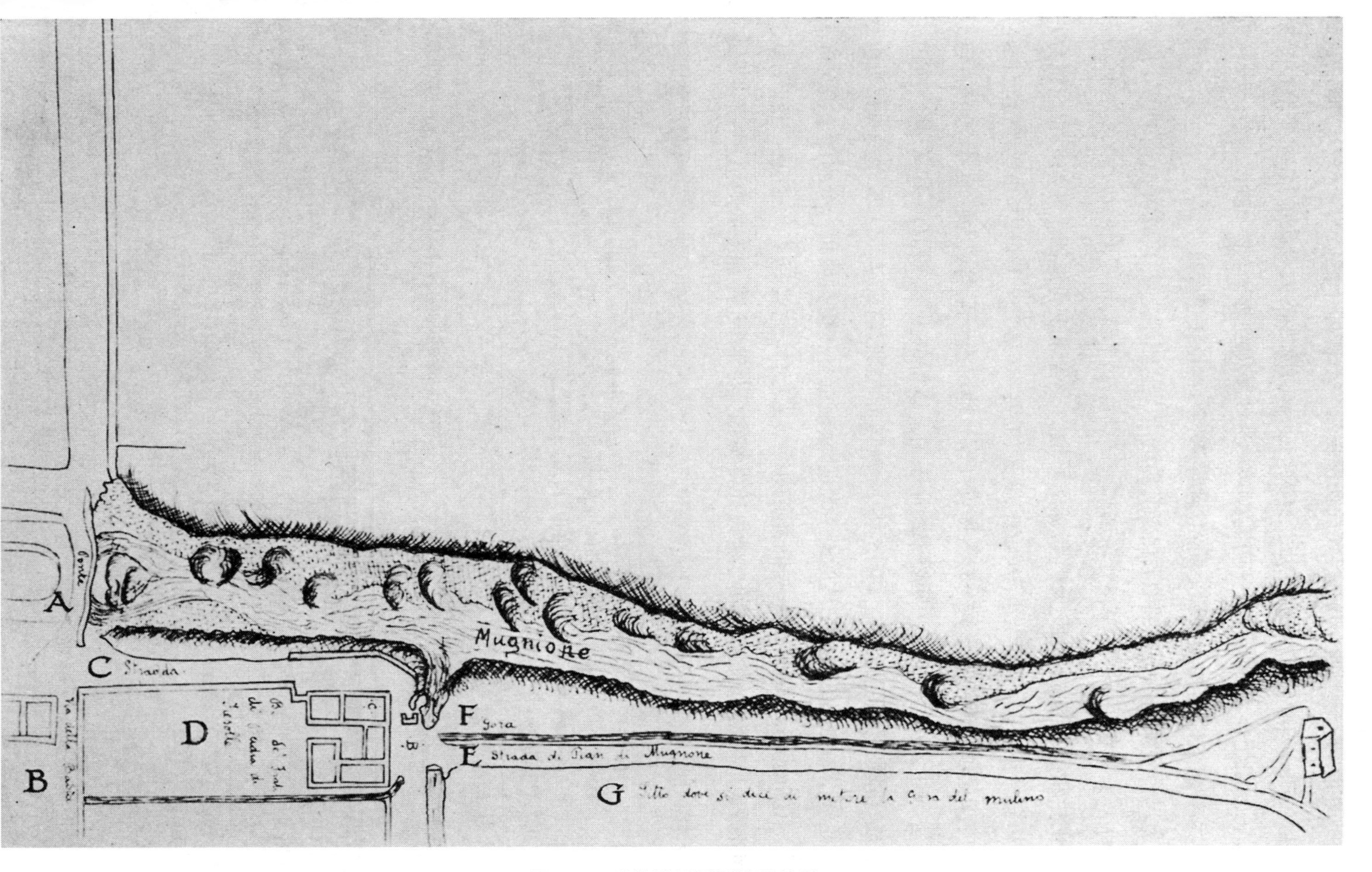

图 19.5　穆格诺桥周围地区地图

当拱圈被临时支撑时，注意力转向对被洪水破坏的拱桥基础进行永久性修复上，以便拱圈能够撑稳。迪·帕尼奥建议在佛罗伦萨一侧即下游的两个桥台之间设置一道横墙。墙心为砾石，墙面为 5 布拉其宽的按截面成形的大石头，用作水下堰以防止底部冲刷，也用作支柱防止桥台向内移动。当地基得到加固，整个拱桥静置一个冬天以确定风暴的影响，如果发现下面的一切都安全，再重建整个拱桥。

另一个桥梁问题是在纳纳的比森齐奥河上。这座桥是在 1587 年之前的某个时候被冲走的。报告给出了将要修建的桥的立面图（图 19.6），指出旧桥仅存的部分是带右桥台的拱和拱右侧的桥墩以及其紧邻的桥墩。报告建议建造四个新桥墩和左桥台并用木桁条合拢开口，木桁条由简单的应变梁加固。在第二个开口中，由于跨度较长，应变梁支架必须采用桁架形式。有人提议在同一地点的一座大坝上修建另一座桥，这座大坝是当时已经消失的前一座桥梁的所在地。该桥的上部结构（图 19.7）将完全由木材制成；桥墩应为砖石结构。由于净桥跨为 16 布拉其（约 31 英尺），简单的纵梁和应变梁就足够了。在图纸中清楚地标出了大坝，其左端有一个斜坡和一个水闸。盖拉多·梅奇尼（Gherardo Mechini）是一位著名的桥梁工程师，他编写了上述报告并在图纸上签字，并表示根据他的判断，第二种设计将“稳定，费用（比图 19.6 中的桥）少得多”。

图 19.6　在纳纳的比森齐奥河上的桥的立面图

A：描述（在正文中简述）；B：12 布拉其；C：25 布拉其；D：比森齐奥河

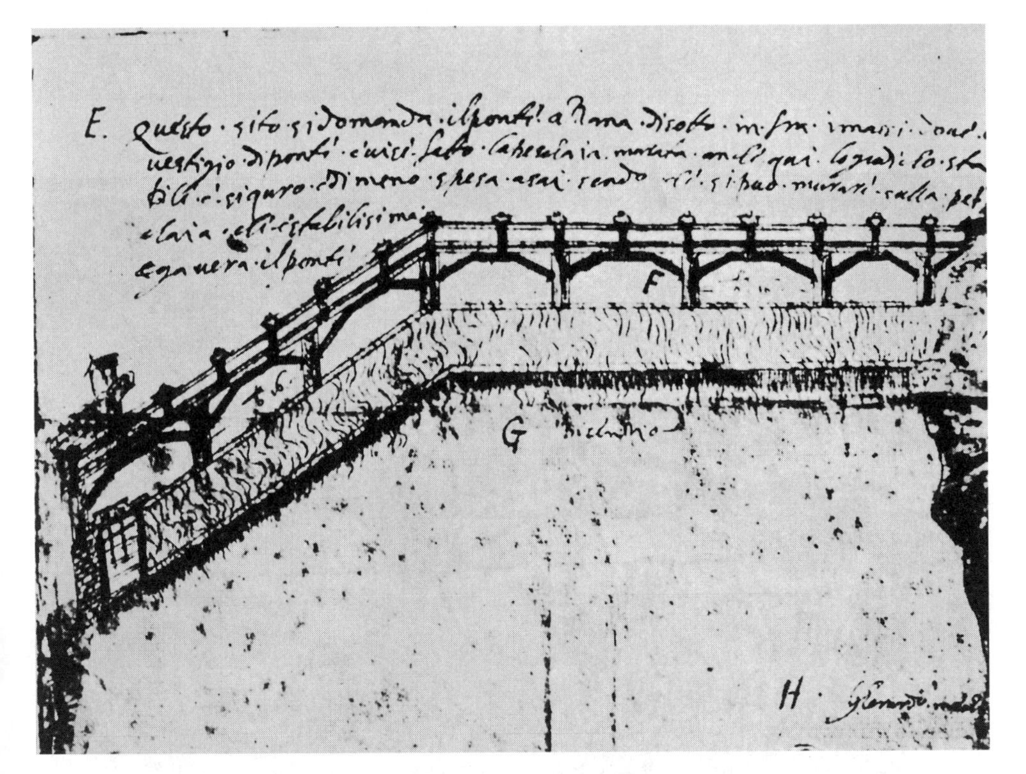

图 19.7　将建在大坝上的比森齐奥河上的桥

E：描述（在正文中简述）；F：16 布拉其；G：比森齐奥河

图 19.8 说明了工程师如何在报告中汇报河流问题。河上有一座桥，桥下有两个拱，曾经河水在两个拱下流过。由于习惯上缺乏维护或造成一些障碍，河道已转向右岸，水流集中在一个拱下通过，造成了桥梁失效。在等待维修期间，拱圈由临时框架支撑。拱圈的跨度分别为 30 和 32 布拉其，中心线净空为水面以上 9 布拉其。该图与同时期绝大多数平面图的不同之处在于，它似乎是按比例绘制的，如角落中的图表所示。

关于桁梁桥的细节，西蒙尼·迪·弗朗西斯科（Simone di Francesco）给出了他提议在圣洛伦佐的西乌河上修建一座桥的草图（图 19.9）。桥跨度应不小于 26 布拉其（约 50 英尺），宽度为 $4\frac{1}{2}$ 布拉其（9 英尺）。这种宽度的桥只能容纳一辆小推车。荷载由倾斜支柱 B 承担，其推力由砖石桥墩 A 承担。支柱、桁条、甲板板和扶手应由橡木制成。

工程师的报告经常被摘录，应完整地摘录一份以显示其风格。为此，我们选择了桥梁专家梅奇尼撰写的纳纳桥报告。这座桥在里尼亚诺跨越阿诺河，并遭洪水破坏。

图 19.8　某双拱桥因流量集中在一个拱下而倒塌的立面图

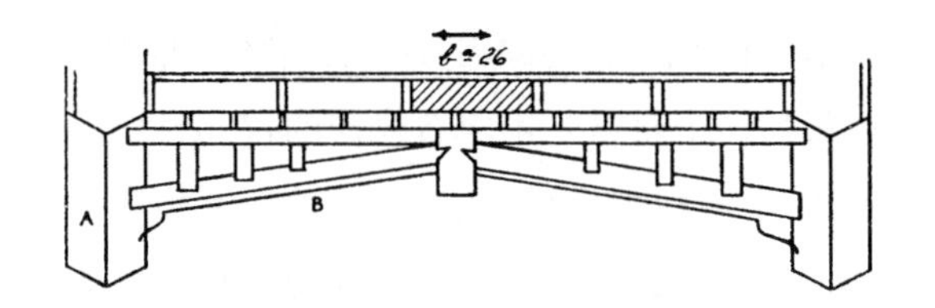

图 19.9　达加利亚诺绘制的在圣洛伦佐的西乌河上的桥梁示意图

"1989 年 11 月 6 日"

"伟大的佛罗伦萨市河流长官,我,格拉多·迪·弗朗西斯科·梅奇尼(Gherardo di Francesco Mechini),您的现任地方法院院长,向您报告。我是由帕蒂的普罗维特女士推举和派遣的,负责调查最近洪水对里尼亚诺桥造成的损坏,并考虑是否下令修复其损伤,以使道路通行畅通无阻。我在该地的大使拉斐洛·安东尼奥·科尼的陪同下前往灾区,他负责这项工作,使我充分了解了混乱态势,并下达了全面修复的命令。首先,我以上帝的名义祈祷。

"在里尼亚诺大桥的上述位置,洪水后期在瓦尔达诺一侧改变了路线,并超过了桥外一半的高度。这是因为桥的上游约 500 布拉其处,阿诺河拐了一个大弯。在瓦尔达诺一侧,水流从弯道向桥冲来了大量泥沙。力因此被转移到桥的侧面,桥的下游有一座用作屠宰场的小房子,全都被洪水冲走了,所以在它原来的位置上看不到任何痕迹。其对面是一座客栈。这就产生了阻力,尽管它已支离破碎,但它顶住了水势,使之减退。由于桥侧面的坡度较低,巨大的冲击导致整个上坡侧面被挖出且变深了,最深处为 7 布拉其,使一切都化为乌有。测量宽度为 24 英尺。因此,可怜的行人不能越过或爬过桥的这一侧。

"目前,我以最好的方式,用河边运到这里的毫无价值的木头制作了 100 块横木,将它们贴到所有墙上,然后我做了一条小通道,让这个坑里的水流回阿诺河,直到可以用手推车和其他运输工具将石头运来把它填满。水几乎把所有的东西都挖出来了,于是又在那里做了一个临时的填充,使行人、马和负重的骡子可以爬上去。这个填充目前只有 6 布拉其宽,但更多工作已经计划好了。

"这些工作完成后,我命令上述地方的拉斐洛迪·多梅尼科·科尼带土、石头和沙子来填补这个洞。有了 25 个人,他将在周二晚上完成一切。我认为,我所做的和他将要做的费用是 15 或 18 斯库迪,其中包括人工和 6 辆手推车。但本月 8 日星期三,我们将能从拉斐洛那得到全部费用。"

"当上述填充工作完成后,当阁下满意时,有必要再次修复其路面,使落在桥上的雨水不会冲刷并破坏现已施工的填料。铺路石已经全部或大部分被收集到一起。当阁下决定这样做时,还需要重建通往道路的翼墙的某些裂缝,并在路面下方放置少量木材,以防止其沉降。因此产生的费用超过了目前填补时产生的费用,我认为大约为

60 斯库迪。我告诉各位阁下，由于上述原因，这项工作不应推迟太久。

“同一侧的桥梁的最后一个桥墩是用粗石建造的，在旧拱圈的弹性支撑的下方其外表面受到了损伤，但水位一直很高因此无法调查整体的损坏情况，但它足以使上述一侧移动，并在短时间内被毁坏。因此，在适当的时候，有必要考虑恢复这个表面，并考虑所有必要的因素。根据我的所见所闻，我目前认为，进行上述修复的费用将略高于 100 斯库迪。这就是我在这方面要对各位阁下说的话，愿上帝保佑你们。如果您愿意的话，请在上述服务中向我支付 4 天的费用 29 里拉，用于前往、停留和返回。我认为牧师应该替你承担我的所有上述费用。”

维斯特鲁奇的报告相对较少。显然，他在总体方向上行使了办公室的职能，并将大部分实地调查留给了他的下属。因此，当他亲自调查时，可以认为事态很紧急。

他在 1588 年的一份报告中提到了对瓦克佩雷西亚河的控制。这条河和圣西普里亚诺河是佛罗伦萨下方阿诺河的相邻支流。在经过纳切里卡大桥后，瓦克佩雷西亚河离开了河岸 163 布拉其，形成了一个大弯道，不断向圣西普里亚诺河前进，并有汇入危险。这种情况在维斯特鲁奇的地图（图 19.10）中得到了明确的说明，该地图在原图中是彩色的。这条改道切断了通往菲利尼（Figline）的主要公路，该公路从一边到另一边在地图中央穿过。

维斯特鲁奇的补救措施简单而直接。他建议首先在 A 处修建一条主导流堤，完全穿过新河床，在旧河床上设置一个回流翼，以防止漩涡冲刷。这条堤坝长度为 55 布拉其，由 8 或 9 布拉其长的橡树桩制成，表面为 5 布拉其高的连接橡树板，背面为土堤和灌木丛以防止堤坝在洪水时被水流倾覆。他估计这条堤坝的成本为 7 里拉每布拉其。为了帮助水流恢复到原来的河床，他铺设了一条 200 布拉其长的沟渠 E，从纳切里卡大桥延伸到分流堤坝 A，并远远超过分流堤坝。断线显示流入阿诺河的溪水。两条溪流的阴影线 r 和 l 显示洪水面积。该沟渠为直沟，初始宽度为 7 布拉其，深度为 2 布拉其。堤坝 A 后面有两个较小的沟渠，即 B 和 C，用于将地表排水引向旧渠。这些二级堤坝将像一级堤坝一样，用桩、木板、毛刷和石头建造。

菲利尼公路（阴影部分 D）已被完全冲毁，将在堤坝上被重建，其高度足以在发生大洪水时充当大坝。为了防止侵蚀，上游面将用小桩与栗木桩（可能是大桩）交替进行保护，并在外部用橡木板覆盖。

这张生动的地图很容易阅读。它展示了各种新的结构和工程：两座桥，一座是有三座砖石拱门的纳切里卡桥，另一座是有木桁条的圣西普里亚诺桥。左边是“美丽的冬天之路”，底部是阿诺河。这张地图是示意图，不是按比例绘制的。

摘录的报告说明了官员委员会的目标和方法。明智的他们没有试图对阿诺河进行任何大手笔的处理，而是将自己局限于不断受攻击的那些最薄弱的地方。他们的目

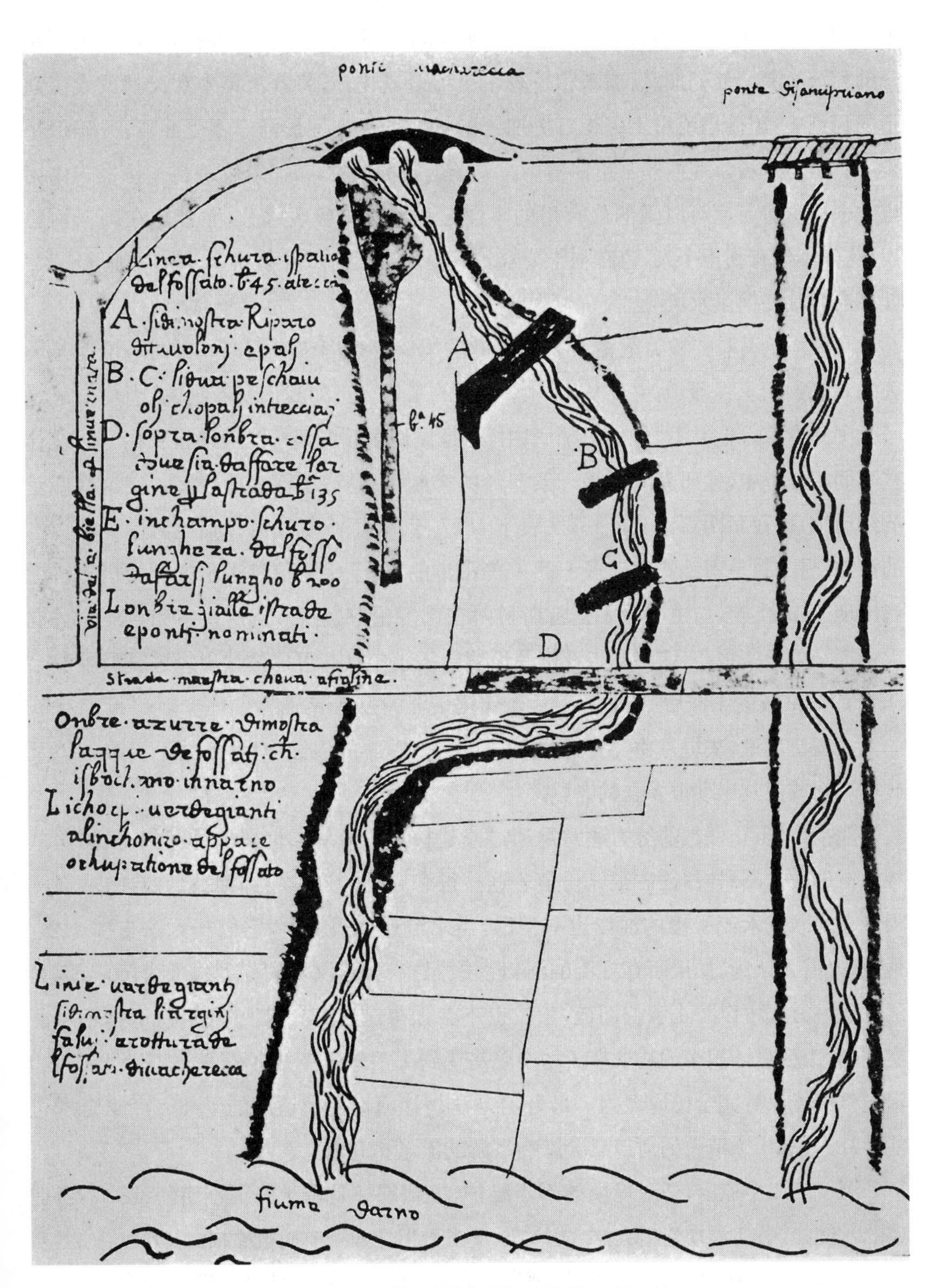

图 19.10　计划在瓦克佩雷西亚河的水利工程

标是使其蓄水能力达到最大,并迅速清淤。通过他们的领导,大坝、桥梁或河岸建设中的个别项目终止了,这些努力往往是造成淤积的原因,并通过这一举措,首次引入了统一的河流控制。他们加宽、加深和拉直了干流及其支流,将水流集中在天然或人工建造的河道中,用砖墙或用土堤或石堤加固的桩式导流堤保护河岸不受冲刷,并确保桥梁不会阻碍水流。他们非常重视植树。关于这些种植物,布昂塔伦蒂在一份报告中指出:"……沿着河道可以做的最有用的事情是种植物来吸收水分,尤其是在阿诺河沿岸,这样不仅有利于个人,也有利于公众。只要阿诺河流域种植树木,城市(佛罗伦萨)就不会面临任何洪水风险。"

布昂塔伦蒂和卢皮奇尼沿着完全不同的思路处理阿诺河问题。布昂塔伦蒂是大公的永久顾问工程师,他主要从事大公交办的工作。正如我们所看到的,卢皮奇尼是一位国际专家。他并不局限于一个雇主,而是被许多政府寻求专业建议和指导。在这些不同的任务中,他研究的不是一条河流的控制,而是许多河流的控制。在这些广泛的经历中,他写了两篇论文,一篇发表于 1587 年,关于修复波河和其他河岸种植树木的河流;另一封是写给费迪南多・德・美第奇的,关于佛罗伦萨洪水的补救措施。后者出现于 1591 年,均由乔治・马雷斯科蒂在佛罗伦萨发行。从这些书和卢皮奇尼向大公提交的一些报告(这些报告在佛罗伦萨档案馆中)中,可以估计出经过官员委员会 50 年耐心细致的工作后,16 世纪最后十年阿诺河的控制情况。

卢皮奇尼说,决堤是由三个原因造成的——堤岸的侵蚀、对堤坝的不当维护以及破坏堤坝或使其出现很多孔的老鼠。

他指出,阻止侵蚀的努力通常是通过修建桩式导流堤和植树来进行的,虽然这些补救措施成本高昂,却往往毫无价值。这些桩和它们的连接物经常被急流冲走,而树根只在滞水或水流平缓的河岸上有帮助,当水流速度很快时,它们却无法支撑土壤。他说,一些人认为,如果所有支流的河口都能保持畅通,洪水的程度将大大降低,因为通过这种方式可以防止水的回流,水位也不会涨得这么高。但他争辩说,这是不可能实现的,因为悬浮携带的物质在流动中总是受到海浪的阻挡并沉积下来;因此,河口和河道都不能保持完全畅通无阻。最好的办法是让河口保持适度的干净。卢皮奇尼可能会补充说,一个清澈的河口只会影响下游的流量和高水位。

至于第二个原因,即对堤坝的不当维护,主要损坏是由于施工不当和维护不当造成的。例如,最初堤坝建得太矮、太窄,以及由于用作人行道而被磨损。

在考虑补救措施时,他指出,侵蚀发生在两种情况下,一种是水流笔直而迅速,另一种是转弯并直接撞击河岸。对第一种情况的最好保护是他所谓的环形防护结构。它是由相隔 2 布拉其、环形交叉连接、用柳枝捆绑的优质原木组成的,并将在受损的地方建造。当它准备好了且侵蚀处已经被石头填满形成了一个平坦的表面时,环形结构的一端将被固定在岸上的稳定物体上；另一端将被卷进水中，再被载重固定在水中。他说它将“维持许多个世纪”。

这种环形结构是现代沉排的起源，在密西西比河等易受侵蚀的河流上使用效果非常好。卢皮奇尼的环形结构的尺寸从 10 布拉其的长度和 4 布拉其的宽度到相应的 30 和 10 布拉其不等。他声称，这种保护装置比堤坝更有效，因为如果水流从下面吸出泥浆，保护装置会下沉，直到恢复平衡，“这是经验告诉我的。”

他以类似的方式制造了抵抗直接撞击的保护装置。这些更具实质性的设施是就地建造的。它们由三根原木组成，由相隔 4 布拉其的框架固定在一起，中间夹着沉排材料。它们被沉下去，用沉重的石头压住。卢皮奇尼建议，原木应为绿柳木，这样可以扎根，从而提供额外的保护。卢皮奇尼的堤岸保护方法比此前的方法有了很大进步。

卢皮奇尼在 1598 年 5 月 27 日的一份报告中表示，他对环形结构的成功感到满意：他指出，他放置的那些结构，“在阿诺河发生的这两次大洪水中，稳定下来并可持续许多个世纪。在某些地方，洪水通过沉积物筑起了堤岸，并将水流限制在河的中部，尽管在一些地方出现了裂缝，但已被修复，没有发生任何事故。”

至于堤坝建设，他建议确定洪水达到的最高水位，然后将堤顶高程固定在最高水位上方 2 布拉其处。因此，在确定了高度后，应准备一个等于高度三倍的基础，加上顶部的宽度(他没有给出最后的尺寸)，因为他认为堤坝顶部将用于修建道路，所需的宽度可能超过堤顶的宽度。但是，他的三倍高度的基础将给出一个只有一倍半高度的坡度，这是泥土能支撑的最小坡度，且当泥土被水浸透时也是足够的。他说，堤坝应该由交替的泥土和稻草层组成，前者厚 1/2 布拉其，平整铺设并夯实。

至于老鼠，卢皮奇尼会在土里撒下老鼠不喜欢的各种种子。至于这些洞，他会经常雇佣看守员来找到它们，并用木槌打入小桩，立即将它们塞住。看守人的勤勉将是重要的安全因素。

卢皮奇尼的第二本书《给大公的报告》完全是关于阿诺河洪水的。在提出自己的解决方案之前，他回顾了其他人制定的方案：首先，修建一座水坝以限制沼泽地的水流；第二，在科西莫(Cosimo，1434—1464)统治时期，一座横跨西乌河带有调节水闸的水坝(该河流入佛罗伦萨上方的阿诺河)；第三，一条从城市北部开始将使河流改道的大沟渠；第四，两条大型下水道；第五，拆除城市范围内的两座水坝。在其中一些建议中，特别是针对水库的建议中，我们看到了现在为控制美国中部地区的河流而建议的类似方法。

卢皮奇尼认为它们都没有建立完全的控制而舍弃了它们。在这样做的过程中，他展示了对河流控制基本理论的掌握。他驳斥了第一个项目，称上游的沼泽仅略高于河道，因此其径流对突发洪水几乎没有影响。此外，如果大坝建得足够高而有效，那么大片宝贵的农业用地不仅会变得毫无用处，而且可能会导致水从阿诺河下游流向台伯河，因为它们的排水区域是相连的，只由一条低分水岭隔开。对于这种转移，罗马的人肯定会反对。

至于在西乌河上筑坝，要考虑到西乌河水流非常猛烈，任何水库都会在几个小时内被填满，之后，水流会像以前一样继续。如果截水沟建得足够大，它会起作用，但这在战争时期会造成军事危险，因为敌人会把它作为进攻时的防御基地。两条大下水道不会起作用，因为如果不盖上，它们会很难看，而且由于轻微的向下倾斜流出，很快就会产生危害；而如果它们被覆盖，就无法进行清理，很快就会被淤泥填满。最后，大坝的拆除将使城市的磨坊动力丧失，而水流速度的增加也将破坏桥梁和侧堤的基础。

在卢皮奇尼看来，佛罗伦萨洪水的各种原因可以归结为一个：维奇奥桥的三个拱限制了排洪的流量。他建议在城市上游的大坝上修建 12 个桥墩(和 2 个桥台)，以支撑 13 个拱，并配备适当的调节装置来限制水流，以便只让能通过维奇奥桥拱的水量流过。洪水中多余的水将转入城市沟渠，必要时扩大，并进入一条与穆格诺河相连的沟渠(待修建)，然后再流回城市西端的阿诺河。在挖掘这条沟渠时，他建议从下游开始向上游开挖，以便通过其自然的斜坡自动排水。

他预见到会有人反对来自沟渠的“恶臭”，反对“城市防御能力减弱”和“城市上面的平原决堤”，他正确地指出，“恶臭”是由停滞的水产生的(他完全正确：我们现在知道“恶臭”只意味着携带疟疾的蚊子在静水中繁殖)；第二，由于流入导流沟的水将始终处于控制之下，因此可以随意使沟渠变湿或变干，从而成为防御要素；第三，不会有阻碍水流的危险，因为十二个开口足够了。

这种防洪方法——只允许河道可容纳的水量进入河床，并将剩余水量分流——原则上是密西西比河的可用方案，但密西西比河可实现自动分流，而在阿诺河中，则须由手动调节闸门来控制分流。

他指出，桥墩和支撑拱将不仅仅用于水利，而是作为“军队可通行”的一座宽阔的桥梁。

1593 年——在上述报告发表之后——卢皮奇尼被要求研究阿诺河口以及对比萨地区造成的破坏。他向大公报告说，在卡斯宁(Cascine)和博切特(Bocchette)附近进行的两次开凿并没有如预期发挥作用，而是被沉积物堵塞，他说，这是因为这些沉积物无法被带入海中，因为它们的流动被洪水期盛行的南风打断。因此，他建议在靠近大海的低洼地带关闭沿河堤坝的所有裂口，并修建一条宽阔的运河，以分流多余的水。此外，他还计划通过一堵墙改变阿诺河的流向，以使来自南方的强风不会阻挡水流。他对自己的建议的正确性非常自信，如果他的计划不成功，他愿意放弃 6 000 斯库迪。

20

米兰运河工程(Ⅰ)

正如阿诺河工程是意大利应用了河流控制和调节的水利工程的最佳范例，那么，服务于米兰市并使其与意大利北部其他商业中心通航的运河系统是15世纪和16世纪该国人工水道建设中水利工程的杰出成就。

事实上，从工程的角度来看，意大利在运河建造方面曾处于领先位置：伦巴第运河是欧洲建造的第一条通航运河。但这些早期运河的历史记录中包含了很多相互矛盾的表述，以至于即使是那些擅长从传说中分离真相的意大利作家也很难得出一个较为准确的结果。

1. 大运河

就米兰体系而言，最初的大运河建造似乎是开始于1161年腓特烈·巴巴罗萨(Frederick Barbarossa)占领并摧毁米兰之后，他在意大利的城市建立了帝国权力。尽管有声明表明，11世纪从米兰经由维塔比亚河和兰布罗河修建了一条运河，这可能为到波河提供了有限的通航条件。1167年，米兰和意大利北部其他重要城市组织了互相保护的伦巴第联盟。米兰城随即开始重建，其最初的行动之一是提供实质性防御，包括新的城墙和宽阔的护城河。这条护城河的水源来自当地的溪流，并由一个船闸固定在原处。

这项工作本质上是军事性质的，但一条充满水的渠道本身就是一个诱人的建议：在不破坏防御功能的前提下，将其扩展并首先可以用于灌溉，可以用于动力，也可以用于航行。为了保持护城河的完整需要的水比有限的自然资源所能提供的要多，这保持护城河的完整不太可能是采取行动的最初动机。

最近的水源是提契诺河，该河从马焦雷湖向南流入波河，离米兰直线距离约16英里。在12世纪，即使伦巴第平原的特殊地形有助于修建，这样一条运河也是一项巨大而无与伦比的工程。这些平原不仅几乎是平坦的，由易于挖掘的泥土组成，而且其表面从河流向城市倾斜。因此除了需要导流坝以排放多余的水之外，不需要其他控制工程来调节流量。

根据一种说法，这项工作始于 1177 年或 1179 年，并于 1183 年完成。根据另一个说法，它在 1183 年才修到阿巴特，并在 1257 年延伸到米兰。但这些早期日期的准确性并不重要——无论如何，运河早在 1450 年之前就已经完工并投入使用。

由于提契诺河床的定义不明确，河流也经常改变位置。在早些年控制不好的情况下，这些位置改变可能更频繁。为了确保运河河床有足够的高度差，运河在托纳文托上游与自然河流连接。运河一直延伸到博法洛拉，从那里开始。这一点距离起点约 13 英里，距离城市约 18 英里。

没有记录显示是谁计划和执行了这项工程，不知道开挖的规模，也不了解伴随开挖的桥梁等结构。运河工程的历史正在大踏步前进，但没有人花时间和精力记录下来供其他人阅读。

乔瓦尼·巴蒂斯塔·塞塔拉(Giovanni Battista Settala)在《大运河关系》(*Relatione del Naviglio Grande*)中对运河进行了描述。书中记载着，运河完全是人工挖的，运河口的宽度为 70 布拉其，在米兰缩小到 25 英寸布拉其(约 50 英尺)。在它的下游，河岸被石块保护。石块被铺到 3 布拉其的高度，然后作为桩栅栏继续延伸 2 英里。在其他地方，河岸高 10 布拉其，宽 10 布拉其，由从挖掘中挖出的弃土组成。河岸面后退，以便留下良好的护坡道。由于底部坡度几乎从零变化到 1 100 分之一，因此流速适中。河岸中共有 6 个排水沟，由厚墙和宽门组成，发洪水时多余的水可通过这些排水沟流入交叉的溪流。

这条运河最初被称为提契内洛运河，其主要用途是灌溉，而不是为城市护城河提供水源。显然，这条运河中修建了许多水坝，它们可以将水引到邻近的土地上。毫无疑问，后来的沿岸的农民遵循了当时的做法，用他们的灌溉、动力或捕鱼设施侵占了航道空间，因此，即使不是不可能，至少航行也是困难的。随着 13 世纪和 14 世纪米兰的财富增加和影响力的提升，人们很快就意识到这条水道可以被船只利用。事实上，在很早的时候，“大运河”(Naviglio Grande)这个名字里的“Naviglio”表示航行。

在 15 世纪之前的其他运河中，从米兰到帕维亚(Pavia)的一条运河也很有名气，这条运河是由伽莱佐·维斯康蒂(Galeazzo Visconti)于 1359 年修建的。这是一项费用高昂的失败工程，而失败的原因在很大程度上是因为当时还不知道现代运河需要多达 12 道船闸来满足地形变化。

在 13 世纪和 14 世纪上半叶，短运河与城市的护城河相连，通到城市。由于这些渠道延伸交织，成了一个运河系统，提契内洛运河出现了水资源短缺的现象，大量的水被浪费地抽取用于灌溉。为了减少浪费，人们拆除了许多引水坝，减少了准备挖掘运河的地点。如此一来，人们就可以更充分地利用当地运河。

进步几乎总是必然的结果。在这种情况下，为米兰大教堂运送大理石的困难程度表明需要增加交通设施。这些大理石来自马焦雷湖上的韦巴诺采石场，由小船沿着提契诺河，穿过大运河，运到城外的一个地方，然后用手推车运到现场。由于大运河和内部运河之间存在几英尺的高差，从采石场到建筑内部的运送是不可能的。为了克服这一问题，人们制造了一个由一个能够升降的单闸门组成的粗糙闸门。关闭闸门一段时间后，两边的水就会达到同一水平面，然后打开闸门，船只就可以通过。当高差变得太大而不安全时，闸门将不得不再次关闭，稍后重复之前操作。在水被拦截期间，严禁为灌溉或动力取水。

这项工作对船夫来说肯定是乏味的，对大运河的其他老主顾来说也是烦人的。但在 1395 年，这项工程被当作教堂服务的一部分来运营。然而，当精明的商人看到这种操作对于运输业来说十分方便地避免了大量的重新搬运和运输时，他们要求为一般商业提供同样的便利。因此，交通量的增加造成了拥挤，因此需要进行一些改进，在不会浪费灌溉和动力所需的水的前提下使航行能够持续。根据这一需求设计的装置是船闸的起源。

15 世纪上半叶的米兰运河系统就是这样包括了从提契诺到城市护城河的大运河，从护城河到城市的支线，也许还有城墙外通往附近城镇的其他支线。有些运河很细窄，可能深度也不规则，水流多变，不利于航行。因此，尽管这些运河数量不多，但几乎不属于工程结构类别。

正如前文所述，文艺复兴运动通过 1450 年前后发生的一系列事件而获得了最初的力量，而这些事件同时产生了必要的协同动力，以产生了将旧的文化秩序转变为新的文化秩序的势头。这些事件之一是米兰历史上的一场危机，这场危机导致旧政府被推翻，在有力量和远见的人的领导下成立了新政府。

1447 年，米兰的最后一位维斯康蒂统治者菲利波(Filippo)去世。作为一种权宜之计，当权者建立了一个虚弱的共和国。弗朗西斯科·斯福尔扎是一个雄心勃勃的人，他看到了夺取王位的机会，娶了菲利波的独生女。1448 年 7 月，他打败了威尼斯军队，随后占领了罗萨特、拉奇亚雷拉、比纳斯科和阿比亚特格拉索。这是具有重大军事价值的，因为这样可以控制大运河。他立即切断了这条河，掌握了米兰的主要水源、剥夺了运河沿线的磨坊的权力，居民无法再碾磨谷物。在这种情况下，围攻是短暂的。在市民的邀请下，弗朗西斯科于 1450 年 3 月 11 日进入该城，并立即被宣布为米兰公爵。斯福尔扎宫就是这样建立的。在其统治下，米兰与佛罗伦萨和其他城市一起在文艺复兴时期占据了一席之地。

这是另一个例子，说明看似不相关的人类活动如何交织在一起，产生意想不到的结果。因为经过精心策划的政治和成功的革命，工程建造取得了巨大进步。

弗朗西斯科清楚地看到，如果他要保持对米兰的控制，并使城市的至高无上符合他的雄心壮志，就需要不仅仅一支军队和一只强有力的手。他认为，如果他不仅与周边地区，甚至与遥远的城市进行良好的沟通，从而鼓励商业并使其成为首都的主要产业，那么米兰的霸主地位将得到很好的保障，并为自己带来相当大的优势。弗朗西斯科有权因该计划的成功实施而获得赞誉，但不是因为他是开创者，因为上一任管理者菲利波·玛丽亚·维斯康蒂(Filippo Maria Visconti)在他自己的统治期间就开始了这项工作。

当时没有真正意义上的水路，但伦巴第平原上有许多交叉的溪流，这为修建水运设施提供了难得的机会。在设计和建造这些运河的过程中，弗朗西斯科得到了他的儿子伽莱亚佐·玛丽亚·斯福尔扎的大力支持，后者于 1465 年继承了公爵的爵位。因此，在父子的领导下，运河系统建设开始了。该系统是 1600 年之前享誉欧洲的重要工程。这两个人在世时取得的成功和为其死后才开始的其他更大的建设工程奠定的基础，在一定程度上归功于他们的远见和精力。但是，如果没有运河船闸的发明，这些伟大的成就都无法实现。

但斯福尔扎家族的政治目标才是运河建设的动机：需要三个出口来监管本地区与其他重要地区的交流——一个在西边，连接马焦雷湖；第二个在南部，通往繁荣的帕维亚市；第三条在东部和东北部，与阿达河和莱科湖相连。大运河和提契诺河第一个出口得到了监管。要使运河自由通航，所需要的只是清除运河中的人为障碍物并进行一些修复。主干运河已经存在。

2. 贝雷瓜多运河

与帕维亚联系，也意味着与波河产生联系，这显然是一项极其重要的商业措施。正如上文所述，人们至少一百年来一直在考虑这一点，但地形困难仍未解决。

弗朗西斯科的第一个举措是在 1452 年 1 月 1 日指派一名工程师贝尔托拉·达·诺瓦特(Bertola da Novate)来修建一条从格兰德到比纳斯科的运河。作为通往帕维亚的第一道关，比纳斯科是一个非常重要的城镇。

关于贝尔托拉的个人信息记录很少。这令人深感遗憾，因为他是 15 世纪下半叶早期的杰出水利工程师。他是米兰公民，是一名专业工程师。在文件中，他总是被称为工程师，而不是像他同时代的许多人那样被称为建筑师。从 1452 年到 1466 年弗朗西斯科去世，他一直担任弗朗西斯科·斯福尔扎的首席工程师。在这段时间里，他一直在执行赞助人雄心勃勃的命令，尽管他也做其他工作，但始终是在弗朗西斯科的许可或指派下进行的。弗朗西斯科在派贝尔托拉管控提契诺河和修复横跨提契诺河的桥梁的制定计划时，赞美他“在这方面有着良好的智慧和技能”。贝尔托拉的主要成就包括对从米兰到帕维亚的运河的研究；从格兰德到贝雷瓜多的运河、克雷莫纳、曼图亚和帕尔马的运河、米兰和阿达河之间的大运河(也就是著名的马地山那运河)的修建。在此之前,没有工程师有过这样丰富的水道施工记录。他也设计并建造了相关桥梁和其他附属工程。当然,他最大的成就是建造了第一座运河船闸,但是他从未获得过应有的赞誉。毫无疑问,贝尔托拉是提出这一革命性应用的人。上述所有运河都安装了船闸。

贝尔托拉在克服地形困难的努力中似乎没有比他的上一任更成功。虽然在16世纪末,当实际开始施工时,河道里发现了早期结构的遗迹。这可能是贝尔托拉项目的一部分,也可能是之前的遗留。

然而,还有另一种方法可以确保米兰和帕维亚之间的水路通畅,那就是为了航行而修整一条现有的运河,从阿比亚泰格拉索附近的格兰德河发出,向南平行于提契诺河并靠近提契诺河。虽然这种连接不如直接线路或通过比纳斯科建立的连接方便,但可以更容易建成、成本更低。不确定这条较早的运河是什么时候开始修建的,其最初的目的可能只是灌溉,自然坡度太大,无法通航。无论如何,最有可能是在贝尔托拉的建议下,立即停止修建比纳斯科运河,将贝雷瓜多运河重建成一条能够承载船只的运河也是在贝尔托拉的指导下进行的。扩建工程于1457年或1458年完成。1457年,弗朗西斯科下令任命一名专员和两名副手,与工程师贝尔托拉·达·诺瓦特一起安排其运营。随着运河延伸至贝雷瓜多村,它被赋予并一直保留了贝雷瓜尔多的名称。

终点距离提契诺河上的皮萨雷罗约一英里,通常小船可以从皮萨雷洛航行到帕维亚再到波河。因此,米兰到帕维亚或者到波河上的任何港口之间的商品,都可以通过水路运输,除了贝雷瓜多和皮萨雷罗之间的较短的路程需要陆路运输。这是一条有点长且迂回的路线,涉及两次重新装卸,但比从米兰到帕维亚的陆路运输优越,足以满足最初的需求。贝雷瓜多运河长约114英里,总落差为82英尺,其中67英尺的落差由船闸分隔。目前的船闸已不是原来的船闸,但数量几乎相同,所在的位置也相同。

蓄水池的提升高度从最小3.4英尺到最大7.6英尺不等。在最初的建造中,提升高度可能没有后者大,因为这会产生太大的压力,使初始试验无法承受,而且在几乎所有的早期运河建造中,12英里内上升得比15英尺多的陡坡是被允许的。如果这些船闸是最早建造的,它们看起来如此,那么贝雷瓜多运河是运河建设史上极其重要的一条运河。

通航水道路线的第三个环节是一项全新的工程。东面和北面的平原虽然适合发展农业,但坡度不如米兰西面的平原那么平缓,因此,这里的地形不能像格兰德运河那样修建简单的无船闸运河。但是,使用船闸来克服地形变化需要克服极大的困难。

从科莫湖的一个支流莱科湖流出的阿达河,是波河的一条支流。如果修建一条从米兰到阿达的运河,将获得北至湖泊、南至波河的水道连接,如果它与大运河相连,从而与贝雷瓜多运河连接，则将创建一条从东部阿达山谷到西部提契诺山谷以及从北部湖泊到南部波河的路线。除了提供交通便利外，该线路还将穿越肥沃的平原，通过灌溉为米兰市场提供丰富的农作物。这样一条运河激发了弗朗西斯科的想象力和政治抱负，与修建直接通往帕维亚的运河一样甚至更加令他振奋。

这一问题是如何解决的，如何试图使阿达河通航，如何系统地进行研究以修建北部的其他运河，以及如何开始修建通往帕维亚的运河，将在后续章节中进行说明。但在这样做之前最好先回顾一下，第一个关于船只方便安全地从一个水位转移到另一个水位的方案是如何和何时提出的，以及这个想法是如何发展和实现的，如何在已完工的船闸及其闸室、端部闸门和水控制系统中部署的，因为这一装置彻底改变了运河建设的艺术。

21

船　　闸

改善河流通航条件的最大障碍是有斜坡，且坡度往往非常陡峭，导致水流湍急，阻碍船只上行，以及严重阻碍障碍物通过。只要船很小，在许多情况下，可以通过将船从一个水位抬高到另一个水位来克服这一障碍。这种情况在中国仍然存在，船只在急流或浅滩等候，直到有足够多的船员共同运送船队通过，一次只过一艘船。但是，随着商业的发展，时间损失严重，大型船只无法被抬起或拖过障碍，就有必要创造一种新的装置，使水上交通能够在最小延迟和最大便利的情况下方便地向上游或下游移动。

这一问题的解决方案是船闸，它让河流从一个不规则和陡峭的斜坡转变为一系列由水平面和连接的垂直台阶组成的斜坡，这也使得在自然状态下不适航的破碎地形上建造人工水道成为可能。

毫无疑问，船闸起源于意大利，是有史以来对水利建设做出的最大贡献。第一个船闸方案的产生与米兰运河有关。早在12世纪，它们就被称为"抗区"。但这些抗区只不过是单一的屏障，或坝，用于提高水位，使沟渠充满水，并将水转移到其他沟渠中用于灌溉。这样形成的蓄水池或高水位也可用于局部辅助航行，但只是附带的而不是主要目标。有时，这些屏障有一个可以打开或关闭以调节水位的闸门，该闸门可用于允许船只通过屏障，在顺流时容易，但逆流时或多或少有困难，这取决于水位差和逆流拖船的人工情况。如果水位差不超过2或3英尺，这些操作虽然浪费水且执行困难，但并非不可能。事实上，这种单闸门船闸在法国和低海拔国家已经使用了很多年，单闸门潮汐闸仍然存在。

1395年，大运河建造了第一个船闸装置，其主要目的是让船只依靠自己克服海拔差异，以使米兰大教堂所需的大理石能够运输到目的地附近。前文详细描述了这一点，以及将单闸门的使用扩展到社会交通时出现的难以忍受的麻烦和延迟。有两种方法可以纠正这种情况：当局要么放弃所有通航的想法，将格兰德河恢复到原始的功能——灌溉农田和附带的补充当地交通，要么进行一些改进，从而保留新的极具便利的服务。在每方面都孕育进步的时代，不可避免地会遵从上述第二条思路；因为通过关闭一种已由便利措施变成必需品的交通工具而恢复旧秩序是不可想象的。显然，第一步是在某个方便的位置安装第二个闸门，从而减少高度落差，以减少运输延误和对其他服务的干扰。从米兰档案馆 1445 年的一份文件中可以明显看出，当时采用了这一权宜之计，因为其中提到了“最近修建的下闸”，尽管缺少位置和细节。

第二个闸门只是一种缓和，但它自然导致了船闸设计的下一步——一个包含多个而不是两个闸门的方案，从而进一步细分水位差，通过增加闸门数量调节任何长度的水流。

这一方案是在一份手稿中提出的，该手稿名为《重量、杠杆和滑轮条约》(*Trattato dei pondi, leve e tirari*)[《劳伦齐亚诺手抄本》(*Codice Laurenziano*)，第 361 号，阿什伯纳姆系列]，现藏于佛罗伦萨的劳伦森图书馆。这份手稿既没有日期也没有作者姓名，毫无疑问创作于 15 世纪，可能是后半期写的一篇非常有价值的论文，专门研究建筑、战争用的引擎和各种机械装置。最后一个是一系列闸门(图 21.1)。

“如果沿着河流走……我们希望用船只(随附的文字说明)，当水少和有斜坡而无法航行时，有必要确定坡度……让我们假设河的第一部分有 30 皮德[1]的落差；在这一点上建造一扇高高的可升降的闸门……用卷扬机将其升起，并用这种闸门将整个河流和所有斜坡隔开。船进入后，把闸门关上，船很快就会升起……并将能够进入第二个闸室……因此，一步一步地，你将能够把船带到任何你想去的地方。如果你想返回，打开每一扇闸门，船就会随着水被带到下一扇闸门，这样从一扇闸门到另一扇闸门，最终就可以返回大海。所有的船底都应该是平的，这样它们就能在很少的水上漂浮。”

插图显示了手稿中描述的垂直门的细节，每个门的顶部都有提升的卷扬机，一条河流被分成若干部分，一条小船从第二个闸门顺流而下。

没有任何记录表明，除了大运河上的两座闸门外，曾建造过任何此类装置，但一旦在一个平面图上标出来，人们立即意识到，如果它们成对组合，问题将被彻底解决。船闸设计开发的下一步，由莱昂・巴蒂斯塔・阿尔伯蒂(Leon Battista Alberti)完成。他值得特别提及，因为他是这一时期建筑史上的伟大人物之一。事实上，他的传记作者吉罗拉莫・曼奇尼(Girolamo Mancini)将他评为 15 世纪最伟大的意大利人之一。

阿尔贝蒂家族长期以来一直与佛罗伦萨政府保持联系，因为早在 1210 年，他们就享有在执政府任职的特权。因此，他们无法避免亲自被卷入争斗中，政党通过这些争斗获得和失去对政府的控制。他们站在圭尔夫派一边，与他们一起被流放，但在圭尔夫派推翻吉伯林派后重新掌权。后来，他们支持“黑派”与其对立派“白派”的竞争。尽管如此，或者也许正是由于这些骚动，家族的财富得以兴旺，因此，莱昂的曾祖父在 1377 年去世时，是一位富有的跨国商人。之后，他们的影响力开始急剧下降。1388

1　piede，古代意大利长度单位，各地不统一，约 0.3～0.5 m 不等。——译者注

图 21.1　有许多闸门的船闸

摘自《劳伦齐亚诺手抄本》(劳伦森图书馆,佛罗伦萨)

年,莱昂的祖父被流放,因为他的“大众”党被其对手“贵族”党击败。五年后,阿尔伯蒂家族的其他人被流放。1400 年,任何在佛罗伦萨举报姓阿尔伯蒂的人,无论死活都会得到奖励。莱昂的父亲被禁止靠近离佛罗伦萨 180 英里以内范围,所有 16 岁以上的阿尔伯蒂家族的人都禁止在离佛罗伦萨 100 英里以内范围内居住。政府仍然担心他们的威望会激怒公众,因此在 1412 年再次加大了惩罚力度,下令所有阿尔伯蒂姓男性离开,否则将被处以死刑;对任何提供庇护的佛罗伦萨人处以 1 000 里拉罚款;并悬赏任何在城市 20 英里内发现和杀死阿尔伯蒂家族成员的人。

但这个家庭继续兴旺发达。留在意大利的少数成员居住在热那亚、威尼斯、博洛尼亚或罗马;其他许多人移民到日内瓦、阿维尼翁、巴黎、伦敦或巴塞罗那。他们建立了工厂,并与欧洲和东方的所有地区进行了广泛的贸易。1429 年,教皇马丁努斯五世进行了调解,并确保了禁令的解除,尽管直到 1434 年,他们才恢复了全部公民权。

莱昂·巴蒂斯塔正是一个从这样的逆境中成长起来的人,他因战胜困难而变得愈发坚强。他似乎于 1404 年出生在佛罗伦萨,童年与家人在威尼斯度过。他跟随父亲学习音乐,年轻时就成了一位古典学者。由于学习辛劳过度,特别是在法律方面,他生病了并卷入了经济问题,但他还是在博洛尼亚大学获得了学位,并于 1429 年在佛罗伦萨定居,不久后被任命为公证员,这一职位为他提供了收入和写作时间。

在罗马期间,他研究了建筑,特别是古罗马遗迹,而且根据曼奇尼的说法,他发明了一种暗箱,其反射镜能让人产生惊人的视觉错觉。发明这种装置的功劳有时被错误地归于莱昂纳多。1432 年,当巴蒂斯塔的赞助人教皇尤金尼斯四世被赶出罗马时,巴蒂斯塔陪同他前往佛罗伦萨。在那里,他的职业生涯开始了。他与布鲁内莱斯基、多纳泰罗、吉贝蒂和卢卡·德拉·罗比亚等艺术家有联系,他首先致力于绘画和建筑,但这些早期作品中唯一留存的是他的文学作品。在《论雕塑》(*Della statua*)中,他规定了雕塑的法则,这是第一次有人试图阐明这些法则,在《论绘画》(*Della pittura*)中,又阐明了绘画的法则并将其献给了布鲁内尔。

他写了一篇对话《特奥吉诺》(*Teogenio*),讨论了繁荣和逆境对共和国的影响;一篇关于马匹繁殖的论文,一篇关于灵魂宁静的对话。在这三部作品之后,是关于家庭成长的《论家庭》(*Della famiglia*)和关于希腊神话的寓言《莫莫》(*Momo*)。

1446 年,尼古拉斯五世的朋友帮他重新安家在罗马,使他开始了工程工作——试图恢复在内米湖(Lake Nemi)沉没的帆船,这是直到最近才实现的。巴蒂斯塔的计划包括在河上串起一排用链子锁在一起的空桶。他在上面放置带大钩子的绳索卷扬机。就这样他成功地抬起了船头的一部分。

接下来,他研究了陆地的测量,并用卢迪数学记录了他的观测结果,以及一些物理和数学问题,包括测量海洋深度的计划。

随后是他的成名之作《建筑论》(*De re ædificatoria*)(写于 1452 年)。从其他作家对它的几次引用来看,可以肯定的是,写完之后不久,这些内容就可以提供给其他学者参考。这一事实很重要,因为它确定了首次描述运河船闸的日期。当这本书出来时,对于意大利人来说活字印刷术还没有发明,但后来当这一廉价的书籍生产工艺开始使用时,莱昂·巴蒂斯塔马上就考虑将他的作品印刷成册献给洛伦佐·德·美第奇。由于某种原因,他未能实施这一计划,因此这本书在他生前并没有出版。他写了一些其他的论文，并完成了各种建筑作品，其中最重要的是里米尼的圣弗朗西斯科教堂和曼图亚的圣塞巴斯蒂亚诺教堂；鲁切拉宫和凉廊，以及佛罗伦萨的新圣母玛利亚教堂和安农齐亚塔圆形大厅；最后一座大型建筑，是乌尔比诺的公爵宫殿。他于1472年4月在罗马去世。

1485年，在这位作者去世13年后，尼科尔·德·洛伦佐·阿拉马诺（Nicolò de Lorenzo Alamano）在佛罗伦萨出版了《建筑论》。它是用拉丁语写的，这是当时写重要论文的习惯语言。因为这是第一本关于建筑的出版物，比维特鲁维的第一本出版物更早，所以它是一本非常重要的作品。虽然其中一部分是对古典建筑及其建筑方法的思考，但其中大部分都是关于建筑艺术的新思想。它描述了木材、沙子、石头和其他建筑材料的合格质量；陆上和水中的基础，包括围堰、桩和卸荷拱的构造；砌体的铺设；防御工事的描摹；桥梁和下水道的设计；水利学理论；起重技术；墙的加固方法和运河船闸的建设。本书的其他地方提到了上述的一些主题，但目前只关注他的船闸设计。

莱昂·巴蒂斯塔描述了一种通过卷扬机将船拉上河流的斜坡的简单方法，他接着说：

“此外，如果愿意，你可以做两个船闸，在河流的两处，一处与另一处相距之远，以至于一条船可以在两处之间完全停留；如果船在到达该地点时希望上升，则关闭下闸门并打开上闸门，反之，当其希望下降时，关闭上闸门并打开下闸门。因此，船就有足够的水，可以轻松地浮到主运河，因为关闭上闸门可防止水过于猛烈地推动，以免船只触底搁浅。”最后一句话，指的是猛烈的水流可能会毁坏船只，描述了即使水位高度差很小，使用单闸门时也会发生的情况。而这将通过双闸门完全避免。

巴蒂斯塔设想的大门是水平开启的，而不是之前设计中的垂直开启。他建议大门应该铰接在一个垂直的支架上，但要有不等长的臂，“这样一个小男孩就可以打开闸门，然后轻松地把它拉回来。”

因此，我们看到了船闸装置从1395年的一个闸门发展到1445年之前的两个闸门，后来发展到多个闸门的想法，最后巴蒂斯塔贡献了一个完整的船闸装置，其蓄水池长度仅够容纳一艘船，并由两端的闸门封闭。

如果我们能够确定这些事件的顺序是正确的，那么船闸的开发是符合逻辑的，前一步通向后一步。但不幸的是，历史的绳结并不是那么容易解开的，仅仅因为结论显而易见就把它当作正确的是不保险的。我们可以确信最初的两步的正确性，巴蒂斯塔的《建筑论》是在1452年左右写成的，其内容为许多工程师所知。但是，第三步，即发明多扇门的船闸，该怎么确定它的时间点？在确定这一重要细节与船闸设计历史的关系时，我们不得不猜测。这一建议是否像它看起来那样自然的紧接前两个步骤，以及是否为巴蒂斯塔的主张提供了基本思想——两端都有闸门封闭的闸室？从逻辑上讲，答案应该是肯定的，但除了明显的逻辑推理之外，没有证据证明这一点。

如上所述，名为《重量、杠杆和滑轮条约》的手稿没有日期，也没有作者。许多人被认为是可能的作者，包括布鲁内莱斯基、多纳泰罗和朱利亚诺·达·桑迦洛(Giuliano da Sangallo)等著名作家。卡罗·普罗米斯(Carlo Promis)于1841年将《劳伦齐亚诺手抄本》的复制品《萨卢齐亚诺手抄本》(*Codice Salluzano*)的作者认定为弗朗西斯科·迪乔治(Francesco di Giorgio)，并将其创作日期定为1485年至1490年。

弗朗西斯科·迪乔治(Franceso di Giorgio)是一位在当时留下深刻印象的工程师。他1439年出生于锡耶纳，父母贫寒，早年被雇为店员、画家、雕塑家、金匠、军事和土木工程师。在这种氛围中，弗朗西斯科从绘画艺术中获得了他毕生工作的灵感。24岁时，他从事桥梁建设，后来为锡耶纳引入额外的供水。接下来，我们发现他是一名为乌尔比诺公爵设计堡垒和军械的军事工程师。1486年，他被选为锡耶纳的城市工程师，在此期间，他重新组织了防御，并设计了许多民用建筑。1490年，卡拉布里亚公爵征求他的意见，但当法国查理八世威胁要进攻时，他被召回锡耶纳。在这些军事作品中，弗朗西斯科构思了五边形堡垒的原理。为了抵抗1495年法国对那不勒斯的进攻，他在被法国人占领的卡斯特努沃挖掘了一条通往火药库的地下通道，并成功地炸毁了城堡。他于1502年去世，受到表彰和世人的尊敬。

1917年，《莱昂·巴蒂斯塔·阿尔伯蒂的生平》(*Vita di Leon Battista Alberti*)的作者吉罗拉莫·曼奇尼出版了《劳伦齐亚诺手抄本》的副本及其所有图纸，包括图21.1所示的闸门。同时，他审查了所有证据，并以学术的谨慎态度讨论了作者的身份问题。他减少了选择，只剩下弗朗西斯科和莱昂·巴蒂斯塔，并强烈支持是后者。但他意识到，这一决定充其量只能是猜测，为了安全起见，他补充说，可能有第三位作者的名字不详，即“另一位杰出的科学家，他一定也熟练地绘制了原始设计。”他还说，写作日期晚于1459年或1463年，当时拉古萨的市政宫殿被炸毁，而手稿中描述了这一事件。

对曼奇尼的仔细比较分析提出质疑可能有些草率，但作者看不出《劳伦齐亚诺手抄本》(以下简称《手抄本》)和《建筑论》之间的相似之处。后者是一篇关于基本原则的论文，没有插图；而前者讲述了细节，而不是泛泛的概念，并通过精心绘制的多种装置进行了大量说明。如果说是同一个人写的，他就完全改变了自己的观点。

但莱昂·巴蒂斯塔本人提出了高价值的证据。1452年，他描述了一种长度较短的船闸，两端各有一扇闸门。很难想象，一个具有巴蒂斯塔的发明天才和良好判断力的工程师会花时间和精力来描述一个落后的设备，并对其进行详细的绘制，而十年或十二年前他曾发明了一个更好的设备。如果巴蒂斯塔是《手抄本》中文字和图纸的作者，那么《手抄本》一定是在不同时期进行过增补的汇编，而河流的多闸门控制一定是在《建筑论》编写之前制定完成的。如果真是这样的话，那么船闸设计的开发是有序进行的。

然而,如果像卡罗·普罗米斯所坚持的那样,弗朗西斯科是作者,那么这部《手抄本》一定是在15世纪末写成的。但像弗朗西斯科这样才华横溢、经验丰富的工程师会在纸上写下一个比巴蒂斯塔的已印刷并广泛发行的书中所描述的设计差得多的设计吗?弗朗西斯科一定熟悉它,也熟悉在他写作之前建造的短双门船闸。然而,如果弗朗西斯科写了这本书的话,它不可能是一个缓慢进展的汇编,开始时间不会早于《建筑论》,因为巴蒂斯塔写那本书时,弗朗西斯科只有13岁。最可信的结论似乎是它是由"其他著名科学家"写的。

但也许这位不知名的作家并不是一位科学家或执业工程师,而是一位对学习进步印象深刻的人,他乐于记录自己的观察结果。有很多人这样做。出于天生的谦逊,记录员而不是作者可能会不签自己的名字,而在不同时间制作的笔记和图画很可能没有附上日期。

《劳伦齐亚诺手抄本》曾一度到了莱昂纳多·达·芬奇手中,因为一些书页上有他独特的笔迹。

这是关于船闸发明的书面记录。问题仍然是——第一次安装它的工程师是谁?曾德里尼(1679—1747)是一位水利学作家,他表示,根据他的调查,他将荣誉授予迪奥尼西奥和皮埃特罗·多梅尼科,他们是来自维泰博(Viterbo)的两兄弟,他说,他们于1481年在帕多瓦(Padua)附近的巴斯蒂亚迪斯特拉(Bastia di Stra')修建了第一座船闸。从之前的情况来看,显然多梅尼科兄弟不是发明家,接下来的情况表明他们也不是第一个安装者。不幸的是,这一错误被弗里西(Frisi)和拉兰德(La Lande)重复,他们都是著名的作家。前者在他的《河流的管理方式》(*Del modo di regolare i fiumi*,1770)中犯了这个错误,而后者以弗里西为权威而引用他,在其具有里程碑意义的《航行指南》(*Canaux de navigation*,1778)中重复了这个错误。曾德里尼的工作已经被遗忘,但他犯的错长存。

令人深感遗憾的是,无法绝对地说出引入这种革命性建筑设施的天才的名字。我们所能做的就是证明船闸是何时和通过谁首次被普遍使用的,并从可靠的间接证据中得出合乎逻辑的结论。

要记住的主要事实是,莱昂·巴蒂斯塔于1452年左右给出了完整船闸的首个描述,该描述不同于1395年安装在大运河上的单一屏障,也不同于《劳伦齐亚诺手抄本》中以多种形式描绘的闸门。在此之前,没有任何此类施工的说明。接下来要注意的事实是,1452年1月,弗朗西斯科·斯福尔扎任命工程师贝尔托拉(Bertola da Novate)探索通往帕维亚的运河路线,而在1452年至1458年间,贝尔托拉设计并建造了贝雷瓜多运河的扩建工程,并引入了船闸。据记录,这是第一条修建完整船闸的运河。

如果这是事实,并且没有与之矛盾的事实,那么问题就出现了,项目的工程师贝尔托拉是否是实际上的工程师，因此，船闸的概念和实际建造是否是他的成就。从所有可查的记录来看，贝尔托拉似乎轻松地成为他这一阶层的领先专家，因为考虑修建运河的每个地方政府都征求了他的意见。米兰市档案馆的一系列信件表明了这一点，其中以下段落为摘要：

1453 年 5 月，弗朗西斯科公爵写信给曼图亚侯爵，说他需要贝尔托拉，并要求将他送到米兰几天。同一天，他写信给贝尔托拉，称他为"米兰的公民和工程师"，告知他这封给侯爵的信，并要求他尽一切努力在六天内到达米兰。因此，在前一年，当贝尔托拉受公爵指示计划修建帕维亚运河时，他已经受雇于曼图亚侯爵。显然，贝尔托拉并没有马上去，因为同年 8 月，公爵的财务报告说，他给了贝尔托拉 25 金达克特作为预付费用，以便他能按照公爵的命令迅速前来。

1455 年 7 月 23 日，贝尔托拉向弗朗西斯科公爵提交了一份重要报告，说明了他的工作范围，但承认他对公爵的义务，并要求后者允许他执行计划。他解释说，他曾到帕尔马考察运河的最佳路线，并就此提出意见，然后返回曼图亚，但后来又回到了帕尔马"为施工提出方法和秩序"。

在接下来的一个月(8 月 25 日)曼图亚的一封更完整的信中，贝尔托拉向公爵解释说，帕尔马当局希望在没有船闸的情况下修建运河，这样农民就可以提供所有的劳动力，而这些人力只用于挖掘，因为他们也没有修建船闸的资金。当局还担心，施工的延误会导致用货车运输比用船运输更便宜。对于这些要求，贝尔托拉回答说，随着冬天的临近，墙体将变得无法修建，曼图亚运河包括船闸须于 9 月份完工，他们可以派专家到那里检查船闸，以便"消除他们对船闸的所有疑虑"。他建议公爵为建造船闸购买石头、灰浆、木材和铁。

1456 年 5 月 22 日，帕尔马长老给公爵的一封信中显示了公爵允许贝尔托拉掌管帕尔马运河，感谢他派遣贝尔托拉，"他们对他的方法、命令和设计都非常满意。"

然而，所有这些工作都是在公爵的指导下进行的，贝尔托拉在米兰保留了他的住所。1456 年 12 月 14 日，他就帕维亚的工作致函公爵，并表示船闸和闸门"……将与阁下要求的一样宽或一样窄"。

帕尔马运河的建设进展缓慢。两年后，在 1458 年 1 月 27 日，公爵在帕尔马的委员洛伦佐(Lorenzo da Pesaro)写信给公爵，要求他询问贝尔托拉，是否可以将五个船闸做得更轻，从而更便宜。然而，在 1 月 29 日，他们登了招标广告，并于 2 月 28 日签订了合同。

然而这些船闸的细节尚不清楚，于是承包商拒绝行动，因此洛伦佐向公爵发出了进一步的紧急请求，要求他派来贝尔托拉以提供必要的解释。在他的一封信中，他称呼吁是"为了上帝的爱"。为了把注意力集中在项目上，贝尔托拉有一个名叫乌戈里诺·德利·乌赫罗塞(Ugolino delli Ughirosse)的助手。显然，乌戈里诺并不受欢迎，因为洛伦佐在信中问，如果贝尔托拉本人不能来，就不应该派乌戈里尼代替他，因为市民对他没有信心。

到1461年，运河完工，洛伦佐的另一封信显示了这一点。洛伦佐在信中抱怨船闸存在缺陷，并再次要求派贝尔托拉去解决问题。在这封信中，他提到船闸比运河底部深2布拉其(这一定是指斜坡的高度)。据说缺陷在于闸门：铰链薄弱，闸门本身无法承受水压。

但在那之前，贝尔托拉的活动领域已经大大拓宽。1457年，弗朗西斯科任命他为工程师，在米兰和阿达河之间修建一条运河，后来被称为马地山那运河。它需要两个船闸。1461年，贝尔托拉被召集进行协商，以通过在克雷莫纳修建运河的计划。因此，在1452年至1461年期间，他参与修建了至少五条具有重要通航意义的运河，所有运河都配备了船闸。

从信中可以很清楚地看出，这些船闸是真的。贝尔托拉谈到了墙体和船闸的宽度;佩萨罗提到了陡坡和门铰链，贝尔托拉还被派去向承包商解释他的助手无法胜任的某些结构细节。贝尔托拉无疑是知识和权威的唯一来源。毫无疑问，建立船闸的实用性和建造它们以供大规模实际使用的功劳都属于他，而且只有他一个人。可能会有人怀疑是谁发明了这个装置，是谁发明的船闸。是有人从莱昂·巴蒂斯塔那里得到这个想法，还是这个建议来自某位才华横溢但现已被遗忘的早期设计师?

根据目前的记录，贝尔托拉有权获得这一荣誉，当然，他也有资格成为第一位伟大的船闸构造师。

虽然已经发明了船闸的原理，并建造了一些船闸，但仍有两个重要的功能有待应用：用两个人字闸门代替一个，以及安装小边门来进水或排水。卢卡·贝尔特拉米(Luca Beltrami)在其极为有趣的《莱昂纳多·达·芬奇与运河》(*Leonardo da Vinci e il naviglio*)一书中讨论了这部分问题，并将边门的发明归因于巴蒂斯塔。但从批判性工程的角度仔细通读《建筑论》之后发现书中观点似乎无法支持这位著名意大利学者的解释。巴蒂斯塔描述的、贝尔特拉米后来引用的不平衡闸门是一个单闸门，而不包含边门。诚然，如下文所示，这些小边门是根据不平衡原理设计的，这种设计可能遵循了巴蒂斯塔的描述，但巴蒂斯塔设想的是闸门，而不是边门。在描述了他的不平衡闸门之后，巴蒂斯塔继续解释了如何将两个这样的闸门组合在一起形成一个船闸，从而防止随着单个闸门打开而出现的激烈的水流。

莱昂·巴蒂斯塔无疑是第一个描绘运河船闸的工程师，但几乎没有证据表明有小边门，当然也没有双人字闸门。他所描述的闸门优于垂直提升闸门，但其自身也有不便之处，因为它需要在船闸的入口处设置一个垂直转向支架，这要么使入口变窄，要么使闸室不必要地变宽。

莱昂纳多的笔记中提到了很多闸门，通常都有设计，它们涵盖了垂直、水平和人字三种形式的门。

在他的手稿中，他绘出了垂直折叠栅门(图 21.2)。这是对《劳伦齐亚诺法典》闸门的改进，因为该机构位于侧面，为桅杆式船舶提供了净空。莱昂纳多在闸门上方的注释中写道:“标记为 A 的起重机会一直旋转，直到所有固定大门的链条都缠绕在竖井

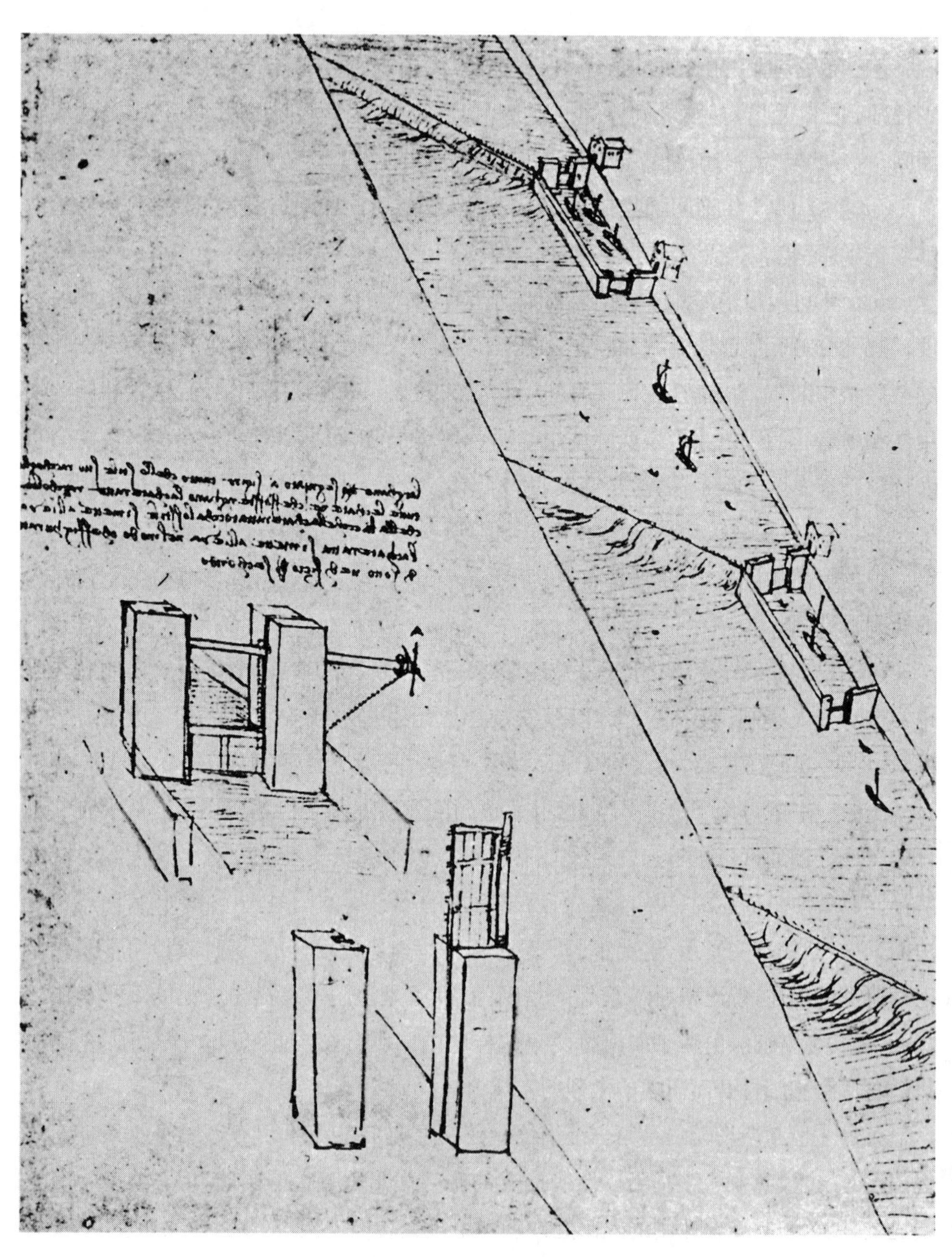

图 21.2　莱昂纳多的带垂直活栅门的船闸

上。完成此操作后，当闸门接触竖井时，它即变为杠杆。闸门按照图 21.2 所示的方式成为杠杆。"图中右侧是一条运河化的河，有一系列船闸，每个船闸都配有一个水坝，形成一个蓄水池。这些坝的夹角很大，以便产生长时间的溢流，并通过提供最大的长度来缓解洪水时水位的上升。

图 21.3(E)显示了莱昂纳多设计的一个水平单闸门，它在侧面铰接，当闸门打开时，整个宽度内没有任何障碍物，这一布置明显优于莱昂・巴蒂斯塔提出的中间柱支撑。在这些设计中，莱昂纳多参考了某些原型，但他引入了根本性的改进。然而，他们中没有一个涵盖甚至暗示了双人字闸门的最重要细节。

1480 年(或 1481 年)，洛多维科・斯福尔扎任命莱昂纳多为公爵工程师，并于 1498 年授予他米兰城市工程师的头衔(后文将介绍)。在后一种情况下，他的职责之一是连接马地山那运河和大运河。在他被任命时，圣马可的一个船闸已经存在。莱昂纳多根据自己的计划重建了这座船闸，以使其与新设施相适应，并且当他完成新的工作时，这座船闸配备了人字闸门，这一点确认无疑，但出现了关键问题：他只是复制了他发现的东西，还是从其他来源借用了他的想法，还是应用了一个全新的概念？

莱昂纳多在重建时留下了圣马可船闸的设计图和描述(图 21.4)。在运河船闸的建造史上，莱昂纳多的这幅图价值最高，因为它是第一幅人字闸门的图。如果图是在船闸完工时绘制的，则其绘制日期为 1499 年或 1500 年。

图中展示了两个闸门，包含了所有闸门的基本原理，无论它们有多大，甚至大如巴拿马运河上的大型结构。它们的细节部分与 18 世纪后半叶和 19 世纪上半叶在欧洲和美国建造的许多小运河上的木制闸门差别不大。这些闸门与现存的米兰运河上的闸门完全相同。

闸门框架由人字形斜接柱和角柱组成，带有适当的水平构件和斜撑。在框架的上侧覆盖了一层木板护套。所有主要木材的接缝均采用铁带加固。闸门后面是墙上的一个门龛，开闸时，链条将门叶拉入其中。

在一扇门叶的底部有一个小边门，用于让水从上层进入船闸，在另一扇较低的门叶上有一个类似的边门，用于清空船闸水池。应注意，该边门不是在一端的尽头铰接，而是在距尽头约三分之一的位置铰接，因此将边门分成两部分，其各自的长度约为 2 比 1，从而部分地平衡压力，并且还更容易地形成较宽的开口。

图中左侧是带有斜接底槛的船闸平面图，旁边是显示侧墙、地基和桩的横截面图。莱昂纳多在笔记中写道：

"圣马可的船闸是建在桩上的砖石结构。整个船闸的地基铺在砾石和石灰面上，虽然仍然很软，但上面覆盖着湿材横梁，横梁的头部埋在地基中。其他的边都铺得很近，并用钉子钉住。此外，横梁被交叉固定在桩上。"

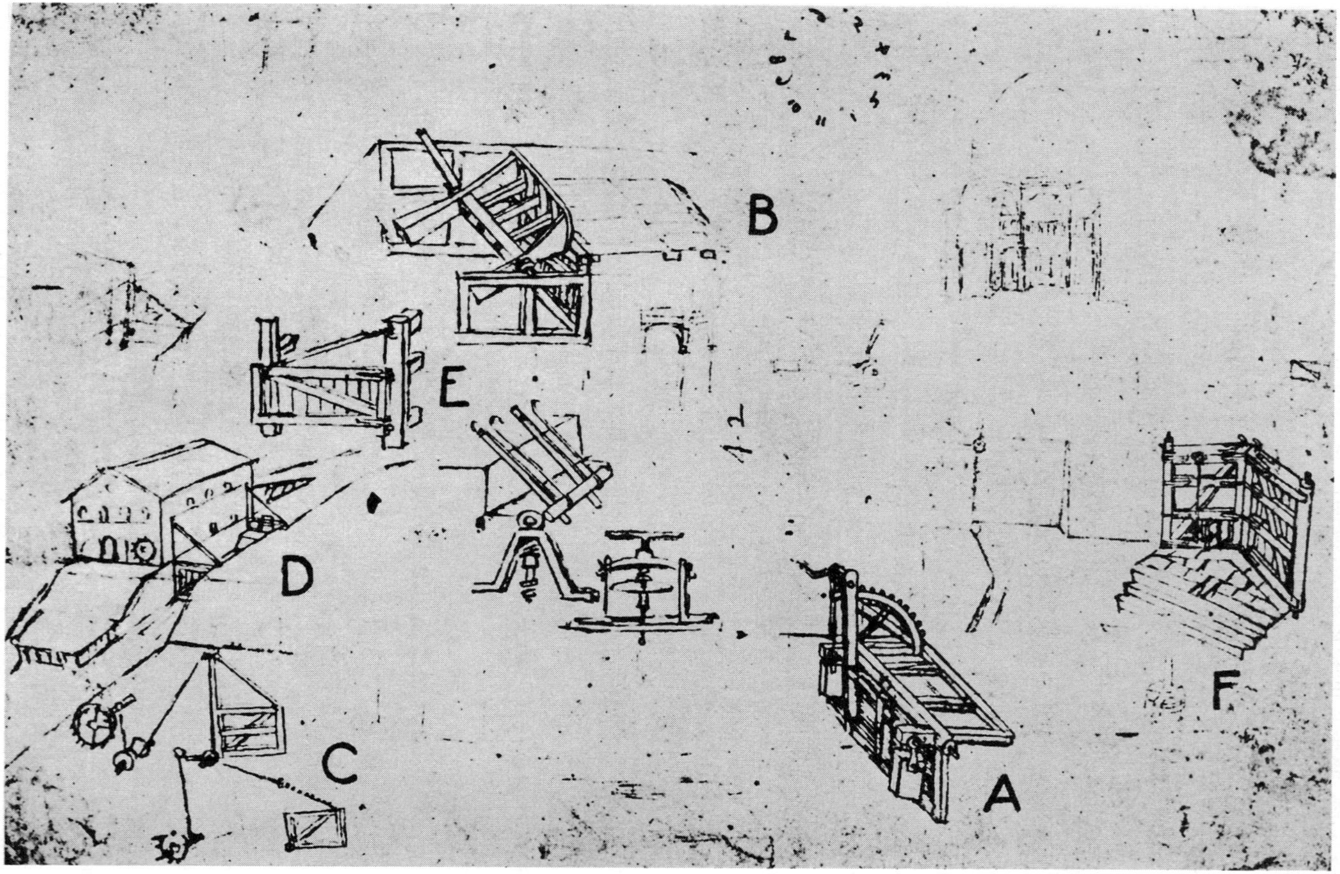

图 21.3 莱昂纳多设计的船从一个水位行驶到另一水位的方法的草图

A：由四分之一齿轮提升的折叠坝；B：平衡坝的另一种形式；C：两种折叠门；D：有上下门的完整船闸；E：边上铰接的水平单船闸（D的细节）；F：一对人字闸门

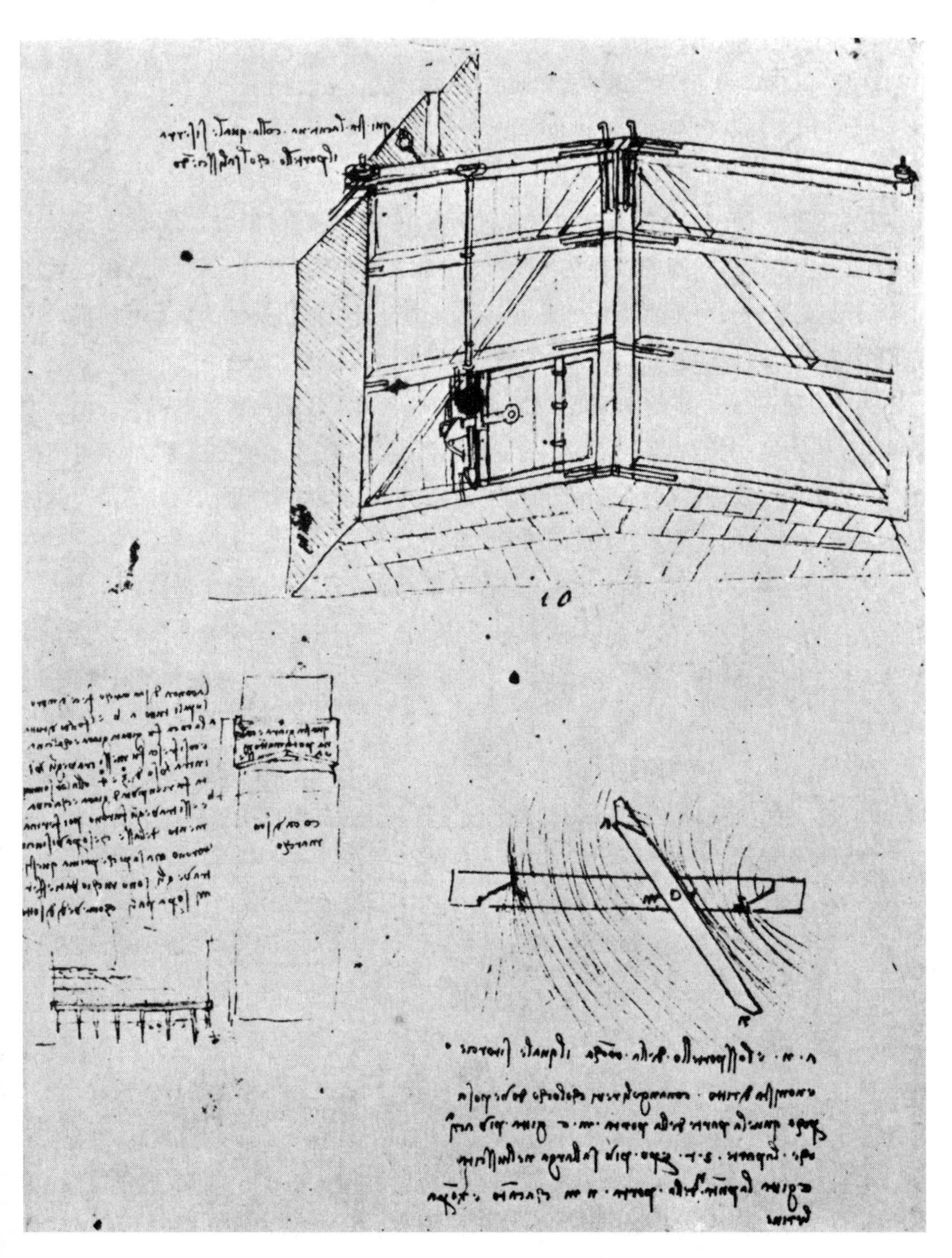

图 21.4　莱昂纳多设计的圣马可船闸重建方案

左边还有一个边门,水通过它进入船闸。固定闩锁、闩锁脱扣装置和铰链清晰可见,而图 21.4 说明了当闩锁被释放时,边门如何旋转打开,比在一端铰接的情况下要小得多,但仍会产生同样大的开口。

人字闸门和小边门是莱昂纳多发明的吗？虽然这个问题不能肯定地回答,但有很多证据表明,莱昂纳多对这些改进负有责任。

首先,没有任何此类装置的更早的记录。它们在 1452 年时肯定还不存在,当时莱昂·巴蒂斯塔·阿尔伯蒂写下了他的不朽之书,由于 1485 年印刷时文本没有进行修改,因此有理由假设船闸的设计艺术没有进步。在莱昂纳多与米兰运河产生联系之前,所修建的这些船闸无疑很小,可以很容易地通过巴蒂斯塔提出的垂直闸门或水平闸门关闭,甚至可以通过后者的一种改进——在侧面铰接的门关闭。

另一方面,莱昂纳多的任务是设计一条运河,其附属设施要比当时现存的设施大得多,因为小型结构无法满足斯福尔扎的宏伟计划。为了实现他的目标,他不得不在细节上做很大的改进,特别是在闸门的便捷性改造上。这并不能证明更好的闸门就是他的发明,但它确实证明了更好的闸门的必要性。

笔记和图纸表明,莱昂纳多对圣马可船闸从地基开始往上进行了彻底和广泛的重建。也许他拆除了所有现有的设施,完全重新建造。毫无疑问,今天现存的船闸与莱昂纳多完工时的船闸差不多,当然,除了木材已腐烂,木闸门都已被更换了,且砖石也被修复过。

莱昂纳多的笔记中有很多关于船闸的参考文献。图 21.5 显示了船闸门所需的金属结构,包括角柱顶部的铰链和砌体夹,以及设置在角柱后以形成枢轴轴承的桥墩,该枢轴的轴承在锁槛上的金属杯中转动。

在第三张图(图 21.6)中,莱昂纳多展示了一个船闸的纵截面,其闸门之间的距离为 50 布拉其,顶宽 10 布拉其,底宽 9 布拉其,高 6 布拉其。由于这些尺寸分别约为 95 英尺、19 英尺和 112 英尺,可以看出,莱昂纳多时代的船闸尺寸非常大。这些数字取自板材顶部的注释,其中还指出“所有木材都要烧焦”,这无疑是为了保存。这张图中的细节既完整又有趣。地板由桩组成,每一排上都有横梁,所有桩上都覆盖有纵向木板。图中显示了闸门关闭时紧靠的上下槛。桩体设置在低的底槛下方,但离高的底槛更近。事实上,在船闸下面桩体相互接触,起到了防渗作用。侧墙由背面的扶壁加固,并有门龛,用于在闸门打开时收纳上、下门叶,而端墙呈人字形,以便在渠道上方和下方加宽,引道由设置在桩上的木制护坦保护。图中显示了人字门、带闩锁装置的边门以及墙上的一个铰链。这是一个完整的设备,用它可以建造一个船闸。由于圣马可船闸的尺寸与刚才给出的尺寸基本相同,因此,即使实际上不太可能,这张图纸也是莱昂纳多建造圣马可船闸的完整方案。

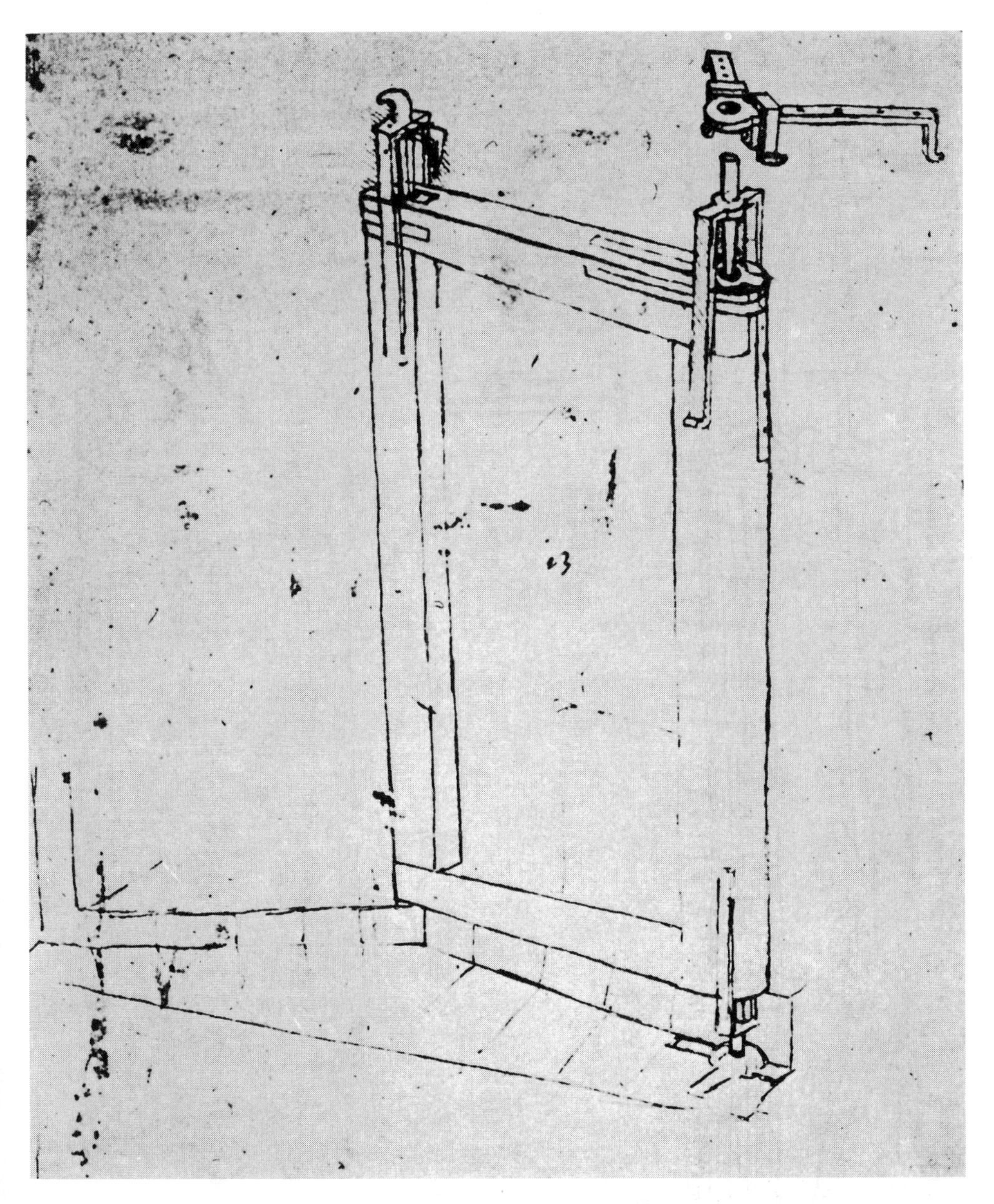

图 21.5　莱昂纳多设计的船闸金属构件

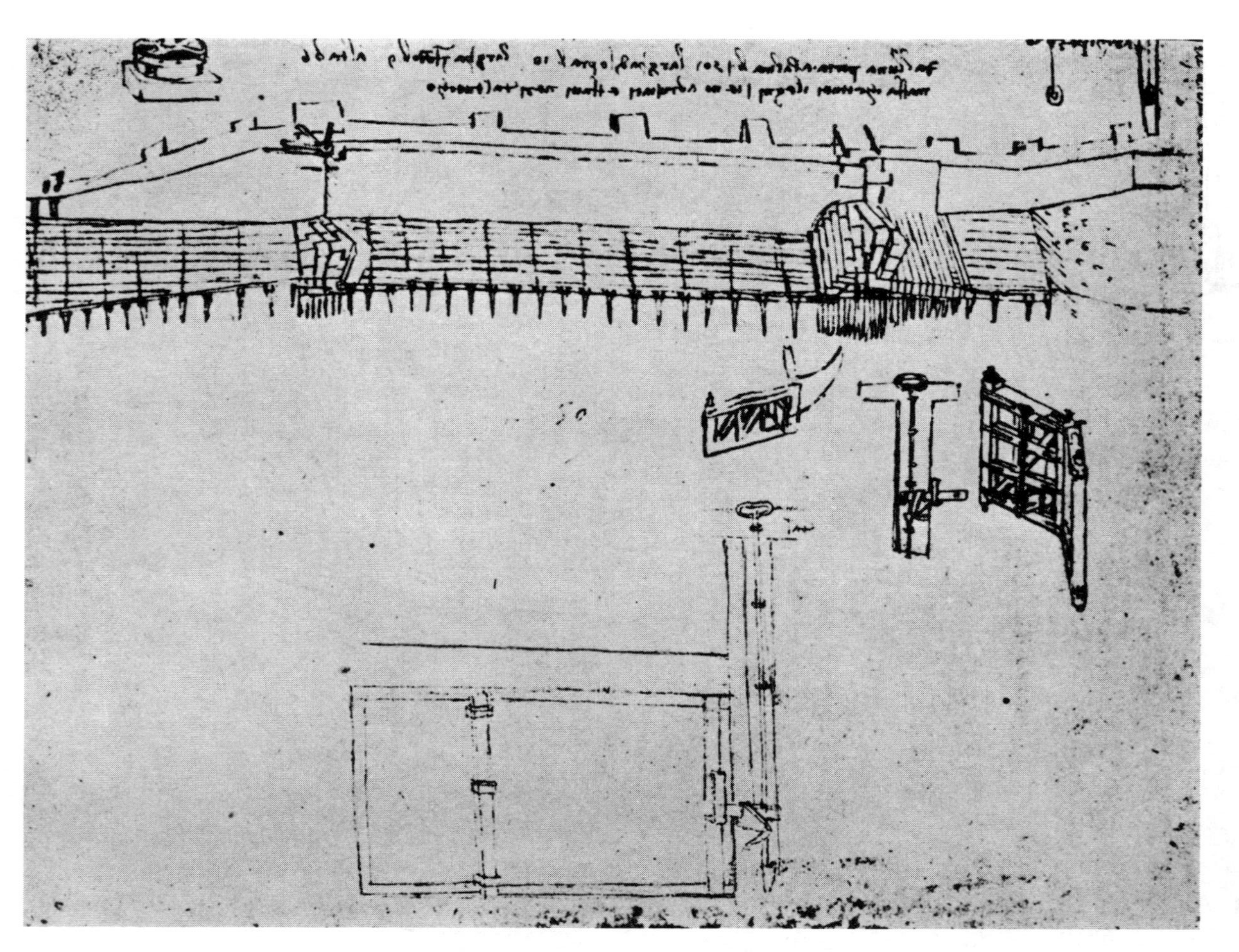

图 21.6　莱昂纳多绘制的一个船闸的纵向剖面

莱昂纳多还绘制了一些带有计算的图，莱昂纳多在其中进行了分析并尽可能确定在不同的水头下人字闸门中可能出现的应力。

但最引人注目的证据可能出现在图21.3中，前面该图给出了水平单船闸(E)。这幅图对谁设计了人字闸门的问题的影响似乎被莱昂纳多的评论家忽视了，因为在这里，莱昂纳多在一张纸上记录了船只从一个水位到另一个水位的连续步骤，以及他巧妙地处理这些步骤的细节。

为了方便起见，在图中标记为A的地方，显示了一个折叠坝，该坝由曲轴上的小齿轮带动的扇形齿轮提升，木叶由金属重物平衡以便于提升。B处描绘了一个类似的装置，是另一种类型的通过杠杆升降的平衡坝。后一种坝在运行中会产生与前一种相同的结果，但会更快地打开，并且出现故障的工作部件更少。莱昂纳多说，这些坝的有效水位差可达1布拉其。

C处有两种形式的垂直闸门，在下角铰接，由卷扬机牵引。两个门都是对其垂直活栅门的改进(图21.2)。

D是一个带有上下闸门的完整船闸，但每端只有一个闸门，这种布置适合于狭窄的闸室。其中一个闸门的详细特征绘制在紧靠船闸上方(E)。

在图21.3的右侧，标记为F的是一对带小边门的人字闸门，整个闸门重复了圣马可船闸的设计，斜接门槛和船闸墙中的门龛轮廓模糊。

图中还有其他细节，如图的上方圆圈中的人物和教堂圆顶的小视图。莱昂纳多的习惯是在画作中添加一些无关紧要的东西。由于没有解释性说明，显然莱昂纳多并没有记下某个特定地点的实际设计，而只是将他自己的装置并排放置以供比较。

如果这些图纸、注释和结构分析是由其他人构思的，而一个忙碌的人竟然会花时间来绘制它们，似乎是不可思议的。如果莱昂纳多只是应用了他人的发明，他最多可能会为自己的资料绘制一幅图画，而他的许多精心绘制的图画显示出强烈的个人兴趣。

迄今为止没有发现任何与之相矛盾的大量内部证据，使我们得出这样的结论：莱昂纳多是船闸设计中这一终级特征的创造者。

19世纪著名的意大利工程师埃利亚·隆巴蒂尼(Elia Lombardini)在对事实进行研究后提出了这一观点，在某种程度上有所不同，在他的批判性著作《米兰和意大利其他地区水利科学的起源和进展》(*Dell' origine e del progresso della scienza idraulica nel Milanese e in altre parti d'Italia*, 1872)中，他指出莱昂纳多是发明家。

显然，在早期，并未安排运河的最大流量完全绕过船闸，而是允许部分淹没闸门。富马加利(Fumagalli)这样描述运河船闸：

“这些船闸的结构既漂亮又简单，我将在这里简要介绍一下，向没有见过它们的人传达它们的概念。两扇又大又厚的闸门位于运河上游的一端，另外两扇与之平行的闸门位于下游，将运河的一小部分夹在其间。然而，下方的闸门在高度上必须超过上方的闸门，几乎是两个水位之间的高度差，这样两者都可以持平在水面以下，而水在闸门关闭时，能从门叶顶部自由流过……与此同时，其余的水在船闸旁边流过另一条倾斜的运河，水流转动磨坊的轮子……”[《米兰记事》(*Le vicende di Milano*)，1778](第一版)。

富马加利还描述了边门用于清空或填充闸室，但磨坊主的侵占严重限制了运河的侧向排水，因此边门不足以进行控制。这种为私人利益而侵占公共财产的行为可能是17世纪实践的结果，因为没有证据表明莱昂纳多和他的同时代人在16世纪曾考虑过这样的问题。富马加利绘制了一幅运河船闸图，显示了闸室中的一艘船，水流通过上闸门和侧闸门后转动着磨轮(图21.7)。

文艺复兴后期的船闸设计与莱昂纳多时期相比变化不大。维托里奥·宗卡(Vittorio Zonca)的美丽的《机器和建筑新演示》(*Novo teatro di machine et edifici*)为船闸提供了一个极好的详细说明(图21.8)。图中显示了两种类型的闸门，一种是单闸门，另一种是双人字闸门，均由缠绕在垂直轴上的链条拉动。然而人们会注意到，画这幅画的艺术家不是工程师，因为他把链条放在大门的外面，使它们都向外打开，而其实靠下的闸门必须向内开，以抵抗船闸水满时的水压。闸门的细节如图21.9所示，可以看到圣马可船闸设计中的木制斜撑已由铁链代替。小的垂直铰链边门仍然存在，但宗卡提出了另一个建议，即使用垂直滑动的更大的闸门。

他的设计的特点是用椭圆形蓄水池。这一安排似乎在16世纪末受到了一些欢迎，其目的是能在一次操作中为多艘船只提供便利。但这是浪费水的，而且弯曲的侧墙比直的平行墙更昂贵。由于这些反对意见超过了任何可能的优点，该设计很快被放弃，尽管后来又被用在米迪运河的枢纽船闸上(第24章)。

在只能容纳小船的溪流上，经常进行船只抬运装置，而不是造价更昂贵的船闸。巴蒂斯塔提出了一种将船只从一层水位提升到另一层水位的机械方法，而宗卡给出了完整的设计(图21.10)。在后一个设计中，船只被拉到水下的轮式马车上，这些马车在沟槽上行驶。马拉绞盘把船从较低的地方拉到较高的地方，或者限制它们下降。

但这些和类似的图纸充其量只是表现了典型的、或多或少常规化的装置。幸运的是，还有其他信息来源可以提供准确的细节。例如，在布尔日市(法国)的档案中，保留了船闸和闸门施工的原始合同和规范文件。

图 21.7　富马加利画的运河船闸

摘自富马加利的《米兰记事》(米兰,1854)

图 21.8　摘自宗卡的《机器和建筑新演示》的船闸细节图

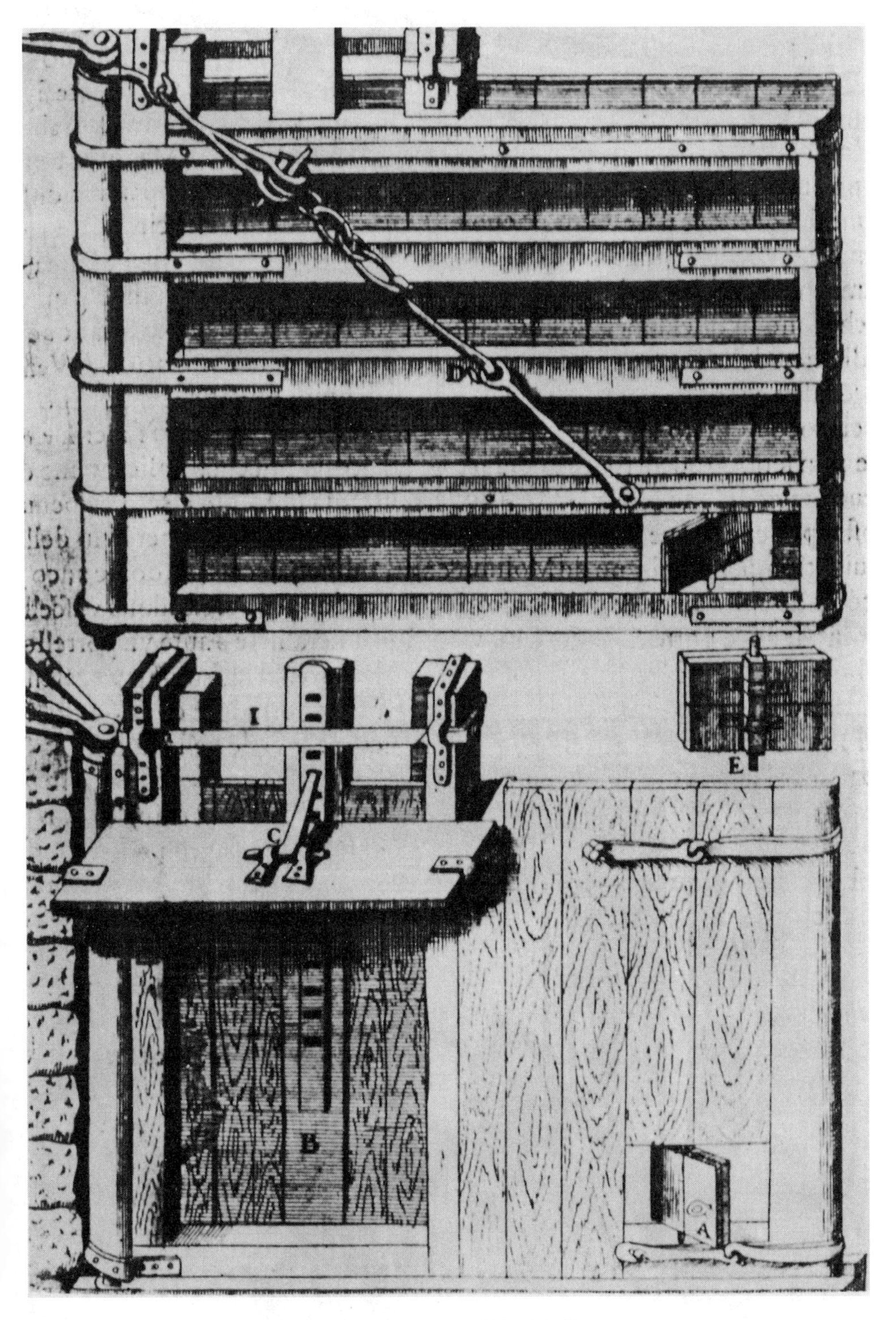

图 21.9　图 21.8 中的船闸细节

图 21.10　宗卡把船抬到高一层的水位的装置

其中，文件DD 29和DD 30是在厄尔河上建造四座船闸的合同，以及在耶夫尔河(Yèvre)上用砖石重建两座旧木船闸的合同。第一个日期为1550年6月6日，另一个虽然没有日期，但大约在同一时间被执行。规范中给出的尺寸以突阿斯、皮耶和布斯为单位。突阿斯等于6皮耶，由于巴黎皮耶及其细分为十二分之一皮耶，所以分别等于12.789英寸和1.066英寸，这些测量值可以在小尺寸下转换为相同的英尺和英寸数，而不会产生太大的误差。以下总结两份合同的大意：

据描述，砖墙一边长114皮耶，另一边长138皮耶，增加长度是为了提供停泊空间，在蓄水池注水时，船只可以停在上闸门的上方。这是莱昂纳多没有注意到的一个细节，尽管他意识到等待过闸的船只在船闸加水时会因水流而受到损坏，因此曾建议船头和船尾都要牢牢锚定。在法国的方案中，规定应沿岩石顶部系船柱和其他附属装置，以固定系泊缆。船闸的墙高8皮耶，底宽4皮耶，顶宽3皮耶，两端为圆形，宽度收缩在两个墙面之间等分，即，每个墙面在8皮耶的高度上具有6布斯的坡度。墙面铺设被切割的石材。

船闸的墙建在橡木桩的基础上。桩底直径为6布斯，将由机械锤打入，并用金属圈缠绕以防止裂开。在每面墙下，桩横向排列为四排，纵向间隔开，每6皮耶有五排。每排用6布斯见方的木材覆盖，上面铺有3布斯厚的木板。两排内桩之间用交叉支撑，上面覆盖着厚厚的木板，全部钉在一起，构成了船闸的底板。

在两侧墙和上部闸门上方，底宽4布斯、深7布斯，但由于倾斜面，顶深减小至1布斯，用于接收叠梁，以便在闸门出现故障或必须拆除进行维修时关闭闸门。船闸底部铺设了6布斯见方、14皮耶长的木材，两端嵌入砌体中，最低的叠梁被压在其上，以形成紧密的接缝。在船闸的侧壁上也有台阶，可以通向船闸中的船只。当重建工作正在进行时，要求承包商协助船只通行，并在完工后两年内维护所有新工程。

由于倾斜的表面，墙壁之间的净距离在底部为12皮耶，在顶部为13皮耶。闸门之间的蓄水池的可用长度为84皮耶。

另一份合同对船闸门进行了说明。主要构件，如角柱和斜接柱，为1皮耶见方，而帽、其他水平构件和斜撑为12×6布斯，用榫眼和铁钉固定在一起。护套是双层的。小边门没有铰链，而是用铁杆升降。合同的结论是："如果闸门未按设计方式制造，不适合航行，且对船工来说也不容易、无用和不方便，承包商应在市议员下令后立即停止工作，不得要求任何酬劳、补偿或利息。"作为担保人，承包商不仅抵押其所有私人物品，而且也抵押了他们的人员。

这些合同并没有附有计划或图纸，而是附有当然已经消失的模型。

然而，法国的船闸平面图保存了下来，其中最有趣的，当然也是最广泛的是建于1562—1563年的图尔奈的埃斯考河的船闸。这项工程的图纸和规范保存在杜艾市档案馆中。

当时,安特卫普、根特、瓦伦西亚、杜艾、蒙斯和奥德纳尔德等城市联合起来共同改善埃斯考河,特别是在图尔奈建造了两个闸门。事实上,这只是一个船闸,因为每组闸门被称为一个船闸。

在图尔奈市的正上方竖起了两道屏障,彼此相距约 2 250 英尺,形成了一个巨大的憩流水池,用作调节水位和停靠船只。在每个障碍物处,横跨河流铺设了一个砖石基础,并在此基础上修建了两个 74 英尺长的桥台,带有返回翼,以及三个 32 英尺长、8 英尺宽、16 英尺高的中间桥墩。这些将由带有切割石材饰面的砌体制成。它们在平面图中示出(图 21.11)。平面图和规范中的尺寸以皮耶为单位,可能是 11 布斯的佛兰德斯(Flanders)皮耶,因此比法国皮耶短十二分之一。由于不确定性,所有数字均以英尺为单位,且仅被视为近似值。

然而,正是连接这些桥墩和桥台的木门呈现出吸引人的特征。整个建筑横跨河流,桥台之间的总长度约为 110 英尺。平面图显示,端部开口采用铰接人字闸门关闭,两个孔口采用直固定门叶关闭。闸门和桥墩的垂直立面如图 21.12 所示。每个人字闸门的宽度为 13 英尺(从正面测量),从地板到摆动梁顶部的高度为 24 英尺,固定门叶宽 20 英尺,高 22 英尺。如平面图所示,后一座大门的端部位于砖石中的门龛中,底部位于两块底板之间。人字闸门缺少莱昂纳多有效地用来加固框架的斜撑,但另一方面,有摆动梁来打开和关闭门叶,这比意大利工程师安装的链条更方便。

有两个操作问题需要特别处理。由于船闸结构从河岸一边延伸到另一边,因此没有有利的条件修建一座大坝来让多余的水通过,而且由于该河非常宽——2 250 英尺长,110 英尺宽——传统的用一个边门将其注满或排空的方法非常缓慢,几乎不可能。所采用的解决方案是,首先在城东挖一条运河,所有洪水都可以通过这条运河分流,顺便说一句,这条运河可以在砌石过程中用于排水;其次,在每扇人字闸门和每个固定门叶中放置一组四个或总共 24 个边门。为了防止船闸在下方停滞,同时限制蓄水池中的水流速度,可以根据需要打开边门供水流通过,或者清空或注满蓄水池。在原图中,这些边门被设计成像纸张可以折叠开合。这份规范描述了铜质结构的连接,除锈可使其转动变得容易。

在进步的进程中,埃斯考河早已完全运河化,因此 1563 年的旧船闸已经完全消失。它的位置以一座桥为标志。然而,引水渠仍然存在。

图 21.11　建在图尔奈的埃斯考河上的船闸方案(杜艾市档案馆)

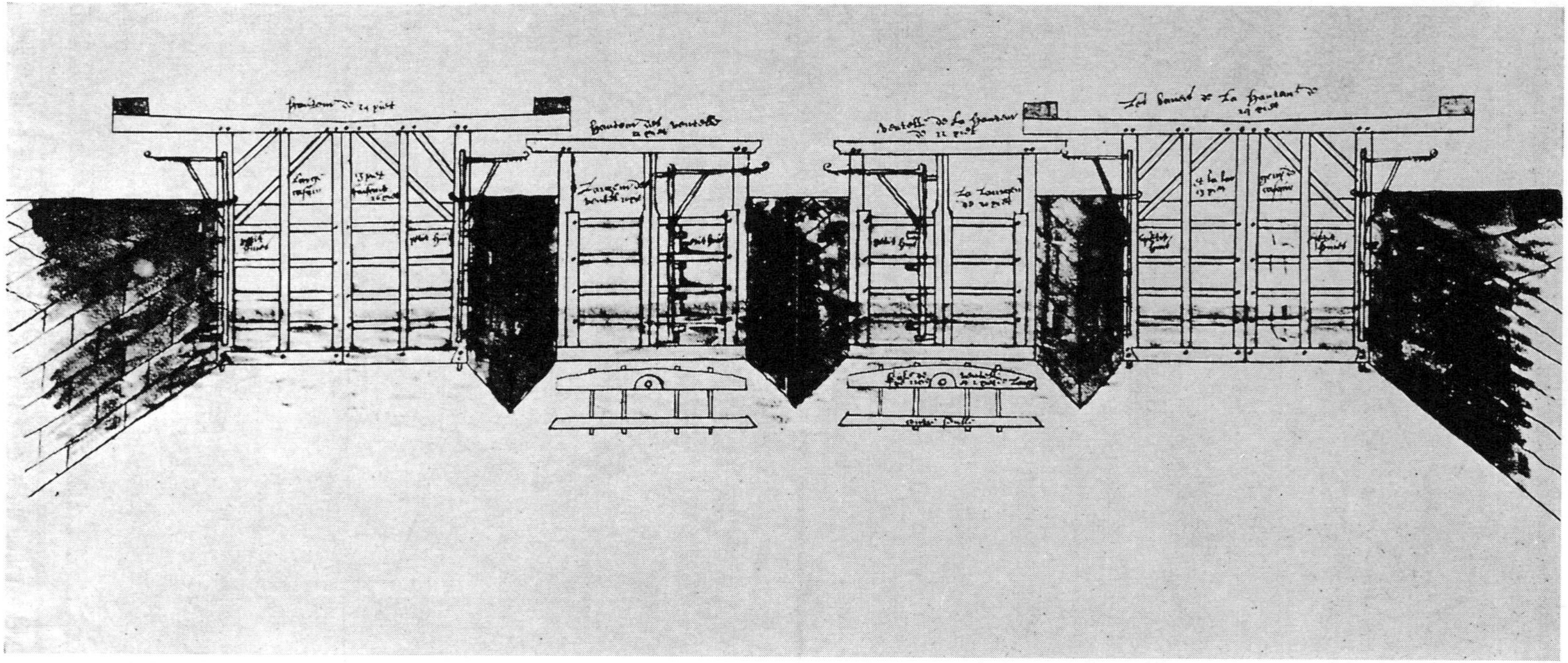

图 21.12　图尔奈的船闸的木门叶

22

米兰运河工程(Ⅱ)

在描述了纳维利奥·格兰德运河和贝雷瓜多运河之后,为了介绍运河上船闸运用的开端,通往米兰市的运河工程的故事中断了。船闸对改善河流和人工水道的建造有着重要的影响。在前文中,我们看到重建的大运河以及米兰公爵弗朗西斯科·斯福尔扎为改进连接他的城市和偏远地区的新的交通线路制定了宏伟的计划。贝雷瓜多运河从一条毫无用处的沟渠(其流速不可能实现任何有用的目的)转变为一条有用的通航水道,作为米兰和波河之间的商业纽带,这一转变已经完成,而弗朗西斯科的想法现在向东延伸,欲将阿达河和科莫湖直接连接起来。

3. 马地山那运河

看一眼伦巴第地图,就会发现马焦雷和科莫两个大湖,一个在米兰的西北部,另一个在东北部。从前者流出提契诺河,从科莫湖的一个分支莱科湖流出阿达河。如果能与阿达河连接(与提契诺河的连接已经存在),米兰将与这两个湖泊的湖岸直接连通,米兰以东的土地将被一条水路贯穿,该水路将提供运输、灌溉和动力用水。

1457年6月1日,弗朗西斯科公爵指示贝尔托拉(Bertola da Novate)开始研究从阿达河到米兰的运河。莱昂纳多·达·芬奇的一些狂热爱好者已经过分热情地称赞他为这个工程的创始人。后来他与之有了联系,但弗朗西斯科构思这个工程时,他只有15岁。

为确定运河与阿达河的交汇处,贝尔托拉选择了特雷佐村附近的一个点,沿着河流测量的话,该点位于莱科湖出口下游约18英里。位处莱科湖和特雷佐之间,阿达河是一条流量相当大的河,其落差约为200英尺。其水量和流速,不仅对贝尔托拉的技术水平而言,也是对当时的工程知识而言,都带来了难以克服的挑战。贝尔托拉希望找到使阿达河从特雷佐通航至莱科湖的直通路线,因此选择了特雷佐作为其运河的临时起点。

河和运河之间的连接是通过在河上修建导流堰来实现的。从由此形成的水池中,修建了一条与河流右岸平行的石堤。这等于在运河和干流之间进行了分离,基本上是今天依然存在的安排。在这一点处的河流有一个陡峭的斜坡，而由于运河几乎是水平的，因此河与运河在水面迅速分叉。在1 000英尺的长度后，石堤结束，运河完全在河岸挖出的单独河床中。在大约5英里的路程中，河与河岸都比运河低得多，运河可以在格罗佩洛越过河岸，然后在平原上经过卡萨诺、戈尔贡佐拉和维姆隆到达米兰。从改道口到米兰圣马可船闸的总距离为24英里；高度落差约60英尺。贝尔托拉用两个船闸来承担一部分的落差，一个在戈拉(Gorla)，另一个在卡希纳·德波米，都位于米兰附近。

除了两个船闸外，贝尔托拉设计的工程特征还包括运河和河流之间的连接、运河位于由岩石和黏土组成的陡峭河岸上，以及戈尔贡佐拉和米兰之间的两条重要河流莫尔戈拉河和兰布罗河的交叉。

导流堰和石堤设计得很好。当然，在16世纪——无论是否作为原始设计的一部分已不得而知——运河口有一道旧石块支撑的屏障，靠着它放置着一个由铁扣件固定的木槛，从河进入运河的水量由紧靠着这个槛开合的大闸门控制。在河岸上挖掘运河和保护河岸都是困难的事情，甚至尝试这样做也是一项非常大胆的任务。在运河翻越河岸的地方，河岸高出水面约75英尺。运河的外岸不仅容易发生滑坡，而且河水总是威胁着破坏它。贝尔托拉尽其所能通过在岩石中无法开挖的地方建造围墙来防范第一种危险，通过抛石或修建永久性砌体来防范第二种危险。运河中的预定最大水位由自动溢洪道控制，水通过岩石表面排入河流。

莫尔戈拉河在戈尔贡佐拉附近穿过运河，通过在一座三跨的砖石桥上将运河的水运过河面。这个交叉口仍然存在，砖石结构可能与贝尔托拉修建的相同。兰布罗河是一条比莫尔戈拉河更大的河流，它的越过受到了考虑正常流量的下通道的影响；多余的洪水从一侧进入运河，从另一侧的溢洪道排出。这一安排涉及兰布罗河中悬浮物质在运河中的沉积，为了保持深度，必须频繁挖出沉积物。平坦的地形导致没有其他解决方案。事实上，贝尔托拉处理兰布罗河水的建筑原理仍然沿用，尽管原始结构已被重建和详细地修改。

对于马地山那运河何时完工，有一些疑问，不同的作者给出的日期从1460年到1470年不等。由于第一个船闸位于距米兰仅两英里的戈拉，因此有可能从东端开始分段修建运河，将水分流至交叉河流，如莫尔戈拉河或兰布罗河。到了这个临时终点，运河将有助于灌溉和有限的航行，这可能已在1460年完成；可以肯定的是，这条水道是在晚些时候完工到达目的地的。

但这条水道只是弗朗西斯科最初雄心勃勃的从科莫湖到米兰的通航运河工程中的一部分。

从特雷佐村到米兰的马地山那运河完工后不久，莱昂纳多·达·芬奇就开始参与该运河的进一步开发。1494年，莱昂纳多完成了他在建筑和绘画方面的各种任务后抽出时间认真分析了水利学理论，特别是水利学在运河中的应用。

洛多维科后来将注意力集中在他父亲弗朗西斯科发起的伟大工程上。为了使他能够完成这些任务，他聚集了所有他能争取到的有经验的人，其中主要是莱昂纳多。洛多维科已经任命他为公爵工程师。为了让他对地方事务有更多的权力，他又任命他为议院工程师。这是一个可以追溯到12世纪的古老职位，因此被披上了尊严和权力的外衣。在前几年，现任者被称为公共工程师（15世纪的头衔由此而来），或者我们今天会称之为城市工程师。莱昂纳多显然一直担任这一重要职务，直到1503年，因为据记录，这一年任命了一位继任者。在履行职责时，莱昂纳多特别负责检查河流、通航运河、沟渠和堑壕，以及所有从中流出的水系。

在此期间，他全心全意地致力于这些问题。马地山那运河已经建成，但尚未完善；特别是，仍然需要一条合适的纽带可以确保马地山那运河和大运河之间的通航，也可以通过内部运河系统到达城市的各个部分。米兰运河系统各部分之间海拔差异的关键是圣马可的一个船闸，位于该市东北部，靠近新港口，马地山那运河在这里流入内运河。正如已经指出的，莱昂纳多不是圣马可船闸的发明者，尽管在重建时，他可能首次引入了人字闸门。毫无疑问，他做出了非常重要的贡献，用有序的安排取代了一组没用的设施，并从这些碎片中创建了一条完整的运河。他纠正了原始设计中的许多错误，并通过将其挖掘到均匀的深度和宽度，消除了由于水流速度的局部增加而产生的阻碍航行的浅滩和缩窄的河道，提高了马地山那运河的运输能力，实际上之前在一些地方，要用小于标准尺寸的船只才能通行。

与其他运河一样，马地山那运河计划用于灌溉和航行，但利用运河进行灌溉的方法在很大程度上是无序的，总是容易被滥用。测量单位是流经一个1布拉其长、1昂西[1]高的开口的水量，一昂西是一布拉其的十二分之一，这个量被称为米兰昂西，一个类似于矿工英寸的术语。然而，标准开口为4昂西高，通过改变开口的长度来改变水量。因此，如果要输送1昂西的水，则开口为3昂西长，或者如果需要更多或更少的水，开口相应地加长或缩短。

塞塔拉在他的《大运河关系》中谈到马地山那运河时说，1昂西的水足以灌溉200佩尔蒂卡[2]的土地，并以2 000至2 500里拉的价格出售。1500年，马地山那运河的流量估计为500昂西。莱昂纳多设计了一个排水孔，由一个不易破碎或变形的铁架组成。为了控制抽水时间和抽水量，洞口用铁门关闭，其钥匙存放在运河管理局。

1 oncia，复数为oncie。——译者注
2 pertica，复数pertiche，长度单位。——译者注

今天在米兰附近运河上使用的船只与莱昂纳多时代的船只完全相同，正如他的草图(图 22.1)所示。在这幅画下面，他写下了"42 布拉其长"。

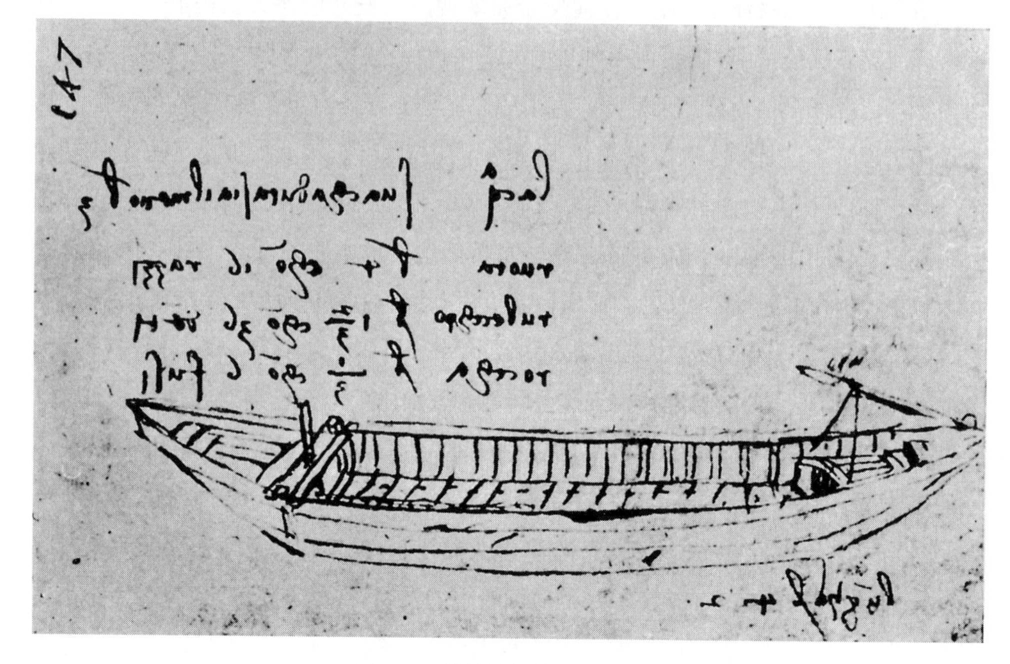

图 22.1　莱昂纳多的运河船草图

16 世纪米兰的政治变迁对工程发展产生了重要影响。弗朗西斯科·斯福尔扎于 1450 年自封为米兰公爵，1466 年由他的儿子加莱亚佐·玛丽亚(Galazzo Maria)继任，1476 年又由加莱亚佐的儿子吉安·加莱亚佐(Gian Galazzo)继任。由于吉安还未成年，他的叔叔洛多维科·斯福尔扎(Lodovico Sforza)被任命为摄政王，但他在 1479 年篡夺了全部权力。

在 21 年的时间里，洛多维科为提高在其城市的权力和威望做出了很大贡献，但他和他的公爵身份于 1500 年落入法国路易十二的手中。尽管不久之后法国承认了米兰的独立政府，但弗朗索瓦一世于 1515 年夺回了该城，驱逐了马西米利亚诺·斯福尔扎，并重新确立了法国的控制权。1519 年，查理五世(1500—1558)被选为神圣罗马皇帝，尽管弗朗索瓦一世是强大的竞争对手。通过继承权，查尔斯声称拥有米兰的主权，并于 1522 年将弗朗西斯科·斯福尔扎二世置于公爵宝座上，以实现他的主张。这个弗朗西斯科是洛多维科的儿子一直统治到 1535 年。当他，斯福尔扎家族的最后一位成员去世时，米兰被西班牙国王统治，一直到 1713—1714 年。

伟大的建设者弗朗索瓦一世很快就意识到弗朗西斯科·斯福尔扎扩建通往米兰的交通设施计划的重要性。它既满足了他关于建设的想象力，也激发了他的政治智慧。

1516 年，他下令立即恢复研究，以确定如何最好地修建运河来服务北部地区，并设立了 10 000 个金斯库迪或达克特的年金，每个金币 6 里拉，相当于 16 500 美元，前提是市政再出 5 000 达克特用于建设。

弗朗索瓦开始的工程以其施工方式而引人注目。路线的检查和计划的编制并不是委托给某个比工程师的官位更高的人，而是委托给由大部分最能干的工程师组成的相续的委员会。他们的报告(现保存在米兰档案馆)表明，这些工程师们以有序和科学的方式进行工作，因此，标志着与任何先前的或紧随其后的有记录的任何工程工作截然不同。他们不遗余力地检查了每一条可能的路线，并在必要时进行了频繁的实地调查，以确定地形特征。他们为方案认真地努力寻找可能修建运河的每个地点，直到由于成本、实际困难或缺乏补偿效益而证明不可行之前，不会拒绝任何一点。没有一个现代的工程师委员会比 16 世纪的这些先驱们更有效率。

这些研究和 1517 年至 1600 年间完成的施工情况在报告、文件和信函中记录得相当完整。它们大部分都是手稿，尽管当时有一些是印刷的。此外，还有三本重要的同时代书籍，卡洛·帕格纳尼(Carlo Pagnani)的《阿布杜恩河恢复通航的教令》(*Decretum super flumine Abduae reddendo navigabile*)(1520)，他是早期参与施工的工程师之一，米兰地方长官乔瓦尼·巴蒂斯塔·塞塔拉于 1602 年出版了两本书，一本是关于大运河的报告，另一本是有关马地山那运河的报告。伯纳多·玛丽亚·罗伯科(约 1690—1755)是一个工程师世家中的一员，他为自己的家族记录下了米兰地区各种运河工程的详细情况。虽然这段历史从未被出版过，但手稿已被调查人员广泛传阅。许多学者对大量信息进行了批判性研究，在众多评论中，可以特别提到以下内容：乔瓦尼·安东尼奥·莱奇的《通航水道条约》(*Trattato de' canali navigabili*)(1824)；安杰洛·福马加里的《米兰与腓特烈一世皇帝战争期间的事件》(*Le vicende di Milano durante la guerra con Federico I imperatore*)(1778)；朱塞佩·布鲁斯切蒂的《米兰内河航运项目和工程历史》(*Istoria dei progetti e delle opere per la navigazione interna del Milanese*)(1821)；埃莉亚·隆巴蒂尼的《米兰水利学的起源和进展》(*Dell' origine e del progresso della scienza idraulica nel Milanese*)(1872)；卢卡·贝特拉米的《莱昂纳多·达·芬奇与运河》(*Leonardo da Vinci e il naviglio*)(1886)；以及朱塞佩·科达拉的《米兰纳维吉利区》(*I navigli di Milano*)(1927)。根据所有这些信息来源，加上对工程遗迹的独立研究和考察，编写了以下概述。

弗朗索瓦的推动引起了迅速的行动。1516 年 10 月 20 日，米兰议会任命了一个由公爵工程师菲尔波·瓜斯科尼、卡洛·帕格纳尼、巴托洛梅奥·德拉·瓦莱和米萨格利亚组成的委员会，由议会成员贝尔纳多·克里维利担任主席，并下达了明确的指示，报告科莫湖—莱科湖如何与米兰进行水上交通。他们首先试图通过小湖普夏诺和安诺与莱科湖建立联系，但他们发现后两个湖的水位远远高于莱科湖，而他们所设想的船闸也无法克服这一高度差。连接这些湖泊以南的比维拉河的计划因波切拉高地而受阻，而阿达河的管理难度也使工程师无法考虑用这条河。

第二年，一个新的工程师委员会[包括第一届委员会的帕格纳尼和达·米萨格利亚与吉安·安东尼奥·莫内塔(Gian Antonio Moneta)和安德烈·丁托尼(Andrea Tintoni)]调查了从卢加诺湖到马焦雷湖修建一条运河的可能性，这条运河将提供一条经由提契诺河和大运河的直通路线，以及修建一条直接从卢加诺到米兰的替代运河的可能性，但在这两种情况下，崎岖的地形和部分地势缺水都是无法逾越的障碍。由于未能找到从科莫经罗瓦格纳蒂的直接路线，工程师们返回波切拉，在那里第一个委员会失败了，这一次他们调查了一条通过塞尔努斯科前往蒙扎的可能路线。他们决定，从技术的角度来看，该地点是可行的，但成本无法证明施工的合理性。

在此期间，工程师们了解到从布里维奥开始修建的一条运河已经在一些水位上运行了，但由于没有找到任何记录，他们测量了从布里维奥到特雷佐的公路，米兰议会向所有工程师发出了邀请，要求他们提交一份从布里维奥附近的阿达河出发的运河计划，在该地点之上，河流可以通航，通过维梅尔卡泰和蒙扎直接前往米兰。根据德拉·瓦莱和米萨格利亚的建议，工程师委员会最初为该项目提供了建议，但当他们研究了项目细节并估算了成本时，他们得出结论认为，效益不足以保证巨额支出合理，因此在第二份报告中毫不犹豫地拒绝了他们的第一个雄心勃勃的建议。在调查了所有其他可能性，并将其逐一排除在不值得考虑的情况下，他们决定，最好的也是实际上唯一的解决方案是恢复到贝尔托拉在1457年提出的计划——已竣工的马地山那运河，以及改善和调节枢纽上方的阿达河。因此，他们建议开展这项工作，相信自贝托拉时代以来60年积累的工程经验，以及改进的方法和更大的工具，将使他们能够在他失败的地方取得成功。

这个问题在1518年秋提交给了参议院，并任命了一个由12人组成的委员会来审查所有报告，特别是德拉·瓦莱和米萨格利亚提出的两项计划，他们虽然在原则上同意，但在方法上有不同看法。委员会听取了专家的证据，其中包括克里斯托弗罗·索拉里、吉罗拉莫·德拉·波塔和贝纳迪诺·迪·西萨诺。

德拉·瓦莱的计划是清理布里维奥和特雷佐之间的阿达河河床，并通过大坝和船闸使该部分通航。在特雷佐的上游，船只已经可以进入莱科湖，在特雷佐进入运河。米萨格利亚认为，清理阿达河的任务太大，令人怀疑，因此，他敦促修建一条引水渠，从一组被称为特雷科纳(Tre Corna)的岩石开始，并在罗切塔重新注入河流。这将绕过阿达河中最难改进的部分。

米萨格利亚的计划得到了董事会的批准，一个新的执行董事会被授权进行详细调查，确定地点并负责施工。其成员为菲利波·瓜斯科尼、安布罗西亚·德拉·瓦莱和吉罗拉莫·德·朱萨诺，米萨格利亚担任工程师。虽然巴托洛梅奥·德拉·瓦莱在初步研究中担任联合工程师，但他没有被任命，可能是因为他对阿达河进行全面渠化的计划被拒绝，但另一个同名的人，很可能是他的亲戚，取代了他的位置。

该项目由米萨格利亚制定，费用估计为 50 000 斯库迪，将运河入口置于罗卡·圣米歇尔，在那里将有一个 7 布拉其 2 昂西高的导流堰——该位置不是随便确定的，而是在河床上钻孔后确定的。从这一点开始，将在右岸挖掘渠床，以重新汇入阿达河，就在罗切塔圣母教堂下游，距离 4 280 布拉其的地方。工程师们估计，在堤坝的上游，阿达河可以通航到莱科湖，费用为 2 000 斯库迪，而在罗切塔和特雷佐之间则需要 1 000 斯库迪。运河的落差约为 90 英尺，米萨格利亚拟用 10 座船闸来克服。进入运河的水量将由入口处的活动闸门调节，超过预定最大值的所有剩余水量将通过运河河岸的堰流回到河里。

工程于 1530 年开始，这在当时是有史以来最伟大的河流治理工程，其前景一开始是光明的。这项工程的规划花费了大量的精力和智能。米兰政坛的快速变化再次介入，米萨格利亚就错过了成为世界著名工程师之一的机会。

正是在这个时候，查尔斯成为神圣罗马帝国的皇帝，随着他取代了法国的影响，米兰不仅失去了弗朗索瓦一世每年贡献的 10 000 斯库迪，更重要的是，失去了他强大的驱动力。查尔斯和弗朗西斯科二世都不像弗朗索瓦那样对新建筑感兴趣，地方战争爆发，1524 年瘟疫又爆发。在花费了大约 50 000 斯库迪之后，施工终止了。

米萨格利亚的计划构思得很好，但他开头犯了个错误，即首先造了河堰。这提高了河水的水位，淹没了他挖掘的运河。河堰本应留到最后，但也许他希望在一开始就展现出一场壮观的表演，以吸引公众的注意力，激发人们对结果的信心。

帕格纳尼在其《使阿达河通航》一书中给出了马地山那运河的地图，以及特雷科纳和罗切塔之间拟议的运河改道(图 22.2)。将运河与河流分开的导流墙以及运河本身及其桥梁清晰可见，直到它在米兰到达圣马可，途经卡萨诺、因扎戈、戈尔贡佐拉和其他地方。图中显示了特雷科纳下方的岩石河床，右上角隐约可见的马和牵引路径说明了拟建引水渠的特征。船闸被省略了。

地图没有按比例绘制，甚至没有指示方向。阿达河从莱科湖向南稍微偏东，呈一条一般的河流，不弯曲，也不接近米兰。这让人想起几年前作者在中国长江流域进行调查的经历。一位中国制图员给他带来了一张地图，显示了这条河的一部分，在那一点上它本应该相当笔直，而地图上绘成了弯曲的曲线，与帕格纳尼绘制的阿达河非常相似。当他注意到这一差异时，那位中国人评论道："的确如此；但如果我把它画直了，

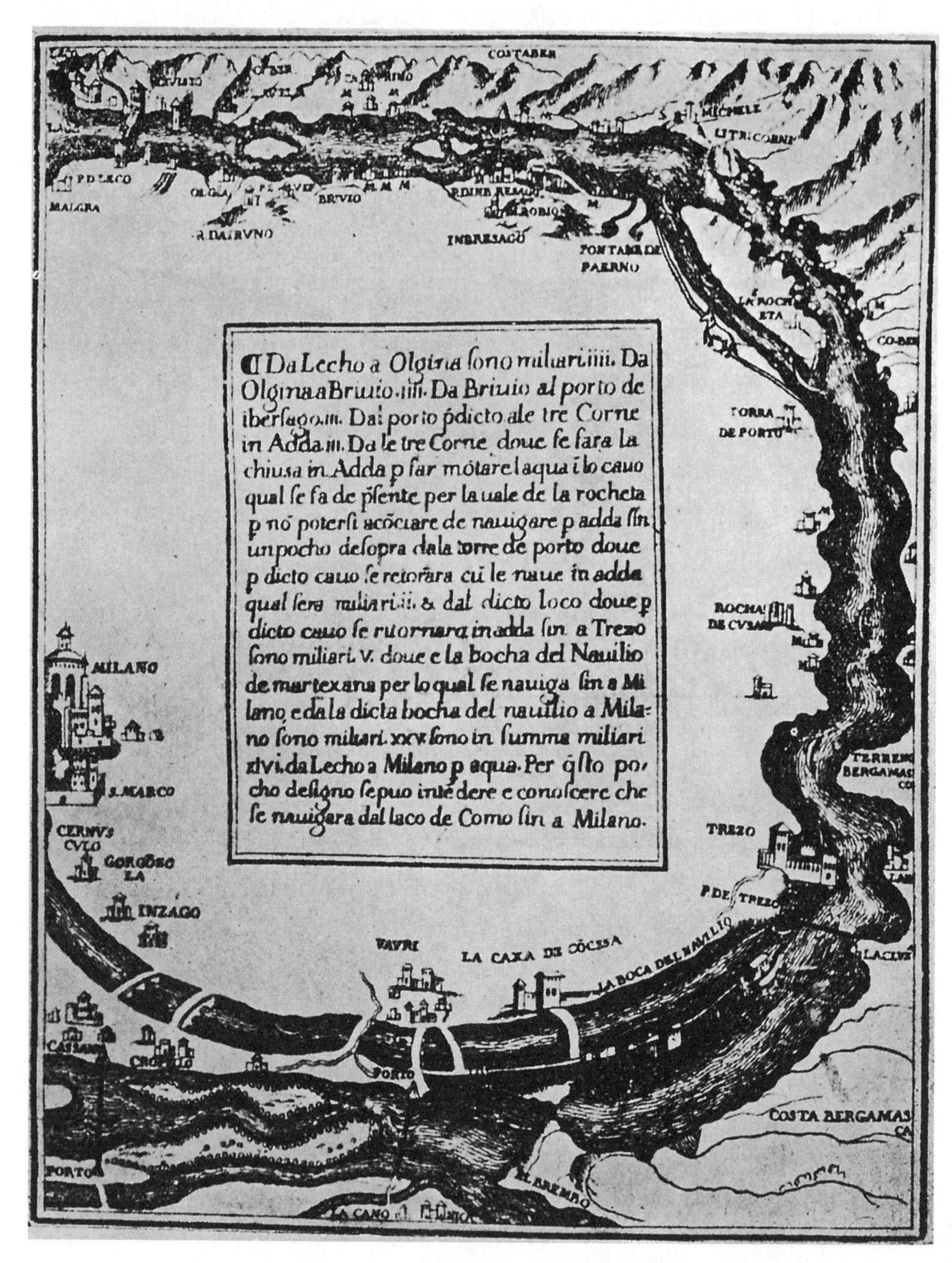

图 22.2 马地山那运河以及位于特雷科纳和罗切塔之间的运河支线方案

摘自帕格纳尼的《阿布杜恩河恢复通航的教令》(梅迪奥兰,1520)

就要画到纸外面去了。”帕格纳尼也同样节约：他希望制作一张能放在他的小书的一页上的记录。由于他的地图在所有细节上都只是符合图解规范和示意性的,他没有理由没有一点自由。

在这项努力耗尽了其力量之后，改进阿达河的问题一直没有得到解决，直到1563年弗朗西斯科·里佐重新提起。里佐是一个有故事的人物。他出生在莱科，并成为奥利维塔尼修士或"橄榄种植者"，之所以如此命名，是因为基督的受难发生在一片橄榄林中。1562年，他因一些未经记录但可能严重的罪行而被解除神职并被逐出教会。一旦摆脱了宗教义务，他就投身于工程建设。在他被逐出教会后的一年里，他要求如果他能使阿达河和其他河流通航，他将获得两百年的特许权。对于阿达，他建议在帕德诺附近修建两座大坝，一座在特雷科纳，另一座在莫尔戈内拉，高20布拉其，以完成运河化，每座大坝都将修建自己设计的船闸，能够轻松地提升"八、十或更多的布拉其"。里佐的计划得到了及时的汇报，尽管长官被警告说，由于请愿者"超越了宗教的范围，他应该显示可以自由地与他打交道的行为。"

贝加莫的工程师巴托洛梅奥·科莱昂抗议给里佐赞助，不是因为个人性格，而是因为里佐从他那里偷走了工程中所有的好处。

很显然，他们做出了让步，但里佐不久就去世了，而且没人做任何能够重新唤起人们对这个有一百年历史的工程方案的兴趣的事情。

热情被重新唤醒的第一个证据是1567年一个工程师委员会被任命。他们报告支持从科莫通往特雷佐的新运河，将那里与马地山那运河连接起来，但一年后，他们的报告被第二个由四名工程师组成的委员会拒绝，他们建议将米萨格利亚半完工的工程（称为弗朗西斯，因为它是在弗朗索瓦一世统治米兰时准备的）延长到布里维奥，使用他提议的四座船闸。成本估计为120 000斯库迪，比最初的50 000斯库迪大幅增加。由于这被认为是对公共资源的过度消耗，新运河项目再次遭放弃。

然而，任何运动都不会在没有留下任何痕迹的情况下消亡。之前努力的结果是扩大了马地山那运河。多年来，未经授权的擅自取水，加上缺乏维护，大大降低了运河的效率。由于没有足够的水用于连续航行和灌溉，已经通过了一项规则，将运河的使用限制为每隔三天一次交替航行和灌溉。尽管如此，滥用行为仍在继续，直到最后即使是在规定的时限内，也有必要限制使用。为了恢复和扩大原始服务设施，阿达河在运河口的导流坝被抬高，入口被加宽，以便容纳更多的水；运河已清淤；非法开采被禁止；各种结构都得到了修复，因此到1574年，特雷佐和米兰之间的马地山那运河处于比以往任何时候都好的运行状态。河水可用于灌溉的额外水量，包括被盗的水量，在重建之前以足以支付总成本的价格被预先出售。

在16世纪，四分之三的时间已经过去，米兰和莱科—科莫湖之间的运河仍然只是一个项目。尽管进行了所有的调查、许多计划和一些建设，但除了马地山那运河之外，没有什么可以展示的，该运河现已重建，以提供贝尔托拉所设想的全部服务。但公众长期沉睡的注意力，再次集中在莱科—科莫湖和米兰之间的商业水路的可行性上。

然后，一位杰出的人物朱塞佩·梅达(Giuseppe Meda)登上舞台，他的前辈、早期教育和工程起步都非常值得写。不幸的是，这一切令人遗憾地缺少传记数据。我们知道，他出生在米兰圣米歇尔教区，是安德烈的儿子，曾是公共建筑师。虽然朱塞佩的职业是一名画家，但也许是因为不成功，或者是因为对改进阿达河的新兴趣激发了对建筑的潜在热情，他从艺术转向尝试解决这一古老而困难的问题。在此过程中，他从一个地位不高的艺术家变成了16世纪最后25年最杰出的意大利水利工程师。除了他在即将描述的阿达河上的工作外，他同时还计划修建一条从米兰到帕维亚的运河，并重建进入大运河的入口，这将在下文中解释。

他的职业生涯以其辉煌和大胆的方案为标志，远远超过了此前提出的任何工程，但最初为他带来声誉和奖励的成就最终导致他在一系列非同寻常和无法控制的情况下走向灾难和死亡。他的历史是光辉的满足感和黑暗的悲情的奇特融合，因为尽管我们没有完整的传记，但我们可以通过研究他的工程作品以及在执行过程中他以谦虚和勇气面对成功和逆境的方式，对他的性格做出准确的估计。

朱塞佩·梅达回到了米萨格利亚计划的根本特征，一条绕过阿达河最困难和最陡峭的部分的引水渠，但他彻底改变了细节。他发现，阿达河的最大坡度被限制在约6 000英尺的范围内，其中有42布拉其(82英尺)的落差。梅达并没有像米萨格利亚建议的那样，将这个落差划分为多个船闸，而是想要尽可能少的船闸，但如果可以布置的话，只需要一个高度大的船闸，当然不能超过两个。这与之前的尝试完全不同。

通过缩短引水渠仅覆盖阿达河中落差和施工难度最大的部分并将船闸数量降至最低，梅达希望将成本控制在合理的范围内。

对于梅达在他的计划中投入的船闸的数量有一些疑问。一些权威人士说有三个，其他两个，但所有人都同意其中一个高度应高达28布拉其(54.6英尺)，占总落差的三分之二。他可能考虑了两个，第一个高度为14布拉其(27.3英尺)，位于入口附近，另一个高度为28布拉其，非常靠近出口，都是根据他新发明的原理设计的。

在每个船闸的正上方，都有一段加宽的运河，以降低接近水流的速度，并有一个侧堰来释放多余的水。尽管在运河口处有一个带闸门的横槛，用于调节从河流中取水的水量，但梅达意识到，过量的水可能从侧排水或其他渠道进入，如果他要确保船闸入口没有水流，则必须为此作出规定。

当然，普通类型的闸门不可能承受近60英尺的不平衡压力。事实上，从来没有人尝试过这样的闸门——即使是巴拿马运河的巨大闸门也没有受到任何这样的压力。因此，梅达被迫发明了前所未有的设计。

他提出的船闸由一个长70布拉其的矩形砖石闸室组成，由一个中央纵向墙分为两个隔间。所有的墙都要建到上闸门的高度，因此，要承受整个落差。但是，由于船闸将在河流一侧的高河岸上开挖，因此只有下端墙必须建造全厚度以抵抗整个压力，其他墙从两侧的泥土或岩石获得侧向支撑。

同一时期的一份报告称，这座建筑是由“巨大的天然石头块，相互连接并铺在砂浆中”建造的，而端墙两侧是由方形石头制成的阶梯式扶壁。其中一个纵向隔间是船闸池，船只通过通常的方式从上层进入。该蓄水池的宽度为12布拉其(23.4英尺)，深度为瀑布的全高，加上闸槛上的水深。因此，当装满水时，总水深约为60英尺。闸室的另一端或下端不是用闸门封闭的，而是用底部有拱形开口的砖石横墙封闭的，当池空时，船只通过该拱形开口进出运河的较低水平面。由于这些船是无桅杆的，由马匹在牵引道上牵引，因此开口的高度不必高于较低水位10英尺，所以需要一个尺寸合理的闸门。梅达建议，该下闸门应为垂直提升型，由卷扬机提升和降低。

梅达设计的第二个独特和原创的特征是另一个纵向闸室。如果要避免令人恼火的交通延误，填充深闸室则需要大量的水；从55英尺的高度降下这么多的水会形成漩涡，对下面的船只非常危险。当船闸被清空时，排水也会产生类似的水流。平行闸室的目的是消除这些困难和危险。

两个闸室都连通运河。闸室的入口由摆动闸门关闭，到另一闸室的入口则由永久性屏障隔开，其中有较小的开口，每个开口都有自己的闸门。在打开这些闸门时，大量的水进入，不是进入底部有船的闸室，而是先进入旁边的空的调节闸室。在分隔两个闸室的墙中，梅达计划留有开口，这样当水进入时，不会引起太大的波浪和扰动，再缓慢地流入闸室并在那里轻轻地将船只浮到上层。为了减少50到60英尺的落差所带来的冲击，梅达借用了莱昂纳多在维杰瓦诺使用的一种装置，并提议在侧边或调节闸室中建造一段台阶，水会从台阶上滚下，一次巨大打击的冲击会分散到许多较小的台阶上，因此大部分都会被分散。调节闸室的长度和深度与闸室相同，但稍窄。

梅达发现船闸上闸门无法做到水密，一旦水漏到下方的船上时，可能会很危险。为了避免这种情况，他在闸门内的闸室中设计了一个木制横隔板以增加水密性。由于横隔板下边敞开以引流水，因此防止了从闸门落下的水灌入船只。

反向操作类似。当一艘船通过上闸门进入一个蓄满水的闸室且闸门在船进入后关闭，调节闸室的底部的门就可以打开，两个闸室中的水可以排放到一个专门的渠中，该渠通向阿达河，并远离运河底部，在那里，船只可以等待被抬升或下降。当闸室清空后，下闸门不再承受不平衡压力。于是它可以被很容易地拉起，闸室中的一艘或多艘船只通过端壁上的低拱形开口进入运河下游。由于分隔两个闸室的墙两侧的水位始终相同，墙不受侧向压力的影响，因此不需要很厚重。

到目前为止还没有发现梅达船闸的设计，也没有人建造过这样的船闸，尽管有一个1777年重新设计的船闸细节与之几乎完全相同。早期的设计从未被执行，这一事实并不剥夺梅达将运河船闸的设计从简单的定型形式提升为体现新原则和新细节的形式的功劳。

正如提出激进创新时经常发生的那样，梅达的新发明也未能逃脱敌意的批评。他将拟建的船闸命名为城堡，由于其高大厚重的墙壁，它肯定更像一座堡垒，而不是当时的一座小型运河的船闸。它的外观在图纸上一定如此引人注目，以至于它的实用性受到质疑也就不足为奇了。

当然不可否认的事实是，这些船闸根本不适用于现代船舶，但任何装置都不应以其诞生后才出现的条件来判断其价值。只要这些船闸在设计时考虑当时的交通工具就足够了。它们的最大优点在于彻底脱离了现有模式。它们在原理和细节上都是全新的，尽管从未使用过，但由于其新颖性，它们是一项重要的发明。

在准备船闸和引水渠的细节时，梅达得到了他的密友马蒂诺·巴西(Martino Bassi)的协助和支持。马蒂诺·巴西也是米兰的画家，他和梅达一样，从绘画艺术转向了建筑艺术。

梅达将其拟建的导流堰定位在阿达河的大岩石下游约 300 英尺处一个名叫特雷科纳的地方。这一地点上河宽比特雷科纳所在的地点要窄，他之所以选择这是出于经济考虑，因为他担心在河的较宽部分修建时成本会过高。他的担心可能没有充分的根据，因为虽然上游建造的堰会更长，但不会那么高，而且在修建堰的过程中，河水可能会更慢。按照他的设计，导流堰将从已固定的运河口的右岸斜穿过河。堰的高度在河床上方约 20 英尺，堰顶不是水平的，而是朝着中心呈 V 形，顶点在两端下方约 2 英尺。他的目的是将洪水从河岸转移到河流中心。运河入口处的底槛应设置为在大约四英尺的低水位下提供吃水。

梅达是一位精明的政治家，也是一位足智多谋的工程师。他担心自己新颖的想法会被其他人盗用，自己也会被剥夺信用和利益，于是他私下制定了自己的计划，并于 1574 年在一份写给米兰当局的未签名文件中透露了一份合同的执行细节，根据该合同，他将获得 32 000 斯库迪，用于阿达河这一部分的运河化，并于两年内完工。

被任命审查该项目的委员会显然对所建议的大纲感到满意，因为他们邀请提交人声明自己的身份，签署协议并开始工作。一份合同实际上是在 1579 年签订的，但瘟疫爆发了，其他不幸的突发事件也出现了，将进展推迟到 1580 年。

米兰市和梅达之间的合同是一份冗长的文件，被认为具有相当的重要性，所以在 1580 年由皇家印刷厂印刷。它提到了之前的会议，尤其是 1574 年和 1579 年的会议，并规定了以下内容：

(1) 梅达将提供一项设计，使罗切塔和特雷佐下方的运河口之间的河流可通航，并进一步设计改善罗切塔与科莫湖(即莱科湖)之间的河流使得马地山那运河中米兰市的船只可通行；

(2) 在运河施工期间，他将临时照看瓦洛里公路，并在施工后提供连续、便捷的服务整条河流的牵引道；

(3) 由他负责施工并完成；

(4) 对于道路改道，他将以每斯库多 118 索尔迪的费率获得 4 000 个金斯库迪，并为运河化获得 32 000 个斯库迪。如果成本超过这些金额，梅达将全权负责超出的费用，但如果成本低于这些金额，则将节省的费用在当局和梅达之间平均分配；

(5) 当获得西班牙国王的批准时(所有合同必须在执行前提交给他)，梅达应"立即披露他的以使阿达河通航的发明、设计和模型"，米兰市保留将这些发明提交给"外国"和本地专家审查的权利；

(6) 在获得所有批准后，市政府将立即支付 1 000 斯库迪的预付款，余额将在工程施工期间支付，但梅达有权自行完成或转包工程；

(7) 通行费将以高于马地山那运河现有通行费的费率确定，三分之二将永久支付给梅达及其继承人和受让人；

(8) 除上述付款外，梅达有权建立客栈、停车场、码头、磨坊、鱼塘等，并保留所有施工剩余材料。

以上文件直到 1590 年才得到国王的批准。梅达随后指出，在 10 年的时间内，所有劳动力和材料成本都上涨了，这是一个常见的问题，并坚持合同价格增加 6 000 斯库迪。经双方同意，梅达第一次透露了他的计划细节，并任命贝加莫的承包商弗朗西斯科·瓦莱佐负责这项工作。

这项工程始于 1591 年，前景光明而令人鼓舞，但并非由于梅达的过错，一个接一个的意外事件发生，先是延迟，然后使整个项目陷入停顿，对梅达而言，最终工程失败了。承包商首先要求额外的资金补贴，以支付计划的变更和增加。他可能至少有权获得部分索赔，但他的请求被全部拒绝。这使得作为承包商担保人的工程师皮埃特罗·安东尼奥·巴萨对财务情况感到焦虑。他推迟了这项工作，直到他成功地让梅达的忠实朋友亚历山德罗·比斯纳蒂接手这个责任。对承包商的付款被推迟，梅达因焦虑而病倒。

1593 年梅达恢复工作，但不幸仍在继续。之后的一年冬天非常寒冷，地面结冰，部分完工的工程受损严重。维修费用很高，在正常情况下本是不必要的，因此由承包商承担。承包商再次申请额外的赔偿津贴，遭到拒绝后，放弃了工作。梅达除了自己承担这项任务之外，别无选择，他勇敢地做到了。

1594 年，米兰当局对运河完工的延误感到恼火，并对许多诉讼感到愤怒。米兰当局试图通过沿着正在进行的工程修建一条牵引道来取得一些成果，即使只是部分成果，以便在水位允许的情况下，一些船只可以在河中通行。这条牵引道取得了一些成果，但收效甚微，干扰了梅达的工作，极大地增加了他的负担，并招致了更多的批评。市政府官员意识到他们错了，并希望转移人们对自己错误的注意力，对梅达提起诉讼，要求赔偿损失，指控他不称职。

梅达和比斯纳蒂不顾许多困难继续努力，但最终工人们变得不服从命令。梅达担心受到人身攻击，请求允许携带武器进行保护，这是一个合理的请求但遭到拒绝。最后，由于劳工人数众多，在政治影响力比两名工程师更大的某人的阴谋下，两名工程师被捕入狱。

1598 年，有人试图运营运河的一部分，但因河岸上的一些薄弱环节出现问题，运营暂停。当局任命了一个委员会来查明原因。不幸的是，对于梅达来说，委员会上有他的一些敌人，比如瓦莱佐的最初担保人巴萨，因此委员会认为梅达负有责任，他再次入狱也就不足为奇了。

米兰市在项目中投入了大量资金，试图完成这项工作，并聘请帕维亚市工程师弗朗西斯科・罗穆西进行检查和报告。

罗穆西似乎是一位公正的法官。在 1599 年 5 月 7 日的印刷报告中，他认可了梅达设计的所有显著特征，包括大船闸。他发现这项工作已经完成，质量非常好，而且整个工作完成后将稳定可用。

这一公正地平反给梅达带来了一点希望，但没有真正的帮助，因为尽管罗穆西的报告使他从监狱中获释，但他的健康状况受到了损害，米兰市继续推动民事诉讼，要求梅达赔偿损失。梅达的体力消耗得太多，无法承受持续的攻击，他于同年 8 月去世，身无分文，因未能完成伟大的工作而沮丧。

梅达去世后，米兰议会成员吉多・马泽塔(Guido Mazenta)呼吁关注这项工作，并敦促在设计上进行一些修改。结果，比斯纳蒂被命令继续施工。比斯纳蒂在让水进入运河的方式上做了一些改进，并于 1603 年开放了一段航道。但正如布鲁斯切蒂所指出的那样(《米兰内河航运项目和工程历史》，1821)，运河位于一个孤立的地方；因修理很困难而被忽视；滥用频繁发生；有人私自将水用于自己的用途。最后，在 1617 年，比斯纳蒂再次被命令进行检查和报告。于是他建议关闭运河，出售剩余材料。他的建议被采纳了，17 世纪末，莱科湖出口的布里维奥和马地山那运河之间也就没有河流可通航。在为确保科莫湖和米兰之间的直接通航而付出的所有努力和金钱中，只剩下一条纽带，即贝尔托拉・达・诺瓦特于 1460 年修建的马地山那运河。

与伟大的现代运河相比，米兰的运河微不足道，但一切都是相对的。诺瓦特、达・芬奇、米萨格利亚、梅达及其同伴面临的问题与苏伊士、基尔或巴拿马运河的问题一样严重。早期的工程师没有先例，没有经验，没有已制定的水利学定律来指导他们；无机械辅助设备，如蒸汽铲、压缩空气钻机、高能炸药和强力井架；没有机动卡车和铁路来清除弃土。他们必须提前解决每个问题，当他们制定计划时，他们知道他们必须完全依靠人的肌肉和体力。

这些人所做的不过是手工挖运河，而今天已不再有人会重复这种方式。但他们创造了运河修建的历史。他们发明了船闸，没有船闸，除了没有落差的地形以外，任何土地上都不可能修建人工水道；他们还首创了用于航行的运河互通系统。

因此，朱塞佩·梅达的工程最终得以实现并仍在运行中。如果说有一个人是阴谋和他无法控制也无法逃脱的环境的受害者，那就说的是这位杰出的工程师。他的不幸在于他的思考能力超越了时代。继续讲述梅达的第二个工程——帕维亚运河的故事只是对他的一种诗意的公正对待。

4. 帕维亚运河

米兰统治者的野心从三个方向寻找扩张商业和加强政治控制的出路：一是向西，一是向北和向东，第三个是向南和波河。

前文描述了大运河到提契诺河的西段是如何形成的，以及一条从大运河向南通过贝雷瓜多运河的线路是如何开始的。此前几页又讲述了 15 世纪修建马地山那运河的故事，以及为从米兰向北修建一条新运河寻找更有利路线的努力，或者，如果没有找到，则对阿达河的一部分进行运河化，以创造一条从米兰到科莫—莱科湖的通航水道。

虽然这最后一项工程完全吸引了官方和专业人士的注意力，但米兰和帕维亚之间的老运河工程被搁置了。然而当 16 世纪进入最后四分之一的时候，这个工程又开始了。

1553 年，一项建议明确提出了这个问题，即在兰布罗河上修建一条从米兰到梅莱尼亚诺的通航运河，然后将这条河从梅莱尼亚诺到波河的一段改建成运河。这项建议被提交给一个工程师委员会，朱塞佩·梅达和他的同事马蒂诺·巴西是该委员会的成员。该委员会恰当地拒绝了通过梅莱尼亚诺修建运河的计划，指出所需要的是米兰和帕维亚之间的直达路线，建议的位置将比贝雷瓜多运河现有的迂回路线好一点。它敦促政府直接开展米兰—帕维亚项目，并作为共同关切的事项将费用分摊到整个国家。

此时，提契诺河发生了一场大洪水，摧毁了将大运河河口与河流隔开的防波堤，因此大运河和贝雷瓜多运河上的所有航行都暂停，从这些水道获取动力的工厂被迫停止运营。对损害的修复是紧迫的，自然优先于修建一条米兰已经等待了 130 年的运河。

梅达全身心地投入这个新问题上，很快就意识到建造运河河口所依据的原则是根本错误的。没有大坝或堰来调节入口处的水深，只有一个石防波堤或丁坝，将河流纵向分开，一部分水流入运河，一部分继续流入河床。由于运河中的流速与河流中的流速不同，因此每一次洪水泛滥都会在河口沉积沙和砾石，因此必须将其及时清除。然后，丁坝将被延长，但唯一的结果是，下一次沉积是在一个新的地方进行的。梅达的工程判断向他表明，这是一个会无限持续的过程，或者直至达马焦雷湖，而只有通过平衡力才能获得稳定。

地方政府在没有征求专家意见的情况下决定，补救措施是将运河航道加深 3 布拉其(6 英尺)，以诱导足够快的水流冲刷沉积物。由于这只是惯例程序的重复，又一次遭遇失败。

然后，梅达提出了他的计划，并非公开的，而是秘密地向地方政府提出的，这样他们可能会得到荣誉，他也会得到工作。他的计划是在河上修建一座大坝，以平衡流量，并允许尽可能多的水进入运河，剩余的水继续沿河而下。大坝上方的河岸将受到保护，以防冲刷，并将溢洪道布置在运河的河岸上，以便通过自动释放洪水，保持运河中基本恒定的水位。入口处的水深由一个潜坝来确定。

地方政府并没有立即采纳梅达的优秀计划，而是召集了一个工程师委员会提交提案。除了梅达和巴西，还有佩莱格里诺·德佩莱格里尼、弗朗西斯科·皮罗瓦诺、贝尔纳迪诺·洛纳蒂和其他一些人。他们检查了现场，并考虑了几项建议，这些建议都是基于以前尝试过的修复和恢复的一般原则。在听取了专家的意见后，地方政府拒绝了他们的建议，然后提出了梅达计划，就好像这是他们自己的计划一样。它得到了委员会的批准，并迅速表决了其执行情况。

梅达的计划不仅使入口永久化，而且还保证了大运河的稳定供水，远远超过了实际需要，因此需要修建另一条运河，从该运河分出，流向帕维亚。

1588 年，朱塞佩·梅达被公正地认为意大利领先的水利工程师。阿达河的运河化，长期以来一直是人们所渴望的，也是许多人试图实现的，实际上并没有开始，但梅达为其巨大的船闸设计的方案解决了这个问题。大运河已不再是一个令人担忧的问题，多亏了梅达，它已成为一条容量比以往任何时候都大的牢固水道。因此，在顺应大众要求，考虑修建一条直接连接米兰和帕维亚的运河时，他自然是第一个被委任制定计划的人。

该计划包含在 1588 年 4 月 20 日米兰的一份报告中，该报告写给“皇家公爵特别税务局主席和局长”；由工程师朱塞佩·梅达、米兰的城市工程师巴蒂斯塔·德·卡洛和建筑师马丁内斯·巴修斯签署。最后一位不是别人，正是梅达的助手马蒂诺·巴西，以他名字的拉丁文形式。因此，该运河从城里的提契涅斯港附近的大运河分出，由几个新建筑和现有内河航运部分组成。第一段是 9 英里长的运河，途经维根蒂诺至洛卡托，在那里与南兰布罗河汇合，然后依次沿着河 3.3 英里途至格尼加诺，再 10.75 英里途至圣安杰洛，再次顺着南兰布罗河途经一英里长后与主兰布罗河汇合，再从那里途经 10 英里兰布罗河到达波河。

梅达估计收购土地的成本为 12 120 斯库迪;挖掘成本为 25 060 斯库迪;桥梁和构筑物成本为 7 100 斯库迪,9 个船闸的成本为 13 500 斯库迪。他不允许将费用用于对河流进行任何改善,他说包括清除障碍物,主要是私人水坝的拆除在内费用并不高。与当时编制的所有估算一样,没有考虑工程、监督、施工期间利息或杂费等间接费用。工程师们补充了将从租约或计费方式出售的动力或灌溉用水中获得的收入估计,但没有提到航行费的收入预估。

整个计划表明梅达似乎是狡猾的政治家,而不是工程师。它的细节没有显示出梅达的天才;它的主要目的完全失败了,因为它并没有通往帕维亚,而是在帕维亚下游到达了波河,比该城与米兰的直线距离还要远;计划中没有关于梅达的大船闸设计的建议,因为该计划包含至少 9 个船闸,以实现梅达设计的在阿达河上用两个大船闸可以实现的目标。如果有值得称赞的地方,它可能具有廉价的优点,但另一方面,梅达似乎不确定它是否真的能满足商业需求,因为他在报告的结尾指出,如果运河不能通航,则可以通过省略一些船闸和某些其他结构来降低成本。

但也许梅达说服了他的同事们提出了这项计划,因为他认为公众的注意力与其说集中在这个工程上,不如说集中在南部运河的总体构想上。前几年提出了若干此类计划,但最终被放弃。他在阿达河运河化和大运河改进方面的类似行动表明,这是他惯用的策略。无论如何,在提交给由洛纳蒂、梅达和巴西组成的工程师委员会时,该工程计划(包括使用南兰布罗河与主要兰布罗河流交汇处的变体)以及将贝雷瓜尔多运河延伸至帕维亚的建议似乎都被拒绝了,最终选择了一条通往帕维亚的直接通道。

尽管梅达奇怪地制定了毫无价值的计划并提交,但他的地位非常强大,一旦原则上决定达成,他的计划立即被选中实施。

虽然该命令正式下达给了地区水域总监弗朗西斯科·西德,但他被指示与朱塞佩·梅达联系。后者于 1595 年开始制定真正的计划。

梅达在弗朗西斯科·西德、弗朗西斯科·罗穆西和亚历山德罗·比斯纳蒂的协助下制定的计划于 1596 年以地图和规范的形式提交给地方政府。与之前提出并被否决的计划一样,该计划不包含独特新颖性的城堡船闸,也不像大运河船闸的整改一样是基于科学的因果推理,但它确实提出了在两个重要贸易中心之间建造一条长长的人工水道的明确计划,包括供水、船闸、桥梁、涵洞、渡槽和其他附带结构的所有细节,所有这些都经过准确定位和精心设计。

该计划的完整性、范围和细节的复杂性是史无前例的,其优点就在于此。诚然,法国在 1595 年之前就已经规划好了米迪运河(见第 24 章),但细节尚未确定,法国工程师也不清楚船闸的作用,也没有进行任何调查。

梅达在他的米兰-帕维亚运河计划中展示了他在 1588 年 4 月的报告中完全缺乏的

能力。在那个计划中他似乎对自己缺乏信心,偏离了目标并使用了刻板的细节,但在新计划中,他以变通的方式避免了让步,并抗住了使用现有支流的诱惑,尽管这些支流可能更容易找到。在他看来,如果这两个城市之间需要一条运河,那么它的重要性恰恰证明了一条直达路线的合理性;否则,最好改善不令人满意的贝雷瓜多运河,也许按照建议将其延伸至帕维亚。他为米兰—帕维亚运河制定的路线几乎与今天使用的运河相同。他认为运河应该足够大,以充分发挥航行和灌溉的双重作用。

调查显示,米兰和波河之间的距离约为 20.75 英里,落差约为 180 英尺。然而,这个落差并没有吓倒梅达,他考虑到自己的城堡船闸设计,起初只想建造两座船闸,一座在米兰和帕维亚之间,另一座在与波河的交汇处。

他根据运河的可能坡度率 1∶3 000 制定了计划。因此,运河在其长度范围内,将以这种坡度承担 36 英尺的落差,留下 146 英尺的落差由船闸解决。任何水利工程师都会立刻意识到,1∶3 000 的坡度太大,无法方便航行,但梅达和他的同时代人还不知道什么是允许坡度和流速,也没有公式可以计算任何给定坡度的流速。

当梅达研究地形条件时,他很快发现两个高闸是不可能的,因为它们需要在高堤上长距离支撑运河。在他的最终计划中,他提出米兰和帕维亚之间修建四座船闸,以及帕维亚和波河之间再建四座船闸,每座船闸的平均落差约为 18 英尺。在随后修建的运河中,与梅达提出的 36 英尺相比,底部坡度落差约为 15 英尺,其余 165 英尺的落差分为 13 座船闸,其中两座是双闸的,形成 15 个闸室。但这些船闸是普通船闸,不是梅达的特殊设计。

当时,米兰和帕维亚之间有许多小运河,主要用于灌溉,但在某些情况下可能用于当地交通。梅达建议在可能的情况下将这些运河与主运河连接,从而使其成为汇入或流出支流。然而,主河道是一个更大的问题。允许它们的水流入运河会导致洪水,因此,梅达采取了变通,即修建一座桥梁将运河跨过每条交叉的河流,就像贝尔托拉·达·诺瓦特在马地山那运河上穿过莫尔戈拉河和莱昂纳多在修整阿诺河时所建议的那样。一座三拱桥跨越兰布罗河,一座两拱桥跨越俄勒马河(Olona)排水渠,另一座有三个开口的桥跨过比纳斯科的提契内洛河。石桥或地下通道中为道路留出了充分的空间。

根据与波河的连接方式,估计成本最低为 76 580,最高为 81 392 斯库迪。这些数字不包括所需土地的价值,其中大部分属于政府,也不包括涵洞、桥梁和桥梁运河的造价,预计这些费用将由当地承担。布鲁斯切蒂指出,如果将这些费用包括在内,总费用将至少是梅达估算的两倍,几乎肯定会导致该计划被否决。

那时,梅达的记录可能是任何工程师都会感到骄傲的记录之一。在他的阿达河运河化工程和大运河的永久性改善工程中,他又补充了这条运河的计划,包括主要和临时结构的每个细节，这条运河的修建是米兰人一个半世纪以来的梦想。但他已经达到了职业生涯的顶峰，他的明宸开始落下。他的帕维亚运河计划一旦被米兰政府接受，就按照强制性程序提交给西班牙国王批准。1598 年，这一计划得到了批准，但到那时，灾难已经降临到梅达身上。他的阿达河工程陷入困境；他受到了不公正的指控和监禁，当下令建造帕维亚工程的皇家法令传到米兰时，他已濒临死亡。

为了继续这项事业，人们进行了多次尝试。1601 年，在弗朗西斯科·罗穆西、亚历山德罗·比斯纳蒂和加布里奥·布斯卡的指导下，梅达的计划经过了一些修改，并签订了合同。前两位是雷吉亚·卡迈拉的工程师，曾与梅达合作，而第三位是代表西班牙国王的工程师。他们在计划中做了一些修改，主要是恢复到梅达的第一个想法，使用更少的船闸以获得更大的升力。米兰和帕维亚之间的船闸由四座改为两座，每个船闸的高度超过 25 英尺。但出现了财务问题，到 1604 年，一直进展缓慢的工作完全停止了。

接下来，一位名叫乔瓦尼·弗朗西斯科·西托尼的工程师被要求检查该项目和已经完成的工作。他完全拒绝了修建高船闸的计划，并建议修建许多提升能力较小的船闸，位于米兰和帕维亚之间。这一观点遭到了负责的工程师们的反对，但没有任何效果。没有必要再讲该工程的垂死挣扎的阶段。17 世纪期间又进行了几次努力，但或多或少都是徒劳的，最终整个工程被放弃，直到 19 世纪初才恢复，那时建设终于继续并完工。

伟大的文艺复兴运动已经失去了力量，复兴的动力已经停止，进步必须再次等待在新的时代觉醒。

意大利运河开发的第一阶段与文艺复兴的时间跨度一样，始于 1450 年弗朗西斯科·斯福尔扎的崛起，止于 16 世纪末梅达去世。尽管许多人通过个人努力和连续合作推动了进展，但有六个人的名字非常突出：两位具有广阔的视野和建设性天才的统治者，米兰公爵弗朗西斯科·斯福尔扎和法国国王弗朗索瓦一世，他曾是伦巴第的统治者；还有四位具有创造力、科学造诣和良好的判断力的工程师，贝尔托拉、莱昂纳多·达·芬奇、米萨格利亚和朱塞佩·梅达。

米兰档案馆(水部)的研究揭示了一幅有趣但迄今尚未出版的地图，该地图展示了米兰地区 16 世纪晚期现有的和拟建的自然和人工水道。这张地图的状况很差，从它的复制品(图 22.3)可以看出，它没有署名或日期。在 1588 年 4 月 20 日的梅达报告中发现了这一地图，该报告给出了通过兰布罗河向波河修建运河的计划，但并未提及地图。由于帕维亚运河被描述为预计，它一定绘制于 1595 年以前；由于 1588 年梅达勾画的兰布罗运河及其变体，以及贝雷瓜尔多运河的延伸，也按计划被拆除，其制作不可能早于 1588 年。显然，它不是为了说明任何单个项目，而是为了说明其绘制时的一般情况。这很可能是梅达自己画的，因为没有人比他更了解整个情况。

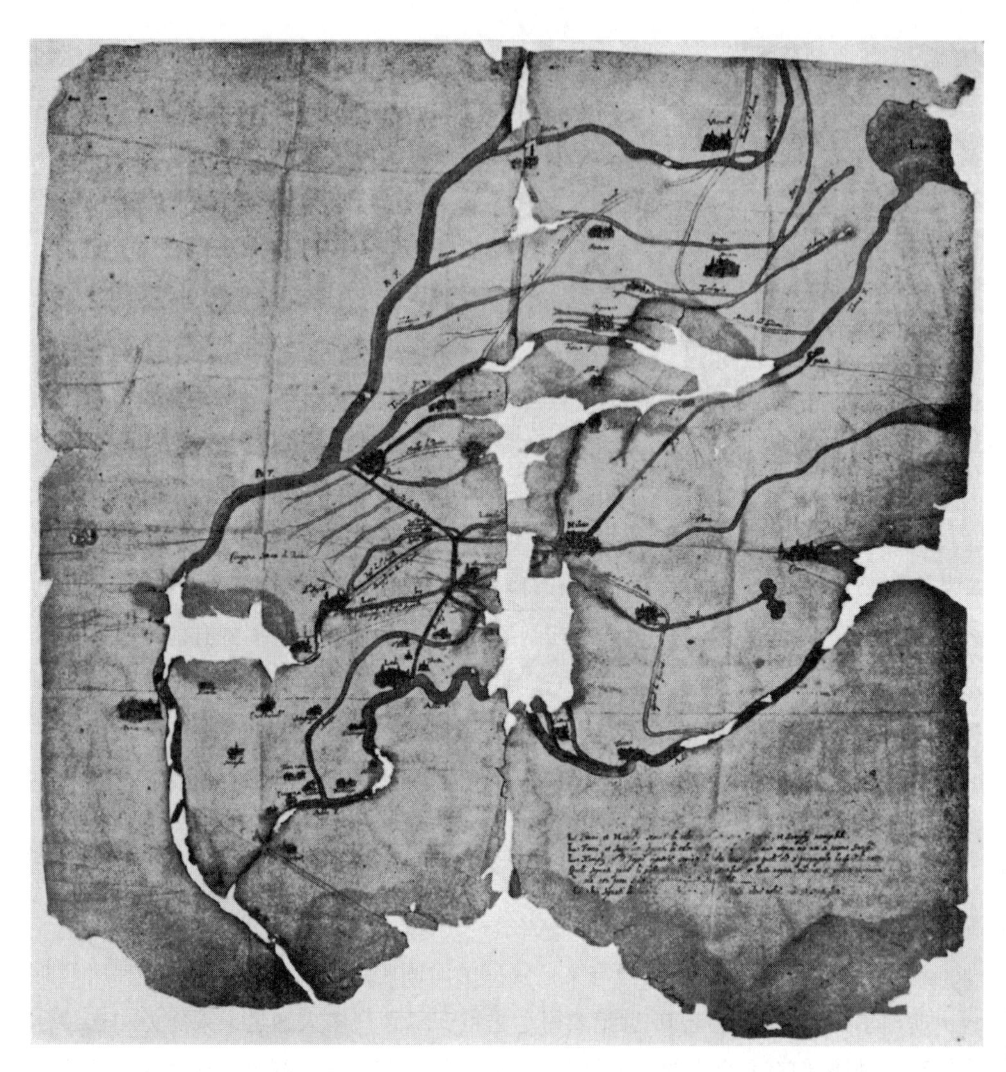

图 22.3　1588 年米兰区现有和拟议水道地图(西方在上,北方在右;米兰档案馆)

水道是彩色的——蓝色的是河流和通航运河,红色的是预计通航运河、黄色的是用于灌溉或动力但不用于航行的运河,以及黄色和红色的是最后一种类型的运河,这些运河可以不用花费大量费用开挖而供船只使用。这一解释在右下角的已部分损坏但仍可见的标题中说明了。

地图令人遗憾的状况主要是由于蓝色颜料中存在一些腐蚀性元素,因为对复制品的检查表明,消失的部分就是以蓝色标记的部分。

这张地图是一张示意图,不是按比例绘制的,其方向是上为西,右为北。主要特征是上半部分的提契诺河从马焦雷湖流出,左边是波河,底部是阿达河。大运河从米兰向西延伸。阿比亚泰格拉索(Abbiategrasso)出现了,但名称已被缩短为阿比亚(Abbia),此处是大运河从提契诺河向北到它的入口。然而,地图的这一部分的绘画颜料已被完全侵蚀掉(图 22.4)。图 22.4 是后来制作的副本,沿原地图路线绘制而成。贝雷瓜多镇也有标记,但只有贝雷瓜尔多运河的较低部分保留下来,与在阿比亚的大运河的连接处的平衡点消失了(图 22.4)。

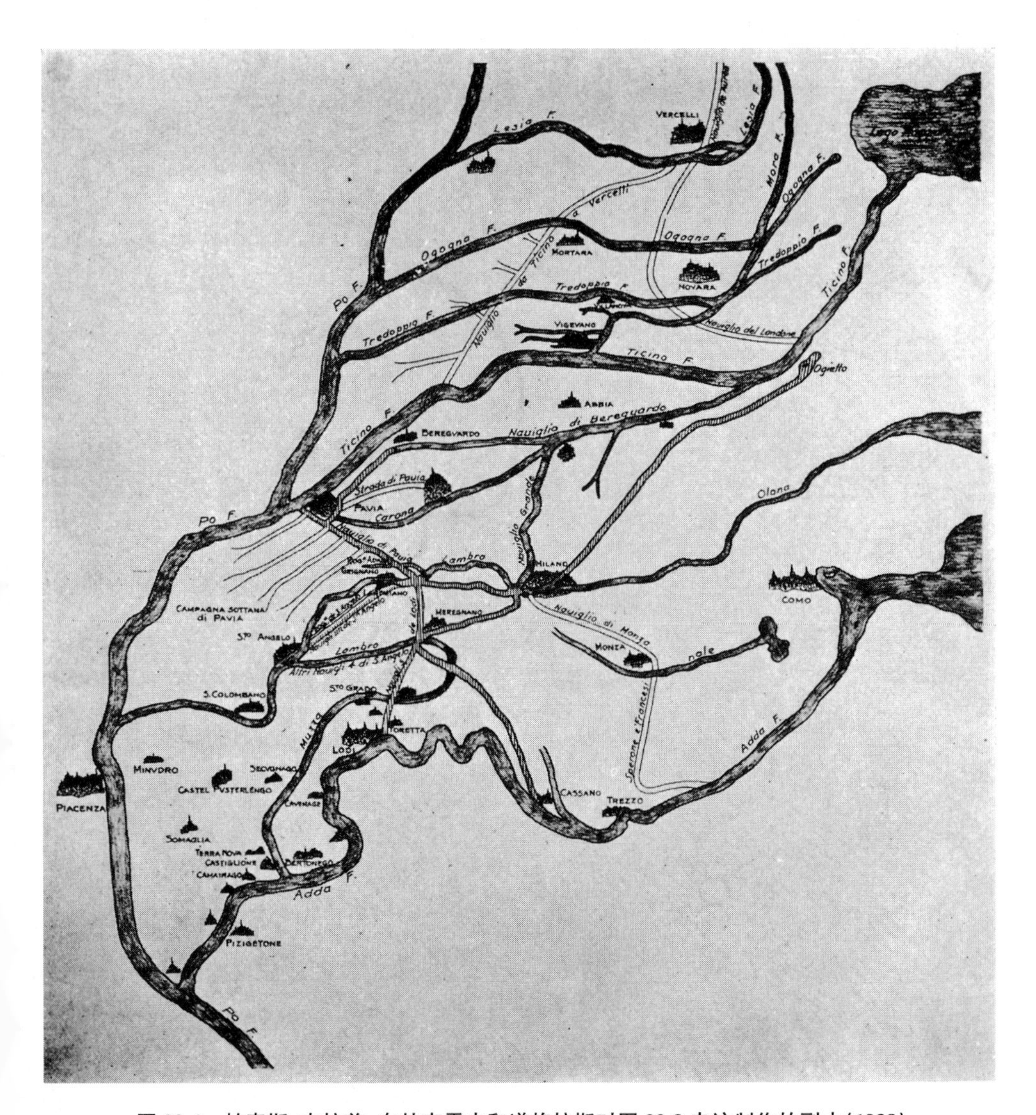

图 22.4　帕森斯、克拉普、布林克霍夫和道格拉斯对图 22.3 走访制作的副本(1938)

河流和通航运河都打了阴影;规划的通航运河打交叉阴影线;仅用于灌溉和动力的运河已勾勒;可能通航的灌溉运河(圣安吉洛的 nauiglio IIII)用断交叉阴影线;复制了旧地图上的拼写

这些运河的规划和建设是本章和前几章的主题。

用黄色或黄色和红色标记的运河在地图上仍然完好无损,但由于它们只不过是美化了的沟渠,没有任何控制工程,因此很难达到工程建设的等级,也就不被考虑。在帕维亚北部,示意性地指示了几个此类灌溉沟渠。梅达计划将这些连接到帕维亚运河。

毫无疑问，米兰运河及其附属设施的整个系统是截至当时进行的最重要的运河设计和建设，在创建过程中，来自意大利、法国和西班牙的最专业的水利工程师，包括莱昂纳多·达·芬奇都参与了其中。在他们的建设过程中，有人声誉受损，投入了大量资金，还牵扯到国家的最高权威。今天，当旅行者穿越意大利北部时，他几乎不会注意到这些运河的遗迹，因为与现代工程相比，这些运河看似只是沟渠，但这样他也就会忽视这曾经是一项伟大的、杰出的政治和工程成就。

23

法国河流和小运河工程

法国的河流比意大利有几个优势，因为法国的河流更大，供水更稳定，坡度更平缓，这些特点使其在交通和商业发展方面具有更大的实用性。

在意大利首次使用船闸半个多世纪后，船闸才被引入法国，而在法国被迫用人工水道补充河流中的自然资源之前，有将近整整一百年。

在考虑法国河流的使用和改善之前，有必要解释河流是如何得到官方控制和维护的。

在第 17 章中，领主们霸占道路的恶习被详细描述。不幸的是，对于河流的管理也遇到了相同的问题，出现了类似的私自征收通行费的陋习。这对河流开发有重要影响。

即使在 15 世纪，领主控制交通的问题也变得如此紧迫，以至于通行费的难题——领主是否有征收通行费的权利，以及采取何种措施来纠正或限制已存在的侵权——被提交给了一些著名的法官。这些法官认为，收取通行费的唯一依据是为维护河流筹集资金(他们拒绝在通过征收通行费的地区时有额外义务保护旅客和商品的观点)。他们还认为，这一点至关重要，即所有这些权利都是国王授权的，个人行使这些权利，即使他是领主，也要根据国王的意愿。

如果这件事没有再复杂化，问题的解决办法就很简单：如果不遵守维护河流和附带条件，征收通行费的权利就会被宣布无效。但这些权利经常被出售，买方在按规定取得所有权后，不遵守约定且坚持在放弃自己购买的东西之前获得全额赔偿。

1488 年，在查理八世统治下，在罗讷河上的一座桥上执行的一项流放判决使这一问题的关注度达到了顶点。应国王总检察长的请求，为了维护国王的权利，多菲内[1]的总督和其他官员被发放了专利状，禁止在法国的河流或河流上方行使司法和主权，但以国王名义行事的官员除外。这本身就是一个有趣的事件，这是王室第一次执行法官

1 Dauphiné，法国的一个行省，直至 1457 年保持自治，大致包括现在的伊泽尔省、德龙省、上阿尔卑斯省。——译者注

关于其最高权力的决定。至于什么是可通航河流(可通航性将使河流受到法官的裁决),一些人提出了一些问题,认为必须是一条能够承载船只的河,另一些人则认为必须迫使马游泳的河。虽然法学家们原则上决定基本权力属于国王,而且收费只能用于维护河流,但私自收费却不维护河流的行为并未消失。直到 18 世纪中叶都在征收通行费,尽管官方经常告诫,但领主们从不维护河流,最终将改善工作交由受益最大的当地自行决定。

法国河流的航行受到三个物理因素的干扰:第一,河流的水深变化,一些河流在某些季节收缩到几乎没了;第二,自然障碍物,如浅滩和岩石;第三,人为侵占。

如果说那些将通行费收益收入囊中而不改善水道的领主是玩忽职守的,那么生活在河流上或附近的节俭公民也是如此。他们不仅允许树木和灌木丛在河岸上生长,从而干扰水流和纤道,而且他们还在河里放置渔网、水磨和其他障碍物。

限制通行费率和批评那些主张征费的人的法令对干扰航行的人产生了很大的影响。他们被命令"清除所有阻碍水流和船只通行的渔网、鳗鱼缸、磨坊、木桩、改道、码头、桩、石头和其他建筑物,同样,清除河岸道路上的所有树木,其宽度为拖航所需的 18 皮耶。"

由锚固定的船载水流磨坊是主要障碍。人们习惯于将这些船并排停泊,横穿水流,这样就可以利用水流的全宽,因为水流的速度足够大,可以发挥作用。一项法令规定,这些磨坊船应保持在一条直线上,以便在至少 8 突阿斯(约 50 英尺)的宽度和整个深度内使航道能自由航行,并且锚、缆绳或桩不得侵占航行空间。违反规定的处罚是没收磨坊和锚,以及法院可能判处的其他刑罚。

法国的河流是大自然慷慨的馈赠之一,在道路条件恶劣给国内交通带来巨大负担的时候,它们尤其有用。地图(图 23.1)显示了法国境内的四条主要河流。

塞纳河及其支流,主要是马恩河,流经中北部,并通过勒阿弗尔的河口流入大海。

卢瓦尔河发源于法国南部,距离地中海不远,然后向北流,再向西流至大西洋上的圣纳泽尔。这条大河通过其支流排水等服务法国中部地区。

罗讷河是日内瓦湖的出口,在里昂与索恩河汇合,它比罗讷河的上游更大也更重要。合并后的河向南流入马赛附近的地中海。

第四条河由多尔多涅河和加龙河组成,这两条河覆盖了法国南部罗讷河以西,在波尔多附近汇合。

今天,所有这些河流的上游都有运河,但在 16 世纪早期,小船可以在一年中的不同时期通过许多主要支流和法国其他一些较小的河流进入四条主要河流。

除了大量的主要通航路线外,还有次要支流、北部较小的河流和部分位于法国的河流上的路线,如默兹河和摩泽尔河,其总长度无疑非常可观。

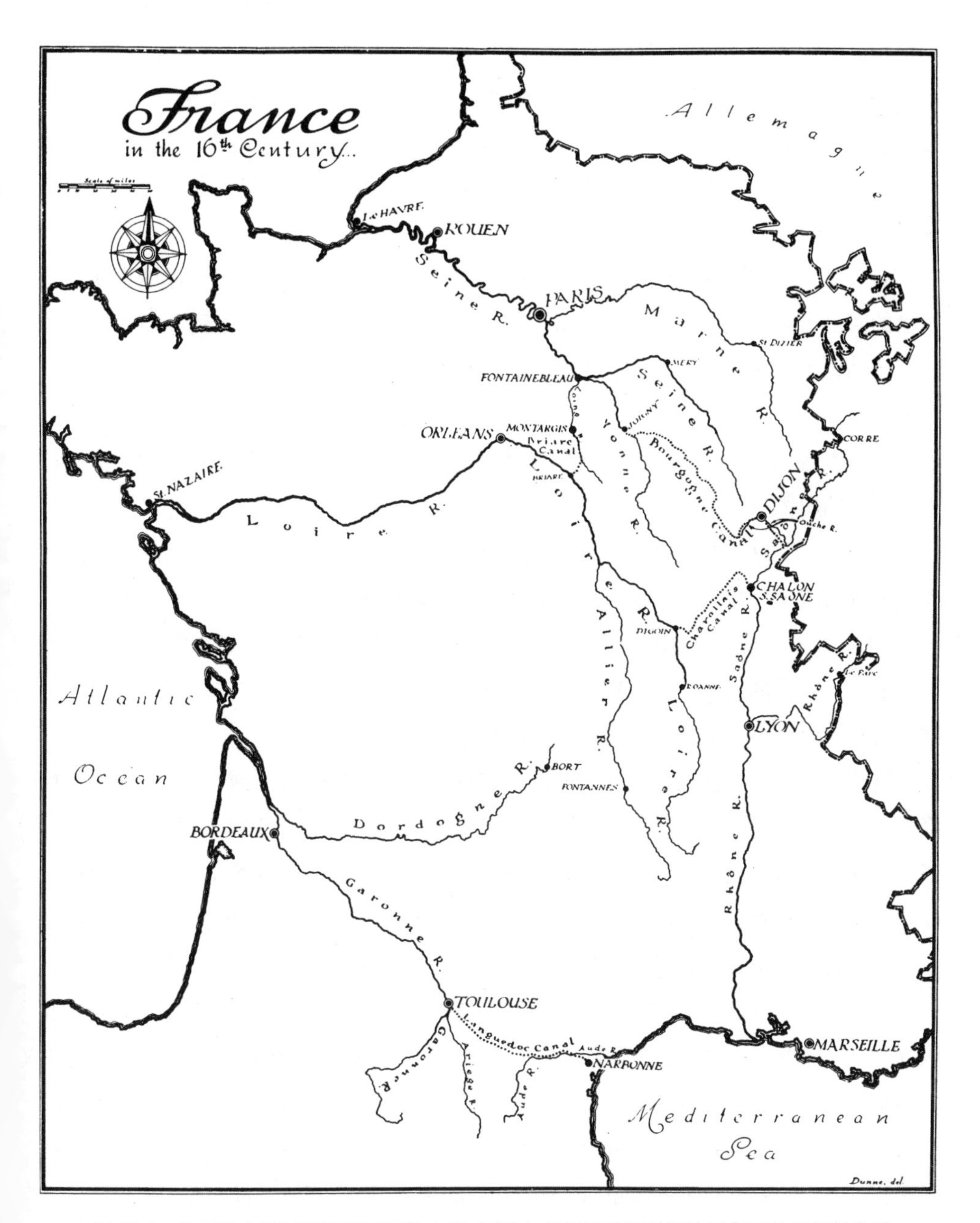

图 23.1　法国的主要河流及其重要的支流，以及文艺复兴时期规划的四条通航运河的位置

原来的地图丢了，这幅地图是根据文中的参考资料编制而成的，给出了在文艺复兴之后的几年内建造的运河的路线很明显，这四条河流是法国商业生活中的重要角色，在它们的自然状态下，甚至几乎覆盖了整个国家。由于河流宽广，改进它们对水利工程师的技能和勇气提出了真正的挑战。由于任务的艰巨性，这些困难多年来一直无法克服。

那时的水利工程的知识完全是经验性的。关于落体的规律尚未形成，甚至其基本原理也未被理解，因此无法计算水流速度和流力。没有气象统计数据，也没有可以估计河流流量的径流因素，更没有河流测量，也就是没有现代工程解决水利问题所需的任何数据。

船夫们知道他们船的吃水深度，并无奈地接受了水并不总能让船漂浮的事实。待运输的商品可以等到一个方便的运输季节，因为即使是主要由木桶中的葡萄酒组成的田间产品也不易腐烂。通常情况下，船只顺流而下，空载返回，因此减少了逆水拖船的劳力，但此时过多的人力并不是缺点，而且过浅滩的困难和其他途中的延误可能不会比在公路上遇到的更严重。因此，在 15 世纪后半期和 16 世纪初，根本没有对河流进行彻底改善的压力。

即使掌握了这些知识，法国的大河也远远超出了现有的管理手段。在卢瓦尔河或罗讷河等河流上修建大坝和水闸，以抵御每年的洪水，或在河流上涨之前完成此类工程(河水会冲走部分未完工的建筑，因此很脆弱)，无论在经济上还是在实操上都是不可能的。已完成的河流改善是在干流的小支流上进行的，后者的工作仅限于清除人工障碍物和该时期工具和设备允许的自然障碍物。

这些小河每年只能航行很短的时间。在夏季，它们是干涸的，或几乎是干涸的；在降雨量最大的季节，它们的陡坡形成了如此迅速的水流，使航行变得不可行。然而，这些支流在到达货运起点时至关重要，为了使其可用，需要对适度规模的工程进行监管。如果开发用于商业，它们将与一条大河相连而成为有价值的动脉，尽管它们在三分之二以上的时间内不开放通航。

改进工作包括消除障碍、深化、矫直、遮护河岸以及建造船闸。在执行此类工程时，声称拥有通行费征收权的领主们没有反对意见。这些支流在其自然条件下没有重要的交通流量，因此仅能收到少量通行费。如果将其改造成更高的收费的条件，将需要相当大的资本支出并将涉及诸多风险，无法找到任何个人承担。结果是，这项工程完成后，作为当地为直接相关地区的利益开展的规划，税收或通行费由他们支付。

早在 1430 年，查理七世就颁布了一项法令，指示河流应消除人为障碍物和侵占，但随着商业需求的增加，需要的不仅仅是这一被动命令，而且不仅需要保持河流的自然条件，还需要改善它并创建更多设施。正是在塞纳河上，人们首次感受到了这方面的压力。这条河流经法国最肥沃和人口最多的地区，由于其坡度较缓(几乎是卢瓦尔河的一半，罗讷河的三分之一)，是法国所有大河中最适合航行的。巴黎在很大程度上是在塞纳河流域获取食物、葡萄酒和建筑材料的供应。

1520年5月1日，弗朗索瓦一世发布了一项关于塞纳河及其支流上的航行设施的长期法令(巴黎市图书馆)，其中特别提到了巴黎市的需要。在序言中，他指出，与王国的其他城市一样，巴黎附近的大部分土地(以前被茂密的森林覆盖)已被改造成农场，因此当地木材和木柴市场短缺，并终于在那一年陷入危机。为了补救这种情况，有必要改善河流的航行条件，以便从远处运送充足的物资。

因此，法令规定：

(1) 不得在塞纳河或其任何支流(无论在巴黎的上游或下游)设置任何阻碍航行的障碍物或建筑，并应清除和摧毁现有障碍物，设置障碍物的人应受到严厉惩罚；

(2) 沿有关河岸建造并维护一条24皮耶宽的拖航道，以便马匹可以拖船上下行；不得侵占拖航道，并要求紧靠河流的土地所有人修建和维护拖航道并确保其无障碍物；该拖航道的宽度比其他河流上采用的宽度宽得多，通常为18皮耶；

(3) 任何当局征收的罚款或通行费不得超过过去收费标准；

(4) 禁止所有"在塞纳河或任何支流的六古法里内拥有林地的教士、领主和其他所有人"清除土地，而是将其保留为森林；

(5) 所有购买木材的商人应保存木柴，并将其运到最近的河港装运。

最后两条严格意义上虽然不是关于工程的，但却说明了日常生活的紧迫需要是如何迫使资源保护和河流改善的发展。但进步不就总是跟随需求的而并非创造它们的吗？

在这项法令中，弗朗索瓦提到了查理六世于1415(6)年2月通过的关于水上运输的某些法规和条例，并表示他发布自己的法令是因为这些法规没有得到遵守。因此，似乎早在1415(6)年，国王就开始将法国河流的控制和改善视为中央当局的职能。

对该法令的首要反应之一是改善马恩河的一条小支流乌尔克河，该河在莫城以东不远的地方流入马恩河。(多年后，乌尔克河从佩尔煦港至莉齐的一段被改建成运河，又从莉齐开凿了一条通往巴黎的运河，与马恩河平行，全长约65英里。后一条水道至今仍在使用。)

1528年8月18日，议会批准了从马恩河到马罗洛斯(全长27英里)的乌尔克河通航规范。规范(巴黎图书馆)表明，对项目规划经过了非常细致的研究，对将要执行的工作的详细描述与该时期几乎所有其他规范的松散和笼统的条款形成了鲜明对比。

这条河将在一年中的所有季节都能通航，如果不考虑上游拖航的人力，这可能在大部分时间(但不是所有时间)都是可行的。即使在现代运河中，在这段距离内也只有两个船闸可以提供静水航行。这样漂浮的船长9至10突阿斯，底部宽10皮耶，能够承载24至25车木材，大约重25吨。

要做的工作主要包括清除树木和岩石等障碍物；疏浚已形成的坝和已沉积的砾石；通过切入堤岸而拉直河道；在无法以其他方式改善对齐的地方挖掘侧沟（这些侧沟底宽为 4 突阿斯，最大长度为 360 突阿斯）；建造导流堰将低水位水流集中在预定渠道中；在莉齐和其他地方重新调整磨坊的首尾水道；通过桩结构保护这些首尾水道，以便磨坊能够获得足够的水来运行，但不会过量或浪费，并将使用的水返回河流；重建并加高在马罗洛斯、马雷尔·拉费特、特雷姆斯和莉齐的桥梁，以便在高水位时提供 8 皮耶的净空。并未提到需要船闸。

在现代工程师看来，要施工的地方被描述为与当地地形特征有关，在当时定义明确且易于识别的表述。比如，在某一点进行疏浚被表述为，"从一棵倒下的柳树开始，疏浚长度为 9 或 10 皮耶"；或在"两棵核桃树旁边"草地的一角切过；或"就在下游一点，砍倒一棵悬在河上妨碍船只通行的桤木。"

一份与亚当·保尔马特签订的合同，总造价为 11 500 图尔里弗尔，虽然有明确的施工规范，但方案未能取得成功。1530 年 7 月的一次检查表明，该工程既没有得到很好的执行，也没有忠于原始方案，因此建议停止付款。对于这一决定，保尔马特自然表示反对，并在接下来的一个月成功地获得了 1 000 里弗尔的进一步预付款，条件是再次检查工程建筑，并更换所有发现有缺陷的地方。

延误和失望接踵而至，直到 1564 年 7 月 9 日，才公开庆祝通航，一支由 16 艘船只组成的队伍从乌尔克河出发，途经马恩河和塞纳河，满载木材前往巴黎。这一事件被生动描述为，船夫们穿着"红色绸子的紧身上衣，戴着白色的领子、红色的鞋子和蓝色塔夫绸帽子。船桨被漆成红色，第一艘船上有小号手，在行进中演奏。随着旗帜的飘扬和鼓声的敲打，他们一个接一个地排着队前进，直到他们到达了格里夫港，在那里，人们看到这些船时都很高兴，希望此后会有大量的木材从乌尔克河运来。"

许多其他描述河流改善的记录存在于各种法国档案中。在这些项目中，最雄心勃勃的一个是使马恩河通航至圣迪济耶，尽管塞纳河的其他支流也受到了关注。

所有这些方案，就像乌尔克河的方案一样，原则上都是基于通过清淤疏浚来创建航道，并没有考虑到平潮时的航行。由于无法计算和预测所谓改进的结果，规划这些工程的工程师注定会失望。由于河流的流动受到倒下的树木、小型磨坊或浅滩的阻碍，在经验中即使在干旱时期，也总是有一些水存在于原始河道中，因此，在没有相反的经验的情况下，他们假设在河道改善完成后，水也一定会存在于新的航道中。他们无法测量坡度的影响，也不知道清理后的河道会更快地排水并导致低水位期延长，结果就是他们以为航道里会有的水在实际上是完全不存在的。

由于缺乏知识而尝试做不可能的事情的一个例子是贾尔斯·德斯弗雷西斯在科悠河的失败。德斯弗雷西斯代表一些在科悠河沿岸购买了大量木材的商人，他们说，如果有交通工具就在巴黎廉价出售它们。在1546年德斯弗雷西斯以2 000埃克斯的价格试图使科悠河通航，或至少如合同所述“可漂浮”。他发现仅仅通过挖掘是不可能做到前者的，于是发起了一场大规模的伐木运动，以实行另一方案，从而“保护他的荣誉和他的私人利益”。尽管他等待洪水，并动用了一大群人，但他的尝试失败了，失去了一半以上的木材（巴黎市政厅记录）。德斯弗罗伊斯指出，今天的科悠河被归类为“可漂浮的”，这对他来说是公正的。但从来没有人认为它可以通航。

河流的改善，特别是塞纳河的改善，自然导致更好的设施被建造以处理船只和海岸之间的交通，并且在河流流经巴黎这样的大城市时，墙、码头和河流入口石阶被建在河岸上。早在1487年，巴黎塞纳河沿岸似乎就出现了砖石码头墙：警方记录显示，马丁·佩雷诺因盗窃了勒斯奥古斯丁附近墙中嵌入的夹钳导管而被罚款100索尔。

导致马丁被罚的墙的质量其实并不令人满意，因为1530年，弗朗索瓦一世要求巴黎市沿卢浮宫修建一座砖石码头，他表达了这样一种愿望，即它应该配得上这座城市、这位国王和这个时代。为此，专家石匠被请来（巴黎市政厅记录），就如何使用最好的石头，以使这堵墙成为永恒的提供建议。这些人一致报告说，来自圣勒采石场的高级有孔虫岩层石，如果铺成18布斯厚，将完全令人满意，因为这种石头有更好的抵抗水的作用，但对于护墙，他们更喜欢圣母院的青色石灰岩。

从这开始，巴黎很快发展出了一个码头和通往河流的石阶的总体系统，经过多次重建，现在是城市的主要亮点之一。关于这些墙的性质、质量和稳定性以及它们的建造方式，纪尧姆·吉兰与巴黎市总督和市政官之间于1566年7月10日签订的合同的全部明细单就是一个很好的例证（巴黎图书馆）。

吉兰负责完成的工程是在圣兰德里附近沿塞纳河重建的一堵墙并附带一段楼梯，全部为砖石结构，而现有的墙和台阶已经年久失修。由于还有其他几份类似性质和同时代的合同，都要求重建墙壁，很明显，早期的施工质量很糟糕，或者墙壁的设计厚度不够，无法抵抗泥土压力。一份合同实际上将旧墙称为“弯曲的”，因此怀疑其厚度不够而缺乏稳定性。

吉兰的明细单上要求拆除现有砌体，但可能会保留任何完好的单独石头作为支撑；挖掘底层土壤，并将水抽至确保良好基础所需的深度，如果市政府有指示，则在挖掘过程中应铺设一个木制“平台”。在开挖的土壤层上或平台上，应在整个墙体厚度上铺设一个切割和连接的方石基础，并在该基础层上铺设五层硬沃格萨尔石，与街道的铺砌持平。

墙面和背衬的细节、接缝和垫层的切割、砂浆的质量和其他要求均被明确规定。从基础到水面，墙的厚度为72皮耶，在水面上，墙的厚度由台阶逐渐减小至7皮耶，顶部由斜坡逐渐减小到5皮耶。明细单没有说明斜坡是正面还是背面，但可能是正面，因为楼梯上的返回墙被描述为“垂直”。墙顶上有一个硬石护墙，高3皮耶，厚16布斯。墙的高度未作说明，但如果五层的平均高度为2英尺（它们不可能更高），7皮耶的规定宽度将提供足够的稳定性。

水面随着河流水位的变化而不断变化，为了提供从码头墙顶部的街道到水面的通道，需要一段石阶，两侧为回程墙。楼梯在侧壁之间的净宽为15皮耶，每一台阶的高度为7布斯，踏板宽度为12布斯。

根据巴黎的惯例度量，砖石的合同价格为每立方突阿斯37里弗尔10图尔索尔，或每立方码11.25美元。为对承包商公平起见，城市将按实际成本支付土壤开挖和抽水费用，并提供木制平台，因为在铺设旧基础之前，既无法确定这些项目的数量，也无法确定其必要性。承包商应提供“切割石、方石、石灰、沙子、机械、缆绳、脚手架和所有劳动力”。

小　运　河

直到积累了许多失败的经验，法国工程师才意识到，如果要让小河通航，他们必须采取比清淤和加深河道更彻底的措施。他们发现，解决方案在于建造船闸，通过船闸，他们可以将溪流的倾斜表面减少为一系列水平台阶，从而保护旱季流量，因此唯一需要损失的水是船闸中使用的水。

在专门介绍法国大运河规划的一章中，给出了许多实例，表明在16世纪早期，人们不仅对船闸的便利性，而且对船闸的实际必要性认识甚少。这些运河最初是在没有任何船闸的情况下规划的，即使它们要穿越丘陵地区。在某些情况下，这一遗漏是由于在确定高程时的错误，因此产生了对问题的完全错误的理解，但即使规避了这些错误，也存在另一种潜在的错误想法，即所有需要做的就是挖掘一条渠道并引入水。没有人考虑这样一个问题，即由此产生的水流是否会太快，从而使水快速流出渠道，留下一条空沟。

到1550年，工程师们已经吸取了教训，从那时起，他们将船闸作为改善所有河流工程的主要装置。

向巴黎供应物资的压力带来了新秩序的第一步。塞纳河的一条支流埃松河被一座大坝封闭，禁止航行，该大坝是为了给一些属于皇室的磨坊提供动力而建造的。所有从事将“葡萄酒、木材和其他商品”沿河运到巴黎的商人都必须将货物卸到大坝上方，并将货物运到大坝周围，然后等待其他船只从塞纳河上来继续运输。交通中断、陆上搬运、重新处理和不可预见的延误，以及由此产生的费用，一直是不可避免的，直到1552年，在船夫们的呼吁下，下令进行检查（巴黎图书馆）。被任命进行检查的专家报告说，为了城市的利益——强调的是城市的需要，而不是抗议的商人的便利——应该采取两种行动之一：要么拆除大坝、拆除磨坊，要么在大坝的泥土部分挖一个缺口，并在其中建一个带闸门的船闸。这两种解决方案都可以使船在埃松河和塞纳河之间自由通行，但建议采用第二种方案。这无疑是正确的决定，因为它既拯救了磨坊，又改善了航行。

在奥隆河上进行了一个早期的河道运河化项目，其细节可以被视为法国最先进的一个优秀且经过深思熟虑的例子。明细单(日期为1551年1月20日)保存在布尔日市档案馆。

所描述的工程是使奥隆河从邓勒鲁瓦正下方，即现在的邓苏尔奥隆，通航至勒庞迪，现已变化为勒庞迪河，这一改进后来大大增加了容量，形成了贝里运河的一部分。

从清晰和明确性甚至优于乌尔克河工程的明细单来看，奥隆河似乎有一条18皮耶宽、至少2皮耶深的通航航道，允许船只在冬季运输20桶(酒桶)葡萄酒，在夏季运输15桶。现代运河的深度为1.5米，约为原始运河的两倍半，可承受70吨的荷载。

明细单描述和定位了要砍伐的树木、要清除的障碍物、将要进行的疏浚、开挖河岸的位置，以及新的开口和每个开口的长度；要排水的沼泽，以及需要抬高的堤坝(一些堤坝将用桩保护以防冲刷)。在指定位置，需要9个可用尺寸为16突阿斯长、12皮耶宽的船闸，槛台上有2皮耶的水。将有四个蓄水池，以蓄水供船闸使用。

超过一半的明细单用于船闸的构造和细节。明细单中没有任何计划，但拟议船闸的模型存放在布尔日市政厅，可供承包商和其他相关人员检查。

船闸完全由木材构成，总长度超过20突阿斯，包括端部返回墙和地板延伸至外部末端。在闸门上方和下方2突阿斯的距离处，有一个14布斯见方的横槛，支撑在一起打入的桩上，其他桩覆盖接缝，以产生一个紧密的垂直截止，阻止可能破坏船闸结构的任何地下水流动。在这些端梁之间有两个门梁和20个其他横梁，其长度为27皮耶，使它们不仅可以穿过12皮耶宽的船闸池，还可以穿过侧墙。由于端部门梁相距20突阿斯，中间门梁的平均间距约为4皮耶。门楣为1皮耶6布斯见方，其他11个为1皮耶见方，剩下9个为10布斯见方。据推测，该模型显示了大小槛梁交替。当地面较软时，这些交叉梁支撑在桩上，桩端测量为8布斯，间距为2皮耶。两个11布斯见方的纵向木料支撑在横梁上，并在横梁上形成框架，沿着船闸的长度，每侧各一个。这些木材不仅由横梁支撑，还由两个横梁之间打入的两个桩支撑。

侧墙的框架由14布斯见方的门柱和每个横槛处的11布斯见方门柱组成。每个立柱由两个横截面为6×7布斯的背撑牢固固定，并向下倾斜至横梁。柱子顶部是一根10布斯见方的纵向梁。所有这些构件、立柱、槛梁、支架和纵梁在交叉点处用燕尾榫固定在一起，深度为2布斯，并用钉子进一步固定。撑杆与立柱后面6皮耶处的楹梁相连；虽然墙的高度随每个船闸而变化，但可能不超过8皮耶，这将使支架的坡度约为1∶1，或45°角。当船闸满载时，这样的坡度将为立柱提供足够的支撑，以抵抗流体静压，但当船闸空载时，土压力将仅通过燕尾式框架和支柱接头处的尖峰强度来抵抗，以产生支撑中的张力。

在柱子的表面和楹梁的顶部，有2布斯厚的钉板，钉子长5到7布斯。墙后需要填充好土，并在顶部平整至9皮耶宽。

奥隆河的运河化工程将作为一个整体而非一部分接受，要求承包商在完工后自费维护运河一年。

从描述中可以看出，所有部件都是实质性的，并且在允许使用木材的情况下，已经注意在锁中制造稳定和坚固的结构，除了墙壁可能没有足够的强度抵抗不平衡的土压力。

虽然奥隆河上的船闸是通过模型显示的，没有通过图纸说明，但不能推断图纸状的平面图没有用于显示要执行的工作。图23.2（杜艾市档案馆）和图23.3显示了一个非常有趣的地图示例，该地图是从埃科维尔山通往杜艾的拟建运河的一部分。该计划或地图没有日期，但绘制于1571年左右。它所描绘的工作从未被执行，但这并不会破坏该计划的吸引力。

根据杜艾市的记录，该市的市政官向市长和在里尔组成会计法庭的国王代表提出上诉，请求允许他们从斯卡普河开凿一条通往埃科维尔山的运河，以便向杜艾提供用于建筑的沙子和砖块，以及木材、肥料和其他商品，其公路运输非常不方便且昂贵。这些材料似乎可以在杜艾附近的土地上获得，但业主不允许其租户出售，除非他们自己收到了大量的回扣，这是如此之多，以至于实际上令人望而却步。

地图是一幅彩色图画，田野和树林呈亮绿色，道路和建筑物呈赭色，人呈红色。在图中间的是两个男人正在往船上装沙子。至少，一个人在装货，另一个人在休息，就像今天看到的工人一样。在运河的另一边是一座砖窑和一堆砖，颜色为红色。在右边，在运河的尽头，是一个转折盆地。

请注意这张地图的一个特征，它与几乎所有其他类似特征的地图区别开，即，以编号间隔标记距离。（照片中的数字难以辨认。）根据其他文件，这些距离似乎是在边缘给出的，其中一个由10图尔皮耶组成，相当于6.704码。因此，一图尔皮耶等于2.011 2英尺，或大约2巴黎皮耶。据说这条运河的长度为8 000皮耶，根据上述情况，约为3英里。

下一章将对法国拟建和建设的大型运河进行描述。这些运河是文艺复兴时期所有国家中最雄心勃勃的计划。

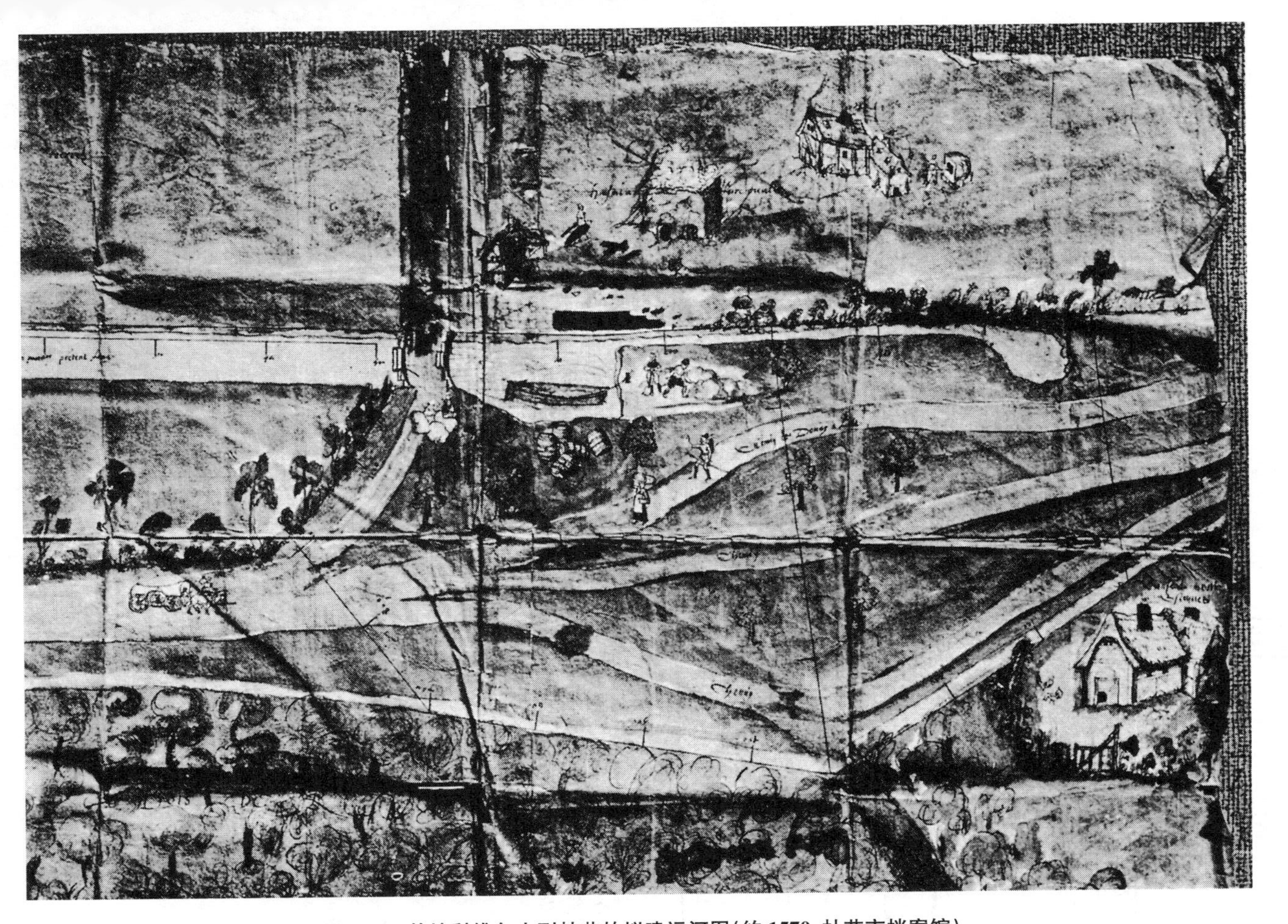

图 23.2　从埃科维尔山到杜艾的拟建运河图(约 1570,杜艾市档案馆)

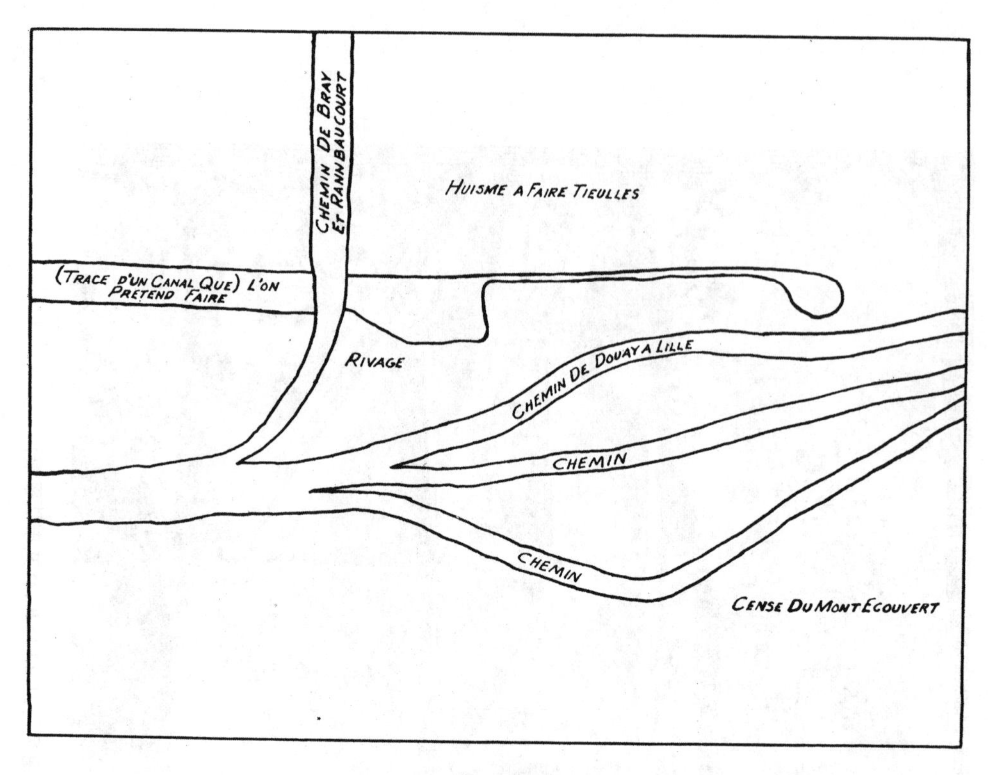

图 23.3　图 23.2 的描摹

(*Trace d'un canal que*) *l'on pretend faire*：描摹拟建的运河；*Chemin de Bray et Rannbaucourt*：B.和 R.的公路；*Rivage*：运河岸；*Chemin*：道路；*Huismes a faire tieulles*：制造砖块的小房子；*Chemin de Douay a Lille*：从 D.到 L.的道路；*Cense du Mont Ecouvert*：埃科维尔山的农场——需缴纳封建税费

24

法国运河工程

1. 朗格多运河

正如第 23 章所解释的，法国的几条大河及其重要支流在其自然状态下，或在小船的适航性方面有适度的改善，这将使运河化或修建人工水道的必要性推迟几年。这并不意味着没有考虑后一种可能性。事实上，一些非常雄心勃勃的运河项目被讨论过，甚至被调研过，但它们的执行被搁置到了以后的时期进行，部分原因是对所涉及的水利特征缺乏了解，另一部分原因是这些项目的规模和费用使其作为在政治动荡和政府财政拮据时期的权宜之计受到质疑。

这些运河项目中第一个也是最大的一个是在大西洋和地中海之间建立一条直通水道。

法国的地理形态和海岸线呈现出两个突出特征。首先，法国大致呈矩形；其次，它有两个被海水冲刷的海岸，南部与地中海接壤，西部与大西洋相望。这两个海岸都有重要的海港，但被伊比利亚半岛隔开，需要绕行，这在当时是一次漫长的航行，风暴和海盗的存在带来了许多严重的危险。然而，在这些海港之间，不断增长的商业不得不在两种弊端之间做出选择：直布罗陀海峡的不确定航行，还是同样不确定的全国各地的糟糕航线。

图 23.1 显示了法国的四条主要河流：中北部的塞纳河；中央地区的卢瓦尔河；南部的加龙河；东部的罗讷河。前三股向西流入大西洋，最后一股向南流入地中海。一些交通可以沿河流上下通行，但缺乏连接流域的通道。开发一条使商业免受海上和公路危险的路线的第一步似乎是连接四条河流中的两条。这不仅使流域间的水路贸易成为可能，还将提供一条从地中海到大西洋的直通路线。实现这些目的的项目被指定为“连接两个海城”的工程。

这个项目强烈吸引了弗朗索瓦一世的想象力，因为其规模巨大，并有利于内部商业发展，从而团结他的人民。也许是他的工程顾问莱昂纳多·达·芬奇鼓励了他，如果不是他自己受到启发的话。无论如何，莱昂纳多在法国去世前写的最后一篇笔记与弗朗索瓦的运河工程有关。

再次参考图 23.1，可以注意到法国主要河流之间异常接近的平行。罗讷河及其主要支流索恩河向南流经法国东部。卢瓦尔河发源于法国南部，距离地中海仅约 80 英里，向北流约 125 英里到达迪关，然后开始向西弯曲至圣纳泽尔河口。因此，罗讷河和卢瓦尔河两条河流相互平行，但有 125 英里方向相反，平均距离仅略大于 30 英里。

卢瓦尔河和塞纳河—约恩河之间也存在类似的情况，在相当长的距离内，它们相距仅约 25 英里。虽然加龙河与卢瓦尔河不平行，也不接近罗讷河，但其支流阿列日河距离奥德河 30 英里以内，奥德河是一条在纳博讷附近流入地中海的小溪。

随着这张地图及其独特的地形特征的进一步研究，取得显著成果的各种机会变得显而易见。人工水道将缩短连接塞纳河和卢瓦尔河的距离，或卢瓦尔河和罗讷河之间的，或阿列日河和奥德河之间的距离，后两条将连接“两个海域”，而第一条将在法国最富裕的两个流域之间提供连接的水路。

弗朗索瓦的目光转向大海。他急于建立对外贸易；他加强了法国海军；正如我们将在第 26 章中看到的，他最早的创造性行动之一是建造勒阿弗尔港，供海军和商业使用。因此，当他开始研究内陆水道时，他的第一个努力自然是通过一条完全在自己王国内的路线连接他的西部和南部海岸。为了实现这一目标，他必须在两个项目之间做出选择——卢瓦尔河—罗讷河的连通或从奥德河到加龙河的运河。后者较长，但显然不太难建造，并提供了从海到海的最短直通线路。因此，弗朗索瓦选择了南线进行考察，并任命西斯特龙主教和弗朗索瓦·康塞尔为专员，进行调查和制定计划。这些绅士不是工程师，所以为了做技术工作，他们雇用了尼古拉斯·巴塞利尔和阿诺德·卡萨诺夫，他们被称为“专家级水平的测量师”。

这些专家于 1539 年 10 月 20 日报告，建议理想水道的最佳路线是离开纳博讷附近的地中海，从那里沿着奥德河到达卡尔卡松，然后从那里通过维勒弗朗什和蒙特吉斯卡尔挖掘一条运河，到达图卢兹附近的加龙河。他们还建议沿着加龙河左岸挖掘一条运河，直到波尔多。

尽管他们提议在图卢兹—波尔多段设置三个船闸，两端各一个，另一个在中间，但他们对图卢兹至纳博讷段的船闸数量保持沉默。也许他们推迟审议这一非常重要的项目直到制定详细计划，因为它取决于最大供水量的费用和充足程度。然而，据说由于水准测量误差，加龙河的落差估计约为每英里 80 英尺，由于该河流坡度的错误，他们认为这是一个指导性的先例，他们认为可以建造一条坡度非常陡峭的运河，并且仍然可以通航。在对沙罗勒、布里亚尔和勃艮第运河的描述中，可以看出，在水位测量方面的类似错误以及对运河允许坡度的类似错误概念在一百年后仍然存在。

巴塞利尔和阿诺德建议的横截面为底部宽 6 肯，水面宽 8 肯，深度 1 肯。然而，最后一个尺寸指的是最小挖掘深度，因此大于水深，可能在 3.5 英尺左右。1 肯等于 8 潘，是仅在法国南部使用的长度测量单位(参见附录)。其值随地域而变化,从5.872英尺到6.603英尺不等。因此,运河底部的宽度大约在35到40英尺之间。

所涉及的工作量、供水的不确定性,以及最重要的是,缺乏能够指挥和执行如此巨大工程的人,是这一雄心勃勃项目的主要障碍。1542年,莱昂纳多去世,他是唯一一个为弗朗索瓦服务且能够成功地完成这项任务的人。1547年,弗朗索瓦本人去世,使推动该项目的能量消失了。于是,进展停止了。

弗朗索瓦的儿子和继承人亨利二世允许这件事搁置,尽管查理九世(1550—1574)的议会对其进行了审查,但内战的爆发突然结束了他们对该项目的考虑。

如果严格遵守确定文艺复兴时期界限的任意日期,创建法国运河系统的故事将在这一点上突然停止,因为1603年底之前没有进行任何实际建设。但这种严格解释的适用是不公平的。任何项目的功劳都应适当地归于明确构想的时代,而不是最终实施的时代,因为智力成就而不是实际成就才是决定因素。

有四个杰出的运河建设项目,尽管在文艺复兴之后的几年中实施,但在其结束之前就已经完成构思、规划和设计,几乎所有后来参与实际建设并密切遵循原计划的人当时都已经在舞台上,或者至少在1603年还活着。因此,文艺复兴必须归功于或归因于观念上的大胆、判断上的正确以及设计上存在的错误。通过对这些因素的分析,可以对现有知识进行评估。

图23.1所示的这四条运河是从纳博讷到图卢兹的朗格多克运河;从迪关到索恩河畔夏隆的沙罗勒运河;从索恩河到约讷—塞纳河的勃艮第运河;还有连接塞纳河和卢瓦尔河的布里亚尔运河。前两个现在分别被称为米迪运河和中央运河。

在亨利四世结束了他和他的家人一直在进行的内战和宗教战争之后,他将注意力转向了国内发展,而他的国家正处于这种可怕的需要之中。对他来说,最有希望的事业是朗格多运河项目,该项目已经搁置了60年。1598年,在胡格诺派和罗马天主教派别签署和平条约后不久,他致函纳博讷大主教红衣主教德乔伊斯,要求他对旧项目进行新的调研并报告。因此,亨利四世和弗朗索瓦一世一样,在重大建设问题上向神职人员而不是工程师寻求建议。

当我们阅读红衣主教对朗格多运河问题的分析时,可以看到,当弗朗索瓦·德·乔伊斯在教堂接受命令时,建筑领域失去了一位有价值的领袖,因为很明显,他拥有一种能抓住问题主要因素的头脑,并将其按顺序排列从而得出公正的结论。他的祖父为法国元帅的指挥棒放下了主教的十字勋章,而他的孙子则可以将红帽子换成工程师的精密仪器。因此,当国王向教会的王子寻求建议时,他没有做出错误的选择。

红衣主教表示,他与所有能够提供可靠建议的人进行了磋商,从他们的证词来看,运河的首选路线是将加龙河与卡尔卡松附近的奥德河连接起来,但诺鲁斯岩石(位于分水岭顶端的维勒弗朗什和卡斯泰尔诺达里之间)构成了严重障碍;但皮埃尔·雷诺提出了一种避免这种情况的方法,他曾在克拉波纳制定运河计划时担任过主水平测量师。他曾建议,不要在图卢兹附近挖掘加龙河,而是从加龙河的支流阿列日河开凿一条运河,到诺鲁斯以东的一点,在那里它将与旧路线汇合。红衣主教担心阿列日河可能缺水,但雷诺向他保证,流入加龙河的溪流可以很容易地通过一条辅助运河改道,并且阿列日河只需要一个船闸。有趣的是,即使在这么晚的时期,红衣主教仍认为有必要向国王解释,这样的设计类似于威尼斯和帕多瓦之间运河上的船闸。这似乎缺乏关于船闸的信息,再加上雷诺在阿列日河只考虑了一个船闸,这表明法国运河的第一批项目建设者没有意识到经常使用人工辅助工具来克服地形高程差异的必要性。从他的问题来看,德·乔伊斯似乎没有陷入他们的错误。

红衣主教意识到,在决定是否修建运河之前,必须考虑除路线和供水之外的其他因素,即使实际上是可以修建运河的。因此,他指示应就所需的尺寸、水深和吨位以及施工所需的成本和时间进行调查。根据他的调查结果,他建议运河应宽 10 肯(大概在水面上),深 1 肯,最大水深为 6 英尺,这将允许承载 1 000 公担或约 100 000 磅的船只通过——这不是当时的常见负荷。

至于费用,他估计每肯长度平均将花费 20 里弗尔,前提是开挖材料可以存放在河岸上,而当必须运走时,费用是原来的两倍,因此仅用于开挖的总费用估计为 400 000 埃克斯。此外,还需要 200 000 埃克斯用于清除岩石、改道奥德河、修建船闸(数量未说明)和支付土地补偿,最后一项估计超过 20 000 埃克斯。1 埃克斯当时价值 2.12 美元。

至于完成这项工作所需的时间,他认为 5 000 名工人可以在一年内完成。这个数字是基于一个假设,即五个人每天可以挖掘一肯的长度,这相当于每天劳动挖掘大约 6 立方码。

最后,红衣主教向国王指出,相比这个项目,没有任何项目能够为整个国家带来更大的利益,也没有任何项目能为完成这项任务的君主带来更多的荣誉,因为有史以来最伟大的国王之一(弗朗索瓦一世)在这项任务中失败了。

然而,这一工程壮举的时机还不成熟,亨利将行动推迟到 1604 年。与此同时,德·萨利公爵被任命负责公共工程。他认为,从塞纳河到卢瓦尔河修建一条运河比从加龙河到地中海修建一条更为有利。因此,后一个计划被搁置。然而,1613 年,路易十三再次接手,1632 年,伟大的红衣主教黎塞留对它产生了极大的兴趣。但诺鲁斯分水岭的困难似乎仍然无法克服。最后,1660 年,路易十四统治时期的大师科尔伯以他一贯的活力开始了这项工程。他发现皮埃尔-保罗·里凯·德·邦雷波斯是一位具有足够勇气和判断力的工程师,能够成功地解决长期争论的问题。

里凯做了其他人没有做的事情,他做了一次彻底的调查,不仅包括路线,还包括支流及其流域和流量。他确定了船闸的数量,并计算了所需的最大水量,以确定必要的船闸数量。他的初步报告(1662)建议修建一条表面宽 8 突阿斯、底部宽 6 突阿斯、深 9 皮耶的运河,即分别约为 50 英尺、37 英尺和 9 英尺。他意识到,这个深度需要 18 皮耶高的船闸门,但他有信心能够成功地制造。拟建的从图卢兹到埃坦德绍的运河长度为 144 英里——这是一项规模不小的工程。

科尔伯热情但谨慎。在批准之前,他建议挖掘一条小型试验沟渠,以证明水会像里凯声称的那样流动。里凯对自己计算的准确性非常自信,因此他自费挖了这条沟。它的完工证明了他的计划的合理性,于是国王根据科尔伯的建议,委托工程师继续施工。里凯于 1680 年去世,但当时工程进展顺利并于 1681 年完工。因此,在几乎整整 150 年后,由弗朗索瓦一世发起的这项工程,即当时最雄心勃勃的运河计划,最终完工。它仍然以米迪运河的名义存在。

里凯设计的船闸在细节上比一百年前建造的船闸更为坚固,但它们包含了旧而无用的弯曲侧壁。图 24.1 显示了其中一个的平面图和立面图。一座铺砌的公路桥穿过运河左端。

闸门之间的船闸的可用长度为 15 突阿斯(96 英尺),扣除桥梁所需的延长部分后,整个长度为 21 突阿斯。入口宽度为 3 突阿斯,池壁最大宽度为 5.5 突阿斯。槛台上的水深为 5 皮耶。

一个有趣的船闸在平面上是圆形的,由此与分支渠实现连接(图 24.2)。其内径约为 14.5 突阿斯。

2. 沙罗勒运河

这两个海域之间的另一种连接方式是卢瓦尔河和罗讷河之间的一条运河,这条运河在物理上是可行的,并具有许多吸引力,其平行和靠近河段的 125 英里长度已经描述过了。

这条路线的地理优势和商业效益显而易见。卢瓦尔河沿岸是南特、图尔、布卢瓦、奥尔良和讷韦尔等重要城市,而罗讷河下游的沿岸则是里昂、瓦朗斯、阿维尼翁和阿尔勒(Arles),马赛当时和现在一样是地中海上的法国主要港口,就在不远处。这两条大河如果通过一条运河连接起来,不仅将提供一条从比斯开湾到地中海的直通水路,而且还将与法国中部主要人口和生产中心的交通设施相互连接。

1538 年,弗朗索瓦肯定已经认识到卢瓦尔河—罗讷河连接为雄心勃勃的君主提供的无论是政治还是商业,机会和吸引力,但在与纳博讷—图卢兹线进行权衡后,他决定支持后者并下令进行调研。

弗朗索瓦很少为自己的行为给出任何理由,在为这条运河选择纳博讷—图卢兹路线时,他没有违背自己的习惯。由于卢瓦尔河—罗讷河路线将服务于比其他地区更富

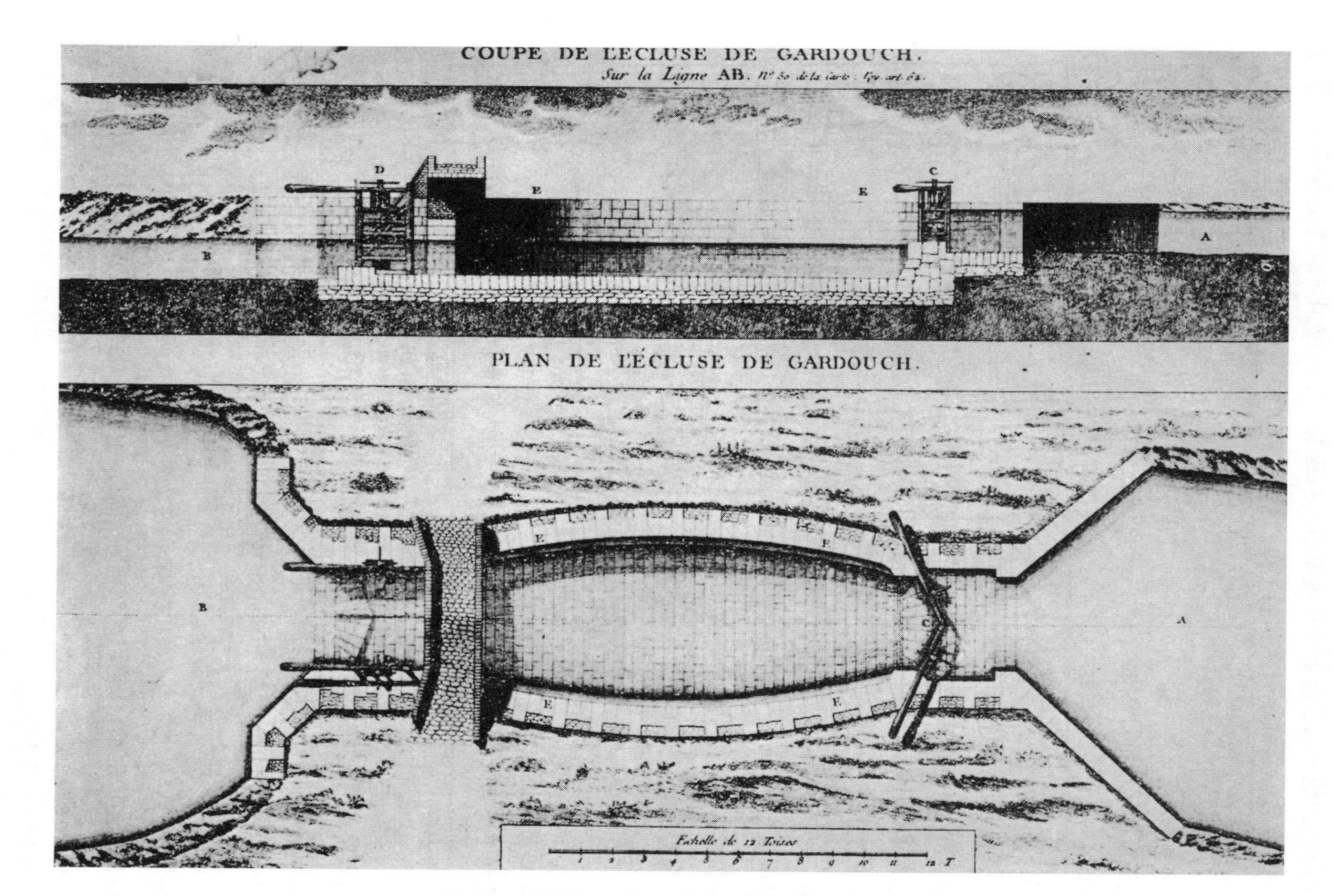

图 24.1　米迪运河的里克特船闸的规划和立面图

摘自 *l'Histoire du canal de Languedoc*….*par les descendans de P. P. Riquet de Bonrepos*(巴黎,1805)

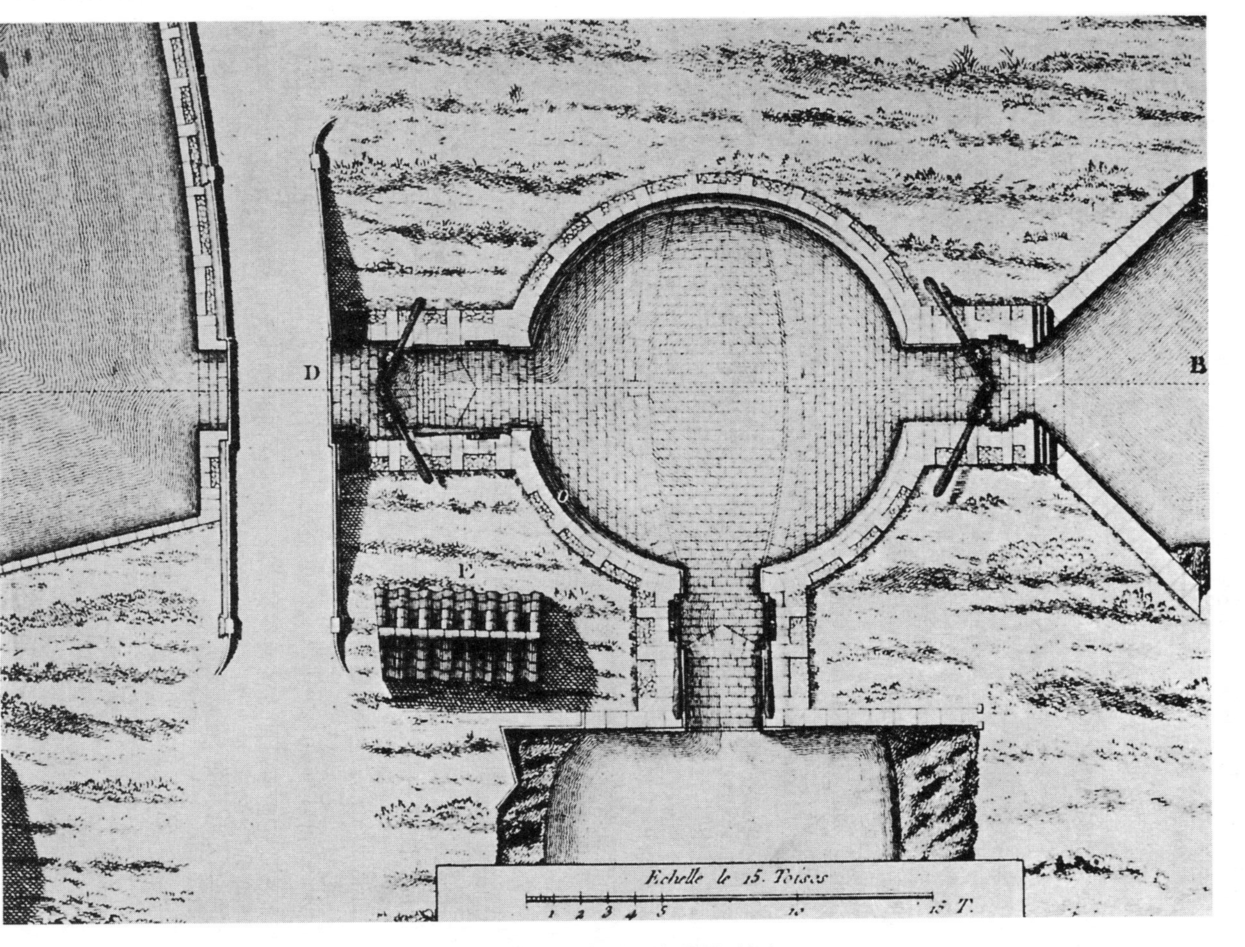

图 24.2　米迪运河的里克特圆形船闸

裕和人口更多的地区，我们必须从表面下寻找一个足以压倒其强大政治吸引力的理由。因为弗朗索瓦尽管拥有强大的专制权力，但他意识到通过培养公众认可可以获得力量。由于总体考虑的重要性决定了卢瓦尔河—罗讷河路线，他对它的否决只能归因于所涉及的工程特征的规定，而这些特征肯定定义明确。

卢瓦尔河和罗讷河之间在里昂附近或下方的任何一点都不可能连接，因为中间有高地而且山顶处难以获得水。运河唯一可行的位置位于里昂北部，卢瓦尔河和罗讷河的主要支流索恩河之间。然而，这样一条运河会有两个严重限制其经济用途的特征：卢瓦尔河上游和索恩河全年都无法在其自然状态下通航，因此需要花费大量费用进行繁重的工作。

加龙河也是如此，尽管程度较小，但就加龙河而言，只有一条河流需要处理。此外，加龙河的困难可以通过在图卢兹下游相对较短的距离内对河流本身运河化，或者通过修建一条侧运河来克服，就像后来所做的那样。

由于弗朗索瓦的主要思想是两海之间的连接水道，朗格多克运河更适合他的目的。这并不意味着他完全抛弃了卢瓦尔河—罗讷河项目，而是他将其降到了第二位。然而，在他死后，卢瓦尔河—罗讷河项目与其更受青睐的竞争对手一起陷入困境。

卢瓦尔河—罗讷河运河建议的短暂复兴在亨利二世统治时期(1547—1559)非常活跃，当时来自普罗旺斯的工程师亚当·德·克拉蓬进一步研究了卢瓦尔河和罗讷河水汇合的可能性。克拉蓬认为，总的来说，这种联系比纳博讷—图卢兹运河更能带来商业上的成功。正如我们所看到的，他有很多理由来证明这一观点。他可能也有偏见，但可以原谅：罗讷河流经他的祖国普罗旺斯，如果这条河成为一条直通路线的一部分，他自己的家乡将受益。

当他开始研究这个问题时，他很快发现，连接里昂南部的两条河流相互平行接近，由于地形条件在经济上和建设上都是不适合直接相连的，他选择了唯一可行的方案，对两条彼此相距不远的支流进行运河化，并在它们的源头之间挖掘一条运河。其中一条支流，布尔比斯河，在迪关流入卢瓦尔河；另一个是邓恩河，是索恩河畔夏隆附近索恩河的一条支流。迪关和夏隆直线距离上仅为约45英里。

为了修建这样一条运河，因为它位于沙罗勒山脉的山谷中，所以被称为沙罗勒运河，克拉蓬准备了计划并提交给国王。但时代太过动荡，无法对如此广泛的承诺进行认真考虑，这一提议一收到就归档了。

在进一步的研究中，克拉蓬改变了自己的立场，推荐朗格多克运河为首选，从而独立得出了弗朗索瓦多年前得出的结论。在这一逆转中，我们看到工程师冷静而老练的判断推翻了早期狂热者渴望为祖国做点什么的不理性印象。克拉蓬没有解释为什么他将自己的忠诚从沙罗勒转移到朗格多。这可能是因为他无法看清如何使卢瓦尔河和索恩河在任何季节都具有足够的通航能力，以证明运河的成本合理，也可能是因为，他实地测试并确定了真实海拔后，认为它们太高而无法克服。

查尔斯·伯纳德于1613年就这条路线修建运河的可行性撰写了一份报告，报告中给出了两条河流之间的最高点在卢瓦尔河上方60皮耶和索恩河上方70皮耶的高度，而实际数字分别约为其四倍和六倍。这样的错误几乎令人难以置信，但这是这一时期高度测量不准确的另一个例子。

对沙罗勒运河的任何进一步考虑都停止了，直到1765年，该运河再次以中央运河的名义开工并建成。

3. 勃艮第运河

当亨利三世于1574年接替了他的兄弟时，所有在法国修建一条大运河的想法显然都已经破灭，但当另一个完全无关的项目开始时，新的生命突然意外地注入了该项目。在法国中部有大片沼泽，如果它们被排干，将非常有价值。但法国当时没有一位工程师具有足够的经验，能够在所需的大规模范围内布置和执行这项工作。由于人们普遍要求进行这项改造工程，因此到荷兰去寻求专业援助，在荷兰已经成功地开展了许多类似的工作。作为对官方询问的回应，佛兰芒政府推荐来自布拉班特的工程师汉弗莱·布拉德利为"技术熟练的人"。

布拉德利是一位机警、精力充沛的推动者，也是一位熟练的工程师。当他抵达法国了解到60年来两海间航道项目一直是历届法国政府和工程师个人的目标，且他们为此付出的努力都化为了泡影时，他的雄心壮志被激发了，他要在其他人失败的地方取得成功。他立即决定制定一项贯通水道的计划，并将其作为私人经营项目进行建设。

布拉德利选择的路线不同于之前，尽管弗朗索瓦一世在第一次考虑直通方案时就考虑了罗讷河—塞纳河连接的可能性。布拉德利建议将塞纳河与罗讷河连接起来，而不是将加龙河与地中海连接起来，或将卢瓦尔河与索恩河连接起来。他将他的提议缩减为书面形式，并提交给亨利四世。该文件没有日期，但写于1595年之后和1600年之前。

运河的实际路线没有具体说明，只是说它要穿过勃艮第公国，利用看起来合适的小河或大河。布拉德利太聪明了，不会把自己放在一个由于他过于明确而让自己陷入困境的位置上。他指出，通过他的运河、罗讷河和塞纳河，地中海和勒阿弗尔之间的距离将约为260古法里(715英里)，而绕过直布罗陀的距离为900古法里，且伴随着"海盗、风暴和风向变化的危险"。

24名有经济能力的人以财团的形式与布雷德利合作，他们将挖掘一条宽度至少为

7 突阿斯的运河，全年的最小水深为 3.25 皮耶。他们将完成这项工作，并在被运河切断的主要道路上修建堤坝、拖航道、船闸、蓄水池和桥梁，全部费用由他们自己承担；他们还将提供所需的所有土地和材料，但后者将免征关税和地方税。财团打算通过收取交通费来偿还他们的投资。

布拉德利在给国王的请愿书中代表他的合伙人要求国王将他们提升为贵族，并为自己解释说：

“我知道，这是可以描述的最伟大的项目之一，一个贫穷的外国绅士竟然敢独自一人提出保证成功的提议，这可能令人惊讶。但我非常清楚，这项事业以其规模巨大将产生足够多的手段，使问题得以顺利解决，因此，我将在多个地方同时充满信心和热情地工作，结果将证明莫里斯亲王阁下以及我的各省领主已向已故陛下派遣了一名非常谦逊的仆人，他有能力履行堤坝大师的职责。”

尽管这条运河提供了一条连接两个海域的直通水道，但它并没有像通过布里亚尔运河连接卢瓦尔河—塞纳河那样具有巨大的政治吸引力，因此，尽管提供了私人资本，但对萨利公爵没有吸引力。

在这一时期，第戎是一个重要的城市，影响力不断增长，贸易不断扩大。卢瓦尔河—塞纳河连接不会使第戎受益；事实上，它已经习惯了竞争城市的优势。另一方面，布拉德利提出的建议将第戎置于横跨法国的主要水道上。因此，当萨利拒绝了布拉德利的提议时，第戎的官员立即要求后者将他的计划具体化为当地项目。

第戎市档案馆记载，1606 年 5 月，市议会指示高级子爵和总督埃德姆·乔利(Edme Joly)与被描述为布拉班特绅士的布拉德利讨论，“最简单和最方便的方法是使乌什河(Ouche)从第戎通航至索恩河，以便为船只提供到达城市的设施，并开始连接两个海洋的工作，布拉德利已告知他们陛下希望通过塞纳河和索恩河。”

乔利做了一份报告，详细描述了他在布拉德利和各种专家的陪同下对拟议地点的视察。从这份报告中可以明显看出，布拉德利对如何处理这个问题有明确的定义。由于他甚至在自己的国家也享有盛名，他的想法可以被视为代表了 16 世纪末河流运河化和运河建设的最先进水平。

他指出，乌什河蜿蜒曲折，沿河行驶从第戎到索恩河的距离至少延长了四分之一，水流湍急，在洪水来时河岸会被破坏，而侵蚀的物质会沉积在河道中。

考虑到乌什河的这些特点，他建议不考虑改善河本身。相反，他建议在第戎和索恩河之间挖掘一条新的运河，这条运河离河岸的距离不应超过 30 突阿斯(182 英尺)。他将使这条运河宽 36 皮耶，水深至少 3 皮耶，两侧的护堤宽度不小于 30 皮耶，以便提供足够宽的拖航道。如果运河切断了四条或五条主要公路，则会建造石桥穿过，石桥高度足够高，其下可以让船只通过，宽度足够宽，其上可以容纳行人、马车和马匹。在第戎,他计划建造一个码头港池或港口,用一个砖石筑坝将河流筑成一个至少3皮耶深的水池,供船只停泊。他将这座大坝描述为“带斜坡的墙”(斜面),表明它是一个溢流结构。在大坝的南端,他建议将港池与运河连接起来。

布拉德利的观察得到了充分的考虑,他的细节也得到了完善的判断,但有一点除外:当他处理运河的坡度和水的控制时,他显示出自己不如半个世纪前制定了奥隆河运河化计划的法国工程师先进。

为了克服运河两端的高程差异,他没有建议使用船闸,而是设置“15或16”个闸门,他说,这些闸门可以阻挡水流,并在需要通过船只时打开。这种闸门可以代替双闸门船闸的想法表明,他对船闸消除河流表面坡度的功能,以及斜坡产生的对水流速度的影响和理解是多么地不完善,尽管意大利有150年的运河化经验来指导他。

第戎与其与索恩河交汇处之间的乌什河高程差约为180英尺,根据河流水位的变化而略有不同,而距离不到20英里。

如果使用布拉德利建议的最大数量16个闸门,每个闸门的平均落差约为11英尺。如果试图通过小的边门开口降低紧靠闸门后面的水面,那么在主闸打开之前,下一个上层的水就会被完全抽走,或者会有大量水流通过闸,船只无法逆流而上。布拉德利自己估计,一艘船通过闸门所需的时间是30分钟,他认为,这足够长。调整水位差,打开闸门,而且他补充说,如果能将十几艘船聚集在一起,它们通过的时间不会比一艘船所需的延迟更长。

有两种可能的解释说明为什么布拉德利,这位公认的专家会完全错误地判断地形的影响。一个是他在佛兰德斯的经历,那是一个平坦的国家,运河中只有一个潮汐闸门,当两边的水位差很小时,闸门可以随时打开和关闭。在佛兰德斯,没有必要担心任何水的浪费。当布拉德利发现自己面对勃艮第破碎的地形时,他没有指导标准或先例,也没有计算结果的数学方法。他只能靠眼睛观察和满腔热情,如果他的判断不加以验证,可能会带来危险。在为奥兰治王子辩护时,应该记得,他曾推荐布拉德利为排水专家,而不是运河事务专家,而布拉德利则是以后者的身份自己挺身而出的。第二种解释可能是,布拉德利和其他工程师一样,要么在确定海拔高度时犯了错误,因此认为第戎河与索恩河的高度差远低于实际高度差,要么由于没有计算落差和距离导致的流速增加的公式,也没有尝试测量海拔高度,而全凭猜测得出他的结果。可以表明他的计划离要求有多远的事实是:完工后,运河安排了21座船闸,而不是他提议的16座单闸门船闸。

布拉德利希望闸门上方的每个河段都是水平的,没有流速。他承认,这将迫使船只使用动力,无论是拖曳还是划桨,即使从第戎往下游行驶时。他随即指出,这种不便将被一个事实所抵消,即向上游行驶的船就不必与逆流抗争。他估计行程所需时间为

12 或 14 小时,平均分为闸门口延误和实际过闸时间。这一次,他无法"纠正",但会发现它是"可承受"的,因为一艘船可以运载多达 40 辆大车,因此,水路运输的费用将低于陆路运输。

他愿意签订合同,在 18 个月内以 120 000 里弗尔(75 000 美元)的价格完成运河建设,前提是第戎提供通行权和所有必要的土地。六千里弗尔将提前支付,以支付他的安装费用,余额按每周估算。如果市政府愿意承担施工责任,布拉德利提供其作为指导工程师的服务,整个工程时间内收取 2 000 里弗尔的聘请费和 7 000 里弗尔的工资。

无论是因为这项计划经过深思熟虑后没有得到官方的支持,还是第戎市找不到资金(这是更合理的假设),总之没有采取任何行动来实施布拉德利的建议。

然而,这一努力并没有完全白费,因为在第二年,萨利指示总督艾蒂安·洛西和第戎财政部部长扎卡里·皮吉对城市和索恩河之间的运河进行了新的调研。测量员采用了 17 突阿斯(108.8 英尺)长的绳索作为测量单位,这与现代美国工程师的标准 100 英尺的"站"非常接近。调研结果建议按照布拉德利先前提出的总体路线和计划,在第戎和索恩河之间修建一条运河。

根据调查,这条运河的长度为 15 971.5 突阿斯(19.3 英里),表面宽 36 皮耶,底部宽 30 皮耶。如果假设水深为 3 皮耶,则边坡斜度将为 1∶1,这是一个不稳定的边坡斜度。总开挖量估计为 100 000 立方突阿斯。

但如果布拉德利在建议只使用单闸门船闸时犯了错误,那么萨利的委员和工程师们完全没有考虑船闸或闸门就更是误入歧途了!他们在报告中指出,除挖掘外,唯一需要的施工就是地面较低的路堤。

在具有上述横截面的运河中,19 英里内的落差为 173 英尺,平均流速约为每小时 4.5 英里,在中游最大流速接近 6 英里。这样的水流将使航行变得不可能,并将迅速耗尽所有可用的水。

在本报告所述期间结束时,关于允许流速以及由任何给定坡度产生的水道中的流速的知识或知识的匮乏,没有比布拉德利的报告和随后两名官员的报告更好的评论了,以及当河流或运河的坡度超过报告中所述的更陡而需要船闸时,运河所需的水量究竟应为多少,他们当时一定是获得了最好的专业建议。但他们在 1607 年才提出的运河后来却完全不起作用。尽管未能分析和理解问题中的所有因素,法国的运河建设已经开始。我们也看到了,意大利 150 年前就开始了大规模的相关工作。

在这些尝试之后,乌什河的运河化工程被搁置了近两个世纪。1775 年,它再次被开启,并计划将其延伸至茹瓦尼(Joigny)附近的约讷河(塞纳河的一条支流),整个工程命名为勃艮第运河。这条运河已成功完工,目前仍在使用中。

4. 布里亚尔运河

虽然通过人工水道连接两个海域的雄心勃勃的项目受到了法国工程师的关注，但也有一个类似的项目意向形成了，即卢瓦尔河谷与塞纳河的连接。这两条河流经该国最肥沃的地区，河岸上有许多繁荣的城市，包括塞纳河畔的巴黎。在这些城市中，已经有了广泛的贸易往来，如果有更好的交通工具，无疑可以大大增加贸易。从奥尔良向西 50 英里到枫丹白露附近，卢瓦尔河与塞纳河仅相隔 50 至 60 英里，由两条大河的几条支流相交。这是一个需要弥合的鸿沟。主要困难在于它的高度，该点比卢瓦尔河高 100 多英尺，比塞纳河高 400 多英尺。

除了当地的优势，卢瓦尔河—塞纳河运河为国家带来了巨大的进口机会。如果在卢瓦尔河和罗讷河之间开凿一条运河，形成一条海域间航线，那么卢瓦尔河与塞纳河之间的一条运河将连接后一个河谷和罗讷河，从而形成塞纳河—罗讷河的第二条海域间航线，并提供一条连通法国南部和中部所有重要城市的水道，一直延伸至塞纳河支流的北面。因此，整个项目将很容易激发工程师的进取心或政治家的雄心壮志。

在 16 世纪，这个问题曾多次被提出，但每次都被搁置，因为人们更希望首先建造一条连接两片海域的水道，其次是因为过度尊重跨越分隔的顶峰的困难。但就在文艺复兴时期接近顶峰之际，出现了一位具有远见和行动力的杰出人士，他们面临的障碍只有克服，他们不会因为一些不太值得的替代品感情用事而偏离他们的目标。

这一次，是马克西米利安·德·白求恩，罗斯尼男爵，即后来更为人熟知的德萨利公爵。尽管他在历史上的声誉和地位取决于他作为政治家的成就，但不能忘记，在他早年，在他梦想领导法国事务之前，他曾学习数学并在工程中实践。正是这种思想和经验的趋势帮助他为他的皇室主人亨利四世规划了法国的实质性改良和发展。

马克西米利安于 1559 年 12 月 13 日出生在曼特附近的家中。他只有 11 岁时，就被纳瓦拉的亨利带到巴黎的勃艮第学院，据说，他在那里，虽然是新教徒，但他通过招摇地携带一本小书，逃脱了圣巴塞洛缪的屠杀。在学习应用科学之后，他于 1575 年加入亨利的军队，并在该领域取得了巨大成就，尤其是作为一名工程师。当亨利四世成功击败敌人时，罗斯尼成为他的指引灵，后来他被任命为德萨利公爵。他是建议亨利接受罗马天主教的人之一，尽管他本人始终坚持自己的新教信仰。

他的荣誉和信任地位很多。1596 年，国王任命了一个由九人组成的委员会，其中罗斯尼是其中之一，负责改善法国的财政状况，当时法国的状况非常糟糕。1598 年，国王将他任命为财务主管，并以此身份改革国家债务。他担任的其他职务包括：法兰西大路政官，负责控制公路和公共工程；防御工事和火炮总监；曼特斯总督；巴士底狱的将军和总督，以及普瓦图的总督。他拒绝了法国警察的高级职位，因为他不会改变自己的宗教信仰。

正是大路政官这一非常重要的职位，与当前的故事最为相关。在其领导下，他以充沛的精力和决心致力于促进法国的国内商业，作为一名政治家他认识到统一一个分散的国家和恢复和平的最佳方式是通过先进的交流手段将人民团结在一起，同时让他们从事有益和有利可图的事业。他修建道路和桥梁，并开始修建运河。

我们已经看到，70年来，建造一条从大西洋通往地中海的大运河的一个又一个项目是如何被审查的，而每一个方案都被否决。通过运河连接两大洋的想法非常吸引人，但萨利冷静的判断认为，无论发展外贸多么重要，加强国内贸易，尤其是将法国尽可能大的一部分直接与首都巴黎连接起来，会对他有更大的用处。第一个计划是理论性的，第二个计划是非常实际的，萨利是一位务实的政治家。在不否定直通路线的情况下，他决定立即在塞纳河和卢瓦尔河之间修建一条纽带，他认为这条纽带将巴黎与另一条向东的水道连接起来，并通过罗讷河通往地中海。

因此，他对这条运河进行了调研并制定了计划，最终选择了一条路线，从奥尔良上方约45英里处的小村庄布里亚尔的卢瓦尔河开始，从那里经过特雷泽河，进入卢瓦尔河流域，并通过乌祖尔、罗尼和沙蒂隆到达蒙塔日。在这一点上，运河化将停止，因为卢安河从蒙塔日到瑟普瓦(在此流入塞纳河)的河段被认为是可通航的。1604年，与休斯・科斯尼尔签订了修建这条运河的合同。

科斯尼尔负责修建的运河，至今仍被称为布里亚雷运河，长28 299突阿斯(34.3英里)，水面宽度为24至30皮耶，或足以让两艘船只通过。在布里亚尔，最高水位比卢瓦尔河高102皮耶，在蒙塔日，比卢安河高242.5皮耶，比塞纳河高409皮耶。

为了克服这些高度差异，17座船闸位于卢瓦尔河，31座位于卢安河。这种从中间山顶向两个方向下降的船闸布置是布里亚尔运河的显著特征，因为这是第一条以此类方式建造的运河。这也是法国第一条真正用于航行的运河。船闸被作为原始设计的一个组成部分，这一事实引起了极大的兴趣。我们已经看到，在朗格多运河、沙罗勒运河和勃艮第运河的研究中，虽然与布里亚尔运河的研究同时进行，但省略了船闸。因此，布里亚尔运河是这一时期法国运河设计的一大亮点。不幸的是，建议使用船闸的作者已不为人知，但难道我们不能至少将部分功劳归于萨利本人，一位工程师和政治家吗?

船闸是小型的，长14突阿斯(约90英尺)，一次只供一艘船使用。他们在特雷泽河和卢安河的平均抬升高度分别为6英尺和8英尺。船闸全部是木制的。

根据科斯尼尔的合同，要完成的工程量和要支付的价格如表24.1所示。

表 24.1

完 成 的 工 程 量	价　　格
149 979 立方突阿斯的土方,每方 2 里弗尔 6 索尔	344 931 里弗尔
48 个船闸,每个 2 000 里弗尔	96 000 里弗尔
每个船闸的铁制品,150 里弗尔	7 200 里弗尔
土地和土地损害费用	22 000 里弗尔
河流扩大	16 869 里弗尔
砖石结构和五个吊桥	18 000 里弗尔
全部合同价格	505 000 里弗尔

挖掘的估计成本(表 24.1 中的第一项)有轻微误差:正确的数字为 344 951 里弗尔。当时里弗尔的价值约为 60 美分,由于每立方突阿斯等于 9.7 立方码,因此以美元计算的挖掘成本约为每立方码 14.25 美分。

为了协助承包商完成在法国进行的最大规模的建筑工程,萨利向科斯尼尔派遣了 6 000 名士兵,以便为他提供充分可靠的劳动力供应。

但布里亚雷运河在新的和未开发的领域走上了许多其他项目的道路。在工程开始之前,科斯尼尔抱怨说,他被命令修建一条比合同中规定的长 2 古法里(5.5 英里)的路线。在向国王委员会提出上诉后,他提交了一份由工程大师让·方丹绘制的地图和调查作为证据。他还认为,较短的路线将提供更好的航行设施。承包商的抱怨得到支持,他被命令在较短的路线上建造。

1606 年,在工程进行了大约一年后,萨利亲自检查了工程。根据他自己的工程知识和经验,他认识到,正如弗朗索瓦·莱弗尔和让·方丹在一份报告中所述,如果在所采用的位置上实施该计划,运河在大部分时间内将是无用的,容量将不足以满足可见的交通,由于河流频繁发生洪水,维护费用将过高。萨利随即任命自己为首席工程师,并提出了一项新的计划,用在山坡上开凿的运河,以取代先前扩建和疏导特雷泽河和卢安江的计划。他希望通过保持河床不受洪水干扰,因为运河中多余的水可以很容易地排入下面的山谷。为了提高吨位,他下令将船闸的长度增加到 22 突阿斯。这段长度将容纳卢瓦尔河上最大的船只。为了使船闸更持久,减少维修费用,他下令用砖瓦代替木材。

虽然这些改变是可取的,但是完全超出了科斯尼尔合同的范围。为了对这些根本性改变进行调整并确定应支付给承包商的新的金额,莱弗尔和方丹于 1606 年 12 月 30

日被任命为仲裁委员会委员。莱弗尔是法国皇家议员和财政部部长，负责巴黎地区的财政事务，方丹是木匠大师，科斯尼尔于1604年聘请他进行调研。因此，委员会代表了争议双方。

他们1607年4月的报告令承包商不满意，承包商声称，委员会低估了工程的价值，将某些项目的价格定在低于其实际成本的水平上，这样也就不允许有任何利润，并忽略了对其他项目的所有考虑。针对承包商的抗议，他们于1607年6月提交了第二份报告，该报告似乎涵盖了所有争议点。

根据这一新的安排，科斯尼尔一直积极工作到1609年，但发现尽管有额外的津贴，合同仍然会带来损失，他再次上诉要求重新测量。1610年2月，同一批专员第三次被指示开展这项工作，重新估计已经做了什么，还需要做什么，并根据实际经验确定公平的价格。为了公平公正，充分覆盖所有领域，莱弗尔先生和方丹先生叫来了同伴皮埃尔·查比奇，一位大师级的石匠和皮埃尔·阿梅洛特，一位石匠和木匠。前者代表国王，后者代表承包商。

科斯尼尔向仲裁委员会提交的索赔要求，准确地说这与现代承包商试图逃避繁重的协议的情况完全一样。他敦促董事会特别注意：首先，他给新运河的深度比修订后的合同要求的要深，这样它们可能是最好的；第二，根据所遇到的材料的性质，挖掘成本是估计金额的两倍；第三，大量的泉水导致许多工作要在水下完成；第四，挖掘材料的搬运和提升成本实际超过12里弗尔/立方突阿斯，而合同价格为2里弗尔6索尔/立方突阿斯；第五，必须将船闸地基上的弃土运到很远的地方，以避免河岸过载，从而造成滑坡的危险；第六，考虑到需要围堰将水排除在开挖范围之外，砖石结构的成本远远高于预期，并且为了挡住较重的土壤，必须增加墙壁的厚度；第七，发现设计的船闸门叶很薄弱，必须加厚加强；工程必须在水中进行，因此需要经过专门培训的工人；材料必须从五到七古法里远的地方运来，铁制品的数量被低估，而实际成本是4索尔，并非调整后的合同价格2索尔6丹尼；第八，在之前的调查中省略了各种项目，如闸底板和隔墙下方的砌体、排水口下方的双层木板以及用于嵌入闸门铰链、环、夹具和其他连接件的导管。

人们不禁同情科斯尼尔。他真诚地接受了合同，方案的设计采用了可用的最佳技术，但承包商和设计师都缺乏基于经验总结的知识，无法正确估计开挖成本或问题要求。随着工程的发展，发现位置不正确，河流无法运河化，船闸太小又太弱。

由莱弗尔、方丹、查比奇和阿梅洛特签署并写在104页长上的仲裁报告仍保留在巴黎国家图书馆。这是一份模型文件，详细阐述了工作的每一个细节。路线分为多个路段，并经过测量开挖量。每个船闸、桥梁、路堤和其他结构都是单独记录的，并且在工程完成时测量或计算(如果未完工)几种材料(木材、砖石、金属或土方工程)的数量，记录的价格与每个组成单元相对。

关于土地和土地损害费用，仲裁委员会发现，科斯尼尔已经或将不得不花费 40 000 里弗尔，而不是 1607 年报告中估计的 22 000 里弗尔。为了表明编制估算时的谨慎态度，规定，由于科斯尼尔希望保留个人财产，应扣除一些获得通行权但不需要的土地，包括一个磨坊和其他财产，仲裁委员会估价为 8 000 里弗尔，但他将在任何时候将其移交给皇室，支付 8 000 里弗尔加上改进成本。仲裁委员会还将科斯尼尔的索赔转交给他，他要求赔偿大洪水造成的损失，因为他发现洪水在整个法国都很普遍，造成的损失不是他的过错。由于偿还超出了他们的权力范围，他们将这一要求提交议会。

还有其他值得注意的施工项目：仲裁委员会建议，应使用机器打桩机打入双排桩，桩长 15 至 16 皮耶，桩端 7 至 8 布斯，每排间距为 3.5 皮耶，间隔填充碎石，以保护卢瓦尔河的运河入口免受河水冲刷。这座建筑的长度为 120 突阿斯(768 英尺)，预计成本为 30 里弗尔/突阿斯，即每英尺 3 美元。他们建议将船闸墙的砌体端部延伸并建立在桩上，一边与桩连接，另一边防止船闸的排水侵蚀渠岸，并加固某些堤坝。

他们估计，当运河完工并准备投入运营时，运河的总成本将达到 1 083 279 里弗尔 16 索尔 9 丹尼，约为原始合同预期金额的两倍，因此他们认可了科斯尼尔的立场。他们发现，这其中已经完成了价值 745 714 里弗尔 3 索尔 4 丹尼的工作，或几乎占全部工作的四分之三，剩下价值 337 565 里弗尔 2 索尔 4 丹尼工作有待完成。

仲裁委员会于 1610 年 2 月任命，并于同年 4 月 25 日在巴黎签署了报告。显然，当所有的争论点都得到了令人满意的调整，计划已经完成，工作进展顺利，这项重要工程的早日圆满完成充满了希望时，发生了一个不可预见的事件，使人们的努力付诸东流。报告签署后不到三个星期，亨利四世被暗杀，萨利的权力也终结了。除了修建运河，新政府还有其他问题。鉴于仲裁委员会的调查结果，布里亚尔运河的合同必须重新签订，但没有这样做。事实上，运河的想法是萨利的创造，这足以使运河受到谴责，因为他的敌人很多，而随着国王的离去，萨利的影响力也结束了。

如果亨利四世在世的话，毫无疑问，布里亚尔运河将通过萨利的力量而完工，并将成为一个伟大的水道系统中的第一个连接点，就像后来的实际情况。但该项目被搁置，为了解决所有悬而未决的问题，1611 年另一个委员会被任命，方丹再次成为该委员会的成员，以确定应付给承包商的金额。他们的报告显示，大部分挖掘和船闸砖石结构已经完成，这一事实已由莱弗尔和方丹在前一年的调查结果证实。

另一个被任命为确定完成工程应采取哪些步骤的委员会对维护成本进行了估算，这一估算表明，即使在 1611 年，工程师们也很少意识到，所有工程，无论建造得多么精良，都需要不断支出大量资金，以防止其恶化。报告称，“如果工程按原样完成，维护成本很低。每个船闸都需要一个人，他需要待在附近的一个小房子。”委员会了解到，只有一个人很难完成闸门的打开和关闭，因为他们补充说，船上的船员可以提供帮助，因为装载是“为了他们的方便”。在该委员会中，科斯尼尔没有代表，因为他不关心委员会的调查结果，但成员中包括莱弗尔、布拉德利和“巴黎新桥水泵厂的让·林特勒”。

尽管据说科斯尼尔和他的同事因在布里亚尔运河的不幸遭遇而身败名裂，但他们继续与公共工程保持联系。布里亚尔合同失败后，科斯尼尔立即恢复了德斯弗罗西斯的旧计划，将塞纳河的一条支流绕过巴黎北部，不是为了接收污水或清洗街道，而是为了提供一条通航水道。

科斯尼尔以他自己和他的同事的名义提交的计划，他说他们“有解决能力”，计划从阿森纳附近的现有沟渠口到圣丹尼斯大门，再从那里到杜伊勒里宫下方的一点，沿着防御工事，包围蒙马特和圣奥诺雷的郊区。为了容纳大型内河船，运河宽 10 突阿斯(64 英尺)，深 5 皮耶，两端各有一个船闸。将建造六个码头，面对 30 突阿斯长、6 皮耶厚的砖墙，背衬 5 突阿斯宽的石头铺面，用于搬运货物。

运河下方通过两条砌石管道，作为虹吸管，将所有城市和住宅排水带至梅尼蒙当下水道，以保持污水畅通。

发起人还承诺修复和改善城墙，重建蒙马特和圣奥诺雷的大门，并建造一座新大门，并将它们连接五到六突阿斯宽的新街道。由于这些拟建的街道被形容为“美丽”，32 至 38 英尺的宽度肯定大大超过了巴黎的惯例。

科斯尼尔和他的同事们承诺要做所有这些工作，并永久维护运河，前提是他们可能会收取通行费并获得其他利益。该报价承诺将于 1612 年 1 月 1 日开始施工，如果工程不成功，将存入 30 万里弗的现金作为损失担保。这项提议被否决了。后来，科斯尼尔提出了改善城市供水的建议。

回到布里亚尔运河的故事：科斯尼尔将它一直保留到 1638 年，尽管遭受恶化。当时，另一颗星星在法国的天空中闪耀，因为伟大的黎塞留红衣主教完全控制着国家事务。两位发起人雅克·吉永(Jacques Guyon)和纪尧姆·邦特隆(Guillaume Bonterone)向他提出了自费完成这条运河并将其作为私人经营项目运营的提议。

他们提出的条件是，他们获得永久特许权，无需缴纳任何税费，所有已完成或未完成的工作的特许权，以及通过科斯尼尔获得的所有通行权和其他土地的所有权，但已归还国家。从卢瓦尔河到蒙塔日的运河完工后，发起人或其受让人将维持该运河，并被允许按照固定费率收取船只、乘客和货物通行费。

就他们而言，他们承诺购买所有尚未获得的额外通行权；完成运河挖掘；加深从蒙塔日到塞纳河的内河以允许大型船只通过，并避免在蒙塔日重新装卸货物；并在所有点修建方便的拖航道。他们将修复现有的桥梁，再建造八座新桥，并重建船闸。全程由 41 个闸室组成，包括卢瓦尔河和山顶之间的 13 座单闸，以及从山顶到蒙塔日的飞速下降中的从单个到 7 个连续不等的 28 个闸室。

这种船闸的布置与科斯尼尔提议和实施的船闸的布置完全不同。在南坡,只有 13 座船闸,而不是 17 座;而在北坡,31 座单闸被减少到 28 个港池,其中在飞速下降区大部分是成组的。每个船闸的下降量相应增加。

新的船闸将完全采用砖石结构,从而执行仲裁委员会的建议,但长度限制为 17 突阿斯(108 英尺)。这比 1604 年预期的 14 突阿斯更长,但比 1610 年莱弗尔—方丹报告建议的 22 突阿斯短。显然,进一步的研究表明,这一折中的尺寸足以容纳当时在卢瓦尔河上运行的最大船只。宽度固定为 13.5 皮耶(约 14 英尺),槛台深度为 5 皮耶。由于供应上层的可用水被估计得过于慷慨,实践中发现,船只通常只能行驶在不超过 2.5 或 3 皮耶深的水,因此必须根据水位装载。

1639 年,根据上述条款授予了特许权,条件是整个项目应在四年内完成。承包商迅速工作,并于 1642 年开放运河通航。然而,萨利没有活着看到他的梦想成为现实,即使是在其他人手中完工,因为退休后他于 1641 年 12 月就去世了。

布里亚尔和蒙塔日之间的运河完工后,人们发现修建一条连接蒙塔日和奥尔良附近卢瓦尔河的运河,以避免奥尔良上方卢瓦尔河中的一些困难通道,是值得做的。但人们发现,蒙塔日下方的卢安河很难航行。在这段约 34 英里长的河流中,有超过 103 英尺的落差。1718 年,卢安河在蒙塔日和与塞纳河交汇处之间开挖运河,使用了 21 座船闸。

5. 克拉蓬运河

尽管朗格多运河、沙罗勒运河和布里亚尔运河在 1603 年之前都没有完工,但有一条运河在文艺复兴时期开始和结束——它以它才华横溢的创作者的名字命名为克拉蓬运河。它本不是为了航行而建,尽管它可被用于这一目的,但它的建造是为了引水灌溉罗讷河谷普罗旺斯肥沃的旱地。

运河从卡德内村附近的河段延伸,向西延伸到阿尔勒(Arles)——大约 40 英里——在这些点之间的旱地上浇水。在阿尔勒,运河分为两条支流,一条流入罗讷河,并经营一些磨坊,从而提供动力和灌溉,另一条流入埃坦德贝尔河。后者在杜兰斯河(Durance)和地中海之间建立了直接联系。

运河穿过的区域总体是平坦的,因此不需要船闸或其他临时工程。所需要做的就是做出准确的水平,以确保调节良好的梯度。德·克拉蓬以一种非常熟练的方式完成了这项任务:他将运河定位在山丘周围。通过这样拉长距离,他得到了一个坡度,给出了不会侵蚀河岸的流速。

克拉蓬运河可能被更恰当地描述为一条大型沟渠,因此除了作为法国第一个规模相当大的灌溉项目外,没有多少工程利益。由于该项目规模太大,无法成功实施,该项目自12世纪首次提出以来一直处于休眠状态。它的历史与建造它的工程师的历史紧密交织在一起。由于亚当·德·克拉蓬是他那个时代的杰出工程师之一，而且他执行工作的精神非常独特，他的职业生涯值得回忆。

德·克拉蓬家族最初是意大利人，但从比萨来到法国，定居在蒙彼利埃附近。1515年，亚当的父亲纪尧姆·德·克拉蓬搬到马赛和阿维尼翁之间的一个小镇沙龙，在那里他与玛丽·德·马尔克结了一段有利的婚姻，后者与一个贵族家庭有亲戚关系。他们两个儿子中的一个，亚当，出生于1526年。父亲在亚当还是个孩子的时候就去世了，母亲根据家族传统，决定让男孩从军。亚当自己的爱好会让他进入数学和科学研究。然而，这些倾向在兵役中找到了表达的机会，并为他赢得了在防御工事和相关结构设计方面脱颖而出的机会。

1547年亨利二世的登基对许多法国工程师来说是不幸的：凯瑟琳·德·美第奇的影响有利于她的意大利同胞，她利用每一个机会推动他们前进，而德·克拉蓬，也是其中一个受害者，尽管他有意大利血统。国王感谢他在军事工程方面的贡献，作为回报他有权将杜兰斯河的水引到沙龙所在的克劳平原。德·克拉蓬完全意识到自己失去了影响力，他申请这笔政府拨款时考虑到了两个目的：第一，使他能够光荣地退休；第二，允许他为他出生的地区和他母亲是当地人的地区的永久利益做些事情。

杜兰斯河悬浮着大量泥沙。德克拉邦确信，如果每年在山谷土地上沉积一层这样的土壤，土壤会变得更新鲜，更肥沃。同时，如果土地能得到更多的水，而这几乎总是极其的需要，那么可以种植更多的作物。这是该项目的基础。德·克拉蓬内没有考虑到这项事业的利润，而是怀着帮助农民的利他主义意图工作，他在农民中长大。他还把自己的祖传的财产用于这项工程。

到1551年，他已经完成了调研，并准备开始以公共服务为激励动机的工作。但是，当法国的敌人在凡尔登、图尔和梅茨等在法国军事史上经常扮演重要角色的地方施压时，法国更需要他的服务。他在设计提高梅茨围城的行动时所做的工作确保了他作为工程师的声誉。在签署和平协议后，德·克拉蓬重提了他的运河计划。

第一次灌溉努力没有成功。水流过于缓慢地流过新建的沟渠，以至于受益人失去了耐心，并用人身暴力威胁德克拉蓬。由于担心自己的名声，他开始研究一条更大的运河。由于缺乏资金，如果不是他的姐夫安托万·德·卡德内特，普罗旺斯的一位富裕地主，提供了必要的资金，他将被迫放弃他珍视的事业。1559年，德克拉邦在巨大的喜悦中向沙龙大量供水。这一刻恰逢其时，因为紧接着发生了一场漫长而剧烈的干旱，除了新运河灌溉的作物外，所有作物都损失了。为了证明水携带的冲积层的肥沃价值，德·克拉蓬和他的同事购买了一些田地，并通过系统地在沉积的土壤下耕作，极大地提高了它们的生产价值。然后，他规划了扩建和分支，定位了水井，并构想了一个更大的运河系统，灌溉整个克劳平原，并将水输送到阿尔勒。这条水道仍然以运河的名义存在，直到设计者去世后才完工。

在致力于推动和执行以他的名字命名的工程时，德・克拉蓬为尼斯港建造了防波堤，并向亨利二世提交了一份沙罗勒运河的计划。他的计划得到了批准，他开始了工作，但由于国王去世，工作暂停了。这一中断并没有阻止德・克拉蓬继续研究运河，他对连接大西洋和地中海的项目特别感兴趣，这是弗朗索瓦一世一直渴望实现的目标。在这项研究中，他确信优势路线不是沙罗勒，而是朗格多克。在得出这一结论时，他做了只有伟人才能做的事情，改变了自己的观点，因为他放弃了之前已经开始的项目，并向摄政王凯瑟琳・德・美第奇提交了一条新运河的计划，现在称为米迪运河。摄政女王任命了一名专员，与德・克拉蓬一起对波尔多和纳博讷之间的领土进行检查。他选择了一个位置，确定了水位，并安排了保持运河的供水。不幸的是，他未能获得官方批准。

《关于克拉蓬的历史记录》[（*Notice historique*），马赛，1849]记录了他成为他为人民的利益而开创的事业的受害者的事实。当他的灌溉渠载水量太多或者流量太少时，他就受到了攻击，法院评估了对该项目造成的严重损害，而不顾平衡的利益，以至于他被迫将项目移交给水渠的用户。

亨利三世在其兄弟查理九世去世后，寻求德・克拉蓬的军事建议，并于 1575 年派他前往南特考察最近为新防御工事奠定的基础，但这些基础已经显示出失败的迹象。记录中称，承包商事先被告知，如果让德克拉邦纳主动行动，他将谴责这项工作，“试图通过礼物和奉承来操控他，但由于他们无法通过这种方式取得成功，因此用毒药将他除去。”有人认为，这起对一名聪明工程师和忠诚士兵的卑鄙谋杀是由凯瑟琳・德・美第奇吸引到法国的一些意大利人煽动的，但这一点从未得到证实。

一位工程师就这样去世了，他如此指挥着事件的进程，以至于在法国地图上留下了持久的印象。

25 法国的河流运输

水上乘客和货物的运输受到无数法令、专利证书和条例的制约，其中很少有人期望它们被遵守，而实际上遵守的更少。这些命令早在文艺复兴之前就开始发布了，一直持续到文艺复兴结束后很久，它们针对的是社会各阶层——领主、宗教组织、船夫、商人和河盗。皇家指挥部的主要负担与领主们私自收费的恶习有关，这一原则多年来一直是阻碍交通运输的主要因素。

我们已经看到了领主们所拥有的封建权利是如何延迟河流改善的。它们也极大地限制了水运商业的发展。

征收通行费的做法从很早的时候就开始实行，在基督教时代初期在罗马完全确立。在法国，10 世纪的第一年，有九种不同的收入来源被承认，其中最奇怪的是在某些地方对犹太人征收的税，一种是针对犹太人的税，另一种是针对犹太女人的税，如果她有孩子的话，税率还会加倍。

领主的恶习和封地占有的土地，即封建制度，在 10 世纪和 11 世纪得到承认。领主或封建领主利用由此获得的权利，开始以各种借口评估通行费，其中一个非常明显的对象就是公路上的旅行者和车夫。与此相关的是，在寻求新的收入来源的过程中，领主雇用了受过最好教育的僧侣来研究古罗马法，以便设计新的征费方式或恢复旧的征费方式。这些可敬的绅士们常常这样解释法律，以赋予自己特权。

随着国内贸易的增加，人们开始寻找其他渠道，不再试图依赖那些被过度征税却维护不善的道路，而是转向河流。但领主们很快也采取了这一行动，在河流上设立了收费站，他们声称拥有这些收费站的所有权。

道路和河流上的交通遇到了一个共同的问题：每当一条路线穿过一个封建领主的领土与另一个封建主的领土之间的边界时，他们就会再收取一次通行费。但河流还在另一个特有的不利条件下工作：它们经常是两个领主的土地之间的边界，因此这两个河岸属于不同的管辖范围。每一个领主通常都坚持自己享有全额费用的权利，结果是商业主有时会受到双重征费。

甚至于在 1430 年查理七世提出抗议时，王室也开始猛烈抨击这些通行费。直到

1577 年亨利三世为止,每一位君主都重复了他的法令。该法令规定,在过去一百年中,无论以何种名义或性质征收的所有通行费都应被取消,而收费者应“因压迫人民和篡夺我们的权力而受到惩罚。”由于这项法令是在没有改变形式的情况下重新发布的,很明显,它并不是为了强制执行的目的发布,而每个君主的唯一目的可能就是通过引用的最后四个字(“篡夺我们的权力”),维持王权对河流的潜在的且处于休眠状态的基本权利。

路易十二下令将收费减半,从而表明了他对取消收费的看法,而弗朗索瓦一世,一直嫉妒皇室特权,批准了塞纳河的某些通行费,因为它们“从非常古老的时代就开始被征收”。1549 年,亨利二世下令对它们进行“改革”,不管这句话的意思是什么,而路易十四采取了现代权宜之计,任命一个委员会进行审查和报告。事实上,直到 17 世纪最后 25 年,法国河流的私人收费权才完全被取消,但直到 1750 年,个人侵权行为仍然存在。

拉兰德在其《航行指南》(1778)中总结了这种情况:

“通行费是(法国)忽视河流的主要原因之一。”这些封建权利,加上海关收费或王室特权,比浅滩和磨坊更能阻碍河流。为什么伟大的公路,无论建造得多么好,都会被重型货车压坏,而河流却很少被使用? 商人和船夫做出了一个回答:“收费是其中原因。它们造成的负担总是很重,尽管我们的国王经常试图找到补救办法。”

在整个文艺复兴时期,这些通行费的征收没有提供任何公平的服务,因此是强行收取的。船夫可能得到的唯一宽慰是一项法令,该法令要求行使此类通行费的领主被视为合法的前提是公开公布费率,不得收取超过此类费率的费用,否则处以罚款或体罚,并向船夫赔偿非法收取金额的四倍。从表面上看,这项法令不可能被视为非常严肃的,因为很难想象,即使是对他们的代理人,更不用说对有权势的领主本人,这种严厉的惩罚是如何执行的。

从官方到地方议会的每一个立法机构都认为法令和条例很容易通过但很难执行,在这些法令和条例的混乱交织中,交通运输的方法也涉及其中。这些监管条例非常古老,其中许多在文艺复兴初期就已经存在,由于塞纳河及其支流上往返巴黎的交通量比任何其他河流上的交通量都要大,因此,监管此类交通的巴黎条例在这里是最重要的。

在其中较早的一项[于 1415(6)年 2 月通过]中,巴黎通过了一些规则,规定在卢浮宫、圣日尔韦、圣兰德里、圣母院和城墙设立摆渡口,并要求渡船主保持船只状况良好,除禁止时间外,随时准备运送乘客。船夫不允许收七岁以下的儿童作为学徒,但这些学徒在服务满三年后且证明他们有能力管理船只后,将被允许管理船只。船夫们被禁止在夜间渡船,因为天黑后将无法区分图尔币和巴黎币。如果穿过水面而不停留,即不在岛上停留，则票价为每人、马或动物1图尔丹尼，如果通过时分成两段行程，则票价为两倍。来自巴黎郊外的船夫被禁止在日出和日落之间通过城市，禁止他们的船绑在一起，以免损坏桥墩，也禁止他们在卸货后让船上无人看守。最后这些条款显然是为了使“外来”竞争变得困难，从而将其间接地排除在外。

1500年至1600年期间不同时期颁布的其他条例和法令可被分组，以给出航行条件的综合图景。

船夫们主要缺乏拖船的能力，因为他们既不能雇佣足够多的船员，依靠人力来拖船，也不能让马匹在船等待货物时长时间闲置。为了满足后一种需要，商人和市政官任命了两名官员为船夫出租马匹。他们的工资和马匹的收费是由法令规定的。这些官员还对船只进行检查，不仅要确保船只状况良好，而且要确保船只没有装载不当，并有权执行命令。为了保持公正，禁止他们在船只或货物运输中有任何利益，并明确禁止他们为个人需要私自拥有一匹以上的马。

桥梁跨度短，桥墩笨重，使水流加速，对河流航行造成了严重障碍。为了协助船只，每座桥上都有一名桥主，他每天的工资为10巴黎索尔，每艘通过的船支付2索尔。当一艘船向上游驶近时，桥主会要求船夫将两根绳索系在开放跨度的每一侧，以便在不撞击任何一个桥墩的情况下引导船通过；对于顺流而下的船，只需一根可拖拽的绳子系在船尾。

在通行特别困难的桥梁上，有一名官方拖船员，他必须随时准备一艘足够大的船，以便在河水泛滥时携带额外的绳索和设备来处理大型船只。在他把船固定在桥上之后，他就在桥下从下面的船到上面的马之间拉起一条拖缆。

如果属于同一船主的两艘船只被连在一起，为了从桥下或某个限制航道通过，船必须一艘一艘地依次通过，法律要求每艘船的船员协助其他船的船员。每当一名下行的船上的人接近一座桥时，他一定要帮忙确定正在上行的船上的绳索已经被固定在桥上了。这种情况下，下行的船必须靠边等待，让上行的船先通过，否则对由此造成的任何损害下行船承担全部责任。另一方面，如果两条船在开阔的河流中相遇，上行的船更容易停下来，所以要给下行的船让路。

商人和船夫不得在舱口打开时离开他们的船，或将他们的设备和物品以可能干扰其他交通的方式放置在河岸、码头和临近街道上。尽管这项法令语气坚定，但在收到存在干扰的通知后，违法者允许在8天内清除障碍物。在这段时间之后，市警察有权扣押和出售障碍物。

船主必须及时运送和交付货物，收货人必须毫不拖延地接受交付的物品并支付运输费用。但是，如果发现任何货物因船主的过失而损坏，则可以扣押该船作为获得赔偿的依据。如果收货人迟迟不搬走货物和支付费用，船主可以将货物公开出售，并从收益中支付他的所有成本。如果船主未能向船员支付工资，船员可以留置商品并将其出售，而商品的所有人从而必须向船主讨回赔款或扣留船作抵押。

虽然一般来说，船主对运输中货物的价值负有全部责任，但他可以将赔偿责任限制在船及其设备的价值，只要他能证明损失是由于天气和设备造成的，并且事故发生时他在船上。然而，如果他当时不在船上指挥，他就无法逃避而必须承担全部责任。

船员每人除工资外，每天有权领取 12 丹尼的津贴，根据当地的使用的货币支付，也就是以巴黎币或图尔币支付。这种约定俗成的津贴被称为"打(一打为 12)的习俗"。

包租船的商人有三天的自由装货时间和类似的卸货时间，但装葡萄酒除外，他有权将船在港口停留三周，而如果葡萄酒来自勃艮第，则停留时长可延长为一个月。超过这些期限，收取固定费用滞期费。

在为描述总体情况而精简的法令和条例中，有一条法令的日期为 1598 年 4 月 14 日，值得全文展示，因为它生动地描述了一艘满载商品的船抵达巴黎的情况。

"关于来自科比拉(Corbillat)的雅克·勒·考特(Jacques Le Court)、水手和船长提出的投诉，当船只抵达本市(巴黎)时在停泊和固定之前，本市的许多摆渡人会带着他们的小船、街头搬运工、日工和其他人登上上述船，以暴力和武力进入船舱，并抢走和扣押货物和包裹，造成极大的混乱，使船处于危险之中，而上述船在港口时，由于进入了大量的街头搬运工、日间工、背背篓的妇女和其他人如此之多，里面的人只能冒着生命危险逃跑，有些人掉进水里，有些人受伤，而且除了上述混乱之外，当船从科比拉抵达时，车夫们带着装载小麦、谷物和货物的小推车驶入河中，他们粗暴地将货物运来运去，以至于损坏船体；我们决定禁止所有摆渡人和其他人登上上述船，同样禁止所有运货车夫在河中驶入驶出。"

尽管这些法令无疑提供了一定程度的缓解和帮助，但由于浅水区、频繁的浅滩、磨坊、渔网和树木的阻碍，法国河流上的船主和运货人的命运一定是非常痛苦的；无法事先准确估计的繁重通行费；由于许多原因造成的无理取闹的延误；缺乏牵引力，并且经常暴露在河盗面前。今天的旅行者和运货人，被现代工程的所有便利和辅助所包围，如果遇到一点小小的延误或意外的费用，他们就会痛苦地抱怨。如果他受到 16 世纪的前辈们所遭受的烦恼，他会怎么说？

1559 年，一个新时代的曙光出现了，当时亨利三世颁布了皇家法令，通过建立公共马车取代了个人或小集团运营的马车，为整个王国的有组织交通系统奠定了基础。这一法令在道路一章中进行了详细讨论。它适用于水路和陆路旅行。作为国王的代理人的站点沿着通航河流建立，从他们那里可以租到马，为旅行者和他们的箱子和手提箱来拖船。有固定费率的官方认定的一天行程的长度应与每个地区的商人通常的一天行程的长度相同。

26

诺曼底港口和港湾

在中世纪，并不需要大型或设备齐全的港口。船只很小，海外贸易不重要，因此渔船避难港通常足以满足所有需求。15 世纪末新大陆的发现，以及 16 世纪初为征服和一般贸易而进行的探险，引起了人们对新条件所产生的要求的关注。

在法国，情况变得尤为严重。随着其跨海峡邻国英格兰的商业发展，到 1500 年，它需要建立一个完善的港口。两国之间的战争在两百年中频繁发生，而且战舰的规模不断扩大，因此必须建立一个基地，这些战舰可以在那里集结，并在那里进行防御或进攻。塞纳河富饶而肥沃的山谷有着丰富的供应和市场，而河本身，大船可以航行到鲁昂，小船可以航行到巴黎以外的地方，自然表明了英吉利海峡沿岸应该有一个大港口。尽管鲁昂当时是一个重要城市，但它位于上游太远，无法成为商船或战船的理想入境港。

塞纳河左岸的翁弗勒和右岸的哈弗勒已经被选为两个能够满足这种情况的港口。由于这些地方几乎是相对的，它们似乎提供了两个战略位置，以防御外国海军的攻击。翁弗勒在 14 世纪时是一个港口，从记录中可以看出，早在 1417 年就有一个栈桥来保护港口入口。它是用木头建造的。显然，这里还有一座保护塔，入口可以用铁链和铁闸门关闭。实际的港口是长方形的，很小，只有 60 突阿斯长，18 突阿斯宽(约 356 乘 110 英尺)。在 17 世纪重建和扩建之前，它基本上一直处于这种状态。

虽然在翁弗勒成功建立了一个港口，但在哈弗勒建立一个重要港口的尝试并没有取得如此令人满意的结果。很明显，在开始开发哈弗勒之前，不可能对潮流和可能的泥沙沉积进行研究。在 14 世纪，它确实享有比昂弗勒更大的繁荣，这体现在许多与外国商人有关的皇家法令上，特别是与使用该港口的西班牙商人有关的法令，以及在这一时期，它是法国舰队集结对抗英国的基地。但潮汐和莱萨德河造成的不可避免的沉积物很快开始限制其用途，到 15 世纪末，它实际上已不复存在。今天，哈弗勒离海有半英里远，只是勒阿弗尔的一个郊区。

当对一个大型商业和海军基地的需求变得紧迫时，情况就是这样——翁弗勒港太小了，哈弗勒港被沙土堆积摧毁了。

一些人声称是路易十二发起了建造新港口的运动，另一些人则将功劳归于弗朗索瓦一世。但对档案的搜索显示，早在1477年，该项目就已经在考虑中，因为有一张收据，是哈弗勒中士雅克·德·沃维尔在该区中将的指导下进行检查时产生的费用，其中说明了可能建立港口的各个地方，以及雇用了两名"画家"绘制的海岸地图或平面图，以插图的方式夹于中将在鲁昂向路易十一国王提交的报告中。

是谁第一次意识到淤塞预示哈弗勒的最终毁灭，从而使得一个新的更宽敞的港口将很快成为必要，这一点并不重要。弗朗索瓦一世真正创造了新港口，他的生动想象力和不知疲倦的精力极大地鼓励了法国的建筑科学和艺术。正是他在1516年命令海军上将纪尧姆·古菲耶和"其他有经验的人士"进行全面调查，以确定港口的最佳选址，无论是扩建还是新建，都将充分满足法国的需求。这一步是决定因素。委员会决定，港口应位于航道上，并选择了位于哈弗勒以西五英里的塞纳河右岸的一个地点，即格拉斯河口，几乎就在翁弗勒对面。这样的位置满足了塞纳河口应有两个地方守卫的要求。它为该河以北地区的商业服务，虽然面向大海，但可以很容易地通过工程来抵御风暴。

由于我们在这里发现了一个在文艺复兴最鼎盛时期重新建造的海港，这也许是研究港口建设艺术的最佳范例。由于勒阿弗尔已成为法国北部海岸最重要的港口，这项研究具有历史和情感价值。在哈弗勒尝试失败后，这项工作的成功表明，测量委员会对港口建设必须结合的所有要素进行了真正和彻底的考虑。

幸运的是，这些记录虽然分散，但在很大程度上得到了保存。有地方档案馆、国家图书馆的大量手稿材料、巴黎国家档案馆、勒阿弗尔和鲁昂的地方档案馆以及法国副海军上将吉永·勒鲁瓦的私人文件，他在开始时负责这项工作，因此成为设计工程师。最后提到的文件大约在60年前的一个众所周知的旧箱子里被发现。它被存放在都兰的阿泽莱里多城堡，并被遗忘。它于1875年由诺曼底历史学会(Société de l'histoire de Normandie)以八开本的大卷出版，标题为《勒阿弗尔基金会相关文件》(*Documents relatifs à la fondation du Havre*)。在16世纪，阿泽莱里多城堡属于弗朗索瓦·杜·普莱西斯，"黎塞留阁下"，他娶了安妮，吉永·勒鲁瓦的妹妹和唯一继承人。这就解释了这些文件是如何被转移到法国的一个遥远的地方，在那里被遗忘了三百多年。

本章中的资料从这些资料来源(其中许多资料从未发表)以及勒阿弗尔的各种历史中收集而来。

16世纪初，后来成为勒阿弗尔·德格拉斯的是一个不起眼的渔村，位于几个小而不规则的小溪交汇处，为小船提供了庇护。在商业上，该地区远不如它的近邻埃特尔塔和哈弗勒，更不用说迪耶普或更北的地方了。选择这个位置进行开发，而不是选择一个更大、更具影响力的竞争对手，这表明弗朗索瓦一世任命的委员会具有很强的辨别力、合理的推理能力和卓越的想象力。与往返于现代勒阿弗尔的大型跨大西洋班轮相比，当时可以预见的最大的船也是非常小的，尤其与可以在那里找到泊位的强大战舰相比。然而，该委员会选择了海峡沿岸能够满足现代要求的一个地点，尽管有许多地点可以被改造成足以满足当时需要的港口。

新港口被称为“阿弗尔-德-格拉斯”(Havre-de-Grâce)，即“格拉斯区的港口”。出于对弗朗索瓦的奉承，人们努力将其命名为“弗朗索瓦·德·格拉斯”，但这个名字太过繁琐，从未被广泛使用。即使是“阿弗尔-德-格拉斯”也长得不必要，事实上很快，它被用通俗的说法缩减为“勒阿弗尔”或“港口”。按照惯例，这成为正式和永久的头衔。

1516(7)年2月7日，弗朗索瓦一世委托法国海军上将纪尧姆·古菲耶即邦尼维特阁下在格拉斯建造一个港口，称知情人士认为该港口“最适合诺曼底海岸和考克斯郡，作为船只可以轻松进入和安全停留的港口。”这就是在前一年担任董事会主席，负责选择场地的那位。显然，这并不意味着他将永远负责，因为如果他不在，他有权指定一名副手代替他。

五天后，邦尼维特将他的权力移交给了吉永·勒鲁瓦，理由是他的其他职责妨碍了他服务。吉永·勒鲁瓦是一个古老而高贵的波图家族的后裔；他是纪尧姆·勒鲁瓦和弗朗索瓦·德·丰特奈的儿子，是奇洛、穆登和奥谢尔的骑士、领主，法国海军中将、路易十二领导的反英海军中将、哈弗勒上校和诺曼底世袭元帅。他在四位国王手下服役，并于1533年去世，年事已高。

奇洛是他的主要头衔所在地，位于帕尔特奈(德塞夫勒省)附近，自1424年以来一直为家族所有；穆登在沙泰勒罗(维也纳)附近。诺曼底世袭元帅的职位与奥谢尔庄园一起授予，由吉永·勒鲁瓦从加斯顿·德布雷泽手中获得。

勒鲁瓦在接受任命时表现出了值得称赞的敏捷性，从而证明了自己是一位精力充沛的执行官，后来他证明自己是一名称职的工程师。1516(7)年2月22日，他写信给布洛斯维尔子爵杰汉·德·圣马尔德，通知他这一任命，并给他和其他几个人一周的时间来检查现场。他指示德·布洛斯维尔在哈弗勒和蒙蒂维利耶的市场上公开通知，工程将于第二天起八天内在哈弗勒尔进行分发，以便任何希望承包工程的泥瓦匠、工人或其他人都可以到场。随后，所有邻近城镇的地方当局发布命令，要求泥瓦匠、木匠、船长和其他工人于3月1日下周日在哈弗勒报告。

会议持续了几天，会议的详细情况得以保存。第一份文件是勒鲁瓦发出的呼吁，其中提到，在诺曼底和考克斯的几个城市，包括鲁昂、利索、昂弗勒、埃夫勒桥和迪耶普，所有的石匠和工人都被召集到哈弗勒开会，勒鲁瓦已经去那里接受咨询和协商。哈弗勒被选为集会地点，因为格拉斯的小村庄无法容纳所有被召唤的人。

在3月的第二天，一个由地方官员、国王代理检查官、勒鲁瓦和他的工作人员、许多公民以及大量的船主、造船师和船长组成的混合人群，大约五六百人，从哈弗勒出发前往哈弗勒-德格拉斯。

很难想象,像会议纪要所说的那样,这么多混杂的人群会在如此复杂的港口结构上进行商议,更不用说在一天内做出决定了。也许勒鲁瓦已经决定了设计的主要特点,只留下细节需要调整。记录显示,当时决定建造两个带警卫塔的码头,并用木桩标记位置,从而可以测量和确定码头的适当尺寸和它们之间的净距离。此外,还设置了标桩,以指示流入哈弗勒的河流可以改道至新港口并与其他流向海岸的河流相交的路线。完成这项工作后,命令石匠大师和建筑商设计一份书面规划,并在第二天提交,以便将合同提供给出价最低的投标人。

勒鲁瓦和他的工作人员一审查完该规划,他就要求石匠大师提交最低报价。同时,他唤起了当地人的自豪感,他指出,虽然在名义上是为了国王和整个国家,但这对他们居住的诺曼底地区有特殊的好处。

第一次出价是由罗兰·勒鲁克斯提出的,他提出以每立方突阿斯 30 图尔里弗尔,或每立方码 2.13 美元的价格进行砌筑。庞德梅尔的杰汉·邦坦普斯立即提交了一份 29 里弗尔的投标书,随后勒鲁克斯在再次审查了他的数字后,将价格降至 25 里弗尔。但在其他人竞争时一直保持沉默的格维斯·格雷杜恩现在站出来出价 23 里弗尔。这一提议似乎引起了恐慌,因为立即休会到第二天。

然而,在早上之前,鲁昂的石匠大师,包括勒鲁克斯,都非常渴望得到这项工作,都回家了并宣布,他们永远不会以低于 25 里弗尔的价格完成这项工作。所有这些都有一体化的外观,这是现代工程师非常熟悉的过程。勒鲁瓦一直等到 3 月 4 日晚,希望鲁昂的石匠大师回来重新开始竞标,但罢工者没有任何消息或提议。然而,勒鲁瓦并没有被胁迫,他将杰汉·高尔文和米歇尔·费雷请来,他向他们给出了许多理由,但没有记录,为什么他们应该进一步降低价格至 22 里弗尔 10 索尔(15.48 美元)。随后,有人呼吁其他人站出来提供更好的报价,但由于没有人这样做,合同被授予了高尔文和费雷先生,他们表示,他们将按照这个数字接收合同,但不能低于这个数字。价格包括"提供上述工程所需的所有材料,包括所有工具、设备和一切必要设备"。合同由公证人见证签署,并提供了"充分"保证,保证工程将于次年 10 月底完成。在作出和接受最后一项承诺时,正如将要看到的,各方都过于乐观。

合同显示,高尔文和费雷出现在蒙蒂维利耶子爵的印章保管人雅克·费夏姆普斯和宣誓公证人尼古拉斯·莫加特和皮埃尔·戈塞林面前,声明他们已与勒鲁瓦自由意志和无约束地达成协议,以建造并完全彻底建造塔楼、码头、侧墙和阿弗尔-德-格拉斯入口的砖石结构,并提供明细单中详细规定的所有材料。

然后遵循明细单,去除重复和不必要的表达,如下所述:

(1) 在港口入口处,应有两座大石头码头和两座重型塔楼,下游码头从一座塔楼向海伸出 17 突阿斯(109.3 英尺),另一座从塔楼伸出 20 突阿斯(127.9 英尺)。码头之间的距离为 200 英尺,塔楼之间的距离是 100 英尺。

(2) 在岸端,应有侧墙以保留填土,32 突阿斯(204.6 英尺)长,底部 12.8 英尺宽,顶部 9.6 英尺宽,高度根据地面所需调整。在这些墙之间有一个宽度为 24 突阿斯(153.5 英尺)的港口。这些墙将向海岸延伸至将要挖掘的沟渠,以将哈弗勒河分流至港口的新出口。这条海沟长 3 500 突阿斯(22 382.5 英尺),宽 60 英尺。

(3) 塔楼应建立在地面所需的深度上,并应建在打桩的平台上。构成平台的木构件应采用框架和螺栓连接在一起,并与桩头连接。在平台的四个侧面应有一个 2 英寸高的木质防护装置,以保护平台和砌体之间的平缝。

(4) 在平台前方,应有一排方桩紧密打入,连接在一起并用螺栓固定在平台上,以防止冲刷,平台下方的所有空隙均须用大锤将硬石填充打入水泥层中。

(5) 圆形塔楼的内部空间直径为 36 英尺,底部的墙厚 18 英尺,顶部厚 12 英尺,高三层楼。第一层,用于储存物品和弹药,高 12 英尺;第二层是炮眼,高 16 英尺,墙壁上有通风管道,可以带走火药烟雾;第三层高 18 英尺,四面都是炮眼。地板和屋顶都是石头的由一根从基础向上延伸的 2 英尺 6 英寸厚的中心柱支撑。墙上设置了烟囱和厕所,内侧有一个带 4 英尺长踏板的螺旋楼梯。

(6) 在塔楼的港口一侧,有一条 9 英尺宽、6 英尺高的通道穿过塔壁,用来到达码头以外,以便进出港口船舶的缆绳操纵。

(7) 墙壁,包括背衬,都应采用可加工的最大的石头,每个楼层的滴水层伸出 6 英寸,从屋顶伸出 4 英尺长的滴水嘴。

(8) 突出的防护矮墙将配备 5 至 7 英尺长的基石,嵌入主墙,并支撑一个 6 英尺高、16 英寸厚的前墙,带有垛口,以便弓箭手可以向海射击。

(9) 按照指示在墙壁上开孔,以容纳塔楼内机械操作的链条以关闭港口,孔内设置大型铜滑轮以引导链条。

(10) 屋顶上要有一盏灯笼或火炬,按照应采用的方式和规定引导船只。

(11) 码头将建在类似于塔楼的桩和平台上,底部宽 4 突阿斯(25.6 英尺),顶部宽 3 突阿斯(19.2 英尺)。石头要尽可能大,铺在水泥中,用铁钳夹在一起,直到最高水位。在码头端部,所有石块均应作为露头石铺设。每隔一段距离在砌体中铺设 6 英尺长的石制系泊柱,其中 2 英尺伸出码头地面。

(12) 仔细描述了石材的质量(采石场的名称),以及外部饰面和接缝类型。所有材料和劳动力均由承包商提供,但铁、铅和平台材料除外,这些材料将根据其他合同提供,并现场交付,方便工作。饰面砌石量为每平方突阿斯 1 英尺厚,即 36 立方皮耶,其余为每立方突阿斯即 216 立方皮耶。

在明细单之前有一个序言，大意是，这些明细是由吉永·勒鲁瓦、奇洛阁下、国王专员等根据船主和主要施工人员的建议，在与几个市民、农民和居民协商后制定的。这显然只是一种恭维，因为明细本身显示了主人的角色贯穿始终。

上文和下文中的尺寸、重量和成本均以古代单位表示，括号中为英文等效单位。我们可以方便地回忆起，1 皮耶等于 12.789 英寸，分为 12 个布斯，每布斯略大于 1 英寸。6 皮耶等于 1 突阿斯(6.395 英尺)。在不太偏离准确度的情况下，为了避免混淆分数，可以将布斯、皮耶和突阿斯视为分别等于英寸、英尺和英寻或两码。参考关于货币价值的章节(附录)，可以看出，在弗朗索瓦统治期间，图尔里弗尔价值 3.562 4 金法郎，或 68.75 美分(美国货币)；1 索尔，其中 20 索尔为 1 里弗尔，3.5 美分；丹尼，12 丹尼为 1 索尔，0.3 美分。当里弗尔是一个重量单位，等于 1.079 磅[1]。合同价格为 22 里弗尔 10 索尔每立方突阿斯，相当于每立方码 1.60 美元。

很难找到一份更能说明时代实践的规范的合同了。显然，这份合同没有附计划；当然，没有参考也没有找到任何资料。由于会议记录表明在 3 月 2 日，确定了打桩的码头位置并标记了从哈弗勒河改道的沟渠路线，可见投标人熟悉现场、码头之间的距离以及明细中规定的一般尺寸。这些，加上地面上的标记，提供了待执行的工程范围的合理测量。

我们并非完全没有地图和建造计划。图 26.1 摘自弗里萨尔(Frissard)的《勒阿弗尔港的历史》(*l'Histoire du port du Havre*，1837—1838)，显示了施工之前水系网络的情况。图 26.2 是弗里萨尔选择的地图，用于表示第一个建筑的位置。它类似于 16 世纪出现的勒阿弗尔的其他地图。虽然这只是一个不精确的图表，但它给出了一个大致的概念，即一个设有防护设施的城市，有防波堤保护着一个港口的入口，该港口形成于较大的支流河床上。这张地图显示了一艘战舰(1) 在建造期间在库存上，(2) 离开港口，(3) 在摧毁后搁浅。这艘船是当时最具野心的船只之一，被命名为“弗朗索瓦”，以纪念国王。当它携带许多官员在处女航中离开港口时，就着火了，继而被拖上岸，在那里它被完全烧毁了。

勒鲁瓦起草的明细是宽松的，因为它们是通用的，但在这方面，它们不仅符合类似的文件，而且也符合后来的文件。术语精确的明细是现代工程的产物。诸如“尽可能地深”；“必要时打桩”；“根据需要”；“最好”；而缺乏配套计划表明，细节是随着施工的发展而被安排的。这一定给勒鲁瓦带来了巨大的负担，并使承包商处于持续的不确定性和焦虑状态。很难想象有人在不知道也不可能知道每单位包含或覆盖的工作内容的情况下，以固定的单位价格进行工作。

1　西文表达均为 livre。为区分作为货币单位的里弗尔，作为重量单位时称为里弗。——译者注

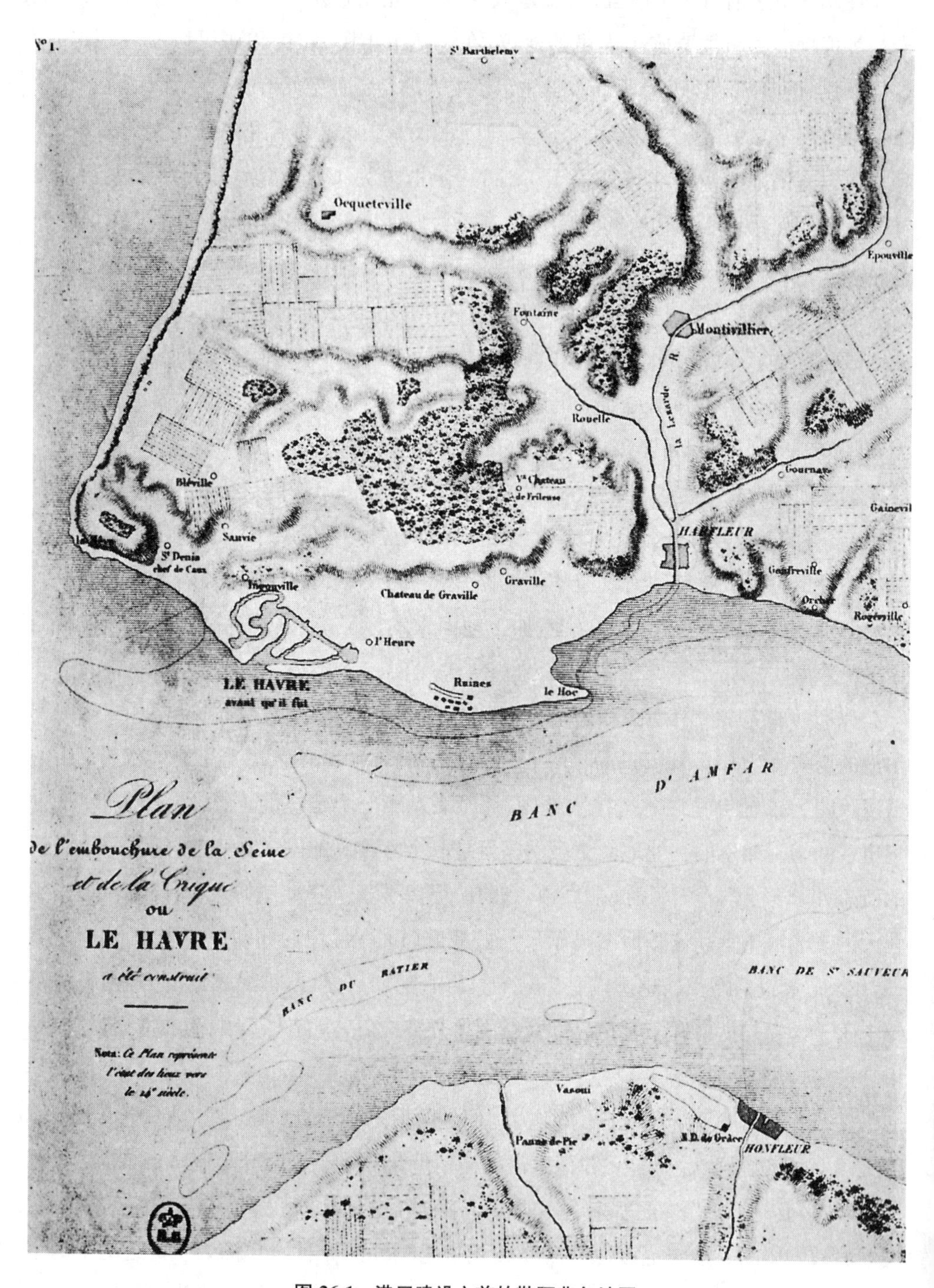

图 26.1　港口建设之前的勒阿弗尔地图

摘自弗里萨尔的《勒阿弗尔港的历史》(勒阿弗尔,1837—1838)

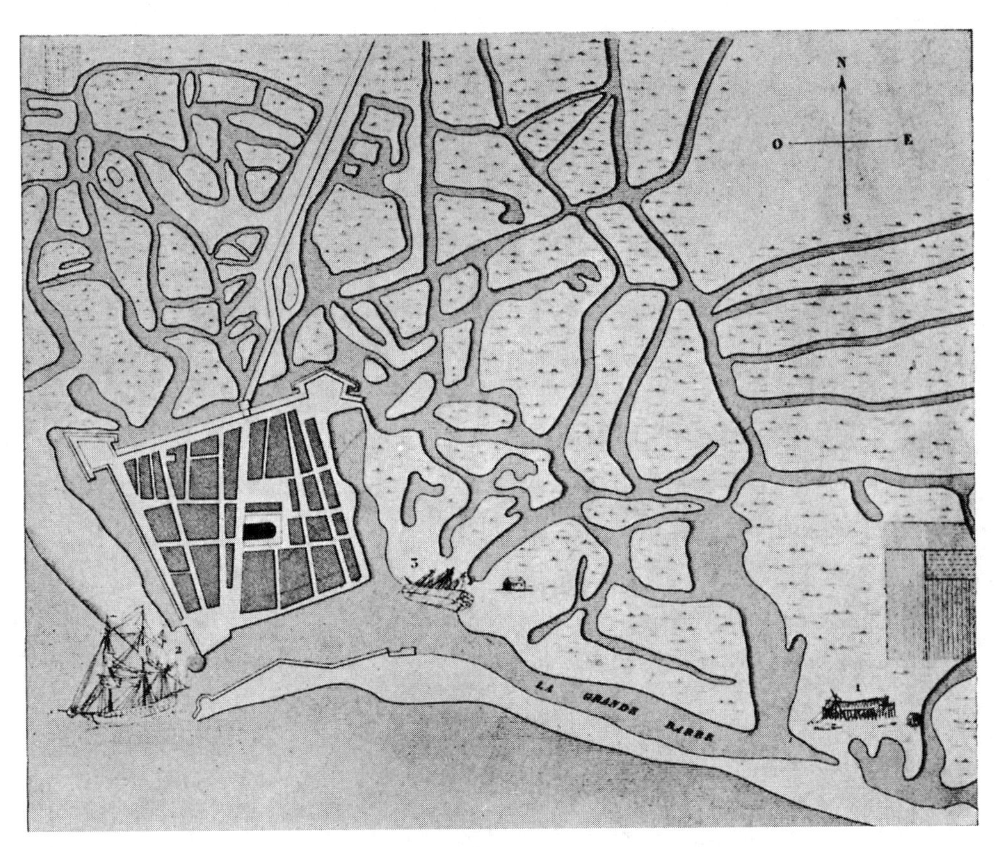

图 26.2　在勒阿弗尔建设港口的第一步

摘自弗里萨尔的《勒阿弗尔港的历史》(勒阿弗尔，1837—1838)

对码头基础的描述很有趣，由于保存了材料清单，因此有可能重新设计码头和塔架所在的打桩和支撑平台。没有给出桩的尺寸，但根据对其他桩的描述，可以合理地假设，桩的尺寸相当大，上端直径约为 12 英寸，并且相距 3 或 4 英尺。如材料清单所示，框架在一起构成平台的纵梁和顶盖可能约为 10 英寸见方。它们的铺设不是为了像现代实践所喜欢的那样形成一个紧密的平台，而是在它们之间有一个开放的正方形，如果桩间距的假设是正确的，那么它们的边长为三英尺。这些空间由碎石填充，并用锤子或夯锤将其打入砂浆层中。换句话说，有一个开放式木架由大量混凝土支撑。桩外侧是一排互锁方桩，作为一排连续板桩打入，以防止平台下的波浪击打损坏砌体的混凝土基脚。这些板桩除互锁外，还通过木围梁牢固地固定在一起并在顶部对齐，木围梁通过螺栓和铁钩或夹具固定在平台上，桩帽和纵梁也是如此。

基础安装在低于潮水的位置，由于勒阿弗尔的潮水上升超过 25 英尺，必须克服这一水头，才能进行施工。这是通过在码头基础周围设置围堰来实现的，在围堰后面通过抽水来保持水位。考虑到手头的设备，所有这一切都是相当大的工程，特别是由于现场暴露在公海中。在建造港口时经常使用围堰，甚至在这种保护之后进行挖掘，因为当时可用的挖泥船无法在涨潮时挖掘水深处。

测量砌体的方法很有趣。根据合理的现代实践，切割石材饰面的价格高于粗糙背衬。尽管所有砖石的单价相同，但为了平衡面层铺设成本与质量相比更高，1 英尺深度的前方形面层被随意定为 1 立方突阿斯，墙的其余部分按立方突阿斯测量，因此面层与背层的比例为 6∶1。

侧壁的顶部和底部厚度分别固定为 2 和 11 突阿斯，但高度应“按要求”建造。当时的工程师不理解应力原理，因此，他们的壁厚根据经验而非理论证明是安全的。可能在这种情况下，由于地面是水平的，高度的变化不足以要求基座宽度的相应变化，因此，为了便于执行，2 突阿斯的固定基座尺寸不仅是允许的，而且是适当的布置，因为它允许工程在直线上布置。

在码头端部铺设石块作为露头石的规定，即其最长尺寸进入砌体，“以便更好地抵御海浪”，以及下表面层上的接缝夹表明已注意到小细节。

明细单要求两个圆塔。这个计划只显示了一个。第二座塔楼的合同直到 1531 年才签订。第一座塔楼结构清楚地说明了尺寸和细节。因此，充分描述了一座能够防御通道的加固塔；灯塔；以及机械装置。

人们将记住，选择新港口的地点是因为其优越的地理位置，而不是因为已经有一座城市，甚至是一座城市的开始。弗朗索瓦意识到，要建成一个港口，不仅需要建造港口工程；还必须吸引能够支撑商业和满足海上基地需要的人口。因此，必须制定一些计划，吸引人们在新港口居住，并在那里建造房屋。为此，1517 年 10 月 8 日，在港口工程开始后不久，他发布了一项十年减税的法令。部分内容如下：

“法兰西国王弗朗索瓦……我们被告知和劝告了我们王国和外国商人使用海洋的危险、风险和条件，因为我们王国的港口和海港过去和现在都是如此危险，破损和不适合，船只不但不能便利地、安全地进出，而且往往在此类港口入口处迷路……我们已下令在哈弗勒市附近的格拉斯建造一个宽敞的港口，以安全接收和容纳所有大小船只……为了使经常光顾此地的商人能够安顿下来，满足他们的需要，我们打算建造一座堡垒和一座封闭的城市，让那里有人居住……对于所有拥有地产的人，我们似乎应该给予目前居住在该城市或今后可能居住和建造该城市的所有人一定的豁免和特权……我方已豁免并免除……对目前居住或将来居住在上述城市周围的人员征收的所有税费……我们免费提供用于鲱鱼和其他捕鱼以及个人使用的盐，无需缴纳任何消费税……所有期限为十年……”

即使如此，也不足以启动弗朗索瓦所期望和期待的发展。节俭和怀疑的诺曼底市民不确定宏伟的海港计划是否会取得预期的成功，或者在十年期限结束时，税收可能不会被评定，这将抵消先前豁免的好处。

三年后，在亲自检查了正在进行的工作后，弗朗索瓦以自己的名义签发了篇幅很长的专利证书，列举了所取得的成就和获得的免税。他接着说，“许多贵族、商人和其他人都不愿意……建造住宅，因为他们担心在纳税和消费税方面给予的豁免和自由的时间……将到期……我们不允许居民……享受免税和自由，让人们知道我们免除和豁免……所有将居住或将开始居住的人的所有税收和消费税……不可撤销且永久……”。最后，他指示所有军官及其副官，无论是现在还是将来，遵守和执行这些命令。

由于这个承诺或自然增长不可避免地伴随着一个港口的建立，其存在是合理的，阿弗尔-德-格拉斯港扩大了，1541 年，弗朗索瓦委托一位意大利工程师设计了一个新区。两年后，又增加了第三个。

如果弗朗索瓦在一开始就发现难以吸引人们来港区定居，那么他的代表兼工程师吉永·勒鲁瓦就发现难以为承包商提供足够的劳动力。后者在 3 月和 4 月雇佣了不同的人，每天给付 4 和 5 索尔(14 和 172 美分)，以确保附近村庄的工人安全，但这种努力可能只是部分成功，因为我们发现他在 2 月和 3 月，为了同样的目的，派遣了一名雅克·德斯特莫维尔进行了三次旅行。德斯特莫维尔一定是一个很重要的人物，因为他在三次旅行中收到了 50 里弗尔 5 索尔，或者在他缺勤期间每天 15 索尔(522 美分)。

在勒鲁瓦的精力充沛的指导下，以及承包商高尔文和费雷先生的高效执行下，工程进展顺利，但没有预期的那么快。第一阶段到 10 月底尚未完成。事实上，由于不可避免的延误和对计划的频繁补充，这项工作持续了多年。每年秋天，这项工作都会暂停到第二年春天，因为在冬季风暴期间无法继续。

弗朗索瓦一直密切关注着这项工作的进展情况，并命令特别信使经常向他发送报告。负责这项服务的人就是勒鲁瓦用来寻找工人的雅克·德斯特莫维尔。他从工作地到国王处的旅程记录在一份命令中，他每缺席一天，每天支付 1 里弗，比之前的补偿增加 5 索拉。吉永·勒鲁瓦，奇洛阁下，作为总监或总工程师，每月领取 100 图尔里弗尔(68.75 美元)的工资，“用于监督港口的建设、工程、价格、合同和付款。”只有在工作进展的几个月内才支付。当季节性停工发生时，工程师的工资停止支付，直到春季恢复工作。

比勒鲁瓦低一位的官员是审计官，其职责和报酬由一项皇家法令规定，该法令命令向审计官尼古拉斯·德拉普里马达耶付款，“感谢他从 2 月 12 日离开他居住的巴黎以来，一直在工作，并负责制作、支付和领取工资单的收据……到 10 月 18 日，整整八个月，其中有两个月的服务期，包括他返回巴黎以及在工作前后所需的六个月的时间，以便准备工作中使用的镐、铲子、机械和其他工具，并在工作完成后将其清点，并锁在习惯的地方，以备第二年使用，每月可得 40 里弗尔或 320 里弗尔。”

勒鲁瓦至少有一名助理，这可以从克劳德·吉奥特自纪尧姆·普劳霍姆处收到的

45 图尔里弗尔的收据中看出，他在勒阿弗尔的一个地区担任专员，在勒鲁瓦缺席的情况下，“当他无法监督劳动者勤劳、及时地工作”，并注意“他们充分、真正地利用了他们的时间。”

这些人被归类为建筑师或泥瓦匠，有一个特殊等级的布雷顿建筑师、建筑工人、工人和非熟练工人。在工作进展期间，这些各种专业人士的每日津贴率相当稳定，如表 26.1 所示：

表 26.1

工　　种	每月津贴率
工头	5 索尔(17.5 美分)
布雷顿建筑师	4.5 索尔
其他建筑师	4 索尔(14 美分)
建筑工人	3 索尔
工人	2.5 索尔
非熟练工人	20 丹尼(6 美分)
在夜间从地基上排水的工人	2 索尔(7 美分)
木匠	4～5 索尔
主泵供应	10 索尔(35 美分)
辅助泵供应	6 索尔
日夜工作的工人	2.5 索尔，白班
日夜工作的工人	2 索尔，夜班
冬季值班员主管	10 索尔
冬季值班员助理	5 索尔
工具保管员	3 索尔(10.5 美分)
工具装配工	3 索尔

没有更高的加班费：当一个工人被迫工作 24 小时时，他得到了日班和夜班的标准工资。应当指出，后者比前者少。

每周都会编制工资单，包括工人的工资，他们的名字总是被标明，以及他们购买和交付的材料。由于所有重要的圣徒节都被视为节假日，所以名册上注明了工作日的数量。这些名册的形式总是一样的。

与今天支付的工资相比，工资非常合理，但材料价格没有类似的差异。这提供了另一个例子，劳动力成本和成品成本不一定平行移动。

从材料清单中我们了解到，当换算成美元时，近似价格大致如表 26.2 所示：

表 26.2

材　　料	价　　格
铁钉、夹子、链条、门铰链、钉子等	0.035 美元/磅
铅	0.03 美元/磅
绳索	0.035～0.045 美元/磅
大桶	0.35 美元/个
铁锹	0.12 美元/个
镐	0.027 5 美元/磅
镐柄，木材	0.07 美元/打
碎石	0.50 美元/吨
桥梁木材，13 英寸见方，26 英尺长，在鲁昂交货	12.00 美元/1 000(英尺)板
上述桥梁木材从鲁昂到哈弗尔通过水路运输	4.00 美元/1 000(英尺)板

砌体以不规则的间隔进行测量，然后全额支付，没有扣除或保留。这项测量由每次任命的两至五名官员进行。1518 年 3 月 27 日进行了四次此类测量，涵盖了 1517 年 5 月 29 日、7 月 4 日和 10 月 30 日。从这些测量和其他测量结果来看，每月铺设了 100 至 400 多突阿斯砖石。

测量是一时的事。被选中的人通常来自哈弗尔・德格拉斯以外的地方，他们花了一周到十天的时间来工作，为其服务每天收 1 里弗尔，如果住在勒阿弗尔，则会少收一些，以弥补个人支出账户的差异。测量数据以特殊形式在公证人面前宣誓告知勒鲁瓦。对于迄今为止的所有工作，以及至少一次已经完成的工作但由于已经“被水的急躁冲走”而不得不更换，承包商都得到了充分的补贴。通常，承包商对施工期间损坏的工程不承担责任。

在港口工程开始后不久，勒鲁瓦将注意力转移到为新城市供水这一非常重要的问题上，并预设国王向他提供 3 000 图尔里弗尔的资金，其中一半提前支付，另一半在工程完工后支付。因此，整体工程师成为部分承包商。1518(9)年 1 月 5 日，他在公证人面前宣誓，描述了他提议建造的供水系统，该供水系统将于第二年 8 月底前完工。

水是从维滕瓦尔的一个泉水中抽取的，大约一英里远。在“活”岩石上进行挖掘，并用5或6英尺深、3英尺宽的切割好的石头筑墙和覆盖，以便建造一个蓄水池来收集水。从泉水和水池里，一定有一条足够深的沟渠，让水不间断地流动。沟渠中的黏土管应铺设在厚的石灰石和水泥层上，管道周围应铺设至少半英尺厚的砖石，包括水泥中的硬石头。在水池和喷泉之间，要做30个房间，每个房间有4英尺深，3英尺宽，以便检查水是否流动。在勒阿弗尔的一个合适的地点，由吉永·勒鲁瓦选择，将建造一个喷泉，以便向居民方便地供水。

未说明管道尺寸和预计水流。整个系统是一个完整的供水系统，主要是在准备好的基础上供水；检查室，以及一个公共喷泉的排水口，那里的水是由拿着水桶的水管工在全市范围内分配的，这是一般的习俗。

1518年9月14日，米歇尔·费雷、杰汉·高尔文、皮埃尔·德洛姆和杰汉·杜尚在雅克·奥夫雷面前宣誓，他们检查了供水系统，发现所有事情都按照合同圆满完成，将水输送到一个喷泉中，喷泉由一个美丽的统一标准组成，周围是一个按照古代风格切割的凡尔农石盆，圣弗朗西斯的雕像手持法国的武器。

值得注意的是，移交勒鲁瓦所做工作的前两名检查员是承包商，他们持有码头和塔楼的主合同，这在现代实践中是不可能的官方关系的单一逆转。在这张证书上，勒鲁瓦收到了他的工资余额。

然而，这项工作并不完全令人满意。三年后，米歇尔·费雷、皮埃尔·德洛姆、托马斯·塞鲁德、杰汉·杜尚和罗伯特·夸特里斯证明，他们已经检查了喷泉的维修工作，以使喷泉流动，故障是由于沼泽地的沉降。他们建议建造更深的地基。在上述人员中，费雷是唯一一名港口工程承包商，可见高尔文已在此期间去世。此后，费雷单独出现，而德洛姆和塞鲁德几乎总是被任命测量砖石。

到1529(30)年底，人们意识到港口工程应该延长。与此同时，吉永·勒鲁瓦已经退休，拉梅勒雷勋爵法国海军中将查尔斯·德莫伊被任命为主管工程师。1530(1)年3月13日，开始新工作的第一步——合同和明细单发布。

合同规定建造一座带有两个码头的塔楼，“一个朝向大海，另一个朝向港口，其尺寸、高度、厚度和长度与先前建造的相同。”要求建造码头和塔楼似乎表明最初只建造了一个码头。

构成塔楼和码头的石头(同样规定了采石场)长四五英尺，宽2英尺，正面和背面均为石头的全高，并为两个伸展台铺设了一个接头，带有断开的关节。炮眼周围的石块的尺寸要达到需要六到七个滑轮才能升起的程度。

在防波堤的顶层，所有的面石都是露头石，四五英尺长，两英尺半宽，接缝良好，至少十二或十三英寸高。对于用作路面的顶层的剩余部分，需要使用大的、接缝良好的石头，并以适当的坡度铺设，以防止水存留。

这些规范在形式和明确性上明显优于第一份合同所附规范。石头不是用"尽可能大"这样毫无意义的词来描述的；取而代之的是它们的最小尺寸，在一种情况下，它们是通过"六个或七个滑轮"可以提升的尺寸来测量的，尽管没有提到用作提升力的人或动物的数量。铺设方法、伸展台的露头石数量和接缝的断裂均得到了很好的记录，并采用了卓越的标准，即已完成的砌体质量。基础现在已明确包含在砌体成本价格中，不由当局提供。合同签订时，工程应保持干净，这是承包商之前没有要求的。此时，承包商应提供所有劳动力和材料，包括铁、铅和木材等项目，这些项目在之前的合同中被省略。

十天后，在德莫伊、各种官员和许多要员面前举行了一次公开会议，当时出现了"来自迪耶普的石匠大师杰汉·贝盖特，来自哈弗勒的石匠大师纪尧姆和来自蒙蒂维利耶的石匠大师吉劳·皮科特，他们响应我们的命令，前来参观所述格拉斯地区最需要的码头和现场，以进行砌筑。在我们向他们提出了几次指责后，他们一致表示，由于已经铺设的砖石成本高昂，他们不会承担不到每突阿斯 20 图尔里弗尔的费用，不包括打桩、平台、开挖和基础准备，他们不会以任何价格承担上述例外情况，对此，我们回答说，为了避免可能产生的巨大滥用和费用，我们不会让一项工作在没有另一项工作支持下继续。"

结果与第一次合同非常相似。在被邀请的承包商发出最后通牒后，杰汉·布罗兹(Jehan Broize)大师起身，代表他自己和哈弗勒和格拉斯的其他人表示他们已经阅读了规范并听取了石匠大师的建议，愿意进行工作，以获得所有材料、铁和铅，并遵守规范，价格为每突阿斯 25 图尔里弗。

值得注意的是，在提到的名字中，没有提到最初承包商的幸存者米歇尔·费雷的名字，但他参加了一次特别会议。在所有其他人都听完之后，会议记录指出，"在同一天，米歇尔·费雷出现在我们面前，称为沃乔奎特，是科镇的泥瓦匠大师，迄今为止负责在格拉斯建造工程的砖石和建筑物。他向我们提出抗议说，从建港口开始，他就已经签订了每突阿斯 22 里弗尔 10 索尔的报价修建塔楼、码头和提供砖石的合同，但由于港口尚未开放，他损失惨重，因为他被要求用陆路和马车运送石头和其他合适的材料，且由于工程不完全，机械不能安装在码头上，必须放在低的位置，否则它们有可能在大海狂暴的海浪中遭到破坏。"

在回应这一呼吁时，他们说，国王和海军上将勋爵并不打算让旧合同继续有效，而是应该签订一份新合同，因此国家的所有大师们都被召集了。他们阅读了说明书，并让沃乔奎特知道，如果他希望这项工作进行招标，他将是首选。沃乔奎特在阅读了规范后表示，为了服务国王，他将进行砌筑和开挖，必要时建筑平台和打桩，以及其他要求,价格为每突阿斯 17 里弗尔 10 索尔(12 美元),尽管他补充说,他很清楚自己不会获得太多利润,他将把任何可能的损失都服从于领主的善意。他还说,他比任何人都更清楚建造这项工程所需的条件,因为从建港口开始,他就进行了研究,并熟悉了大海的狂暴。

然后,不同的石匠大师被邀请,在公开阅读了规范后,石匠们被问到他们将以什么价格完成这项工作。经过共同协商后,他们一致表示,他们将按照每突阿斯 23 个图尔里弗尔或者 17 个图尔里弗尔无需打桩和清理的规范进行施工。

因此,这项工作被授予—"该合同……由米歇尔·费雷接受,并确实承诺按照上述规范履行工作;为了完成和执行该合同,上述费雷有义务以国王的名义向拉梅勒雷勋爵保证,将他现在和将来的一切财物,甚至他自己的身体,都押在监里,为要成就这一切。"

费雷以大幅低于竞争对手的价格出价,重复了 12 年前的做法。很难理解他在如此大幅度降价的情况下采取的行动,特别是因为他向德莫伊坦白,他在第一次创业时就亏了钱,并且也知道对手的投标钱。因为他的缘故,希望他对领主们的善意的信心不会错付。费雷在工作进展显著之前去世,之后由他的儿子勒内和杰汉继续履行合同。

虽然最初的合同要求用链条关闭港口,但它们并不是第一次建造的一部分。这是根据新合同完成的,与已建成的塔楼相关的工作被允许作为"额外费用"。1537 年,承包商被支付了一笔款项,涵盖了 219 天的每日 5 索尔的熟练工和 22 天的每日 3 索尔的非熟练工,用于在塔楼墙壁上切割两个 22 皮耶厚的孔,重新制作孔的侧面,并安装车轮和机械。该塔的看守人还获得了每天 5 索尔的报酬,"因为他打开了塔,允许石匠进入,并保护了他们的用品和工具。"

关于提升链条的机械,没有详细的描述,但从与木匠大师杰汉瓦利签订的合同中[他们承诺提供材料、建造和安装,总金额为 110 图尔里弗尔(75.63 美元)],我们可以看出,这是一台手动机器,有两个带臂的轮子,轮子直径为 5 至 6 英尺。机械床身由五根 12 英尺长、12 至 13 英寸见方的纵向木材和三根 10 英尺长、横截面相同的横梁组成。机械机架有 12 根立柱,长 5 至 6 英尺,10 英寸见方,四根横梁长 12 英尺,10 英尺见方。旋转的轴是从 13 到 14 英尺长、9 英寸见方的木材上切下来的。

墙壁上有四个轮子作为导向装置,八个青铜轴承重达 928 里弗尔,成本为每里弗尔 4 索尔,总共 185 里弗尔 12 索尔,与之相比,退款的之前为相同目的制造的车轮的重为 626 里弗尔,但发现这些车轮不够大或坚固。款项是半价的,也就是每里弗尔 2 索拉。车轮的车轴是铁制的,重 131 里弗尔,价格为每里弗尔 13 丹尼,即每磅 3.6 美分。

随着城市的发展,海滨变得越来越有价值,人们发现有必要防止风暴对前滩的侵蚀，在法国海军上将兼诺曼底总督杜克·德·乔伊斯的命令下，决定建造两个由木头和石头组成的丁坝。如旧地图所示，这些丁坝位于偏北防波堤的北部，波浪冲刷的影响最为明显。

弗朗索瓦总是很难为他丰富的想象力所执行的项目获得资金。为了找到至少其中一个丁坝的资金，他求助于一个宗教机构的剩余收入。在1537年6月15日，从枫丹白露发出的一封信中，他下令从圣乌恩修道院的收入中拨出1 500里弗尔(1 031.60美元)，用于在阿弗尔-德-格拉斯修建一条丁坝，这是为了港口的安全和保护。

尽管弗朗索瓦对这项工作的执行给予了个人关注，但他的部分财务问题来自管理不善。这出现在勒阿弗尔档案馆的一份未签署和未发表的手稿中，题为《调查诺曼底海军部所犯下的暴行的说明》。报告称，格拉斯港耗资超过40万里弗，其中至少四分之一被盗。为了确定被盗金额，建议对账户进行检查。有人提到鲁昂议会三年前进行的一项调查，调查结果似乎表明，这些人犯有皈依罪，并可能从中获得赔偿。有人建议国王任命一个保密委员会，对工程的所有阶段进行审查。这是在他的签名手册下进行的，以确保保密，因为只有安静地工作才能查明事实。为了赋予必要的权力，委员会有权在他们的人数中增加一两名法官和一名国王的律师。随后采取的行动没有记录在案。

为了确定进行这些工程的最方便和最有利可图的方式，公爵将此事提交给了一个由选举人、市议员、市民和工匠组成的城镇会议，他们一致宣布，"他们认为，为了国王和公共利益，杆件应采用日工制作，工人所需的所有材料都应购买，以便更好地完成工作，并持续更长时间。"也许浪费金钱的一种方式是没负责任的承包合同。无论如何，市镇会议的建议被接受了。

随着码头完工，港口通过挖掘小溪和建造水池得以扩展。浅滩在河口处通过泥沙沉积而形成。这通过在流入港口的河流上设置闸门得以解决，这些闸门在涨潮时关闭，在低潮时打开，引起冲刷沉积物的水流。

到16世纪末，勒阿弗尔的港口和海港及其码头、警卫塔、护岸、码头和内部港池已经发展到了一个不需要再进一步扩建的地步——除了1607年，为了提供额外的停泊能力和克服大潮涨落带来的不便，其中一个港池被转换为潮汐港池，由一对闸门控制。

由于在该日期和1700年之间，新开发几乎没有完成，因此在后一年发布的地图显示了在原始计划下完成的工程，包括码头、港口和潮汐港池(图26.3)。

当工程恢复时，原计划的范围扩大了，以适应船舶尺寸的增加，并满足对更大商业设施的需求。但原则没有改变。盖昂·勒鲁瓦设计了一个成功的经受了时间考验的方案，留下来的记录充满了方法、成本以及负责人和完成这项工作的人员的姓名的详细信息，并附有合同和规范，清晰地阐明了16世纪港口建设的工程实践和程序。

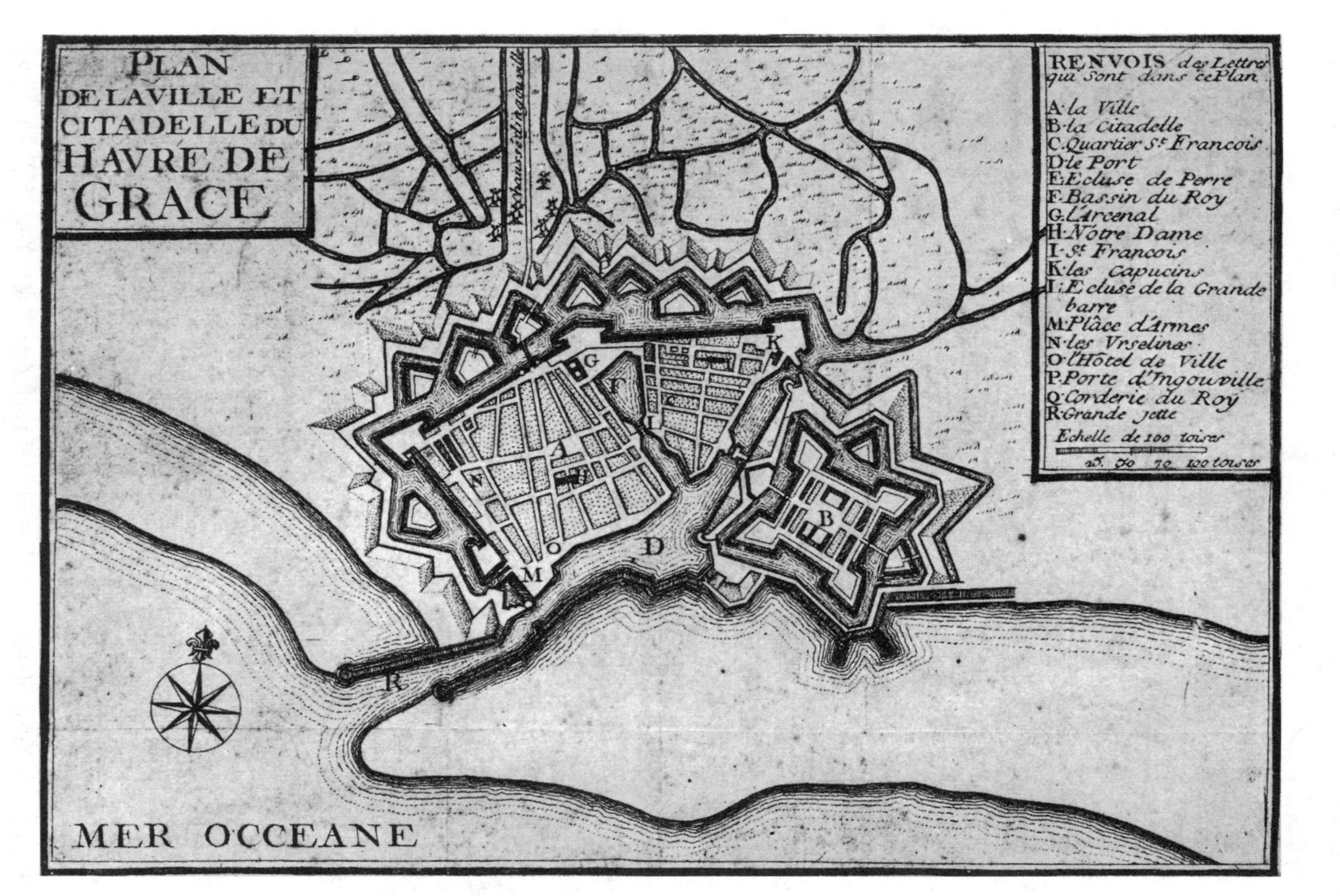

图 26.3 港口建成后的勒阿弗尔地图(1700)

Part Ⅵ

第 6 部分

建筑与结构工程

27

结构和结构设计

在详细考虑15世纪和16世纪建造的最重要的结构之前，最好记住工程师使用的材料，检查工程师的设计理论水平和对物理力作用的知识理解程度，并确定可用的大型工具是什么，他可以依赖的机械和建筑辅助设备有哪些。

可用于建筑的材料有砖、石、水泥和木材。尽管钢铁生产用于许多商业目的，但冶金厂的规模不足以制造足够大的棒材或板材，除了用于连接件的螺栓、连杆或钢带，用以形成结构构件。但即使在这一早期阶段，工程师们也有足够的远见，看到铁的特性将使其成为一种令人钦佩的建筑材料，并且有朝一日它将被添加到上面给出的清单中。我们将马上了解到，至少有一个有远见的人预见到有一天铸造厂和轧钢厂将能够生产出所需的构件，因而绘制了金属构件结构图。

在设计理论领域，几乎没有准确的知识。工程师和建筑工人都很清楚而且经常痛苦地意识到，除了自身重量之外，外界因素也会对他们的结构产生应力。他们认识到这些应力具有不同的特性，如拉伸、压缩和扭转。他们将它们视为复杂的组合，并充分认识到，如果桥梁和其他结构要保持稳定，这些应力必须得到抗衡。

但对于这种应力的性质或强度，人们没有理解，在这方面，文艺复兴时期的工程师们，除了在这一时期结束时的一个例子之外，没有增加他们早期罗马前辈所掌握的知识。在确定结构部件的尺寸时，两组人都完全依靠经验和判断。没有测试材料的方法来确定其抗应变能力，因此，设计师无法估计构件的强度；他也没有一个理论可以用来计算一个构件需要承受的应变。因此，存在着一个无知的恶性循环，直到伽利略打断它。

关于土壤的承载质量和桩的支撑力，也没有可用数字表示的信息。工程师们根据经验（这意味着有残缺的记录）知道，不同的土壤可以在不同程度上承受重荷载的压力，通过打桩，软土上的荷载可以增加。构成“重”负荷的因素是由独立工程师决定的，不受其他人成功工作的记录统计数据的影响。在所有这些事情上，除了自己的判断之外，他没有别的指导。如果这是正确的，他建造的建筑将留给其他几代人欣赏。如果它是错误的，时间会善待它的过错，而失败——它的原因和结果——将不再被记住。

无论是在文艺复兴时期，还是在此后的近两百年里，对于应用科学中被称为材料强度的这一伟大分支，都没有任何已知的东西，但如果没有它，现代工程就不可能实现。

桥梁、屋顶、穹顶、挡土墙和地基等结构的应力可能达到相当大的强度，需要特别考虑，从而将其设计置于工程领域。

值得注意的是，随着建筑艺术的发展，没有人试图分析、确定或评估这些应力，甚至是其基本特征。有许多优秀的数学家，几何学的原理已经被理解了许多世纪，实验很容易进行，但直到这一时期的最后几年，似乎没有人认为这些应力受到数学和物理定律的影响，即使是当时做过的分析也直到很久以后才被发表。如第 4 章所述，莱昂纳多·达·芬奇在这次谴责中被排除在外，但他的推理隐藏在他的笔记中，因此不为人知。这种忽视更令人惊讶，因为施工人员必须注意梁提供的阻力，梁是最简单和最常用的搭桥的方法，其中高度而不是宽度是支撑重量的更有效因素。这一时期的人都是密切的观察者，他们很快就会推理，为什么他们不经审查就让这一事实过去，这很难理解。一些实验已经证明了一个基本事实，即如果梁的高度增加一倍，其承载能力将增加四倍。

伽利略是第一个试图用科学术语表达力学定律的人，他首先将其应用于天体问题，然后应用于普通结构。伽利略不仅是整个时期，而且是以前所有时期纯科学的主要代表。他的工作是如此重要，以至于他的生活和推理的发展都需要被讲述，尽管已经众所周知。

伽利略·伽利雷于 1564 年 2 月 15 日出生于比萨，出生于一个古老而杰出的佛罗伦萨贵族家庭，其姓氏为博纳朱蒂，直到 14 世纪的祖先将其改为伽利雷。

伽利略是其父母的三个儿子和四个女儿中的老大，在他还是个孩子的时候就对机械研究和分析方法产生了强烈的兴趣。他在修道院接受的早期教育主要是学习经典著作。在这段时间里，他在遵循文学和宗教的道路之间摇摆不定，甚至接受了修士见习者的规矩。这两门课程都遭到了他父亲的反对，他的父亲本人是数学家和音乐家。他把儿子从修道院和神职人员的影响中摆脱出来，让他进入比萨大学学习医学。父亲很穷，可能觉得文学和教会不能给他的大儿子提供养活自己的机会，以满足可能随时落在他身上的家庭责任。

然而，这个年轻人并不喜欢医学。如果他不能遵循自己的天然喜好，他更倾向于绘画或其他一些艺术。但正如经常发生的那样，机遇决定了他的职业生涯。在比萨大学学习期间(他还不到 18 岁)，他注意到在大教堂中摆动的灯组在相同的时间内完成其摆动，而不论摆动幅度。他立即开始了实验研究，发现了钟摆的规律。这激发了他的热情和想象力，在听了一次关于几何学的讲座后，他的研究成果完成了。

到那时为止，伽利略的父亲一直对他隐瞒所有数学知识，因为他担心这门让父亲着迷的学科可能会对儿子产生同样的影响,并导致后者像父亲一样,陷入经济上一贫如洗的生活。但这位年轻人的潜在天才现在被彻底激发,最终克服了父亲的反对,他不再谈“希波克拉底和盖伦而换成了欧几里得和阿基米德”,正如他的传记作者之一(她自己也是一名天文学家)玛丽·阿格尼斯·克莱克所说。

1588年,当伽利略24岁时,他发表了一篇关于固体的重心的论文,这为他获得了比萨数学讲师的职位。这个职位既不重要,也不赚钱,但它使他能够养活自己,并给他在比萨斜塔进行著名实验的机会,这标志着他成为未来的科学人,尽管这些实验遭到了许多负面的批评。后者只是他在临终前必须忍受的长期苦难的一种预演。比萨实验彻底推翻了关于空间中重物体下落规律的所有先入为主的概念和理论,并附带明确地提出了动力学的第一原理。

1591年,他接受了帕多瓦大学的数学教授职位,并担任了18年。这一任命来得正是时候,因为他的父亲刚刚去世,正如他父亲所预见的那样,抚养家庭的重担落在了伽利略身上。

在帕多瓦居住期间,伽利略获得了巨大的声誉,来自欧洲各地的学生和学者参加了他的演讲和演示。但尽管他的职业职责艰巨,他还是有时间进行研究和实验。他设计了比例规并制造了第一个温度计。后一种仪器的原始形式有些粗糙,由一根充满空气和水的管子组成,末端是一个水容器。因此,它受到大气压力和温度变化的影响。1646年,里涅里通过密封管道克服了这一错误来源。1670年,汞取代了水。但伽利略的功劳在于他构想了基本思想。

然而,伽利略正是在天文学中获得了他最大的声誉。在那里,我们需要简单地跟踪他的发现轨迹。虽然他并没有发明望远镜,但1609年,当他得知有人发明了这种仪器时,他立即着手进行改进,很快就有了一台放大倍数为32倍的望远镜。它是由两个镜片制成的,就像半个观剧用的小望远镜。

用这个简单的仪器,他很快就创造了奇迹,分解了银河系和星云的一部分,并发现了新的和出乎意料的恒星,从而扩展了宇宙的已知极限。他阐明了月球的地形,并证实了莱昂纳多·达·芬奇在一百多年前提出的假设,即月球的黑暗区域被地球反射的阳光照亮。随后发现了木星的卫星及其围绕行星的公转;金星的相位和许多其他奇迹。

这些革命性的创新起初只引起了学者的兴趣,但很快就激起了那些仍然坚定地坚持旧信仰的人的敌意,以及教会中的一个极端团体,他们担心宗教受到攻击,联合起来阻止他们认为的异端言论。正如所说的,伽利略曾经打算进入教会,他知道他的科学理论和真正的宗教教义并不冲突。因此,当他受到攻击时,他作了回应。1615年12月,他不顾警告前往罗马,亲自为自己的事业辩护。两个月后,圣公会谴责他关于太阳是世界中心的说法"在哲学上是荒谬的,在形式上是异端的,因为这明显违反了《圣经》",并谴责他关于地球有昼夜自转运动的说法,"在哲学上受到同样的谴责,至少在信仰上是错误的。"伽利略被命令遵守这一决定,他被禁止"持有、教授或捍卫"他的理论。他答应服从。有趣的是,没有任何记录表明教皇正式批准或证明了圣职的这一行动,但它在 1757 年被本笃十四世废除。

1623 年,巴贝里尼红衣主教被选为教皇,即乌尔班八世。他是伽利略的一位好朋友,因此伽利略希望这条禁令能够被取消,而这条禁令到目前为止他一直严格遵守。为了达到这个目的,他回到罗马,亲自向他的老朋友提出申请,但他所得到的只是一个声明,即他的理论可能不是异端,但不明智。假设这句话可能被理解为,如果不是认可,至少是默许他继续他的教学,伽利略开始准备这部伟大的作品,这部作品首先导致了他的暂时垮台,后来又将他永久提升到科学的高位。

《关于托勒密和哥白尼两大世界体系的对话》(*Dialogo dei due massimi sistemi dei mondo*)于 1630 年完成,由佛罗伦萨的兰迪尼于 1632 年出版。该书受到了学者们的高度赞扬,并受到了教会政要的猛烈攻击,他们看到伽利略之前承诺遵守的圣职决定遭到公然蔑视。

这本书立即被禁止出售,作者被传唤到罗马出庭。他徒劳地以自己的年岁和其他借口辩护,但甚至他的朋友教皇乌尔班八世也裁决反对他。他被监禁,后来在酷刑的威胁下接受检查,最终决定放弃,1633 年 6 月 22 日,他在圣玛丽亚·索普拉·密涅瓦教堂公开宣布放弃。伽利略否认了他所教的教义的真实性后,他惊呼道:"但它确实在移动,"这是一个美丽的故事,就像许多其他美丽的故事一样,是一个完全的发明。同年 12 月,他获得了返回佛罗伦萨的许可,在那里,他过着隐居生活,这是他刑期的一部分,直到 1642 年 1 月 8 日在他 78 岁的时候去世。

在这八年中,伽利略远非无所事事,他创作了另一部伟大的作品《关于两门新科学的对话》(*Dialoghi delle nuove scienze*),这部作品与本章的主题有着特殊的关系。他多年来一直在写这本书;事实上,他正在与他的另一个《对话》同时进行的,尽管直到后来才完成。伽利略非常重视它,甚至写信给他的朋友埃利亚·迪奥达蒂,说他认为它"比我迄今发表的所有其他作品都好"。

实质上,这本书包含了实验结果、他对数学定律和力学理论的演绎,以及他对许多问题的解释。在形式上,它类似于他的《对话》,是一系列由两个神话人物提出的问题和回答,他称之为辛普利西奥和萨尔维亚蒂。

由于第二本书中没有任何争议,也没有任何被谴责的内容的复制品,伽利略有信心找到一个出版商,重建他作为科学家的声誉。由于罗马和佛罗伦萨因禁令而对他关闭,他开始与威尼斯的媒体谈判。

有几家公司愿意出版这本书，但在向宗教裁判所申请许可时，他们被告知，伽利略的任何和所有著作，无论性质如何，都是被禁止的。维也纳和布拉格也婉言拒绝。但荷兰著名印刷商埃尔泽维尔于1636年访问佛罗伦萨并接受了手稿。他在1638年出版了这本书。

工程师感兴趣的部分是伽利略对梁中应变的分析，这是有史以来第一次尝试，因此是计算任何框架结构应力方法的先驱。

伽利略举了一个最简单的例子，一个一端固定的梁，另一端支撑一个重物。作为一个公理，他指出，"玻璃、铁、木材或其他易碎材料制成的棱柱体或实心圆柱体……很容易被横向施加的重量打破，当圆柱体的长度超过其厚度时，其比例可能小得多"，这显然是正确的。然后，他假设一个实心棱柱 A B C D（图 27.1）固定在 A B 端的墙壁上，并在 C D 端支撑重物 E，墙壁垂直，棱柱与之成直角。

图 27.1　伽利略的绘图说明了他对一端固定另一端承重的梁的应力分析

A B C D，实心棱柱；E，重物；摘自《关于两门新科学的对话》
（H.克儒和 A.萨尔维亚翻译，纽约，1914）

"很明显，"伽利略说，"如果圆柱体断裂，断裂将发生在点 B，在点 B 处，榫眼的边缘作为杠杆 B C 的支点，力施加到杠杆 B C 上；实体 B A 的厚度是杠杆的另一个臂，阻力沿该臂定位。该阻力与位于墙壁外侧的部分 B D 与位于墙壁内侧的部分分离相反。从前面可以看出，在 C 处施加的力 E 的大小与在棱柱厚度中发现的阻力大小，即在将基座 B A 连接到其相邻部分时，长度 C B 与长度 B A 的一半的比例相同。”分析继续表明，均匀加载的梁将支撑集中在端部的两倍荷载，并解释不同长度、宽度和厚度梁的比较强度。

任何熟悉计算应力的人都会意识到，伽利略犯了一个严重的基本错误，根据卡尔·皮尔森教授的说法，他假设应变梁的纤维是不可拉伸的，或者根据其他评论员的说法，梁的中性轴是最底层的纤维。

这个错误是令人惊讶的，因为伽利略的推理总是清晰的，更令人惊讶的是，他本可以通过简单的实验来检验他的理论的准确性，而无论何时进行这样的测试，他都习惯这样做。然而，他第一次指出，倾向于产生断裂的力和抵抗断裂的力在断裂时处于平衡状态。

由于对材料的强度一无所知，伽利略也没有努力超越他的基本阐述，他的错误一直没有受到质疑，直到 1680 年马里奥特研究了这个问题，并通过实验证明了光束的纤维在一侧拉伸，在另一侧压缩。1694 年，伯努利通过应用马里奥特定律制定了弯曲定律。

我们不能批评当时的工程师和科学研究人员在解决问题上的缓慢。即使在 19 世纪初，除了伯努利所取得的成就之外，谁也没有取得太大的进步。事实上，直到 19 世纪几乎已经过去，人们才清楚地认识到，断裂阻力的测量不仅仅在于材料的极限强度，至此材料的弹性理论和其他原理（用于精确计算现代结构的强度）已经被完全接受。

跨度大于单梁石桥或木桥的桥梁几乎总是被设计成拱形。拱形是从罗马人那里继承下来的，罗马人以高超的技巧和成功将其用于多种用途，并将其发展为大跨度。但罗马拱门总是一种类型，即全中心拱门或半圆形拱门。中世纪的建筑师将哥特式或尖形拱门以及由两个圆柱相交形成的穹棱和回廊拱门加入这种类型中。文艺复兴时期的工程师们采用了从古代流传下来的所有形式，并添加了大胆创新的新形式：分段、椭圆和多中心曲线。

但他们的设计是基于对构成平衡的“感觉”，而不是任何数学或科学分析。事实上，他们对什么构成稳定没有明确的概念，也不清楚他们所处理的力量的范围和性质，甚至伽利略也没有试图提供解释。

16 世纪的工程师和公元 1 世纪的工程师都知道，拱门产生的推力如果不能与相邻拱门的推力相等，则必须由桥台吸收或抵抗。人们有充分的理由相信，拱中的推力线遵循拱石或拱石的曲线，因此，人们更喜欢罗马式或半圆形拱，该拱应将推力垂直向下引导至桥墩或桥台，进入地基。参议院委员会关于里亚托桥（Rialto）设计的讨论（第 28 章）清楚地表明了这种误解。许多被请来的建筑专家都非常确信可以控制推力线，因此他们希望在桥台内继续分段曲线，以形成明显的半圆曲线。这些经验丰富的建筑师认为推力线将遵循任意曲线，但他们意识到拱腋需要重量。他们似乎没有意识到，拱腋加厚的重量，而不是拱腹的曲线，是确定推力轨迹的主要因素。

鉴于这种无知，像达庞特这样的人在拱肩中的倾斜底缝以满足正常的推力线，阿曼纳蒂在佛罗伦萨设计圣塔特里尼塔的平拱门(第 29 章)，以及布鲁内莱斯基在认识到圆顶中有一个爆裂部件时的判断变得更加引人注目。最后提到的一位定位该部件最大的冠关节的准确性(如第 33 章所述)几乎不可思议。

关于挡土墙抗倾覆能力的信息也同样缺乏。工程师们从连续的失败中了解到，如果墙壁要稳定，一定的厚度与高度比是必要的，但他们没有办法确定这个比例。

桁架的基本原理被了解。从几何结构中，工程师们知道三角形是唯一一个除非改变其边长否则绝不会变形或扭曲的几何图形。这一原理应用于设计施工期间支撑拱的支架中心，以及教堂或大型大厅的屋架设计。

图示给出了与后述桥梁相关的几个拱中心；图 27.2 和 27.3 显示了两种情况，其中刚度取决于一系列支撑三角形。图 27.2 是桑加罗(1445—1516)设计的用于支撑罗马圣彼得教堂主中堂拱门的设计。该插图摘自 1561 年的印刷品，不幸的是，与几乎所有早期设计一样，没有给出构件的尺寸，除非它们可以按长度和深度缩放，否则这是一种不确定的方法。该中心设计良好，完全坚固，木材框架良好，并用螺栓固定。拱门的跨度为 78.5 英尺。

图 27.3 是斯卡莫齐(Scamozzi)设计的单拱里亚托桥，由五个三角形巧妙地相互支撑组成。与桑加罗的设计图一样，没有给出构件尺寸。

屋顶桁架有许多现存的例子。图 27.4 所示为支撑佛罗伦萨乌菲齐画廊屋顶的桁架之一，由瓦萨里(1511—1574)设计。跨度为 66 英尺。椽子是一体的，但下弦是在中间是拼接的。桁架为单柱桁架，但其特点再次说明了当时缺乏绘制应变图的数学知识。中心柱不与下弦连接。当桁架满载时，力平衡，无需将支柱和支架与弦杆连接。但在不平衡载荷下，如一侧被大雪压住，应力是不平衡的，如果连接断开将产生二次应力，在极端条件下可能会产生严重后果。在许多桁架中发现同样的错误；例如，在从 16 世纪手稿复制的奇特的双柱桁架(图 27.5)中。由于屋顶上部结构通常很重，由瓷砖或铅板组成，因此在实践中不会出现很大程度的不均匀荷载。应注意，瓦萨里设计中的下弦杆通过铁皮带固定在立柱上，以防止其下垂。

在另一个较轻的桁架(图 27.6)中，主桁架不是直接由墙壁支撑，而是由侧面的小三角形支撑。采用这种巧妙的装置可能是因为很难获得长的单木，椽子和下弦都要拼接。三角形顶点和墙壁之间的主椽在桁架中不起作用，主要用作屋顶覆盖物的支撑，顺便作为整体的加强支撑。

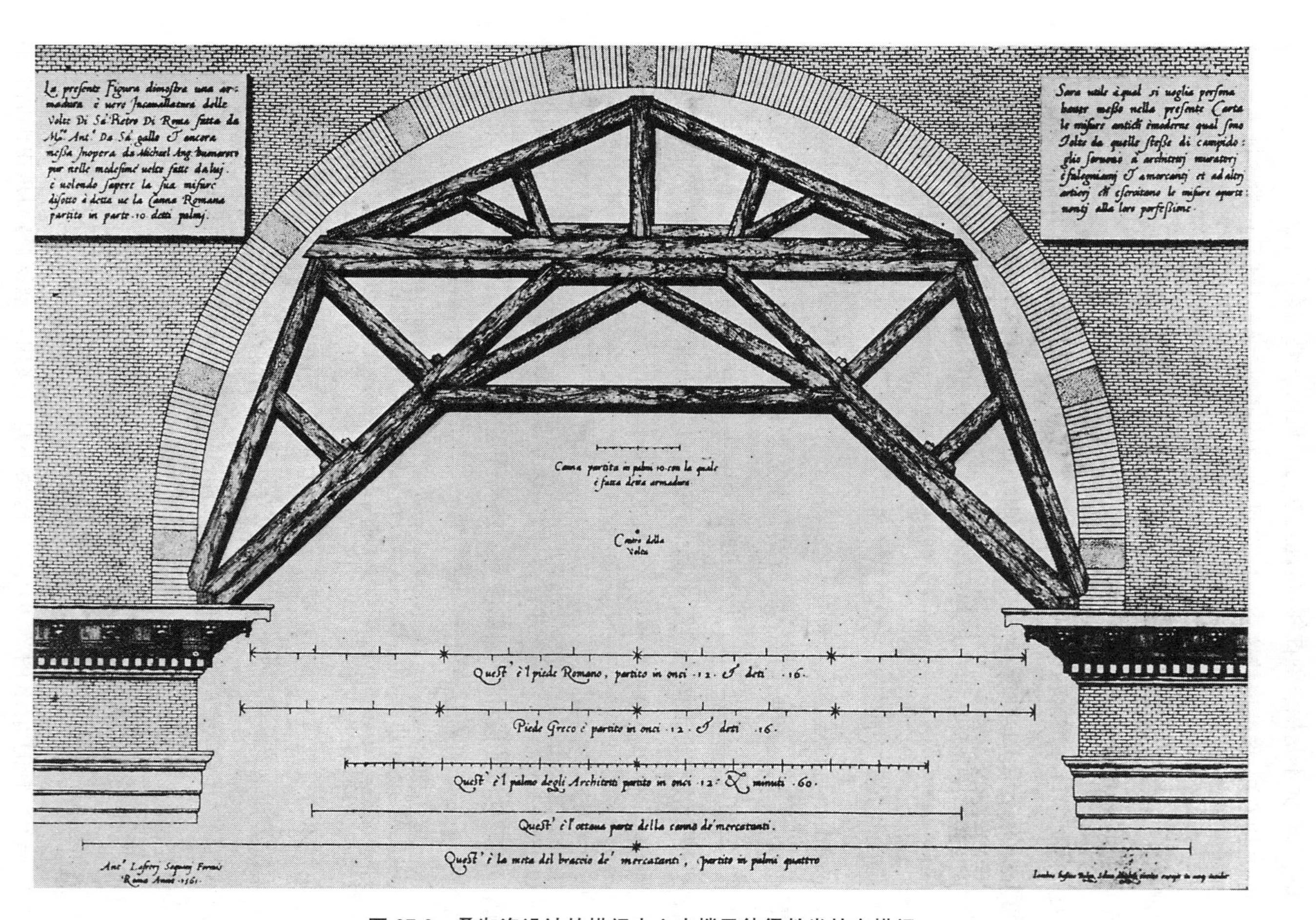

图 27.2　桑迦洛设计的拱门中心支撑圣彼得教堂的主拱门

来自 1561 年的雕刻

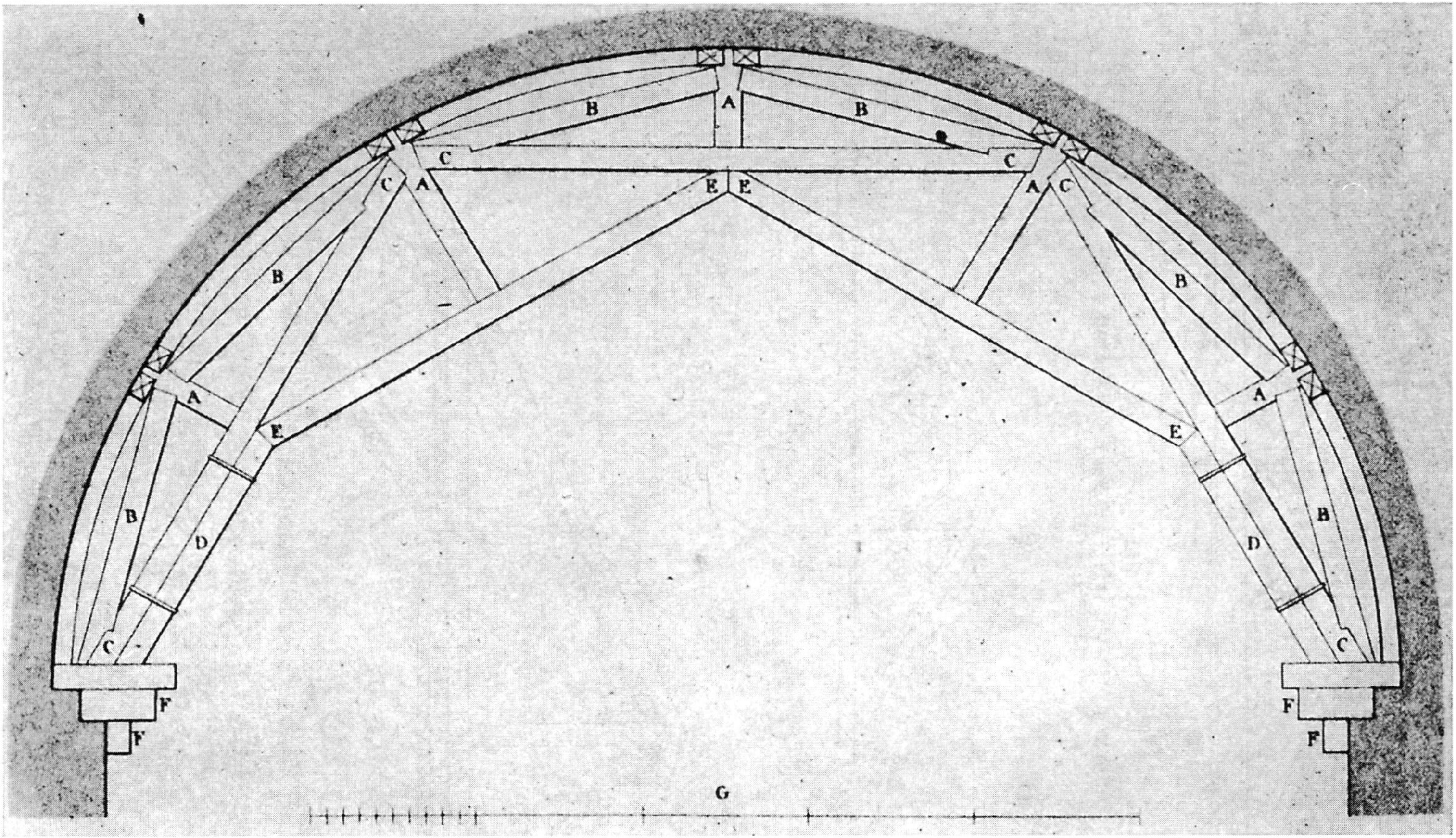

图 27.3　斯卡莫齐提议的单拱里亚托桥的设计

摘自朗德莱特的《里亚托桥》

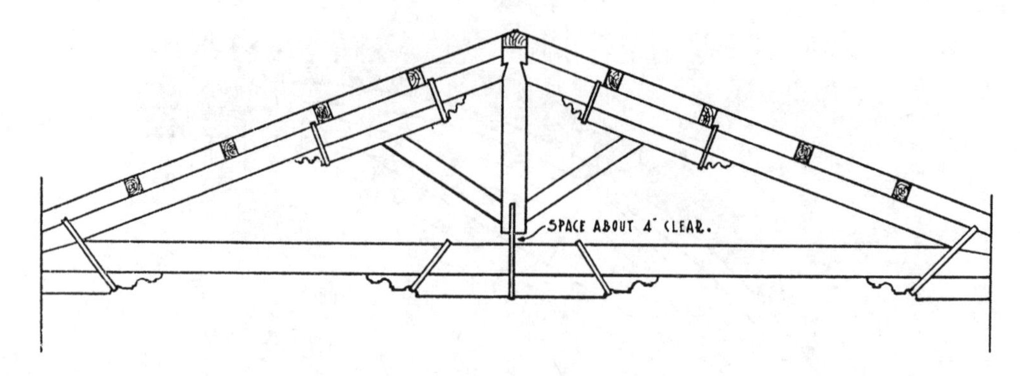

图 27.4　瓦萨里设计用于支撑乌菲齐画廊屋顶的桁架(比例：1∶100)

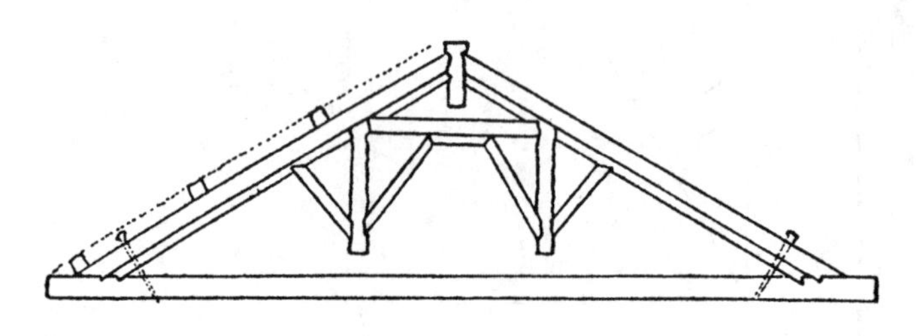

图 27.5　双柱桁架

摘自 16 世纪的手稿

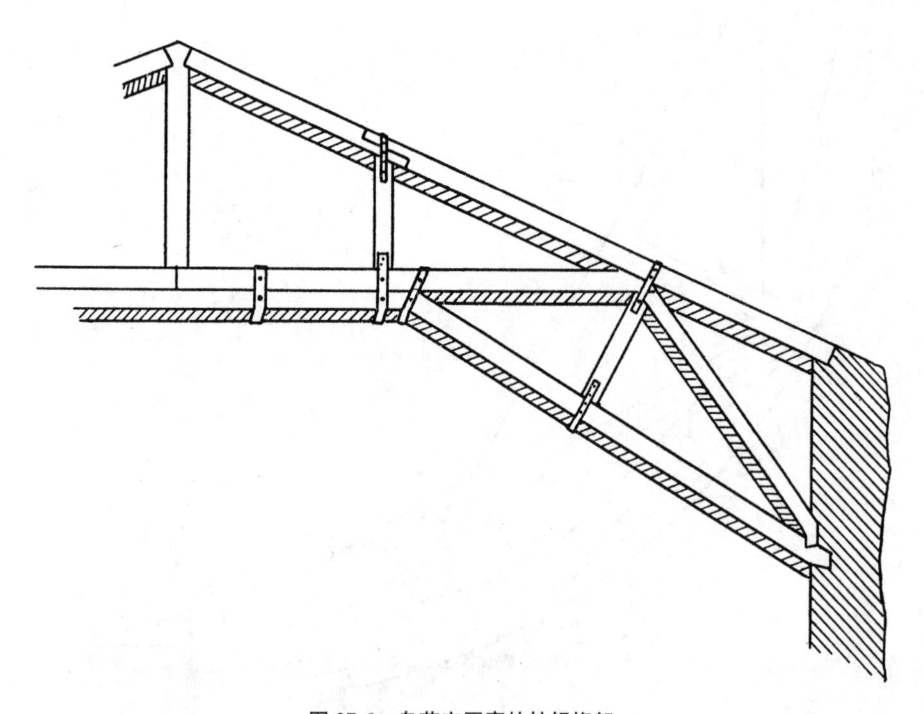

图 27.6　乌菲齐画廊的较轻桁架

获得足够长的单根木材作为跨越50英尺或以上开口的桁架中的受拉构件的困难一定是非常现实的。在佛罗伦萨的乌菲齐画廊中,弗拉·乔康多和瓦萨里的草图展示了他们如何拼接大型木材以传递张力(图27.7)。上面两张草图是乔康多的,其他的是瓦萨里的。

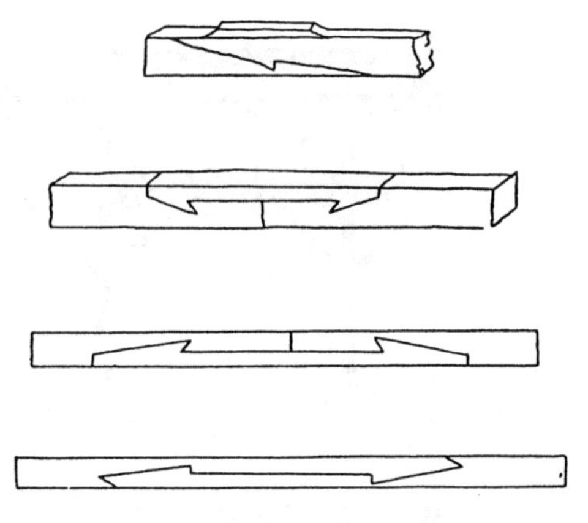

图27.7 拼接受拉构件的方法

弗拉·乔康多的两幅顶级草图;瓦萨里的底部草图

安德烈亚·帕拉迪奥(1518—1580)(第28章)在桁架设计方面取得了巨大进步,他将刚性三角形原理应用于桥梁,从而产生了一种成本低于砖石拱的结构,可以在更长的跨度中组装,并使木材的使用超过了短梁的长度成为可能。在他的书中,《建筑四书》(*I quattro libri dell' architettura*)(1570)(以下简称QLA),他展示了三种类型的桁架,标志着工程进步的一大步。这一创新更为引人注目,因为它来自帕拉迪奥,他在建筑上与古典主义结下了不解之缘,但在这个事例中,他提倡一种设计原则,以取代罗马拱门。

帕拉迪奥最简单的木桥设计如图27.8的立面图和平面图所示。这是他在巴萨诺(Bassano)附近的布伦塔河上建造的一座桥。它由间距为34.5皮耶迪的桩排架和支撑纵梁组成,从而形成20皮耶迪宽的道路。与其他例子不同的是,桩体较大,为12皮耶迪见方,30皮耶迪长。他们相隔2皮耶迪。虽然可以找到穿过排架之间开口的木材,但帕拉迪奥表示,由于其长度,它们很难承载全部荷载,因此他在每根纵梁下用三根木材加固,这种布置现在称为拉紧梁桁架。在放置这些辅助构件时,帕拉迪奥受其艺术感和工程判断力的支配,因为他将它们进行了比例分配,使三个构件与一个内切圆的弧相切,该内切圆凸起为直径的四分之一。他说,这些比例赋予了"美与力量"。在桁条下的排架的顶部也有梁托,道路是有屋顶的。

帕拉迪奥建造了一座桁条桥,在没有加固的情况下,桁条的强度不足以承受大缺口上的连续荷载,因此他很容易采取了下一步——建造一座跨度巨大的桥梁,即使通过拉紧梁加固,也不会使用单桁条。这是他在布伦塔河支流西斯莫内河上的桥上所做的,桥的净跨为100皮耶迪——这是一项创纪录的成就(QLA)(图27.9)。

这里可以看到第一个桥梁桁架。支撑地板的横梁通过铁皮带连接到垂直柱上,因此,通过将构件固定在一起,将荷载传递到上弦杆和撑杆上,使其牢固连锁。从图中可以看出,帕拉迪奥将构件切割成一定长度,使整个结构具有轻微的向上曲线或弧度,现代工程师总是这样做,可以防止出现下垂。

西斯莫内桁架在实际使用条件下证明是成功的,帕拉迪奥通过规划具有八个栅格

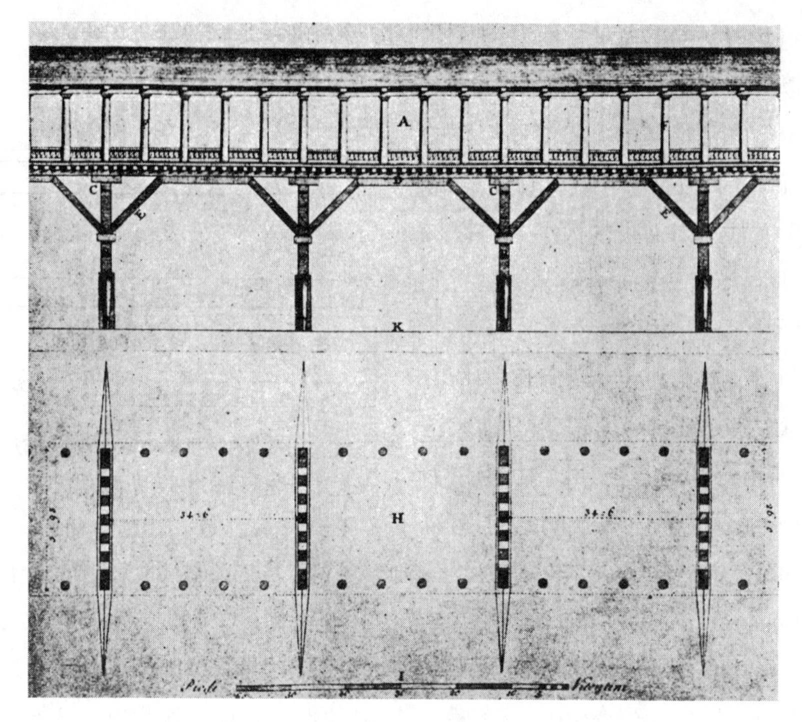

图 27.8　帕拉迪奥的布伦塔河上的桥的方案

摘自他的《建筑四书》(威尼斯,1581)

和较小的高长比(QLA)的桁架扩展了设计原则(图 27.10)。但在这样做时,他犯了两个错误,也表明了他没有掌握他所发展的理论。首先,在靠近中心柱的栅格中没有提供反向应变。当桥梁满载时,不需要此类规定,但当桥梁的一半被占用而另一半为空时,需要第二条对角线穿过主支撑,当然是在中心栅格中,也可能是在重偏心荷载下的下一个栅格中,以防止应力的危险复杂性。由于这些桥梁主要由行人或轻载车使用,因此可能不会出现过度不均匀荷载。

第二个错误显示在平面图中,其中底部弦杆在端部由补充件加固,留下应力最大的中央部分,没有任何加固。为什么帕拉迪奥在他的西斯莫内桥中避免了第二个错误,目前还不清楚,他在书中也没有给出解释。

他还提出了一种修改形式的西斯莫内桁架(QLA)(图 27.11),上弦是弯曲的而不是与下弦平行。在这座桥中,他引入了其他设计中缺乏的辅助支架。然而,撑杆并不像早期的撑杆布置得那么好,因为它们不是在靠近上弦杆的位置连接立柱,而是在一定距离处连接立柱,从而在立柱中引入二次应力,但这种改进超出了这一时期的知识范围。

帕拉迪奥的发明并不局限于直桁架,其中给出了三个例子——他还为支撑拱(QLA)准备了一个引人注目的设计(图 27.12)。结构和框架的细节与直桁架中的细节类似,除了双支撑系统延伸到包括端板。弦杆是同心圆的段,柱放置在直径上。

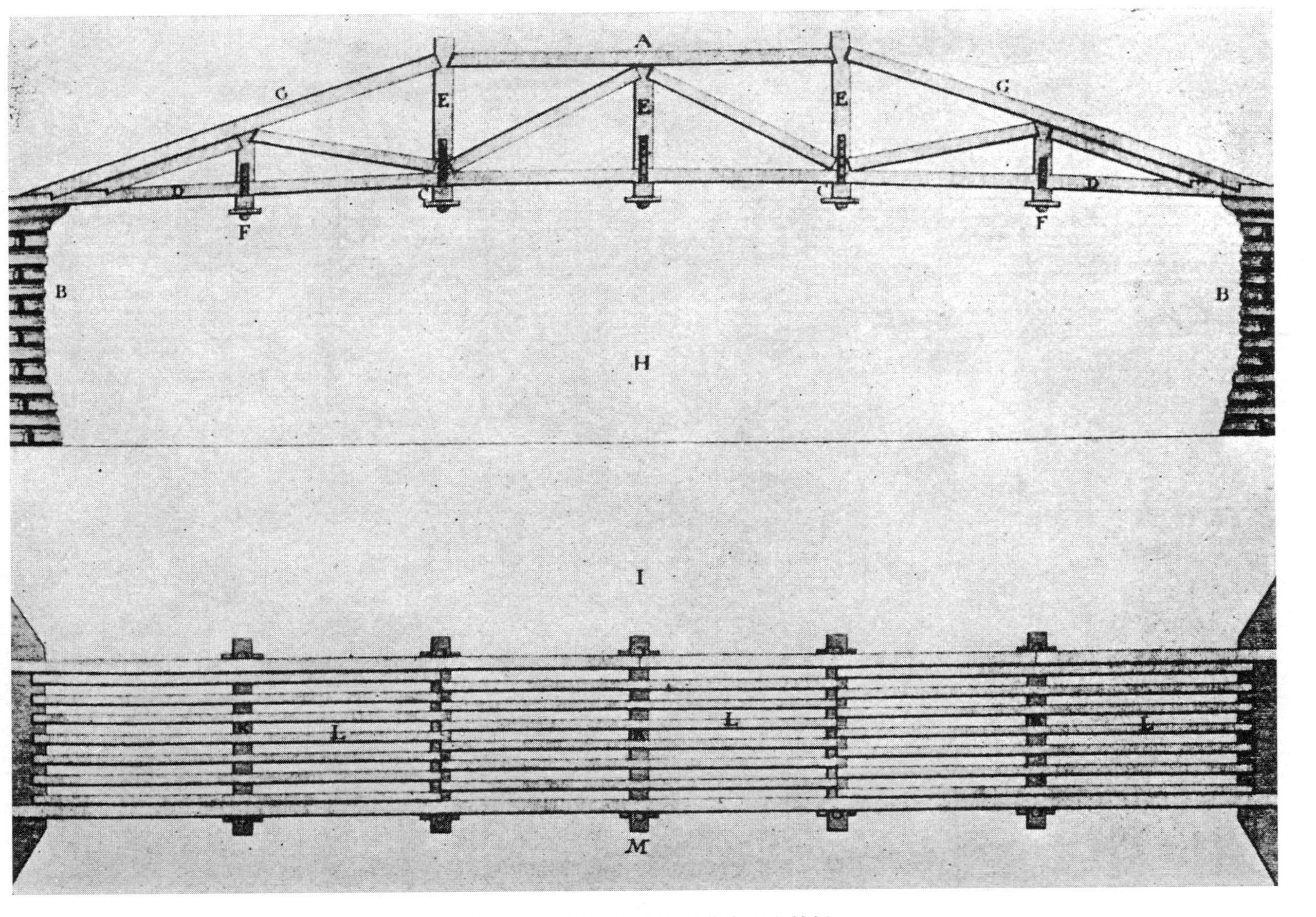

图 27.9　帕拉迪奥的西斯莫内河上的桥

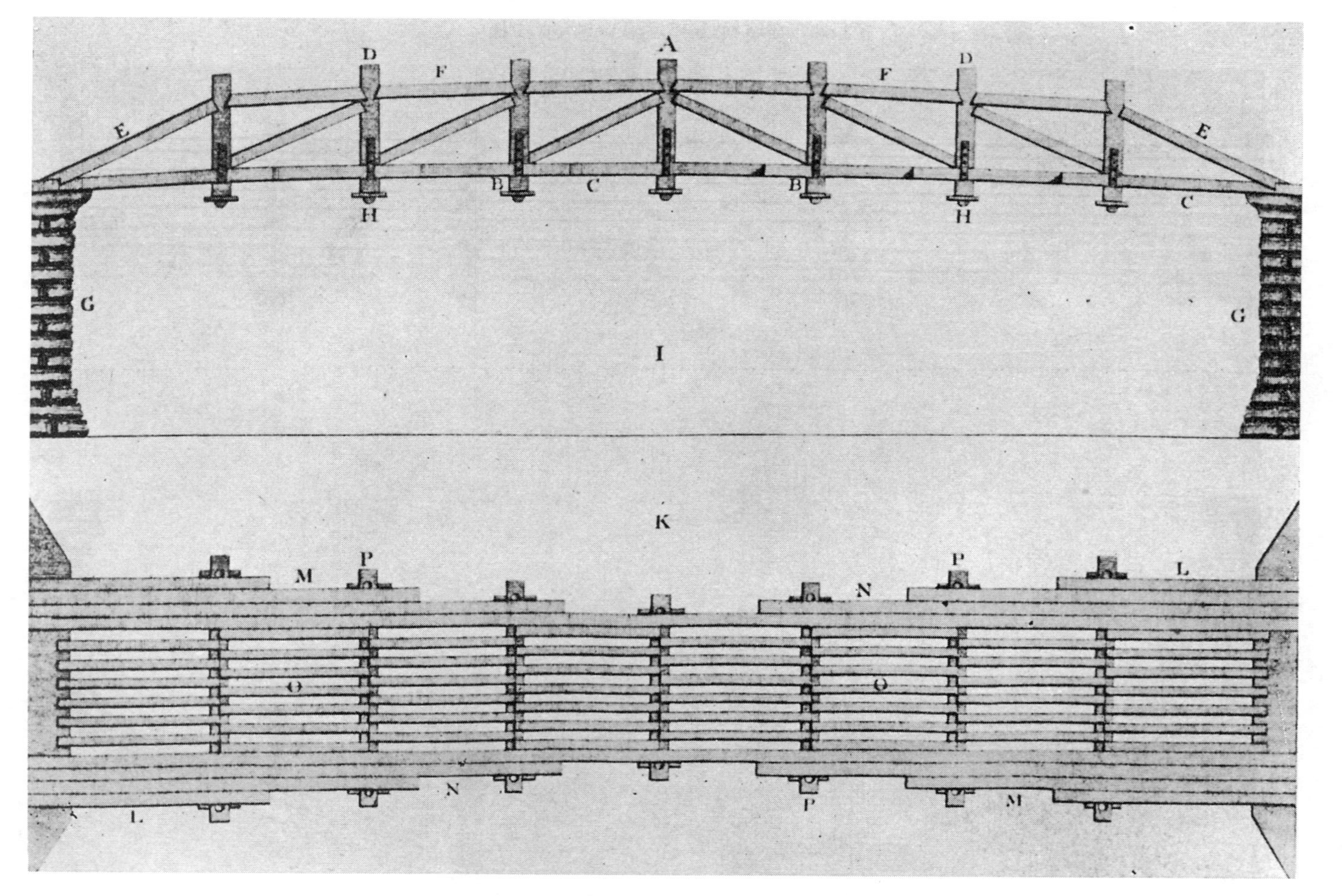

图 27.10　帕拉迪奥的八个栅格的桥桁架

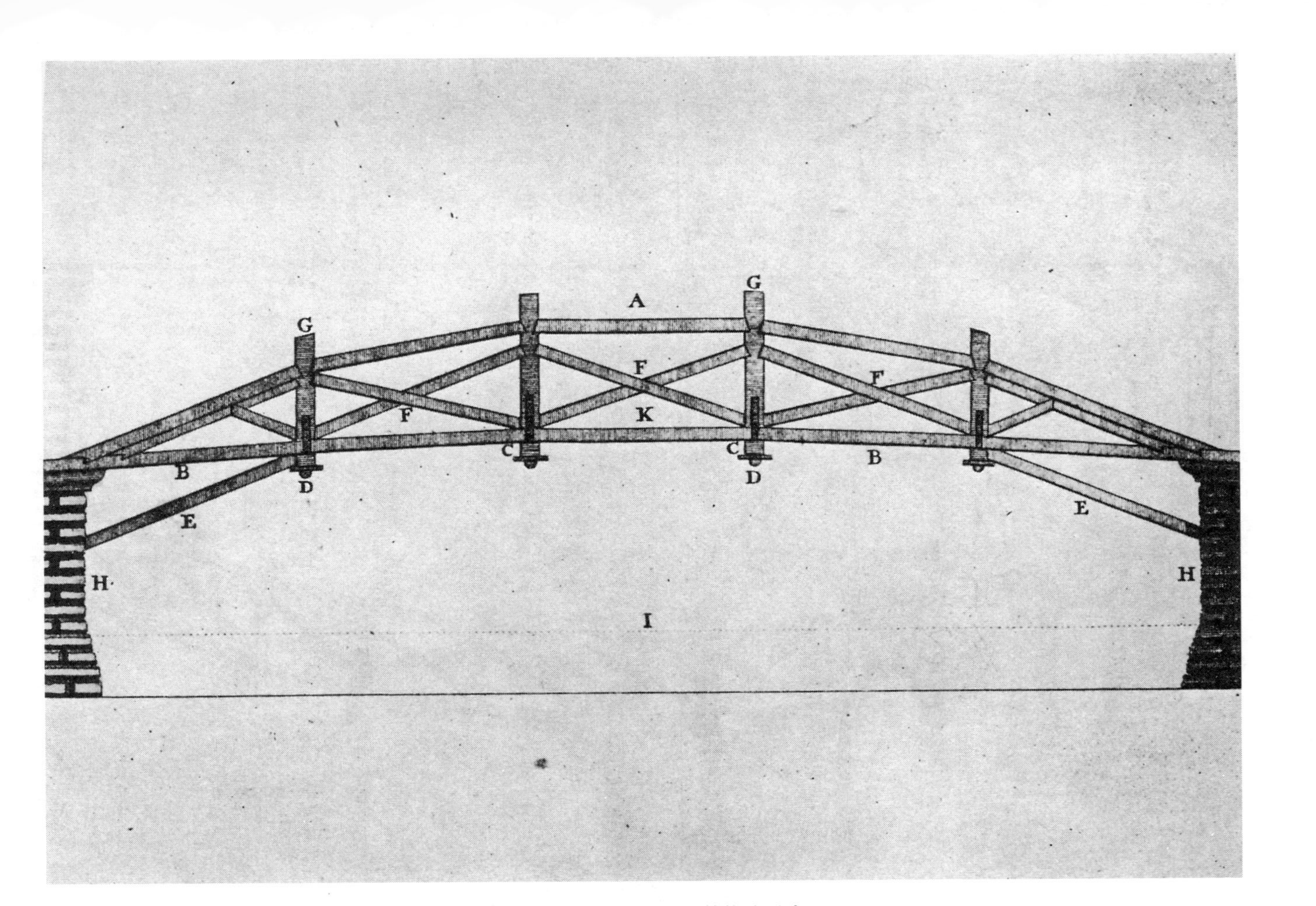

图 27.11　西斯莫内桁架的修改形式

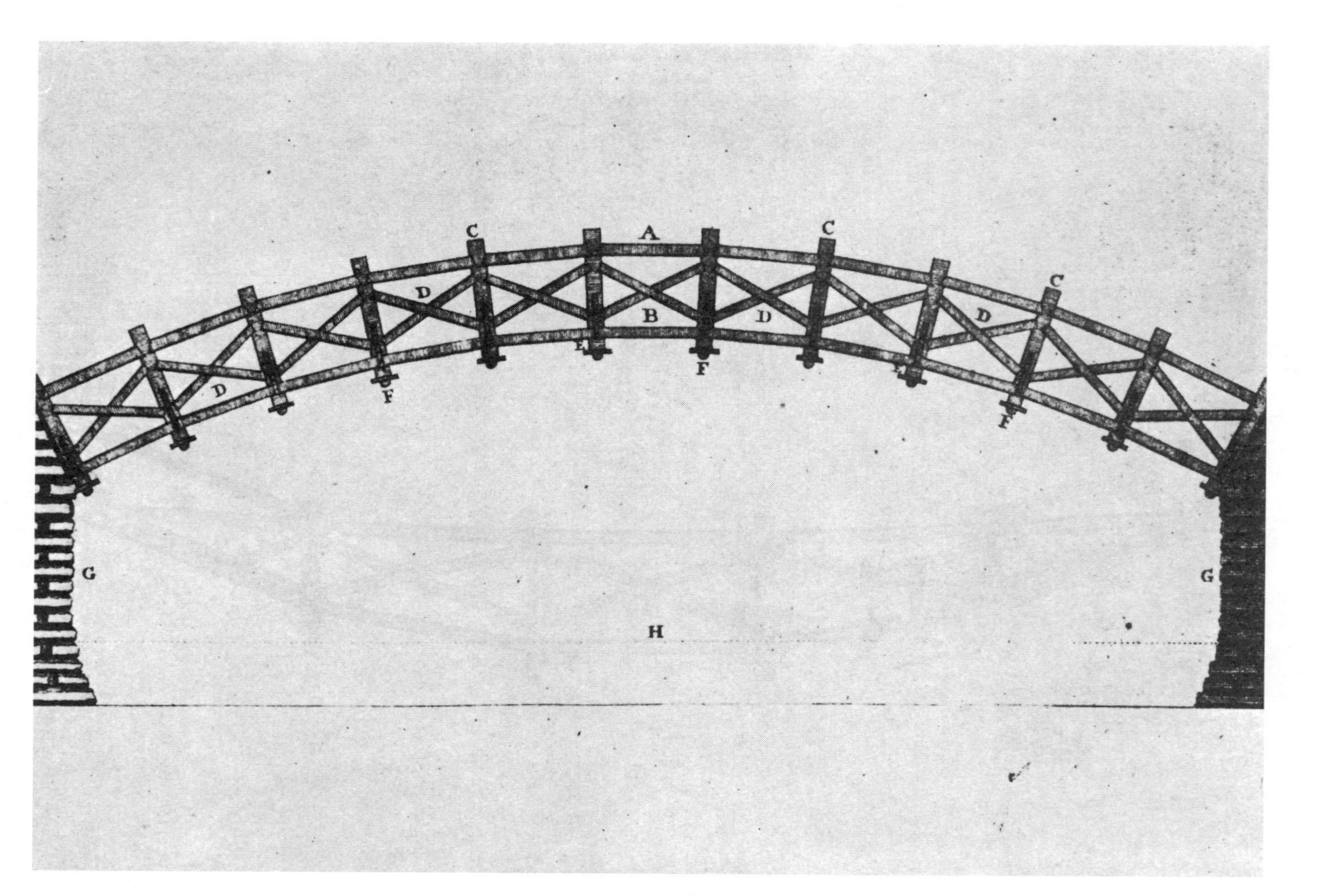

图 27.12　帕拉迪奥的带支撑的拱设计

毫无疑问，这些桁架设计是帕拉迪奥的原创作品，他有权获得这一伟大成就的全部荣誉。但在他的书中，他谦虚地并没有宣称是他发明了它们，只是他把它们引入了意大利；因为他说他的朋友米兰多尔的亚历山德罗·皮切罗尼在德国见过一座类似桁架的桥。帕拉迪奥没有提到这座桥的位置，我们也不知道它是否真的存在。

帕拉迪奥指出，他缺乏对桁架构件进行比例分配的知识，他说，他所描述的桥梁可以按照期望的长度制造，但“那么它们的部件必须按比例制造得更大。”(QLA)在他的设计中，他没有给出单个部件的尺寸，因此，“更大”一词的定义取决于应用他的发明的建设者的判断，或者更确切地说，取决于他们的胆怯。

与帕拉迪奥同时，法国工程师建筑师菲利伯特·德勒姆正在研究一种方法，在一块木材不足以或无法获得的情况下，跨越开口。在桥梁和桁架设计的历史中，德勒姆的贡献没有得到应有的注意和表彰；然而，他的工作开辟了一个新的设计领域，是对帕拉迪奥桁架发展的补充。

菲利伯特·德勒姆是艺术大师杰汉·德勒姆的儿子，约 1510 年出生于里昂市。他早年被派往意大利学习古典艺术。在完成学业后，他的保护人红衣主教贝拉将他召回里昂，并在该市执行了几项私人委托。随后，红衣主教邀请他到巴黎监督圣摩尔城堡的建设。德勒姆的成功如此之好，以至于弗朗索瓦一世任命他为“建筑、公共工程和防御工事的总建筑师和总监”。这一任命的成功为德勒梅赢得了皇家顾问的头衔。1548 年，亨利二世任命他负责枫丹白露、圣日耳曼和其他地方的皇家建筑。他的朋友国王凯瑟琳·德·美第奇去世后，王太后一直对黛安·德波迪耶对德勒姆的偏爱感到不满，因此剥夺了他的职位和薪酬。1570 年 1 月 8 日，他在巴黎圣母院修道院的一座房子中去世。像他那个时代的许多其他人一样，他接受了神圣的命令。

他的建筑作品数量众多且重要，但不幸的是，许多作品都受到了时间、战争、革命和现代进步的蹂躏。在那些幸存下来的建筑中，最著名的可能是图兰的切诺索城堡的桥和画廊以及圣丹尼斯的弗朗索瓦一世墓。他为杜伊勒里宫制定了广泛的计划，随后凯瑟琳·德·美第奇也在很大程度上遵循了这一计划。他写了两本书，《新发明的好处和成本》(*Les nouvelles inventions pour bien bastir et à petits fraiz*)(1561)和《建筑》(*L'architecture*)(1567)。

德洛姆对建筑科学的贡献是他的计划，在他的新发明中描述，用木板而不是单木建造屋顶椽。通过这种方式，他实现了两个目标：一个大于由一块木头形成的椽或屋顶构件，以及通过短件的方式，弯曲轮廓，使构件适合用作圆顶或拱形天花板的肋，同时降低成本。

图 27.13 解释了他的方法。短的木板片被钉在一起，它们的长度破坏了接头。虽然每个构件只提供了两块木板，但显然可以使用更多的木板，事实上，在实践中使用了更多的木板。相邻的椽或肋通过穿过孔的横梁固定在一起，并用楔形键固定。

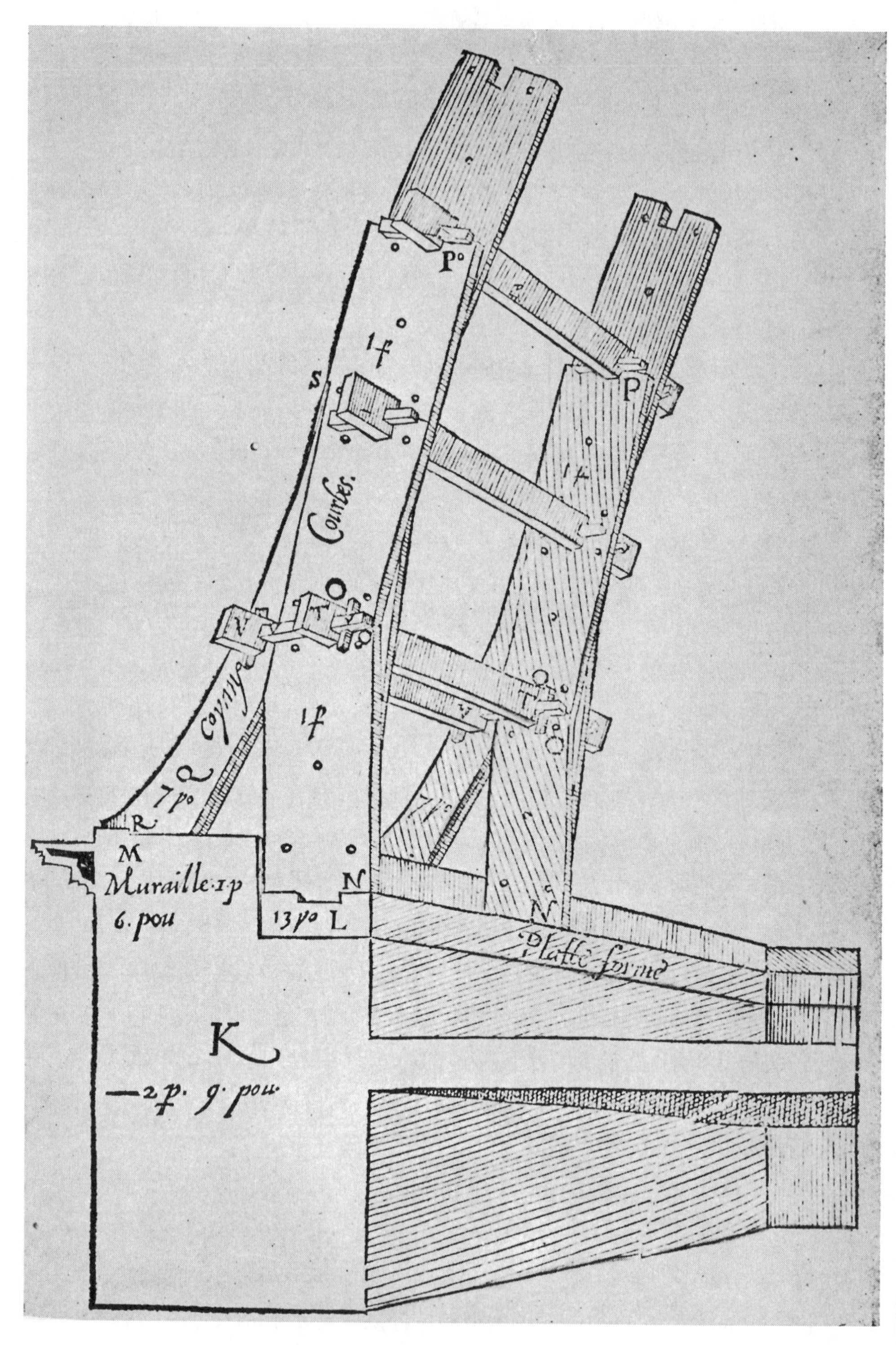

图 27.13　德勒姆的用木板搭成的椽子

摘自他的《新发明的好处和成本》(巴黎,1561)

这一设计和德洛姆书中的某些其他设计是为数不多的早期设计，其中标注了部件的尺寸。每块板长 4 皮耶，宽 1 皮耶，厚 1 布斯，尽管对于小屋顶椽，他建议宽度为 8 布斯。应注意的是，通向墙外缘的弯曲件的宽度为 7 布斯。

用德洛姆法建造的最重要的屋顶可能是安特卫普一座教堂的后堂(以前称为阿侬夏德 Annonciades)(《构架艺术论》，J.K. 克拉夫特，1840)(图 27.14)。后堂平面为半十边形，净跨约 30 英尺；弯曲构件的高度约为 18.5 英尺。每个面板包括一个主角肋和两个中间椽。角肋为 3 层厚，中间层为 2 层。每块木板长 5 英尺，宽 13 英寸，厚 1 英寸。在主肋中，外侧木板与中间的木板断了连接。所有的椽子，包括角梁和中间梁，在下端用两块额外的木板加固。

德洛姆和帕拉迪奥同时在各自的发明上工作。意大利人正在开发桥梁桁架；法国人正在开发由小块组成的组合构件。正是这两种思想的结合使得大型框架结构的建造成为可能，并形成了现代桁架设计的基础。

随后不久又有了另一项发明。在本世纪末，浮士德 · 韦兰提乌斯无疑受到帕拉迪奥和德勒姆的作品的启发，出版了《新机器》(*Machinae novae*)，这本书详细阐述了金属在桥梁桁架中的使用。这本书由威尼斯一家不知名的出版社发行，包含 49 幅大型铜版插图，每幅插图用拉丁语、意大利语、西班牙语、法语和德语描述。纪尧姆 · 利布里在《意大利数学科学史》(*l'Histoire des sciences mathématiques en Italie*)(1841)中说，他“不知道同一时代的其他作品可以与之相比。”图片再现了建筑物；风、落水和河流水流驱动的马达；各种机器，包括挖泥船；运输工具；木材、砖石和金属桥梁；甚至还有降落伞。这本书只有几本。因此，它没有得到工程师或藏书家的重视。

关于韦兰提乌斯，我们知之甚少。在他的书中，他说他是达尔马提亚一个小城市塞贝尼科的本地人。他似乎家境很好，因为他有一个叔叔在匈牙利担任大主教。韦兰提乌斯本人是教会的主教和奥地利皇帝的秘书。由于罗马教廷和匈牙利法院之间关于教会福利分配的一些争议，韦兰提乌斯被迫辞职。然后他退休到威尼斯，致力于文学和力学研究。除了他的新机器之外，他还用五种语言和新逻辑编写了一本词典。布鲁内特将后者的日期定为 1595 年；其他权威人士认为要晚一些，主要是指 1617 年左右。但无论是哪一天，这本书都是文艺复兴末期一位哲学家对艺术现状的评论，因此，它具有独特的价值。

他关注的第一个设计如图 27.15 所示。这里有两座桥，都是木制的。前景中的是一个带有拱形上弦的桁架。正如韦兰提乌斯所理解的，组成下弦杆的构件仅承受张力，与连接板连接，而上弦杆中的构件在两个层中燕尾连接，以便更好地传递压缩。连接两根弦杆的腹板构件为交叉支撑。通过这种方法，韦兰提乌斯可以建造一座跨度比现有单木更长的桥梁。这是帕拉迪奥完成的，但方式有所不同。

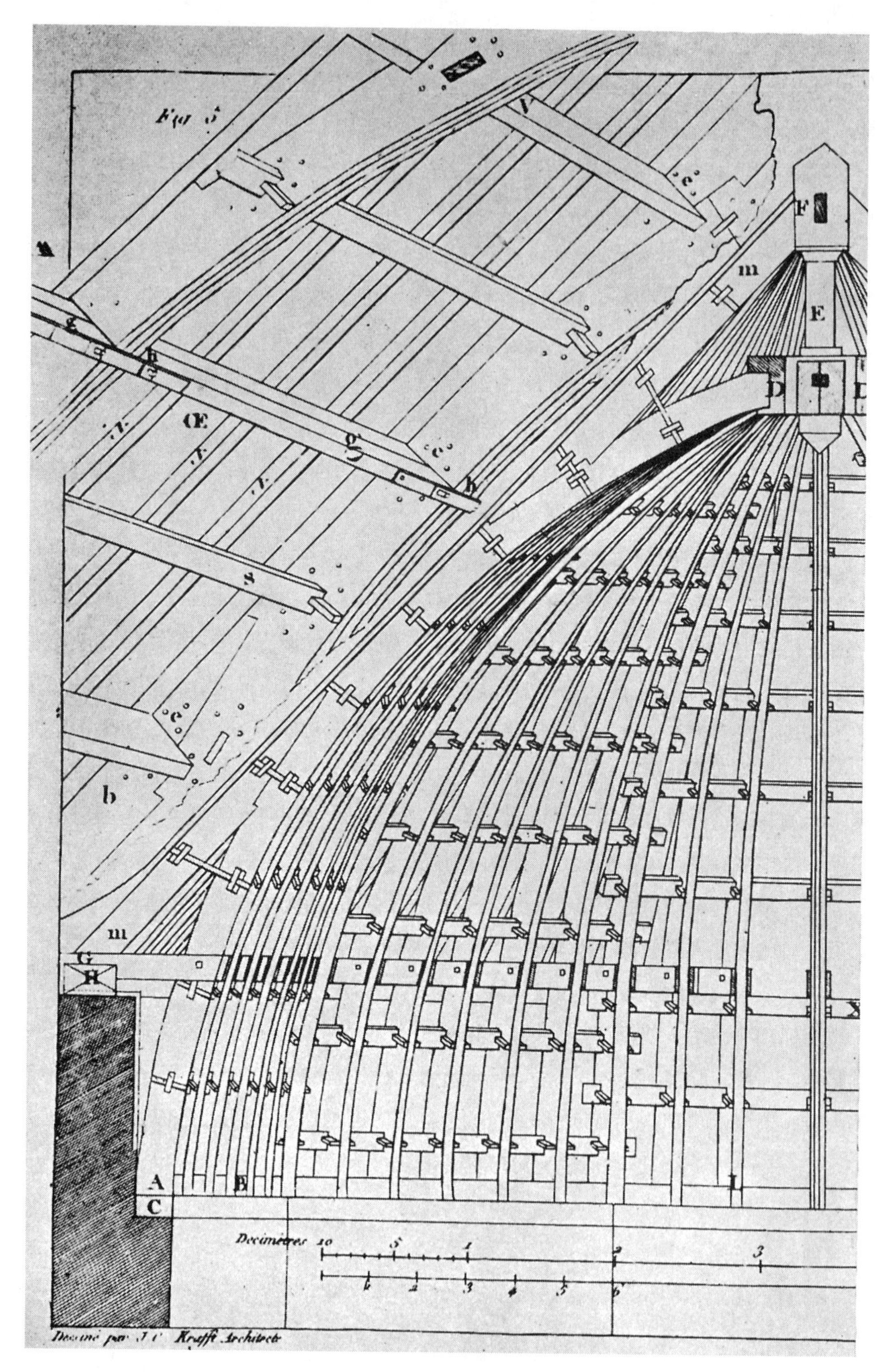

图 27.14 教堂后殿的设计(安特卫普的阿依夏德的前教堂)

根据菲利伯特·德勒姆的方式,摘自克拉夫特的《构架艺术论》(巴黎,1840)

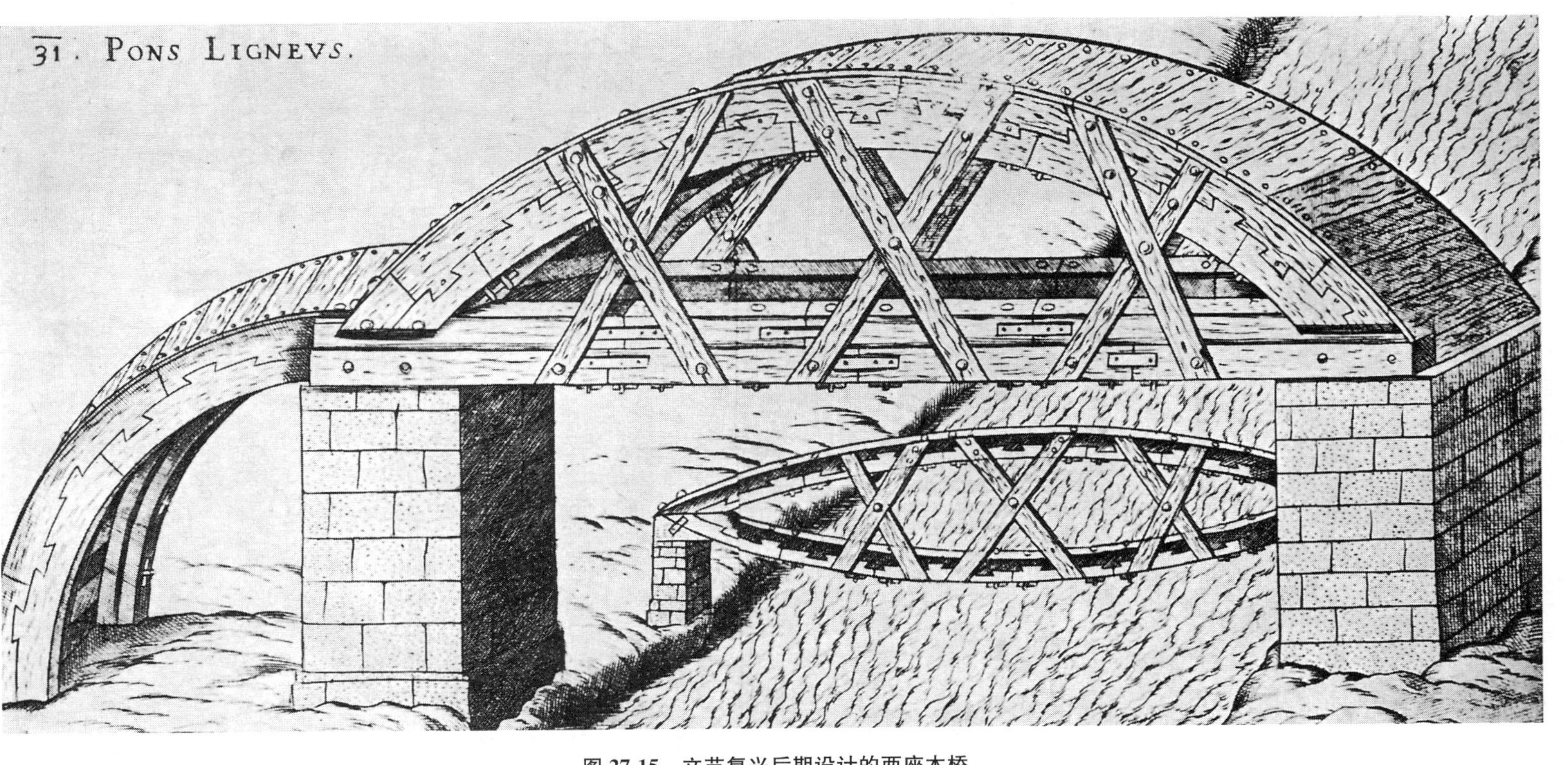

图 27.15 文艺复兴后期设计的两座木桥

图中远处小桥的设计更加有趣。这里的桁架是一个双弓形弹簧梁，标志着帕拉迪奥支撑拱的巨大进步。弦杆由短段、燕尾榫和螺栓连接在一起以及断裂接头组成。该设计表明，首次认识到，桁架中的弯曲运动从端部的最小值开始，在中心达到最大值，并且这种增加应通过桁架高度的相应增加来满足。

这些图纸只能被视为艺术家的草图，而不是工程师的精确计划，因此我们不能过于挑剔。较大的桁架下弦中的系板显然不足以抵抗拱弦张力，在某些情况下，两个桁架中的横撑中的紧固螺栓被省略。但这些都是应该忽略的细节，只要有桁架设计的基本原则就行。很可能韦兰提乌斯并不是自己绘制图纸，而是雇用了一个习惯于在铜板上工作的人，他更关心的是制作一幅有吸引力的图片，而不是承包商要遵循的正式计划。

韦兰提乌斯没有使用数学来指导他对问题的定量分析，他不得不依靠简单的定性实验支持的演绎和经验推理。不幸的是，他文中没有解释，甚至没有暗示他是如何进行的。无论他以何种方式解决了自己的设计方案，很明显，这位教会的人比他之前的建设者帕拉迪奥更深入地阐述了桁架设计理论，而且他的推理也比跟随他的科学人伽利略更清楚。

韦兰提乌斯在桁架设计方面的工作本质上是一个演变过程，从简单的木桁架到复杂的悬索桥，在独创性和先进性方面，它超越了其他人之前的所有设计。许多世纪以来，工程师们一直在建造拱门，需要重型桥台来抵抗推力。一座依靠某种外来力量或负载来保持其位置的桥梁，对韦兰提乌斯的科学智慧并不具有吸引力。他从完全独立的力量平衡的角度思考。因此，他将他在弯曲上弦木桁架中开发的原理应用于砖石拱，并用铁拉杆代替桥台，以承受拱形结构中表现为向外推力水平分量的张力。在这一时期，经常使用拉杆来限制拱推力的这一部分，佛罗伦萨和其他地方的许多现有例子证明了这一点。韦兰提乌斯对建筑艺术的贡献是建议将此类杆用于大型桥梁，从而避免了重型和昂贵的桥台。顺便说一句，该建议包含了韦兰提乌斯不久后造出的所有金属桥原理的萌芽。为了实现一个对于单个杆来说太大的跨度，韦兰提乌斯设想了由环头杆组成的拉杆，其数量和组合取决于跨度的长度和宽度，杆由垂直吊杆支撑，以克服下垂，如他自己的插图(图 27.16)所示。

在设计了一个本身稳定的拱门之后，他的下一个想法是消除同时对两种材料的需求，即砖石和金属，而只使用金属制作拱门。这种桥(图 27.17)被描述为铸造黄铜。在文章中，他声称这座桥的造价比一座石头桥还低。他继续说，如果有人“想知道一个这么大的结构是如何铸造的，让他去问那些火炮制造商，如果他们不知道，就向我请教吧。”这项计划本身使他神秘的回答稍微宽泛了一点。从图中可以明显看出，他将分别铸造每个扁平部分，然后将两个或更多个(如果需要)连接起来，并通过间隔块将其固定，以提供刚性。

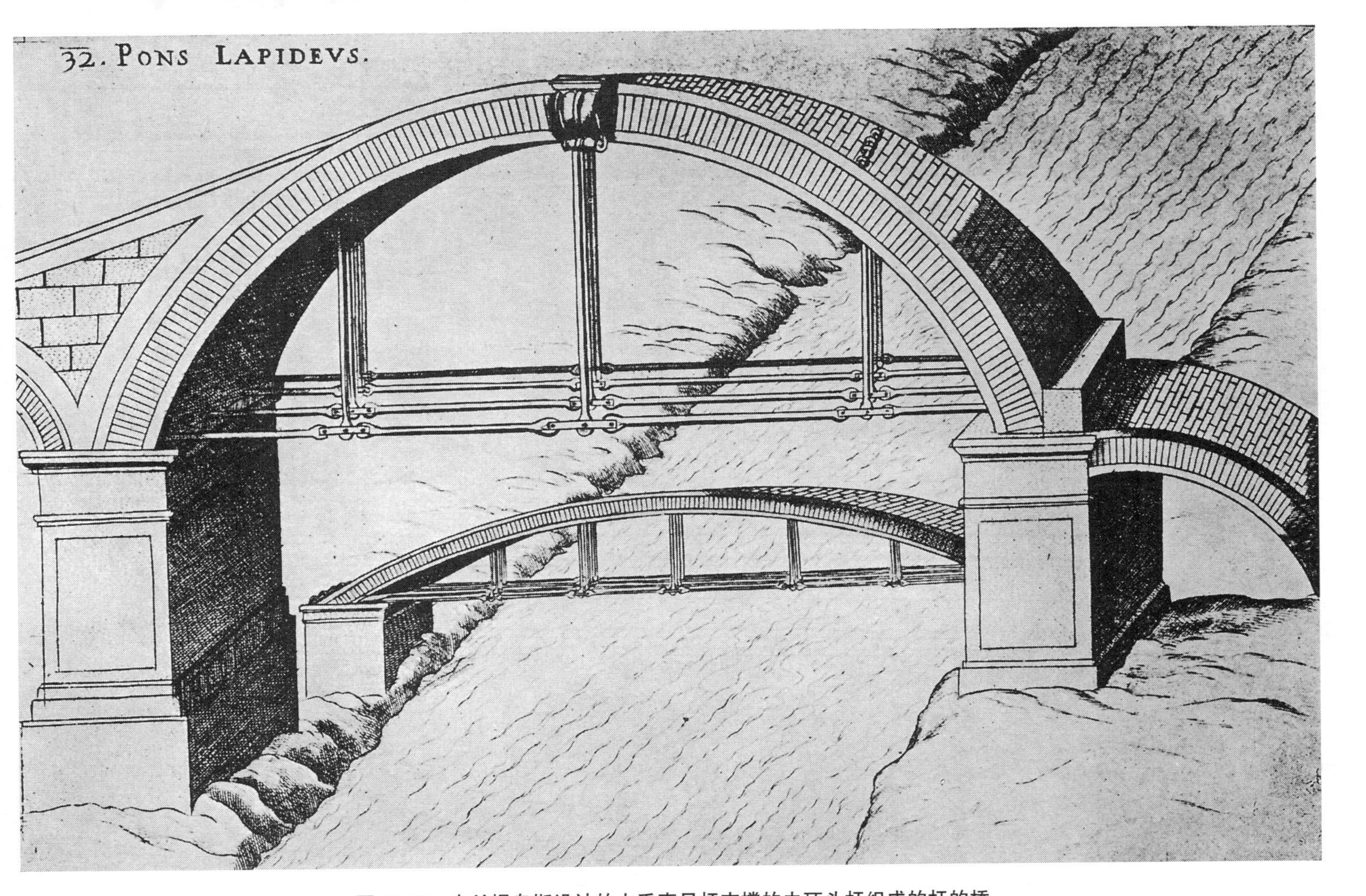

图 27.16　韦兰提乌斯设计的由垂直吊杆支撑的由环头杆组成的杆的桥

图 27.17　韦兰提乌斯设计的铸黄铜桥

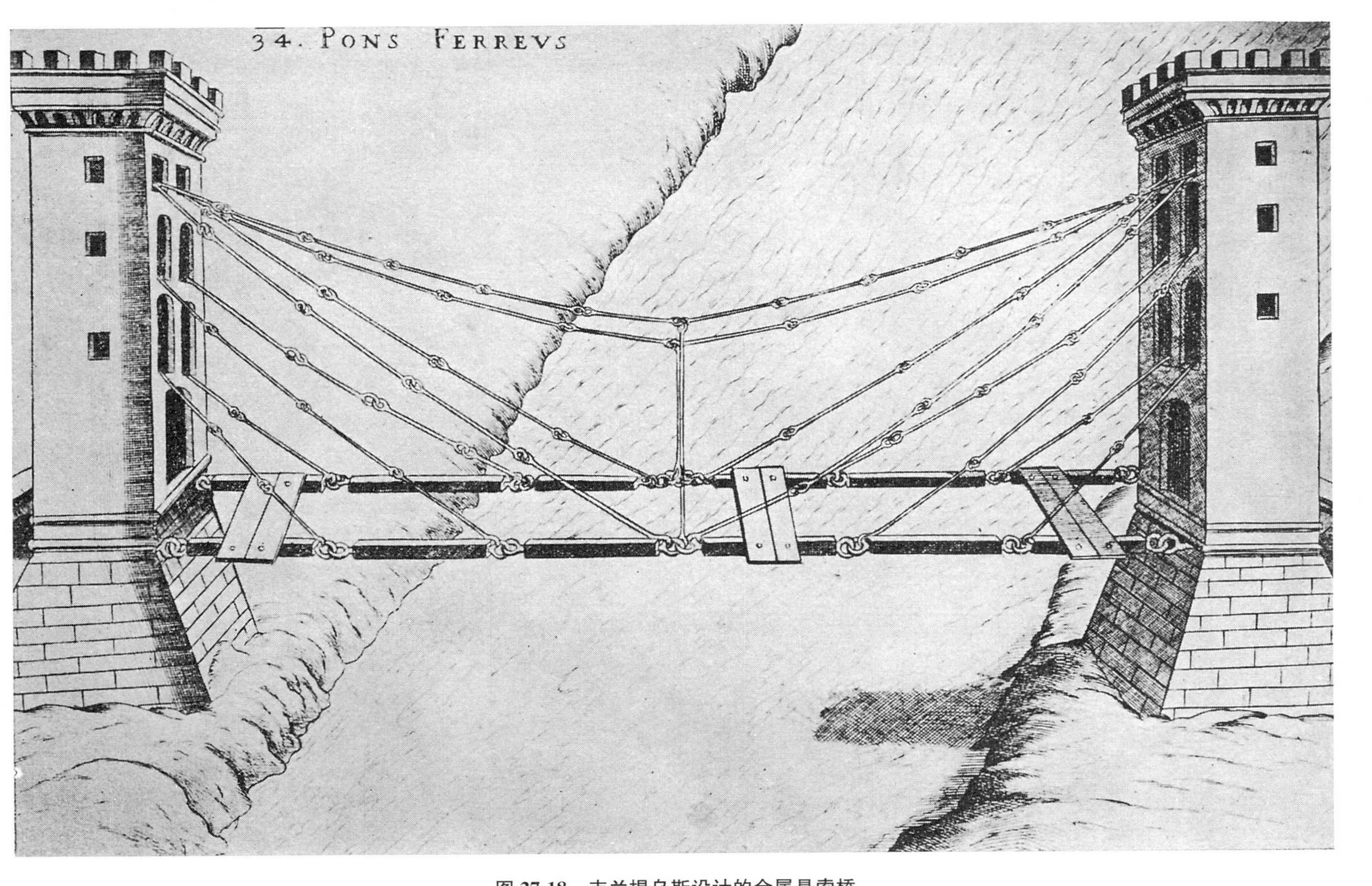

图 27.18 韦兰提乌斯设计的金属悬索桥

但他的杰作是一座金属吊桥，吊杆由他的环头杆设计制成。图 27.18 中完整再现了说明这一非凡结构的铜板，该铜板覆盖了他的书的两页，尺寸为 101 英寸乘 16 英寸。像这个时代的所有桁架设计一样，它显示出许多偏离正确的数学分析所要求的东西；它包含了金属吊桥的主要特点和基本原理。该图绘制得如此清晰，除了指出下弦中的一个巧妙特征外，无需任何解释。为了给木板铺板提供一个放置的地方，可以将木板牢固地钉在上面，韦兰提乌斯建议将环头杆包裹在木头中。他还设计了悬索桥，其中有连续的绳索缆绳和相同材料的垂直吊杆。

因此在 16 世纪末，结构设计理论应运而生。在接下来的章节中将给出设计知识应用于工程实践的引人注目的例子。

28
里亚托桥

在文艺复兴时期建造的至今仍屹立不倒的桥梁中，最著名的可能就是威尼斯大运河上的里亚托桥(Rialto)了。威尼斯城所在的许多岛屿被大运河分成两片，总面积大致相等，大运河以类似字母S的路线蜿蜒穿过这些岛屿。每一片中的所有岛屿都由许多人行石桥连接，桥下有小型交叉运河，数量接近200座。这些桥足够高，可以让贡多拉(威尼斯小划船)和其他小船自由通行。但大运河平均宽75码，是交通大动脉，一直是行人交通的严重障碍。尽管它有两英里长，但即使在今天，它仍然只有三座桥，两座丑陋的现代铁结构桥，两端各有一座，以及中间著名而美丽的里亚托桥。在运河上的所有其他点，通过运河都是用小型渡船完成的，就像以前一样。

在古代，运河上只有一座桥——里亚托桥。自12世纪以来，这里一直有一些桥梁。第一个似乎是木制的支撑在浮筒船上的桥，可以移开为运河交通提供一个开口。由于其易腐烂的材料，它被多次更换。弗朗西斯科·桑索维诺(Francesco Sansovino)在他的伟大作品《描述威尼斯》(*Venetia Descretta*，1582)中对这些早期桥梁进行了简要描述，其中包括以下部分：

在第44任总督里尼尔·泽诺(Rinier Zeno，1252)在位时，有一条“船只通道”浮桥，它被改造成一座名为Moneta或“钞票”桥的固定桥，因为过桥需要收取通行费。随后，该地区的名字里亚托被应用于命名该桥。它于1400年重建，1431年又重新修缮，当时增加了护墙。1450年，在观看皇帝腓特烈三世登基的人群的压力下，桥被破坏了。许多观众跌入水中。然后，桥被加宽，并在桥面的两边建造了一排商店来代替扶手。

在15世纪末，当又一次重建时，这座建筑是由木桩组成的，木桩支撑着高出水面的木质桁条，以让没有桅杆的船只通过。考虑到还有那些有桅杆和帆的船，就设置了一个更宽的中央开口，由突出的臂跨越，可以像护城河上的军事吊桥一样升降开合。

需要开口的最重要的船是布肯托罗号(Bucentoro)，这是总督的一艘大型驳船。在耶稣升天节，这艘帆船是庆祝威尼斯和亚得里亚海联姻的船只队伍的领头。这是大约公元1000年为纪念征服达尔马提亚而建立的著名仪式，最初是为航行的人祈求大海平静。为了颂扬威尼斯人战胜腓特烈·巴巴罗萨(Frederick Barbarossa)的武装舰队，教皇亚历山大三世在1177年赋予了这一仪式新的更广泛的意义。此后的每一年，根据教皇的指示，在位总督都会从布肯托罗号甲板上扔下一枚神圣的戒指，并高喊"Desponsamus te，mare!"("大海啊，我们嫁给了你!")。正如将要看到的，这场风景如画的盛会对确定永久桥的类型产生了重要影响。

卡尔帕乔(Carpaccio)(约1450—1522)的画《奇迹，或疯子的治愈》是保存了这座桥的原型的一个有趣的代表。这幅画现在悬挂在威尼斯美术学院(图28.1)。除了不同的服装和没有摩托艇外，它展示了一种很像今天的运河上的生活场景，画中清晰可见带有防晃斜支撑的桩排架和带有支撑绳索的吊桥臂。这座桥是有屋顶的，这意味着后来要在永久石桥上放置建筑物。

图28.1 旧里亚托桥，如卡尔帕乔(约1450—1522)在威尼斯美术学院的画作《奇迹，或疯子的治愈》中所示

将木质结构替换为巨大的石头结构，不仅可以使桥成为城市的装饰，还可以避免无休止的维修费用，这一想法显然是由设计巴黎圣母桥的工程师弗拉·乔瓦尼·乔康多(Fra Giovanni Giocondo)首先提出来的(第30章)。在完成这座建筑后，他回到意大利，并于1506年在威尼斯定居。1512年的一场大火摧毁了里亚托地区的许多建筑物，并严重威胁到木桥的安危。在这个有利的时刻，乔康多向当局建议用石头建造一座永久性桥梁，并在其上修建商店(如圣母桥)，其租金价值将有助于承担资本支出。这项提议只是一项雄心勃勃但完全合理的工程计划的一部分：乔康多希望接管被烧毁的地区，对通往大桥的街道进行新的布局，这是大运河的唯一通道，并为市场和重要公共建筑留出区域。

然而，当时这座桥并没有被完全摧毁，因此建造一座新的桥并不是绝对必要的；被烧毁财产的所有者可能坚持要求立即重建；并敦促进行其他改进和支出。因此，当局让一场大火带来的机会溜走，而没把它变成利润。这已经是司空见惯了。

70多年来，乔康多的建议在没有官方行动的情况下被搁置。在此期间，威尼斯虽然商业繁荣，但却卷入了一系列战争，这些战争消耗了她的资金。被大火摧毁的建筑物已经重建，不时修复的木桥仍然服务于跨运河交通的迫切需求。

然而，工程师们将修建新桥的问题推向公众关注。据瓦萨里介绍，大约在1529年，米开朗基罗准备了一个设计，但不幸的是没有留下图案的记录。维尼奥拉(Vignola, 1507—1573)，继米开朗基罗之后成为圣彼得大教堂的建筑师，据说也制定了一个计划，但它也消失得无影无踪。这些损失是非常令人遗憾的，因为这两位大师的建议本来会引起最大的兴趣。

还有一个计划，现已不存在，是由著名建筑师和雕塑家雅各布·桑索维诺(Jacopo Sansovino, 1479—1570)设计的三拱大理石桥。他的儿子弗朗西斯科·桑索维诺在他的《威尼斯描述》中提到，老桑索维诺的计划被官方认为是“最令人满意和最美丽的”。从这一点可以推断，当局之前有几项计划，可能是由乔康多、米开朗基罗和维尼奥拉绘制的。据记录，当局正在认真考虑建造一座新桥，负责人自然会考虑不止一种设计。不幸的是，年轻的桑索维诺没有提供他父亲的计划的副本，所以它已经走上了其他早期设计的道路。由于1570年爆发了土耳其战争，后来也就没有采取任何行动。

帕拉迪奥(Palladio)也为这座桥准备了一份计划，但那些检查过桑索维诺设计并认为它是“最美的”的人是否考虑过这座桥，尚不清楚。

安德烈亚·帕拉迪奥(Andrea Palladio)于1518年11月出生于维琴察(Vicenza)。他是古典建筑学派的热情和忠实的倡导者，并发展了一种经常被称为帕拉迪奥式的风格。他既是一名优秀的建筑师，也是一名优秀的工程师。他研究了桥梁和屋顶框架结构的建造，无疑是桁架发展的领导者，如前一章所述。因此，从教育程度和倾向来看，他非常适合承担这项任务。1580 年 8 月，他在威尼斯去世，距离新桥动工还有几年时间。

幸运的是，与他的前任不同，他的计划没有失败；他在他的《建筑四书》中用插图解释了这一点，该书的第一版于 1570 年在威尼斯出版。图 28.2 给出了他的设计的立面图和平面图。由于这是首次出版的一张粗糙木刻照片，因此立面缺乏帕拉迪奥赋予成品设计的优雅和细腻。

这是他在《伊尼戈・琼斯》(1715)英文版中的描述：

"我自己发明的石桥"

"在我看来，下面这座桥的设计很好，非常适合它的建造地点。这座桥位于意大利最伟大、最著名的城市之一的中部，是许多其他城市的大都会，几乎与世界各地都有贸易往来。这条河非常大，这座桥本来是要建在商人们聚在一起谈判和处理他们事务的地方。因此，为了维护这座城市的宏伟和尊严，也为了大大增加其收入，我设计了这座桥，桥宽得可以在上面形成三条街道；在中间的大路又宽又好，另外两条路在侧面稍小一些。在每一条街道的两边，我都排列了商店，共有六排。除此之外，在每个桥的桥头，在大拱门的中间，都设有画廊，商人们可以在那里进行交易，这不仅会带来便利，也更容易安装精美的装饰。通往桥头画廊的路要走几个台阶，与这些路齐平的是桥的其余部分的地面或路面。在桥上修建画廊不会显得奇怪，因为在古代罗马的埃利安桥上都有画廊，其上有铜柱、雕像和其他令人钦佩的装饰物；除此之外，由于上述原因，在这个场合，几乎都有必要建造画廊。半露柱和拱门的比例也遵循着同样的顺序和规则，这在前面的其他桥梁中也有所体现，每个人都很容易自己找到它们。"

立面图显示了一组三个完全居中的拱，中间拱的跨度略大于两侧的两个拱，以便将目光固定在桥的中间。这两个桥墩坚实而牢固，它们因此应该能够承载建筑物的可观的重型增压。三座拱门的顶部在相同的高度，中央拱门的拱线低于侧拱门的拱线，高程差巧妙地被下面四层粗糙的切割石吸收。这种布置为整座桥提供了一个从一端到另一端的水平桥面，砌体上层的垫层接缝将这个效果突出。桥的宽度几乎占两岸总长度的 60%。这一宽度将被宽阔的中央通道、两条较窄的侧通道和六排总共 72 间的商店占据。帕拉迪奥建议将这些商店建在外部带有爱奥尼亚式柱的砖石建筑中；两组商店之间的中心空间将被高门廊结构(其轴线与桥梁轴线成直角)覆盖，支撑在四排科林斯柱上，每排六根。桥的两端分别是一个古典设计的前厅，屋顶非常高。雕像将放置在桥墩末端的壁龛中，中央柱廊和末端前厅以及屋顶上的壁龛中。整个建筑非常壮观，且非常昂贵，与两岸的建筑一点也不协调。这种宏伟的效果显然是帕拉迪奥设计的精髓，为了获得这种效果，他愿意牺牲桥梁的基本功能。

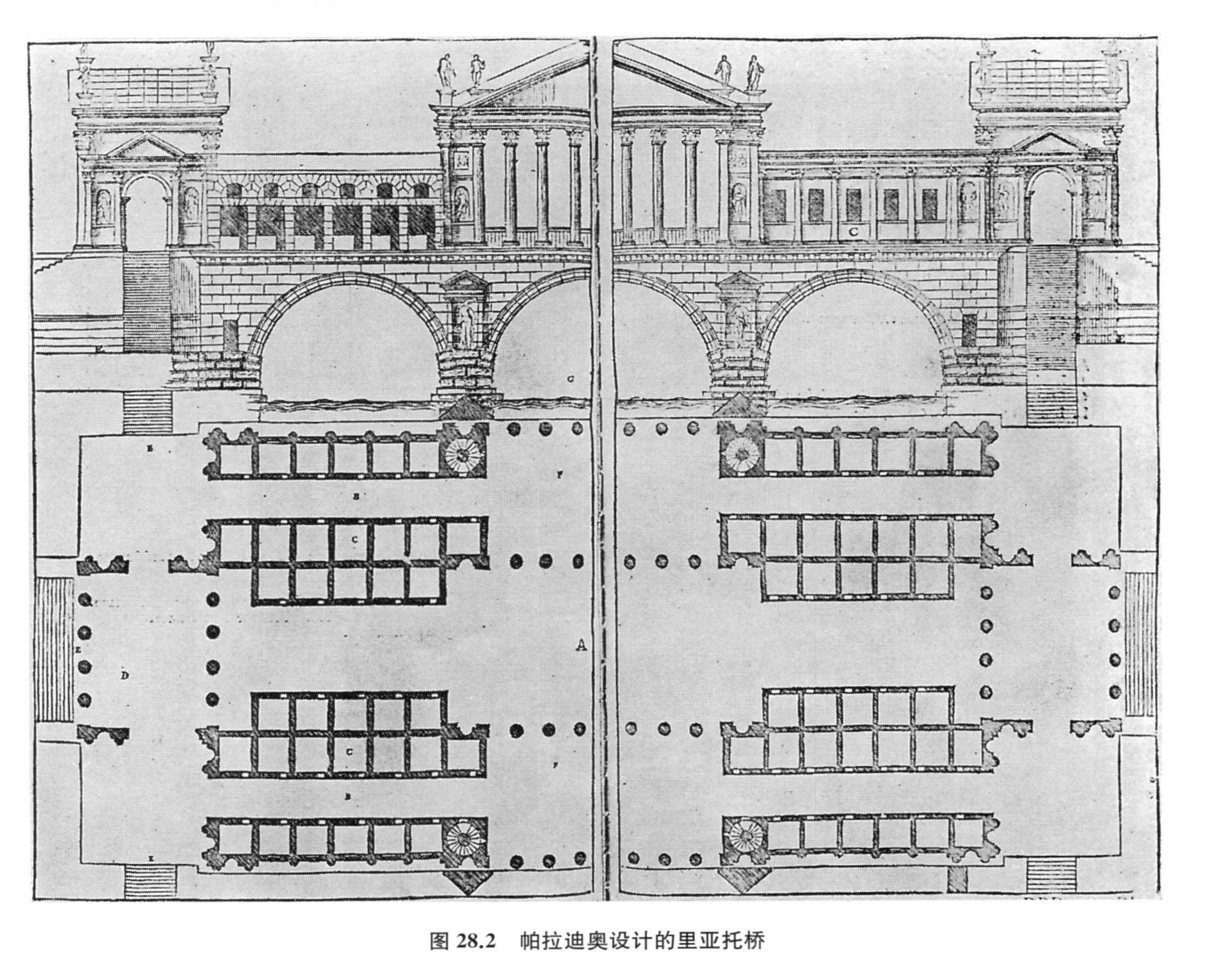

图 28.2　帕拉迪奥设计的里亚托桥

A：美丽而宽阔的街道位于桥梁宽度的中间；B：两侧较小的街道；C：河上在外面的商店；D：桥两端的画廊；E：通往画廊的台阶；F：中间的画廊，在桥的主拱上

桥梁的功能是跨越障碍物，由于桥梁上方和下方通常都有交通，因此必须采取相应措施。当时的情况是，这既是一条繁忙的街道，也穿过繁忙的运河，但帕拉迪奥的设计否认了这两类交通便利，而这两类便利本可以很容易地提供。水平上部结构需要从低矮的河岸向上延伸的长段楼梯。如果可能的话，应避免在拥挤的街道上上台阶。帕拉迪奥的台阶尤其令人反感，因为这座桥的台阶是除了船以外唯一运输商品穿过大运河的方式，而这搬运的劳动必须由人完成，因为设计中没有为车辆或马提供任何准备。

运河交通设施也同样受到限制。运河中的两个桥墩及其突出基座占据了桥台之间总水道的近四分之一。中央拱门的净跨不够宽，无法通过一艘像总督驳船一样大的船，该船由桨推进，因此，历史悠久的重要的且风景如画的交通将被完全禁止。此外，大桥的巨大宽度会使拱的相对较小的开口看起来像隧道。令人惊讶的是，帕拉迪奥，一位伟大的艺术家，允许他对古典纪念碑的渴望压倒了对主要问题的考虑：他的其他桥梁设计简单、直接且完全令人满意，他的桁架作品完全基于科学原理。

如果帕拉迪奥活到里亚托大桥的设计被提交公开比赛，那么即使是他强大的个人影响力和声望也不太可能影响评判委员会的决定。正如我们将看到的那样，这些人在选择以有用为主的结构类型时进行了合理的判断。

1587 年 1 月，在帕拉迪奥提交设计方案七年后，威尼斯参议院决定，在里亚托修建一座新的永久性桥梁，时机终于到来了。可能那座旧桥当时已经腐烂不堪，只有彻底重建才能确保安全，而这项工程的成本可能迫使人们做出决定。参议院任命了一个由其三名成员阿尔维斯·佐齐(Alvise Zorzi)、马克·安东尼奥·巴巴罗(Marc Antonio Barbaro)和贾科莫·福斯卡里尼(Giacomo Foscarini)组成的委员会，该委员会有权选择一个方案，然后全权负责建设。威尼斯参议院与大议会一起组成了威尼斯的立法机构。前者是两个机构中规模较小、更为重要的机构，对外交、商业和金融行使控制权。在最后提及的权力下，它对新事业(如大型石桥)的资金支出拥有管辖权。

自从乔康多在 75 年前提出建议以来，所有研究这个问题的大师都去世了。为了响应计划的号召，两位刚接触这个问题但在业内并不陌生的人站了出来，他们分别是温琴佐·斯卡莫齐(Vincenzo Scamozzi)和安东尼奥·孔蒂诺(Antonio Contino)，或称达庞特(da Ponte)。

在讨论他们的方案之前，让我们顾及一下两位工程师，他们即将参加设计和建造世界著名建筑之一的竞赛。

温琴佐·斯卡莫齐于 1552 年出生于维琴察市。他的父亲是一位成功的执业工程师兼测量员，具有良好的建筑专业知识。父亲把儿子教得很好，小斯卡莫齐在十七岁时就接受了他的第一次委任。他怀着效仿当时威尼斯顶尖建筑师帕拉迪奥和桑索维诺的雄心，前往威尼斯研究他们的建筑。1579 年，他离开威尼斯前往罗马，在著名数学家克莱维乌斯神父(Father Clavius)手下学习数学。1583年他回到威尼斯,就立即接到命令,其中一项是完成圣马可图书馆的建设,该图书馆是由桑索维诺开始的,另一项则是来自参议员马克·安东尼奥·巴巴罗,在圣玛丽亚·德拉·皮埃特拉(Santa Maria della Pietra)修建一座陵墓,以纪念尼科拉·达庞特总督。虽然他完成了后者,给自己带来了很大的荣誉,也让他的赞助人感到满意,但他的成功注定不会有什么好的结果。当这位参议员被任命为桥梁委员会成员时,他代表斯卡莫齐行使影响力,这就激怒了他的同僚。1593年,斯卡莫齐建造了帕尔马要塞和新的检察官宫殿。1600年,他访问了法国、德国和匈牙利,在完成这段漫长的旅程后,他收到了大量建造宫殿和公共建筑的订单。他于1616年8月7日去世。

关于安东尼奥·达庞特的信息很少。百科全书和传记词典要么只字不提,要么只提到他是里亚托大桥的设计者和建造者。只有一本传记是由威尼斯共和国的官方建筑师和工程师托马索·特曼扎(Tommasso Temanza, 1705—1789)在他的《最著名建筑师的生活……威尼斯篇》(*Vite dei più celebri architetti ...... Veneziani*, 1778)中写的。特曼扎记录说,在编写这本书的过程中,他经常被迫细致入微地、痛苦地搜索档案,当他着手撰写达庞特的生平时,这种情况比以往任何时候都更为严重。从特曼扎的著作和其他可用数据中,只能画出一幅关于达庞特和他所做的事情的草图。

关于达庞特的祖先,人们知之甚少,尽管他的父母受人尊敬且有一些财产。他有几个兄弟和其他近亲,都是建筑师或建筑工人。保罗是他的一个兄弟,是沃特斯地方法院的工程师,1572年受元老院委派到克里特岛的干尼亚(Canea in Crete)工作,该岛当时处于威尼斯的统治之下。安东尼奥本人于1512年左右出生于威尼斯,在公共工程总监安东尼奥·斯卡帕尼诺(Antonio Scarpagnino)的指导下学习,或者特曼扎推断是这样的。至少,1558年斯卡帕尼诺去世后,达庞特接替他担任盐业治安官,当时那是政府的垄断机构,并以此身份担任里阿尔托和圣马可公共建筑和国家盐厂的馆长。1570年,当由威尼斯、教皇国和西班牙组成的神圣同盟组织起来反对土耳其人时,达庞特凭借其建筑知识和技能,主管维护和扩建威尼斯防御工事。

1574年,一件不可预见的事件而不是出于对公共职责的认真遵守使安东尼奥成为公众关注的对象。这是公爵宫发生的一场严重的火灾。通过他的个人努力,火势及时得到控制没有蔓延到公共档案馆。

作为公共工程馆长,安东尼奥有责任修复损坏的地方。这些维修工程尚未完成,1577年12月20日,另一场甚至更大的火灾威胁着整个宫殿的彻底毁灭,而安东尼奥的勇气在很大程度上挽救了这座宫殿。他不顾屋顶上掉落的木材和熔铅流,走进了大楼,指挥着消防队的工作。大火扑灭后,人们发现,尽管安东尼奥的努力挽救了十人委员会的大厅和房间,但斯奎蒂尼奥主要委员会的大厅被摧毁,许多外墙严重受损,尤其是面向两个广场的外墙。参议院任命了一个由五位建筑师组成的委员会，由安德烈亚·帕拉迪奥、西蒙·索雷拉(Simon Sorella)、弗朗西斯科·迪·费尔莫(Francesco di Fermo)、克里斯托福罗·索特(Cristoforo Sorte)和安东尼奥·达庞特组成，负责检查该建筑，并报告是否可以修复或必须完全重建。帕拉迪奥坚决主张彻底拆除，并按照自己的计划重建，他认为已被破坏的城墙已无法挽救。当时，他是威尼斯建筑界的主要权威，因此，他的大多数同事——事实上，除了一人之外，其他所有人——都同意他的观点，这并不奇怪。毫不犹豫地面对火焰的安东尼奥，现在决心反对大师的建议。他认为，损坏并不是无法弥补的，通过仔细的工作，所有的不足都可以克服，使建筑物恢复到原来的状态。

经过长时间的公开讨论，达庞特的观点占了上风，因此，全世界都感谢他保护了这座早期威尼斯艺术的伟大纪念碑。为了监督修复工作，参议院选举了一个由阿尔维斯·佐齐、雅科波·索兰佐(Jacopo Soranzo)和保罗·蒂埃波罗(Paolo Tiepolo)三位参议员组成的委员会。几年后，当决定重建里亚托大桥时，阿尔维斯·佐齐被选为桥梁委员会主席，正如我们将看到的那样，他对达庞特的信任使他坚决抵制了参议员巴巴罗和斯卡莫齐其他朋友的卑鄙策略。

特曼扎对达庞特完成的工作进行了很好的描述，他记录道，修复帕格里亚桥(Ponte della Paglia)的建筑的一角是一件大事，以至于“让最专业的建筑师都感到相当沮丧”。由于最大的倾斜是朝向河流，安东尼奥首先关心的是确保这个角的安全。为此，他在地面和二楼的一些拱门上填充了砖石，从而将荷载从角落转移到临时地基。完成后，他用落叶松木材替换了被大火烧毁的横梁和屋顶桁架。大厅的跨度太大，无法获得一根长度足够的横梁，因此安东尼奥通过斜切末端并用铁夹子固定的方式拼接了他能得到的木材。八个月后，宫殿被修复，新的屋顶也安装到位。修缮完成后，安东尼奥在军火库中建造了一条索道，大厅长 910 威尼斯皮迪，并指导了大量建筑工作，其中一些非常重要。

他的名声如此之大，以至于当他决定建造一座新的里亚托石桥时，达庞特自然会成为受邀提交方案的人之一。他的方案是什么，他是如何执行的，以及他是如何战胜虚假谣言和不公平攻击的，这些后面都将以适当的顺序讲述。值得注意的是，此时安东尼奥已经超过 75 岁了。

1589 年，在建造里亚托大桥后，他又一次战胜了斯卡莫齐，因为在一次公开比赛后，在宫殿大火中被毁的监狱的设计被授予了达庞特。这座监狱至今仍屹立在原址，包括连接它与宫殿的“叹息桥”。这是达庞特最后的作品；事实上，他并没有看到它完成，因为他于 1597 年 3 月 20 日去世，享年 88 岁。

达庞特有五个女儿和一个儿子，儿子虽然接受过律师的教育，但还是当上了牧师。为了养活他的女儿，达庞特有必要继续工作。在他生命即将结束时，他非常需要帮助，因此他请求参议院给予津贴。

有人认为安东尼奥的姓是孔蒂或孔蒂诺，而达庞特是在里亚托大桥建成后人们对他的昵称。这个故事在18世纪流传开来，当时特曼扎对它进行了调查，发现它显然起源于一位佳能·斯特林加(Canon Stringa)，他在著作中称一位名叫贝纳迪诺·孔蒂(Bernadino Conte)的建筑师为"安东尼奥·达庞特的兄弟"。但在档案中，特曼扎也发现了桥梁修建前多年向安东尼奥·达庞特支付的款项。更为复杂的是，监狱的建造是由安东尼奥·孔蒂诺完成的。特曼扎提出了一个似是而非的解释，即安东尼奥·达庞特的母亲结过两次婚，第一次是和一个孔蒂或孔蒂诺结婚，这样安东尼奥就会有同姓兄弟，而安东尼奥·孔蒂诺其实是他的侄子。达庞特这个名字在当时很常见，就像今天英语里的布里奇斯(Bridges)一样。另一个支持"名字是达庞特"观点的论据是，在目前描述的诉讼程序中被传唤为证人的叔叔的名字被记录为阿尔维斯·达庞特。

除了斯卡莫齐和达庞特之外，很可能还有其他竞争者，事实上，有人说，该委员会向最著名的建筑师订购设计，"接受、检查和考虑了专家和名人制作的各种模型"。如果比赛限制在两人进行，就不太可能使用这种语言。如果有其他人，他们的名字在记录中找不到。

几乎所有修建这座桥的方案都被邪恶的命运所驱使，最终超过了斯卡莫齐制定的方案，尽管他写了一本书《通用建筑理念》(*l'Idea dell' architettura universale*)，打算在书中全面描述自己的方案。他于1591年开始写这本书，但直到1616年才出版，也只是部分出版。标题页上写着十本书，但只有六本被印刷。他让读者参阅第四册，因为在那里，他说，可以找到设计和所有必要的解释，但在这一部分和其余部分送到印刷厂之前，斯卡莫齐去世了，他的手稿也丢失了。托马索·特曼扎声称看到了丢失的材料，他引用斯卡莫齐的话说，他为里亚托大桥制定了两个计划，一个由三个拱门组成，另一个由单跨组成。在这两种设计中，运河宽度均固定为125皮迪，桥梁全长(包括两端的地基)为133皮迪。

在单拱设计中，从拱升起处跨度为80皮迪，但未给出高度。桥的两端将通过斜坡和台阶与码头相连。桥的甲板宽70皮迪，可容纳四组七家商店，总共28家，中央开放空间与桥纵向相长20皮迪，由爱奥尼亚柱式带顶结构覆盖。70皮迪的宽度被细分为22皮迪的中央通道、两排商店(每排16皮迪)和两条8皮迪的外人行道。三拱设计的中心跨度为32皮迪，两侧跨度为25皮迪。桥墩厚10皮迪，但中间有一个25皮迪长的横向开口，可以自由穿过运河两岸和桥梁下方，因为桥台也同样被贯通。商店和通道的布置以及桥梁的总宽度与第一个设计中的相同。据我们所知，所有之前制定方案的人都喜欢三拱桥，尽管这种设计涉及用两个大桥墩阻塞狭窄拥挤的水道，并给桥梁提供一个水平或接近水平的桥面和高台阶引道。斯卡莫齐也不例外，因为他表示，在他的两个设计中，他更喜欢有三个开口的设计。这种选择的动机可能是希望为治桥商店提供空间。然而，工程师们可能担心设计地基时所涉及的危险，这些地基需要抵抗一个长的、单一的、必须平坦的拱的推力。

正是在三拱和一拱方案地基的设计和施工方法上，斯卡莫齐表现出了不如竞争对手的劣势。但他坚称，他喜欢的三拱设计被拒绝并不是因为设计有任何缺陷，而是因为在施工中，大桥会干扰运河上的交通。为了在水深超过 25 英尺的运河中定位他的两个桥墩，斯卡莫齐提议在两岸之间建造一个围堰，包括桥台和桥墩，然后在干燥的环境中进行挖掘。在修建桥墩之前，这样的程序会完全阻塞运河交通，按照当时的施工速度，至少需要两年时间。对于他的单拱，他计划建造两个巨大的桥台，其尺寸他没有记录，以放置在“夯实地面”上的交叉木材平台上。在他的第一个计划中，他表现出无法应对微妙的情况，而在第二个计划中他对拱压力和软土阻力的大小缺乏了解。他未能从整体上把握问题，这是不接受他的设计的充分理由；由于缺乏支撑他的桥梁的地基强度，这本应受责难，因为解决问题是不可避免的。斯卡莫齐可能是个好建筑师，但他不是个好工程师。

达庞特只提交了一个设计方案，那是一个横跨整个运河的单拱，从运河的一边到另一边。他似乎是唯一一个清楚地看到这种情况的物理要求是一条自由水道和通往桥梁的倾斜通道，这将把引起不便的两端的台阶减少到最少。尽管他无法抗拒在桥上开设店铺的想法，这是一种根深蒂固的风格，但他将店铺限制在两排。他明智地摒弃了建造帕拉迪奥、斯卡莫齐和桑索维诺等宏伟建筑的所有想法，并保持其上层建筑不受过度和错位装饰的影响，依靠拱的大胆和简约，他只对其进行合理的限制性装饰。图 28.3 和图 28.4[《里亚托桥》*Le pont de Rialto*，伦德雷特(Rondelet)，1873]显示了设计的立面图和平面图。在后者中，上升斜坡不是由连续坡道构成的，而是由一系列非常宽的台阶或带有小立板的平面构成的，但这些台阶足够宽，与连续斜坡一样方便。

委员会的决定是一致支持达庞特的，但它立即招致了斯卡莫齐及其朋友的尖锐批评，他们坚持认为委员会成员受到了“狭隘经济”考虑的影响。他们指出，如果首选单跨桥梁，斯卡莫齐早已提交过这样的设计，它与达庞特的不同之处在于更大、更漂亮，因此更应该采用。斯卡莫齐的追随者忽略了这样一个事实，即斯卡莫齐本人曾大力推荐他的三跨设计，而他提交的单跨设计显然是作为一种可能的替代方案提交的，不必要的装饰特征是其被拒绝的部分原因。不幸的是，他没有反对派。在桥梁施工期间，这种情况再次发生，给达庞特带来极大不便，也让委员会感到担忧。即使在达庞特去世后，当他再也无法为自己辩护时，人们仍表示，这项设计实际上是斯卡莫齐的。特曼扎对这些不公平且毫无根据的断言进行了全面调查，从而毫无疑问地确定荣誉完全属于达庞特。

图 28.3　由达庞特设计的里亚托桥立面图，摘自伦德雷特的《里亚托桥》

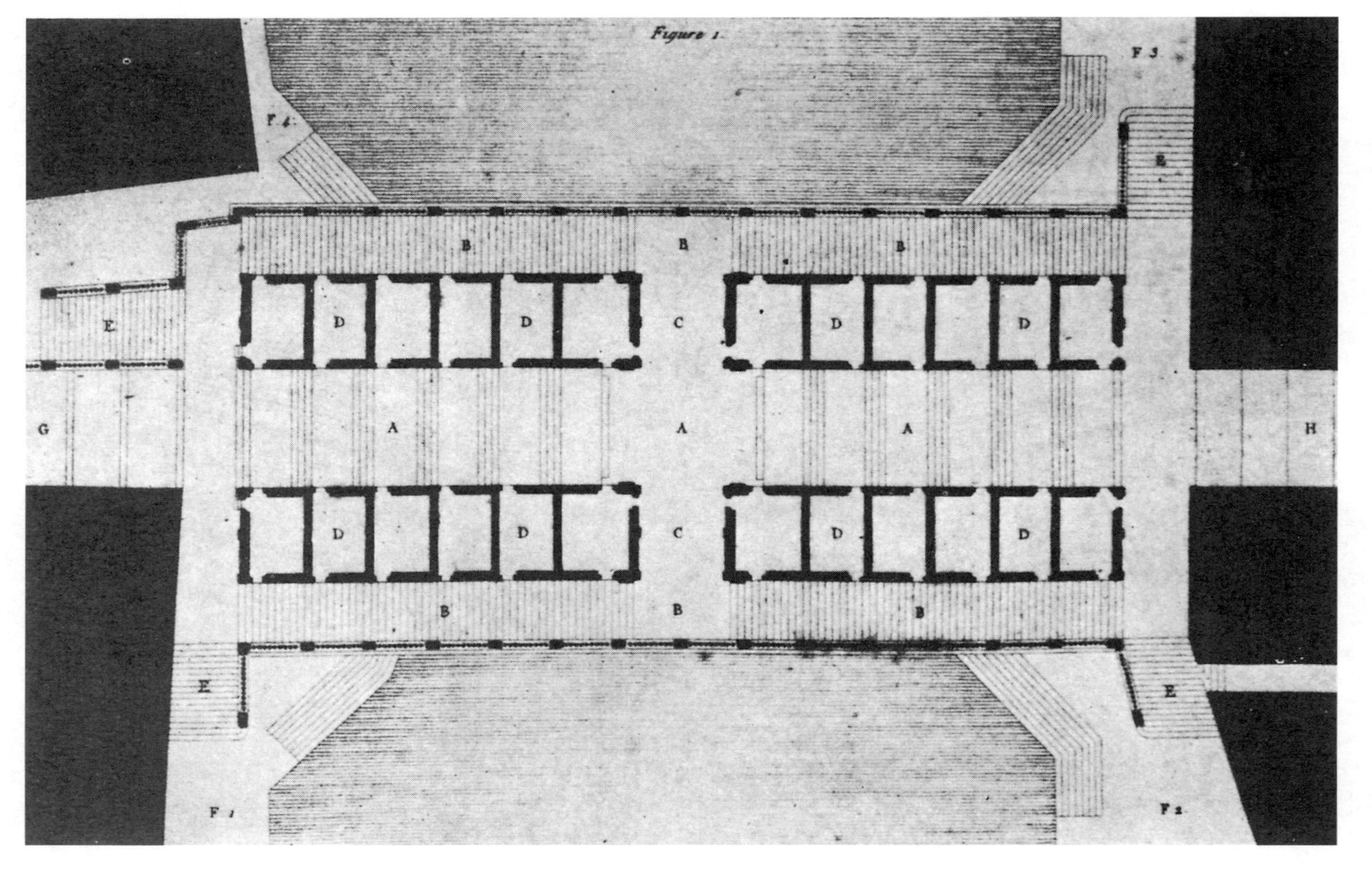

图 28.4　由达庞特设计的里亚托桥平面图

今天矗立的这座桥(图 28.5)与达庞特完成时一样。它是这一时期为数不多的结构之一,在时间的蹂躏和为满足不断变化的交通条件而进行扩建的要求下完好无损地幸存下来。当把现代照片与旧的绘制设计(图 28.3)进行比较时,这一点可以清楚地显示出来。在后者中,桥台两侧有一些水平线,似乎表示砌石偏移,但参考平面图或照片显示,它们是布置良好的台阶,便于从船上登陆。照片还显示了毗邻建筑物如何限制和堵塞通往大桥的通道,为了方便和艺术效果,乔康多希望通过在两端创建开放空间来避免这种情况。

但是,如果正如批评者所建议的那样,达庞特的桥梁似乎受到挤压,那么帕拉迪奥提出的重型、高端结构,甚至是斯卡莫齐提出的结构,会受到多大的挤压呢?为了进行比较,伦德雷特将帕拉迪奥和达庞特的设计以相同的比例叠加在一起(图 28.6)。如果将这张图与照片进行比较,就会发现更华丽的设计不恰当,而且斯卡莫齐对达庞特的攻击是多么不合理。

达庞特的大桥的拱门是一个半径为 126 英尺的圆的一段。拱段的弦或净跨度为 88 英尺 7 英寸,拱高为 20 英尺 11 英寸。跨距几乎使运河的整个宽度保持自由,桥台侵占很少,而中心高度足以通过所有驳船。小帆船过桥时可以把桅杆排好放在甲板上;那些桅杆无法拆下的大帆船就没有机会使用运河。

大桥的总宽度为 66 皮迪(75 英尺 3 英寸),分为 21 英尺 2 英寸的中央通道,两排商店每排 16 英尺 5.5 英寸宽以及两边各有 10 英尺 7 英寸宽的人行道。这些商店最初是由珠宝商占据的,佛罗伦萨的维奇奥桥上也是如此。

一些人从美学的角度对设计提出了批评:据说,商店的细节,尤其是屋顶拱门的拱线高度变化有些令人不快,很难与桥梁本身保持一致,桥台也太重了。第一种批评很有道理。这些商店风景如画,但它们的庞大体积却完全掩盖了拱门细长优雅的拱顶。然而,由于其所处地面的性质,这些巨大的桥台在结构上是完全合理的,因为这是一个软的冲积层,不能安全地承受沉重的集中荷载。如果仅考虑桥梁,桥台可能显得过于厚实,但如果将结构视为一个整体,包括商店在内,桥台与支撑质量的相对大小并不显得不成比例。

委员会和选定的工程师行动迅速。虽然前者是在 1 月份任命的,但工作于 1588 年 2 月 1 日开始。

最令人关注的细节是地基。由于地面太软,即使在宽阔的格栅上也无法支撑荷载,因此桩是必要的。这些桩必须被猛击打入,这样它们才能在靠近两岸大型建筑物的地方被切断并封顶至水位以下,尽管拆除这些建筑物会改善街道入口,但当局决定不拆除。达庞特的方案要求在两岸的前部 16 至 18 英尺深的地方进行挖掘,其中 6 000 桩桦树桤木(alnus betula)将被打桩设备打入至无法再进。这一挖掘工作一直向运河

图 28.5 今天的里亚托桥

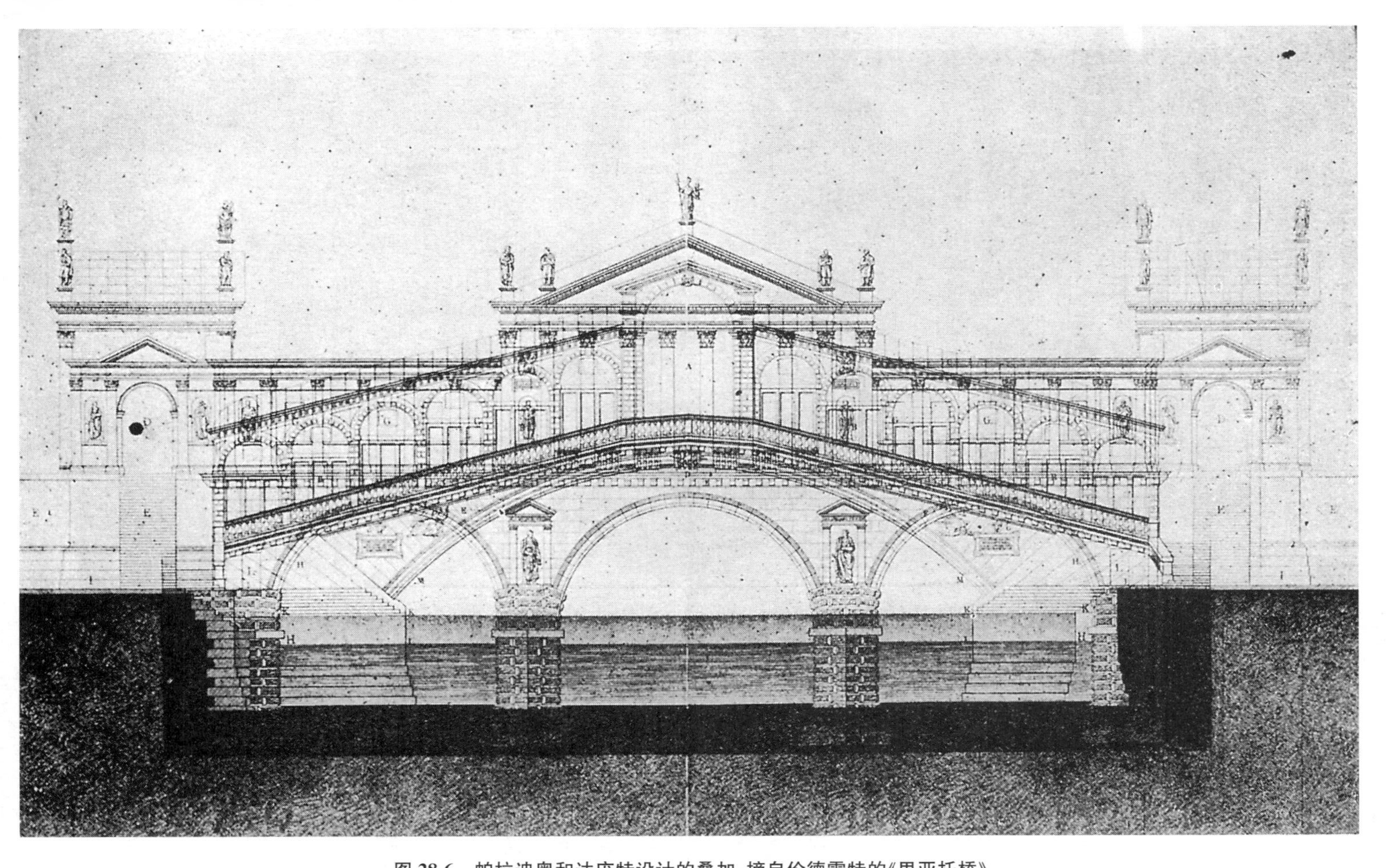

图 28.6　帕拉迪奥和达庞特设计的叠加，摘自伦德雷特的《里亚托桥》

方向进行到夯实地面的高度，但在后面，工程师不敢挖得这么深，因为担心会干扰相邻建筑物的地基，这些建筑物的地基铺设深度相对较浅。因此，他分三个层次或台阶进行挖掘，前面最深，后面最浅；他把挖掘停在建筑基脚的水平面上。为了在开挖区域内的每个桥台下找到 6 000 根桩的空间，桩必须在每个方向上距中心不到一英尺。据称桩长 10 皮迪，大概 11 英尺，因此桩直径可能不超过 6 英寸，并且桩在打入时要相互靠得很近，以形成坚固的木材结构。证人的证词证实了这一事实。

挖掘在围堰后面进行，每个桥台有一个围堰，随着开挖的进行而就位并用优质土填充，使其合理防水。这项工作通过合同租给了出价最低的投标人。由于获得合同的承包商不称职，达庞特不得不亲自接管这项工作。他用大型水泵成功地使深坑保持干燥，以便进行工作。打桩后，将桩切断，使其顶部与开挖中的三个台阶齐平，然后用落叶松格栅覆盖。在格栅上放置了大量砖石，其上表面是一个斜面，与穿过台阶外角的斜面平行。

该斜面的原理在桥梁的一个显著特征中得到了重复，即拱肩上的石层排列。达庞特通过同心弯曲的铸模表示其拱腹，但他知道当推力线接近桥台时会从拱腹外面穿过，尽管他没有办法计算其精确轨迹。在将推力线穿过实心拱肩的砌体时，他希望推力线尽可能正常地位于基床接缝处。因此，他使这些接合处从拱内到拱外以及从拱中心呈放射状的线条上连续。照片中清楚地显示了设计的比例和建筑特征。

桩已完全打入并封顶，第一块石头于 1588 年 6 月 9 日铺设。当一切都在为快速成功的施工而建设时，阴险而匿名的建议引起了公众的怀疑，即桩基础是否足以承受威尼斯土壤等柔软易屈服材料所施加的重荷载，尤其是如此巨大而平坦的拱的推力。这些谣言显然没有确切的来源，因此无法直接驳斥。它们究竟是由达庞特的一些不满的竞争对手发起的，还是仅仅因为累积而增长的，目前尚不清楚。但他们最终获得了足够的实质性影响，导致工作暂停。如果它们起源于斯卡莫齐或他的朋友，那么指控是特别不必要的，因为斯卡莫齐在单拱设计中提供的所有东西都是没有桩的浅地基，肯定会失败。这座建筑的三位负责人无法就已建成的地基是否稳定达成一致意见，其中一位是达庞特的公开支持者，另一位是斯卡莫齐的支持者。因此，1588 年 8 月 9 日，参议院任命了五名自己的成员与三位负责人一起坐在法庭上，听取专家的证词，并决定是否有证据，要求巩固或修改方案。

该法院或联合委员会的记录，被仔细编入索引，充分提供了 22 位专家的证词以及参议院通过的某些信件和决议，载于威尼斯圣马可图书馆一份未出版的手稿。由于这份手稿对施工方法以及可用于指导工程师设计复杂地基的知识和经验给出了很好的描述，因此将对其进行大量摘录。

这件事似乎是由贝纳多·赞恩(Bernardo Zane)代表负责建筑的三位负责人之一

阿尔维斯·佐齐写的两封信首次正式提请参议院注意的。佐齐是达庞特的朋友，也是董事会主席。他或者认为，作为后者，他有责任通过将此事提交给任命机构——参议院，并建议任命一个新的委员会，从而使谣言达到必须终止的地步；或者，由于担心斯卡莫齐的支持者会迫使这一问题发生，他决定亲自采取攻势以获取优势。在 1988 年 8 月 31 日的第一封信中，佐齐先生写道：

"最尊贵的王子，非常杰出的检察官：

"尽管有如此多的障碍和阻碍，但很明显，上帝赞成开始修建里亚托桥。尽管一些人认为这是不可能的，但卡梅伦基（Camerlenghi）一侧的桩基施工已得到加固，并且克服了所有困难。一个美丽而坚固的桩基已经建成，并在此之上放置了两层承台，一层纵向，另一层横向，在这些承台上以相同的方式设置了两个木墩。因此，到目前为止，桩基、承台和木材已经固定在一起，并且在这种结构上已经建立了桥台。从木材到水面大约有 13 或 14 皮迪高，由非常大的石块紧紧地夹在一起组成，正如市民所看到的那样。所有的事情都经过了精心的规划和安排，包括与基台和格栅有关的事情，格栅上升到了旧房子地基的高度，可以说，这里没有修建码头，也没有基台，而是建造了坚固的岩石壁架。

"但是，看到在这样一项值得称赞和重要的工作中出现了新的障碍，为了在上帝的帮助下继续进行如此重要的公共工作，任命另外三名检察官是一种适当和极好的权宜之计，而目前的检察官中没有一人可以连任。这些检察官[1]应获得与目前检察官相同的权力，即通过三人中的两人投票决定是否由普雷加迪委员会通过此类决定：但每人都应有权向上述委员会提出意见。

"我，阿尔维斯·佐齐，由于妻子病重而无法亲自出庭，为了殿下的利益，我写了这些话，简要阐述了我的观点。"

尽管佐齐没有提到具体原因，但他建议，作为摆脱其同僚和他本人意见分歧所产生困难的一种方法，是选择一个新的检察官委员会。

由于没有采取任何行动，佐齐又写了第二封信，在信中他大胆地面对了自己与两位同事之间缺乏共识的问题。

"1588 年 8 月 8 日

"我相信，殿下一定会慎重而仁慈地考虑到，我在过去几天中遭受的巨大损失使我心烦意乱，以至于我发现自己很不愿意讨论与手头的事情有关的一切必要问题。尽管如此，我认为我有责任尽最大努力为您服务，但由于无法出席最优秀的委员会的会议，我必须表示非常遗憾，在您和委员会进行了如此多的讨论之后，在那些心怀这项工作

1　圣马可检察官是一个荣誉称号。

的人进行了如此大的努力之后，我们可能不断陷入更大的困难。我特别提到一些人将其归因于迄今为止修建的地基的弱点；引用我在另一封信中提出的理由，我请殿下在参议院重读该文件。我要说的是，我的同事、检察官或其他可能承担这项任务的人，为了他们自己更大的满足感，可以在费罗河上建造一个支墩，过去曾有人提议，在阁下认为适当的时候，或多或少地扩建，尽管我认为没有必要这样做。此外，他们可能会在大桥底部的地面上建造另一座拱门，从丝绸市场延伸到卡梅伦基。所有这些加在一起，将产生如此强大的力量，我认为，除非卡梅伦基、道路和整个丝绸市场的建设被移动，否则该结构将永远不会面临任何危险，这就像移山一样困难。

“这些事情可以轻而易举地完成，花费很少，但让我确信迄今为止不用这样做也不会失败的是，我可以真实地充分肯定，没有我们中至少两个人的批准，在这座建筑中没有进行任何上述施工，这从迄今为止订购的订单中可以明显看出。大约八天前，在杰出的巴巴罗家里，阁下在我在场时命令挑选几位大师进行调查，自己了解，并就这一困难提出自己的意见。但我不知道我的许多工作的结果是什么。然而，正如我在其他信件中所说，我坚持认为，也许另外的协助可以更容易地完成这项工作。但我听到有人说要停止这项工作，这在我看来是没有道理的。这肯定会对这项重要而必要的工程造成干扰和阻碍，因为随着时间的推移，桩结构可能会削弱甚至有下沉的危险，会造成代价高昂且影响严重的后果。

“我再次恳求您以您认为最方便的任何方式来营救我。尽管我在科孚战争期间、帕多瓦瘟疫期间以及其他不同责任的地方为您提供了许多服务，但我从未遇到过像现在这样多的麻烦。我希望能从手头工作中产生的大量负担中得到一点休息，以及，愿您高兴。”

佐齐先生清楚地展示了他和马克·安东尼奥·巴巴罗之间的分歧，人们将记住，巴巴罗是斯卡莫齐的赞助人。委员会的第三位成员福斯卡里尼显然通常投佐齐的票，因此他投了佐齐所指的二对一的票；但有时福斯卡里尼帮助巴巴罗制造障碍。因此，佐齐的两位同事倾向于重视人们关于地基是否足够的怀疑以及建造重型扶壁或分布拱以承受拱推力的建议。佐齐明确反对这样的行动，也反对任何停止工程的行为，尽管他提出辞职，但这仅仅是一种姿态，尤其是他在丧亲之际抽出时间写了一封如此精美的信。这一明确表达的信函具有效力，因为在收到信函的第二天，参议院采取了以下行动：

“1588 年 8 月 8 日，在普雷加迪”

“从委员会阅读的信件和报告中，我们听取了尊敬的贵族检察官阿尔维斯·佐齐关于里亚托大桥建设的意见，特别是关于目前在里亚托一侧修建地基方面出现的疑问。根据委员会去年 1 月 23 日的决定，桥梁的架设工程需要就此事发布一些命令。所以：”

"经本委员会投票决定,组成本理事会的五位尊敬的贵族成员,将由出席会议的人从任何地方选出,他们的职责是听取我们尊敬的贵族检查官阿尔维斯·佐齐、马克·安东尼奥·巴巴罗骑士和贾科莫·福斯卡里尼骑士,关于里亚托大桥的结构、迄今为止所建地基的坚固性和脆弱性的意见,以及获得了大师和专家对此事的意见后,他们将在六天内到本委员会提交他们的分歧或一致意见。"

如果参议院决议指定的联合委员会被指示在六天内提交报告,那么公众舆论肯定非常紧迫,情况一定很严重。委员会于第二天,即8月10日组织的会议纪要记录了他们在听取讨论、参观现场、检查迄今为止完成的工作并休会至第二天上午时提出的以下问题,这些问题将由被传唤作证的专家回答:

(1) 地基中的桩施工在三个步骤中是否稳定,如果不稳定,如何补救?

(2) 铺设在地基上的石头是否像现在一样牢固?如果不牢固,可以采取什么措施使其牢固?

(3) 面对运河的建筑是否足够坚固,如果不够坚固,可以采取什么补救措施?

(4) 后支撑是否足够坚固,足以承受桥拱的重量,如果不够,如何才能做到这一点?

此外,专家们还将告知他们在施工中可能注意到的任何缺陷,并提出补救措施。

委员会于8月11日和12日举行了两次旷日持久的会议,对证人进行了宣誓讯问。

首先听到的是14位经验丰富的人,他们在不同程度上可以证明自己是专家。其中一些人反对建好的地基,抗议阶梯式设计和倾斜接缝,并争辩说,小型手动打桩机不够。一名证人甚至作证说,根据他的观察,地基已经出现沉降了。

大多数证人都提出了这种不利的批评,他们以前的经历比他们的对手更广泛。尽管有少数人表示,他们会在一个水平面上而不是分步修建地基,一些人支持在后面用护壁加固桥台,在前面加上桩,但他们要么同意了达庞特的计划,要么认为已经足够了。一些见证人表示,运河侧需要额外的支撑,显然这是对拱门推力线的位置缺乏了解,尽管一位见证人指出,推力是以对角方向而不是垂直方向作用的,并且支持达庞特的三层地基是最适合抵抗推力的。几名见证人作证说,他们已经进行了水平测试,发现地基尚未出现沉降。在这些证词中,最重要的是"滨水大师"贾科莫·古伯尼(Giacomo Guberni),他认可了三层地基和桥台倾斜层的方案。他提交了一些草图,其中一幅(图28.7)显示了阶梯式地基和斜床接缝及其与下层的关系。它还表明,拱门通过桥台继续呈半圆形。这是拱门作用的常见概念,并不是达庞特所持的观点。一些见证人建议的加固措施没有得到任何理由的支持。

在听取了这些专家的意见后,委员会召集了安东尼奥的叔叔阿尔维斯·达庞特(Alvise da Ponte),他似乎是负责建造地基的工程师。他被告知,有四项反对意见被敦促反对该设计,并被要求就其重要性发表意见。四项批评如下:

图 28.7 里亚托桥的地基

1. 如果建在同一个水平面上，桩下部结构会更好、更强。

2. 如果桥台中的石头是水平铺设的，而不是倾斜的，那么它们会更好地承受结构的重量。

3. 建筑的背面很脆弱，因为它们的地基老旧，不能提供任何支撑。

4. 朝向运河的一面没有建在斜坡上，因此没有适当调整以承受重量。

对于第一个反对意见，阿尔维斯回答说，如果他将所有桩切割到第一层的水平，他就会进入桥台后面的重要建筑物的地基下面，并且会暴露出它们所在的桩；尽管如此，第二层的桩也已经在建筑物下方被切断，因此，为了避免危险他又修建了第三层台阶。

至于第二个批评，他声称放置石头是为了给桥梁提供最好的支撑：如果石头是水平放置的，而不是倾斜的，它们就不会为拱的"侧向提供推力"。这个答案清楚地表明，安东尼奥对推力线的位置有着很好的概念，并且他已经采取了"他所能采取的最佳预防措施"，以确保平拱能够安全地支撑在桥台上。

关于第三个反对意见和建筑物的地基，阿尔维斯解释说，其目的是通过建造石支墩或拱门来加强地基，从而减轻地基的侧向压力。

他竭力主张说，第四个反对意见没有任何理由：正面的坡度为 5 比 1，这使得它足够坚固。

这些清晰合理的解释表明，安东尼奥在制定方案时考虑了所有因素。阿尔维斯要求向他重读一些问题，这表明证词是经过仔细考虑的。

随着阿尔维斯·达庞特的证词结束，对专家的调查已经完成。然后，一些商人以外行的身份证实了他们观察到的事实。

其中两个描述了桩如何被紧密打入，小桩位于大桩之间的空间里。(这就解释了为什么可以在每个桥台下使用 6 000 根桩。根据现代标准，这不是一个好的做法：软土地基中的桩通过表面或表面摩擦获得阻力，但当它们紧密打入时，很少或根本没有桩表面与地面接触。)一位卖盐的文丘里尼(Venturini)表示，桩打得很深，而不是像一些反对者所说的那样轻而易举。他解释说，他经常看到正在进行的工作，尽管很多次他不想离开，但他不得不停止观看，因为打桩太慢，他会"昏昏欲睡"。

观众中对此事极感兴趣的酒商贾科莫·齐尼爵士(Ser Giacomo Zigni)为这一场合增添了不少欢乐，尽管他几乎没有贡献什么科学知识。"我经常去那里，"他说，"因为这让我很开心。我每天去那里很多次，如果他们朝一个方向赶我，我就会从另一个方向回来。我看到了打桩用的桩，有些桩长超过 18 皮迪……有一次，我看到一个桩花了三个小时才打完，我一直坚持到最后。"这些桩被打得很近，以至于完成的结构看起来像一个露台。桩头被打桩机扫过，不得不被砍掉。"我见过其他的地基，但从来没有见过这样的地基……在我看来，就像你建造的那样，这座地基永远不可能失败，我对这个地基的判断，就像我对一杯马尔瓦西亚葡萄酒的判断一样，我的专业是判断其优缺点。”

委员会现在听取了专家、近似专家、主管工程师和公民的意见，他们的意见虽然有趣，但毫无价值。这是一个现代委员会会做的事，既听取理性，也听取流言蜚语。事实上，16 世纪的程序与我们这个时代的程序非常相似，因此有理由深入研究记录的细节。

1588 年 8 月 13 日，听证会结束后的第二天，联合委员会向参议院提交了一份报告，全面提交了证词，并提出以下决议供通过：

“从现在所读到的内容来看，委员会已经听到了一些条款，这些条款将有助于加强和巩固在里阿尔托一侧修建桥梁的地基。但是，在我们听取建造模式和圣巴托洛米奥(San Bartolomeo)一侧地基可能存在的反对意见之前，这个问题不再讨论。

“是否决定本月 9 日在委员会会议上选出的五名成员负责立即前往圣巴托洛米奥一侧地基的修建地点，并对现场进行良好检查，并观察上述桥梁修建地点附近的构筑物是否牢固挺立，不会受到任何干扰；如果他们不能挺立，考虑从大师和专家以及有能力和智慧的桥梁管理部门获取信息，了解应采取哪些措施来确保工作安全；并带着他们收集的所有材料来到委员会，商讨如何妥善处理上述桥梁地基的安全问题。

“同时，他们还要考虑两边的河岸是否足够坚固，能够承受上述桥梁的重量。”

在辩论中，阿尔维斯・佐齐先生以明确和令人钦佩的方式向参议院发表了关于下一步行动的讲话，为他担任主席的委员会已经完成的工作进行辩护，并敦促“浪费更长的讨论时间既不利于公共福利，也不利于解决问题”。佐齐显然相信行动。

他说，首先，他对建造的地基很有信心，以从地面朝向后方比朝向运河更为坚硬的事实证明了这种方法的合理性；第二，在建造拱门的地基时，必须承受垂直作用的重量和斜向作用的推力，这一点已经做到了(佐齐可能受到了达庞特的良好指导)；第三，如果把石头放在斜坡上时，石头下面有空隙或软土时石头就可能会掉落，由于这些石头放在坚实的平台上，它们就不会掉落，因此反对倾斜石头的做法并不重要；第四，石头是放在地层的边缘还是放在水平面上都没有区别，因为它们结合得很紧密，可以形成一个整体；第五，在桥的地基和丝绸市场的地基之间，底部只有 4 皮第，很容易就填满了，这样就不会像人们担心的那样发生移动，而在丝绸市场和卡梅伦基(Camerlenghi)之间，可以安排一个减压拱，以增加安全性；第六，建筑物的地基没有危险，因为尽管通往运河的桥梁地基处于较低的水平，但由于采用了递升布置，后面的桥梁地基与建筑物的地基处于同一水平。最后，他补充道：

“我只想说，由于没有获得至少两位检察官的同意，我们就什么都还没有开始做，所以现在对我们提出新的反对意见是很奇怪的，那些反对的人还不应该建议任何补救办法。”

参议院通过了该决议，但在进一步调查之前，联合委员会传唤了工程师达庞特，并于8月26日对他进行了详细询问，这一调查大大扩大了原决议的范围。在文艺复兴时期，没有任何其他地方的工程师能够像他一样记录他的方案所涉及的原则和方法，他的问题所面临的困难，以及他打算如何取得成功。在委员会保存的逐字记录中，达庞特以令人钦佩的清晰、绝对的简洁和极大的尊严阐述了他的观点、意图和结论。

他解释说，他已经提交了一份桥梁计划和两份调整引道的计划。里亚托侧的基台长66.75皮迪，宽30皮迪，水位以下高16皮迪。其所处的桩结构由10皮迪长的桦木桤木桩和15皮迪长一些落叶松桩组成。第二层比第一层高2.5皮迪，宽度为12皮迪；第三层比第二层又高2.5皮迪，宽度为6皮迪。第三层的高度大约比邻近建筑下方的桩高出半皮迪。在桩的顶部，他建造了一个由两个落叶松帽组成的格栅，纵向和横向，在上面，他铺设了另外两层相互交叉。第二层和第三层的两层较低的木材铺在下一层的第一层顶部，因此每层都有四层木材，这是一种将三层木材连接在一起的安排。在木料的顶部，石块铺在斜坡上，正面平放。拱门的曲线略小于半圆形的三分之一，有85皮迪的净跨度和20皮迪的上升幅度。拱门宽度为66皮迪，拱顶厚度为4皮迪。从街道水平上升至桥面的斜坡为21皮迪，分为18个斜面。在回答问题时，他详细解释了他建议如何填充相邻房屋的桥台和地基之间，以及该方法将如何影响面向它的房屋的入口。在运河的另一边，即圣巴托洛米奥，他打算建造桥台，这是在里亚托已经建造的桥台的复制品，前提是地面条件同样有利，以便它们可以“平等地相互作用”。至于运河那一边的建筑物，只有一座会处于危险之中，他打算支撑并加固。

8月28日，佐齐先生向参议院提交了达庞特的证词以及马克·安东尼奥·巴巴罗的信函。由于后者是对攻击性批评的总结，并代表了作为斯卡莫齐赞助人的专员的观点，因此下面作全面介绍：

“所有科学中的知识艺术都以对原因的认识为基础，因为正如亚里士多德所说，在自然界的大多数事物中，我们都将结果的原因理解为这些事物的真正基础。因此，从这一点出发，我们可以从里亚托大桥结构的起源开始，我们可以讨论每个部分，首先是地点：

“建造上述结构的地点是一片湿地，因为这里所看到的一切都是潟湖和小岛，作者将其归入湿地一词，它们既不是坚实的土地，也不是岩石的矿脉。

“这一点从威尼斯的建筑中可以清楚地看到，无论是旧的还是新的，大部分建筑都会膨胀和开裂，这可能是由它们所在的土地下沉引起的，而不是由地震引起的，因为在水中看不到这种影响。

“此外，艺术的规则和戒律没有得到遵守。据权威的作家维特鲁维乌斯(Vitruvius)和莱昂·巴蒂斯塔·阿尔贝蒂所言，以及无数其他与民用建筑相关的作家和许多其他处理重物地基的作家，如卡塔诺(Cataneo)、马吉(Maggi)、卡斯特里奥托

(Castriotto)、阿尔贝托·杜罗(Alberto Duro),他们都将地基设置为水平,以防滑动或塌陷,如果场地因为是丘陵而不允许这样做,则应将其坡度和隆起降低到一定的水平,如果需要稍微倾斜,则应朝向结构的中心,以便其压力倾向于承受在其底部,而目前的结构并非如此。

"地基既不好也不牢固,因为人们忽视了真正的规则……用如此大的力量将一大堆桩打进许多英尺长,以至于无法再进。如果在结构下方打入一个新桩进行实验,你会看到它将比已经设置的桩更深入坚固的底部。

"此外,所有建筑,无论是民用的还是军用的,都应该有一个不仅坚实而且宽阔的基础,即所谓的地基,正如罗马的万神殿或圆形大厅所示;因为在为沟渠挖掘道路时,人们发现其地基比教堂宽,与教堂高度一样,罗马和全世界无数的其他建筑也证明了这一点;至于防御工事,教授们知道首要的一条也是最重要的一条线是地基的厚度。

"在上述桥梁中,忽略了宽度和深度的这些条件,以及桩基上表面的倾斜,桩基的构造应能均匀地承受推力,这样,如果它下沉,它就会均匀下沉,再次静止,不会损坏桥梁的任何部分,中心关键除外,如果桥梁正确建造和连接,仅此一项就显示出失败的迹象。

"但在所述桩结构中,由于台阶的原因,桩体不均匀且不连续,最后打入的桩将首先倒塌;正如自然哲学家所说,在所有作品中,第一条线或角度,或最突出的部分,都是最先受到挤压的,也是最容易屈服和断裂的。

"从固定推力推向桩结构的方式可以看出,这些桩将被推压而不是过载,推力将被推向最低的桩结构,从而更容易倒塌。

"这种结构由房屋已建的地基支撑是不对的,因为这种依赖可能会导致其中一个或另一个的破坏。但即使假设(但不确定)这些地基能支撑结构,它们也会将重量转移到上述打入的很少的桩上,这些桩将下沉并导致桥台毁坏。

"每当倾斜的石层移动时,桩就会与石块分开,并沿着平行表面相互移动,这样每个石块都会向水流的结构外部滑动,如果挤压石块它就会向外移动并导致损坏。

"为了避免上述滑动,有必要将石块放平或以圆锥体的形状放置,所有石块都应该有一个共同的中心,并都向该中心倾斜,因为这样,石块就会压在底座而不是压在支架上。

"数学科学指出,平行线在任何点上都不相交,正如圣经所说,所有彼此断开和分裂的事物都将被消耗并化为乌有,这些也会如此,因为它们没有一个相同的基础和共同的中心。

"所述桥台的地基不均匀,因为一部分比另一部分高,而较低部分可能支撑更大的重量,可能足以造成破坏。

“我说，这些建筑将无法承受或抵抗桥梁的重量，因为它们是空心的，没有填满坚硬的地面，如上述工程的路肩所应有的那样，既结实又非常沉重。

“所有桥梁都必须有非常坚固的支撑，坚硬坚实的地面，而这座桥恰恰相反。由于拱门很高且只有一个，因此它将比有两个或三个拱门的桥更危险。尽管有人说布肯托罗号无法通过(三拱桥下方)，但有人回答说，一个跨度可以用吊桥建造，吊桥上可以有木制饰物，类似于装饰桥梁的石头，就像在需要通过船只的桥梁上看到的那样。

“除了更强之外，两个或三个拱门也会使桥更漂亮，因为艺术家和那些精通透视的人都说，看到各种各样的线条是令人愉快的，这些线条应该具有很好的比例和美感。

“上述石头不仅不能以这种形式铺设，而且也不能以这种方式施工，因为石头本身需要水泥，而不是砖所需要的石灰。如果有时间的话，在这件事上可能会提出许多其他的理由。”

在向参议院宣读了这些文件后，佐齐按照要求给出了答案，他首先指出，除了一个点上的例外，大师和专家们都确认，迄今为止所建立的地基是牢固和安全的。至于圣巴托洛米奥一侧的地基，不合规格的房屋占用了大量土地而将被拆除用于修建桥，因此工程师们不会遇到像在里亚托一侧施工时遇到的许多困难，因为在里亚托侧许多大型建筑都必须保留不得拆除。他说，安东尼奥先生已经向委员会提交了他的街道引道方案，委员会选择了一种方便的可以避免干扰教堂和其他重要建筑的方案，这些建筑的损坏索赔已经到了 18 000 达克特，还有许多没有说明的金额。他与“杰出的监察员巴巴罗”在安全和安保方面的看法有所不同，他断言，数千块重量巨大的石头，连同桩、桩帽和平台木材，全部连接在一起，形成了一个牢固的壁架，而不是反对意见中所述的松散和脆弱的结构。根据两名成员会签的订单，劳工、桩、桩帽、平台木材和必要的配套部件已由委员会支付。至于石头放置的方式，他参考专家的意见，但评论道，应警惕此前有人谈论过的地震的可能。他指出，威尼斯有 300～400 座桥梁，它们都建在非常脆弱的桥台上，非常不安全，但尽管发生了多次地震，还没有一座桥梁倒塌。他最后说：

“反对者希望进行一些改进，无论改进有多小，他们都会满意。阁下可以做您认为合适的事，但我很惭愧不得不提及我认为改进是没有必要的。……最重要也是让我最担心的是，我们正在经历夏季，即将迎来冬季，伴随着热风大雨、暴雨、短暂的白天、结冰等情况，这一切都不利于对城市的便利和装饰至关重要的大桥的宏伟的建设工程。因此，我尽我所能坚定地坚持，并请阁下将您认为方便和合适的任何东西提交参议院，以便无论决定如何都能按照我以良好意愿解释和书面规定的方式执行。”

阿尔维斯·博尔迪(Alvise Boldi)在一次雄辩的演讲中引用维罗纳(Verona)和卡拉雷吉奥(Carraregio)的桥的例子来支持他的同事佐齐。他用倾斜的表面和低矮的台阶来支持倾斜的接缝和容易接近的通道的设计。他说，这些台阶的数量为14个，每个坡度为1比8，高度为6.5英寸。

参议院下令继续检查包括圣巴托洛米奥一方在内的工作，并准备了六个问题提交给专家。简言之，这些问题如下：

(1) 桥台是否应修建在里亚托侧，在桩基上设置倾斜接缝，场地是否有利？

(2) 是否有足够的空间不仅可以建造桥台，还可以建造与里亚托那一侧的方案一样宽、长、深的支墩？

(3) 在修建桥台时，是否存在破坏邻近房屋的危险，如果有，危险程度如何，如何避免？

(4) 拱顶建在地基上水面以下5皮迪处，在水面以上净高21皮迪，那么桥台应建在地面以上多少？

(5) 引道应在哪里开始和结束，以及如何划分以便于爬升？

(6) 丝绸市场的拱门、康索利的大门和橘子经销商附近的商店会受到多大程度的损害，如何才能使楼梯平台不那么不便且更美观？

之前作证的证人，除了一两个例外，都再次出庭作证。对于桩下部结构应分层建造还是在单层上建造，以及桥台中的石块应平放还是倾斜放置，存在相同的意见分歧。在证词中，首次确定了所用打桩机的性质。虽然没有关于锤子的重量和下落高度这两个重要因素的声明，但我们可以作出一些推断，因为它似乎是由四个人举起的。那些主张使用重型机器的人认为打桩机应该是一个需要十个人操作的打桩机。

至于拱的厚度，目击者普遍认为，当拱顶深度为4皮迪时，所布置的斜坡将在拱腋上提供足够的厚度，尽管一位目击者主张采用更平坦、更长的斜坡，以使拱更厚重。他认为，通过将通道保持在街道中心，可以避免对商店和住宅入口的阻塞。

听取了这些证人的证词后，委员会再次要求达庞特对他们的批评作出答复。他们可能愿意，或者作为一个政治机构，被迫倾听那些对建筑知之甚少或一无所知的人的闲聊，但至少他们遵守了礼仪。

对于这六个问题，达庞特给出了简短的回答，没有任何脾气或怨恨的迹象，表明他完全了解自己面临的问题，并对自己解决问题的能力充满信心。他表示，他打算使桥台样式尺寸一样，“以免一个牢固，另一个松动”；圣巴托洛米奥一侧有足够的空间来做到这点；所有的建筑都能得到照料，从拱冠上方的水平广场两端开始倾斜20皮迪长的拱圈在拱腰处就足够厚了。

委员会于9月5日报告，大意是，尽管大多数大师和专家认为“地基足以支撑桥梁，但在如此重要的工作中，有必要尽可能小心地进行”；因此，决定在房屋附近加固里亚托桥台的背面；巴托洛米奥桥台应是另一桥台的重复品，分层打桩，石块倾斜铺设；房子应该用地基支撑,一个 20 皮迪长的中央水平广场应该在两侧留有方便的用砖和砂浆砌筑的斜坡。

因此,最初由心怀不满和失望的竞争对手的阴谋挑起的斗争,最终以达庞特和他的朋友们的伟大胜利而告终。

尽管没有保存桥梁的施工方案,但达庞特对他所做的事情、他的推理以及证人在委员会面前的证词,使我们能够合理准确地重建他用过的方案,并估计拱发挥的作用。

达庞特面临的问题是在松软的土地上建造一个平坦的弓形拱地基,该拱会被建筑物严重压载。由于威尼斯城建在岛屿上,这些岛屿是流入亚得里亚海的河流冲刷下来的沉积物,因此这一地区没有任何岩石或硬质材料可以供工程师当作地基使用。没有足够深的可以称为硬土的土壤:随着时间的推移,被上层压缩,它只会变得不那么软而已。斯卡莫齐显然建议通过“浮动”地基来克服困难,也就是说,在低于水位的木材平台上向四面八方铺设地基,以防腐烂。达庞特明智地拒绝了这种结构形式,认为它不足以承受拱门的斜推力,并决定将桩打入更密实、更坚固的地层。

大运河的堤岸由被水软化的物质组成,又不时受到各种沿岸工程的干扰,因此不适合支撑巨大的重量。在桥台的后面,靠近要开挖的地方,有一些重要的建筑物,它们的桩基相对较浅。运河深 16 皮迪,达庞特意识到,为了确保其不受干扰,应至少在这一高度切断运河前部的桩。但如果他将所有地基置于该高度,他将破坏并从相邻建筑物的地基中伸出的横向支撑,然后这些建筑物要么会坍塌,要么会向运河方向移动,从而造成严重的破坏。

因此,工程师决定将桩切割成三层。他在运河旁边打桩,桩长 10 至 15 皮迪(1 皮迪等于 13.691 英寸),将其从水面以下的 17 皮迪处切断,从而在运河底部的下方一个皮迪处切断。第一基台是 12 至 14 皮迪宽。在这之后,在第二个台阶(12 皮迪宽)中,桩被切割成比前一个台阶高 2.5 皮迪,同样,第三个台阶的桩被提升了 2.5 皮迪。因此,这些房屋后面顶部的标高比前面的标高高 5 皮迪,约 5 英尺 9 英寸,根据达庞特的说法,这使得它们比房屋墙壁下的桩顶部高出 0.5 皮迪。后面的桩没有前面的桩打得那么深,但没有必要这么深,因为后面的地面处于原始状态,更加坚硬。

在他的证词中,达庞特描述了四层桩帽的设计,其排列方式是每两层桩由一层木材连接在一起。由于这三层木材占了 2.5 皮迪,很明显,每层顶盖或木材的厚度略大于 11 英寸。最高水平面上最上层的顶面为 9.5 皮迪,即低于水位近 11 英尺。为了进一步的安全,木料被固定在桩上,并用铁夹子相互固定。桩头之间和木材之间的空隙用小石块填充。

为了给桥台砌体的倾斜层铺筑基床,达庞特在木材上铺设了石块和砖块,在这些木材和砖块的上表面上形成了一个穿过三个木材层外角的平面。在这基床上,他放置了带砖背衬的楔形石头，其基础向拱门段的中心倾斜。

打桩和切割桩头、放置木材和铺设砌体至水位均在围堰后面进行，围堰由木板桩和黏土水坑组成，通过手动泵可以让露天开挖保持干燥，尽管外部水头为20英尺。

图28.8给出了描述所示的地基图纸。

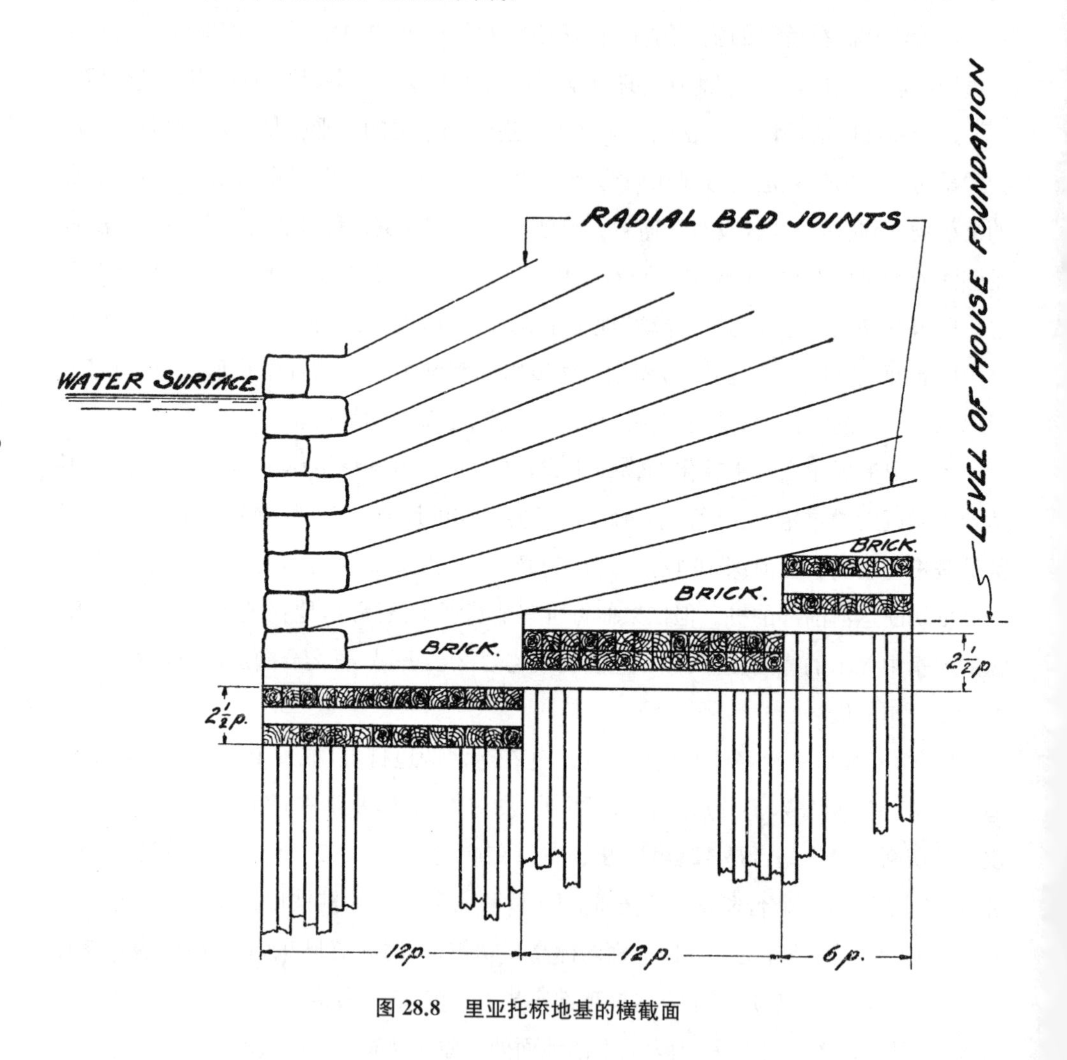

图28.8　里亚托桥地基的横截面

在威尼斯的圣马可图书馆里，有一份日期为1591年8月31日的未署名手稿，简要叙述了里亚托大桥的建造故事，并补充了一些细节，包括大桥建成后不久发生的地震的影响。这份手稿完整地补充了官方记录：

"1588年2月初，在最优秀的参议院通过决议，决定里亚托桥应该用石头建造，并且只有一个拱门，尽管一些德高望重的参议员希望用三个拱门建造里亚托大桥。为了建造新的石桥，拆除旧的木制里亚托桥梁开始了。为了尽可能以最好的形式圆满完成这项重要的工作，最优秀的参议院选出了共和国三位非常尊敬的参议员，他们是著名的参议员阿尔维斯·佐齐、安吉洛·巴巴罗和贾科莫·福斯卡里尼，为了提供临时和尽快的行人交通，他们下令将两艘大型驳船从军火库运出，并在此地基上建造了一座桥。这是供从运河一边到另一边去的人们使用，它建在离卡多尔菲诺不远的地方，在通往新里亚托的狭窄通道中间。当这一切完成后，旧桥很快被拆除，因为桥上有许多私人的木制商店，所以决定将租金资本化，以3%的价格偿还其所有者，这样他们就不会遭受任何损失；同样的做法也适用于德国商馆(Fontego dei Tedeschi)一侧和圣巴托洛米奥一侧的房屋和业主，因为为了修建地基以及修筑通往上述桥梁的通道，必须将这些房屋拆除，而为了支付拆除和补偿的费用，国王必须支付13万达克特。当这项工作完成后，很快就开始考虑建造这座新结构的方式，但参议员们之间立即产生了分歧，因为他们中的两人认为，运河应该通过一个桩的双围堰，在这两个围堰之间，稍后将进行工程施工，并修建地基。另一方面，由于许多原因，杰出的佐齐不希望运河因为施工关闭，特别是因为这会给城市的商业带来太多的干扰和不便，他建议在两岸建造半月形的围堰，以便方便地进行工作。因此，由于这些分歧，这件事被提交给了参议院，参议院听取了这些参议员中的每一位以及就这一问题发表意见的其他人的意见，通过一致投票，按照参议员佐齐的建议，修建了一座两边都有桩结构的单拱桥，重新解决了这一问题。然后，为了建立地基，在水位以下16皮迪的两侧挖土，打入90 000桩(原文如此)10皮迪长的桦树桤木，这些桦树桤木被摆放得非常紧密，相互接触，在这些木桩上，又建造了一层落叶松木板，几乎有一层棕榈厚，在上面，又有纵向和横向的落叶松椽子，有40～50皮迪长。然后把砖铺在灰浆里，用巨型石块紧实地粘合起来，每一块都牢牢地固定在另一块上。数量如此之多，没有见过的人都不会相信。但从我即将要说的，每个人都可以想象到底有多少块石头，因为在这两年里，城里所有的石匠都被雇来加工这些石头。根据这一事实，我非常坚定地认为，如果把这座桥上使用的所有石头放在一起，就会看到一座真正的石山，圣马可广场也无法容纳它们。在桥的两侧建造了地基和桥台后，已花费了40 000达克特，又准备了建造拱门的脚手架，为此，使用了800根1皮迪见方的落叶松木材，以及许多其他较小尺寸的木材，又花费了8 000达克特。铁制品花费了1 000达克特，劳动力花费了1 000达克特，相当于又花费了10 000达克特。工人们并没有停止工作，而是每天都很忙。他们以非凡的技巧开始在用这些木材制成的脚手架上转动拱圈，这使观看的人非常高兴，因为他们操纵了非常大的石块，用精湛的工艺将它们绑在一起。尽管有大量的工人，而且材料从来都不缺乏，但施工一直持续到1591年7月底，可以说，在32年中一直进行着这座建筑的建造工程。正如大家所见，费用是巨大的，总计达24万达克特，但对共和国来说不会是太大的成本，因为有人会为修建在上述24号桥上的商店支付10万达克特。此外，在圣巴托洛米奥一侧还将修建许多其他商店和房屋，以使其利润增加10万达克特。这座建筑给人的印象非常美丽，每一个经过它的人都会留下深刻的印象，因为正如前面所说，它很高，完全是用石头建造的，在运河的每一边都占据着主导地位，因此无论是经过它的人们，还是乘船从它下面经过的人们，都认为它是一道美丽的风景。这座拱门有25多个皮埃迪宽，高度很高，如果桅杆被取下，一条帆船可以很方便地从下面通过。上坡并不令人不舒服，因为它并不陡峭，分为三条路，中间的一条和另外两条一样宽。商店位于这三条道路之间，因此每个商店都可以从两条道路获得光线并面对这两条道路。四面有石阶供人们使用，并提供向下到地面的路。这座桥不仅是这座城市的装饰品，而且对它的商业活动也非常方便。因此，基于这些原因，我认为这是最美丽的建筑，不仅仅是在威尼斯，而是包括其他许多地方。我也不应该不提一些会给阅读者带来快乐和惊讶的事情。去年7月10日，星期三，大约在晚上9点之后，地震让每个人都感到非常恐惧，并波及意大利的其他许多城市。有些人，与其说是因为他们的个人偏见，不如说是因为其他任何原因而产生动机，曾散布过这样的传言：大桥即将倒塌，而且不会等很久了；因此，出于这个原因，他们反对这项工程，说因为这座桥只有一个拱，所以它无法经得起考验。正如我所说，当地震的隆隆声响起，店主们开始逃离桥梁的震动，以为桥梁正在倒塌，但恐惧和噪声很快减轻，每个人都确信震动和噪声是地震造成的，这在城市的其他地方都能感受到，没有人不高兴和不满意，因为这一事件消除了人们对这座桥曾经的担忧，不再担心它即将倒塌，甚至不会出现对最小裂缝的恐惧。即使现在也是这样，桥也没有任何损伤，无论多么轻微，这证明它将永远与这座神奇而独特的城市一起屹立不倒。

“威尼斯，1591年8月底”

大桥通车后立即发生了一场严重地震引起了短暂的恐慌，但其结果证明了结构的坚固性，公众对其产生了信心，并充分证实了达庞特的所有主张。由于这位老人还活着，在对他和他的设计进行了漫长、痛苦和不公平的竞选之后，这样的成就一定是对他和他的支持者们极大的欣慰。

对于今天的工程师来说，凭借对拱作用原理的充分了解，凭借人们在桩结构和土壤承载力方面积累的经验，以及今天的人所配备的全部机械，里亚托桥将是一个没有不确定性的问题。但在16世纪，达庞特被迫完全依靠自己的判断。工程科学的进步还不足以让他计算出拱的推力分布图，从而在拱顶和基座之间的所有点上确定推力和桥台垂直荷载合力的位置和方向。如果他能做到这一点，他会立即、果断地回答批评他的人。许多专家的证词和委员们的审查问题表明，他们完全误解了弓形拱的作用方式。专家们似乎认为，通过在水线以下继续制拱，并按照他们的定义，“进入桥台”，他们可以引导和控制推力线。达庞特没有试图反驳这个错误，尽管他显然知道这是一个错误，因为他倾斜了桥台中的床缝，以便使它们在进入桥台时更接近于推力线的法线，而不是像一位目击者所说的那样，如果他使它们水平或圆锥形的话。他的正确判断可能使他相信了推力线的轨迹，但由于他无法给出数学证明，他可能认为最好不要去争论，而是在陈述了自己的情况后采取行动。

可能是由于拱的破坏，所有的专家都理解有足够的拱腋深度的必要性。反过来，他们无法根据数学分析提供任何参数，但作为判断或猜测他们认为，如果中央水平广场为 20 皮迪，则从其末端绘制的与地面相交的线将提供适当的尺寸。在这种观点下，他们只是认可了达庞特已经采用的轮廓。

里亚托大桥成功地经受住了地震和沉降，但在建成后的一个世纪里，它受到了人为破坏的威胁。1681 年，一座厚重丑陋的六层楼建筑（图 28.9）计划在达庞特优美的建筑之上修建。这幅画保存在威尼斯的档案馆里。

在所有设计和执行方面，安东尼奥·达庞特都表现出了正确的判断和对问题的透彻的理解。他的设计的突出特点是在桥台中引入了斜缝。这并非偶然。从他的证词中可以明显看出，这种布置主要不是为了装饰，而是为了增加拱的推力，他认为拱推力必须以倾斜方向穿过拱肩进入桥台。在对建筑艺术做出这一贡献的过程中，他理所当然地值得约翰·拉斯金（John Ruskin）在《威尼斯的石头》（*the Stones of Venice*）一书中的赞誉。拉斯金将里亚托桥描述为“奇幻的文艺复兴时期建造的最好的建筑；其简洁的、比例优美的砖石结构都显得非常高贵。”他有针对性地补充道：“尤其要注意斜拱形石头放置在桥梁桥台上的宏伟方式，如此安全又易于观赏。”

图 28.9　1681 年提议的里亚托桥的六层建筑

29

圣三一大桥,佛罗伦萨

还有一座——几乎可以说是另一座——文艺复兴时期在意大利修建的杰出的桥梁是位于佛罗伦萨的圣三一大桥(或圣特里尼塔大桥 the bridge of Santa Trinità),因其坚固性、与当地条件的完美契合以及优美的线条而备受赞誉。

尽管佛罗伦萨建城于罗马时代,但它在11世纪首次占据重要地位,从那时起,不仅在意大利全国,而且在整个欧洲,它的财富和影响力稳步增长。在13世纪,一种金币被发行,并将其用城市名命名为弗罗林(florin),这个名字在许多国家仍然沿用至今。14世纪,该国人口至少为10万,银行业、商业和制造业蓬勃发展。但是,正是在接下来的一个世纪中,伟大的事件发生在佛罗伦萨,那就是文艺复兴的诞生。

在美第奇的领导下,艺术、文学和科学的发展大受鼓励,佛罗伦萨在一百多年的时间里,即使不是绝对的领先城市,也是整个欧洲在知识进步方面的领先城市之一。因此,当1567年有必要在阿诺河上修建一座新桥(河流将城市分为两部分)时,自然应该寻找最优秀的人才,以便建造一座与城市和时代相称的桥梁。

阿诺河早已不再是交通的障碍。早在13世纪上半叶,佛罗伦萨附近就有不少于四座大型桥梁横跨,现在只需要再多两座。著名的维奇奥桥(或老桥)过去是,现在也是这条河最重要的渡口。传统说,在这种情况下,传统可能是正确的,即在罗马时期的这一点上存在着一座桥梁。目前这座风景如画的建筑及其金匠店建于1367年,其前身于1333年被洪水冲走,后来又加上了架空封闭通道,今天的建筑与美第奇时期大体相同。最古老的桥是位于城市东端的恩宠桥。这座桥始建于1237年,但在19世纪后半叶,除了其下部结构外,它被拓宽和大幅度改变。另一座桥是位于旧城西端的卡拉亚桥。这座桥最初与恩宠桥大约在同一时间建造,但被同样摧毁了维奇奥桥的洪水摧毁。1337年修建了一座新桥,1559年进行了部分重建,1867年进行了大量修复和加宽。因此,这些桥梁都不是文艺复兴时期的产物。

第四座旧桥是圣三一桥,它位于维奇奥桥和卡拉亚桥之间。这三座桥如图29.1所示,前景是维奇奥桥,远处是卡拉亚桥,中间是圣三一桥。

图 29.1　圣三一大桥(前面是维奇奥桥,背景是卡拉亚桥)

1567 年，当决定重建圣三一桥时，科西莫一世成为大公，是美第奇家族中第一位拥有该头衔的人。虽然他是一个暴君，但他是一位非常能干的行政官员。(不要把他与另一位科西莫混为一谈，科西莫姓帕特里埃，1434 年至 1464 年在位，建立了美第奇家族的控制权，通过他对艺术和文学的支持，使文艺复兴成为可能。)

科西莫一世授予巴尔托罗梅奥·阿曼纳蒂工程师的称号。因此，在这个关键时刻，科西莫转向了他。由于他相信一人统治，他让阿曼纳蒂不受顾问或委员会的约束，并让他全权负责拟议的工作。

巴尔托罗梅奥·阿曼纳蒂·巴蒂弗里·达·塞蒂格纳诺于 1511 年出生于佛罗伦萨，并在著名雕塑家巴乔·班迪内利的指导下开始学习绘画。过了一段时间，他去了威尼斯，继续在雅各布·德尔·塔塔的工作室学习，他被称为伊尔·桑索维诺(第 28 章)，为里亚托大桥做设计。也许是从他那里，阿曼纳蒂得到了工程灵感。回到佛罗伦萨后，他花了几年时间致力于雕塑，但与乔治·瓦萨里交往后，他去了罗马，并与瓦萨里一起为蒙特红衣主教设计和建造了一座陵墓。这部作品奠定了他的声誉，因此教皇经常寻求他的建议。如前所述，回到家乡后，他被任命为工程师。也许他在佛罗伦萨最著名的建筑是他完成的皮蒂宫，是布鲁内莱斯基开始建造的。1589 年，他在佛罗伦萨逝世，享年 78 岁，葬在圣吉奥瓦尼诺·德利·斯科洛比教堂，这是他改造过的教堂。

由于阿曼纳蒂既是一名工程师又是一名艺术家，他清楚地看到，尽管盛行的习俗与此相反，桥梁的主要功能是为人、马匹和车辆提供过河的通道，而不仅仅是一条新的、狭窄的和不方便的街道。因此，他设计了一座让过路人可以看到河流和河岸的建筑，这座桥将是城市的装饰品，也是设计师技艺的永久见证。

阿诺河在桥址处宽 319 英尺 6 英寸。这段距离被阿曼纳蒂分为三个可让拱门占据的空间，其竣工跨度分别为 86 英尺 11 英寸、95 英尺 10 英寸以及 85 英尺 9 英寸，两端分别有两个 25 英尺 6 英寸厚的桥墩。桥台伸出现有岸壁表面约 10 英尺。

这座桥的显著特点是拱门拱腹的曲线，这给了它们独特的优雅和魅力(图 29.2)。在许多讨论过这条曲线的作家中，有些人犯了错误，有些人被自己的热情带到了离谱的地方。一本著名的百科全书将曲线描述为一个椭圆，因为它的顶部是尖的。一位创作了令人钦佩的美第奇家族史的学者作家将曲线称为悬链线，一条自由悬挂的链条所形成的曲线，但出于拱门的目的，当它代表推力线的位置时，它可以反转。这些拱门的两条复合曲线无法想象为一条悬链线，它非常类似于一个简单的圆弧。第三，在他对这座桥的美丽的钦佩中，他会不顾当地条件就让所有的桥梁都建在同一条线上。因此，卢卡斯在其令人愉快的《佛罗伦萨漫游者》(1914)中说：

“世界上可能有比圣三一桥更美丽的桥梁，但我还没见过。它的曲线是如此柔和，它的三个拱门是如此轻松优雅，以至于我想知道，每当需要修建新的桥梁时，当局会不

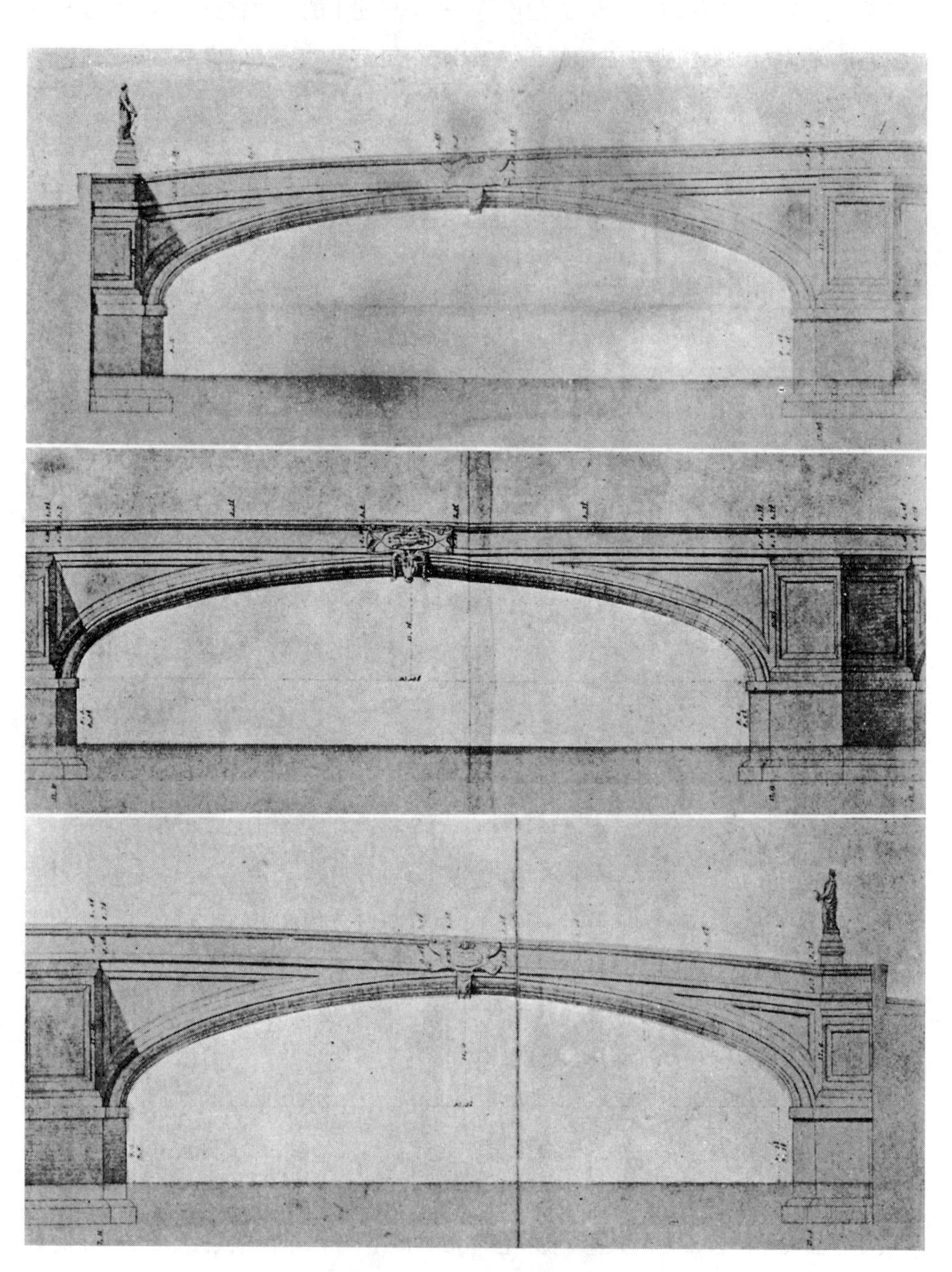

图 29.2　圣三一大桥立面图

摘自武利亚米的《圣三一大桥》(伦敦,1822),分三段

会想要复制圣三一桥。当然，维奇奥桥有自己独立的趣味，就像里亚托一样。人们几乎可以说，这是一座机会之桥。但圣三一桥是一座专注的和至高无上的桥梁，是可以想象到的两条河岸间最完美的结合。”

这个中心角不是偶然的；每个拱都会重复出现这种情况，因为拱没有显示出任何严重变形的迹象，曲线连续性的中断不能归因于偶然沉降。此外，在精心设计了带有两条不相交但具有共同中心水平切线的复合曲线的三个拱门后，阿曼纳蒂通过在三个拱顶角上放置装饰性垂坠或雕刻石盾罩，竭力掩盖了三个拱顶角。正是这种角度的掩饰或遮蔽产生了椭圆的视觉效果，从而导致了前面提到的桥梁描述中的错误。

阿曼纳蒂对拱门有明确的想法。他强烈反对完全居中的拱券，正确地认为半圆在设计合理的部分上没有增加任何强度，他认为摩尔式和哥特式拱券是粗野的。他从建设性和艺术性两方面考虑，提出了砌石拱桥最令人满意的曲线概念，这是一种可以提供最宽开口以抵御可能的洪水，同时在起拱线处正常上升至水平面的曲线。他为这一特殊结构选择了1比7的上升段上升到跨度，以满足第一个要求，同时提供了一个完全稳定的拱。一个半椭圆本可以满足他的条件，但他却采用了一条特殊的双曲线，这条曲线主要偏离了椭圆的近似，他故意但巧妙地隐藏了这一点。

关于他所采用的曲线的特征和布局方式，没有任何记录，我们也不知道他为什么引入一个角度然后将其掩盖。

在17世纪，尤其是18世纪，随着有关桥梁的信息不断增加，桥梁的理论设计也得到了更深入的研究，数学家们开始讨论阿曼纳蒂应用于三座拱门的曲线。有些人认为它由两条抛物线组成，另一些人认为它是由两个椭圆的部分组成，还有一些人称它为两条复合曲线，由不同中心的不同长度的半径所形成。

9世纪初，著名数学家彼得罗·费罗尼先生向意大利科学学会提交了一份论文，根据在他指导下进行的实际测量，对曲线进行了分析（《圣三一大桥桥拱的真实曲线》，1808）。费罗尼先生基于两个理由拒绝了曲线是椭圆或抛物线的假设。第一个是阿波罗尼奥斯（Apollonius约公元前247年）描述圆锥曲线特性的著作在阿曼纳蒂的时代还没有出版，第二个是根据他的发现，这些曲线都不完全符合拱门的实际曲线。

关于第一个反对意见：阿曼纳蒂可能手头没有关于椭圆性质的完整阐述，但他一定知道曲线本身，当时通常称为椭圆。安布罗西·巴霍特于圣三一大桥建成后不久出版的一本书《方向舵》（1598）中的有趣图片（图29.3）展示了一种简单的方法，用于描绘“任意长度或高度的拱门”的椭圆。

但费罗尼在自己的心中认为，阿曼纳蒂没有使用圆锥曲线，因此提出了一个支持在几何基础上使用复合曲线的论点。他的理论是，阿曼纳蒂将每个半弦或跨度分成八个相等的部分，然后通过将中心固定在等边三角形边的线的交点处，这样他得到了一

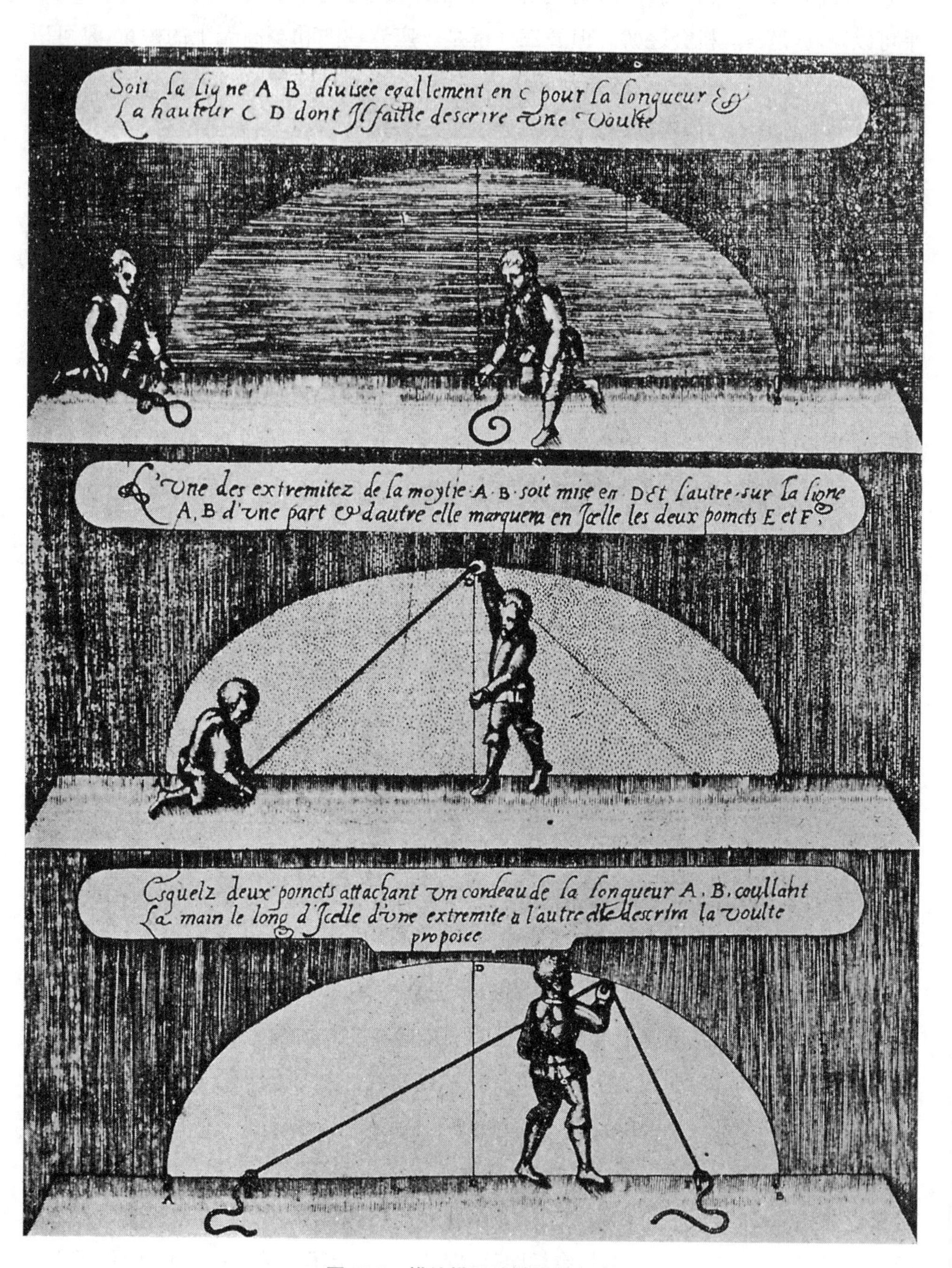

图 29.3　描绘拱形的椭圆的方法

摘自巴霍特的《方向舵 Le gouvernil》(默伦,1598)

条从三个中心绘制的曲线，这三个中心与他的（费罗尼）现场测量结果非常吻合。曲线第一部分的半径长度为半弦的八分之一，下一部分的半径为半弦的八分之七（穿过弦上的第三部分）；第三个半径长半弦的八分之二十九，为了产生一个中心交角而不是一条连续的曲线，长半径的中心不在延伸的中心纵坐标上，而是每一个都偏离了它的八分之 $1\frac{1}{2}$，或者总共偏离了八分之三。费罗尼的整个理论是基于半弦八分之一分数的倍数。对于这一理论，他在自己的测量中得到了证实，并在同样由阿曼纳蒂建造的旧医疗剧院（Teatro Medico）的屋顶拱门中找到了一些佐证，该拱门的主要半径与拱门弦长的八分之一相同。

图 29.4 说明了费罗尼关于三心曲线两部分的理论，弦分为八分之一，半径为一、七和二十九个八分之一。曲线第一部分的中心位于 A，第二部分的中心在 B，第三部分的中心则在 C。如果 C 落在中间带垂直线上，曲线将是一条三心曲线，但由于 C 的每一半位于中间带两侧的 1/8 分之 $1\frac{1}{2}$，两个半径在弧相交处形成一个角度。

但是，这是对于八度音阶谐波来讲有趣的演奏！英国作家刘易斯·武利亚米（Lewis Vulliamy）抨击了这一理论的准确性，他于 1820 年出版了一本描述这座桥的书，书中描述了他如何测量拱门的纵坐标，并发现了一条与费罗尼绘制的曲线有些不同的曲线。这远不是一条由三个半径组成的复合曲线，三个半径的长度是弦的八分之一的倍数：事实上，在武利亚米看来，他测得的曲线似乎由两个椭圆组成。

这些讨论并不是为了确定阿曼纳蒂的工作性质或解释他的推理方法，而是为了表明三百年来科学家一直在争论这些问题。事实上，即使早在 1800 年，根据拱的测量得出的任何结论都是完全学术性的，因为不仅曲线不可能与设计完全相同，而且有充分理由相信曲线并非如此。首先，建造拱的木质中心在荷载作用下会有些变形，从而产生一些剖面变化；第二，三百年的生命肯定会产生其他变化，其中有充分的证据。

阿曼纳蒂对拱门曲线的兴趣不在于曲线的数学特征，而在于他的艺术感认可的外观，并且符合他所看到的问题的物理条件。他不关心定量方面，因为当时没有人知道压力图，也不知道曲线轮廓变化的测量结果。那么，他为什么要做费罗尼赋予他的数学奇才呢？然而，他非常关心他的结构的质量方面，因为这是他的工作。

我们可以重新构建向他提出的问题，从而在他努力找到一个非常成功的解决方案时遵循他的推理的每一步。如前所述，他首先想到的是阿诺河本身，这条河流随时都可能成为一条汹涌的洪流，并带走沿途的障碍物，因为它有早期的三一大桥和附近的其他桥梁。因此，必须提供充足的水道。单跨最能满足这一要求，但由于其长度，不可行。两个跨度需要一个难以架设的开口，并且会形成一个中心墩，这违反了合理的建筑规范。三跨桥梁似乎提供了可行的最小开口数量，他决定这样做。

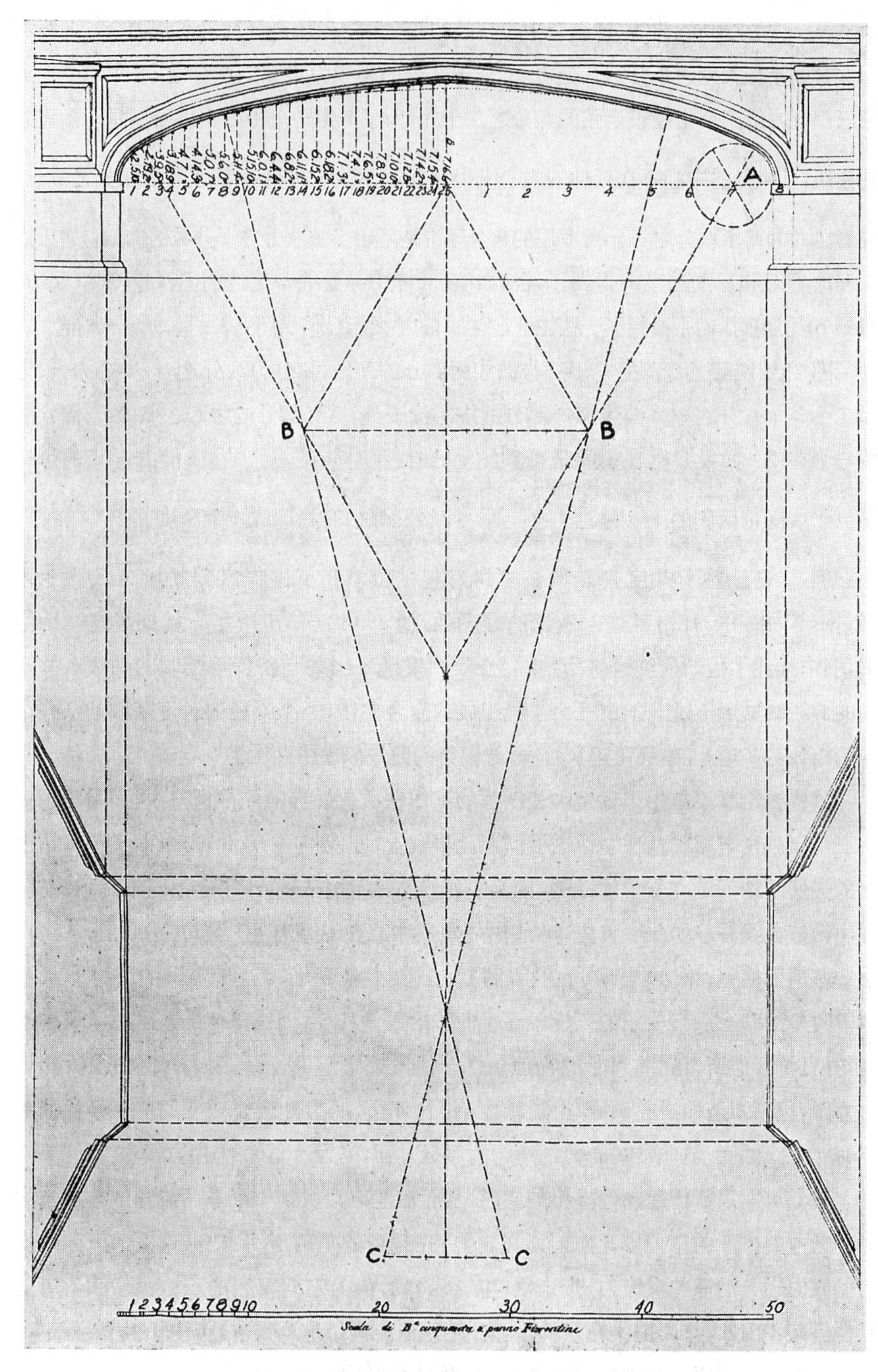

图 29.4　费罗尼分析的圣三一曲线绘制方法

摘自他的《佛罗伦萨圣三一大桥桥拱的真实曲线》(维罗纳,1808)

此时，半圆形或全中心拱门是公认的拱门标准，正如罗马时代流传下来的那样。由于缺乏对拱作用原理的理解，半圆被认为是提供最大强度的形式。然而，有一些先例使用节段拱代替半圆拱。有一座著名的桥梁，桥高与桥跨的长度之比为1比3，也有几座大胆的桥高为1比4，但不能太草率了。如果三一大桥采用了极端的比例，那么中央拱顶会很高，给人带来不便和尴尬的感觉。因此，阿曼纳蒂决心摆脱基于无知的习俗所施加的限制，并采取只相当于跨度七分之一的上升幅度，这在当时是一种令人眼花缭乱的大胆之举。

他给中央拱门开了一个50布拉其的开口(1布拉其等于1英尺11英寸)，给每个侧拱开了45布拉其。(帕里吉笔记本中的尺寸。)通过将拱的起拱放置在相同的高度，并使用相同的矢跨比，可以为整个桥梁的顶部从岸边到岸边形成一条令人满意且容易建造的曲线。作为一名艺术家，阿曼纳蒂意识到相邻拱券从同一水平面但半径不同而产生的尴尬外观，因此，他拒绝使用单半径的分段拱券，并寻求一条曲线，以避免桥墩推力线缺乏平衡的不利影响。但还有第二个问题需要解决。他必须意识到，拱门的极度平坦会招致对得分的负面批评，与当时流行的强劲拱门相比，这至少表明了拱门的弱点。也许阿曼纳蒂自己也有一些恐惧。为了迎接这种批评，他不能反对任何关于稳定性和强度的数学证明。他只能提供自己的判断力和艺术感。他解决的第一个困难是，相邻曲线的初始部分从水平方向垂直开始，这样就不会与以不平衡角度相交的曲线发生切线冲突。这对现代工程师来说都是很初级的，但对阿曼纳蒂来说却是新的。第二个困难不是那么容易克服的，但他勇敢地接受了令人厌恶的尖顶或截取的拱门，并让从每个桥墩升起的曲线以一定角度相交，从而避免了拱顶几乎是水平线的情况，以及由此产生的令人不快的软弱印象。做出这两个决定后，他只需将每个拱门的起拱点连接成一条令人满意的曲线。这条曲线究竟是什么，是抛物线、椭圆还是基于八度谐波的多中心分段拱?

安曼纳蒂可能从未费心对曲线进行数学分析。为了解决他的审美问题，他采用了两条切线作为决定因素，一条垂直于起拱，另一条略微倾斜于冠部的水平线。他必须用优美的曲线连接这些切线。由于阿曼纳蒂主要是一名绘图员，这并不困难。这样的曲线自然是曲率的渐变曲线，与抛物线或椭圆类似的曲线。但在半跨距的长度内，两条曲线中的一条或许多圆弧中的复合曲线，都会给出大致相同的结果。他所用的这些东西中，究竟是哪一个肯定无法通过今天的实地测量来确定。事实上，这个决定无关紧要，因为在这种情况下，抛物线、半椭圆或复合曲线的轨迹差太小，不会产生很大的不同。

阿曼纳蒂没有提到曲线，帕里吉兄弟也没有在他们的笔记本(稍后描述)中提到曲线。由于记录了许多其他不太重要的细节，曲线似乎是绘图员目测的结果，如上所示，由某些固定关系控制。阿曼纳蒂在拱顶处采用了中心角而不是一条平坦的连续曲线，用雕刻的垂饰覆盖了这些角，虽然掩盖了连续性的实际中断，但并没有破坏理想的隆升视觉效果。

这是一项需要巨大勇气的事业，但正是基于如此清晰的推理和艺术价值，阿曼纳蒂的作品才成为人们钦佩的源泉。人们对这座桥的美是如此欣赏，以至于在18世纪，有人提出了一项工程，将阿诺河改道绕过佛罗伦萨，计划摧毁所有的桥梁，甚至包括维奇奥桥，但要把三一桥保留下来，作为一座有品位的纪念碑。

然而，过了很长一段时间，人们才克服了对曲线极度平坦的普遍不信任。故事是这样的，直到拿破仑入侵意大利并命令他的重炮驶过圣三一大桥，司机们才敢通过它过河。

图29.5显示了照片中的圣三一大桥。

施工的许多细节都保存在阿方索和朱利奥·帕里吉在施工过程中保存的一本小笔记本中，他们父子是在阿曼纳蒂的指导下担任主管工程师的，并被以他们的名字的昵称弗朗西娅(Francia)命名。年迈的帕里吉已经是一名建筑师和建造师，并继续担任这些职务，直到1588年去世。

帕里吉笔记的重要部分与围堰和拱门中心的脚手架有关。对于围堰，阿曼纳蒂首先将四排桩分成两对穿过河流。每对桩之间的间距为4布拉其(7英尺8英寸)，每对内排之间的净间距为46布拉其。桩体紧密打入，长度从14至18布拉其不等。每对桩之间的土已经挖出，桩间空间填充了“石灰和砾石”的混合物，即混凝土。因此，修建了两道横跨河流的密墙，作为施工期间围堰的外主墙，并在桥梁完工后作为防止河床侵蚀的永久保护。然后，将相隔4布拉其的两对类似桩排横向打入每个桥墩的主桩排，留下14布拉其的空间，以便建造地基。每对交叉排之间的空间也填充了石灰和砾石，因此，它们与主交叉墙一起被制成围绕每个桥墩的水密舱壁。在这些抽水围堰内，河床中的上部软质材料被挖掘至7布拉其的深度，然后按照“与桥墩形状一致”的计划打入7布拉其长的桩。

未说明成排或地基中打入的桩的数量，但从帕里吉的草图和当时盛行的习惯来看，可以认为它们是紧密并止点打入的。在这些桩的顶部，作为桥墩的地基，铺设了砖石垫层，规定石块长约6英尺，宽18英寸，厚12英寸。帕里吉的草图是一个非常小的草图，徒手绘制，不按比例绘制，但显示了每个桥墩下桩的基本特征(图29.6)。帕里吉表示，在挖掘中发现了两组旧桥墩的残骸，“这是大桥两次倒塌的迹象。”

临时拱中心由两个主三角形和两个次三角形组成。这些中心“不是由支柱支撑的”，而是由16英寸见方的木料支撑的，这些木料建在砖石墩的侧面，深度为6英尺，每隔2英尺突出18英寸。上面铺着一块6英寸厚的橡木木板。每个拱门有7个中心，间隔10英尺，因此每个中心有5个突出的木马刺支撑，重型橡木板用于分散荷载。

图 29.5　圣三一大桥

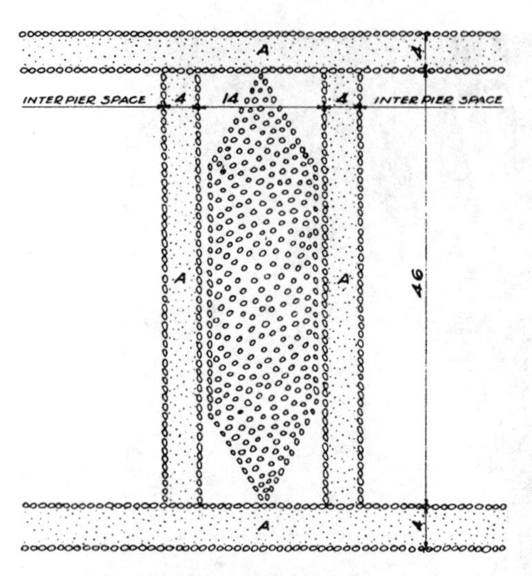

图 29.6 圣三一大桥的地基,根据帕里吉笔记本上的草图

帕里吉给出了木材中心的一个小草图,图 29.7 就是根据这个草图建造的。中央支撑是为了给两个主要三角形增加刚度,但整个设计不如桑加洛的罗马圣彼得教堂中堂拱券中心(见图 27.2)。

然而,阿曼纳蒂指出,他的问题比桑加洛的问题困难得多,这是前所未有的,因为在他之前,没有人建造过如此平坦的拱券。他设计的中心已经建成,并且达到了目的。很可能阿曼纳蒂自己并没有设计这些中心,而是把这个细节留给了年长的帕里吉,因为在他的笔记本里帕里吉写道:"我做了所有的脚手架,而穆埃斯特罗·朱利亚诺·达·蒙特建造了它。"

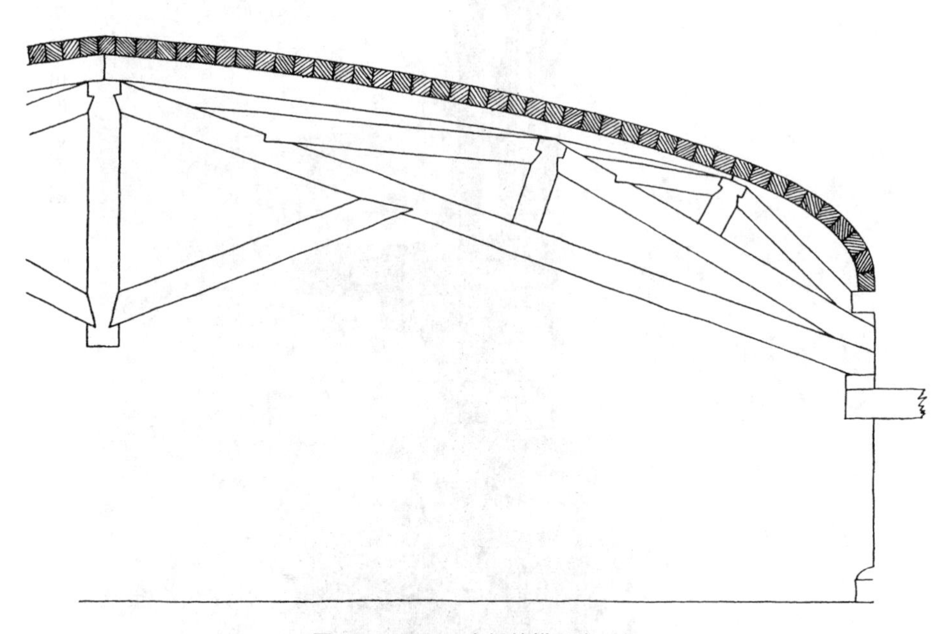

图 29.7 圣三一大桥的拱形脚手架

1584 年,大桥竣工几年后,每次暴雨都会有水穿过桥面流过,阿曼纳蒂被要求进行检查,并就应采取哪些措施来补救这一问题发表意见。他在一份保存在佛罗伦萨国家档案馆的报告中进行了回复。

据报道,阿曼纳蒂描述了他在船上检查桥梁底部的情况,并说他发现水滴得很慢。

他解释说，桥梁施工时，发生了严重的洪水，导致路面的某些部分无法按要求铺设，这就是渗漏的原因。虽然可能没有直接的危险，但他觉得有一天可能会出现空洞，危及结构。为了防止这种情况发生，他建议将路面的一部分修筑起来，并仔细修整石块，并将其替换为与良好的石灰层紧密配合的石块。他估计费用将达到 1 000 斯库迪（约 2 000美元）。

帕里吉表示，这座桥的总成本为 42 604 弗罗林 3 里拉 6 索尔多（约 102 000 美元）。

30

圣母院桥，巴黎

文艺复兴时期，巴黎修建了两座重要的桥梁，即圣母院桥(Pont Notre-Dame)，一直使用到1853年，当时为了适应不断变化的街道交通条件而进行了重建，以及新桥(Pont Neuf)，虽然进行了部分改造，但至今仍然屹立不倒。

在基督教时代初期，巴黎或鲁特西亚[1]是一个非常重要的地方，足以证明恺撒在那里建立了高卢人的主权委员会，从而成为罗马权力机构的所在地。4世纪，弗拉维乌斯·克劳狄乌斯·尤利安努斯(Flavius Claudius Julianus)，即后来的罗马皇帝，被称为叛道者尤利安(Julian the Apostate)，作为罗马总督居住在鲁特西亚。正是在那里，他组织了军队，在斯特拉斯堡击败了德国人，或阿拉曼尼人，并因此登上了皇位。

当时，鲁特西亚被限制在塞纳河的岛屿上，现在称为西岱岛。作为巴黎和罗马总部的首都，该岛通过桥与河的两岸相连。最初高卢—罗马式建筑的确切位置尚不清楚，但修建右岸桥梁的目的是为了与向北延伸的主干道相连，延长现在的圣丹尼斯街或圣马丁街，因此，靠近圣母院桥现在的位置。公元860年，秃头查理在下游建造了第二座桥，以保护古罗马桥的接替者和通往巴黎的通道免受诺曼人乘船沿河而上的袭击。

这些早期桥梁以及查尔斯五世建造或重建的桥梁都是木制的，曾一度被洪水或火灾摧毁。

在深受爱戴的查理六世(Charles Ⅵ，1380—1422)统治期间，塞纳河上交通量的增加，尤其是来往于河流北侧快速增长的地区的交通量，使得新建桥梁成为完全必要的。经过彻底研究，当局决定从圣马丁街的尽头修建一座桥。这座城市和圣马格洛尔(Saint-Magloire)修道院之间立即发生了冲突，这说明了当时非常普遍的特殊特权，并且经常成为工程建设和发展的障碍。僧侣们声称，早在15世纪之前，他们就一直不间断地享有这条河及其河岸的某些专有权利，特别是从岛的上端到“大”桥(这可能是原始罗马建筑的遗址)捕鱼的独占权。他们坚持认为，这最后一项权利已于1159年由年

1　Lutetia，巴黎的古代名称。——译者注

轻的路易国王确认，并进一步规定，未经他们同意，不得在这一河段从事任何项目活动。尽管该市当局希望通过搁置近三百年前给予的拨款来维护其优越的权力，但他们认为，通过每年支付 20 巴黎索尔（1.82 美元）购买宽度为 12 突阿斯（略大于 76 英尺）的河床所有权来达成妥协是明智的。

施工权得到了保障，1413 年 5 月 30 日，打下了大桥的第一根木桩。由于这座桥提供了通往圣母院大教堂的直接通道，因此它被命名为圣母院桥。为了提供资金进行适当的维护，国王向城市授予在桥上建造房屋和收取租金的权力，前提是这些房屋不出租给珠宝商或货币兑换商，这可能是因为这些交易是在“大”桥上建立的，并且进一步的条件是城市应保持桥的良好维护。可以看出，在桥上建造和租赁房屋的特许权对即将取代这座木桥的新的永久性结构至关重要。

圣马格洛尔的好僧侣似乎总是在有机会做生意时保持警惕，他们强烈反对这种安排，声称他们只放弃了修建桥梁的权利，但保留了获得货币利润的所有权利，因此，任何租金或其他收入都应该归他们所有。这一主张对市参议员们来说太过分了，他们现在意识到，他们必须坚定地维护城市的尊严和权力，不再妥协。他们回答说，修道院的特殊特权仅限于捕鱼，该市已通过购买获得其权利，这一论点得到了法院的支持。

这座桥于 1416 年完工，长 354 皮耶（377 英尺 4 英寸），宽 90 皮耶（96 英尺）。虽然这个宽度超过了从修道院购买的许可范围，但显然没有提出额外的索赔要求。据同时代作家罗伯特·加金称，每排桩由 30 根约一平方英尺的木材组成，桥上有 60 栋设计和高度相同的房屋，这是法国最美丽的建筑之一。

桥梁两侧的房屋是欧洲的共同的地标，由于桥梁是最繁忙的交通要道，因此对桥的需求量很大。就像巴黎的“大”桥一样，这些建筑通常被出租给银行家、货币兑换商和珠宝商。

15 世纪末，在本书特别关注的时期范围内，圣母院桥上的房屋每年租金为 12 里弗尔（14.60 美元）。租约规定，如果居住者使用可能损坏结构的机器，租金将增加 25%。

尽管市政对这些房屋的租金拥有唯一的权利，但也有义务保持桥梁处于绝佳状态，而该市忽视了这项工作，对所有的恳求和警告置若罔闻。1480 年和 1497 年的冬天，塞纳河的冰冻特别严重，工匠建议进行大范围的修理，以弥补由此造成的损坏，尤其是更换一些被虫蛀的构件。但是，由于公共机构经常实行昂贵的节俭，市政推迟了真正紧急的大修。由于这座桥是一座古老的木桥，悲剧的结果不可避免。无法比引用目击者加金的话更好地描述这一点，加金以生动的语言讲述了当木材开始折断时，结局来得多么快：

“1499 年 10 月 25 日清晨，一位木匠大师注意到沉降已经开始，跑去通知克里米纳中尉，称圣母院桥（他称之为新桥）肯定会在中午前坍塌。（克里米纳中尉是一名治安法官，对严重刑事犯罪案件具有管辖权，有权在紧急情况下迅速采取行动。）后者立即向议会传达了这一令人痛心但并不奇怪的消息，并在收到法院的授权后，匆忙安排警卫，禁止公众通行，同时命令租户立即撤离。他们带着最珍贵的东西急忙撤离。坍塌的进程如此之快，以至于在九点钟就听到一声巨大的破裂声，整个结构突然掉进了水流中央，好几个人被压了下来。瓦砾堆积造成的堤坝使得水位上涨得如此之快，两名洗亚麻布的年轻女孩被冲到了上游。一个成功地返回了岸边，但另一个被淹死了。一个放着一个小孩的摇篮顺流而下，被船夫救了起来。一个没有时间从窗户跳下去的人，不得不游泳来自救。最后，一个扛着一捆箭和飞镖的搬运工肩上扛着担子掉进了河里，虽然后来上来了但他擦伤了几处。”

公众对市政府的愤怒如此之大，以至于法院认为监禁总督、四名市议员、两名前市议员、市检察官和一名担任登记官和接管人两个职位的丹尼斯·赫塞林是明智的。经过长时间的调查，这些官员被判犯有腐败罪。总督被罚款 1 000 巴黎里弗尔（965 美元），每位议员被罚款 400 里弗尔。此外，他们还被命令向 65 所被毁房屋的房客支付损失金额。他们还被迫与两名前市议员共同归还他们在销售预约时所拨出的款项。该代理人被释放，但登记官接管人被送进监狱，直到其账目中的某些违规行为得到调整。

大桥倒塌后，立即采取措施恢复跨河运输，这是公众的呼声，也许是激动人心的快速行动。几天之内，有了一艘驳船，并建立了收费渡轮服务，价格是：一辆四轮马车 8 巴黎丹尼 $\left(3\frac{1}{2}\right.$ 美分$\left.\right)$，一辆两轮马车 4 丹尼，有人驾驭的动物 2 丹尼。

一看到收入，就有了新的投诉。这一次，它来自圣日耳曼德佩修道院的僧侣，他们意识到圣马格洛尔的兄弟的商业技能，声称在 511 年至 558 年间统治的希尔德贝尔特一世已授予他们在该河的某些特权。

毫无疑问，法院受到公众舆论的支持，决定一项搁置了近千年的所有权必须让位于公众需求，因此渡轮继续运行。

监禁粗心大意的官员似乎有效地唤醒了那些仍然自由的人的热情。两周内，人们决定重建这座桥，但不是用木头，因为塞纳河的所有桥梁都是用石头建造的。这项重要决议于 1499 年 11 月 7 日通过，是巴黎朝着建立永久工程结构迈出的第一步。然而，一座石桥要花掉一大笔钱，它的修建引起了大家的极大关注。一些人提议寻求教皇的支持；其他建议是，该市应交出当地货物入市税的收据；劳工应通过并提升至大师级别，并支付预付款；居民应该纳税，最后，应该请求国王慷慨捐赠，或者如果他不想这样做，应该允许城市征收牛、鱼和盐的通行费用。最后一个建议占了上风。

杰汉·德多亚特由路易十二任命，负责设计和施工。由于他体弱多病，该市选择科林特·德拉切斯纳耶作为他的助手，并投票给前者 400 里弗尔（400 美元），后者 200

里弗尔作为年薪，此外，还允许他们携带白衣人员工作为权威的标志。德多亚特却在任命后不久去世。

人们意识到，这项重要的工作需要有专门经验的人，因此，在德·多亚特去世后的重组中，迪迪埃·德费林和戈蒂埃·休伯特被选为监工，前者负责砌筑，后者负责木工。他们分别被投票确定120巴黎里弗尔和60巴黎里弗尔作为补偿。显然，德费林不满意，也许是考虑到了给予德多亚特的工资，因为记录显示，他得到了一笔额外的款项，以使他感到满意。但担任负责人是不幸的，因为德费林在七个月后去世，也就是工作开始后不久。

下一个出现的是一位名叫杰汉·埃斯库兰特的僧侣。他负责挑选石头和管理工人。索瓦尔在他的《巴黎文物的历史与研究》(*Histoire et recherches des antiquités de la ville de Paris*，1724)中表达了这样一种信念，即这个人就是乔瓦尼·乔康多(Giovanni Giocondo)，或者是法国人拼写的杰汉·乔康德。1500年，他因服务公共事业获得了80巴黎里弗尔，并将为后来的服务获得总督的更多奖赏。

两位大师提交了方案，要求在岩石上建造一座有八个拱门和七个桥墩的桥梁，他们说，岩石位于水面以下18皮耶的深处。迪迪埃·德费林绘制了一个需要六个拱门的方案。在这一阶段，由国王提拔出来的乔康德，可能是也可能不是杰汉·埃斯库兰特，明确地进入了这个方向。尽管他接受将拱券分为六个拱券，但在拱券和支撑墩的适当形式和尺寸方面，他与其他所有人(包括德费林)的意见不同。因为他实际上是总工程师，所以在此对给他进行概述是合适的。

乔瓦尼·乔康多，即众所周知的弗拉·乔康多，是一帮众多的人中的一员，尽管他们在教会接受命令，但他们致力于世俗事务，通常是在一些文学、艺术或科学领域。1453年，文艺复兴开始的那一年，他出生在维罗纳。有人怀疑他加入了哪一个教派，一些人说他是多米尼加人，另一些人说是方济各会教徒。这真的无关紧要，因为他在相当长的一段时间里，把全部精力都投入了文学、工程、建筑和哲学，并在所有领域都取得了名望。

在工程方面，他早期的成就之一是修复了维罗纳的古罗马桥，该桥因地基正受到河流水流的破坏而即将毁坏。他用双排板桩来保护地基，他希望这是一种权宜之计，可以保护地基免受进一步的危险。这是成功的，直到1757年，一场特大洪水冲走了整个建筑。

15世纪末，他在法国，查理八世邀请他和其他建筑师一起设计意大利风格的建筑。在这群专家中，他是一位杰出的人物。因此，当建造永久性和纪念性桥梁时，对建造经验和艺术技巧的需求与日俱增，在那时期登上王位的路易十二自然会选择弗拉·乔康多担任这一重要任务。瓦萨里以及其他意大利作家说，国王让他完全控制，他就是我们今天称之为总工程师的人。迪潘(Dupain)不接受这种观点,他编写了这座桥的历史——《圣母院大桥历史手册》(*Notice historique sur le pont Notre-Dame*, 1882)——本章中的一些材料就是从中得出的。

1853年,旧桥重建时,迪潘是塞纳地区的工段主任,他被指示根据城市档案馆的记录编写一份备忘录。不幸的是,1871年公社起义期间,维尔酒店被烧毁时,它被销毁了。但迪潘保存了许多笔记。1882年,他重写并出版了这本书名已定的书。他显然是一位认真负责的分析师,只接受那些他能找到支持和质疑证词的细节作为事实。他承认,乔康多与这项工作有关联,但声明,就现有证据而言,他只不过是一名顾问。迪潘认为,总体方案和细节是在包括乔康多在内的几个人参与的自由和渐进的讨论之后确定的。他补充说,可能是由于他长期而特殊的经历,乔康多的建议在这些场合占了上风。

民族自豪感可能在这种对优先权和荣誉的反对中起到了一定的作用,尽管这可能是无意识的。意大利作家自然会夸大他们同胞的重要性;除非外国人完全有权得到它,否则法国人会犹豫是否把它送给外国人。毫无疑问,在工作进行中,这种民族嫉妒情绪盛行,为了保护法国合作者的地位和权威,委员会被提出问题。在这些委员会中,弗拉·乔康多这样的人的判断和建议自然支配着决策,他技巧娴熟、心胸开阔,在这方面的工作比其他人更有经验。当我们得知这些委员会通常拒绝法国高级建造师的建议时,这一点就变得显而易见了。

从现有证据来看,弗拉·乔瓦尼·乔康多可以被认为是大桥的首席设计师和建造师。瓦萨里表示,乔康多在巴黎修建了两座桥梁,这一观点得到了菲利安·罗曼尼的支持(《巴黎桥历史手册》)。罗曼尼认为,另一座桥是从岛上到左岸的小一点的桥,或称"小"桥,它是为了取代圣母院桥修建之前的一座木桥而修建的。然而,似乎没有足够的证据证明这一陈述。这座"小"桥一直矗立到1718年,当时一些干草驳船起火,顺流而下,直到被桥挡住,大火蔓延到建筑物,随后完全毁坏。

在巴黎的工作完成后,乔康多回到意大利,在威尼斯学习。在那里,他发现威尼斯的安全和商业霸权依赖于潟湖,而潟湖却被布伦塔河带来的淤泥填满。他好不容易才唤起了领主们的危机感。他们召集了一次工程师会议来考虑这个问题并提交计划。经过全面听证,当权者认为,乔康多制定的计划最适合这种情况,并委托他开始施工。他挖掘了一条运河,将布伦塔河的大部分水流引至基奥贾潟湖,在那里,通过适当的管理,碎屑填充了浅水部分,将其转化为良好的旱地。

就在他从事这项工作时,威尼斯发生了一场大火,烧毁了里亚托大桥附近的许多房屋,严重威胁到了这座桥的结构,然后是木材。如第28章所述,乔康多建议用石头替换桥梁,并将因火灾腾出的区域转换为桥梁引道的开放空间。

1514 年，布拉曼特去世后，他与乌尔比诺的拉斐尔（Raphael of Urbino）和朱利亚诺·达·桑迦洛一起受命在罗马修建圣彼得大教堂，尤其是加固地基。他于 1515 年在罗马去世。

法国人给了他意大利语名字的高卢语形式，称他为杰汉·乔康德，或者经常用杰汉的亲切称谓“乔约”。

对于圣母院桥，乔康多遵循了德费林提出的总体布局，即六孔桥。他在整个长度上大约固定了 381 皮耶（406 英尺），中间的四个拱券跨度相同，约为 53 皮耶（56 英尺 8 英寸），末端的拱券稍小。他给了桥墩 14 皮耶宽。

许多泥瓦匠和木匠被咨询，以确定建造桥墩的最佳方式。包括德费林在内的一些人支持开挖基岩，他们认为基岩的深度合理，并在岩石上铺设砾石层，砾石层夯实良好，可以铺设在水泥中。然而，大多数人认为桩地基更优越，他们引用了查隆的两座塔楼来支持这一观点，其中一座在岩石上，在架设后不久就倒塌了，另一座由桩支撑，仍然屹立不倒。最后采用了后一种方法。

没有找到这座桥的任何时期的平面图和立面图，但在桥梁和道路学院（Ecole des Ponts et Chausseées）的工程图书馆中，有一张注明日期为“1805 年 11 月 15 日”的平面图。由于该平面图与目前将参考的桥梁横截面一致，因此可以公平地假设它是一个基本正确的表示。

索瓦尔在他的《巴黎文物的历史与研究》中记载，潜水员发现这些木桩是由成排的沉重木材制成的，但不像他写作（1724）时的做法那么接近，它们突出在河床之上。平面图证实了这些说法，表明桩间距从中心到中心约为 3 英尺 6 英寸。当准备高程时，测量了每个跨度从河床到桩顶的距离，如图纸所示（图 30.1），通常超过 6 英尺，这表明有足够的机会计算桩数并测量其间距。索瓦尔接着说，因为担心打桩太近不会保持良好，所以间距变宽了。如果这是乔康多的推理，那么他是按照现代工程经验和实践行事的。

在确定了地基和总体布局后，接下来讨论的是上游和下游桥墩端部的形式。迪迪埃·德费林似乎一直与少数人意见一致，他敦促在计划中让他们接近半圆形。几乎所有接受咨询的其他人都建议将它们做成三角形，因为圆形的漩涡会比侧面平坦的形状形成的漩涡更大，而且这种漩涡会严重干扰船只通过开口。最后采用了三角形形式。

拱门的上升是另一个引起不同意见的细节。这件事已提交给杰汉·德费林，他的父亲迪迪埃当时已经去世，另外还有三名泥瓦匠。他们建议，两个中央拱门应比三十年来的最高水位高出 20.25 皮耶；右边和左边相邻的一对高出 18.25 皮耶，而紧邻岸边的应该高出 14.5 皮耶。

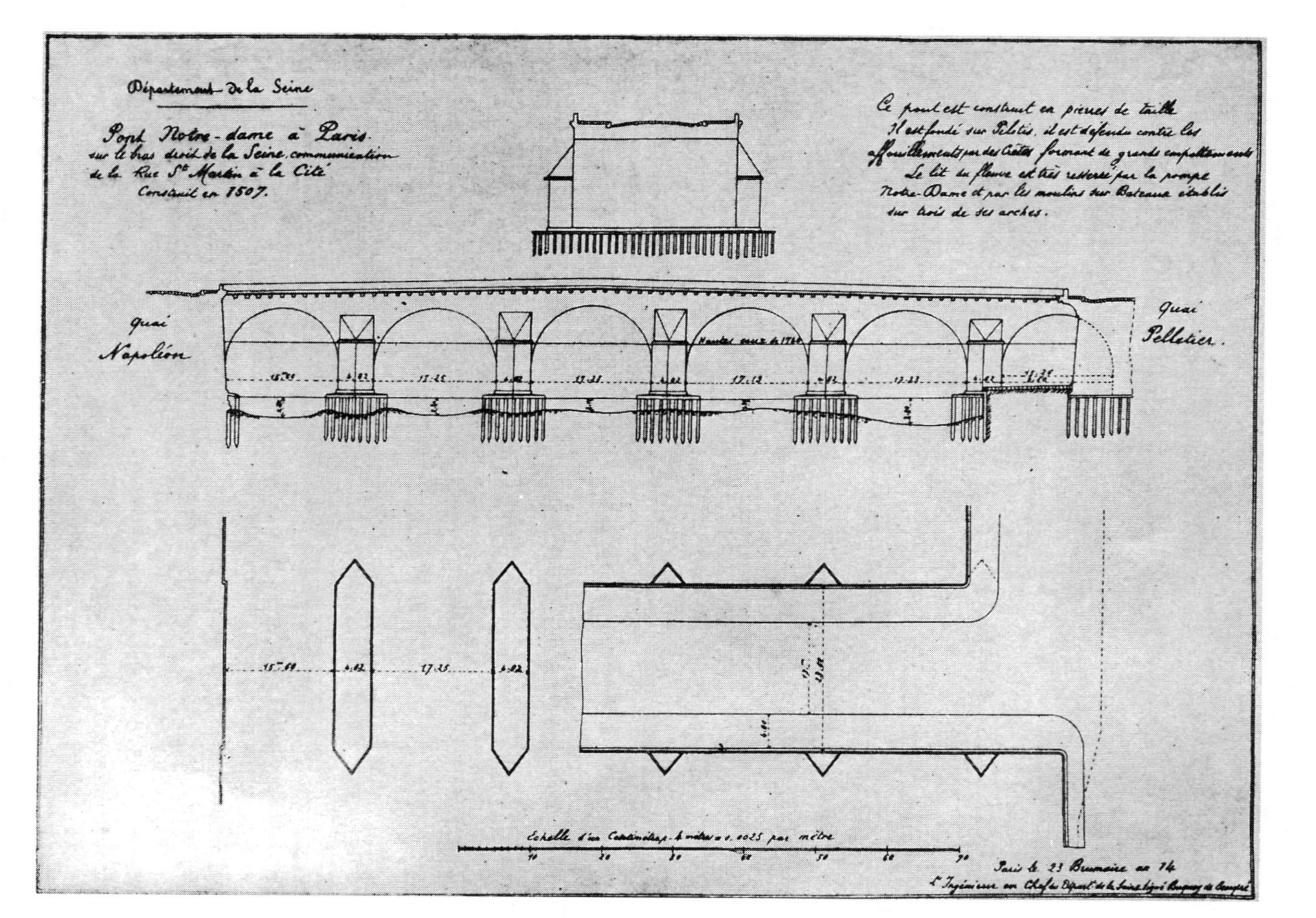

图 30.1　巴黎圣母院桥的平面图和立面图，出自巴黎桥梁和道路学院图书馆的一副图

这种配置具有双重优势，即创建了一个中央峰顶，其排水坡度从峰顶延伸至桥头，并在中游为船只或洪水流量提供了更大的净空。但杰汉·德费林在他的想法被采纳方面似乎并没有比他父亲更成功。他的委员会的报告被否决，赞成将拱门的起拱线放在同一水平面上的计划。

随着施工的进行，发现这种高度的拱顶会给现有建筑带来一定的不便。然后，决定减少已建成的桥墩并降低整个结构，而不是采纳德费林先前的建议，即向中心逐渐增加上升高度。很难理解，像乔康多这样文笔和建筑技术精湛的人，怎么会拒绝通过几个拱顶石的垂直曲线，这种处理不仅带来了更令人愉快的效果，而且增加了水道的容量。人们不禁推断，乔康多对德费林父子有一种不幸的敌对情绪。也许由于对拱券高度的争议，桥梁实际上已经完工，但尚未就道路坡度做出任何决定。讨论再次展开。但在征询了议会之后，该机构决定从中间两个方向都应该有下降梯度，比率为 3 英尺比 1 英寸。

该设计已被采用，河流中已清除掉倒塌桥梁的碎片，并签订了新工程的石头和水泥合同。根据质量的不同，石头的交货价格从每立方突阿斯 10 里弗尔 16 索尔到 32 里弗尔 8 索尔不等(约 1.30 美元到 4 美元每立方码)。水泥来自默伦附近，每桶 40 至 48 索尔。

每个桥墩都相继修建了围堰，以便在干燥的环境下完成工作。它们的价格从 4 里弗尔 6 索尔到 9 里弗尔 10 索尔，或者说，2.15 美元到 4.75 美元一码。该价格仅涵盖劳动力；木头和黏土胶泥是市政提供的。泵送是由马匹操作的机构完成的。然后，如前所述，以较大间距打入桩，开始砌筑。在地基上，按照今天的做法制备并浇筑了碎石混凝土。索瓦尔记录说，砂浆是由水泥和河沙组成的，其中携带的鹅卵石大小不等，小到鸡蛋或男人的拳头那么大。在这种混合物被弄湿后，它被扔进挖掘处，并用铲子在土层中摊铺大约 6 英寸深。大石头越多越好，然后被扔到这层灰浆中，注意不要让石头碰到其他石头。然后再沉积一层砂浆，继续操作，直到孔洞填满。索瓦尔记述说，当水泥凝固时，有一个单一的固体块非常坚硬，无法用镐将其破碎，也无法将鹅卵石全部清除。

一个桥台和相邻的桥墩是由日工建造的。之后，让砌体收缩，桥墩成本为 14 至 18 里弗尔每立方突阿斯，其他桥台为 8 里弗尔。

第一块石头和最后一块石头分别于 1500 年 3 月 28 日和 1507 年 7 月 10 日铺好，这充分显示了人们的干劲和速度，因为回顾可知道，在每一步都必须做出单独的决定，每次都会有新的延迟。

圣母院桥的特点是道路两旁有两排房子。在桥梁和道路学院的图书馆中进行搜索的结果是发现了桥梁和房屋的横截面(图 30.2)。这张没有日期的图纸可能是在桥墩修复时绘制的。

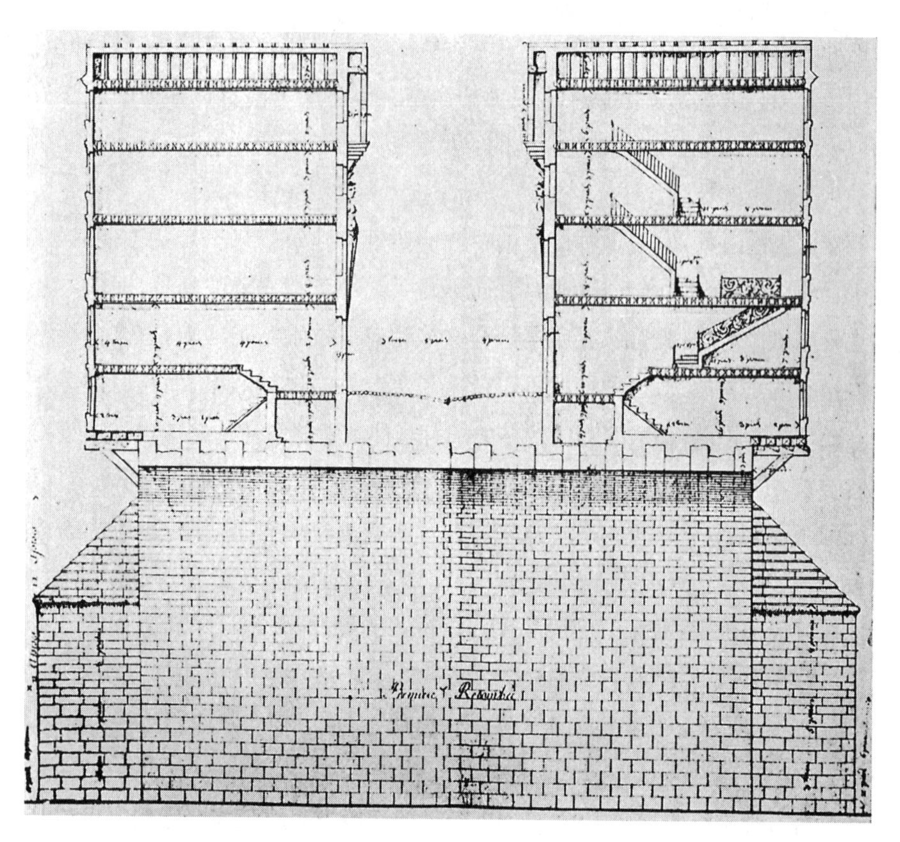

图 30.2　巴黎圣母院桥以及其上房屋的截面图

同时代的作家将这些房屋描述为坚固、庄严的结构，设计统一，墙壁由砖和切割的石头制成，用金色字母从 1 到 68 进行编号。从横截面来看，它们有四层楼高，有地下室或地窖。一楼的天花板高度接近 11 英尺，顶层下降到略高于 6 英尺，从道路到檐口的总高度超过 42 英尺。每栋房子的墙外表面之间的深度为 32 英尺 3 英寸。后墙与砌体表面相距 5 英尺 4 英寸，由支撑木支架支撑，这为房屋排水到下面的河流提供了机会。如果这些房子覆盖了大桥全长 406 英尺，那么每栋房子大约有 12 英尺宽。

这座桥上的道路处理是街道实践的极好例证。尽管面对面的桥梁结构约为 76 英尺，但房屋正面之间的净空空间仅为 3 突阿斯 5 皮耶 4 布斯，或略小于 25 英尺。当时，这显然被认为足以满足从西岱岛到北岸快速扩张开发区的主要交通干线。在道路中心可以看到单边沟，两侧的铺路向下倾斜，这是第 12 章(街道铺砌)中提到的街道设计细节。虽然大桥建成时，街道交通主要是行人，但这条通道的狭窄一定造成了极大的不便和拥堵，尤其是因为大桥经常用于举行仪式游行。

这些房屋于 1512 年竣工，也就是大桥竣工五年后，由市政当局所有，并根据从前一座大桥继承的皇家拨款租用。起初，有人提议在公开拍卖会上向他们提供租金，但这遭到了反对，因为“所有从事邪恶贸易和不诚实生活的人都会站出来，他们不会为城市带来荣誉或利益，因为他们会对城市造成比租金价值更大的破坏。”因此，此事被提交给总督和市议员，他们有权根据自己的意愿处理租户、条件和价格。

强加的条件具有现代视角。居住者不得让地下室里有水；不得损坏桥梁砌体；不得将商品暴露在建筑物表面之外；不得干扰街道流通；应用链条将标志固定在突出的走廊上，但要悬挂在合适的高度。他们要求把房前的人行道保养得很好；此外，他们不能用重锤在铁砧上工作，也不能在未经城市同意的情况下转租，而且在举行公共仪式时，他们必须将底层窗户放置在城市安排的位置。

最初，租金定为每年 20 金埃克斯，但在旧桥上拥有店铺终身使用权的商人可以在新桥上住宿，租金降低到 25 里弗尔。调查发现，其他商店所需的租金没有吸引租户，因此，租金先降至 28 里弗尔，然后每年降至 24 里弗尔。但当大桥上的生意兴隆起来，商人发现自己位于一条高速公路上时，他们愿意满足城市对更高付费的要求。1567 年租金为 60 里弗尔，1574 年租金为 100 里弗尔，1583 年租金为 200 里弗尔，尽管当时已放弃统一费率，租金根据位置和环境确定。

这些建筑一直存在到 18 世纪后期。随着巴黎面积的进一步扩大，他们对交通的干扰变得越来越明显。最后，1769 年，市政当局投票决定拆除所有属于该市的建筑。但考虑到可能导致的收入损失，行动被推迟了 15 年，当情况变得无法忍受时，房客被通知搬离这些房屋，这些房屋于 1786 年被拆除。由此释放的桥面被改造成一条良好的道路，中央空间 13 米宽，可供车辆通行，两条步行道各 4.80 米，外侧设有护栏。

这座桥完工后，负责修建这座桥的人撤出后不久，就有了造成严重损害的行为。正如已经看到的那样，桥梁的设计者非常清楚，为了避免冲刷的危险，必须确保水道畅通，他们甚至考虑到桥墩的圆形或尖头会在多大程度上产生漩涡。但是，不负责任的城市当局允许侵占水道：在一个拱门下建造了一个堰，以将河水引离河流，接下来的两个拱门被磨坊堵塞。其结果是，其他拱门下方的水流速度阻碍了航行，并引发了乔康多及其同事试图避免的冲刷。

维尼翁在他的《公共道路管理的历史研究》(1862)中指出，大型桥梁的建造非常糟糕，越早追溯到 17 世纪，建立良好地基的难度就越大，施工人员无法解决问题，表现在线形变化和桥墩缺乏平行度，此外，由于它们的间距不规则，以及为了弥补坚实支撑的不足而修建的极宽的基脚，阻碍了河流的流动，成为大桥毁灭的一个原因。然后，他说，水磨的建立进一步加剧了根本性错误。此外，完全缺乏适当的维护和修理。

对文艺复兴时期修建的现有桥梁以及其他桥梁(如已拆除的圣母院桥)的方案进行的研究未能证实这种谴责的第一部分。通常，桥墩的比例并不差。发生的对齐或间距不规则不足以引发问题。最大的坏处是完全缺乏维护和修理。当一座桥梁等结构建成后，人们默认它不需要进一步关注，但正如圣母院桥和其他桥梁所看到的那样，桥梁上或连接着各种附加结构，这些结构通过逐渐削弱或火灾造成严重损坏或完全破坏。此外，允许渐进性崩解不受限制。前面提到的旧木桥房屋租赁就是一个例子。这些规定并没有禁止租户在其职业中使用任何会产生有害冲击的设备，而只是增加了25%的租金！暂时的财务优势是主要和可取的考虑因素。反复警告几乎没有效果。正如当局允许老圣母院大桥倒塌一样，他们的故意疏忽也使新桥和在沙泰勒罗的大桥严重受损。负责人必须已经看到或知道他们的桥梁和其他结构正在瓦解，因此不能将未能修复归咎于他们的无知。真正的原因可能是缺乏资金。所有政府，无论是州政府还是市政府，都在不断地陷入困境。税收不受欢迎，也很难征收。战争频繁而浪费。统治者身无分文，官员往往不诚实。因此，有一种自然的趋势，就是把任何不必要的支出推迟到另一天，而修理支出归入本项下。失败的责任不在于工程师，而在于那些负责财政措施的人。

值得一提的是，在革命期间，当人们热衷于更改所有名称和术语时，这座精致的老桥一度被称为“理性之桥”。

到 19 世纪中叶，街道的变化和交通的增加要求结构发生根本性的变化。虽然已有 350 年的历史，但原有地基仍处于良好状态，因此，1853 年决定拆除拱并将桥墩拆除至水位，然后重建宽度小于前一个桥墩的桥墩，并将其与跨度更长、高度更小的椭圆拱连接。因此，乔康多及其法国同事的作品在建造时被誉为伟大的工程成就，但最终屈服于新时代的必然要求，而不是设计中固有的弱点或缺陷。

60 年后，进一步的改造被认为是势在必行的，因为那时桥墩严重阻碍了驳船交通。1913 年至 1914 年，拱门再次被拆除，这一次，除了第一个和最后一个桥墩，或紧邻河岸的桥墩，所有桥墩的地基也被拆除。三个中心跨度被一个净跨度为 60 米的金属单拱取代。留下的两个地基和桥墩被加宽和加固，以承受大跨度的推力，并在河岸建造了两个新的砌石拱门。这座旧桥现在只剩下两个地基，这些地基已经被新的结构包裹起来，以承受额外的荷载。

31

新桥，巴黎

文艺复兴时期在巴黎修建的第二座大桥是新桥，这座桥的结构比其前身圣母院桥更为重要，因为它的大部分至今仍完好无损，所以更为著名。在这一时期建造的众多桥梁中，新桥是少数的记录被完整保存的桥梁之一。这些记录包括授权命令；项目融资的手段和方法；工程师、建筑师和承包商的姓名；详细描述原始计划以及一直到近几年来连续进行的所有改建、修理和重建；以及各种物品的价格。费尔南德·德达坦（前桥梁和道路监察长兼综合理工学院建筑教授）对这些记录进行了审查，并将其显著特征作为其不朽作品《石桥研究》（*Etudes sur les Ponts en pierre*，1907）的一部分发表。这一章的大部分材料必须归功于这本书。

新桥是在文艺复兴结束时建造的，其设计者掌握了所有积累的经验。因此，它与文艺复兴结束时的艺术一样，是桥梁建设中的定论，鉴于现有记录的充分性，它是一个值得分析的重要例子。

连接古城岛屿和塞纳河两岸的新桥，与威尼斯的里亚托桥和佛罗伦萨的三一桥争夺被视为文艺复兴时期建造的最著名桥梁的名誉。尽管它现在是巴黎市范围内最古老的桥梁，而且自建成以来，已经修建或重建了 24 座桥梁，但它仍然以其原名“新桥”命名（图 31.1）。

当 16 世纪进入最后的四分之一时，迫切需要在岛上的老城（包括皇宫、大教堂和其他公共建筑）与塞纳河南北两侧迅速增长的人口之间加强连接。1577 年，亨利三世下令修建一座新桥，并任命了一个委员会负责这座桥，由巴黎议会主席克里斯托夫·德尤（Christophe de Thou）担任委员会主席。同年，该岛下游端的场地被选定，并于 1578 年开始施工。1588 年至 1599 年间，由于法国的政治动乱，进程暂停。1599 年恢复施工，1603 年 6 月，亨利四世过了大桥，将其实际施工时间限制在为文艺复兴时期人为设定的时限内，尽管直到 1607 年大桥才宣布正式完工。

在其建成后的 200 年里，新桥是巴黎生活的中心。桥两边都是小商店，连接巴黎市中心和边远地区，是交通的主要动脉。正如加布里埃尔·汉诺特在他对 1614 年巴黎的描述中所描绘的那样（《1614 年的法国》*La France en* 1614，1913）：

图 31.1　新桥

根据 1646 年的一副版画，这幅画描绘了哈诺托的《1614 年的法国》中的形形色色的人群

"这项工作刚完成，新桥就成为两岸之间沟通的重要渠道。巴黎的人从一边涌向另一边。只需要在两旁的一个圆形阳台上观望，眼前就是不停流动的杂乱的巴黎人群，与今天相比，这里的人群不再那么单调，也没有那么井然有序。"

"中产阶级的熙熙攘攘活动，目瞪口呆的流浪汉的醒着的闲逛，无足轻重的军校学员的喧闹，僧侣的贫困，公众女性的无礼，高贵的贵族们在勇士的陪伴下漫步时的傲慢，朝卢浮宫走去的妓女们的孟浪，骑马的人，行人，马车，轿子，都在一条永无止境的人海中滚滚向前。那里的骗子、算命师、卖药方的人和骑马人选择好了摊位，吸引来懒汉、小偷、剑客、斗篷抢夺者和扒手。"

这种滋扰如此之大，以至于1640年，当这座桥还很年轻，还真是"新"的时候，巴黎议会通过了一项法案，尽管该法案主要针对的是手持刀剑并进入公共建筑的跟班，还禁止"跟班、士兵、流浪汉和所有其他人在新桥上打牌、掷骰子或其他被禁止的游戏……为了他们……不得以无知为借口，本命令应在街口的喇叭和公众中大声宣读和公布。"

正是在新桥上开始了第一次法国内战，即1648年8月26日，根据马扎然的命令逮捕了布劳塞尔。在新桥上，1788年8月24日，可以说革命是从焚烧洛梅尼・德布赖恩的肖像开始的。大车隆隆地驶过它，将恐怖统治的受害者从礼宾厅运送到断头台，1795年10月5日，科西嘉岛炮兵中尉沿着北端桥墩用大炮扫除了大火的余烬。

新桥横跨河流由两条支流上方的两部分组成(图31.2)。连接岛屿与左岸或南岸的短边由五个拱组成；通向右岸或北岸的长边有七个拱。这些拱券及其墩柱的细节呈现出许多不规则之处。所有跨度都倾斜约10°，几个开口的长度不仅彼此不同，而且在同一拱的上游和下游封头之间也不同，如表31.1所示：

表31.1

拱 的 位 置	跨度/米	
	上游	下游
从左岸开始第一个拱	15.80	11.75
从左岸开始第二个拱	14.06	14.64
从左岸开始第三个拱	15.17	15.95
从左岸开始第四个拱	15.54	13.53
第五个拱到岛上	9.76	9.80
从岛开始第一个拱	14.69	14.80

续 表

拱 的 位 置	跨度/米	
	上游	下游
从岛开始第二个拱	16.69	16.66
从岛开始第三个拱	17.40	17.55
从岛开始第四个拱	19.53	19.42
从岛开始第五个拱	18.08	18.12
从岛开始第六个拱	17.65	18.88
第七个拱到右岸	17.68	17.71

桥台之间桥梁的总长度，取两个面之间的平均值，短边为 82.03 米，长边为 149.81 米，或整个结构的总长度为 231.84 米。

桥墩的厚度也各不相同，短边的厚度从 3.89 米到 4.09 米不等，当在斜面上测量时，即与桥面一致，而长边的桥墩厚度从 4.46 米到 4.65 米不等。

防护矮墙之间的桥梁宽度为 20.20 米，两条人行道各 4.5 米宽，一条道路 11.20 米宽。人行道高出道路两级台阶。这给行人带来了很大的不便，他们有时会被拥堵赶走，因为人行道的很大一部分(最多也不算太宽)被靠着防护矮墙的书摊占据。

在检查显示跨度长度的表时，应注意，从上游看，短边中的跨度基本相等，而从下游看，中心跨度最长。然而，在长边中，从两个角度来看，中心跨度都是最长的，并且中心跨度每一侧的跨度长度几乎均匀减少。这个中心跨度也比短臂中的任何跨度长得多。所有的拱门都是圆形的，几乎是一个完整的半圆。

拱桥的建造与其他拱形石桥没有什么不同的特殊问题，1578 年的工程师有很多例子，其中一些可以追溯到罗马时代。最初的规范描述了拱券的厚度，但正如我们将要看到的，这一厚度并没有给出。墙面和内弧面均采用规则块石建造，从起拱线算起，高度为 6 皮耶，两个顶部中间有一个完整的环。拱门和填充物的其余部分由一种劣质砂岩组成，称为有虫岩层。计划在拱顶石上铺设一层 18 英寸厚的有虫岩层找平层，以保护拱券，并为路面排水提供坡度。

施工开始后，决定在大桥两侧设置商店，与之前的巴黎大桥类似。短边的桥墩已经完工，因此，为了充分拓宽上部结构，以容纳商店而不侵占道路，有必要在两端张开拱，也就是说，拱的端部从桥墩端部形成截水沟的三角形突起处延伸 1.62 米深(图 31.3)。因此，展开部分的一段是椭圆形的，拱顶和弯曲的高度与圆形部分的高度相同，但跨度较大。当拱门从桥墩的主截面或矩形截面开始弯曲时，椭圆截面逐渐变为一个

图 31.2　新桥的两伸出边(自上游的一般视图)

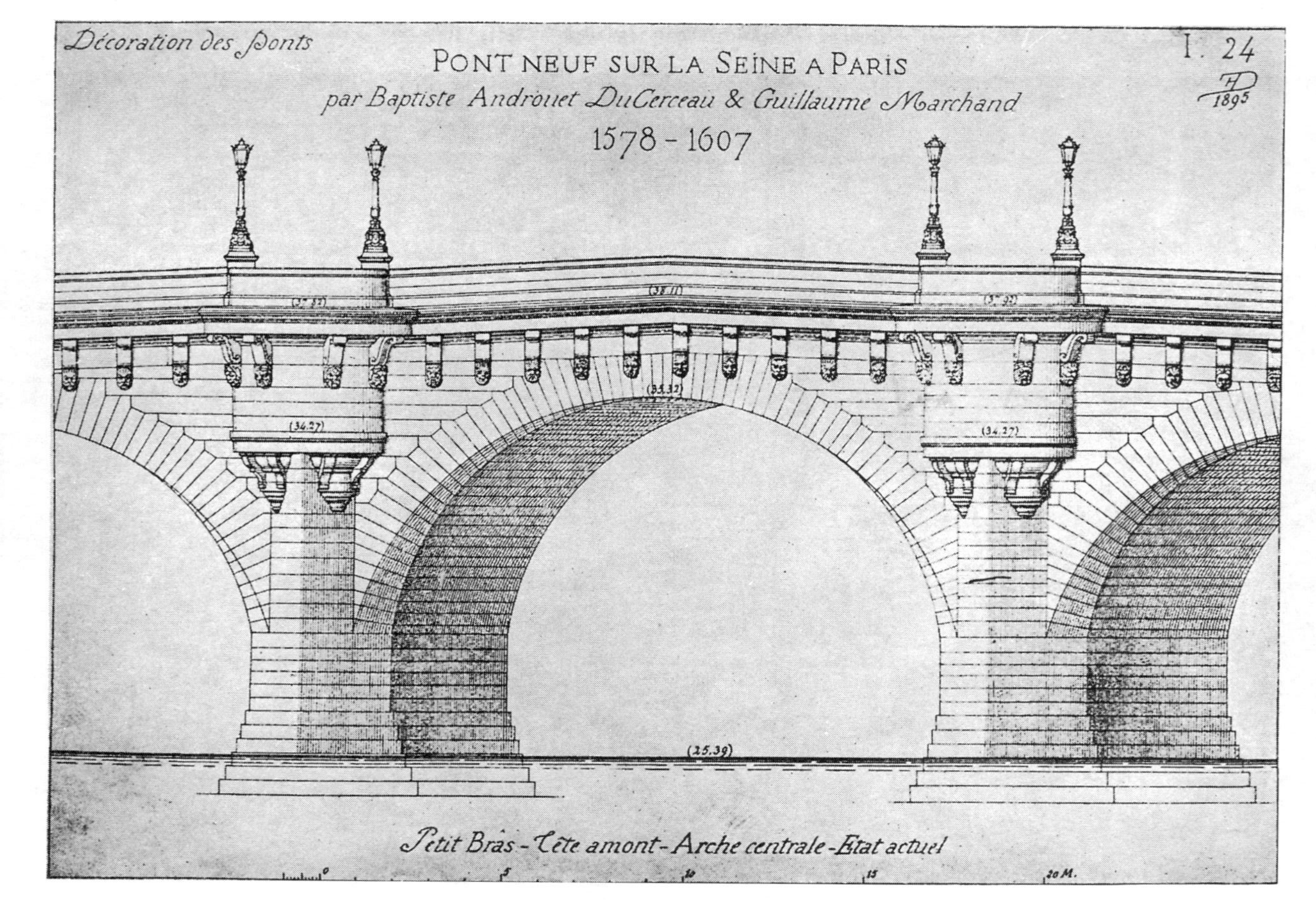

图 31.3 新桥短边的中央拱

这里显示了加宽桥的张开，德达坦的《石桥研究》(巴黎，1907)

完整的半圆。在决定变更时，长边桥墩还没有开始，因此桥墩本身被加长，避免了张开。这两组拱券的构造差异仍然存在。短边弓形末端张开有一点优势；拱门上游和下游端的扩大形成了喇叭口，在一定程度上促进了高洪水的通过。1542 年，工程师们在设计图卢兹新桥和 1564 年设计沙泰勒罗的亨利四世桥时，采用了喇叭口形拱门缓解洪水流量的原理（第 32 章）。

产生有趣的工程问题的是地基，而不是拱券。为了讨论这些和其他重大问题，负责桥梁建设的委员们任命了一个专家委员会，由城市木匠大师纪尧姆和皮埃尔·纪兰、城市桥梁主管皮埃尔·图平和纪尧姆·莱姆斯以及泥瓦匠大师纪尧姆·马尔尚、皮埃尔·钱比格斯、蒂鲍特·梅特泽奥、克里斯托夫·梅西耶和弗朗索瓦·佩蒂特组成，“所有人都被认为是这个城市最专业的人”，还有砌体建筑文书让·德凡尔登和船主乔治·雷格尼尔。为了展示他们创新的精神，有意思的是，他们在第一次集会时曾宣誓“对桥梁的建设和建造所需的一切都给予良好和忠诚的解释”。这些专家中的一些人的名字也出现在本书的其他地方；例如，纪兰一家在供水问题上多次被提名，钱比格斯是卢瓦尔河—塞纳河运河科斯尼尔合同的仲裁人之一。

专家们建议，工程应从南端开始，并在将土壤清除至修建桥墩的尽可能深的深度后，应在开挖下方探测底部，以确定是否需要打桩，或判断平台或格栅是否足以作为桥墩的地基。他们最终选择了后者，后者由 6 英寸厚的厚板组成，紧密地铺在一起，放在 15 英寸厚的纵梁或枕木上。维修过程中的后续挖掘表明，轨枕间距约为 1.0 米。

委员会的报告已提交给克莱尼阁下，皮埃尔·莱斯科特，他似乎担任过咨询工程师。他建议，在最终采用计划之前，应彻底探索南桥台或第一个桥墩下的地面性质，根据检查结果，应决定是否直接在土壤上放置桩、格栅或大型方石。因此，他列举了 16 世纪河床地基的三种方法。委员会建议，桥墩应采用大块石料建造，接缝良好，无碎石，基脚层应根据深度分级。莱斯科特建议修改该细节，桥墩水下部分的轮廓应为平面，可以是弯曲的，也可以是倾斜的。显然，他担心角状突起引起的涡流的侵蚀作用，并且在检查土壤是否足以保证不使用桩和完全依赖平台时，他并不满意。

规范详细描述了第一个桥墩的围堰设计，其他桥墩可能遵循了该设计。它由两个围墙组成。内桩由两排桩组成，每排桩之间间隔 5 皮耶，每桩之间间隔 3 皮耶，形成两排紧密连接的板桩。两排之间的空间被黏土填满，搅拌良好。桩内壁设置 4 个桩，远离桥墩外部工程。外围护结构在外排桩外侧 2 皮耶打入桩，由单排桩和板桩组成。接缝处用粪肥和大麻填塞，整个接缝外面用路堤加固。向外倾斜的木板屋顶，铺设在接缝上并用板条固定，覆盖了围堰和外部路堤的黏土填料，并形成了一个表面，从开挖处抽出的水可以在该表面上流动，而不会冲洗黏土或泥土。主桩尺寸为 6 平方布斯（6.4 英寸），它们和板桩由轻型机械打桩机打桩至止点。

看来,短边桥墩的挖掘深度约为水位以下6皮耶,并切割小沟以容纳枕木,因此木质平台位于枕木和未扰动土壤上。由于干流水深更大,水流速度更快,长边桥墩更难建造,承包商被指示用木头制作平台和围堰的模型。实际施工最终以与短边桥墩基本相似的方式进行。

正如所解释过的那样,桥上决定建商店。但在采取初步措施后,亨利四世禁止了这一计划,尽管他授权了允许设立可拆除的书摊和商品摊。1756年,由于严重干扰交通,国王最终命令将摊位拆除。随后,人们发出强烈抗议,允许在桥墩端部的半圆形凸出建筑中开设小商店,并一直持续到1854年,在重建防护矮墙时,这些商店再次被拆除。

不幸的是,尽管有庞大的专家咨询委员会和在调查中采取的所有谨慎措施,但地基的设计和建造都不是为了永久存在。事实上,在薄弱环节显现之前,这座桥还没有宣布完工,记录显示,最初的施工和重建是同时进行的。

1588年暂停施工后,1599年恢复施工时,官方发现了第一个衰弱迹象。随后发现,长边的第二和第三个桥墩(从岛上算起)已经沉降,并且由于地基缺乏支撑力,实际上没有起作用;沉降是由于河道水流速度加快,木质平台已被破坏导致。

为了修复损坏并重建地基,决定在每个桥墩上游端周围修建一个新的围堰,围堰长度为桥墩的一部分。然后,在围堰后面的水和土被清除后,将重新铺设桥墩的破损部分,并建造永久围堰,作为紧靠桥墩墙壁的保护。这些保护围堰由一排桩组成,桩头处直径为8或9布斯,桩靴上有四个翼,在距桥墩6皮耶的距离处被打入至止点。在实际水面以下2英尺处切割的桩,由四根木撑纵向支撑,并由粘结在砌体中的锚铁横向固定在桥墩侧面。这座围堰的内部被碎石填满。

无论是由于材料质量低劣还是施工中的粗心大意,几年后,发现桩和围堰状况不佳。1621年的一项调查显示,桩顶腐烂,桩帽被洪水冲走。决定打入新桩,更换桩帽,重新安排碎石填充,并用铁锚将围堰重新固定至桥墩。后来的调查揭示了一个令人担忧的事实,即在一些桥墩处,河水冲刷将河床挖至木平台下方五六皮耶的深度。然后,建议拆除永久围堰,所有人都认为这些围堰通过收缩河流造成了冲刷,但显然采取了临时抛石方法。

1666年,报告中再次出现了进一步冲刷,两个桥墩出现严重裂缝。地基的修复方式与之前的尝试类似,桩体尺寸更大,直径为10至12布斯,并采用了大量抛石。裂缝被水泥粘合住。这些修复工作一直持续到1886年。到那时,由于侵蚀的影响,已经发生了进一步的沉降。然后,人们通过打入一排板桩来防止冲刷,并通过延长桥墩的基脚来加固桥梁。

这些不断的努力虽然是在讨论期结束后采取的,但对最初的工作有直接影响。

1578年之前,在地基中使用桩的原则是众所周知的。负责建造新桥的人员仔细考虑了建造结构的所有方法。尽管他们在围堰中使用了桩,但他们决定不将其用作桥墩下的地基,因为他们认为木质平台就足够了。他们低估了河流的冲刷作用,因为十个桥墩的总宽度几乎等于河流横截面的20%,导致河床收缩。只有10英尺长的桩在穿过易受侵蚀的砂层后会到达岩石。似乎唯一担心冲刷的人是皮埃尔·莱斯科特,他建议在水面下使桥墩光滑,而不是有棱角的台阶表面。但他巧妙的建议并不足以挽救局势。

不幸的是,随着时间的推移,拱门和桥墩都出现了缺陷。1778年,对位于其下方的水磨着火后对长边中心拱造成的损坏进行了检查,发现许多楔形拱石由于崩解而处于不良状态,水泥大部分流失,拱体的支撑从未到位,拱体的厚度不符合规定,拱的拱背缺乏水泥层。这些特性都在原始规范中,因此似乎是施工人员和检查员的错,而不是设计师的错。然后,没有任何重要的举措试图弥补缺陷。

1848年,桥进行了广泛的重建,不仅修复了受损部分,而且大大改变了结构的外观。根据最初的设计,长边从两端到中心的上升梯度为3.4%。随着交通量的增加,这种上升被发现是过度的,并且由于拱券本身正在肢解,因此决定重建拱券,同时降低拱券的上升,以通过用椭圆代替原始的圆形曲线来减少坡度。在短臂上,拱门并没有分裂得太多,由于其跨度几乎相等,接近中心的坡度比长臂上的坡度小得多。因此,后面的这些拱门是按照原计划留下的,只是进行了必要的修复,并对水泥进行了彻底的重嵌。

这次大规模重建对建筑细节进行了一些修改。人行道和车行道之间的过高高差减小;重建了桥墩端部的圆塔,使其与水面以上高度相同,并更换了状况不佳的装饰托梁和重型檐口。人行道上的普通侧墙被装饰性侧墙取代,每个桥墩上都安装了成对的照明标准。这些改造符合不断变化的条件和现代交通的要求,但从改进16世纪采用的设计来看,这些改造无法得到很好的辩护。椭圆形拱券缺乏半圆形的坚固外观,这一点从比较旧桥和现在桥的侧视图(图31.4),或今天存在的长边和短边可以看出(图31.5)。最初的设计师设计了一座非常美丽的桥。记录显示,通过专家委员会,他们非常彻底地考虑了进入设计和执行的所有问题。结果证明,他们判断错误且过分依赖构成河床的地层的耐久力。他们在执行过程中犯了错误,不遵守规范,轻视工作;但在那个历史时期,正如在其他时期一样,公共工程受到了官方检查的忽视,如果不是官方纵容忽视规范的话。

最早工作的合同是在公开竞争后签订的。事实上,砖石工程的竞标共举办了三次,专员们对前两次投标最低的承包商有必要的经验或手段按照指定的条款完成工程感到不满意。第三次,砖石每立方突阿斯为180里弗尔。由于里弗尔的价值约为3个现代金币法郎(尽管购买力大得多),而突阿斯相当于6皮耶(6.394英制英尺),合同价

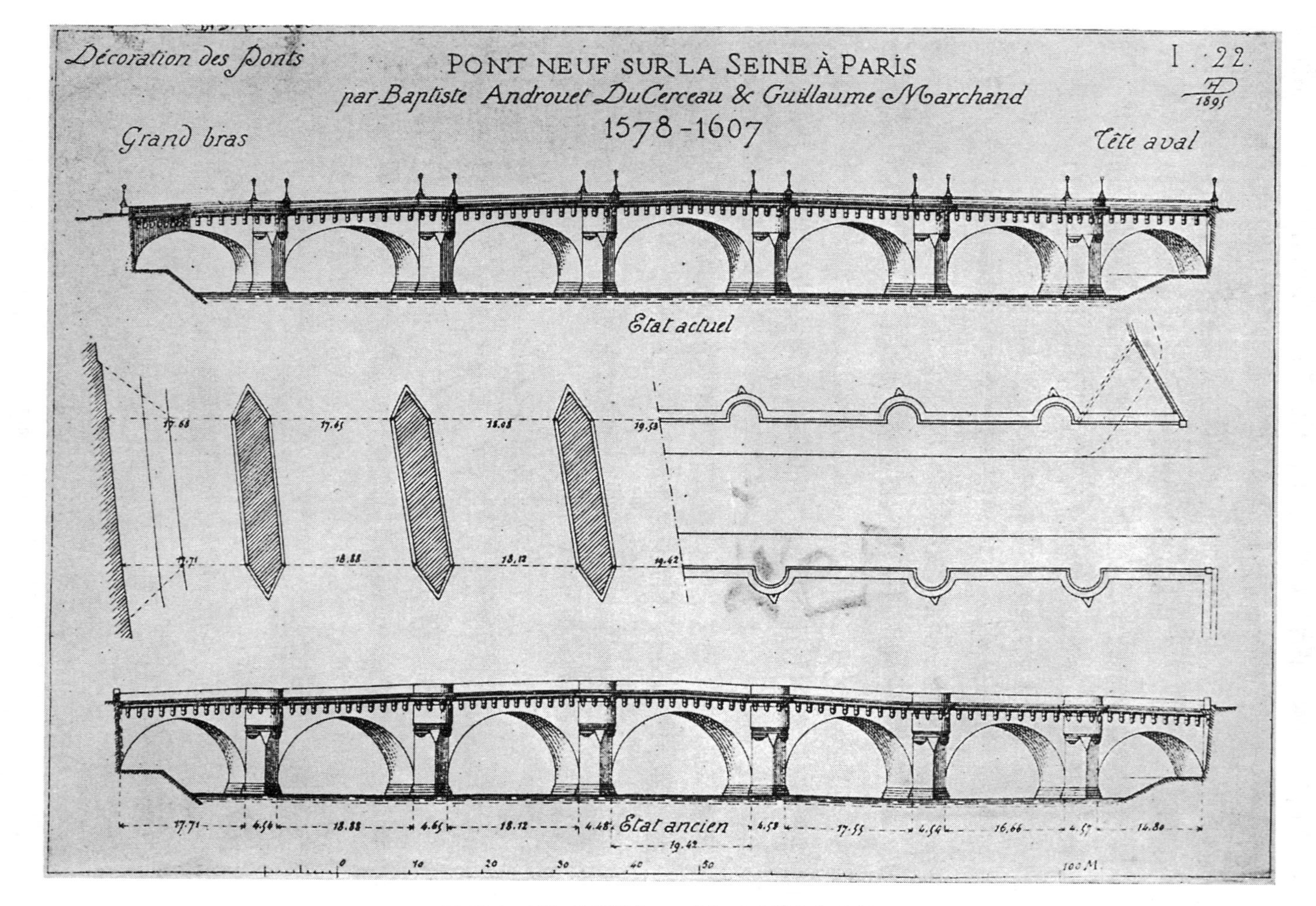

图 31.4　最初的设计与 19 世纪重建的新桥比较

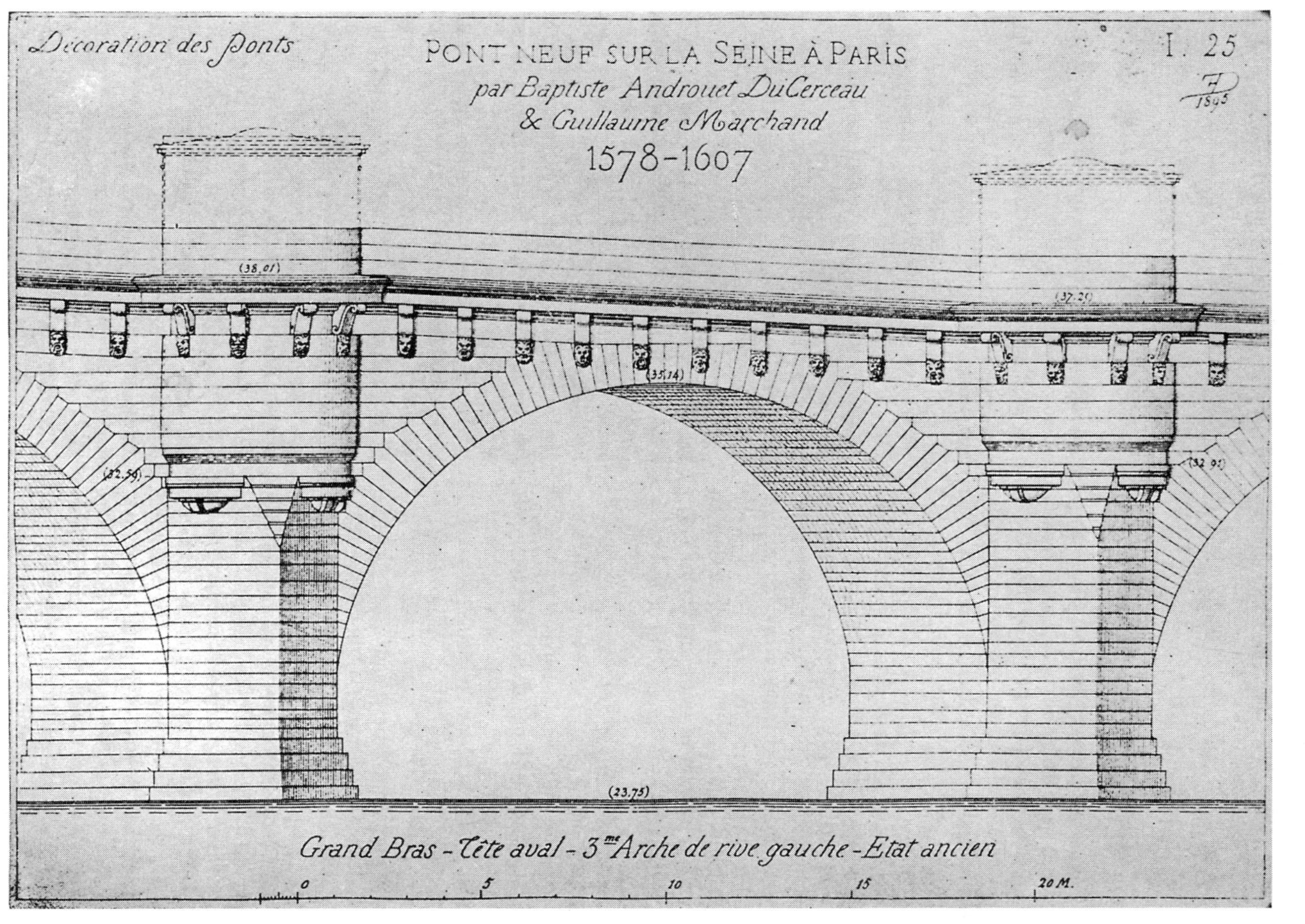

图 31.5　新桥的长边上的拱

格约为每立方码 10.80 美元，后来，当有虫岩层被接受作为桥墩的心墙时，价格降低了。一个桥墩的开挖费用为每立方突阿斯 25 里弗尔，即每立方码 1.50 美元。该价格涵盖了开挖和清除弃土、修整底部、为围堰提供黏土，以及在上述工作完成后连续六天六夜保持开挖干燥，以便木匠放置平台，泥瓦匠铺设第一层砌体。这可能总计接近 2 075 里弗尔，或约 1 250 美元。这是为其他每个桥墩准备垫层的包干价。木质平台，包括材料供应和铺设，每个成本为 1 800 里弗尔。每个平台需要约 24 000 英尺的板尺，因此每 1 000 英尺板尺的成本约为 45 美元。

获得新桥设计荣誉的人似乎是雅克·安德鲁埃特·杜塞尔丘，他最初负责这项工作，而富尤姆·马尔坎德则是最初的泥瓦匠和承包商，但他后来作为总工程师成功地完成了这项工作。

32

图卢兹新桥和亨利四世桥,沙泰勒罗

1. 图卢兹新桥,沙泰勒罗

文艺复兴时期在法国修建的另外两座值得列为工程作品的桥梁是在图卢兹横跨加龙河的图卢兹新桥和横跨维埃纳河的亨利四世桥,位于沙泰勒罗和沙图纳夫之间。这两座桥都是在 1603 年后的几年才建成的,但由于这两座桥梁都是在 16 世纪规划和设计的,而且实际的施工在 16 世纪末之前已经取得了很大进展,因此它们被恰当地纳入了文艺复兴时期。

早在 1540 年,图卢兹就采取了第一步,架一座石桥以取代仍然矗立的一座木桥,但这座桥后来已经腐烂不堪。两年后,一个由泥瓦匠和木匠组成的委员会召开了会议,以通过计划。该委员会建议采用由八个等跨度椭圆形拱组成的结构。他们预计宽度为 14.23 米,以提供两排 3.55 米深的商店和 7.13 米宽的道路。基础应在围堰内露天建造。然而,当详细研究计划时,设计了一个更具纪念意义的结构。这项工作实际上始于 1543 年;一直持续到 1558 年,进展缓慢,1558 年至 1597 年间几乎没有进展。1597 年,工程恢复,大桥最终于 1632 年竣工,即开工 90 年后。显然,更换一座在 1540 年已经腐烂的木桥的必要性还不足以克服官方的怠惰。

建成后,该桥桥台之间的总长度为 221.42 米,分为七个拱和中间桥墩。拱门的跨度从 13.47 米到 31.7 米不等,最长的跨度是从右岸(图卢兹)数的第三个跨度,两侧的长度大致对称减少。左端的两个拱是完全居中的,其余五个是椭圆形的。由于上升高度随跨度而变化,桥梁剖面的顶部位于大跨度的中心,因此坡度在两个方向上都会下降。防护矮墙之间的桥梁宽度为 18.5 米,这在当时是一个非常宽敞的尺寸。桥墩非常厚,这是不必要的,占据了河流横截面的三分之一以上,宽度从 7.33 米到 11.70 米不等。

值得评论的结构特征包括主跨的长度、桥墩中的"眼"以及拱门上游端的张开。图 32.1 给出了一个跨度的详细信息,图 32.2 给出了整个桥梁的总体视图。

104 英尺长的主跨的建造是那个时期的一个显著成就。它超过了巴黎新桥最长的跨度 40 英尺,超过了里亚托桥的单跨 13 英尺,超过佛罗伦萨圣三一桥的中心跨度 8 英尺。如图所示,宽墩占据了河流的三分之一以上。在洪水期间,当水面上升到拱门处

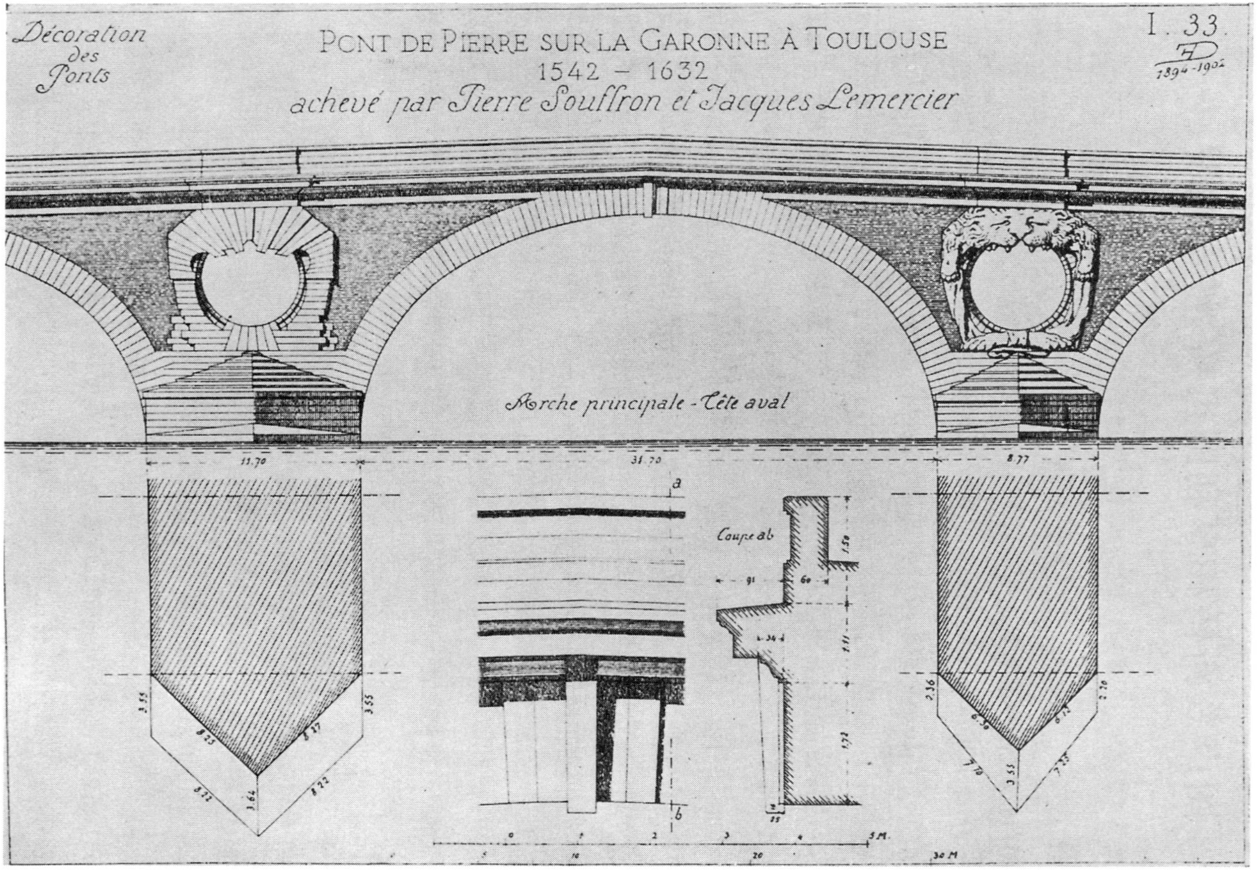
Décoration des Ponts
PONT DE PIERRE SUR LA GARONNE À TOULOUSE
1542 – 1632
achevé par Pierre Souffron et Jacques Lemercier
I. 33.
1894-1902
Arche principale - Tête aval
Coupe ab
11.70
31.70
8.77
3.55
2.56
2.70
30 M.
3 M.

图 32.1　图卢兹的新桥主拱(下游面)

上游面是张开的,在洪水期间穿透宽桥墩的洞眼增加了河流的作用

图 32.2　图卢兹新桥的全景

时，河床收缩更大。考虑到这一点，桥墩上开有直径从 4.0 米到 5.26 米不等的圆孔，无论相对于桥梁的洪水水位如何，都能提供均匀的水流表面。这种权宜之计是从古罗马工程师那里借来的，他们甚至在基督教时代之前就应用了它，罗马的台伯河上仍然矗立着一些早期的桥梁证明了这一点。

在对巴黎新桥的描述中，提到了短边桥段的拱的张开，为商店提供上部结构的额外宽度。在图卢兹的新桥，我们发现了同样的张开，但仅在上游头部。在这种情况下，这不是权宜之计或事后诸葛亮。显然，这是原始设计的一部分，仅用于缓解洪水通过和桥下漂移。这是一个真正的喇叭口，其张开深度约为 1.0 米。在沙泰勒罗的桥中，头部和尾部都有一个等量的、2.0 米深的斜撑，如果不是为了建筑效果，那么这只能促进水流。如果是这样的话，这比在图卢兹只在上游张开更科学，因为双喇叭口不仅可以缓解进水，还可以缓解水流，后者与前者同样重要。

图卢兹的拱门是用石头和砖建造的。每个拱门有七个切割石拱圈和六个砖拱圈。沿着拱门轴线测量的拱腹，长短交替。由于暴露在内弧面上，面环中的长拱体长度从 1.75 米到 1.95 米不等，而短拱体长度则从 1.50 米到 1.60 米不等。在间距均匀的中间环中，长拱和短拱分别为 0.75 米至 1.20 米和 0.30 米至 0.45 米。拱圈中的这些凹痕允许与构成结构主体的砌体有效粘合。

桥墩位于水面以下约 15 英尺的一块坚实的泥灰凝灰岩上。原始项目规定，如果凝灰岩位于无法接近的程度，则桥墩应位于桩上。覆盖在凝灰岩上的砂和砾石的开挖是在围堰后面进行的，对于一些桥墩来说，围堰是常见的类型，但对于其他桥墩来说则是分步进行的。每个台阶宽 3 皮耶，其顶部比下面的台阶高 3 皮耶(图 32.3)。围堰里的桩是由老式的手动打桩机打桩的，打桩锤是由一伙 24 人或更多的人提升的。

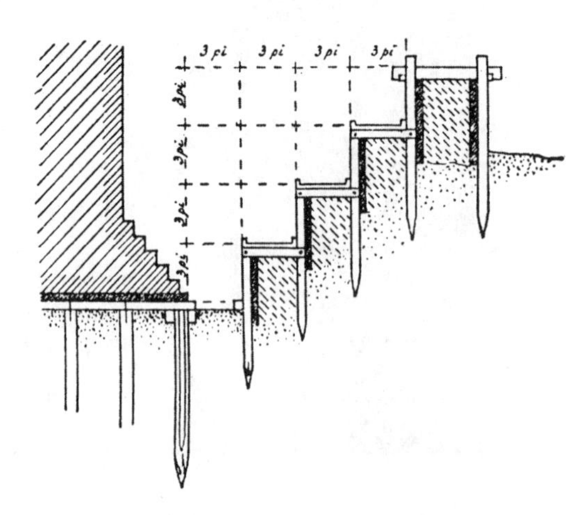

图 32.3　图卢兹新桥施工中使用的阶梯式围堰

摘自德达坦的《石桥研究》，根据戈蒂埃的《桥梁条约》(巴黎，1755)

时间对待图卢兹的新桥要比对巴黎的同名的那座桥温和得多。除了更换一些碎裂的石头和重新铺设接缝外，主要的修复工作是修复河床冲刷造成的损坏。

承包商曾受到过严格的问责。早期诉讼记录表明，在建立基础的过程中，无论白天还是晚上，都要有一定数量的泥瓦匠和木匠配备适当的工具继续工作，工人们被禁止离开工作岗位、争吵、罢工、诅咒或亵渎神明，否则处以 100 里弗尔罚款和监禁。现代承包商多么希望有一项法令来执行这些限制！但是，尽管有这些法规的帮助，第一个承包商被宣布违约，他的合同被取消。该市收回了“上述承包商收到的大笔款项”。他的继任者则更不幸，因为有记录表明，由于他“犯了错误，在没有履行职责的情况下收到了各种款项，市政府将他关进监狱，直到他因过错而遭受的损失得到补偿。”

不幸的是，构思这座大桥最初方案的人的名字已经丢失。随着这项工程的进行，历时近一个世纪，许多人参与了设计和建造工作。那些人当中最突出的可能是雅克·勒梅西耶(Jacques Lemercier)和皮埃尔·索夫隆(Pierre Souffron)。前者被归类为建筑师，后者被归类为承包商。关于索夫隆，有人说“他扮演了工程师的角色”。

2. 亨利四世桥，沙泰勒罗

位于沙泰勒罗的亨利四世桥如图 32.4，图 32.5 所示，由九个等跨度、9.85 米长的椭圆形拱门组成，每个拱门的拱高从 3.7 米的末端拱门逐渐增加到半圆形拱门的中央附近。每个拱门的椭圆度明显因两个端部的深张开而增加，跨度延长 2.0 米，即 20%，上升幅度保持不变。拱券位于 4.6 米宽的特别巨大的桥墩上，几乎占相邻开口的一半。

图 32.4 亨利四世桥，沙特勒罗，上游端

该结构的宽度约为 20 米，在拱肩墙面之间。这座桥是文艺复兴时期法国建造的最宽的桥梁，除了两座稍晚建于巴黎的大桥外，其他两座大桥旨在承载两排店铺，是 19 世纪中叶之前法国建造的最大的一座桥梁。

图 32.5　亨利四世桥，沙特勒罗，下游端

从侧面显示人行道和道路之间的差异

桥墩建在低水位以下约 6 英尺的岩石上，在围堰内开挖。1858 年，对地基的调查表明，下层的面石由不规则的基床和建筑石块组成，形成了大而不规则的接缝。显然，这些石头是在砂浆中漂浮的。

审查员的报告指出："除非砂浆质量好，这座桥很可能不会撑过一年。砂浆的胶结成分是由河床岩石制成的水硬性水泥。"

这种结构有两个有趣而独特的特点。首先是道路和人行道之间缺乏平行度。前者沿着拱顶的曲线——也就是说，从中央拱门的关键点开始，它在两个方向上都有下降的坡度；相反，人行道是水平的，人行道后面的防护矮墙也是水平的。人行道和桥梁中心道路之间的高差为 0.30 米；右岸堤防高差为 0.64 米，左岸高差为 1.02 米，分别跨越四级和六级台阶。这种异常和不方便的安排的原因尚不清楚。德达坦先生提出了一个有趣的解释，但他承认，由于缺乏信息，这是一个草率的解释。他的理论是，这座桥的设计是由查理九世任命的建筑师完成的，这些设计可能需要具有相同高度和跨度的拱门，从而形成一条水平道路和护栏。当地方当局考虑这些计划时，他们认为还应该为洪水提供更大的间隙，因此，拱门向中心逐渐升高，从而形成了道路的轮廓。然后，出于对国王建筑师的尊重，保留了人行道和护栏的水平度。

第二个特殊的也是不幸的特征是连接到桥墩下游端的系泊环(图 32.6)。他们的存在很快导致船工滥用桥梁,当他们找不到空的系泊环时,他们将船系在护墙上,不可避免的结果是墙被完全摧毁。

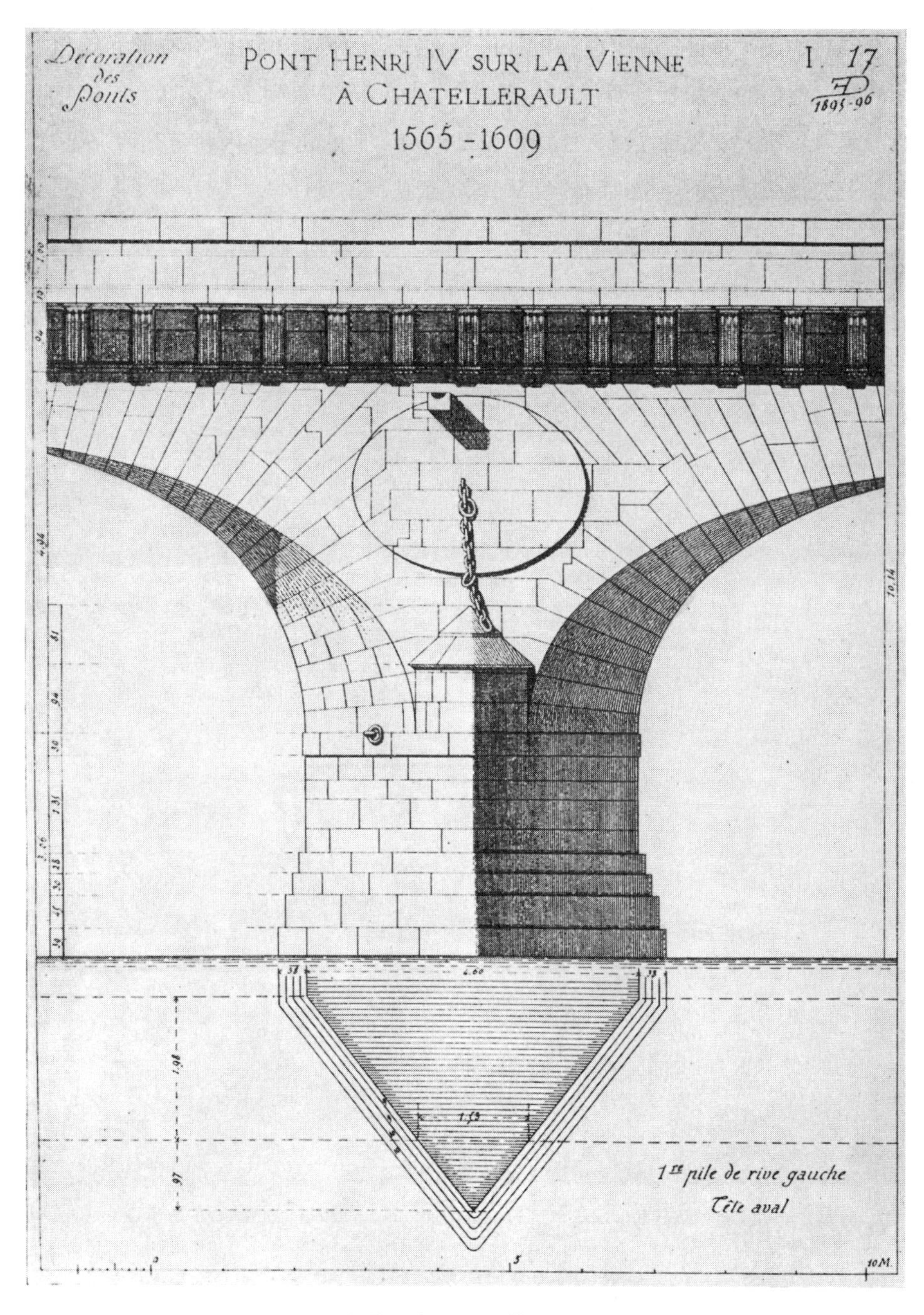

图 32.6 桥墩下游面,显示拱的张开和系泊链

摘自德达坦的《石桥研究》

1556 年，亨利四世桥预计将取代一座被洪水摧毁的木桥。直到 1576 年，基础工程才开始。它进展缓慢，令那些不得不寻找资金的人惊愕不已，因为他们看到材料价格和工资率逐年上升。到 1595 年，只剩下四个跨度需要完成；然后，一场洪水冲走了其中一个拱门。这场灾难造成了进一步的延误，因此大桥直到 1611 年才完工。

该结构的设计者首先是查理九世从巴黎派来启动该项目的劳伦特·乔盖和加斯科·贝尔。他们的继任者是罗伯特·布隆丁，他从 1575 年到 1594 年负责这项工作。他后面是查尔斯·安德鲁埃特·杜塞尔丘，1606 年，他的儿子雷内紧随其后。显然，设计的功劳应该归功于前两位，而布隆丁则承担了执行的责任。

33

圣母百花大教堂的穹顶

一座文艺复兴时期催生了工程学的建筑，严格来说，根本不属于那个时期，因为其结构的主要部分在文艺复兴前已经完工，而其建造者在1453年前就已去世。然而，它与文艺复兴有着如此密切的联系，是那个时代所建造的许多工程的原型，并为科学在建筑艺术中的应用的复兴提供了如此引人注目的例子，以至于可以认为它是文艺复兴时期的成就。

这座构思大胆，理论合理，施工巧妙的建筑，是佛罗伦萨圣母百花大教堂的穹顶。它的设计者和建造者是菲利波·布鲁内莱斯基。

菲利波是布鲁内莱斯基·迪利波·拉皮爵士的儿子，于1379年出生于佛罗伦萨。父亲希望男孩长大成人后，能够从事自己的职业，即公证人，或者如果他不喜欢法律，那么他可以和他的曾曾祖父一样，成为一名著名的医生。但菲利波对自己的职业有其他的想法，并在他很小的时候就表现出了独立性，这种独立性后来成为他职业生涯的主导精神。他拒绝法律和医学，转而支持艺术。他的父亲愿意鼓励他发展兴趣，把他安排在金匠协会，在那里他学会了钟表的机械原理，这一训练后来在他发明大型机械中发挥了重要作用。接下来，菲利波将注意力放在雕塑上，并与多纳泰罗、吉贝尔蒂和其他人展开竞争，设计了佛罗伦萨圣乔瓦尼洗礼会的大门。该奖项授予了吉贝尔蒂，布鲁内莱斯基和多纳泰罗随后对结果感到不满并前往罗马。在那里，万神殿的穹顶给布鲁内莱斯基的创造性想象留下了深刻的印象，激发了他用类似结构覆盖佛罗伦萨大教堂未完工的中心部分的雄心。

圣母百花大教堂始建于1296年，但显然还没有计划在中堂和耳堂的巨大交叉点上修建屋顶。这个交叉点在平面上是八角形的，八角形围绕一个半径为137英尺9英寸的圆圈。

1407年，布鲁内莱斯基返回佛罗伦萨。那一年，负责大教堂的工程总监召集了全国顶尖建筑师和工程师进行咨询。值得注意的是，瓦萨里在《布鲁内莱斯基生平》(*Life of Brunelleschi*)中写道："同年，该国建筑师和工程师举行了一次关于穹顶建造方法的会议。"这是为数不多的早期提及工程师被要求就民用建筑提供建议的案例之一。布鲁内莱斯基在本次会议即将举行之际回国,这不能归咎于偶然。

为了理解布鲁内莱斯基所面临的问题,最好简要回顾一下穹顶的建造和稳定性原理,在布鲁内莱斯奇之前并没有穹顶原理的参考文献,也只有两个建造先例,即罗马的万神殿穹顶和君士坦丁堡的圣索菲亚大教堂穹顶。至于前者,我们仍然对其内部结构知之甚少,也不知道它是如何建造的。

穹顶的横截面是一个拱,该拱的形状可以是任何形状如半圆形、圆的分段、椭圆形、抛物线形或尖形。在拱中,各组成部分的重量和向下作用的上覆荷载在拱顶产生水平推力,该推力与荷载的连续向下作用相结合,产生穿过拱腹的对角线合力,直到其逐渐被基台抵住为止。

穹顶是由一系列水平环建造而成,达到任何所需高度,但半径不断减小。这些环被称为冠,层层排列。当然,每个环的趋势都是向内倾斜,但这种趋势产生的力会被环本身的闭合所抵抗,因此,每个环一旦锁住就会变得稳定和自我支撑。在拱门中,每个拱腹都受到一个推力的作用,而在穹顶中,每个拱腹都受到两个推力的影响,一个是由于拱门对角向下的作用,另一个是因为每个圆环切向和水平作用的向内压力。这两个推力的水平分量组合成向外作用的推力,称为"合成冠推力"。水平推力在断裂接合处顶部达到最大,其位置取决于穹顶的形状,并容易使穹顶破裂。如果张力大于砖石所能承受的张力,则必须通过特殊结构来抵消,通常以环绕金属带的形式出现,就像桶上的环箍一样。

在建造过程中,可以毫不费力地铺设和锁住每个冠环,直到随着穹顶的升高,平缝的角度变得如此陡峭,以至于在锁住环之前,除非受到约束,否则冠环会向内滑动并掉落。当摩擦力平衡滑动的趋势时,砌体的休止角约为 30°。每个冠都是自我闭合和自我支撑的,穹顶可以坐落在任何冠上,留下一个中心的顶部孔或"眼睛"。这个眼睛可以根据需要进行处理,可以用吊灯遮住,也可以像万神殿的穹顶一样敞开。

因此,穹顶与拱门的不同之处在于,在最后一块关键的石块就位之前,拱顶不能自我支撑,而前者是自我支撑的,而且是分步支撑,也就是说,只要每个连续的冠部都被锁住即可支撑。拱门必须全程靠在脚手架上,直到被最后一块石固定住为止,而穹顶根本不需要脚手架支撑。

根据现代数学分析,所有这些听起来都很简单。但在布鲁内莱斯基时代之前,没有理论依据,只有两个先例,但两者都未被理解。难怪建筑负责人的疑虑变成了真正的恐惧,当局不敢搭建一个成本高昂的脚手架,而完全杜绝脚手架的主张似乎是真正的疯狂。

1407 年的会议没有结果,布鲁内莱斯基返回罗马。11 年后,而不是像瓦萨里所说的 1420 年,这个问题被重新提出,布鲁内莱斯基再次回到佛罗伦萨。显然是在他的建议下，又召开了一次大师会议，邀请了法国、德国、西班牙、英国和意大利的顶尖工程师建筑师。参加会议的人敦促人们使用各种各样的方法来搭建屋顶，这些方法要么是在地面上搭建的脚手架，要么是在巨大的横梁上搭建的。一个人看到在这样的开口和高度上搭建脚手架会有的困难，建议用泥土填满整个穹顶下方的地面，并在其中混合硬币。然后，当穹顶完成后，可以将其放置在这泥土结构上，而人们不必向当局支付费用，就可以将泥土挖走找到埋藏在里面的钱。

布鲁内莱斯基是唯一一个真正了解这个问题的人，他敢于主张建造一个没有任何内部支撑或脚手架的穹顶，声称他可以在建造过程中使穹顶自我支撑。

工程总监起初嘲笑他鲁莽，但最后称他疯狂，并将他强行驱逐出议会会议厅。但布鲁内莱斯基并没有气馁。他早就下定决心要建造穹顶了，他克服了所受到的粗鲁无理的待遇。他意识到自己远远领先于所有其他人，因此他必须至少让他们接受自己的观点，然后才能赢得那些正式负责建造穹顶和选择工程师的人的信任。

为了做到这一点，他构建了一个模型，并将其提交给特别法庭，同时提交了一份关于他打算做什么的详细书面说明。对于立面横截面，他建议采用尖拱曲线，而不是圆形曲线。他认为，这种形式更适合支撑顶部吊灯的集中重量，或者，正如他所描述的那样，尖顶拱“有更快的上升趋势”。也就是说，在平缝的角度变大使得未锁住冠顶的拱楔块会滑动之前，拱的高度会变大。

布鲁内莱斯基在备忘录中建议，穹顶应按照他的方法建造至30布拉其高，即58英尺，略高于总高度的一半。他说，当完成到那个高度时，在施工早期获得的经验将是建立平衡的最佳指南。他采取这一措施是否出于过度谨慎，因为他不太确定自己的推理，或者是他认为通过分阶段施工可以更容易地克服反对意见，这一点尚不明确。然而，值得称道的是，当穹顶达到30布拉其的高度时，会使平缝的角度刚好在滑动的临界角度内，因此在达到该高度时，铺设石层时不需要特别的预防措施，即使石块间没有锁住，顶冠也会保持稳定。结合他的备忘录，即尖顶拱“有更快的上升趋势”，这一事实似乎可以证明布鲁内莱斯基清楚地意识到问题的痛点。在不超过30布拉其的限制下，他可以放心地施工，在到达临界点之前他就能克服当局对他完成穹顶的能力的怀疑。如果这是正确的，而且看起来是正确的话，那么布鲁内莱斯基不仅是一位能干的工程师，而且是一位熟练的战术家。

由于没有其他人提出可行的计划，主管决定将这项工作委托给布鲁内莱斯基。在骂他疯了并命令他离开之后，他们能够做出这个决定，只是因为意识到别无选择。这一任命对他们来说并不出于宽宏大量，因为他们将著名的洗礼会的大门设计的获奖者洛伦佐·吉贝尔蒂任命为布鲁内莱斯基的合伙人。这是一个不幸的选择，因为无论吉贝尔蒂是一位多么杰出的雕刻家和艺术家，他都不是一名工程师，对建造大型结构所涉及的科学原理没有明确的概念。这两个人性格和心态迥异，曾是同一奖项的参赛者，他们之间不可避免地存在着摩擦。这导致工程的进行被严重延误。

除了给布鲁内莱斯基一个嫉妒心强、对工程一无所知的助手外，主管还将他的管理权限制在他建议的第一阶段即高度的一半。

这项工作于1420年8月7日开始，从那一天起，布鲁内莱斯基投入了所有的时间和精力。当穹顶达到主管设定的极限时，他们获得了信心，工程师被允许毫无阻碍地继续工作，即便他的同事吉贝尔蒂无理取闹，而这种行为还要持续一段时间。

支撑屋顶的墙壁，平面图上呈八角形，已经建造到屋顶开始的高度，无论是什么设计，都应该从那里开始。这些墙壁表面形成的八角形内切圆的直径为137英尺9英寸；过这些角的外接圆的直径为149英尺3英寸，或平均直径为143英尺6英寸。这些尺寸与万神殿穹顶的直径相当，因此万神殿的穹顶是圣母百花大教堂穹顶的灵感来源，而圣彼得穹顶又是受后者的启发，分别为141英尺8英寸和134英尺。进一步比较：君士坦丁堡的圣索菲亚大教堂穹顶的直径为107英尺；伦敦圣保罗教堂的为112英尺，华盛顿国会大厦的为95英尺。所有这些穹顶都比圣母百花大教堂的穹顶小得多，而且都是圆形的，比八角形的穹顶更容易建造。圣母百花大教堂穹顶从开始到吊灯开口的高度为105英尺3英寸，由布鲁内莱斯基决定半径长度。相比之下，万神殿穹顶的高度为70英尺10英寸，而圣彼得的穹顶高度为91英尺10英寸。

人们马上就会认识到，圣母百花大教堂穹顶的跨度和高度都比其他两座大。为了消除一个即使在最简单的条件下也很难理解的问题中的一些困惑，穹顶的尺寸，当用数字表示时，已经从旧的佛罗伦萨和罗马的值转换为用英制英尺和英寸表示的近似值。

图33.1所示为圣母百花大教堂，它位于相邻建筑之上，一端为穹顶，另一端为钟楼，穹顶开着大型圆形窗户的横截面包括在图33.2中。

布鲁内莱斯基大胆地接受了基底墙的八角形平面图来控制穹顶的形状，尽管他一定很清楚这会大大增加难度，他设计了八面穹顶，以便平面图中的任何部分都能在每个面上显示为一条直线。在垂直方向上，每个面都是圆的一个组成部分，从直径的中心发散而来，半径大约等于内接圆直径的七分之六。这可作为设计师喜欢使用几何关系的一个例子，即使严格来说这种准确的关系并非设计或其解决方案必须：曲线的半径正好等于从底部八角形的一个角的顶角到相邻边的中心点的距离。

以前所有的穹顶都是单壳体的。但布鲁内莱斯基藐视先例，对圣母百花大教堂的穹顶采用了两层壳体的创新设计。他声称自己的目标是在主穹顶上有一个保护性屋顶，这样外部的湿气就不会到达内部的装饰物，或者使得内壳侧面外露。如图33.2所示，两个壳体交叉连接，因此在结构上形成了一个统一的单元。这形成了一个明显的

图 33.1 圣母百花大教堂

构造优势，两个之间有空隙的壳体比使用相同数量材料的单个壳体更厚，因此结构的刚性更强。尽管布鲁内莱斯基给出了第二层壳体的理由，即它为主壳体提供了一层保护，但他并不总是解释每一步设计的理由。由于结构效果对其设计的成功至关重要，而且他没有留下允许偶发事件决定建筑的命运的机会，因此可以认为他完全考虑到了第二个目的。随后，所有大型穹顶均采用了多壳原理，克里斯托弗·雷恩爵士在伦敦圣保罗教堂穹顶的设计中更进一步，该穹顶则由三层壳体组成。

圣母百花大教堂穹顶的底部是坚固的，厚度约为 14 英尺 1 英寸，高度约为 10 英尺，穹顶从这里开始分为两层。基座由石块砌体组成，顶部铺设一层大型石灰石砌块，其长度与穹顶的厚度成横向相交，并用铁夹固定在一起。这两层壳体都是用切割过的砂岩建造的，高出底座约 12 英尺，从那里到吊灯都是砖砌的，但下面描述的五圈石灰石顶盖除外。底部内壳的厚度约为 7 英尺 3 英寸，底部外壳的厚度为 3 英尺，两者间距为 3 英尺 10 英寸。壳体上升时逐渐变窄，内部的壳顶部厚 6 英尺 6 英寸，外部的壳厚 2 英尺 3 英寸。内部空间增加到 5 英尺，因为内壳内表面和外壳外表面的曲线基本平行。

在最初的规范中，布鲁内莱斯基描述了壳体的厚度从起始处到顶部逐渐减小，内壳从 6 英尺 10 英寸减至 4 英尺 7 英寸，外壳从 2 英尺 1.5 英寸减至 1 英尺 2 英寸。在实际施工中，他在起始处增加了一些厚度，并减少了锥度。

在八角形的每个角上都有一条主肋，在每个面上，以相等的间隔，有 2 条次肋，即 8 条主肋和 16 条次肋(共 24 条)。这些由砖砌成的肋架从内部延伸到外部，形成两个壳

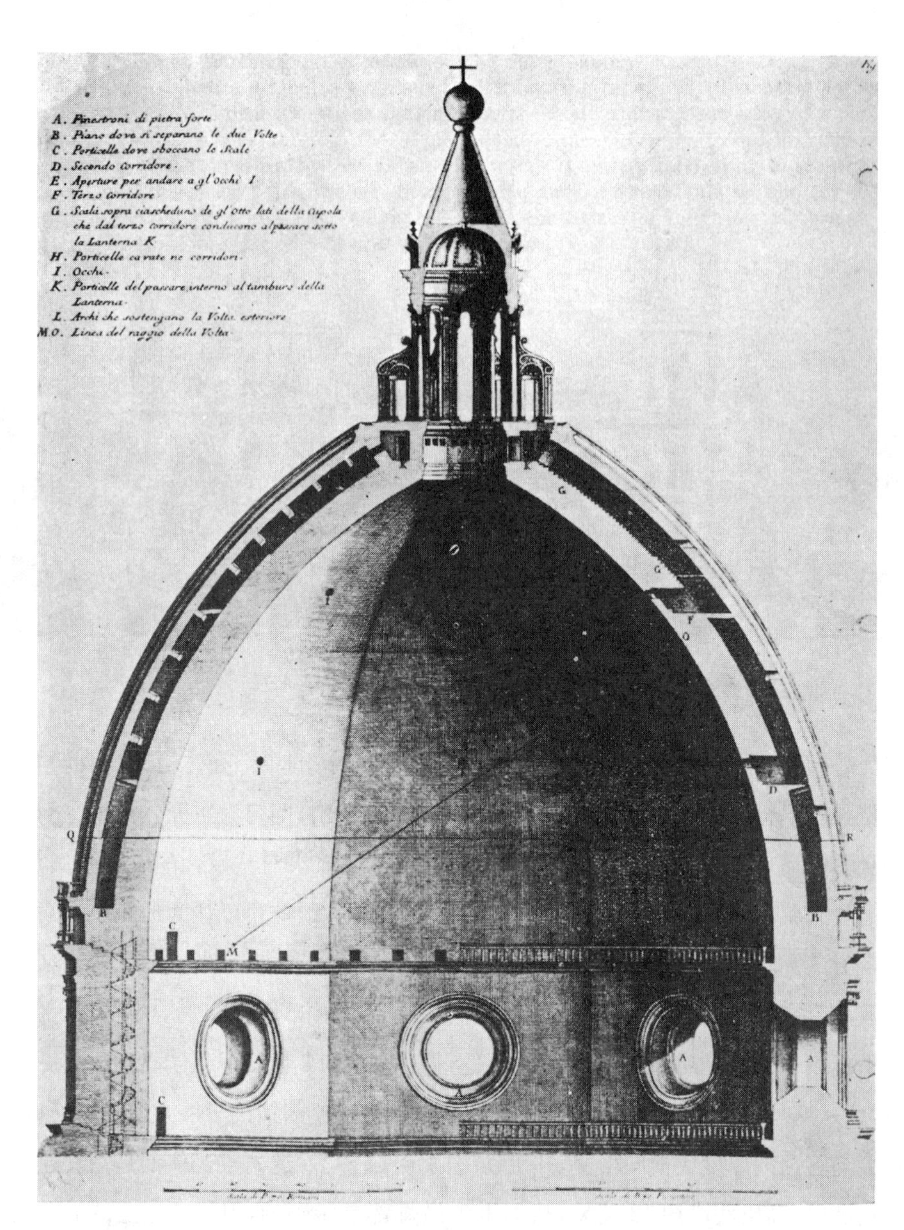

图 33.2　圣母百花大教堂穹顶的横截面

摘自斯格里利的《圣母百花大教堂的描述与研究》(佛罗伦萨,1733)

体的组成部分,从而将它们连接在一起。与壳体一样,它们从起拱线到顶部的厚度减小,肋架之间的平面间距也因收敛而减小。主肋在穹顶的起始处厚度约为 11 英尺,顶部厚度为 7 英尺。中间肋架的尺寸分别为 5 英尺 6 英寸和 3 英尺 6 英寸。在施工时,布鲁内莱斯基缩小了肋架的宽度,同时增加了壳体的厚度。所有这些测量值都是近似值,因为壳体大部分都覆盖了水泥或灰泥涂层,无法准确测定。主肋和次肋如图 33.3 中的平面图所示。穹顶的另一个视图显示了各个构件之间的关系(图 33.4,杜姆),是

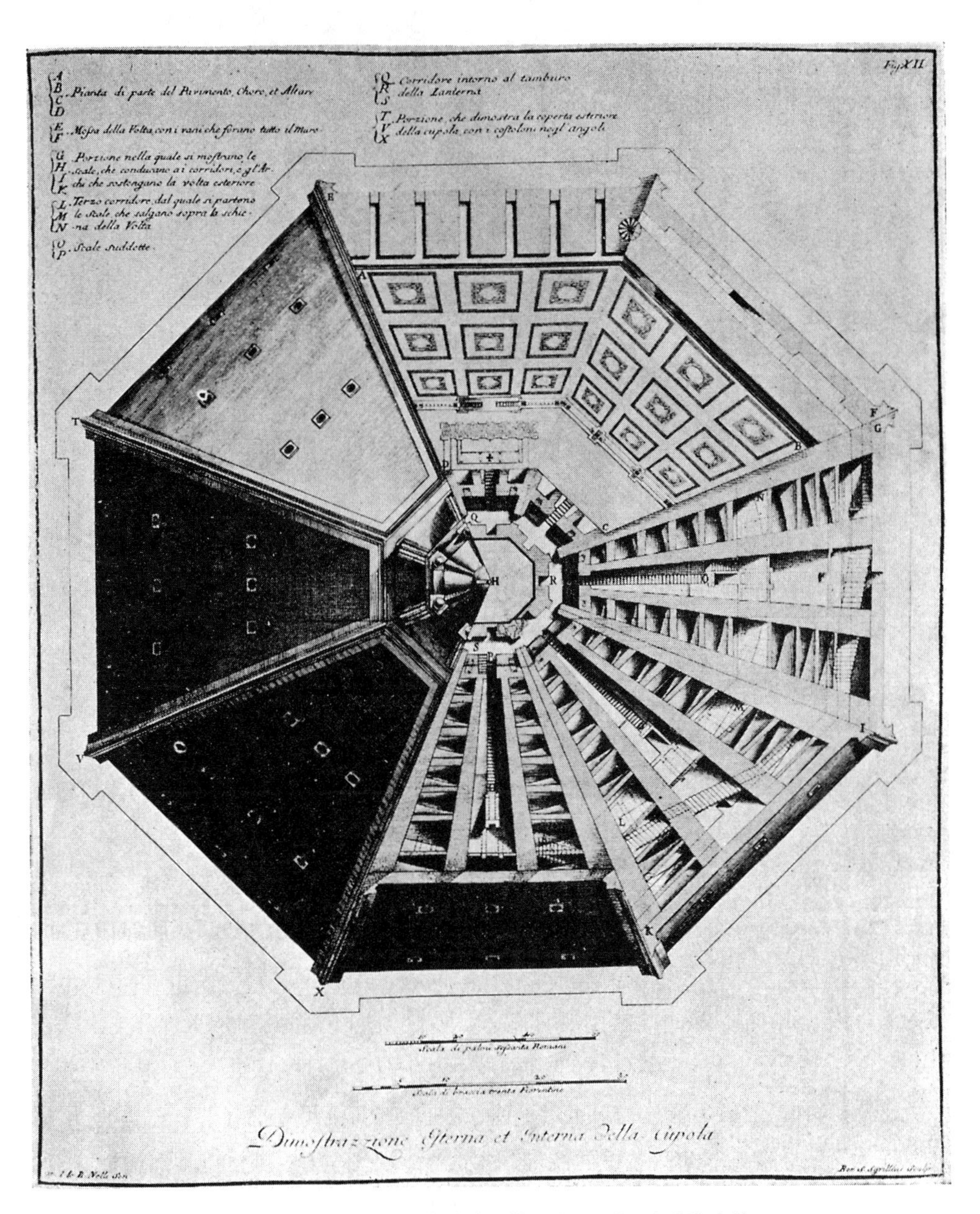

图 33.3　圣母百花大教堂穹顶的平面图，显示主肋和次肋

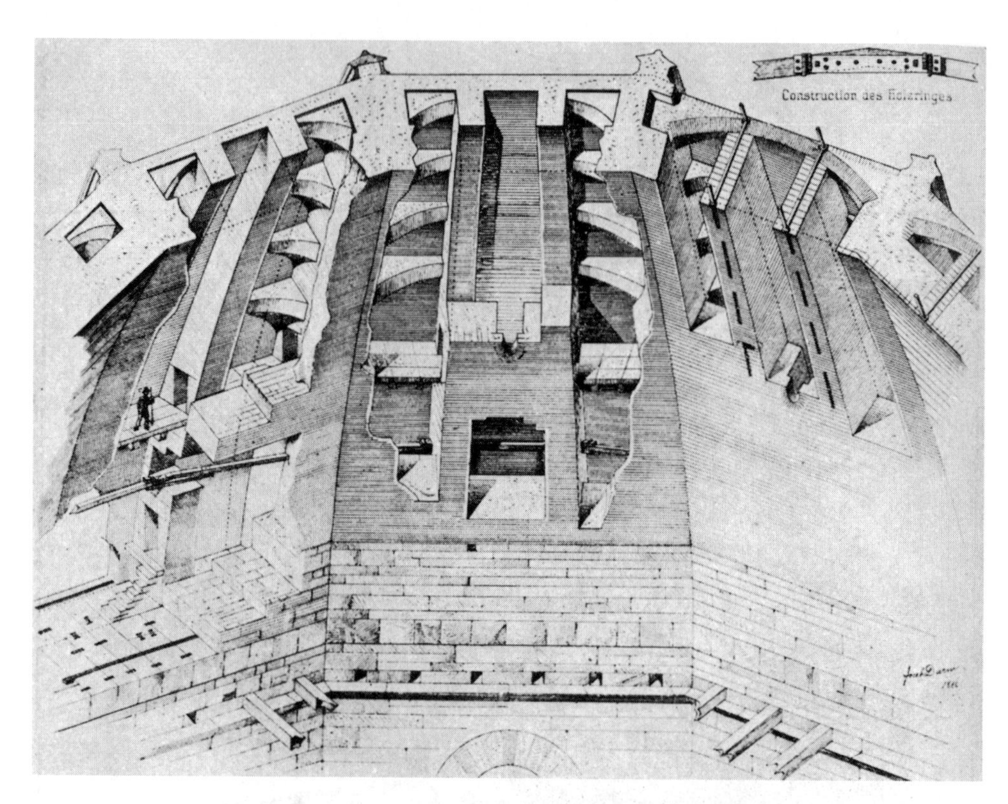

图 33.4 圣母百花大教堂的穹顶,显示构件之间的关系

摘自杜姆的《意大利文艺复兴时期的两个大型建筑》(1887)

内部的等距视图,部分内壳被移除,使我们可以看到肋架、水平拱、外壳廊道和锁链。还显示了石头和砖建造的部分。图 33.4 和图 33.5 足以说明布鲁内莱斯基设计的必要复杂细节。

两个壳体和 24 根肋架通过一系列与肋架成直角的拱进一步连接,从而形成一个统一的结构。每个拱邻接两个相邻的主肋,通过形成中间次肋的一部分而穿过次肋,其顶部是外壳的一部分。对于站在两个壳体之间的人来说,可以看到拱的末端从主肋处升起。当升到中间肋架时,拱几乎消失了,因为它的上升将其向外带入外壳。在次肋之间的中间间隔处,拱完全消失在视野中,因为在那里拱顶彻底进入外壳内。

这些拱券采用砖砌,宽度为 2 英尺 1 英寸,间距为 6 英尺 3 英寸,共有九圈。这些显示在垂直剖面图(图 33.2)和平面图(图 33.3)上。当然,随着拱接近顶部,拱的长度会减少;它们与水平面的倾角增加。通过对这两幅图的研究,可以了解壳体、肋架和分布加劲拱之间的关系。

壳体由五圈石灰石顶盖进一步连接,顶部顶盖的厚度为 2 英尺,底部顶盖的厚为 4 英尺。这些石头,以及那些穿过内壳通向内窗的通道的框架,用大约 12 英寸长 12 英寸宽的铁夹子固定。

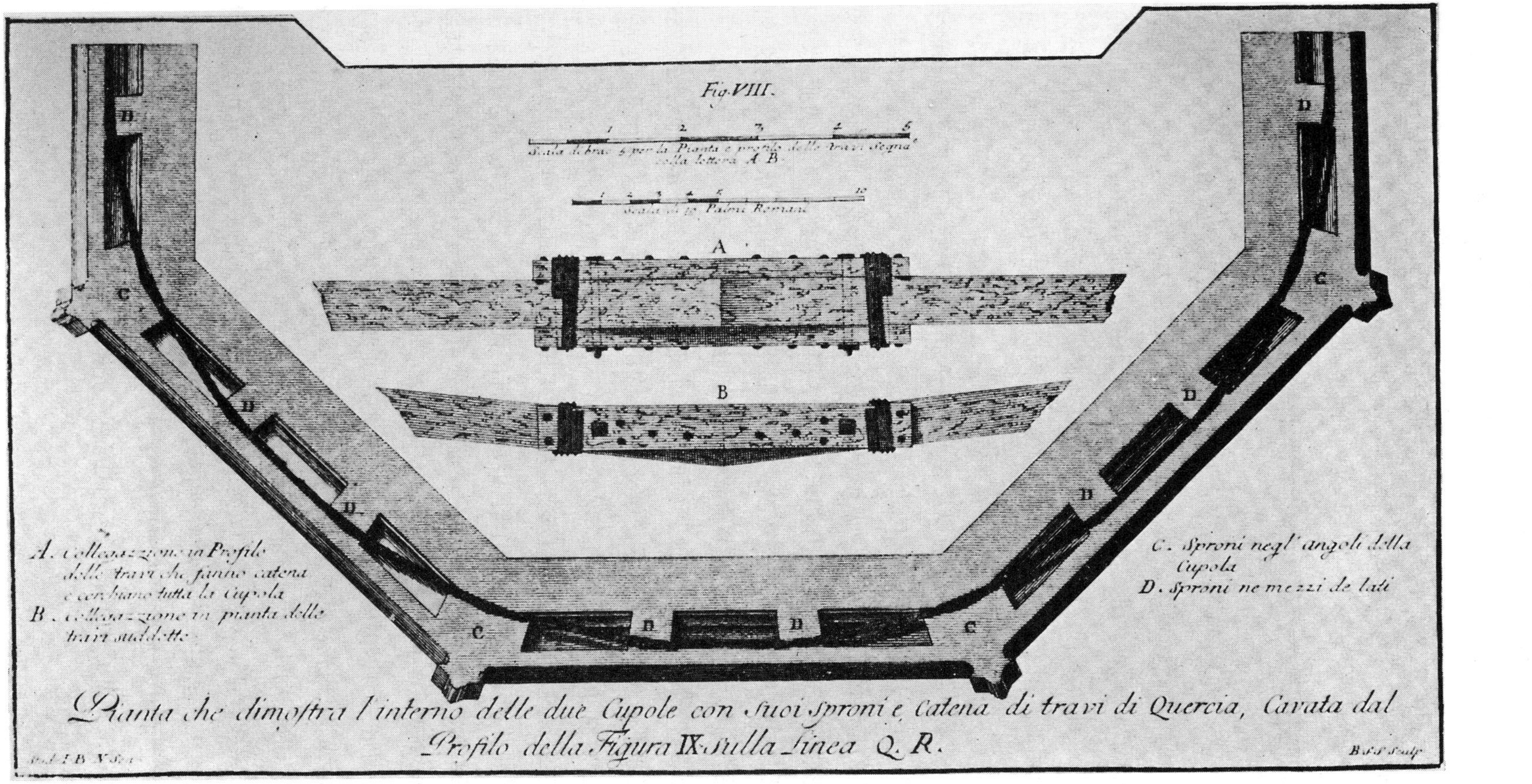

Fig. VIII.

Scala di bracci 5 per la Pianta e profilo delle travi segnate colla lettera A B

Scala di 10 Palmi Romani

A

B

A. Collegazzione in Profilo delle travi che fanno catena e cerchiano tutta la Cupola

B. Collegazzione in pianta delle travi suddette

C. Sproni negl' angoli della Cupola

D. Sproni ne mezzi de lati

Pianta che dimostra l'interno delle due Cupole con suoi Sproni, e Catena di travi di Quercia, Cavata dal Profilo della Figura IX. sulla Linea Q. R.

图 33.5　链条相对于圣母百花大教堂穹顶的两个壳体的位置

因此，穹顶、肋架和临界滑动角以上的连接拱的所有部分均铺设在砖墙中。这使得顶部可以用小块进行搬运，以浅层铺设，这种安排大大方便了施工。

这些砖是罗马式的，尺寸从12英寸到6英寸不等，但厚度始终是2英寸。它们呈深红色，烧得很好，边缘平直，质量均匀。砂浆非常坚硬，可能是由水硬性的水泥制成。这些砖是在布鲁内莱斯基的亲自监督下烧制的。

在壳体之间是围绕整个结构的两个水平走廊以及连接它们的楼梯。其中一座转角塔楼也有螺旋楼梯通往下廊道，也可以从上廊道直达吊灯。这些走廊和楼梯如图33.2和图33.3所示。图33.2还显示了肋骨中允许通往廊道的开口。这些开口用大石头盖住。三排小窗户穿过外壳，走廊上的两排窗户穿过内壳进入大教堂内。穹顶外侧的主肋由覆盖角的大理石饰条显示，但没有中间肋架存在的迹象。这种程序现在被公认为符合主要和次要建筑构件的适当建筑处理。

从穹顶的垂直和水平部分以及这一描述中，我们可以看到布鲁内莱斯基概念的主要特征，即由24根砖石肋组成的肋架，其脚位于八边形的线条上，其顶部向内弯曲，靠在吊灯的基础圆环上。在这些肋上连接了两个壳体，一个形成穹顶的内部天花板，另一个形成外部覆盖物，两个壳体都承载载荷，并将部分转移到角肋上，因此，尽管有两个壳，但它们在结构上作为一个整体发挥作用。最后，还有一个水平倾斜的拱使整个结构变为刚性一体，并进一步将荷载和应力传递给角肋。

布鲁内莱斯基在他的穹顶上添加了另一个新奇的特征，这显示了他对必须处理的力的几乎不可思议的了解，尽管他没有数学知识来帮助他确定这些力的强度或作用点。显然，他明白，可能是由于其他穹顶的破坏，在这个穹顶中会有一个胀裂应力，而砌体中的抗拉强度可能不足以承受。虽然在现代穹顶建筑中，这种压力是由钢带或铁箍抵抗的，但布鲁内莱斯基那个时代没有这样的帮助。钢材仅被用于工具而非建筑，当时甚至无法获得足够大的锻铁。然而，他并没有因为缺乏制造带子的钢材或相关的数学知识而畏缩。他知道会有一种向外的趋势，虽然他不知道会有多大，但他决定尽可能平衡它。因此，他用栗木建造了一条链子，正如他所说的，他把它放在第一排外窗的下面，或放在内壳从起拱处上升到吊灯开口平面的大约四分之一的高度上。链条穿过肋架上的孔，每块木板从一条肋延伸到下一条肋。因此，一边有3块，总共24块。每块约23英尺长，13.25英寸深，12英寸宽。它们是方端的，由两个4.75英寸厚的橡木拼接板连接在一起，用一个大铁螺栓和六个小螺栓固定在每个主要木板上。此外，木板和接头两侧的拼接处都有一个圆形铁带。

图33.5给出了平面图中链条相对于两个壳体和肋架的位置，以及平面图和侧立面图中拼接的细节。

布鲁内莱斯基使用这条锁链的另一个目的并不是为了保持穹顶完好无损，而是巧妙地将其用作移除吉贝尔蒂的手段，吉贝尔蒂从一开始就与他起了摩擦。1426 年，建筑达到了必须为两个不同细节进行设计的程度。一个是与脚手架有关，它用于支撑铺设顶层的工人和材料及工具；另一个与环绕链条有关。布鲁内莱斯基假装生病，留在家里。因为没有指示而导致工程被耽搁，工人们很恼火而大声咕哝着。最后，当局派人去找布鲁内莱斯基，并斥责他旷工。他对由此带来的不便表示惊讶，并指出他的同事吉贝尔蒂一直都很方便。为了加快工程进展以弥补延误，他建议吉贝尔蒂和他应该分工合作，各自处理一个剩下的细节。吉贝尔蒂无法拒绝这一提议，因为这显然是非常公平的，于是他选择了锁链。布鲁内莱斯基立即着手设计脚手架的细节，脚手架完工后，因其轻盈、坚固和适用性而受到所有人的赞赏。经过一段时间的努力，吉贝尔蒂终于也提交了一份方案。当布鲁内莱斯基检查它时，他不费吹灰之力就证明它是相当不够的。然后，他提出了自己的设计。他的方案立即被认为是如此的优越，以至于吉贝尔蒂的追随者再也无法为他辩护，吉贝尔蒂被迫退出与穹顶工程的任何联系。从那时起，由布鲁内莱斯基全权负责。1436 年，他成功完成了穹顶的工作，但直到 1446 年 4 月他去世后，吊灯才进行了最后的修饰工程。

脚手架顶部的设计副本被保存下来(图 33.6)。随着工作的进行，人们发现工人下楼吃饭浪费了太多时间和精力。布鲁内莱斯基用他惯常的机智解决了这个问题：他在脚手架上开了一个餐厅，在那里可以获得食物和葡萄酒，这样男人们就可以留在穹顶上，直到完成一天的任务。

从 17 世纪最后 10 年开始，到 18 世纪早期，布鲁内莱斯基的设计受到了相当多的批评。甚至连穹顶的稳定性也受到质疑。这正是数学家们发展穹顶作用理论的时候，他们很自然地应该将他们新发现的分析方法应用到杰出的艺术实例中。壳体上的一些裂缝被揪出作为衰败的迹象，链条被攻击为完全不足以抵抗任何张力。学问被指责为一件危险的事情，因为拥有者在自我满足的情况下，很容易轻视前任的工作，而不学习他们真正的成就。五个世纪以来，穹顶已经成功地经受住了时间和天气的蹂躏，也不可避免地出现了沉降，甚至遭到地震的破坏，却从不需要任何防御措施。但是，从现代科学的角度衡量布鲁内莱斯基的所作所为，并分析他的实践在多大程度上接近于直到他死后才形成的理论时，出现了一个非常有趣的问题。裂缝可以不予考虑，因为它们是合理的预期。考虑到穹顶的巨大重量及其巨大的支撑都没有建立在太好的基础上，令人惊讶的是，裂缝并没有比实际情况更糟。

在对圣母百花大教堂穹顶进行数学分析以确定布鲁内莱斯基的工作与理论和现代实践的对应程度之前，除了已经给出的情况外，再陈述一些关于穹顶力学的基础科学事实可能会有所帮助。

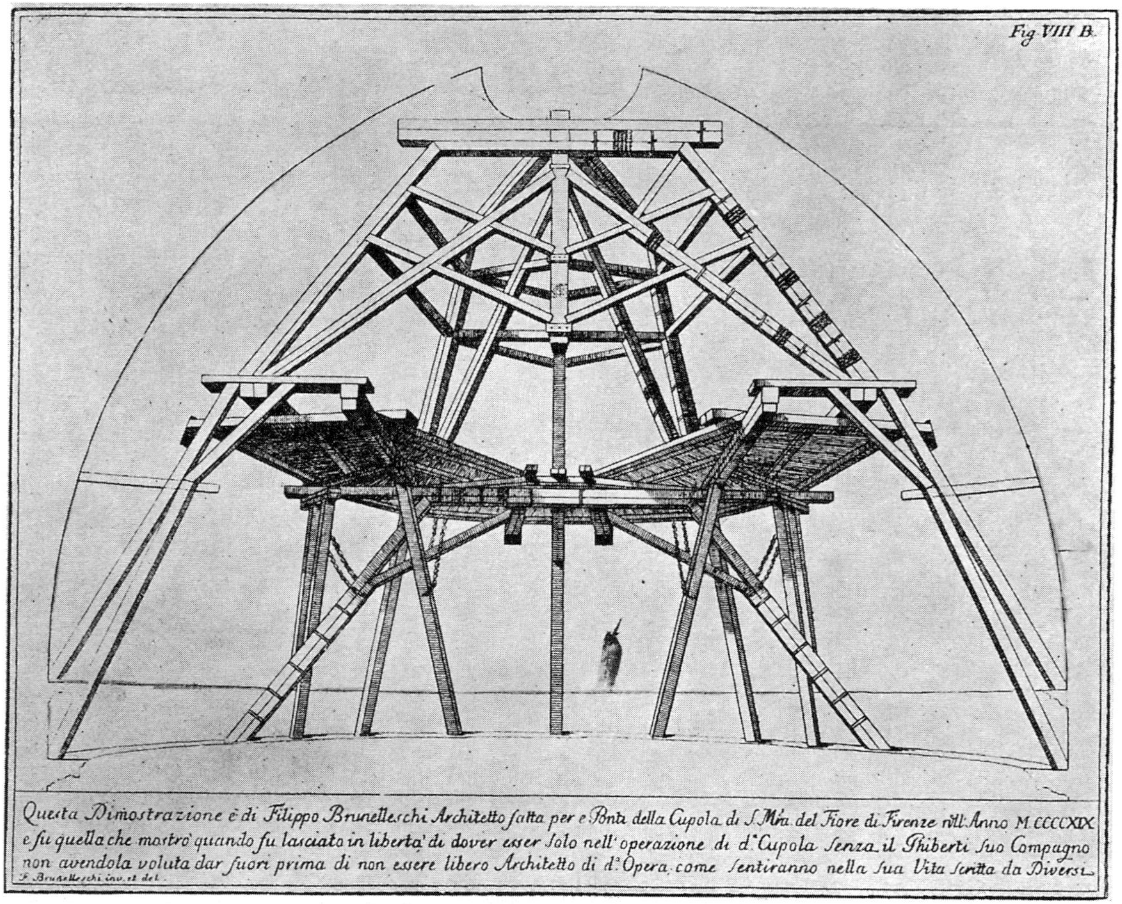

图 33.6　布鲁内莱斯基为圣母百花大教堂穹顶设计的脚手架的顶部

真正的穹顶是具有垂直轴的旋转产生的实体。如前所述，它是一个非常稳定的结构，即使在顶点开放时也是如此。通过分析可以看出，一个均匀厚度仅为其直径的2.3%或小于自支撑半圆拱所需厚度的三分之一的半球形砌体穹顶是稳定的，并且如果壳体从起拱接缝处变薄以减轻其重量，即使体积减少约45%也依然稳定。由等边圆弧旋转产生的穹顶需要自支撑，其厚度仅为相同跨度半球形穹顶的八分之五。还可以看出，穹顶支撑吊灯的能力随着壳体厚度的立方增加而增加，因此，支撑吊灯(重量等于壳体重量的27%)的半球形穹顶，其厚度仅为支撑10.5%的穹顶重量的吊灯的1.6倍。穹顶的高度越高，就越适合支撑吊灯，圆锥体是实现这一目的的理想形状。

在现代工程实践中，穹顶分为两类：第一类是由石头、砖和砂浆等材料建造的穹顶，通常假定这些材料不能传递拉应力；第二类是由钢和钢筋混凝土等材料建造的，通常这样的材料能够提供穿过子午线平面的拱体之间的拉力传递。佛罗伦萨穹顶是第一类，因此，它必须在所谓的断裂节理下方充当一个拱，在这里，同一顶拱的拱腹之间的压缩作用停止。

穹顶也可以被视为回廊式拱顶的一种形式。回廊式拱顶的结构由筒形拱券的交叉("沟")构成，其水平轴平行于拱顶所在多边形的侧面。如果多边形的边数无限增加，则会出现真正的圆形穹顶。穹顶和回廊之间的本质区别在于，在前者中，子午线应力和拱顶应力对于同一拱顶的构件来说都是恒定的，但后者中，所有拱顶应力都在同一高程上保持恒定，但子午线的应力从沟附近的最小值逐渐变大到多边形侧面中心点的最大值。筒形拱券的交叉点(所谓"沟")是拱顶的特殊结构部分。理论上，如果顶部打开，回廊式砖石拱顶是不稳定的，除非它能支撑足够的重量，以提供基本拱券和肋稳定站立所需的反作用力。

理论上，形状类似于回廊拱顶的多边形穹顶必须由钢或钢筋混凝土制成，因为拱顶应力和此类结构中壳体的重量必须通过梁的作用转移到角肋，当然，假定砌体无法做到这一点。如果肋架间距很小，或者壳体很厚，或者如果两种情况都适用，砌体可能会在间隔上拱起，并且可能在没有弯曲应力的情况下产生穹顶作用。

为了计算圣母百花大教堂穹顶的应力，使用了前文所述的壳体和肋的尺寸。内壳内表面的曲线半径为外切圆的1.6倍，为238.8英尺，吊灯开口的弧度为62°，直径为12英尺3英寸。吊灯的重量估计为120万磅。

应力分析是通过图解法进行的，它基于两个基础分别进行，第一个是将结构视为多边形穹顶，第二个是将其视为回廊拱顶。此外，还进行了一项研究，以确定采用现代方法设计的正圆形穹顶的尺寸大小。

关于圣母百花大教堂穹顶最有趣的事实之一是，人们可以在穹顶的轴线上画一个圆心，圆心将位于横跨主肋之间的圆周拱券内。因此，它们可能会产生拱顶作用所需的拱顶应力。

然而，毫无疑问，就穹顶作用而言，从吊灯到拱脚的中间子午线肋条（多边形两侧各有两条）毫无价值。事实上，它们在一定程度上破坏了较小圆周拱以所需方式发挥作用的能力。因此，在本分析中，忽略了中间肋条，仅将其视为两个壳体之间的连接。在此基础上进行的分析表明，圣母百花大教堂穹顶是稳定的，沿子午线和平缝的主肋的单位应力较低，最大应力出现在角肋的起始连接处，每平方英尺 51 400 磅，并不过分，而且实际上可能要低得多，因为其分布面积远大于仅肋架底部接缝的面积。

吊灯下方项圈处的最大冠应力约为每平方英尺 6 000 磅的压缩力，在断裂接合处（起拱上方 50 英尺 9 英寸），冠应力降至零；如果不考虑圆周拱的辅助作用，壳体中的最大梁张力为每平方英寸 43.7 磅，砂浆可能可以抵挡。内壳的厚度足以通过拱作用将其自身重量传递到角肋。如果我们假设圆周拱将所有冠部应力传递给主肋，这些应力将被压缩到最大强度 375 磅每平方英寸，即使对于中等质量的砖砌体，这也绝不过分，并且完全在布鲁内莱斯基指导下铺设的优质的砖砌体的限制范围内。

尽管吊灯很重，但破裂的接缝位于穹顶下方，因此真正的拱作用只在穹顶下半部的一个点开始。这与现在公认的正确设计是一致的。

每根主肋底部的水平向外应力分量为 180 万磅，共有 8 根主肋共达 1 440 万磅。由此产生的环向张力或爆裂倾向为 222.9 万磅，这需要横截面积为 153 平方英寸的钢带以完全消除向外推力传递到支撑结构的情况。当然，具有大约相同横截面积的木环在这方面是完全无效的，因此，实际上整个向外的推力都必须由支撑墙和扶壁来抵抗。

对穹顶进行分析时如果假设它起到了回廊拱顶的作用，那么会则再次发现它是稳定的。在这种情况下，已适当考虑了子午线肋弓。该设计也满足了回廊拱顶应力分布的所有要求。

研究发现，回廊拱顶的总外部构件实际上与八角形穹顶的构件相同，但单位子午线应力大大减小，尤其是穹顶的下部，在那里，包括肋架和壳体平缝在内的所有平缝有效。

内壳平均厚 3.5 英尺，外壳平均厚 2 英尺，如果在每个壳体的最下部的 30 英尺部分逐渐向底座加厚，则具有给定跨度和高度的全砖石结构穹顶将是稳定的。这种加厚将使整个穹顶的推力线保持在安全范围内。因此，建成后穹顶的总重量可以从约 7 000 万磅减少到约 3 200 万磅或不到一半。外部组件将减少到约 800 万磅，这当然会在很大程度上减轻支撑结构的负担。如果用钢筋混凝土建造，重量可能会进一步减少到 2 500 万磅，外部构件就可完全去除。

有很多例子可以表明圣母百花大教堂穹顶很可能真的是布鲁内莱斯基设想的一个带回廊的拱顶，尽管规模小得多。如果这是他的构想，那么肋架和外壳的尺寸就没有过大。他一定对这种拱顶的作用有透彻的了解，这可以从吊灯的角肋和坚固的颈圈的出色设计中得到证明。

九个圆周拱的引入令人费解，因为它们似乎表明了多边形穹顶中应力作用的定性概念，而不是定量概念。然而，这些拱可能主要用于支撑外壳，外壳太薄，无法在肋骨之间的跨度上承载自身重量。

如果布鲁内莱斯基知道在回廊拱门上建造正圆形的穹顶的物质经济性，他可能会像米开朗基罗后来在罗马圣彼得教堂所做的那样，通过使用穹隅消除八角形，从而建造一个圆形穹顶。另一方面，如果出于建筑原因，必须保持八角形，那么如果只用砖和石头建造，穹顶就不可能建造得更好、更安全，也不可能大大减少穹顶的厚度。今天，这样的八角形穹顶结构将用钢筋混凝土建造，极大地节省了材料和重量，并且采用水平中间肋而非垂直肋。

对于那些希望看到应力线图解的人，附上了两个图，图 33.7 和图 33.8，一个是穿过角肋的横截面，另一个是通过肋之间的两个壳体的横截面。

有了圣母百花大教堂穹顶各组成部分的布置和尺寸，以及穹顶结构的应力理论的概述，我们就可以评价布鲁内莱斯基的成就了。

当他规划这个方案时，除了万神殿的穹顶外，没有任何其他穹顶可以用来证明他对整个结构的构想和他提议的建造方法。而罗马的万神殿的穹顶，其轮廓迥异，且缺乏沉重的中央吊灯，并不能作为一个先例来充分证明布鲁内莱斯基提出的想法是合理的。

虽然几何学和三角学已被理解，但框架或拱形结构的应力理论当时尚未形成，因此无法精确地计算它们。即使这种计算是可能的，人们也还不知道材料的强度，因此也没有办法使零件达到承受应力的尺寸和比例。

虽然布鲁内莱斯基可能对他必须面对的应力没有定量概念，但很明显，他非常清楚这些应力的定性特征以及位置和方向。

在布鲁内莱斯基之前的时代，人们采用了各种各样的穹顶，但都相对较小，而且很容易安装，因此，设计师和施工人员并未意识到所涉及的压力和应力的重要性。部件(如墙、屋顶或建筑效果)的厚度和尺寸决定了提供所需强度的尺寸。布鲁内莱斯基的设计使他远远超越了前人的工作，进入了一个以应力和对应力的关注为主要设计因素的领域。尽管万神殿是他的灵感来源，但他并没有刻意复制，而是在平面图上绘出了一个八角形穹顶，由其承载巨大的中心重量。此外，他的穹顶有两层壳体，这是一个新奇之处，且后来也被用作设计大型穹顶的标准方法。

即使布鲁内莱斯基能得到所有数学分析知识的帮助，这种非凡的尺寸和完全原创的设计的结合也将是一个巨大的成就。但他没有给出一个公式，也没有一项指导数

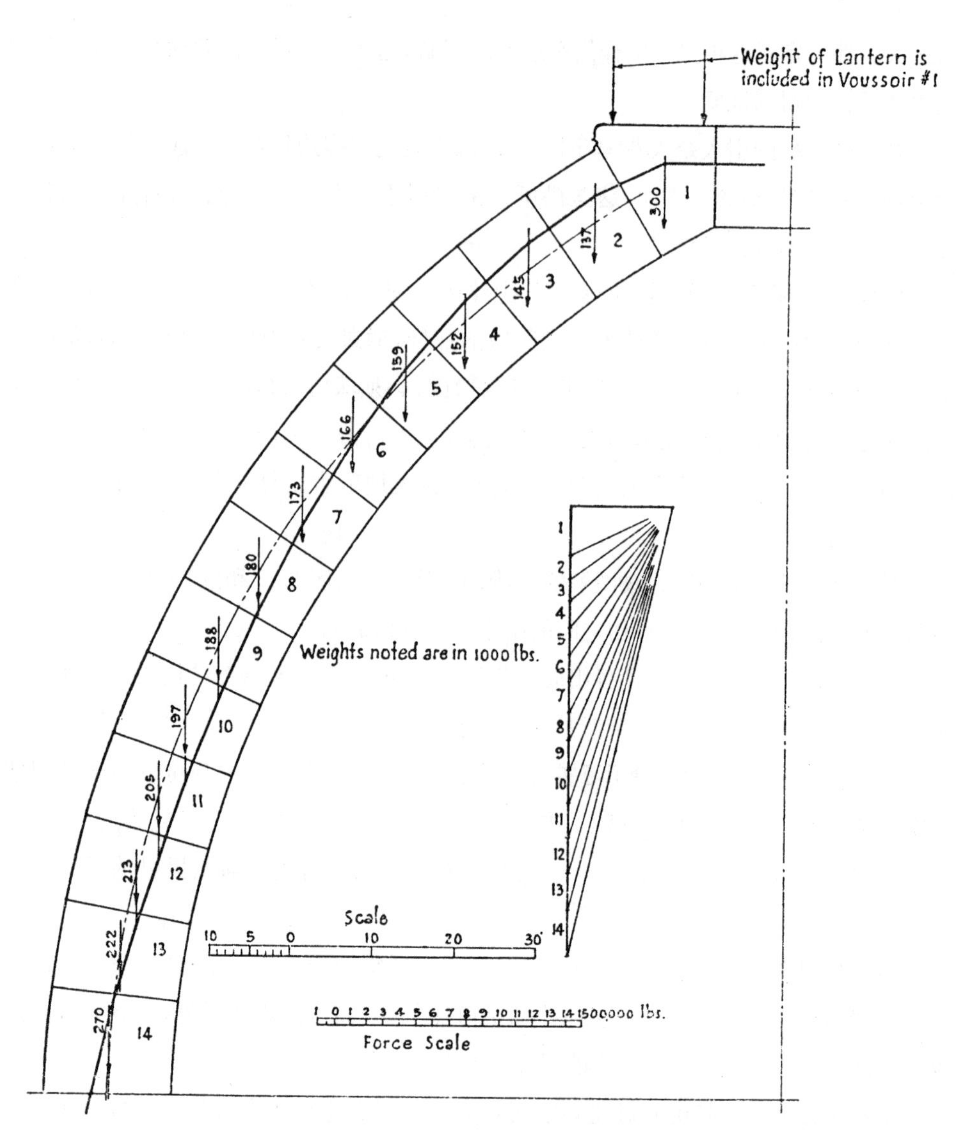

图 33.7　支撑圣母百花大教堂吊灯的主肋压力线截面图

据。大量证据证明，他理解了他心目中的穹顶稳定性理论。他选择的轮廓绝非偶然：他说，他选择的形状更适合携带沉重的顶灯。无论将该结构视为穹顶还是回廊式拱顶，它都同样稳定，压力合成线完全位于壳体内部并靠近中心。

如图 33.8 所示，穹顶中有两个临界点，第一个临界点是冠关节的角度足以产生滑动；第二个临界点，存在一个最大爆破张力。布鲁内莱斯基知道这两点会出现在他的穹顶上。他最初建议，应允许他不受阻碍地抬升拱至 30 布拉其(58 英尺)的高度，该高度正好位于坡度接近静止极限的冠关节下方。这表明他知道摩擦力的临界角是多少。他设计的木链毫无疑问地表明，他不仅知道张力的存在，而且知道张力在他的穹顶中

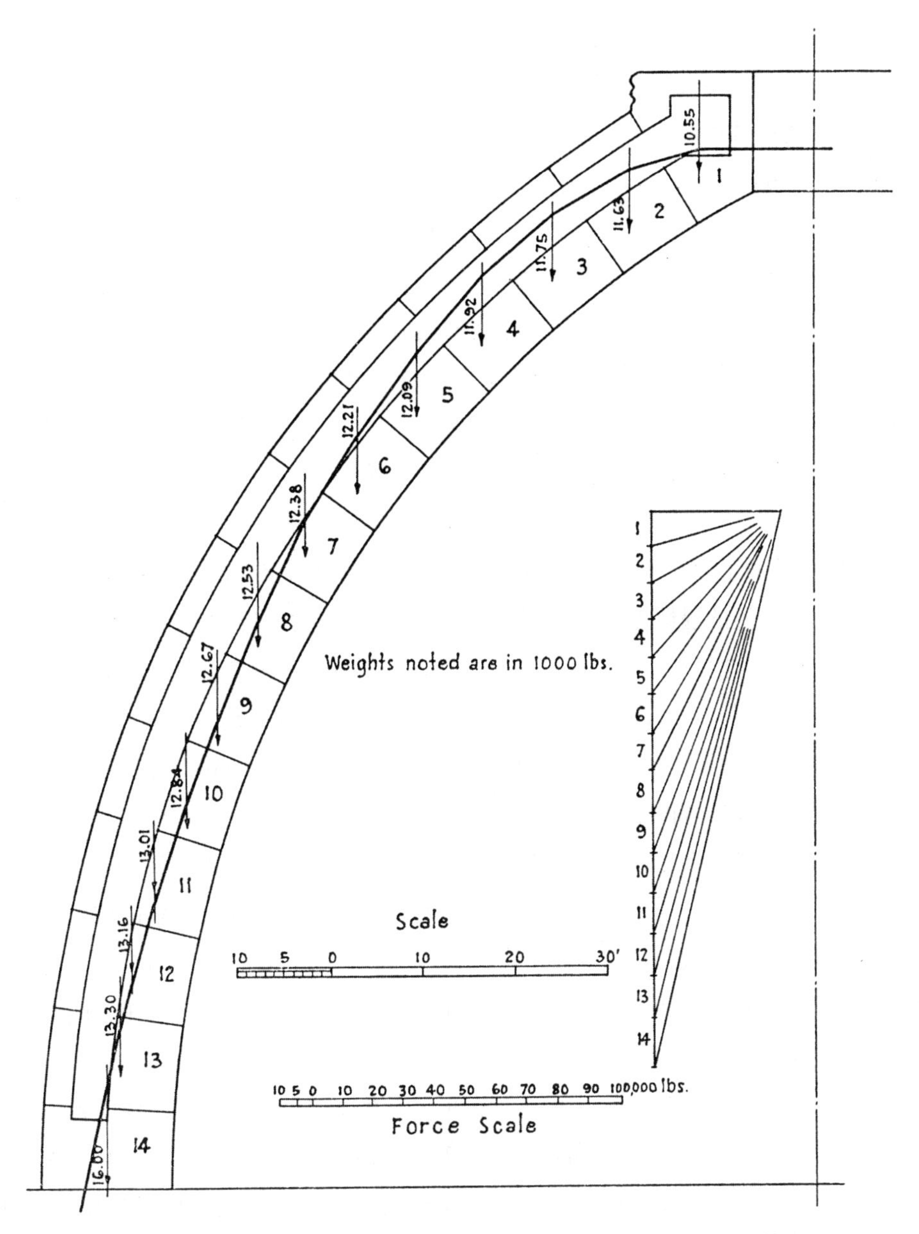

图 33.8　显示一条一英尺宽的带回廊拱顶在最大高度处的压力线的截面

会达到最大值。他与吉贝尔蒂的争执表明，他意识到必须设计防止爆裂的措施。链条的最终位置证明他早知道哪里会发生爆裂。链条本身强度不足，无法抵抗全部张力，但这一点并不重要，因为他无法计算当前张力的大小或估算链条能提供的阻力。在那种情况下，单纯的演绎推理是没有用的。由于他给出的穹顶曲线和双层壳体的间距，合成推力在所有点都非常接近截面中心，因此爆裂张力降低到一定程度使得穹顶非常坚固的砖石结构很容易吸收这些张力，而无需借助链条。因此，后者过去是，现在仍然是一种理论上的完善。然而，这是一个引起极大兴趣的细节。

壳体和肋架的厚度不必要很厚，但如果厚了也不过分。事实上，由于布鲁内莱斯基不了解应力的强度和砌砖的抵抗力，因此，多余的厚度只不过是合理的预防措施，这种安排是合理的。

很有意思的是，可以推测得出布鲁内莱斯基在哪里以及如何获得知识的，他在设计中如此巧妙地展示了他的智慧。我们知道，他仔细研究过万神殿穹顶，这激发了他为家乡建设同样伟大建筑的雄心。鉴于他的热情专注，以及对这座穹顶以及其他穹顶历时数年的研究，足以让他彻底了解当时关于此类结构的所有知识。但仅凭这些，他无法洞察其中的数学理论。他可能已经准备好模型，并对其进行了测试，直到它们倒塌，但这样处理的模型并不能可靠地表明实际施工中会发生什么。他似乎更可能检查了拱顶的故障，其中肯定有很多故障，并从中至少推导出了力的作用原理。

当 20 世纪的工程师在壳体之间攀爬时，就会对布鲁内莱斯基的构思的大胆、执行的技巧和材料选择的谨慎印象深刻。当他登上吊灯，俯瞰大教堂，或是俯瞰三百多英尺以下的街道时，他会惊叹于五百年前在没有现有机械辅助设备的情况下建造这样一座建筑的人的勇气。布鲁内莱斯基在建造这座穹顶时，不仅复兴了大型结构设计的艺术；他还奠定了现代工程学的基石。布鲁内莱斯基去世后，他的死亡面具存放在佛罗伦萨圣母百花大教堂博物馆，如图 33.9。

使用词汇的最高级总是很危险的，因为它为反对者的反驳提供了机会。但完全可以肯定的是，考虑到所有相关情况，圣母百花大教堂的穹顶是有史以来最伟大的建筑成就之一，也是人类智慧的杰出产物之一。在之前的工程中，只有罗马万神殿的穹顶挑战其至高无上的地位，只有哈德良的一位不知名的工程师曾在没有脚手架的情况下建造出了穹顶。

布鲁内莱斯基的工程工作不仅限于圣母百花大教堂穹顶。他还设计了各种用于建筑施工的机器，特别是一艘配备起重机的船，以便将重物运送到佛罗伦萨。对于这种设备，领主授予他特权或个人使用权，原则上等同于现代专利证书。和同时代的其他建筑工程师一样，布鲁内莱斯基雄心勃勃，渴望成为一名军事工程师，于是在 1430 年佛罗伦萨和卢卡之间的战争中，他被派往前线，由米凯洛佐、多纳泰罗、多梅尼科·迪马特奥和洛伦佐·吉贝尔蒂(作为他的助手)陪同，策划对抗卢卡的军事行动。他建议将瑟奇奥河运河化，达到切断城市的目的，迫使卢卡投降。他的计划得到了实施，虽然计划作为河流改道取得了巨大成功，但不幸的是，它将卢卡变成了一个位于大湖中央的牢不可破、无法接近的堡垒。因此，佛罗伦萨军队不得不撤退。很有意思的是，在这群军事顾问中，可以看到现在以艺术作品闻名的人的名字。

图 33.9 布鲁内莱斯基的死亡面具(藏于佛罗伦萨圣母百花大教堂博物馆)

34

罗马圣彼得教堂穹顶

文艺复兴时期，有两座建筑最为突出，其设计和建造方式使其成为高级建筑工程的一员。两种结构均采用圆形穹顶设计。

第一个是圣母百花大教堂，在前一章中已描述。第二座教堂虽然比圣母百花小，在设计和施工方面也不如圣母百花，但由于它的历史重要性和引人注目的地理位置，即使不是被更广泛地理解，也对大众的想象力有了更大的影响。

本章的目的不是描述这些大穹顶建筑中第二个建筑的装饰特征，即罗马的圣彼得教堂穹顶，因为许多作者已经从批判和历史的角度对其进行了详尽的论述。然而，将穹顶视为工程建设的一个要素，简要概述这一想法的起源、采取的步骤以及介绍指导这些步骤的人，一直讲到米开朗基罗的出现并设计出这一伟大的结构的最终形态是有帮助的。

圣彼得大教堂建造了很长时间；从开始建造到今天我们看到的竣工，已经过去了一个半世纪。

现在看到的教堂并不是第一座矗立在该处的教堂，早期的圣彼得教堂建于公元334年，即君士坦丁大帝统治时期，使徒圣彼得的遗体就埋葬在这里。这是一个简单的T形交叉结构。主干的外部长度约为370英尺，臂的外部长度为303英尺。中堂在侧墙之间宽213英尺，由五个隔间组成。文艺复兴初期，旧建筑的状况很差，很可能是因为腐烂和维修不足，而不是因为原建筑有缺陷，因为一座成功使用了1 100多年的建筑可以声称其建造者的工作是到位的。

教皇尼古拉斯五世(1447—1455)雄心勃勃，希望建造一座比君士坦丁时代更符合新生精神的建筑。他将拯救旧教堂的问题提交给著名工程师莱昂·巴蒂斯塔·阿尔伯蒂，巴蒂斯塔报告说，墙壁严重倾斜，不建议进行修复。收到这份报告后，尼古拉斯下令拆除这座古老的建筑物，这座罗马修建的第一座基督教教堂。人们不禁感到，尼古拉斯的"现代主义"野心与结构本身的腐朽状态一样，是破坏性的。尼古拉斯又任命了一位名叫罗塞利诺的建筑师负责建造一座新教堂，但在奠基阶段尼古拉斯去世导致工程暂停，之后，这座建筑并没有取得多大进展。在保卢斯二世教皇的任期内(1464—

1471)，施工被恢复了一段时间，但规模很小。

1503年10月21日，德拉·罗维红衣主教朱利亚诺当选教皇，并获得朱利叶斯二世(Julius Ⅱ)的头衔。朱利叶斯是一位杰出的人物和牧师。他是一个有远见、不屈不挠的意志和精力无限的人。他的野心是恢复教会和教皇的原始荣耀，而博尔吉亚斯、亚历山大六世和他的兄弟塞萨尔的丑闻使这一荣耀黯然失色。他计划首先建造一个外部标志，表明教会事务中的新政权已经建立，很明显，这一变化最显著的标志将是建成一座扩大的教皇宫殿，其次是一座可以恢复圣彼得名字的大教堂。当时梵蒂冈对于一个强大的君主来说是一个不值得居住的地方，将近五十年前开始的未完工的建筑是教会的耻辱。为了实施这些项目，或者至少把它们写在纸上，朱利叶斯拜访了当时的首席建筑师布拉曼特。

关于布拉曼特本人和他的祖先，人们几乎完全不了解。事实上，他的名字有问题，他的出生地点和日期都无法确定，尽管关于后两项，乌尔比诺的杜兰特城堡和1444年这两点通常被接受为实情。他可能从1472年到1500年居住在米兰。在此期间，他成功地执行了米兰和邻近城市教堂和其他建筑的方案。1500年，他在罗马建立了自己的地位，因此，当朱利叶斯二世提出他的大型建筑计划时，他就在旁边。

布拉曼特新建圣彼得教堂的构想非常宏伟。他将罗塞利诺遗存的事业抛在一边，以便能够建造出真正具有纪念意义的建筑，它既具有鲜明的个性，又充分表现了复兴的强大。作为伟大使徒的陵墓，他设想了一个巨大的圆形穹顶。为了使这个圆顶成为建筑的一个特色，他决定用形状相同的臂把它支在希腊十字架上。从任何角度来看，该结构都会是对称的，圆顶是中心和主要结构，建筑的所有其他部分都同样从属于圆顶。

布拉曼特准备的圆顶横截面如图34.1所示。这一视图值得研究，因为它将使我们能够确定米开朗基罗在多大程度上从他杰出的前任那里获得灵感。

圆顶平面呈圆形，立面呈半圆形，半径为92.5帕尔米(67英尺7英寸)。布拉曼特打破了布鲁内莱斯基在佛罗伦萨开创的先例，在平面图中采用了圆圈，而不是八角形，并在拱升中用一个完全居中的拱券代替了部分拱券。他这样做是为了遵从自己的审美判断，但他对曲线的选择在很大程度上改变了圆顶应力的发展，正如前几页对圆顶理论的阐述所解释的那样。此外，两个方案之间还有第三个不同之处，在这两个方案中，布拉曼特表现出作为一名工程师自己不如布鲁内莱斯基，无论他是一位多么优秀的建筑师。但布拉曼特是这一时期少数不自称也是工程师的建筑师之一。他也不是画家。他有真正的艺术感，但仅限于建筑创作。

第三个区别是圆顶的外壳设计为实体，而不是分为两部分。尽管布拉曼特不是一名工程师，但奇怪的是，他并不欣赏圣母百花大教堂圆顶所提供的巨大建设性优势。万神殿的圆顶离他更近，于是他以万神殿，而不是以佛罗伦萨的圆顶为模型。

图 34.1　由布拉曼特设计的圣彼得大教堂穹顶的横截面
摘自塞里奥的《第一本建筑书》(伦敦,1611)

支撑圆顶的筒形由一个双柱廊组成，如果按计划放置在希腊十字架的中心，它会成为一座宏伟的纪念碑。

布拉曼特于1514年3月11日去世。1513年底，圣母院桥（第30章）的工程师弗拉·乔康多被任命为助理建筑师，1514年1月，朱利亚诺·达·桑加洛也接受了类似的任命，因为乔康多年事已高，他在布拉曼特去世几个月后去世了。布拉曼特临终时表示，希望他的侄子拉斐尔·桑齐奥·达·乌尔比诺接替他担任圣彼得大教堂的首席建筑师，这一选择于1515年4月1日正式确认。

布拉曼特是建筑师，但不是工程师；拉斐尔是一位享有盛誉的画家，但既不是建筑师也不是工程师。事实上，只有三四幅建筑图纸可以归功于他。拉斐尔任职仅五年，实际上他所做的只是考虑用拉丁十字架代替希腊十字架，这是布拉曼特卓越计划的一个根本改变。拉斐尔于1520年去世，朱利亚诺的侄子安东尼奥·达·桑加洛与作为同事的巴尔达萨雷·佩鲁齐，被任命为圣彼得教堂的建筑师。

在拉斐尔和桑加洛的管理下，穹顶的基座得到了扩展，现在支撑圆顶的四根大柱子也得到了加强，因为布拉曼特使它们的尺寸不足以承受如此巨大的荷载。图27.2（第27章）是桑加洛设计的用于在施工期间支撑主交叉拱的出色的定心图。除了桑加洛准备了一个新的设计外，圆顶上没有做任何工作。

桑加洛的设计在几个方面与布拉曼特的不同。在外部，他将柱廊分两层放置在筒形上，并将较低的一层取消，以充当扶壁。这是一个进步，因为它在薄弱点上增加了强度。然后，他省略了圆顶周围的加强环，这是来自万神殿的建议，并替换了纵向肋。在内部，他将半圆形形状更改为由旋转中的分段圆弧生成的表面。这使得从起拱到吊灯开口的高度增加了约30英尺。他保留了布拉曼特的单壳体。图34.2给出了桑加洛设计的半立面和半横截面，可以看出，这是布拉曼特设计和米开朗基罗设计之间的中间步骤。拉斐尔和桑加洛都没有留下关于其圆顶所用材料的说明，也没有留下施工方法的说明。

佩鲁齐的贡献是坚持拒绝拉斐尔关于在平面图中使用拉丁十字的提议，并坚持用布拉曼特的方案。这实际上去除了拉斐尔对这座大厦结构设计的全部影响。

教皇利奥十世于1521年去世，伴随着他的离去所有推动教堂竣工的动力消失了。事实上，随后是一段建筑业的绝对停滞时期。它将持续多年，因为他的直接继任者哈德里亚努斯六世和克莱门特七世都对艺术不感兴趣。克莱门特作为一名美第奇家族的人，他对艺术缺乏欣赏更为奇怪。与他大家庭的其他成员不同，他软弱无能。他卷入了欧洲政治，被西班牙军队击败，西班牙军队洗劫了罗马，并将他囚禁起来。随后的分裂几乎扰乱了教会，在这种情况下，没有人想过继续修建圣彼得教堂。

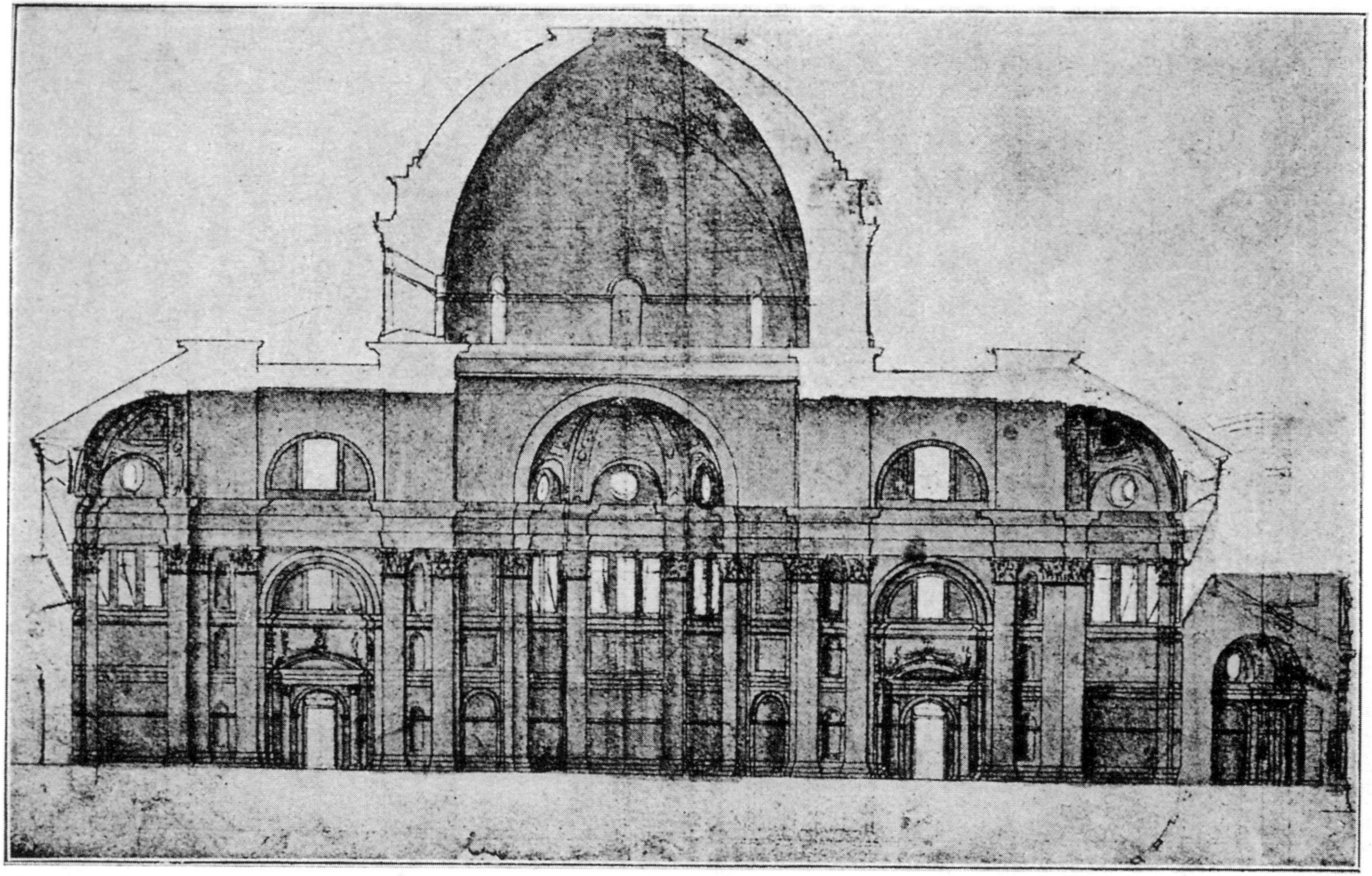

图 34.2 桑加洛设计的圣彼得穹顶，一半立面，一半横截面

然而,并没有失去一切希望。克莱门特于 1534 年去世,保卢斯三世登上了教皇宝座,他是一个完全不同的人,坚强、果断、虔诚。他的统治一直持续到 1549 年,开始时,他指示佩鲁齐恢复工作。不幸的是,佩鲁齐于 1537 年去世,没有取得任何成就,留下他的同事桑加洛全权负责。后者一直任职到 1546 年去世。

不仅圣彼得大教堂尚未完工,而且尚未正式采用竣工设计。教皇保卢斯随后召见了意大利唯一一位似乎能够在许多持有截然不同观点的建筑师的监督下帮助他从四十年的拖延所造成的混乱中恢复秩序的人。米开朗基罗当时在罗马,从事各种项目,其中最重要的是西斯廷教堂的装饰。在描述米开朗基罗对圣彼得教堂设计的贡献之前,最好先介绍一下这位男士自己的情况。

米开朗基罗,或米开朗格洛·博那罗蒂,意大利语全名,是文艺复兴时期出现的众多天才组合中的另一个。他是一位画家、雕塑家、建筑师、诗人和工程师,在各个方面都很出色,他的工程工作涉及军事和民用领域,这是一个经常被忽视的事实。

博那罗蒂家族是佛罗伦萨古老而受人尊敬的家族。1474 年 3 月 6 日,米开朗基罗,五个儿子中的第二个,出生于佛罗伦萨以东几英里处的阿诺河谷的卡普列塞,他的父亲在那里行使地方治安官的职能。他从小就喜欢艺术,包括绘画和雕塑。当他还是个孩子的时候,洛伦佐·德·美第奇注意到了他,他把他安置在自己是赞助人的学校,以便艺术家们更好地教授。没有必要追随米开朗基罗后来辉煌的艺术生涯:这段历史主要是关于他在工程方面的所作所为。

1503 年,朱利叶斯二世当选为教皇。他雄心勃勃的建筑计划中有一项是一座巨大的墓碑。米开朗基罗的名声传到了罗马,据朱利叶斯所知,他认为这位年轻但有前途的艺术家拥有必要的天赋,能够设计和建造他心目中的东西。因此,他召集米开朗基罗前往罗马。

这座墓碑不是一座普通的纪念碑,而是一座比以往更宏伟的纪念碑。它的顶部是巨大的雕像,与结构的其他部分一样,需要特殊大小的石头。由于这一建设性细节显然是最重要的,并且在执行过程中遇到了相当大的困难,朱利叶斯派遣米开朗基罗前往卡拉拉监督所需大理石块的采石,并设计将其运至罗马的方法。抬高和移动大块石块本身就是一个重要的机械问题,但在这种情况下,还存在着同样重要的问题,即如何将石块运输到海上,如何将石料装载到船只上,如何将其卸下,以及如何在罗马重新搬运。这一切后来都成功完成了,可能是米开朗基罗的第一次工程经验。

完成这项任务后,米开朗基罗回到罗马,却发现他的赞助人已经开始将兴趣从一座纪念碑转移到一座新的圣彼得教堂的竣工上。在这方面,他可能受到布拉曼特的影响,正如上文所述,布拉曼特是朱利叶斯任命的梵蒂冈建筑师。布拉曼特和米开朗基罗之间的嫉妒不仅仅是普通的同行嫉妒。前者在后者身上看到了一个即将到来的对手，可能有一天会挑战他的权威。米开朗基罗一点也不圆滑。由于朱利叶斯专横霸道，形势很容易发展到对米开朗基罗不利的地步，米开朗基罗一时暴躁，突然离开罗马前往佛罗伦萨。他的离开恰逢布拉曼特重建圣彼得教堂工程的第一块石头的奠基仪式，因此一些人认为他的离开与其说是因为他与教皇关系的中断，不如说是因为不愿意出席布拉曼特的胜利仪式。

但是，不管是什么原因，他一走，朱利叶斯就后悔失去了他，并试图说服他回来。经过长时间的谈判和对话，教皇终于成功了。

其中一个影响因素是布拉曼特建议，应委托米开朗基罗为梵蒂冈西斯廷教堂的天花板绘画。这不是友好行为；相反，这是一个充满敌意的委派，布拉曼特认为这将导致米开朗基罗的彻底垮台，因为米开朗基罗在壁画方面毫无经验。

有趣的是，为了毁灭米开朗基罗而强迫他完成的任务后来却成为他最著名的杰作，进一步的结果是，这次意外的命运之轮的转动，使得他的名字而非布拉曼特的名字与圣彼得大教堂的圆顶设计联系在一起。

1513 年朱利叶斯的去世暂时结束了米开朗基罗在罗马的影响力，因此他决定返回佛罗伦萨，并打算将这座城市作为他的永久居所。

不久之后，他开始了他的工程工作。在那个时代，任何一个城市，尤其是一个富裕的城市，几乎总是受到攻击，佛罗伦萨也不例外。1520 年的十年间，重建和改善永久防御成为必要的，或者至少是可取的。这项工作委托给了米开朗基罗，他做得很好，以至于战争十周年委员会于 1529 年 4 月 6 日委托他全权负责下去。该委托的部分内容如下：

"考虑到我国公民米开朗格洛·迪·洛多维科·博那罗蒂的天才和实践造诣，他知道自己在建筑方面有多么优秀，除了他在文科方面的其他最非凡的天赋外，人们普遍认为他是我们这个时代任何大师都无法超越的；而且，他确信，在对国家的爱和感情方面，他与任何其他善良忠诚的市民都是平等的；还应铭记他在上述工作(防御工事)中所经历的辛劳和他迄今为止所表现出的无私和自愿的勤奋；为了在未来发挥他的勤勉和精力，我们主动任命他为总督和检察长，负责城墙的修建和防御，以及佛罗伦萨镇的其他防御性操作和军需品。"

工资固定为每日一金弗罗林(2.39 美元)。在他的新职位上，他制定了一个广泛的计划，其主要特点是将圣米尼亚托山改造为堡垒。在 1529 年对佛罗伦萨的袭击中，圣米尼亚托遭到重炮轰炸，据记载，米开朗基罗用羊毛袋和其他床垫覆盖砖石，以吸收炮弹的冲击力，从而挽救了砖石结构。这与莱昂纳多之前记录在笔记本上的装置相同。由于莱昂纳多的笔记没有出版，米开朗基罗可能独立发明了这种方法。无论这位工程师在建筑结构抵御攻击方面取得了多大的成功，他的作品都无法克服高级军事指挥的无能，地中海盟军占领佛罗伦萨被认为是不可避免的。当米开朗基罗意识到这一点时，他表明自己既可以是一名熟练的工程师，也可以是一个聪明的人，于是在夜间的掩护下，他与两个朋友成功地越过了敌方的防线，还随身携带着一大笔钱。

佛罗伦萨战争的痛苦平息后，教皇克莱门特七世(1523—1534)邀请米开朗基罗返回罗马，继续西斯廷教堂未完成的壁画。这个委托是克莱门特为数不多的几次表现出对艺术的认可或欣赏的行为之一。在他的继任者保卢斯三世(1534—1549)任教皇期间，战争威胁着他，保卢斯回忆起米开朗基罗在佛罗伦萨修建防御工事的成功，命令他为罗马效仿，即使以中断西斯廷教堂的工程为代价。安东尼奥·达·桑加洛已经从事了这些工作的研究，他对米开朗基罗被要求提供建议感到不满，直截了当地告诉他"雕塑和绘画是他的艺术，而不是防御工事"。根据瓦萨里的说法，米开朗基罗回答说他"对雕塑和绘画知之甚少，相反，对防御工事的思考之多，以及所取得的成就学到了比桑加洛和他所有的建筑所知道的还要多的东西。"

米开朗基罗在桥梁建设方面也有丰富的经验。据报道，1529 年左右，当他从佛罗伦萨逃到威尼斯时，为修建一座新的里亚托大桥制定了计划，但尚未得到证实。他设计了一座横跨台伯河的桥梁，并在保卢斯三世的指导下修复了因冲刷而受损的圣玛利亚大桥的地基。米开朗基罗在河里设置了围堰，但当他几乎完成地基修复时，当局未经通知就将控制权移交给了一位名叫纳尼·迪·巴西奥·比基奥(Nanni di Baccio Bigio)的建筑师。后者破坏了米开朗基罗完成的大部分工程，甚至用砾石代替了砖石。结果，这座桥在 1557 年的一场大洪水中倒塌。正如我们将看到的那样，这一事件产生了一些反响，因为它使纳尼和他的朋友成为米开朗基罗的仇敌。

在保卢斯四世(1555—1559)任教皇期间，米开朗基罗又有了一次机会为罗马设计防御工事，这次没有遭到反对。曾卷入西班牙战争的教皇任命米开朗基罗为重建防御工事的工程师。但 1557 年，当敌人进攻时，米开朗基罗在罗马重复了他之前在佛罗伦萨的行为，从罗马秘密逃到斯波莱托附近。可以说，在部分辩护中，当时他已经八十四岁了，但显然，无论他在构建防御手段方面多么熟练，他都不热衷于为他们牺牲自己。米开朗基罗于 1563(4)年 2 月 17 日在罗马逝世，刚好在他八十九岁那年结束之前。他一直从事艺术和建筑的许多领域，直到生命的尽头。他从未结婚。他说，艺术是他的妻子，他的作品是他的孩子。他被安葬在佛罗伦萨的圣克罗斯教堂里，显得十分隆重。

他性格中突出的特点是永不满足的工作能力，奇怪的冷漠使他无法交到亲密的朋友，无法解释的伪装的贫穷，以及对各种形式的贪污行为的强烈反对。最后一个特点不符合当时公认的道德标准。他的贫穷是一种姿态。据报道，当他去世时，在他的卧室里发现了 7 000 枚金达克特，这笔巨额现金(16 460 美元)是在佛罗伦萨之外投资的。尽管如此，他还是在各种信件中写道："我没有时间吃饭。""在过去的十二年里，疲劳一直摧残着我的身体。”“我忍受着千百种疾病。”“我生活在贫困和痛苦之中。”他的健康状况一直不好，部分原因是他有节制的习惯，这反过来又加剧了他退出社会的倾向。所有这些特点使他变得悲观、忧郁和易怒，也是他与同事、上司和助手之间存在摩擦的原因。

对于米开朗基罗，艺术家的一面超越了工程师的一面。他既没有他的前任布鲁内莱斯基的大胆创新精神，也没有同时代的莱昂纳多的科学推理能力。然而，他通过创造他最伟大的建筑作品——圣彼得大教堂的圆顶，证明了自己也是一名工程师。正如西蒙斯在《米开朗基罗·博那罗蒂的一生》(1893)中所述。“米开朗基罗不仅是一位富有想象力的建筑师，而且还是一位建筑实用工程师，其声誉在很大程度上取决于圣彼得教堂的圆顶的建造。”人们将记住，梵蒂冈建筑师的职位在1546年秋因安东尼奥·达·桑加洛的去世而空缺。1547年1月1日，教皇保卢斯任命米开朗基罗为“委员、长官、工程测量师和建筑师，全权随意改变教堂的模型、形式和结构，并有权解雇和罢免受雇于教堂的工人和工头。”

这些都是绝对权力，在现有情况下，他需要这些权力。

米开朗基罗掌权时，面临着两种需要坚定和正确判断的情况。第一个是人员的问题，第二个是方案的问题。

布拉曼特对米开朗基罗的敌意一直在滋生，如果不是真的产生的话，也许是因为米开朗基罗的暴躁的脾气而加剧的，这种脾气随着时间的推移变得更加尖锐。

安东尼奥·达·桑加洛在近三十年的时间里一直控制着设计和施工，在这段漫长的时间里，他建立了一个完整的组织，其成员的任命都归功于他，他们不仅视他为他们的技术领导，而且视他为其赞助人。这一集团如此坚定地掌握着权力，不可能避免将资金挪作私人用途的传统，即使在他们是教会高级官员的时候，这种传统也没有受到上级权力的强烈反对。为了摆脱已故的桑加洛的阻碍，并成功实施自己的计划，米开朗基罗不得不撤走桑加洛的所有老团队人员，并任命他可以信任的人。他按照委任的最后一句话这样做了，但他的行动虽然必要，却使现有的矛盾更加突出。尽管已被解散，但桑加洛的追随者仍在进行有组织的斗争，其中纳尼·迪·巴西奥·比吉奥就是其中的领导者。他们对某些红衣主教有很大的影响力，并试图通过他们推翻米开朗基罗，但教皇保卢斯忠实地支持他。

以下是米开朗基罗写给他自己的一名员工，一名主管的信(西蒙斯引用)，信中显示了他是如何被要求打击贪污行为的：

“你知道，我告诉巴尔杜奇奥，不要送石灰来，除非是质量好的。但他发送的质量很差，似乎不认为会被迫退回；这证明他与接受它的人串通好了。这给了我因类似交易而解雇的那些人很大的鼓励。如果一个人接受了结构所需的劣质商品，而我却禁止了这些劣质商品的话，那他只不过是和我的敌人交朋友。我相信还会有新的阴谋。”

制定方案面临许多困难。尽管教皇允许“随意改变教堂的形式和结构”，米开朗基罗其实却没有任何自由。他不得不接受大部分已经做过的事情，因为它太广泛了，不能被完全拒绝。首先，希腊十字架的计划已被接受，尽管拉斐尔曾考虑采用拉丁十字架，但桑加洛已恢复布拉曼特的计划并奠定了基础。他还完成了十字交叉处的四个墩柱及其连接拱。经过慎重考虑，米开朗基罗决定保留希腊十字架，使其最适合纪念性建筑，并使用四个主墩柱。后一个决定自动确定了拱顶的直径，同时也证明了米开朗基罗的伟大品格：这表明他将自己对艺术和建设性判断力的支配权置于了一种强烈的诱惑之上，那就是去败坏两个深深冤枉他的人的作品……

附录

测 量 标 准

为了评估文艺复兴时期的工程工作，有必要了解结构部件尺寸和重量的现代单位相当量，如果要比较成本，则需要了解货币价值。

1. 长度度量

文艺复兴时期所谓的欧洲拉丁国家所采用的措施在很大程度上是以古罗马的标准为基础的。后者通常以人体部位命名，如 pes（脚）、palmus（手掌）和 digitus（手指）。这一习俗在意大利和法国以及其他国家都得到了自由的遵循，因此我们可以找到 passo（步子）、piede（脚）、brasso（手臂）、pouce（拇指）及其他类似的名字。

当罗马帝国分裂成许多明显独立的部分时，尽管它坚持旧的命名法，但每个部分都倾向于通过“独立精神”建立自己的标准，并且在采用或维持当地接受的标准方面不准确，因此在欧洲各地表面上相同的单位之间逐渐形成了巨大的数值差异。

最终，意大利的每一个重要城市都有自己的标准，虽然有着其他城市的单位名称，但通常相互之间有相当大的差异，在极端情况下，差异高达 70%。法国的标准又一次与意大利的标准不一样，而且在整个法国，无论在名称还是价值上都不总是相同的。piede 和 pied 等表达式在知道该长度的特定单位的含义之前没有任何意义。这带来了极大的混乱，因此在检查方案和解释涉及维度的陈述时必须格外小心。

不同行业使用的单位虽然与通用贸易的单位同名，但其不仅不同于其他城市的类似贸易单位，而且常常不同于同一城市的其他贸易单位，这进一步增加了人们的困惑。但今天我们也应对此保持宽容的态度，因为我们仍然在使用药剂师的砝码、马贩子的“hand”、樵夫的“cord”、测量员的“chain”和其他沿用至今的单位。即使在法律规定公制为强制性的国家，基于习俗的旧单位仍然存在。

卡洛·丰塔纳（Carlo Fontana）在他的《梵蒂冈圣殿》（*Templum Vaticanum*）（1694）中给出了一些表格，显示了意大利各地类似建筑师单位之间存在的近似关系。当时没有使用极端精确的方法，因此丰塔纳在记录普遍接受的数值时感到满意，在某些情况下，他会添加单词“不足”或“足足”来表示他知道自己的数字只是近似值。

近年来，特别是在法国首先采用了基于精确标准单位的十进制系统，随后不久又在欧洲大陆的其他国家采用了十进制系统之后，对早期使用的标准中记录了其尺寸的结构部分进行了仔细测量。然后将获得的值转换为相应的英制英尺和法制米。这充其量只是一个武断的程序。在那些时期，没有准确的标准，因为准确和标准这两个词现在已经被理解，而且它们是用标准码和米来表示的。这些码和米被仔细保存起来，可以用来进行比较。通过测量已知尺寸确定的任何数字都容易出错，或与测量其他尺寸的结果不同，但如果正确确定单位值，则此类错误或变化可能并不重要，当然不足以影响工程研究。实际数值的不确定性导致作者在记录相等值时略有不同。此处出现的数字可能与一些作者给出的数字不完全一致，但一般认为这些数字在所有实际用途上都非常接近准确度。

古罗马的 pes 长度尚不清楚。不同的权威机构对其赋值范围为 0.294 m 至 0.309 m。保存完好的 30 只罗马人的脚长的平均值为 0.295 5 m，这可能是最接近的近似值。

单位 palmus 和 digitus 分别代表手和手指的宽度；pes 是平均 1 英尺的长度。在罗马早期，palmus 是通过指关节测量的，在文艺复兴时期，palmus 被视为手的长度，palmus 的长度通常从 $8\frac{1}{3}$ 英寸到近 12 英寸不等，数字的值也相应地发生了变化。

15 世纪和 16 世纪的主要长度或距离单位使用意大利命名法以及英制和公制等同长度进行说明。

由于这些单位并非处处都具有相同的数值，也不总是进行类似的细分，而且这些单位会受到贸易变动的影响，因此有必要对每个单位进行审查，并编制单独的数值表。

单位 piede 和 palmo 通常是测量的流行单位，是较大单位的次倍数，因此从它们开始比较方便。并非每个地方都能找到所有已知的单位，选择似乎是一个"侥幸生存"的问题。因此，在以下主要城市重要单位的数值表中，并不总是给出每个城市的选定单位，而是只给出实际占主导地位的单位。对贸易尺寸将进行说明，这不是工程的关系，而是为了显示变化并作为警告，即虽然一个地区的单位可能被工程师或建筑师使用，但同一单位在其他地区也可能被特定行业或在同一地区的不同行业使用，但却有另一个数值。

最广泛使用的短长度单位是 piede、pied 或 Fuss(英尺)，它被单独使用或作为较长单位的子倍数使用。它是法国、比利时北部、荷兰、德国以及意大利的通用标准，因此值得优先考虑。根据地理位置，它的长度变化很大，有时在细分比例上也会有很大变化，这在比较时可以看到。

虽然巴黎的 pied 在整个法国比意大利的任何一个单位都更广泛地被接受，但这种接受远远没有完成。尽管亚眠、布雷斯特、勒阿弗尔、马赛、奥尔良和图卢兹等许多城市都采用了巴黎标准，波尔多的1 pied相当于14.045英寸(0.356 7米)，里昂的1 pied等于13.457英寸(0.341 8米)；在其他地方，pied分为11或10 pouce，通常与巴黎pouce的长度相同，因此他们组成的pied比巴黎pied少一或两个十二分之一或11.723英寸、10.658英寸长。在少数情况下，pouce本身很短，因此发现pied的尺寸不超过10.803英寸。但是，这些不规则的pied并不多，只是局部应用，对工程勘查几乎没有影响，除了在佛兰德斯使用的pied以外，这些pied将作为参考。

法国作家通常会仔细指定他们使用的单位，例如pied de roi，而他们同时代的意大利人则习惯于使用piedi，让读者决定或猜测他们用的是哪一个piede。

pied de roi总是以两位小数的方式细分为第三部分。在大多数情况下，piede都进行了类似的处理。各细分的名称可能有所不同。双十进制规则的主要例外是罗马piede(它是罗马palmo的倍数，后者只是部分双十进制)、乌尔比诺大陆piede、威尼斯piede(其次分为十进制)、法国和佛兰德斯的pied(由11或10 pouce组成)。

根据Fontana的对比表计算出的威尼斯和帕多瓦piede的等值英寸分别为13.473英寸和13.783英寸，与现代学者在测量现有示例后给出的估值略有不同。这说明了这样一个事实，即在这些问题上绝对准确是不可能的，而且像一些作家所做的那样，将等价值带到六位或更多的小数点是徒劳的。

其他国家中与piede和pied相对应的单位是英国的foot、德国的Fuss、佛兰德斯的pied以及荷兰的voet。与piede不同的是，Fuss在不同城市的值几乎一致。

德国Fuss总是以两位数细分，通常分为12个Zolle，每个Zolle分为12个Linien。

在比利时，单位是pied，通常的标准是布鲁塞尔pied，相当于10.856英寸或0.275 7米。pied被分为11个pouce，每个pouce(0.987英寸或0.025 1米)分为8个ligne(0.123英寸或0.003 1米)。在安特卫普，pied分为11部分，又再分为11个部分。

根特的当地建筑用pied等于11.723英寸，即0.297 8米。

在荷兰，阿姆斯特丹voet是公认的单位。

令人惊讶的是，任何被分成11个部分的单位都能在第一次试用中幸存下来，尤其是像安特卫普pied那样被分成11 pouces，每1 pouce又被细分为11 lignes。如果一个单位不能被2、3、4或任何其他数字平均分割，那么它是不方便的，人们甚至无法想象它会继续存在下去。

在意大利和法国南部的一些地区，人们受到了意大利的影响，palmo或palme取代了piede或pied作为短长度的单位。如图所示，古罗马palmus的长度是通过指关节测量，相当于2.909英寸，而意大利的单位是手的长度，与piede平均长度相对应。很少能在同一地区同时发现palmo和piede(它们用途相同)，罗马是少数例外之一。有趣的是,在文艺复兴开始的佛罗伦萨,在最倾向于遵循古典模式的地方,古罗马的标准 pes 被 palmus 所取代。在法国,empan 是 palme 的常见形式,它被缩写为 pan。由于法国技术主题作家和当时的法国工程师采用 pied 作为尺寸测量标准,工程师很少会接触最后的这些术语。

同一单位数值存在巨大差异以及完全不同的细分细节(十进制、十二进制)。

Braccio(法语中为 brasse),是由手臂的长度衍生而来的。通常,这是一个普通身材的人从手腕到肩膀的距离,长度从 22 英寸到 27 $\frac{1}{2}$ 英寸不等。有时,braccio 表示手臂伸展的长度,在里斯本,其值相当于 86.616 英寸。意大利很少使用这种两倍值(或者更确切地说,三倍值);由于不适用于工程结构,它可能会被忽视。事实上,braccio 几乎总是用于各种行业,主要由织布工或布商使用,而建筑工人广泛使用的唯一单位是佛罗伦萨和罗马的单位。

braccio 基本上是一个意大利单位。在法国、奥地利、德国、比利时和荷兰,有 aune 或 Elle(几乎与 braccio 相同),并且具有相同的用途。

可以看出,有两种截然不同的 aune,一种比另一种长约 70%,长 aune 在波尔多、哈弗、里昂、巴黎和鲁昂使用,而短 aune 则在其他地方使用。奥地利和德国的 Elle 的价值要稳定得多,与短 aune 相对应。

下一个比 braccio 长的通用单位是 passo 或 passetto,即英语中所描述的步距或短步距。无论在意大利哪一个地方,人们都认可短距离测量单位为 piede 而 passo 由 5 个 piedi 组成,就像在法国,几何学中 pas 等于 5 个 pied 一样。在意大利,palmo 是短单位,而 passo 则是 palmo 的倍数。

另一个中等长度的单位是 canna,它比 passo 或 pas 长,经常被工程师和建筑师使用。在意大利,它是当地 palmo 的倍数,长度从大约 6 英尺 6 英寸到大约 9 英尺 6 英寸不等。因此,它是一个用于测量大型结构和商业目的令人满意的单位,并在意大利各地以及法国南部的局部地区广泛使用,无论是建筑商还是某些贸易商都知道 palmo。

Canna 基本上是一个意大利单位,只在法国最南端使用。相应的法国单位是意大利很少使用的 toise。toise 的长度相当于英国 fathom(英寻)的一个单位,类似于当地标准的 6 pieds 或 Füsse。因此,巴黎的 toise 相当于 6 pieds,相当于 6.395 英尺,即1.949 米。它在巴黎很常用,且在法国、比利时、荷兰和德国普遍使用。类似的单位在德国被称为 Klafer 或 Faden,在意大利被称为 Tesa。

catena 是罗马的一个单位,它有两个名字相同,一个是土地测量师使用的,另一个是工程师和建筑师使用的。值得注意的是,不仅因为它经常出现在罗马出版的工程作品中,而且因为它是测量师用的 chain 的前身。

staiolo是罗马测量土地的单位，当其他地方引用它时，它可能是指罗马单位。它的长度等于54 palmi，除了任意分成两半和四分之一外，不易细分。因此，基于这样一个单位的catena不如工程师和建筑师的catena方便，后者是canna和palmus的倍数。在佛罗伦萨还有一个staiolo（一种平方单位），相当于巴黎的5 325.71平方pieds。罗马pieds的等效长度为4.215英尺和1.284 7米。

虽然短单位被工程师、建筑师、测量师和各种商业行业使用，但长单位仅被工程师、测量师及制图师使用。许多城市和地区都有各自诸如passo、aune或canna的单位，但却没有单独的远距离测量单位，因此依赖于罗马、佛罗伦萨或巴黎等大中心的单位。

对于工程师和建筑师来说，罗马和巴黎的标准是最重要的标准，因为与建筑工程有关的书籍大部分是在这些地方出版的，并且是基于当时流行的单位。接下来是佛罗伦萨、米兰、威尼斯和布鲁塞尔的标准，其重要性可能按提及顺序排列。如果有人想更全面地研究权重、度量和货币价值的标准，可在Doursher的《古代和现代度量衡词典》（*Dictionnaire des poids et mésures signs et modernes*，1840）、马提尼的《计量手册，即测量、重量和硬币》（*Manuale di metrologia ossia misure，pesi e monete*，1883）中找到许多有价值的信息。这两本书都经过了仔细的编辑，给出了所有单位的等长的米数值，有的也给出了英制单位。17—19世纪关于这一主题的其他作品还有许多。当比较它们的结果时，经常会发现差异，这表明当时在没有权威标准的情况下没有完全的一致意见，也不可能有。对于工程师来说，这些变化不足以影响任何可能需要进行的计算，特别是由于适用于工程工作的单位值已经非常精确地确定。如果对其他数据进行类似的比较，则会发现这些数据更加不准确和不确定。

许多作者将单位的名称翻译成自己的本国语言，如piede到pied或pied到foot，而没有说明单位的价值是否已经改变，这增加了无谓的混乱。因此，读者很少能确定他所阅读的维度的价值。在本书中，无论何时出现计量单位、重量或货币的名称，都应解释为其当地含义和价值，反之，无论何时，如英尺、英里、磅、米等都应理解为指代具有相应等值的现代英国或法国度量。在某些情况下，人们认为用现代术语表述数字是明智的，但当这样做时，数值总是会发生变化。因此，所有单位和数字都可以按字面理解。

2. 重量

重量标准在数值和名称上比长度标准更接近统一。几乎到处都是libbra（意大利）、livre（法国）或Pfund（德国）的基本单位。

古罗马的单位是libra或其他类似的单位。这是一长串倍数和次倍数的基础。

恺撒的libra是所有后续重量系统的基础（公制除外），而基本单位，无论用什么名字来命名，在重量上都与他们的“祖先”非常接近。甚至连 libra 的名字也以缩写形式 lb 保存下来，即英镑的名称。德国 Pfund 和荷兰 pond 包括在几个 libbre 和 livres 中，因为它们在历史和数值上有密切的联系。

法国、比利时、荷兰和德国的单位略大于英制磅常衡，而意大利的 libbra 通常约为四分之三英制磅。对于前者，例外是根特、马赛和蒙彼利埃，它们的 livre 略小于巴黎 livre；而后者的例外是帕多瓦和威尼斯，那里的 libbra 几乎等于巴黎 livre。在最后提到的地方也有一种较轻的 libbra，用于药物，与意大利其他城市的 libbra 相一致。在没有采用和保存准确标准供参考的情况下，组成两组的几个单位的变化不会超过预期。值得注意的是，libbra 总是分为 12 个部分，其组成与查理曼大帝的 livre 相似；像英制磅一样，livre poids de marc 总是被分为 16 个部分，Pfund 也是如此。当 Pfund 不是由 16 个部分组成时，它的数量是原来的两倍，即 32 个部分。libbra、livre 和 Pfund 没有十进制细分。

罗马 libbra 在意大利没有巴黎 livre 在法国那样的统治性的影响力。法国由一个单一的政府统治，livre 的重量由皇室法令决定，因此自然应该在几乎所有地方接受 livre。虽然罗马 libbra 在意大利许多地方是目前的标准，但一些意大利城市有自己的 libbre，与罗马略有不同。

为了表示大质量的重量，并避免使用冗长的 libbre 或 livres 数字，一般使用十进制倍数。因此，单词 centnaio、centaine 或 Zentner 以及 quantale 或 Quintal 表示 100 libbre、livres 或 Pfunden，而 migliáio 或 millier 表示 1 000。

在意大利，大重量的单位是 migliáio。在法国，通常是 millier，但有时也会使用 tonneau。1 tonneau 等于 2 milliers、20 Quintals、2 000 livres，因此，其相当量为 2 158.329 英磅或 979.011 7 千克。

3. 货币价值

如果说文艺复兴时期的重量和长度标准令人困惑，那么货币标准也是如此，甚至在某一方面可能更甚。虽然无相关性的当地单位(例如重量和长度)不是很多，但有一些简单的货币单位，然而其优点被缺乏稳定性的缺点所抵消。长度或重量单位一旦确定就会保持不变，但货币单位只在短时间内保持其价值，这段时间通常限于现有政府的“寿命”或统治君主的统治期间。每一位继任国王或教皇都面临着巨大的压力，他们需要找到维持自己和权威的方法。因为没有科学设计的税收制度，现有的税收制度通常管理不善或不诚实。没有财政部部长可以指望有稳定的收入，预算从来都不是认真考虑过的事情。欧洲无论是内部还是外部都处于持续的战争状态，就金钱赔偿而言，这对任何一方都没有好处。由此造成的国库持续但不定期的流失无法预见，因此也无法提前提供资金。此外,每一位君主都从他的前任那里继承了大量未偿还的债务,但却没有可用来偿还的资产。

因此,历届统治者都采取了最简单的方法,即通过降低价值标准来进行实质上的、但经过掩饰的"抵赖"。实际上,债务是通过将负担转移到下一代人身上而解除的,其原因并不是因为后来的习惯是过度发行无担保纸币,而是故意降低硬币的纯度或重量。

巴黎的货币和罗马的货币是当时的金融工程师或学生最感兴趣的,这些货币是法国和意大利的主导标准。这两种制度的存在要归功于法国国王和神圣罗马帝国的第一位皇帝查理曼大帝,这是为数不多的照亮罗马帝国衰落和文艺复兴开始之间黑暗岁月的灯光之一。

在查理曼大帝时期(768—814),货币处于混乱状态。在法国,150 多名领主声称拥有铸币权。这催生了现代铸币税一词,表示从造币和铸币中获得了利润。为了引入秩序,查理曼大帝将一个旧罗马 libra 的优质白银重量(367.129 4 克)确定为其官方价值单位,相当于现代金法郎的 81.584 3 克。他给这个单位起名为 livre,并将其分为 20 solidi,1 solidus 为 12 denarii。过了一段时间,为了使用方便 solidus 和 denarius 被缩写为 sol 和 denier。查理曼大帝对这些货币分别指定缩写为£、s.、d.,加上 livre 的细分,这些缩写仍在英镑中保留。

为了与美国和英国的标准进行比较,可以回顾一下,1 美元＝5.18 金法郎,1 先令英镑＝1.261 1 法郎(按兑换票面价值计算)。

查理曼大帝的货币价值一直由他的继任者维持到 987 年开始贬值。这种贬值仍在继续,很多时候是猛烈的下跌,只有少数零星的尝试来止住下跌。这些尝试在某些情况下成功地以微不足道的数量暂时提高了 livre 的价值,但它们是如此的微弱和缺乏支持,以至于现在看起来只是向下冲的停顿。

菲利普一世(1060—1108)对缺乏明确的金融体系和 livre 持续贬值感到震惊,他在巴黎建立了一个政府的官方造币厂,并承诺制止私人造币的恶行。巴黎造币厂的铸币被命名为 parisis,以区别于私人和非官方铸币。除了图尔的圣马丁修道院(Abbey of Saint Martin at Tours),许多造币厂最终被废除,该修道院同意按照圣马丁货币的名称,以 1 livre parisis(巴黎里弗尔)比 $1\frac{1}{4}$ livres tournois(图尔里弗尔)的比例来维持政府货币的固定价值。像 livre parisis 一样,livre tournois 分为 20 个 sol,每个 sol 分为 12 个 deniers,分别称为 sols tournois(图尔索尔)和 deniers tournois(图尔丹尼)。

但菲利普一世阻止贬值的努力没有成功。从文艺复兴的开始,自查理曼大帝建立 livre 以来的 650 年里,livre 贬值至原值的 9%以下。在接下来的 150 年里,livre 的价值一直在下降。路易十四(1643—1715)统治时期,巴黎 livre 价值仅为 1.558 1 法郎,图尔 livre 为 1.246 5 法郎。1667 年颁布的法令废除了巴黎货币,并将图尔币作为唯一的官方标准。这相当于按巴黎或官方标准贬值 20%。1796 年,价值仅为 0.987 7 法郎的图尔 livre 被废除,被法郎取代。

在这段漫长的时期内,金币保持着既定的纯度和重量。因此,当法律标准或 livre 贬值时,它们的价值也随之上升。最后一枚硬币是在亨利二世统治时期铸造的,相当于 $2\frac{1}{2}$ livres tournois。

意大利货币标准下跌的故事与法国相似。查理曼大帝在法国确立 livre 作为价值单位时,行使了神圣罗马皇帝的权力,并通过公元 795—816 年的教皇利奥三世,以 libra 的命名,为罗马制定了与原始 livre 相同价值的标准。这种货币与法国单位一样,也被细分为 20 solidi 和 240 denarii。libra 的贬值比 livre 的贬值开始得早。

1352 年,因诺森六世为罗马教廷恢复了铸造货币的权力,lira 的价值为 2.131 7 金法郎,这一价值一直维持到 1476 年,因此涵盖了文艺复兴时期的开始。尽管一开始与 livre 的价格持平,但到 1450 年时,2.131 7 金法郎与 7.116 6 金法郎相比,lira 的价值不到后者的三分之一。

在这一时期的早期,意大利各个城市拥有铸币权,并保持了自己的货币标准。但随着城市间商业的增加,单一标准的便利性变得明显,各个城市纷纷将制定共同标准的权力让给罗马。到 14 世纪末,除了米兰以外,其他独立货币和个别货币已经停止使用,米兰一直到 19 世纪初还保持着自己的标准。

1523 年,从克莱门特七世时期开始使用 testone,其由 30 个 soldi 组成,因此等于 14 个 lire。

米兰的货币体系始于巴黎和罗马的货币体系,即查理曼大帝的 livre 或 libra,其价值为 81.583 4 金法郎。米兰当局无法止住比其他城市更大幅度降低标准的势头,lira 的价值不断下降。

因此,在文艺复兴初期,米兰的标准降到了低于巴黎但高于罗马的水平。文艺复兴时期,它的下降进程更加迅速。

1579 年,出现了一种金币 ducat 或 scudo,其纯度略有下降,价值为 10.46 金法郎。这枚硬币是在菲利波二世统治时期铸造的。

要将 15 世纪和 16 世纪的成本转换为现代货币,必须首先确定是哪一个 libra、lira 或 livre,其次,要确定该货币在发生所述费用时可能具备的价值。